150 Jahre
Wissen für die Zukunft
Oldenbourg Verlag

Der Konzern-abschluss nach HGB, IFRS und US-GAAP

von

Thomas Schildbach

unter Mitarbeit von

Patricia Feldhoff, Michael Feldhoff, Jens-Peter Kählert, Stefan Koenen und Bernd Lutter

7., überarbeitete Auflage

Oldenbourg Verlag München

Bibliografische Information der Deutschen Nationalbibliothek

Die Deutsche Nationalbibliothek verzeichnet diese Publikation in der Deutschen Nationalbibliografie; detaillierte bibliografische Daten sind im Internet über <http://dnb.d-nb.de> abrufbar.

Rosenheimer Straße 145, D-81671 München
Telefon: (089) 45051-0
oldenbourg.de

Lektorat: Wirtschafts- und Sozialwissenschaften, wiso@oldenbourg.de
Herstellung: Anna Grosser
Coverentwurf: Kochan & Partner, München
Gedruckt auf säure- und chlorfreiem Papier
Gesamtherstellung: Druckhaus „Thomas Müntzer“ GmbH, Bad Langensalza

ISBN 978-3-486-58190-4

Vorwort

Durch das Bilanzrichtlinien-Gesetz vom 19.12.1985 wurden die Vorschriften zur Konzernrechnungslegung in zweifacher Hinsicht entscheidend verändert.

Die Pflicht zur Konzernrechnungslegung geht seit dem 1.1.1990 über den bisherigen engen Kreis solcher Aktiengesellschaften hinaus, die an der Spitze von Konzernen stehen. Einbezogen werden bereits entsprechende Gesellschaften mit beschränkter Haftung, und eine Erweiterung auch auf offene Handelsgesellschaften sowie Kommanditgesellschaften ohne voll haftende natürliche Person ist seit der Verabschiedung der GmbH & Co-Richtlinie nur noch eine Frage der Zeit. Da außerdem Pflichten zur Aufstellung von Teilkonzernabschlüssen eingeführt wurden, steigt die praktische Bedeutung der Konzernrechnungslegung gewaltig. Sie muss dementsprechend von einem exklusiven Randgebiet des Rechnungswesens zum Standardgegenstand der Ausbildung verwandelt werden.

Zur Ausweitung des Kreises der konzernrechnungslegungspflichtigen Unternehmen kam eine Hinwendung zu aufwendigen Verfahren der Konzernrechnungslegung. Konzerneinheitliche Bewertung im Rahmen einer Handelsbilanz II und Währungsumrechnung aufgrund des Weltabschlussprinzips wurden ebenso zur Norm wie die erfolgswirksame Erstkonsolidierung, die Quotenkonsolidierung, die Equity-Methode, die Zwischenergebniseliminierung unabhängig vom Vorzeichen und die Abgrenzung durch latente Steuern.

Das vorliegende Lehrbuch ist als Reaktion auf diese Entwicklungen konzipiert worden. Es soll den Leser durch die problembezogene Gliederung in die Lage versetzen, sich die Grundsätze, Methoden und Zweifelsfragen der Konzernrechnungslegung selbständig zu erarbeiten. Nur so können begleitende Lehrveranstaltungen von der Vermittlung des umfangreichen Stoffes entlastet und auf Übung sowie Festigung desselben konzentriert werden.

Rechnungslegungsmethoden sollten besonders dann theoretisch gerechtfertigt werden, wenn sie einer großen Zahl von Wirtschaftssubjekten vorgeschrieben werden und zugleich schwierig sind. Am Anfang stehen daher Ansätze zur Rechtfertigung der Konzernrechnungslegung. Sie offenbaren allerdings Spannungen zwischen den Vorschriften, wie sie sind und wie sie sein sollten. Insoweit will das Buch über eine kritische Auseinandersetzung mit den neuen Vorschriften zu einem besseren Verständnis der gesamten Materie beitragen.

Das Buch ist in Gemeinschaftsarbeit entstanden. In diesem Zusammenhang habe ich meinen Mitarbeitern für die fruchtbare Zusammenarbeit ebenso zu danken wie dem Oldenbourg Verlag, der den aufwendigen Verfasserausweis ermöglichte. Dank schulde ich zudem besonders auch den beiden Sekretärinnen des Lehrstuhls, Frau Gudrun Reicheneder und Frau Ingrid Grübl, für die Hilfe bei der Erstellung von Reinschriften und Druckvorlagen. Zusammen mit den studentischen Mitarbeitern Ruth Beer, Stefanie Maier, Thomas Heidemann, Hans-Georg Kamann und Hermann Krämer haben sie außerdem dankenswerterweise bei der Erstellung von Schaubildern und beim Korrekturlesen geholfen.

Passau, im Mai 1991

Thomas Schildbach

Vorwort zur 7. Auflage

Angesichts der dynamischen Veränderungen bei den Vorschriften von HGB, IFRS und US-GAAP ist es nur noch vorübergehend für immer kürzere Fristen möglich, den jeweils aktuellen Vorgaben der Regulierer gerecht zu werden. Das Buch stellt sich diesem Problem, indem es ausgehend vom aktuellen Stand des HGB die zu erwartenden Veränderungen auf Basis des Referentenentwurfs zum Bilanzrechtsmodernisierungsgesetz (BilMoG) bei jedem Bereich kurz anspricht. Da viele dieser Änderungen internationalen Vorbildern folgen, lassen sich die wahrscheinlich konkreten Auswirkungen aus den Darstellungen der entsprechenden Verfahren der Konzernrechnungslegung nach IFRS und US-GAAP im Buch entnehmen, die von den Neuregelungen aufgegriffen werden. Der 2008 überarbeiteten Fassung des wichtigen IFRS 3 "Unternehmenszusammenschlüsse" konnte nur im Rahmen einer letzten inhaltlichen Überarbeitung Rechnung getragen werden, indem die wichtigsten Neuerungen in den Text eingefügt wurden.

Für das unvergleichliche Engagement bei der Erstellung der Druckvorlage danke ich meinen Sekretärinnen Frau Ingrid Grübl und Frau Gisela Rybarczik sehr herzlich.

Passau, im Februar 2008

Thomas Schildbach

Inhaltsverzeichnis

A. Der Konzern im Spannungsfeld zwischen Unternehmen und Markt

1. Überblick

Warum es Konzernabschlüsse gibt und wie sie gestaltet werden sollten, lässt sich letztlich nur sagen, wenn man weiß, was Konzerne sind und warum es sie gibt. Mit den beiden zuletzt genannten Problemen werden allerdings ökonomische Grundfragen aufgeworfen, die Leser in einem Buch über handelsrechtliche Konzernabschlüsse nach HGB, IFRS und US-GAAP nicht unbedingt vermuten. Die in diesem Kapitel näher zu untersuchenden Grundfragen sollen daher zunächst überblicksartig beleuchtet werden, um das Verständnis der späteren Details zu erleichtern. Die weltweit zunehmend wichtiger werdenden Konzerne sind den jeweiligen Bedürfnissen angepasste Instrumente zur Bewältigung des grundlegenden Koordinationsproblems in der Wirtschaft. Diese Aussage wird erst verständlich, wenn erläutert wird

- worin das Koordinationsproblem in der Wirtschaft besteht,
- welche in Transaktionskosten zum Ausdruck kommenden Schwierigkeiten den Markt als klassisches Instrument daran hindern, das Koordinationsproblem zu lösen,
- inwieweit Unternehmen alternative Ansätze zur Lösung des Koordinationsproblems darstellen und warum Koordination in Unternehmen billiger sein kann als über den Markt,
- warum Markt und Unternehmen nur die Extreme in einer Welt vielfältigster Mischformen sind sowie
- welche Gründe Konzerne als spezifische Mischformen in die Lage versetzen, Transaktionskosten zu senken.

Die soeben kurz umrissene Argumentationskette wird im vorliegenden Kapitel ausführlich dargestellt. Das dadurch entworfene ökonomische Bild vom Konzern, das die Vielfalt an Konzernen wirtschaftlich wertvoll erscheinen lässt, dient als Basis für die späteren Untersuchungen zu Konzernrecht und Konzernrechnungslegung.

2. Koordination als Grundproblem in arbeitsteiligen Wirtschaften

Die Wirtschaft bemüht sich um die Lösung eines elementaren Problems. Menschen haben einerseits eine Fülle von Bedürfnissen, zu deren Befriedigung sie Güter oder Dienstleistungen benötigen, und andererseits höchst unterschiedliche Fähigkeiten und Begabungen, aber auch Bestände an Grundvermögen oder anderen Gütern, die direkt oder indirekt nach einer Umformung zur Bedürfnisbefriedigung beitragen können. Verschiedene Argumente sprechen dafür, die Lösung nicht darin zu suchen, dass jeder Mensch sämtliche von ihm benötigten Güter und Dienstleistungen selbst erzeugt. Dieser Weg verspricht angesichts der Vielfalt an

Bedürfnissen, der Fülle der technisch immer aufwendiger werdenden Produkte und der immer diffiziler werdenden Dienstleistungen einerseits sowie der beschränkten Fähigkeiten der einzelnen andererseits nur ein geringes Maß an Zielerreichung. Ein höheres Maß an Zielerreichung ist zu erwarten, wenn sich die Menschen spezialisieren können und innerhalb einer arbeitsteiligen Wirtschaft eine Detailaufgabe im Rahmen eines Prozesses zur Bereitstellung bestimmter Güter oder Dienstleistungen übernehmen.

Dieser Weg einer arbeitsteiligen Wirtschaft, in der die Menschen spezifische Beiträge bei der Erstellung von Gütern und Dienstleistungen anbieten, um im Austausch für ihr Angebot Anrechte auf die von anderen Menschen bereitgestellten Güter und Dienstleistungen zu erhalten, vervielfacht allerdings den Koordinationsbedarf. Ein Mensch, der alle von ihm benötigten Güter selbst erzeugt, muss nur seine eigenen Bedürfnisse und Produktionsmöglichkeiten nach Zeit und Umfang aufeinander abstimmen ("Robinson-Wirtschaft"). In der arbeitsteiligen Wirtschaft dagegen müssen die Angebote aller Menschen an Beiträgen zur Erstellung von Gütern und Dienstleistungen abgestimmt werden mit den Wertordnungen aller dieser Menschen über die Wünschbarkeit der verschiedenen Güter und Dienstleistungen, so dass letztlich jeder sowohl möglichst viel zur Bedürfnisbefriedigung der Menschen beiträgt als auch
– nicht zuletzt wegen dieses hohen Beitrags – selbst eine möglichst vorteilhafte Kombination von Gütern und Dienstleistungen erreicht.

Dem Ideal der Marktwirtschaft entspricht die Lösung dieses umfassenden Koordinationsproblems über den Markt. Aus den individuell geplanten Angeboten an Beiträgen zur Erstellung von Gütern und Dienstleistungen einerseits und der Nachfrage andererseits ergeben sich Wertrelationen zwischen den Beiträgen, Gütern und Dienstleistungen, die sich in einer Geldwirtschaft in Preisen niederschlagen. Im Idealfall erwartet man letztlich Gleichgewichtspreise, die die angebotenen und nachgefragten Mengen an Produktionsbeiträgen, Gütern und Dienstleistungen zum Ausgleich bringen.

3. Transaktionskosten als Hemmnisse der Koordination über den Markt

Die Koordination der individuellen Pläne und Wertschätzungen der Menschen über den Markt gelingt nur im Ideal des vollkommenen Marktes kostenlos. Unter realistischen Bedingungen wird die Koordination über den Markt durch verschiedene Hindernisse beeinträchtigt, die "Kosten" verursachen, weil es zusätzlicher Anstrengungen bedarf, um trotz der Hindernisse die Pläne über den Markt abzustimmen, oder weil wegen der Hindernisse eine nur unvollkommene Koordination mit Nachteilen für die einzelnen Menschen im Vergleich zu der ohne solche Hindernisse erreichbaren Lösung gelingt. Diese in den vielfältigsten Formen entstehenden, meist nicht leicht quantifizierbaren und auch hinsichtlich aller ihrer Entstehungsursachen noch nicht voll zu übersehenden sogenannten Transaktionskosten kommen zu den Kosten der Produktion hinzu. Nur auf der Grundlage der Summe aus Produktions- und Transaktionskosten kann entschieden werden, ob sich Arbeitsteilung lohnt und wie Produktion und Koordination organisiert werden sollten, um ein Höchstmaß an Bedürfnisbefriedigung zu erreichen.

Transaktionskosten erwachsen zunächst etwa aus der Notwendigkeit, Informationen über die Angebote am Markt hinsichtlich Preis und Qualität zu sammeln und zu verarbeiten. Sie resultieren aber beispielsweise auch aus Hemmnissen für Transaktionen, die durch Informationsunterschiede bei individuellrationalem Verhalten aller Beteiligten hervorgerufen werden.

Wenn zum Beispiel ein Gut in unterschiedlichen Qualitäten auf dem Markt angeboten werden kann, nur die Anbieter, nicht aber die Nachfrager, die individuellen Qualitäten der einzelnen angebotenen Exemplare des Guts jeweils genau kennen, alle rational handeln sowie die Informationsverteilung und das rationale Verhalten aller anderen Beteiligten richtig einschätzen, dann kommt es zu Transaktionshemmnissen, sofern die Nutzenschätzungen der Nachfrager für das betreffende Gut nicht sehr viel höher als diejenigen der Anbieter sind (vgl. Akerlof, QJE 1970, S. 488 ff.). Unter den beschriebenen Bedingungen können die Nachfrager als ihr Gebot zunächst einen Preis in Erwägung ziehen, der der mittleren Qualität aller verfügbaren Exemplare entspricht, weil sich bei diesem Preis die Vorteile aus dem Kauf der überdurchschnittlich guten und die Nachteile aus dem Kauf der unterdurchschnittlich guten Exemplare in etwa ausgleichen würden. Bei rationalem Verhalten der Anbieter und einer Nutzenschätzung, die nicht viel niedriger als die der Nachfrager ist, werden die Anbieter allerdings zu dem gebotenen Preis nur die Exemplare konkret anbieten, deren Wert nicht höher ist als dieser Preis, wodurch ein großer Teil der überdurchschnittlich guten Exemplare aus dem Angebot ausscheiden müsste. Ein Teil der Chance der Nachfrager auf gute Produkte entfällt somit. Weil die Nachfrager dieses rationale Verhalten der Anbieter absehen werden, können sie auch nur einen niedrigeren Preis bieten. Bei diesem niedrigeren Preis werden die Anbieter erneut die jeweils besten Stücke aus dem Angebot nehmen, und die Nachfrager werden das wiederum durch ein noch niedrigeres Preisgebot antizipieren, bis sich schließlich nach konsequenter Fortsetzung dieses Prozesses am Schluss ein minimaler Preis ohne Angebot ergibt. Obwohl die Transaktionen vorteilhaft wären, weil die Nachfrager das Gut höher schätzen als die Anbieter, kommt angesichts der Informationsunterschiede der wünschenswerte Austausch über den Markt nicht zustande. Die Wirtschaftssubjekte stehen schlechter da als bei reibungslos möglichem Handel, und der gesamte Nachteil aus der Verhinderung der Transaktionen kann als Beispiel für Transaktionskosten am Markt angesehen werden.

Beim Versuch, die Transaktionskosten entsprechend ihren verschiedenen Komplexen von Entstehungsursachen zu gliedern, um zumindest ihren wichtigsten Bestandteilen Rechnung tragen zu können, bietet sich folgender Katalog an (vgl. Picot, DBW 1982, S. 270):

- Anbahnungskosten umfassen Kosten der Suche nach möglichen Transaktionspartnern sowie der Beurteilung der von diesen gebotenen Konditionen.

- Vereinbarungskosten entstehen aus der Notwendigkeit, die genauen Konditionen der Transaktion mit dem Partner auszuhandeln, eindeutig zu formulieren und sich schließlich mit ihm auf dieser Basis zu einigen.

- Kontrollkosten decken die Kosten ab, die entstehen, um die Einhaltung der vereinbarten Termine, Qualitäten, Mengen, Preise und Nebenverpflichtungen wie z.B. Geheimhaltungspflichten sicherzustellen.

- Anpassungskosten entstehen bei längerfristigen Vereinbarungen aus der Unmöglichkeit, allen künftig möglichen Entwicklungen schon bei Vertragsschluss angemessen und justiziabel in bedingten Verträgen Rechnung zu tragen. Die unvermeidlichen Unzulänglichkeiten längerfristiger Verträge machen bei unerwarteten Entwicklungen der Bedingungen Anpassungen der Konditionen erforderlich, die zusätzlichen Verhandlungs- und Kontrollbedarf, aber auch Risiken unzulänglicher Anpassungen auslösen.

4. Das Unternehmen als Alternative zur Koordination über den Markt

Die in bestimmten Fällen nicht unbeträchtlichen Kosten der Koordination über den Markt legen die Suche nach anderen und billigeren Instrumenten der Koordination nahe. Eine solche Alternative kann das Unternehmen sein. Es ersetzt die Koordination von Angebot und Nachfrage nach den für die sachzielbezogene Produktion benötigten Arbeitsleistungen und Eigenkapitalbeträgen über den Markt durch langfristig angelegte, in Grenzen kündbare Verträge. Diese Verträge übertragen Anordnungsgewalt auf die Eigenkapitalgeber (Eigner) bzw. auf die von diesen ausgewählten Manager. Die Anordnungsgewalt ermöglicht es diesen dann, die mit den Arbeitnehmern in längerfristigen Verträgen nur grob vereinbarten Pflichten zur Arbeitsleistung in den vertraglichen und gesetzlichen Grenzen im Detail zu spezifizieren, so dass der Arbeitseinsatz der Mitarbeiter durch zentrale Planung und daraus abgeleitete Weisungen im Blick auf das unternehmerische Sachziel koordiniert werden kann. Im Kern wird also Koordination mit Hilfe des Marktes ersetzt durch Koordination auf der Grundlage von hierarchischer Planung und Anweisung von oben.

Verschiedene Gründe sprechen dafür, dass diese Koordination durch Hierarchie billiger sein kann als eine Koordination über den Markt.

Das Streben nach niedrigen Produktionskosten, aber auch der Wunsch der Kunden nach hochwertigen Produkten machen vielfach vor Beginn der Produktion umfangreiche Investitionen in langfristig nutzbare Anlagen erforderlich, die sich nur für die spezielle, ins Auge gefasste Produktion eignen. Zu den Investitionen in materielle Sachanlagen kommen in zunehmendem Umfang weitere Investitionen in die Entwicklung des zur Produktion benötigten Wissens und in die Ausbildung der an der Produktion beteiligten Mitarbeiter hinzu. Derartige Vorleistungen der Kapitalgeber sind allerdings praktisch nur im Rahmen langfristig angelegter vertraglicher Zusammenarbeit mit den Arbeitnehmern verantwortbar (vgl. Williamson, JLE 1979, S. 240 f.). Solange die Vorleistungen nicht erbracht sind, kommt das Projekt nur zustande, wenn die vertraglich vereinbarten Konditionen den Kapitalgebern die Investition vorteilhaft erscheinen lassen. Wenn der Vertrag aber nur eine kurze Frist gilt und dann erneut verhandelt werden muss, kann die Kapitalseite in diesen neuerlichen Verhandlungen nicht mehr ohne Verluste zurück in ihre anfängliche Position: Sie hat eine weitgehend irreversible Vorleistung erbracht. Um zumindest einen Teil des investierten Geldes zurückzugewinnen, können die Kapitalgeber gezwungen sein, Konditionen zuzustimmen, die zwar besser sind als eine sofortige Liquidierung der Investition, die sie aber trotzdem für die erbrachten Vorleistungen nicht voll entschädigen. Die Kapitalgeber werden diese Gefahr antizipieren und nur noch dann Vorleistungen erbringen, wenn sich diese innerhalb der Laufzeit des ersten kurzfristigen Vertrages amortisieren. Viele vorteilhafte Investitionen lassen sich auf der Grundlage rein kurzfristiger Verträge am Markt nicht realisieren; die Transaktionskosten sind zu hoch.

Natürlich liegt es nahe, nach anderen, billigeren Koordinationsformen zu suchen, welche die langfristig vorteilhaften Investitionen durchführbar machen. Das Unternehmen, das die Arbeitskräfte längerfristig vertraglich bindet und einem Weisungsrecht unterwirft, ihnen zugleich aber kontinuierliche Arbeitsmöglichkeit und Einkünfte verspricht, löst dieses Problem.

Die aufgrund der angestrebten längerfristigen Verbindung zwischen Kapital und Arbeit zu erwartenden Transaktionskosten in Form von Vereinbarungs-, Kontroll- und Anpassungskosten halten sich beim Unternehmen aufgrund verschiedener Ursachen in Grenzen. Zunächst kann bei der Vertragsgestaltung auf umfangreiche Erfahrungen aus der Vergangenheit zurückgegriffen werden, die sich zu einem großen Teil auch in gesetzlichen Rahmenvorgaben für mögliche vertragliche Gestaltungen niedergeschlagen haben. Vorbilder, die sich in den verschiedensten Wechselfällen des Lebens vielfach bewähren mussten, sind vielleicht am ehesten geeignet, Parteien Vertrauen einzuflößen, die vor einer unsicheren Zukunft stehen. Weiteres Zutrauen mag davon ausgehen, dass der Gesetzgeber die Rahmenvorgaben der Vertragsgestaltung im Gesellschafts- und Betriebsverfassungsrecht z.B. nicht nur gebilligt und damit aufgewertet hat, sondern diese auch allgemein vorgibt. Verbliebene versteckte Mängel bedrohen somit eine große Zahl von Vereinbarungen gleichermaßen, und das Risiko, bei ungünstigen Entwicklungen schlechter als die anderen dazustehen, wird vermindert. Zusätzlich kann in Zweifelsfragen auf eine breite Basis an Kommentierungen und Urteilen zurückgegriffen werden.

Unternehmen begründen zwar nicht unauflösliche, aber dennoch langfristige, nur unter Schwierigkeiten auflösbare und daher besonders risikobehaftete vertragliche Bindungen zwischen Kapital und Arbeit. Sie ermöglichen solche Bindungen, ohne dass alle Elemente im Detail festgelegt werden müssen. Die grob vereinbarten Arbeitspflichten können mit abnehmender Unsicherheit von der Hierarchie spezifiziert werden. Die Anpassung des Arbeitsentgelts kann den Tarifvertragsparteien überlassen oder an deren Vorgaben zumindest orientiert werden.

Unternehmen überlagern mehr oder weniger stark die individuellen Interessen der Beteiligten durch Gemeinschaftsbindungen; die Individuen machen sich zumindest zum Teil die Interessen und Ziele der Gemeinschaft zu eigen. Ein derart eingeschränkter Egoismus der einzelnen mindert Risiken und Anpassungskosten, weil wenigstens in Grenzen die Bereitschaft besteht, bei unvorhergesehenen Schwierigkeiten Lösungen auch dann mitzutragen, wenn diese Einbußen an individueller Zielerreichung bescheren. Dass solche Gemeinschaftsbindungen schwerlich von alleine entstehen, sondern Grundlagen etwa in Form sozialer Absicherungen oder der Sorge um Entwicklungs- und Entfaltungsmöglichkeiten der Mitarbeiter voraussetzen, darf dabei nicht vergessen werden.

Was als Bindung von alleine zu wachsen vermag, kann auf der Grundlage des individuellen Erfolgsstrebens auch durch vertragliche Erfolgsbeteiligung (durch Kapital- bzw. Gewinnanteile oder durch Optionen zum Erwerb von Anteilen) ganz gezielt geschaffen werden. Solche Erfolgsbeteiligungen führen zu einer gewissen Interessenangleichung zwischen den Eigenkapitalgebern als den ursprünglichen Erfolgsempfängern und den zusätzlich am Erfolg beteiligten Managern oder Mitarbeitern beispielsweise. Dadurch lassen sich mögliche Spannungen aus langfristigen, unerwarteten Entwicklungen mildern. Außerdem wird das jetzt gemeinsame Erfolgsziel bei allen am Erfolg Beteiligten fest verankert und demzufolge bei sämtlichen Entscheidungen dieser Personen zumindest mitbeachtet.

Unternehmen reduzieren auch den Bedarf an Unternehmerqualifikation und Risikobereitschaft auf Seiten der Mitarbeiter. Bei einer Koordination über den Markt wäre jeder Mitarbeiter hinsichtlich seines Arbeitsangebots Unternehmer. Er müsste sich ständig selbst um die Anpassung seines Angebots an die Bedürfnisse des Markts bemühen, mögliche Vertragspartner suchen, Konditionen aushandeln, die Einhaltung dieser Konditionen überwachen und Risiken insbesondere aus vorübergehender Nichtbeschäftigung tragen.

5. Unternehmen mit Anweisungen und der Markt mit Preisen als bloße Extreme einer Fülle von Zwischenformen der Koordination

Die Koordination der Pläne etwa von gelegentlichen Nachfragern und Anbietern von "Altertümchen" allein über den Flohmarkt oder der Aktivitäten von Mitarbeitern in einem Unternehmen ausschließlich durch hierarchische unternehmerische Planung und durch Anweisungen von oben sind nur die beiden Extremfälle aus einer mehrdimensionalen Vielfalt von Koordinationsmöglichkeiten. Die oft beachtliche Höhe der Transaktionskosten zwingt zu Versuchen, diese Vielfalt der Möglichkeiten auf der Suche nach einer billigen Koordinationsform voll auszuschöpfen.

So muss Koordination im Unternehmen nicht auf hierarchischen Planungen und Anweisungen basieren. Sie kann sich vielmehr auch auf Abstimmungen von Wünschen, Informationen und Aufgabenverteilungen in geeigneten Gruppen stützen oder – bei einer dezentralen Organisation mit Kapital- und Erfolgsverantwortung der Sparten als den einzelnen Elementen – auf individuelles Erfolgsstreben der einzelnen Sparten und damit auf die Institutionalisierung marktähnlicher Verhältnisse innerhalb des Unternehmensgeschehens.

Auch auf dem Markt ist der nicht zumindest auf Erfahrungen mit dem Marktpartner gestützte, sondern ausschließlich auf einen möglichst umfassenden Vergleich der angebotenen Qualitäten und Preise beruhende Kauf nicht die einzige Möglichkeit. Zwischen den Marktparteien können sich vielmehr beispielsweise suchkostensparende Vertrauensverhältnisse entwickeln, die auf der Erfahrung wiederholter günstiger Geschäfte fußen, oder es kann sich herausstellen, dass die Verständigung mit einem Partner besonders leicht fällt, so dass Vereinbarungs- und Kontrollkosten eingespart werden. An die Stelle einer Folge von unabhängigen, allein auf jeweiligen Konditionenvergleich gestützten Käufen vermag schließlich ein langfristiger Vertrag über die wiederholte Lieferung von Produkten zu treten, der die beiden Parteien aneinander bindet. Dabei können die Produkte gemeinsam erarbeitet und den sich ändernden Anforderungen des Marktes angepasst werden; die Vertragstreue beider Seiten lässt sich durch vorab vereinbarte Sanktionen absichern.

6. Konzerne als Koordinationsformen zwischen Markt und Unternehmen

Zusätzlich zu den beiden zuvor dargestellten Ansatzpunkten, um Koordinationsformen zwischen Unternehmen und Markt zu finden, gibt es noch einen dritten Ansatz, der den Konzern zwischen die beiden Extreme stellt.

Den Ausgangspunkt reiner Koordination über den Markt bildet dabei der Leistungsaustausch zwischen Unternehmen auf dem Markt, die nicht über Beteiligungen oder Unternehmensverträge miteinander verbunden sind. Ein erster Schritt hin zu hierarchischer Koordination wird getan, wenn eines der Unternehmen eine Beteiligung an dem anderen erwirbt, weil mit dieser Beteiligung Stimm- und Einflussrechte, aber auch Ansatzpunkte zum Interessengleichklang über den Anspruch auf einen Teil des Erfolges verbunden sind. Die Bedeutung der Hierarchie wächst, wenn die beiden Unternehmen durch einen Unternehmensvertrag oder mehrere verbunden werden, die vom Betriebspachtvertrag bzw. Betriebsüberlassungsvertrag über eine Gewinngemeinschaft, einen Teilgewinnabführungsvertrag und einen Gewinnabführungsvertrag bis zum Beherrschungsvertrag reichen. Die engste Bindung zwischen rechtlich noch eigenständigen Unternehmen und damit das Höchstmaß an hierarchischer Einflussmöglichkeit bei mehreren Unternehmen wird durch die Eingliederung erreicht. Die Verschmelzung schließlich hebt die rechtliche Eigenständigkeit der Unternehmen auf und bildet somit innerhalb der hier entwickelten Systematik das andere Extrem rein hierarchischer Koordination.

Zwei Kategorien von Vorteilen machen Konzerne als Zwischenformen der Koordination interessant, die Reduktion von Transaktionskosten und Unsicherheiten einerseits sowie die Erweiterung der Handlungsspielräume speziell der Manager andererseits, wobei die Vorteile der beiden Kategorien teilweise zusammenwirken und sich dementsprechend nicht immer streng trennen lassen.

Transaktionskosten- und Unsicherheitsreduktionen ergeben sich zunächst aus den auf Beteiligung oder sogar Beherrschungsvertrag gegründeten Mitentscheidungsrechten in Tochterunternehmen. Die zur Verhinderung ausbeutungsoffener Positionen wirtschaftlich vorteilhaften längerfristigen Vereinbarungen zwischen Unternehmen unterliegen dem Risiko, dass über solche Fristen die Umweltentwicklungen nicht vorhergesehen und daher im Vertrag auch nicht angemessen berücksichtigt werden können. Mitentscheidungsrechte der Mutter bei der Tochter verringern dieses Risiko und damit auch die Anpassungskosten, weil sie Schlichtungen im Sinne der Mutter wahrscheinlich machen. Derartige Reduktionen von Risiko und Anpassungskosten durch Mitentscheidungsrechte sind im Konzern nicht nur bei Beteiligungsquoten von 51 % oder zumindest der Mehrheit der auf der Hauptversammlung vertretenen Stimmen, sondern auch schon bei faktisch geringeren Beteiligungsquoten dann möglich, wenn die Beteiligung indirekt über mehrere Stufen von knappen, etwa 51 % umfassenden Mehrheitsbeteiligungen gehalten wird (Pyramideneffekt).

Der Konzern kann Suchkosten senken, indem er Bezugsquellen oder Abnehmer an den Konzern bindet – allerdings zu Lasten eines zusätzlichen Risikos. Die Bindung wird nämlich dann zur Belastung, wenn der Partner unattraktiv wird und zu vergleichsweise ungünstigen Konditionen oder zu verlustbringender Beteiligungsveräußerung zwingt. Verglichen mit dem bloßen Unternehmen aber, das seine Produktionstiefe vergrößert hat, ist die Flexibilität des Konzerns im Sinne der Reversibilität einer einmal getroffenen Entscheidung größer, weil sich Beteiligungen leichter als Teilkapazitäten veräußern bzw. abbauen lassen.

Die Kosten der Vereinbarung eines angemessenen Preises bei Austausch nicht marktgängiger Leistungen werden insoweit reduziert und der Situation bei einem bloßen Unternehmen angenähert, als mit zunehmendem Beteiligungsumfang die Höhe des vereinbarten Preises eine immer geringere Rolle spielt. Was der Mutter durch einen eventuell zu geringen Preis entgeht, gewinnt sie zumindest entsprechend ihrem Anteil durch die Beteiligung an der Tochter zurück.

Risiken aus langfristigen, aktuell noch nicht absehbaren Entwicklungen und die daraus erwachsenden Kosten der Vertragsanpassung lassen sich auf dem Weg der Konzernbildung auch durch eine Vergrößerung der Marktmacht vermindern. Da Vorteile für den Konzern in diesem Falle allerdings aus einer Beschränkung des Wettbewerbs mit Nachteilen für die übrigen Wirtschaftssubjekte resultieren, versucht der Gesetzgeber, Konzernbildungen mit dieser Zielrichtung zu verhindern oder wenigstens zu erschweren, so dass Marktmacht durch internes Wachstum sicherer als durch Konzernbildung erreichbar sein kann.

Der Konzern schafft die Grundlagen für verschiedene Formen der Koordination von Aktivitäten der Konzernunternehmen, so dass diejenige mit den niedrigsten Transaktionskosten gewählt werden kann. Einerseits ermöglichen die Mitentscheidungsrechte der Mutter die Einführung einheitlicher Informationssysteme bei allen Töchtern als Basis einer zentralen Informationsauswertung und – zumindest bei Vorliegen von Beherrschungsverträgen – auch einer zentralen Planung und Steuerung. Andererseits sind im Konzern sämtliche Voraussetzungen für eine dezentrale Führung mit Koordination der Pläne über den Markt erfüllt. Die rechtlich eigenständigen Konzerngesellschaften haben eigene Führungsgremien und Rechnungssysteme, die auf die jeweilige Gesellschaft bezogen sind. Auf diesen Grundlagen können im Vergleich zum Gesamtkonzern kleine überschaubare Entscheidungseinheiten mit großen Freiräumen für Kreativität und unternehmerisches Handeln geschaffen werden, deren Erfolgsstreben nicht nur anhand der Einzelerfolgsrechnungen durch die Konzernzentrale überwacht, sondern auch durch Erfolgsbeteiligung angespornt werden kann.

Die Handlungsspielräume insbesondere der Unternehmensführung erweitert der Konzern in vielerlei Hinsicht. Grundlagen für verschiedene Formen der Koordination – wie sie zuvor als beim Konzern gegeben beschrieben wurden – können auch in einem bloßen Unternehmen geschaffen werden. Allerdings erweitert der Konzern die Möglichkeiten insoweit, als er den Führungskräften auch auf unteren Ebenen die prestigeträchtigen Titel von Geschäftsführern oder sogar Vorstandsmitgliedern zugesteht. Der Konzern ermöglicht durch Kauf von Beteiligungen Wachstumsraten, wie sie von einem bloßen Unternehmen durch internes Wachstum oder durch volle Verschmelzung schwerlich erreicht werden können. Durch Konzernbildung werden einem interessierten Unternehmen fremdes Know-how, fremde Patente, Markennamen oder Firmennamen zugänglich, die ansonsten nur unter größten Schwierigkeiten erworben und genutzt werden könnten. Die rechtliche Eigenständigkeit der Konzernunternehmen sichert dabei die Möglichkeit zum Fortbestand traditionsreicher Firmennamen, des Goodwills und des akquisitorischen Potentials der übernommenen Gesellschaften unabhängig von den Firmen der übrigen Konzernunternehmen ab. Die Expansion ins Ausland, die angesichts der weltweit zusammenwachsenden Märkte und dem sich verschärfenden Wettbewerb immer wichtiger wird, der sich aber auf dem Wege der ausländischen Betriebsstätte große Probleme entgegenstellen können, wird durch Konzernbildung ebenso erleichtert wie die grenzüberschreitende Kooperation, nicht zuletzt weil der Konzern länderspezifischen Restriktionen hinsichtlich der Höchstbeteiligungsquoten von Ausländern flexibel Rechnung tragen kann. Vor dem Hintergrund der Vielfalt an Unternehmensverträgen und der Differenzierungsmöglichkeiten zwischen Anteilen und Stimmrechten ist die Beteiligungshöhe nämlich nur ein Parameter der Konzernbindung.

Konzerne erschließen besondere Dimensionen unternehmerischer Risikopolitik. Zu den Aktionsparametern, mit deren Hilfe der Umfang der Haftung der Eigner für die Risiken eines einzelnen Unternehmens gesteuert werden kann (etwa Rechtsform, Gesellschafterdarlehen, Anmietung von Gebäuden oder Anlagen der Gesellschafter) kommt im Konzern ein konzernspezifischer Parameter hinzu. Im Konzern können auf Basis der rechtlichen Grenzen zwischen den Konzernunternehmen Haftungswälle innerhalb einer Gesamtheit von Unternehmen errichtet werden, die durch einheitliche Führung miteinander verbunden sind – zumindest versprechen Versuche dazu Erfolg. Diese Haftungssegmentierung erlaubt es, Risiken der Forschung, der Produktion oder des Absatzes allgemein oder speziell bezogen auf bestimmte Produkte, Produktbereiche oder Absatzmärkte beispielsweise jeweils auf gesonderte Konzernunternehmen zu übertragen, so dass bei Eintritt des Risikos im Notfall nur das jeweils betroffene Unternehmen "geopfert" werden muss, ohne dass dem Konzern insgesamt gefährlicher Schaden entsteht. Haftungssegmentierung muss allerdings nicht Ausdruck unternehmerischer Risikopolitik sein. Sie kann vielmehr auch hoheitlichen Auflagen entsprechen, wie das in der Versicherungswirtschaft gilt, wo die einzelnen Versicherungssparten gemäß einer Anordnung des Bundesaufsichtsamts für das Versicherungswesen jeweils verschiedenen Konzerngesellschaften zuzuordnen sind.

Konzerne bieten schließlich Ansatzpunkte zur Modifikation der vom Gesetzgeber vorgegebenen strengen Verfassungen von Kapitalgesellschaften, insbesondere von Aktiengesellschaften. Anders als bei den Personengesellschaften nämlich, wo der Gesetzgeber die Einigung der verschiedenen Gruppen nur erleichtern wollte, ihre Autonomie aber nicht beschneiden zu müssen meinte und daher ein weitgehend dispositives und nachgiebiges Recht schuf, glaubte er insbesondere bei den Aktiengesellschaften an die Notwendigkeit eines detaillierten und im Wesentlichen unbeeinflussbaren, zwingenden Rechts. Starre Verfassungen mögen zwar schwachen Unternehmensbeteiligten einen vergleichsweise großen Schutz bieten, sie beinhalten aber in jedem Fall die Gefahr, wirtschaftlichen und sozialen Entwicklungen nicht ausreichend oder nicht schnell genug Rechnung zu tragen und deshalb unbrauchbar zu werden. Bemühungen um eine Weiterentwicklung der Verfassung von Kapitalgesellschaften, die darauf abzielen, ein solches "Unbrauchbarwerden" zu verhindern, dienen der Sicherung einer ausreichenden Menge an Organisationsformen der Wirtschaft und nutzen der Gesamtwirtschaft. Sie lassen sich allerdings auch kaum von solchen Verfassungsänderungen trennen, die nur auf die Lockerung der Schutzregeln ausgerichtet und daher eher skeptisch zu beurteilen sind.

7. Der Konzern im Widerstreit der Urteile

Wie bereits an verschiedenen Stellen anklang, müssen die im vorigen Abschnitt dargestellten Argumente für den Konzern als Koordinationsform zwischen Unternehmen und Markt nicht durchweg als positiv empfunden werden. Was aus der Sicht speziell der Manager der Obergesellschaft, aber auch meist der Eigner der Obergesellschaft als Vorteil erscheint, kann aus der Perspektive der Eigner der Tochtergesellschaften, der Gläubiger oder der Gesamtwirtschaft unvorteilhaft sein.

Besonders bedroht sind die konzernfremden "Minderheitseigner" und Gläubiger der Tochtergesellschaften. Zwar können die Mitentscheidungsrechte der Mutter bei der Tochter allgemein und speziell bei der Festlegung von Verrechnungspreisen oder bei der Nutzung von Know-how sowie die Ansätze zur Haftungssegmentierung und zur Änderung der Unternehmensverfassung vom Management des Mutterunternehmens so zum Nutzen des Gesamtkonzerns eingesetzt werden, dass auch die Töchter und damit deren konzernfremde "Minderheitseigner" und Gläubiger daraus Vorteile erlangen, die Vorgehensweise ist aber weder zwingend noch wahrscheinlich. Das Management der Mutter ist – abgesehen von den eigenen Zielen – primär den Interessen der Eigner der Muttergesellschaft verpflichtet. Daher liegt es nahe, dass Mitentscheidungsrechte bei der Tochter im Zweifel so ausgeübt werden, wie es den Interessen der Eigner des Mutterunternehmens entspricht, Verrechnungspreise folglich für die Mutter eher günstig ausfallen, Know-how und Markennamen eher großzügig oder zu günstigen Konditionen genutzt werden, Haftungsgrenzen so gezogen werden, dass sie die Risiken für die Mutter verringern, und auch Verfassungsänderungen tendenziell zum Vorteil der Mutter erfolgen.

Hinsichtlich der Beurteilung der Gefahren ist allerdings zu unterscheiden zwischen Minderheitsaktionären und Gläubigern, die ihr Kapital in Kenntnis der Konzernbindung gewährten, und solchen, die handelten, bevor die Konzernbindung bekannt war. Die ersteren werden dem Risiko Rechnung getragen haben. Betroffen sind nur die letzteren, soweit es den Gläubigern unter ihnen nicht gelang, ihre Ansprüche durch Sicherheiten wirksam zu schützen.

Negative Folgen kann die Konzernbildung aber nicht nur für Minderheitseigner, Gläubiger der Tochtergesellschaft und – über die Beeinträchtigung des Wettbewerbs – für die Wirtschaftssubjekte allgemein, sondern auch für die Eigner der Obergesellschaft haben. Ihre Interessen sind durch die Möglichkeiten zu Verfassungsänderungen bedroht. Der Konzern vergrößert die Handlungsspielräume der Manager der Obergesellschaft, die bei den Tochtergesellschaften etwa in der Hauptversammlung die Rolle des jeweiligen Mehrheitseigners spielen und die durch Transaktionen zwischen Mutter und Töchtern zumindest versuchen können, Gewinne zu den Tochterunternehmen zu verlagern und so der Ausschüttung an die Eigner zu entziehen. Da die Eigner der Obergesellschaft aber letztlich die Manager bestimmen, haben sie ein wirksames Gegenmittel, wenn sie allgemein ihre Interessen bedroht sehen und sich daher gegen die Manager einigen können. Und zur Disziplinierung der Manager kann ihnen der Konzern wiederum helfen. Wenn nämlich die bisherigen Manager eine Politik zum Nachteil der Eigner verfolgen, gibt es für andere Manager einen Anreiz, eine Übernahme der Obergesellschaft etwa auf dem Wege der Einbindung in einen übergeordneten Konzern zu versuchen. Sie versprechen, den Wert der Obergesellschaft für die neuen Eigner durch eine eignerfreundliche Politik zu erhöhen, so dass die alten Eigner mit einem Preis oberhalb des Wertes des ursprünglichen Konzerns unter der eignerunfreundlichen Politik abgefunden werden könnten.

Literaturhinweise

Akerlof, George A.: The Market for "Lemons": Quality Uncertainty and the Market Mechanism, in: Quarterly Journal of Economics, Vol. 84, 1970, S. 488-500.

Bössmann, Eva: Unternehmungen, Märkte, Transaktionskosten: Die Koordination ökonomischer Aktivitäten, in: WiSt, 12. Jg., 1983, S. 105-111.

Coase, Ronald H.: The Nature of the Firm, in: Economica, New Series, Vol. 4, 1937, S. 386-405.

Druey, Jean Nicolas (Hrsg.): Das St. Galler Konzernrechtsgespräch, Konzernrecht aus der Konzernwirklichkeit, Bern und Stuttgart 1988.

Laux, Helmut/Liermann, Felix: Grundformen der Koordination in der Unternehmung: Die Tendenz zur Hierarchie, in: ZfbF, 39. Jg., 1987, S. 807-828.

Ordelheide, Dieter: Der Konzern als Gegenstand betriebswirtschaftlicher Forschung, in: BFuP, 38. Jg., 1986, S. 293-312.

Picot, Arnold: Transaktionskostenansatz in der Organisationstheorie: Stand der Diskussion und Aussagewert, in: DBW, 42. Jg., 1982, S. 267-284.

Schubert, Werner: Konzern als Zusammenschlußform, in: Küting/Weber (Hrsg.), Handbuch der Konzernrechnungslegung, 2. Aufl., Stuttgart 1998, S. 289-324.

Theisen, Manuel René: Der Konzern. Betriebswirtschaftliche und rechtliche Grundlagen der Konzernunternehmung, 2. Aufl., Stuttgart 2000.

Williamson, Oliver E.: Markets and Hierarchies: Analysis and Antitrust Implications, New York 1975.

Williamson, Oliver E.: Transaction-Cost Economics: The Governance of Contractual Relations, in: The Journal of Law and Economics, Vol. 22, 1979, S. 233-261.

B. Konzernrechnungslegung und Konzernrecht

1. Grundüberlegungen zur Konzernrechnungslegung

1.1 Konzernrechnungslegung als Informationsinstrument

Rechnungslegungsinstrumente lassen sich nur auf der Grundlage ihrer Zwecke gestalten und beurteilen. Anders als Steuerbilanzen, die fast ausschließlich Steuerbemessungsaufgaben erfüllen, oder als handelsrechtliche Einzelbilanzen, die zumindest bei Kapitalgesellschaften auch den aus dem Jahresergebnis maximal an die Eigner ausschüttbaren Betrag festlegen (Ausschüttungsbemessungsfunktion), dient der handelsrechtliche Konzernabschluss bislang in der Bundesrepublik Deutschland ausschließlich der Information externer Interessenten (zur fraglichen Eignung des Konzernabschlusses als Ausschüttungsbemessungsgrundlage vgl. Schildbach WPg 1993, S. 53 ff. und 94 ff.). Entsprechend der obigen These ist er auf diese Informationsaufgabe auszurichten.

Wer an einem Unternehmen als Eigner, als Gläubiger, als Arbeitnehmer, als Kunde oder als Lieferant "beteiligt" ist oder eine solche Beteiligung erwägt, hat im Hinblick auf diese Beteiligung Entscheidungen zu treffen. So ist beispielsweise zu entscheiden, ob das Management im Amt bestätigt werden soll, ob ein Kredit gewährt werden soll oder ob die weitere Mitarbeit in dem Unternehmen noch lohnt. Unabhängig von der Art der Beteiligung werden solche Entscheidungen im Blick auf ihre Konsequenzen für den Entscheidungsträger bzw. – im Fall eines Bankmanagers als Gläubiger – für die vom Entscheidungsträger zu vertretenden Interessen gefällt. Jeder Entscheidungsträger wird sich bemühen, die für ihn subjektiv relevanten Konsequenzen für alle ihm erwägenswert erscheinenden Handlungsalternativen abzuschätzen, um die Alternative mit den besten Konsequenzen wählen zu können.

Aus dieser Perspektive sind die Kosten für die Erstellung und Offenlegung von Jahresabschlüssen Transaktionskosten im Sinne der am Anfang des Buches angeführten Anbahnungs- oder Kontrollkosten. Ohne Kenntnisse über ein Unternehmen wird niemand Anteile an diesem Unternehmen erwerben wollen oder dem Unternehmen Kredit geben. Will daher ein Unternehmen neue Kapitalgeber und Mitarbeiter gewinnen oder bisherige behalten, muss es Informationen bereitstellen. Die Umformung der wirtschaftlichen Verpflichtung zur Information Außenstehender in eine gesetzliche Verpflichtung durch den Gesetzgeber kann dabei speziell im Fall von Publikums-Kapitalgesellschaften der Senkung der Transaktionskosten dienen. Statt nach Lösungen für das schwierige Problem suchen zu müssen, wie für die Vielzahl unterschiedlichster Interessenten jeweils geeignete Informationen bereitgestellt werden können, wird ein normiertes, allgemein anerkanntes Informationsinstrument verwendet.

Speziell für Außenstehende ist es schwierig, die Konsequenzen von Entscheidungen abzuschätzen, die sich auf eine Beteiligung an einem Unternehmen beziehen. Diese Schwierigkeit soll durch den handelsrechtlichen Jahresabschluss verringert werden. Im Rahmen der Informationsfunktion ist es seine Aufgabe, die Außenstehenden bei der Abschätzung der Konsequenzen von Entscheidungen zu unterstützen, die ihre Beteiligung an dem jeweiligen Unternehmen betreffen.

Wie der traditionelle Jahresabschluss diese angesichts der unterschiedlichen Beteiligungsformen, Beteiligungsumfänge und Vorbildungsstände der Beteiligten äußerst vielschichtige Aufgabe tatsächlich löst, ist allerdings unklar, weil es keine eindeutigen ökonomischen Gesetze gibt, die künftiges Geschehen mit Sachverhalten verbinden, die in traditionellen Jahresabschlüssen ausgewiesen werden. Auch liegt dem handelsrechtlichen Jahresabschluss nicht das Ziel möglichst umfassender Information zugrunde, denn vieles spricht dafür, dass er durch eindeutigere Ansatz- und Bewertungsvorschriften sowie durch stärkere Aufgliederungen aussagefähiger gemacht werden könnte. Der handelsrechtliche Jahresabschluss ist also im Grunde Ausdruck eines nicht genau durchschaubaren Kompromisses zwischen Informationsinteressen einerseits und Geheimhaltungsinteressen andererseits.

Für Personen, die nicht mehr an einem unabhängigen "Einzel"-Unternehmen, sondern an einem konzerngebundenen Unternehmen beteiligt sind oder die eine solche Beteiligung erwägen, ändert sich hinsichtlich ihrer Informationsinteressen im Grundsatz nichts. Auch sie möchten die für sie subjektiv relevanten Konsequenzen ihrer Beteiligung an dem konzerngebundenen Unternehmen abschätzen.

Die weiterhin verfügbaren Einzelabschlüsse der konzerngebundenen Unternehmen stehen in dem Verdacht, dass sie die Beteiligten nicht in die Lage versetzen können, die Konsequenzen ihrer auf ihre Beteiligung bezogenen Entscheidungen im Falle konzerngebundener Unternehmen annähernd so gut abzuschätzen wie im Fall unabhängiger Unternehmen. Der Konzernabschluss soll dieses Defizit beseitigen. Wenn sich Externe nur auf der Basis von mit Einzelabschlüssen vergleichbaren Informationen über den Konzern an diesem beteiligen oder ihre Beteiligung aufrechterhalten, sind die Kosten für die Aufstellung und Offenlegung von Konzernabschlüssen spezifische Transaktionskosten des Konzerns.

1.2 Anforderungen an den Konzernabschluss als Informationsinstrument

Im Folgenden wird davon ausgegangen, dass bei der Gestaltung des Konzernabschlusses als Informationsinstrument drei Anforderungen zu beachten sind.

1.2.1 Informationsinstrument nach dem Vorbild des Einzelabschlusses

Der Konzernabschluss soll bei konzerngebundenen Unternehmen wie der Einzelabschluss bei unabhängigen Unternehmen helfen, die Konsequenzen von Beteiligungsentscheidungen abzuschätzen (vgl. Busse von Colbe u. a., Konzernabschlüsse, 2003, S. 26 ff.). Die Tatsache allein, dass es um andersartige Unternehmen geht, ist kein Grund für ein prinzipiell abweichendes Informationsinstrument und eine neuartige Beurteilung des Konflikts zwischen Information und Geheimhaltung. Unterschiede zum Einzelabschluss können bzw. müssen sich nur insoweit ergeben, als der Konzernabschluss nicht der Ausschüttungsbemessung dient.

Das macht ihn zwar weniger informativ, weil er nicht Auskunft über den ergebnisabhängig ausschüttbaren Betrag geben kann, erhöht aber die Möglichkeit zur Information insoweit, als der Konzernabschluss anders als der Einzelabschluss voll auf die Informationsfunktion ausgerichtet werden kann.

1.2.2 Wirtschaftlichkeitsprinzip

Die Aufstellung von Konzernabschlüssen muss dem Wirtschaftlichkeitsprinzip entsprechen. Daraus folgt, dass Konzernabschlüsse so weit wie möglich und mit ihrer Aufgabe verträglich auf vorhandene, gesetzlich vorgeschriebene Rechnungslegungsinstrumente, wie etwa die Einzelabschlüsse der einzubeziehenden Unternehmen, gestützt werden sollten. Sofern ein begründetes Interesse an zusammenfassenden Abschlüssen besteht, die nur bestimmte Konzernunternehmen berücksichtigen, darf Wirtschaftlichkeit solchen Teilabschlüssen aber auch nicht entgegenstehen.

1.2.3 Berücksichtigung der Besonderheiten des Konzerns

Konzernabschlüsse müssen den spezifischen Einflüssen Rechnung tragen, die sich aus der Konzernbindung eines Unternehmens auf die Konsequenzen von Beteiligungsentscheidungen ergeben, im Einzelabschluss aber nicht deutlich werden. Diese spezifischen Einflüsse wiederum liegen auf verschiedenen Ebenen.

Wie bereits dargestellt wurde, verspricht die Konzernbildung Vorteile etwa in Form von Senkungen der Transaktionskosten. Derartige Vorteile schlagen sich allerdings schon in den Einzelabschlüssen der konzerngebundenen Unternehmen nieder und bedürfen als solche keiner besonderen Erfassung.

Nicht in den Einzelabschlüssen erfasst werden dagegen die andersartigen Perspektiven, aus denen die auch in unabhängigen Unternehmen üblichen oder die für Konzernunternehmen spezifischen Vorgänge im Konzern zu sehen sind. Zwei Perspektiven, in denen sich rechtliche und ökonomische Überlegungen vereinigen, erscheinen wichtig.

Soweit Konzernunternehmen einheitlich geleitet werden, stellen sich Transaktionen zwischen ihnen aus der Sicht des Konzerns als einheitlich geleitetem Gebilde anders dar als aus der Sicht der rechtlich eigenständigen Unternehmen. Aus der zuletzt genannten Sicht sind sie nicht von den Transaktionen mit nicht konzerngebundenen Unternehmen zu unterscheiden und daher genau wie diese anderen Transaktionen zu erfassen. Aus der Sicht des Konzerns als einheitlich geleitetem Gebilde dagegen sind es Geschäfte des Konzerns mit sich selbst, Geschäfte einer Abteilung mit der anderen. Die Interpretation, wonach im Konzernabschluss das Geschehen im Konzern aus der Perspektive eines einheitlich geleiteten Gebildes (Perspektive einheitlicher Leitung) darzustellen ist, prägt die Konzernrechnungslegung derzeit. Das Konzernrecht ist dabei insoweit tangiert, als es die Rechte zur einheitlichen Leitung regelt.

Die Einbeziehung eines Unternehmens in einen Konzern kann Einfluss darauf nehmen, gegen wen sich der Anspruch der Aktionäre auf Ausschüttungen in Zukunft richtet, an welchen Erfolgen die Aktionäre also künftig beteiligt sein werden, oder wer den Gläubigern für ihre Ansprüche haftet. Für Aktionäre und Gläubiger kann es dabei bleiben, dass das einzelne Unternehmen weiterhin für ihre Ansprüche maßgeblich ist. Wegen der unveränderten Rechtsansprüche benötigen sie dann zur Abschätzung der Konsequenzen ihrer Beteiligungsentscheidungen weiterhin nur den Einzelabschluss, und ein Konzernabschluss erübrigt sich insoweit. Im Konzern können die Unternehmen aber auch zu einer Anspruchs- und Haftungseinheit verschmelzen, so dass die Aktionäre nicht mehr am Erfolg ihres Konzernunternehmens, sondern zusammen mit Aktionären anderer Konzernunternehmen am Erfolg mehrerer Konzernunternehmen beteiligt sind, und die Ansprüche der Gläubiger nicht mehr nur gegenüber ihrem Schuldner Konzernunternehmen, sondern gemeinsam mit den Ansprüchen von Gläubigern anderer Konzernunternehmen gegenüber einer Gesamtheit aus mehreren Konzernunternehmen bestehen.

Wollen Aktionäre oder Gläubiger solcher Konzerne die Konsequenzen ihrer Beteiligungsentscheidungen abschätzen, ist zunächst wichtig, welche Unternehmen innerhalb des Konzerns zu einer Anspruchseinheit verschmelzen und welche unabhängig bleiben. Bezogen auf diejenigen Unternehmen, die zu einer Anspruchseinheit verschmelzen, benötigen Aktionäre und Gläubiger einen Konzernabschluss, weil ein solcher Abschluss am ehesten Rückschlüsse auf die für sie relevanten Entwicklungen zulässt. Diese zweite Interpretation, wonach Konzernabschlüsse aus der Perspektive der Anspruchseinheiten aufzustellen sind, hat für die Konzernrechnungslegungsvorschriften derzeit keine unmittelbare Bedeutung. Das Konzernrecht ist für sie von allergrößter Bedeutung, weil es die Fragen regelt, gegen wen Aktionäre und Gläubiger im Konzern Ansprüche haben.

2. Grundzüge des Konzernrechts und der Übernahmeregelungen

2.1 Einführung

Aus der Konzernbindung der Unternehmen ergeben sich – wie bereits beschrieben wurde – Rückwirkungen nicht nur auf die möglichen Ansprüche von Eignern, Gläubigern und Arbeitnehmern, sondern auch auf die Leitungs- und Kontrollbefugnisse in den betroffenen Unternehmen allgemein. Insbesondere wenn der Gesetzgeber dabei helfen möchte, die Rechte und Pflichten der verschiedenen, an konzerngebundenen Unternehmen beteiligten Gruppen abzugrenzen, um Verhandlungskosten einsparen zu helfen, aber auch um ihm schützenswert erscheinende Interessen abzusichern, kann er ein Konzernrecht schaffen, das nicht nur einzelnen Bedrohungen im Konzern entgegentritt. Zusätzlich zu Vorschriften über den Schutz der Minderheitsaktionäre und Gläubiger sowie über die ergänzende Konzernrechnungslegung wird es um die Verfassung des Konzerns insgesamt gehen.

Obwohl angesichts der weltweit steigenden Bedeutung konzerngebundener Unternehmen die Relevanz eines solchen Konzernrechts stetig zunimmt, gibt es ein gesetzlich kodifiziertes und über Konzernrechnungslegungsvorschriften hinausgehendes Konzernrecht, außer in Brasilien, Portugal und Ungarn, nur noch in Deutschland (vgl. Lutter, AG 1990, S. 179). Dieses kodifizierte Konzernrecht bezieht sich zudem zumindest in Deutschland bisher nur auf Aktiengesellschaften. Ansätze zur Kodifizierung eines Konzernrechts auch für die GmbH in Deutschland sind bislang ebenso gescheitert wie die Ansätze zur Begründung eines Konzernrechts in den EU-Mitgliedstaaten durch entsprechende Richtlinien. Das heißt allerdings nicht, dass es über die Ausnahmefälle der Konzernrechnungslegungsvorschriften sowie des in wenigen Staaten kodifizierten Konzernrechts hinaus kein Konzernrecht gibt. Konzernrecht wird vielmehr im Regelfall nicht kodifiziert. Es gründet sich überwiegend auf allgemeine Grundsätze des Gesellschaftsrechts, die meist durch als richtungweisend angesehene Urteile auf Probleme von Konzernen übertragen wurden.

Den Gefahren, die Minderheitsaktionären drohen, weil ihre Gesellschaft als Tochtergesellschaft in einen Konzern eingebunden wird, beugen die meisten Länder der Welt durch Übernahmeregelungen vor. Derartige Regelungen werden teilweise in Gesetze gefasst (etwa in den USA, wo ihr Kern einen Teil des Securities Exchange Act von 1934 ausmacht), teilweise aber auch in Form einer Selbstregulierung von der Wirtschaft vereinbart (etwa in Form des "City Code on Takeovers and Mergers" in Großbritannien). Sie dienen auch nicht nur dem vorbeugenden Minderheitenschutz, sondern sollen zugleich den Weg besonders für wertsteigernde und damit ökonomisch zweckmäßige Unternehmensübernahmen freimachen sowie für Transparenz auf dem Markt sorgen.

Im Folgenden wird ein auf die zentralen Grundlinien beschränkter Überblick über das deutsche Konzernrecht gegeben, wobei die Konzernrechnungslegungsvorschriften aber unbeachtet bleiben. Diese werden weitgehend unabhängig vom Kern des Konzernrechts im HGB geregelt und später eingehend erörtert. Im Mittelpunkt der Ausführungen dieses Abschnittes stehen die beiden Lösungsansätze zur Konzernproblematik im deutschen Aktienrecht – faktischer Konzern und Vertragskonzern – sowie die Grundzüge des Richterrechts zum GmbH-Konzern.

Anschließend werden die für das Konzernrecht relevanten Vorschriften des deutschen Wertpapiererwerbs- und Übernahmegesetzes (WpÜG) erörtert, das den bisher freiwilligen, von der Börsensachverständigenkommission initiierten und nur von einem Teil der Aktiengesellschaften akzeptierten Übernahmekodex ersetzen soll. Im Rahmen des künftigen Konzernrechts wird das WpÜG eine wachsende Bedeutung erlangen, es wird aber auch mit den Vorgaben der EU durch entsprechende Richtlinien abzustimmen sein.

2.2 Der Konzernbegriff im Aktienrecht

Die aktienrechtliche – weil rechtsformneutral formuliert, aber auch auf Unternehmen anderer Rechtsformen übertragbare – Definition des Konzerns in § 18 Abs. 1 AktG stellt diesen im Grunde an einen zumindest grob definierten Platz innerhalb des früher beschriebenen Kontinuums zwischen hierarchie- und marktbezogener Koordination. Mehrere Unternehmen, von denen eines die Möglichkeit besitzt, unmittelbar oder mittelbar einen beherrschenden Einfluss auf die übrigen Unternehmen auszuüben (herrschendes Unternehmen und abhängige Unternehmen nach § 17 AktG) bilden dann einen Konzern, wenn sie tatsächlich *"unter der einheitlichen Leitung des herrschenden Unternehmens zusammengefasst"* (§ 18 Abs. 1 Satz 1 AktG) sind. In der Begründung zum Regierungsentwurf des AktG 1965 wurde eine gesetzliche Definition der einheitlichen Leitung noch als unmöglich angesehen, da sie in der Praxis höchst unterschiedliche Formen annehmen könne, die auch lockere Formen gemeinsamer Beratungen etwa einschließe (vgl. Kropff, Aktiengesetz, 1965, S. 33). In der späteren Literatur dagegen werden die Anforderungen höher angesetzt. Danach werden im Konzern zumindest ein wichtiger Unternehmensbereich, insbesondere etwa die Finanzierung, sowie die langfristige Geschäftspolitik und die grundsätzlichen Fragen der Geschäftsführung zentral geplant und hierarchisch koordiniert (vgl. etwa Scheffler, FS Goerdeler, 1987, S. 469 ff.).

Aus der Sicht der anfänglichen allgemeinen Überlegungen zum Konzern bedeutet das Folgendes. Im Konzern stellt sich anders als bei nicht konzerngebundenen Unternehmen die spezifische Frage, inwieweit die Aktivitäten der Konzernunternehmen hierarchisch und inwieweit sie über den Markt koordiniert werden sollen. Diese Frage muss von der Konzernleitung beantwortet werden. Dabei ist allerdings völlige Koordination über den Markt mit einheitlicher Leitung unvereinbar. Nach derzeit herrschender Meinung sind zentraler Planung und Koordination vorzubehalten

- die langfristige Geschäftspolitik, wie etwa die Vorgabe der Ziele, der anzubietenden Produkte und der zu bedienenden Märkte sowie die Entscheidungen zu Erwerb oder Veräußerung von Beteiligungen,
- grundsätzliche Fragen der Geschäftsführung, wie etwa die Art der Koordination der einzelnen Aktivitäten im Konzern, die Gestaltung des Informations- und Kontrollsystems im Konzern und die Besetzung der Führungspositionen bei den abhängigen Unternehmen sowie
- ein wichtiger Unternehmensbereich, insbesondere die für die Verteilung der Ressourcen auf die verschiedenen Aktivitäten wichtige Finanzierung, aber auch der Absatz oder die Beschaffung beispielsweise.

2.3 Der faktische Konzern im Aktienrecht

Im faktischen Konzern des Aktienrechts bleiben die einzelnen konzerngebundenen Unternehmen als eigenständige Anspruchseinheiten erhalten. Die Aktionäre sind weiterhin nur an dem Erfolg ihres konzerngebundenen Unternehmens beteiligt, und den Gläubigern haftet weiterhin nur ihr Schuldnerunternehmen. Das Festhalten an den einzelnen Unternehmen als Anspruchseinheiten wird mit dem Versuch verbunden, diese durch verschiedene Maßnahmen gegen nachteilige Eingriffe speziell der Konzernspitze zu schützen. Die Rechtsvorschriften zum faktischen Konzern (§§ 311-318 AktG) zielen darauf ab, zu verhindern, dass zu Lasten der Eigner und Gläubiger Vermögen eines konzerngebundenen Unternehmens von diesem auf ein anderes Konzernunternehmen übertragen wird.

Ob entsprechend dieser Grundlinie der faktische Konzern ein Konzern mit einheitlicher Leitung sein kann, ist schon umstritten. Eine gewichtige Minderheit bestreitet im Blick auf den notwendigen Schutz der einzelnen Haftungseinheiten und damit der Ansprüche von Eignern und Gläubigern abhängiger Gesellschaften das Recht des herrschenden Unternehmens zu einheitlicher Leitung im faktischen Konzern (vgl. Mestmäcker, FS Kronstein, 1967, S. 141) oder sieht dieses Recht auf die Schaffung sehr lockerer Konzernformen beschränkt (vgl. WP-Handbuch, Band I, T Tz. 223). Nach herrschender Meinung dagegen nimmt der Gesetzgeber in § 311 Abs. 1 AktG das Recht des Vorstands des herrschenden Unternehmens hin, die Konzernunternehmen im faktischen Konzern einheitlich zu leiten. Dabei darf das abhängige Unternehmen sogar zu aus seiner Sicht zunächst nachteiligen Geschäften veranlasst werden, solange diese im Konzerninteresse liegen und jeder Nachteil bis spätestens zum Ende des Geschäftsjahrs ausgeglichen wird. Der Nachteilsausgleich ist dann die von dem herrschenden Unternehmen zu erbringende Mehrleistung, die erforderlich ist, um Leistung und Gegenleistung aus einem unausgewogenen Geschäft zwischen herrschendem und abhängigem Unternehmen so zum Ausgleich zu bringen, dass auch unabhängige Gesellschaften auf das Geschäft eingegangen wären.

Der theoretisch haltbar erscheinende Ansatz über den Nachteilsausgleich stößt praktisch allerdings auf unlösbare Probleme. Nachteile können auszugleichen sein, wenn das abhängige vom herrschenden Unternehmen veranlasst wurde, Rechtsgeschäfte vorzunehmen, Maßnahmen zu treffen oder diese zu unterlassen. Da solche Veranlassungen in den verschiedensten Formen erfolgen können und ein unabsehbar großer Bereich von Rechtsgeschäften und Maßnahmen betroffen sein kann, lässt sich schwerlich sicherstellen, dass jede Pflicht zum Nachteilsausgleich erkannt wird.

Hinzu kommt das Problem, den Umfang des Nachteils zu bestimmen. Speziell bei konzernverbundenen Unternehmen spielen Rechtsgeschäfte oder Maßnahmen mit nur kurzfristigen Folgen, wie etwa bei einem einmaligen Barkauf, eine eher untergeordnete Rolle. Regelmäßig werden längerfristige Bindungen, etwa durch Zulieferung nicht marktgängiger Teile oder Nutzung einer gemeinsamen Einkaufsabteilung, eingegangen. Bei derartigen mehrperiodigen und – weil größtenteils erst in Zukunft eintretend – auch unsicheren Konsequenzen fällt der Vergleich von Leistung und Gegenleistung schwer. Die in der Literatur propagierten vereinfachenden Maßstäbe zur Bemessung von Nachteilen, die Marktpreise und die Selbstkosten, finden schon aus diesem Grund ihre Grenze. Weitere Unklarheiten ergeben sich aus dem Verhalten eines ordentlichen und gewissenhaften Geschäftsleiters einer unabhängigen Gesellschaft (§ 317 Abs. 2 AktG) als Nullpunkt der Nachteilsmessung. Offen bleibt, ob damit optimales Verhalten oder gerade noch pflichtgemäßes Verhalten gemeint ist und wie derartiges Verhalten konkretisiert werden kann. Zudem besteht die Gefahr, dass durch die Einbindung eines Unternehmens in einen Konzern der Charakter dieses Unternehmens derart verändert wird – es hat sein Produktionsprogramm auf den Konzern abgestimmt und verkauft nur über die konzerneigene Vertriebsgesellschaft –, dass schwerlich gesagt werden kann, wie eine unabhängige Gesellschaft gehandelt hätte. Jedenfalls erscheint aus dieser Perspektive das in der Literatur verschiedentlich genannte entscheidende Kriterium für das Vorliegen eines Konzerns, wonach das Einzelinteresse des Tochterunternehmens dem Konzerninteresse tatsächlich untergeordnet werden müsse (vgl. ADS, 6. Aufl., § 18 AktG Tz. 20; Siebourg in:

Küting/Weber, Konzernrechnungslegung, 2. Aufl., § 290 Rn. 18; Hoyos/Ritter-Thiele in: Beck Bil-Komm., 6. Aufl., § 290 Anm. 21) äußerst problematisch (vgl. Hommelhoff, DB 1992, S. 309 ff.). Es beschwört die Gefahr herauf, dass das Eigeninteresse als Maßstab für den Nachteilsausgleich systematisch verschüttet und der Minderheitenschutz im faktischen Konzern aus den Angeln gehoben wird.

Zur Durchsetzung des Nachteilsausgleichs sieht der Gesetzgeber einen vom Vorstand der abhängigen Gesellschaft aufzustellenden *"Bericht über die Beziehungen der Gesellschaft zu verbundenen Unternehmen"* (Abhängigkeitsbericht, § 312 AktG) vor, der vom Aufsichtsrat (§ 314 AktG) und – soweit die abhängige Gesellschaft prüfungspflichtig ist – vom Abschlussprüfer dieser Gesellschaft (§ 313 AktG) zu prüfen ist. In diesem Bericht sind vollständig und klar gegliedert aufzuführen

- alle Rechtsgeschäfte der abhängigen Gesellschaft, die im vergangenen Geschäftsjahr mit dem herrschenden Unternehmen oder einem mit ihm verbundenen Unternehmen, auf Veranlassung oder im Interesse dieser Unternehmen vorgenommen wurden und

- alle anderen Maßnahmen der abhängigen Gesellschaft, die im vergangenen Geschäftsjahr auf Veranlassung oder im Interesse dieser Unternehmen getroffen oder unterlassen wurden.

Damit die Angemessenheit beurteilt werden kann, sind zu jedem Rechtsgeschäft Leistung und Gegenleistung, zu jeder Maßnahme Vor- und Nachteile sowie die Gründe für die Vorgehensweise ausführlich und detailliert zu beschreiben.

Der Bericht und seine Prüfung dienen indirekt dem Schutz der Minderheitseigner und Gläubiger der abhängigen Gesellschaft. Wenn nämlich entweder der den Bericht erstellende Vorstand feststellt, dass Nachteile entstanden und nicht ausgeglichen wurden, oder der Aufsichtsrat Einwendungen gegen die Erklärung des Vorstandes erhebt, wonach Nachteile nicht entstanden bzw. stets ausgeglichen wurden, oder der Abschlussprüfer den Bestätigungsvermerk zum Abhängigkeitsbericht einschränkt oder versagt, kann jeder Aktionär der abhängigen Gesellschaft, nicht aber ein Gläubiger, eine Sonderprüfung beantragen (§ 315 AktG).

In der Sonderprüfung werden die Beziehungen zwischen der abhängigen Gesellschaft und demjenigen herrschenden oder verbundenen Unternehmen umfassend analysiert, dem der Vorteil zufloss, welcher die Sonderprüfung letztlich auslöste. Der Bericht über die Sonderprüfung, der anders als der Abhängigkeitsbericht und der Bericht über dessen Prüfung den Aktionären zugänglich ist, soll die Minderheitsaktionäre der abhängigen Gesellschaft in die Lage versetzen, Schadensersatzansprüche geltend zu machen. Wurde nämlich die abhängige Gesellschaft vom herrschenden Unternehmen veranlasst, ein nachteiliges Rechtsgeschäft vorzunehmen oder Maßnahmen zu ihrem Nachteil zu treffen oder zu unterlassen, ohne dass der Nachteil ausgeglichen wurde, so bestehen Schadensersatzansprüche der abhängigen Gesellschaft und – für darüber hinausgehende Schäden – auch solche der Minderheitseigner (§ 317 AktG). Der Prüfungsbericht der Sonderprüfung liefert den Aktionären das für die Schadensersatzansprüche erforderliche Beweismaterial.

Zum Ersatz des Schadens gesamtschuldnerisch verpflichtet sind das herrschende Unternehmen, die gesetzlichen Vertreter dieses Unternehmens, soweit sie das Rechtsgeschäft oder die

Maßnahme veranlasst haben, und die Vorstandsmitglieder der abhängigen Gesellschaft, soweit sie das nachteilige Rechtsgeschäft oder die nachteilige Maßnahme nicht im Abhängigkeitsbericht aufgeführt haben oder nicht darauf hinwiesen, dass es insoweit zu Nachteilen kam, die nicht ausgeglichen wurden.

Das auf Abhängigkeitsbericht und Sonderprüfung aufbauende Schutzsystem im faktischen Konzern wird allerdings zusätzlich zu den früher beschriebenen Problemen bei der Feststellung und Messung der Nachteile durch die Bedingung beeinträchtigt, wonach entweder der Vorstand oder der Aufsichtsrat oder der Abschlussprüfer der abhängigen Gesellschaft einen unvollständigen Nachteilsausgleich bestätigen müssen. Ohne einen weiteren Zugang bliebe auf dieser Basis der Weg zur Sonderprüfung praktisch versperrt, denn die ausgewählten Personen werden aufgrund der gegebenen Interessenlage solche Eingeständnisse am liebsten vermeiden.

Der Vorstand der abhängigen Gesellschaft, der den Abhängigkeitsbericht erstattet, steht in einem Konflikt. Einerseits ist er den Interessen der abhängigen Gesellschaft und damit auch denjenigen der Minderheitseigner und Gläubiger dieser Gesellschaft verpflichtet. Andererseits hängt seine Zukunft von den Entscheidungen des herrschenden Unternehmens ab, so dass das Eigeninteresse ein Handeln im Sinne des herrschenden Unternehmens und damit nur des Mehrheitseigners nahe legt. Dieser Konflikt wird durch Vorstands-Doppelmandate beim abhängigen und herrschenden Unternehmen weiter erheblich verschärft. Vorstandsmitglieder wären in diesem Fall unmittelbar zur Wahrung der zum Teil widersprüchlichen Interessen von Mehrheits- und Minderheitseignern verpflichtet.

Der Aufsichtsrat der abhängigen Gesellschaft wird in der Regel von Vertretern des herrschenden Unternehmens dominiert sein, die im Falle von Interessenkonflikten zwischen abhängigem und herrschendem Unternehmen schwerlich ein Interesse an einem Schutz der Minderheitseigner und Gläubiger der abhängigen Gesellschaft haben.

Der Abschlussprüfer der abhängigen Gesellschaft wird von der Hauptversammlung dieser Gesellschaft auf Vorschlag des Aufsichtsrats bestellt. Sowohl die Hauptversammlung als auch der Aufsichtsrat der abhängigen Gesellschaft werden von Vertretern des herrschenden Unternehmens dominiert. In dieser Situation wird es dem Prüfer insbesondere dann sehr schwer fallen, den Interessen des herrschenden Unternehmens entgegenzutreten, wenn sich sein Widerspruch nur auf kaum belegbare Vermutungen über eine Veranlassung durch das herrschende Unternehmen oder zwangsläufig ungenaue Maße für Nachteile aus Geschäften oder Maßnahmen stützen lässt. Unter den beschriebenen Umständen droht nämlich bei Widerspruch Streit mit den Vertretern des herrschenden Unternehmens und Verlust des Mandats, während Verzicht auf Widerspruch Wiederwahl bei geringen Risiken in der Sache verspricht, weil Veranlassung und Nachteil auch von anderen kaum nachgewiesen werden können.

Um den Zugang zur Sonderprüfung nicht zu "totem Recht" degenerieren zu lassen, hat der Gesetzgeber im Rahmen des Gesetzes zur Kontrolle und Transparenz im Unternehmensbereich die Möglichkeiten der Minderheitsaktionäre gemäß § 315 AktG erweitert. Der Antrag auf Sonderprüfung kann zusätzlich auch dann gestellt werden, wenn "sonstige Tatsachen vor(liegen), die den Verdacht einer pflichtwidrigen Nachteilszufügung rechtfertigen". Diese materielle Voraussetzung erfordert die Vorlage von glaubwürdigen Argumenten (nicht aber schon Beweisen) für Tatsachen, die mit hinreichender Wahrscheinlichkeit den Verdacht der pflichtwidrigen Nachteilszufügung rechtfertigen. Allerdings kann der Antrag nicht von einem Aktionär allein gestellt werden. Das Recht steht gemäß der formellen Voraussetzung nur einer Minderheit von mindestens 1 % des Grundkapitals oder von mindestens dem anteiligen Betrag von 100.000 Euro zu, die zusätzlich glaubhaft machen muss, "dass sie seit mindestens drei Monaten vor dem Tage der Antragstellung Inhaber der Aktien" ist. Um auf diesem Wege einen Verdacht ausreichend belegen zu können, benötigen die Minderheitsaktionäre freilich Informationen, an die sie mangels Publizität des Abhängigkeitsberichts nur schwer herankommen. Die praktisch bedeutsamste Chance, derartige Informationen zu erhalten, bietet ihnen das Auskunftsrecht des Aktionärs in der Hauptversammlung nach § 131 AktG speziell bezüglich der "rechtlichen und geschäftlichen Beziehungen der Gesellschaft zu einem verbundenen Unternehmen". Ob die Minderheitsaktionäre diese Chance allerdings nutzen können, hängt entscheidend von dem Ausmaß des Aussageverweigerungsrechts des Vorstands gemäß § 131 Abs. 3 AktG ab. Die Nützlichkeit des neuen Zugangs zur Sonderprüfung muss sich folglich erst noch erweisen.

2.4 Der Vertragskonzern im Aktienrecht

Im Vertragskonzern des Aktienrechts bleiben die einzelnen Konzernunternehmen zwar vordergründig als Anspruchseinheiten für die jeweiligen Eigner und Gläubiger erhalten, tatsächlich aber wird letztlich der Konzern die gemeinsame Anspruchseinheit für alle Eigner und Gläubiger der Unternehmen des Vertragskonzerns. Die Rechtsvorschriften zum Vertragskonzern erfüllen dementsprechend mehrere Aufgaben.

2.4.1 Umfang der Weisungsbefugnis im Vertragskonzern

Zunächst schaffen die Rechtsvorschriften eine klare Grundlage für die einheitliche Leitung im Vertragskonzern, denn eine Bündelung der Ansprüche ohne einheitliche Leitung ist nicht verantwortbar. In diesem Sinne führt von den verschiedenen möglichen Unternehmensverträgen nur der Beherrschungsvertrag zum Vertragskonzern. Soweit im Vertrag keine Grenzen vereinbart sind, verschafft dieser Beherrschungsvertrag dem herrschenden Unternehmen eine weitgehend unbeschränkte Leitungsmacht über die abhängige Gesellschaft (§§ 291 Abs. 1, 308 bis 310 AktG). Zulässig sind alle Weisungen, soweit sie nicht den geltenden Gesetzen – insbesondere § 299 AktG –, dem Konzerninteresse oder der Satzung der abhängigen Gesellschaft widersprechen und soweit sie nicht auf die Gewinnabführung hinauslaufen, für die das Gesetz einen eigenen Unternehmensvertrag vorsieht, der allerdings in der Praxis meist zusammen mit dem Beherrschungsvertrag geschlossen wird. Der Vorstand der abhängigen Gesellschaft ist verpflichtet, diesen Weisungen zu folgen, auch wenn sie für die Gesellschaft nachteilig sind, ja sogar wenn sie auf eine verdeckte Gewinnausschüttung hinauslaufen, denn die Vorschriften der §§ 57, 58 und 60 AktG zum Schutz des Vermögens der abhängigen Gesellschaft sind aufgehoben (§ 291 Abs. 3 AktG).

Der isolierte Gewinnabführungsvertrag führt, wenn er zulässig ist, nicht zum Vertragskonzern, obwohl die wichtigsten Schutzvorschriften des Vertragskonzerns (§§ 300-307 AktG) auch in diesem Fall gelten. Beim faktischen Konzern mit Gewinnabführungsvertrag entfallen allerdings Abhängigkeitsbericht und Sonderprüfung.

2.4.2 Abschluss, Änderung und Beendigung des Beherrschungsvertrags

Da ein wirksamer Beherrschungsvertrag die Ansprüche speziell der Eigner und Gläubiger der betroffenen Unternehmen entscheidend beeinflusst, bedürfen die Bedingungen einer genauen Regelung, unter denen dieser Vertrag und der mit ihm praktisch meist verbundene Gewinnabführungsvertrag abgeschlossen, geändert und beendigt werden können.

Damit ein Beherrschungs- oder ein Gewinnabführungsvertrag wirksam zustande kommt (Abschluss), sind mehrere Bedingungen zu erfüllen. Im Fall von Aktiengesellschaften muss der Vertrag von den Vorständen der beiden Gesellschaften in schriftlicher Form abgeschlossen und – bei entsprechenden Satzungsbestimmungen oder bei mitbestimmten Unternehmen – von den Aufsichtsräten der beiden Gesellschaften genehmigt werden. In jedem Falle zustimmen müssen die Hauptversammlungen der beiden Gesellschaften, und dies jeweils mit drei Vierteln des bei der Beschlussfassung vertretenen Grundkapitals oder einer in der Satzung vorgesehenen größeren Mehrheit. Um ihre Entscheidungen auf solider Basis treffen zu können, haben die Aktionäre ein Recht auf umfassende Information. Bei beiden Gesellschaften sind die wesentlichen Inhalte des Vertrags im Rahmen der Einberufung der über den Vertrag beschließenden Hauptversammlung mitzuteilen. Vom gleichen Zeitpunkt an ist der Vertrag in den Geschäftsräumen der Gesellschaften zur Einsicht auszulegen und jedem Aktionär auf Verlangen unverzüglich und kostenlos eine Abschrift zu erteilen. In den Hauptversammlungen selbst haben die Aktionäre ein Recht auf Auskunft über alle für die Einschätzung des Vertrags und die Beurteilung des Vertragspartners wichtigen Sachverhalte.

Eine Änderung liegt vor, wenn der Vertrag in seiner Art beibehalten, in einigen mehr oder weniger wichtigen Details aber modifiziert wird. Damit durch nachträgliche Änderungen die Vorschriften über den Abschluss des Vertrags nicht unterlaufen werden können, müssen die dort aufgestellten Bedingungen insbesondere hinsichtlich der Zustimmungs- und Informationserfordernisse auch hier erfüllt werden. Von Änderungen besonders betroffen sind in der Regel die außenstehenden Minderheitsaktionäre. Zu ihrem Schutz wird daher zusätzlich verlangt, dass in einem Sonderbeschluss nur der Minderheitsaktionäre diese der Änderung zustimmen, wobei zwar keine Einstimmigkeit, aber doch eine Mehrheit von drei Vierteln oder mehr laut Satzung erforderlich ist.

Das Gesetz sieht verschiedene Formen der Beendigung von Unternehmensverträgen vor. Anders als bei Abschluss und Änderung des Vertrags wird hier allerdings nicht die Zustimmung der Aktionäre insgesamt, sondern allenfalls diejenige der beschriebenen Mehrheit der Minderheitsaktionäre in Sonderbeschlüssen verlangt, und das auch nicht in jedem Fall. Beachtet wird also neben dem Schutz der Gläubiger durch § 303 AktG, wenn überhaupt, nur der Schutz der Minderheitseigner. Dies gilt etwa im Falle der Aufhebung, in dem beide Seiten das Ende des Vertrags einvernehmlich wünschen und in dem der Sonderbeschluss erforderlich ist.

Bei der Kündigung als der Beendigung des Vertrags durch einseitige Willenserklärung müssen vier Varianten unterschieden werden. Sie zeichnen sich einerseits durch die kündigende Partei – herrschende oder abhängige Gesellschaft – und andererseits durch die Art der Kündigung aus – ordentlich ohne wichtigen Grund oder außerordentlich mit wichtigem Grund.

Gesetzlich gewährleistet durch das Erfordernis eines Sonderbeschlusses ist der Schutz der Minderheitsaktionäre nur im Fall der ordentlichen Kündigung durch den Vorstand der abhängigen Gesellschaft. Wenn dieser Vorstand dagegen aus wichtigem Grund, wie etwa der voraussichtlichen Nichterfüllung der Vertragspflichten durch den anderen Vertragsteil, kündigt, bedarf es keines Sonderbeschlusses der Minderheit. Ob das Erfordernis eines wichtigen Grundes zum Schutz der Minderheit ausreicht oder die Vorteile aus der Möglichkeit zu raschem Handeln des Vorstands die Gefahren des fehlenden Erfordernisses eines Sonderbeschlusses überkompensieren, kann unterschiedlich beurteilt werden.

Die herrschende Meinung geht davon aus, dass eine ordentliche Kündigung durch das herrschende Unternehmen, die ebenfalls per Gesetz keinen zustimmenden Sonderbeschluss voraussetzt, nur zulässig ist, wenn ein entsprechendes Recht dazu im Vertrag ausdrücklich vorgesehen wurde. Die Minderheitsaktionäre werden dann durch diese Kündigungsvariante nur in dem Fall bedroht, in dem sie im Vertrag vorgesehen werden soll und es nicht gelingt, das Kündigungsrecht an die Bedingung der Zustimmung durch die Minderheitsaktionäre in einem Sonderbeschluss zu binden. Sofern entgegen der herrschenden Meinung eine ordentliche Kündigung durch das herrschende Unternehmen möglich ist, auch wenn sie nicht vertraglich vereinbart wurde, kann sich die Minderheit auf zwei Wegen schützen. Zunächst kann sie versuchen durchzusetzen, dass die ordentliche Kündigung durch das herrschende Unternehmen im Unternehmensvertrag von einem zustimmenden Sonderbeschluss der Minderheit abhängig gemacht wird. Damit würde ein Sicherungsansatz gewählt, auf den die Begründung zum Regierungsentwurf ausdrücklich verweist (vgl. Kropff, Aktiengesetz, 1965, S. 386). Eine zweite Möglichkeit, den Minderheitenschutz wiederherzustellen, könnte darin bestehen, ein Einvernehmen des Vorstands der abhängigen Gesellschaft mit der Kündigung durch das herrschende Unternehmen nachzuweisen, so dass die Vorschriften über die Aufhebung zur Anwendung kommen, die einen Sonderbeschluss vorsehen (§ 296 AktG). Die Kündigung durch das herrschende Unternehmen aus wichtigem Grund, die wiederum keinen Sonderbeschluss der Minderheitsaktionäre erfordert, bedroht die Interessen der Minderheitseigner ebenfalls, weil das Recht zu einer solchen Kündigung vertraglich nicht ausgeschlossen werden kann – zwei konkrete Fälle werden im Gesetz in §§ 304 Abs. 5 und 305 Abs. 5 Satz 4 AktG sogar genannt – und weil es nicht leicht sein wird, durch restriktive Kommentierung des erforderlichen wichtigen Grundes einen Missbrauch dieses Rechts auszuschließen.

2.4.3 Gläubigerschutz im Vertragskonzern

Die Gläubiger der abhängigen Gesellschaft werden im Vertragskonzern durch verschiedene Vorschriften geschützt, von denen die wichtigste erst mit der Beendigung des Beherrschungs- oder Gewinnabführungsvertrags wirksam wird.

Zunächst wird versucht, eine rasche Dotierung der gesetzlichen Rücklage zu erreichen (§ 300 AktG). Zusammen mit der Kapitalrücklage soll sie durch Thesaurierung in den ersten fünf Geschäftsjahren nach Vertragsschluss auf 10 % oder den höheren, in der Satzung festgelegten Anteil des Grundkapitals gebracht werden. Zusätzlich wird die Möglichkeit zur Gewinnausschüttung an das herrschende Unternehmen beschränkt. Ausschüttungen sind erst möglich, nachdem zusätzlich zur Dotierung der gesetzlichen Rücklage auch ein Verlustvortrag abgedeckt wurde. Andere Gewinnrücklagen dürfen nur aufgelöst werden, soweit sie während der Laufzeit des Vertrags dotiert wurden (§ 301 AktG). Endlich ist das herrschende Unternehmen verpflichtet, jeden innerhalb der Laufzeit des Vertrags bei der abhängigen Gesellschaft entstandenen Jahresfehlbetrag auszugleichen, soweit dieser nicht durch Auflösung anderer Gewinnrücklagen aufgefangen werden kann, die während der Laufzeit des Vertrags gebildet wurden (§ 302 AktG).

Insgesamt wird durch diese Vorschriften nur ein auf vergangenheitsorientierter Basis bewertetes Reinvermögen in Höhe des um die Mindestrücklage erweiterten Grundkapitals gesichert. Offen bleibt, ob mit dem vergangenheitsbezogen bewerteten Vermögen auch die Erfolgskraft oder der Zerschlagungswert erhalten wird, zumal das heute wichtige originäre immaterielle Vermögen (Know-how, Personalausbildung, Stellung auf dem Markt) nicht gesichert wird, der Abwicklungsverlust bei Auflösung der abhängigen Gesellschaft (Verlust, der erkennbar wird, wenn von der Annahme der Unternehmensfortführung auf Unternehmenszerschlagung umgestellt wird) nach überwiegender Meinung nicht ausgleichspflichtig ist und auch keine Pflicht des herrschenden Unternehmens besteht, die Liquidität der abhängigen Gesellschaft jederzeit zu gewährleisten.

Mit der Beendigung des Vertrags und damit nicht nur mit Aufhebung oder Kündigung, sondern vor allem auch mit der Eröffnung des Insolvenzverfahrens über das Vermögen der abhängigen Gesellschaft ändert sich die Position der Gläubiger entscheidend. Praktisch wird das herrschende Unternehmen zum zusätzlichen Schuldner, denn die Gläubiger der abhängigen Gesellschaft, deren Forderungen aus der Zeit vor dem Ende des Vertrags stammen und die nicht durch Ansprüche auf vorzugsweise Befriedigung aus der Haftungsmasse der abhängigen Gesellschaft privilegiert sind, erwerben Ansprüche auf Sicherheitsleistung durch das herrschende Unternehmen (§ 303 AktG). Die Beendigung des Vertrags kann dementsprechend die Gläubiger der abhängigen Gesellschaft nicht schrecken. Im Gegenteil eröffnet ihnen dieses Ende erst das Recht auf Absicherung durch das herrschende Unternehmen und damit in dem für sie kritischen Fall, in dem sie von der abhängigen Gesellschaft keine Befriedigung erlangen können, auf Leistungen durch dieses herrschende Unternehmen.

2.4.4 Schutz der Minderheitsaktionäre im Vertragskonzern

Durch den Abschluss von Beherrschungs- und gegebenenfalls auch Gewinnabführungsvertrag werden die zentralen Rechte derjenigen Aktionäre ausgehöhlt, die neben dem herrschenden oder den mit ihm eng verbundenen Unternehmen noch an der abhängigen Gesellschaft beteiligt sind (außenstehende Aktionäre oder Minderheitsaktionäre). Der Vorstand ihrer Gesellschaft ist nicht mehr den Interessen aller Aktionäre dieser Gesellschaft verpflichtet, sondern den Weisungen des herrschenden Unternehmens unterworfen, die sich primär, wenn nicht ausschließlich, an den Interessen der Eignermehrheit orientieren. Der Gewinnanspruch der Minderheit kann schon bei Vorliegen nur eines Beherrschungsvertrags dadurch ins Leere laufen, dass die Entstehung von Gewinnen durch ungünstige Konditionen bei Geschäften mit dem herrschenden Unternehmen verhindert wird. Im Falle der Existenz eines Gewinnabführungsvertrags ist der Bilanzgewinn, dessen Ausschüttung allenfalls verlangt werden könnte, voll an das herrschende Unternehmen abzuführen und damit den Minderheiten auch anteilig nicht mehr zugänglich. Die notwendige Kompensation für diesen fast vollständigen Verlust ihrer zentralen Rechte besteht darin, dass den Minderheitsaktionären bei Abschluss sowohl eines Beherrschungs- als auch eines Gewinnabführungsvertrags ein angemessener Ausgleich und eine angemessene Abfindung angeboten werden müssen. Jeder Minderheitsaktionär kann sich für eines der beiden Angebote entscheiden.

Bei Wahl des Ausgleichs (§ 304 AktG) bleibt der Aktionär an der abhängigen Gesellschaft beteiligt, was für den Fall der Beendigung des Vertrags wichtig wird. Der Ausgleich selbst besteht aus wiederkehrenden Geldleistungen in Höhe eines konstanten Betrags (fester Ausgleich), in Höhe der Dividenden, die auf einen vergleichbaren Anteil am herrschenden Unternehmen gezahlt werden (variabler Ausgleich), oder in Höhe eines Maximums aus einem festen und einem variablen Ausgleich. Im Falle des Gewinnabführungsvertrags tritt mangels eines verbleibenden Gewinns der Ausgleich an die Stelle der Gewinnbeteiligung. Im Falle des bloßen Beherrschungsvertrags dagegen kann die abhängige Gesellschaft weiterhin Gewinne erzielen und an ihre Aktionäre ausschütten. Der Anspruch der Minderheitsaktionäre auf solche Gewinnausschüttungen ist zu respektieren. Folglich darf in diesem Fall der Ausgleich unabhängig von seiner Form nur eine zusätzliche Untergrenze darstellen, die den Mindestausschüttungsanspruch definiert, der den Minderheitsaktionären zusteht, eventuell höhere Ausschüttungen aus dem Gewinn der abhängigen Gesellschaft aber nicht ausschließt.

Bei Wahl der Abfindung (§ 305 AktG) scheidet der Minderheitsaktionär als Eigner der abhängigen Gesellschaft aus. Als Abfindung sind ihm für sein Ausscheiden Bargeld oder Aktien anzubieten.

Wenn der andere Vertragsteil des Beherrschungs- oder Gewinnabführungsvertrags eine nicht abhängige oder nicht in Mehrheitsbesitz stehende inländische Aktiengesellschaft oder Kommanditgesellschaft auf Aktien ist, müssen Aktien dieser Gesellschaft angeboten werden.

Wenn der andere Vertragsteil dagegen seinerseits von einer inländischen Aktiengesellschaft oder Kommanditgesellschaft auf Aktien abhängig ist oder in deren Mehrheitsbesitz steht, sind entweder Aktien dieses übergeordnet herrschenden bzw. mit Mehrheit beteiligten Unternehmens oder eine Barabfindung anzubieten. Welches Angebot von diesen beiden unterbreitet werden soll, steht im Ermessen des anderen Vertragsteils oder seiner Konzernmutter.

Wenn die zuvor genannten Bedingungen nicht zutreffen, der andere Vertragsteil also oder das diesen beherrschende Unternehmen keine Aktiengesellschaft oder Kommanditgesellschaft auf Aktien ist oder seinen Sitz im Ausland hat, muss eine Barabfindung angeboten werden.

Sofern die Minderheitsaktionäre nicht durch eine Barabfindung aus ihrer Beteiligungsposition gänzlich ausscheiden, werden ihre Interessen durch Ausgleich und Abfindung eng an das Wohlergehen des herrschenden Unternehmens und der mit ihm im Vertragskonzern eng verbundenen Unternehmen gebunden. Bei der Abfindung in Aktien liegt das auf der Hand. Die Minderheiten werden Aktionäre des anderen Vertragsteils des Beherrschungs- oder Gewinnabführungsvertrags oder der diesem übergeordneten herrschenden Gesellschaft. Beim Ausgleich ist der Zusammenhang nicht ganz so eng. Obwohl das Gesetz diese Frage nicht explizit regelt, ist nach herrschender Meinung die abhängige Gesellschaft nur vordergründig zum Ausgleich verpflichtet. Die herrschende Gesellschaft muss ihr den Ausgleich ermöglichen und damit letztlich für den Ausgleich einstehen. Zumindest beim variablen Ausgleich richtet sich auch die Höhe dieses Ausgleichs nach einem Kriterium für das Wohlergehen des herrschenden Unternehmens, nämlich nach dessen Dividende. Im Falle des festen Ausgleichs sind die Minderheiten wie Gläubiger an der Entwicklung des herrschenden Unternehmens interessiert. Allerdings kann bei Ausgleich der weitgehende Interessengleichklang auch wieder unterbrochen werden. Durch Beendigung des Vertrags endet der Ausgleichsanspruch, und die Minderheitsaktionäre sind mit ihren Ansprüchen wieder auf die Gewinne der zuvor abhängigen Gesellschaft beschränkt. Bei der Wahl zwischen Ausgleich und Abfindung ist diese Möglichkeit zu berücksichtigen. Ein zusätzliches begrenztes Interesse an der Entwicklung alleine des abhängigen Unternehmens besteht beim isolierten Beherrschungsvertrag insofern, als der Ausgleich nur eine Untergrenze markiert. Angesichts der umfassenden Weisungsrechte des herrschenden Unternehmens aber lässt sich diese Entwicklung kaum absehen.

Die zentralen und allenfalls näherungsweise lösbaren Probleme von Ausgleich und Abfindung entstehen bei der Bestimmung ihrer Umfänge. Ausgleich und Abfindung müssen laut Gesetz angemessen sein, sollen die Minderheitsaktionäre also zumindest voll für den entgehenden Gewinn bzw. die aufgegebenen Anteile entschädigen. Dabei ist völlig unumstritten, dass ein derartiger Ausgleich und eine derartige Abfindung beide nach den Grundsätzen der Unternehmensbewertung bestimmt werden müssen. Diesen Grundsätzen entsprechend sind für den Unternehmenswert letztlich allein die zum Bewertungszeitpunkt – hier also zum Augenblick der Beschlussfassung der Hauptversammlung der abhängigen Gesellschaft über den Vertrag – für die Zukunft zu erwartenden Erfolgsaussichten maßgebend. Diese lassen sich aber nur ungenau abschätzen, weil sie von einer großen Zahl ihrerseits häufig noch unbekannter oder zumindest ebenfalls zu prognostizierender Einflussfaktoren abhängen. Die Erfolgsentwicklung in der Vergangenheit liefert, wenn überhaupt, nur grobe Anhaltspunkte. Dementsprechend kann ein Unternehmenswert allenfalls auf mehr oder weniger fundierte subjektive Erwartungen gestützt und schon aus diesem Grunde nicht allgemein verbindlich oder gar absolut richtig ermittelt werden.

Dabei sind zur Bemessung von Ausgleich und Abfindung in der Regel mehrere Unternehmen zu bewerten.

Wenn zunächst vom Problem der Synergieeffekte aus der Verbindung und der möglichen Beteiligung der Minderheiten auch an diesen Effekten abgesehen wird, reicht bei festem Ausgleich oder bei Barabfindung die Bewertung alleine der abhängigen Gesellschaft aus. In diesen beiden Fällen geht es nämlich nur darum, den Wert dieser Gesellschaft in Form eines einmalig zu zahlenden Geldbetrags oder eine zu diesem Wert äquivalente, konstante, jährlich zu zahlende, ewige Rente zu finden und dann auf eine Aktie der abhängigen Gesellschaft zu beziehen, weil auch Ausgleichs- und Abfindungsangebote regelmäßig pro Aktie unterbreitet werden.

Beim variablen Ausgleich und bei der Abfindung in Aktien müssen sowohl die abhängige Gesellschaft als auch die Gesellschaft bewertet werden, die zum Vergleich herangezogen wird. Beim Ausgleich geht es um die schwierige, weil von der künftigen Gewinnverwendungspolitik des herrschenden Unternehmens abhängige Suche nach demjenigen Anteil an dem herrschenden Unternehmen, der eine Dividende verspricht, deren Wert den Ausschüttungserwartungen aus einer Aktie des abhängigen Unternehmens vor Vertragsabschluss gleicht. Im Falle der Abfindung in Aktien ist der Anteil an dem Unternehmen, mit dessen Aktien abgefunden werden soll, zu suchen, dessen Wert dem Wert einer Aktie der abhängigen Gesellschaft entspricht.

Sollen die Minderheitsaktionäre an den Synergieeffekten partizipieren, muss auch bei festem Ausgleich und Barabfindung das herrschende Unternehmen oder gegebenenfalls dessen übergeordnetes Mutterunternehmen bewertet werden. Der Synergieeffekt kann sich nämlich in einer Wertsteigerung eines dieser Unternehmen niederschlagen, so dass ein Wertvergleich erforderlich wird. Soweit sich der Synergieeffekt bei der abhängigen Gesellschaft auswirkt und dazu führt, dass ihr Wert vor der Verbindung von ihrem Wert nach der Verbindung abweicht, wäre auch diese Differenz zu bestimmen. Hinzu käme schließlich das Problem der angemessenen Beteiligung der Minderheiten an diesen Effekten.

Die schwierigen Probleme der Unternehmensbewertung bei Ausgleich und Abfindung gewinnen für die Minderheiten durch das vom Gesetzgeber vorgesehene Verfahren zusätzliche Brisanz. Ausgleich und Abfindung werden als gesetzlich geforderte Bestandteile im Rahmen des Vorschlags zu einem Beherrschungs- oder Gewinnabführungsvertrag von dem anderen Vertragsteil angeboten. Werden diese Angebote als nicht angemessen beurteilt, kann jeder Minderheitsaktionär beantragen, dass das zuständige Landgericht einen angemessenen Ausgleich und eine angemessene Abfindung bestimmt.

Der gesetzlich vorgesehene Weg bürdet die Risiken weit überwiegend den Minderheitsaktionären auf. Angesichts der Unsicherheiten über die wertbeeinflussenden Parameter und über die zu verwendenden Verfahren der Unternehmensbewertung wird es dem anderen Vertragsteil möglich sein, das von ihm zu unterbreitende Angebot von solchen Sachverständigen errechnen zu lassen, die diese unvermeidlichen Spielräume in seinem Interesse nutzen. Die so drohende Gefahr lässt sich durch Versuche zur Verhinderung des angebotenen Vertrags schwerlich bannen, denn einerseits fehlt den Minderheitsaktionären regelmäßig die dazu erforderliche Sperrminorität und andererseits bleiben sie bei dieser Strategie in der für sie bedrohlichen Konstellation des faktischen Konzerns. Nur begrenzten Erfolg verspricht auch die gerichtliche Bestimmung von Ausgleich und Abfindung. Die Rechtsprechung orientierte sich lange an vergangenheits- und substanzwertorientierten Verfahren der Unternehmensbewertung, die zumindest bei erfolgskräftigen und expandierenden Unternehmen den Interessen der Minderheitsaktionäre nicht entsprechen. Inzwischen gibt es zwar Anzeichen für eine Umorientierung hin zum zielbezogenen Zukunftserfolgswert, unklar ist aber noch, ob diese Neuorientierung über einzelne Spezialfälle hinausgeht und ob sie stets bis in die wichtigen Details hinein konsequent vollzogen wird. Die Minderheitsaktionäre bleiben insoweit mit einem Risiko belastet, dem sie nicht ausweichen können. Das korrespondierende Risiko des anderen Vertragsteils und damit der Eignermehrheit gibt es nicht. Sollte das Gericht nämlich zu einem für sie untragbar hohen Betrag als Ausgleich oder Abfindung gelangen, was ohnehin auf Basis der vergangenheits- und substanzwertorientierten Verfahren unwahrscheinlich ist, so kann der Vertrag von dieser Seite innerhalb von zwei Monaten ohne Kündigungsfrist gekündigt werden (§§ 304 Abs. 4, 305 Abs. 5 Satz 4 AktG). Das Verfahren lädt also zum Versuch ein, auf Basis niedrigen Ausgleichs und geringer Abfindung "einzusteigen". Dem möglichen Erfolg steht als Risiko schlimmstenfalls ein verlustloser Rückzug gegenüber.

2.5 Die GmbH als abhängige Gesellschaft im Konzern

Von wenigen Fragen abgesehen – speziell der Konzernrechnungslegung in §§ 290-315 HGB – ist das GmbH-Konzernrecht nicht gesetzlich kodifiziert, sondern durch einige richtungweisende Urteile der Rechtsprechung begründet worden (Überblick bei Lutter, AG 1990, S. 180 f.). Dabei werden nur partiell Überlegungen des Konzernrechts für Aktiengesellschaften aufgegriffen. Um die Probleme zu bewältigen, die sich ergeben, wenn GmbH abhängige Konzerngesellschaften sind, werden drei Lösungswege beschritten, der des einfachen faktischen Konzerns, der des Vertragskonzerns und der des "existenzvernichtenden Eingriffs".

Im faktischen Konzern, der sich bei der GmbH angesichts der im Vergleich zur Aktiengesellschaft sehr starken Stellung der Gesellschafter und damit der Gesellschaftermehrheit auf Basis der §§ 37, 45-47 GmbHG anbietet, werden Minderheiten und Gläubiger durch die besondere Treuepflicht der Gesellschafter geschützt (Das Schutzsystem im faktischen GmbH-Konzern beruht nicht auf einer Analogie zum Aktienrecht. Vgl. Lutter, AG 1990, S. 184; Emmerich/Sonnenschein, Konzernrecht, 1997, S. 384). Das herrschende Unternehmen muss *"die abhängige Gesellschaft als Trägerin eigener unternehmerischer Interessen intakt"* halten (Rowedder/Koppensteiner, GmbHG, 2. Aufl., Anh § 52 RdNr. 29) und darf die abhängige Gesellschaft sowie die Minderheit durch ihre Einflussmöglichkeiten in keiner Weise schädigen. Bei Verstößen gegen das Schädigungsverbot gilt zum Schutz von Minderheiten und Gläubigern eine Schadensersatzpflicht. Die daraus resultierenden Schadensersatzansprüche stehen zunächst zwar nur der abhängigen Gesellschaft zu, dürfen unter bestimmten Umständen aber auch von einzelnen Gesellschaftern für alle betroffenen Gesellschafter geltend gemacht werden. Dabei wird davon ausgegangen, dass den Gesellschaftern die zur Wahrnehmung dieses Rechts erforderlichen Informationen aufgrund ihrer umfassenden Rechte in der Gesellschafterversammlung sowie ihrer Auskunfts- und Einsichtsrechte zur Verfügung stehen. Ob den Minderheitsgesellschaftern zusätzlich ein Recht zum Austritt aus wichtigem Grund gegen volle Abfindung zusteht, ist umstritten.

Soweit in der GmbH Eingriffe von Gesellschaftern über das hinausgehen, was auf Basis der Treupflichten der Gesellschafter ausgeglichen werden kann, wurde eine Lösung früher in der Vorstellung von einem qualifiziert faktischen Konzern gesucht. Unter einem qualifiziert faktischen Konzern wird ein Konzern verstanden, bei dem das zulässige Ausmaß der Konzernleitung überschritten wird, das mangels Zustimmung der Eigner zu der Konzernbindung durch einen entsprechenden Vertrag allgemein als beschränkt angesehen wird. Dementsprechend ist der qualifizierte faktische Konzern im Grunde verboten (vgl. Hommelhoff, DB 1992, S. 309), und es geht nur darum zu regeln, was bei Verstoß gegen dieses Verbot geschehen soll.

Bei noch weitgehender Übereinstimmung im Grundsatz gehen allerdings die Meinungen darüber weit auseinander, welches Kriterium zur Definition des qualifizierten faktischen Konzerns heranzuziehen ist und wo dann genau die Grenze liegt. Das zuletzt angesprochene Problem ergibt sich daraus, dass es bisher nur sehr wenige Urteile als Orientierungshilfe für diese Frage gibt, in diesen Urteilen aber über extrem enge Konzernbindungen entschieden wurde. Aus solchen Extremfällen sind keine Schlüsse auf die Grenze zwischen einfachem und qualifiziertem faktischem Konzern möglich.

Die in der Literatur (vgl. Kropff, FS Goerdeler, 1987, S. 264; Hoffmann-Becking, ZHR, Beiheft 62, 1989, S. 73 ff.; Scheffler, AG 1990, S. 173 ff.; Rowedder/ Koppensteiner, GmbHG, 2. Aufl., Anh § 52 RdNr. 16) im Blick sowohl auf den AG-Konzern als auch auf den GmbH-Konzern diskutierten Definitionsansätze laufen im Wesentlichen auf die drei folgenden Kriterien hinaus, die unterscheiden

- nach der Art der Einwirkung, die sachlich so umfassend und zeitlich andauernd erfolgt, dass das Eigeninteresse des abhängigen Unternehmens nachhaltig beeinträchtigt wird,

- nach der betriebsorganisatorischen Einbindung, bei der das abhängige Unternehmen wie eine Betriebsabteilung des herrschenden Unternehmens geführt wird, oder

- nach der Kontrollierbarkeit der Einwirkungen, die angesichts der Breite und Häufigkeit der Beziehungen zwischen den Konzernunternehmen so unübersichtlich geworden sind, "dass die rechtliche Ordnung im Wege des Einzelausgleichs unmöglich ist" (Lutter, AG 1990, S. 182) bzw. dass speziell bei Aktiengesellschaften das Schutzsystem der §§ 311 ff. AktG funktionsunfähig wird.

Alle drei Kriterien sind insoweit problematisch, als sie entweder unklar bleiben oder schwerlich mehr als eine äußerst lockere Bindung im einfachen faktischen Konzern zulassen. Das Eigeninteresse im Sinne des Zielsystems der abhängigen Gesellschaft, das diese hätte, wäre sie noch unabhängig, wird schon bei fühlbarem Leistungsaustausch, bei Abstimmung des Produktionsprogramms oder bei Konzentration einzelner Funktionen im Konzern in dem

Sinne beeinträchtigt, dass es seine ursprüngliche Form als Grundlage des Schutzsystems verliert. Ein Schutzsystem etwa nach dem Vorbild von Nachteilsausgleich und Abhängigkeitsbericht kann angesichts der Erfassungs- und Bewertungsprobleme beim Nachteil und angesichts der Interessenkonflikte, in die die für den Nachteilsausgleich verantwortlichen Personen gestürzt werden, schon bei lockeren Konzernbindungen keinen ausreichenden Schutz bieten. Das Kriterium der betriebsorganisatorischen Einbindung schließlich ist unklar, denn eine Betriebsabteilung kann zentral oder dezentral und im Blick auf die Ziele der Abteilung oder im Blick auf die Ziele der Zentrale geführt werden. Die Frage nach den Grenzen zwischen einfachem und qualifiziertem faktischem Konzern erscheint also auf diesen Wegen schwerlich beantwortbar.

Nicht zuletzt aufgrund der beschriebenen Abgrenzungsprobleme wurde der qualifiziert faktische Konzern im Jahr 2001 von der Rechtsprechung aufgegeben. An seine Stelle trat der neue Haftungstatbestand des "existenzvernichtenden Eingriffs" (vgl. WP-Handbuch, Band I, T Tz 228 ff.; Zöllner in: Baumbach/Hueck, GmbH-Gesetz, 18. Aufl., SchlAnhKonzernR Rn 116 ff.). Er knüpft an der Entziehung von Vermögenswerten durch offene oder verdeckte Entnahmen der Gesellschafter zulasten der Fähigkeit der Gesellschaft an, ihre Verpflichtungen zu erfüllen, und schließt Eingriffe in die Chancen oder Betätigungsmöglichkeiten der Gesellschaft sowie Überwälzungen von Risiken auf sie ein. Die Haftung setzt Eintritt der Insolvenz voraus, die eine Folge des Eingriffs war. Im Wege des Durchgriffs haften den Gläubigern die (nicht notwendigerweise beherrschenden) Gesellschafter persönlich, die den "existenzvernichtenden Eingriff" tätigten oder daran unmittelbar oder mittelbar mitwirkten. Die neue Durchgriffshaftung bietet freilich nur den Gläubigern Schutz, den Minderheitseignern bringt sie nichts.

Der Fall, dass eine GmbH als abhängige Gesellschaft in einen Vertragskonzern eingebunden werden soll, scheint zumindest im Ergebnis ähnlich wie ein aktienrechtlicher Vertragskonzern beurteilt zu werden. Die Weisungsbefugnisse sind vergleichbar. Auch bei der abhängigen GmbH müssen die Gesellschafter zustimmen, damit ein Beherrschungs- und/oder Gewinnabführungsvertrag wirksam zustande kommt. Umstritten ist nur, ob für diese Zustimmung eine Dreiviertelmehrheit ausreicht oder ob Einstimmigkeit erforderlich ist. Die Grundsätze der aktienrechtlichen Regelungen zur Änderung und Beendigung von Unternehmensverträgen einschließlich des Erfordernisses von Sonderbeschlüssen lassen sich ebenfalls auf die GmbH übertragen.

Die Rechtsfolgen für Gläubiger und Minderheitsgesellschafter entsprechen im Kern denjenigen des Aktienrechts. Zwar fehlt eine vergleichbare Verpflichtung zur Dotierung von Rücklagen, völlig unumstritten ist aber die Pflicht des herrschenden Unternehmens zum Verlustausgleich wie in § 302 AktG. Auch der Anspruch der Gläubiger auf Absicherung analog zu § 303 AktG wird zumindest überwiegend anerkannt. Bei den Minderheitsgesellschaftern wird der Anspruch auf angemessene Abfindung nach dem Vorbild von § 305 AktG nicht bezweifelt. Etwas unsicher ist dagegen, ob auch ein angemessener Ausgleich analog zu § 304 AktG angeboten werden muss. Da der Ausgleich aber im Blick auf die mögliche Vertragsbeendigung ohnehin das schwächere Band für die Anspruchseinheit bildet, ist diese Unsicherheit weniger wichtig. Bedeutsam ist vielmehr die Bestätigung des Vertragskonzerns als letztliche Anspruchseinheit auch bei abhängigen Gesellschaften mit beschränkter Haftung.

2.6 Die Regulierung von Unternehmensübernahmen

Das Wertpapiererwerbs- und Übernahmegesetz (WpÜG) vom 20.12.2001 (BGBl I S. 3822) gibt erstmals dem Konzernrecht zuzurechnende deutsche Übernahmeregelungen vor, die zu befolgen sind,

- wenn eine natürliche oder juristische Person oder eine Personengesellschaft allein oder gemeinsam mit anderen (der Bieter), die die Kontrolle über eine AG oder KGaA mit Sitz im Inland (die Zielgesellschaft) noch nicht erlangt hat, ein freiwilliges Übernahmeangebot abgeben möchte, das ihr die Kontrolle in Form von mindestens 30 % der Stimmrechte verschaffen soll, bzw.
- weil jemand, der auf Basis des Haltens von mindestens 30 % der Stimmrechte die Kontrolle über eine AG oder KGaA bereits erlangt hat, den übrigen Aktionären ein Pflichtangebot zur Übernahme ihrer Aktien unterbreiten muss.

Die allgemeinen Grundsätze schreiben die Gleichbehandlung aller Aktionäre gleicher Gattung, die ausreichende Information der Aktionäre, das Handeln von Vorstand und Aufsichtsrat der Zielgesellschaft im Interesse dieser Gesellschaft, ein rasches Verfahren und die Vermeidung von Marktverzerrungen vor (§ 3 WpÜG).

Eine freiwillige Übernahme wird geheim vorbereitet. Sobald sich der Bieter aber für die Abgabe eines Übernahmeangebots entschieden hat, muss er diese Entscheidung zunächst den Geschäftsführern der betroffenen Börsen und der Bundesanstalt für Finanzdienstleistungsaufsicht (BAFin), dann der Öffentlichkeit und endlich dem Vorstand der Zielgesellschaft mitteilen, der Betriebsrat oder Arbeitnehmer unterrichtet.

Davon getrennt sind die in deutscher Sprache abzufassenden Angebotsunterlagen. Damit auf fundierter Basis über Annahme oder Ablehnung entschieden werden kann, enthalten sie Angaben über den Bieter, die Zielgesellschaft und deren Wertpapiere, die Gegenstand des Angebots sind, Art und Höhe der gebotenen Gegenleistung, eventuelle Bedingungen für die Wirksamkeit des Angebots sowie Beginn und Ende der Annahmefrist, ergänzt um Angaben über die Fähigkeit des Bieters, sein Angebot zu erfüllen, über seine Absichten mit der Zielgesellschaft und seine Angebote an deren Vorstand und Aufsichtsrat (§ 11 WpÜG). Der Bieter haftet bei Unrichtigkeit und Unvollständigkeit wesentlicher Angaben in den Angebotsunterlagen und muss sicherstellen, dass er über die zur Erfüllung seines Angebots erforderlichen Mittel rechtzeitig verfügt. Die Angebotsunterlagen sind innerhalb von vier Wochen nach Veröffentlichung der Entscheidung zur Abgabe eines Übernahmeangebots der BAFin zur Prüfung einzureichen. Sie müssen veröffentlicht werden, sobald dies gestattet wurde oder wenn zehn Tage nach Eingang bei der Bundesanstalt kein Widerspruch erfolgte (§ 14 WpÜG). Der Vorstand der Zielgesellschaft, dem die Angebotsunterlagen unverzüglich nach deren Veröffentlichung zu übermitteln sind, hat eine "begründete Stellungnahme" zu dem Angebot abzugeben. Darin muss er eingehen auf die angebotene Gegenleistung, die zu erwartenden Folgen der Übernahme für die Zielgesellschaft und ihre Beschäftigten, die vom Bieter verfolgten Ziele sowie zu der Frage, ob die Vorstands- und Aufsichtsratsmitglieder, soweit sie Aktionäre sind, dem Angebot zustimmen werden (§ 27 WpÜG). Bis zur Offenlegung der Zahl der vom Bieter nach Ablauf der letzten Annahmefrist erworbenen Aktien darf der Vorstand der Zielgesellschaft den Erfolg der Übernehme nicht zu behindern versuchen. Davon ausgenommen sind Versuche, ein konkurrierendes Angebot zu erhalten, vom Aufsichtsrat gedeckte Handlungen und solche, zu denen der Vorstand von einer vor Veröffentlichung der Angebotsunterlagen einberufenen Hauptversammlung ermächtigt wurde (§ 33 WpÜG).

Das Übernahmeangebot muss den Aktionären der Zielgesellschaft eine im Vergleich zum durchschnittlichen Börsenkurs und zu den vom Bieter bisher gezahlten Preisen angemessene Gegenleistung in Euro oder in liquiden, zum Handel an einem organisierten Markt zugelassenen Aktien bieten. Ein Barangebot ist allerdings vorgeschrieben, wenn der Bieter in den drei Monaten vor Veröffentlichung seiner Entscheidung zur Abgabe eines Übernahmeangebots insgesamt mindestens 5 % oder wenn er nach der Veröffentlichung seiner Entscheidung zur Abgabe des Übernahmeangebots bis zum Ende der Annahmefrist mindestens 1 % der Aktien oder Stimmrechte der Zielgesellschaft gegen Zahlung von Geld erwirbt. Auch muss die im Übernahmeangebot festgelegte Gegenleistung um den Wert des Unterschiedsbetrags aufgestockt werden, wenn der Bieter oder mit ihm gemeinsam handelnde Personen innerhalb der Annahmefrist Aktien der Zielgesellschaft für eine verglichen mit dem Angebot höhere Gegenleistung erwerben. Sogar in Euro sind diese Nachbesserungen zu leisten, wenn der Bieter oder mit ihm gemeinsam Handelnde Aktien der Zielgesellschaft innerhalb eines Jahres nach Ablauf der Annahmefrist abseits der Börse zu höheren Gegenleistungen erwerben (§ 31 WpÜG). Dabei muss sich ein Übernahmeangebot stets auf den Erwerb aller Aktien der Zielgesellschaft richten. "Ein Übernahmeangebot, das sich nur auf einen Teil der Aktien der Zielgesellschaft erstreckt, ist ... unzulässig" (§ 32 WpÜG).

Die Annahmefrist, in der die Aktionäre der Zielgesellschaft über das Übernahmegebot entscheiden, beginnt mit der Offenlegung der Angebotsunterlagen nach deren Prüfung durch die Bundesanstalt und läuft grundsätzlich über 4 bis 10 Wochen. Die im Übernahmeangebot angegebene Annahmefrist verlängert sich um 2 Wochen, wenn dieses Angebot innerhalb der letzten beiden Wochen der ursprünglichen Frist geändert wird. Zu solchen Änderungen in Form von Erhöhungen der Gegenleistung, Erweiterungen der Wahlmöglichkeiten bei der Form der Gegenleistung oder dem Verzicht auf Bedingungen ist der Bieter bis zum letzten Werktag vor Ablauf der Annahmefrist befugt. Allerdings dürfen dann auch die Aktionäre der Zielgesellschaft ihre Annahme des alten Angebots rückgängig machen (§ 21 WpÜG). Das Ende der Annahmefrist des ursprünglichen Angebots wird zudem auf das Ende der Annahmefrist eines konkurrierenden Angebots eines Dritten ausgeweitet. So können Aktionäre der Zielgesellschaft, die sich vor Veröffentlichung des konkurrierenden für das ursprüngliche Angebot entschieden hatten, ihre Entscheidung bis zum Ende der gemeinsamen Frist revidieren (§ 22 WpÜG). Während der Annahmefrist müssen zunächst wöchentlich und in der letzten Woche täglich die Zahlen der Aktionäre und Stimmrechte offen gelegt werden, über die der Bieter und mit ihm gemeinsam handelnde Personen bereits verfügen oder über die ihm Annahmeerklärungen vorliegen. Entsprechende endgültige Zahlen müssen unverzüglich nach Ablauf der Annahmefrist und nach einer Nachfrist von weiteren 2 Wochen veröffentlicht werden.

Ein Pflichtangebot zum Erwerb aller Aktien der Zielgesellschaft nach weitgehend gleichen Regeln und Grundsätzen muss derjenige vorlegen, der mit 30 % der Stimmrechte die Kontrolle über eine börsennotierte AG oder KGaA besitzt. Er hat 7 Tage Zeit, die Erlangung der Kontrolle bekannt zu geben und weitere 4 Wochen, um der Bundesanstalt seine Angebotsunterlage zu übermitteln. Da ein freiwilliges Übernahmeangebot bereits auf die Übernahme aller Aktien gerichtet sein musste, entfällt allerdings die Pflicht zum erneuten Angebot, wenn auf Basis des ersten Angebots zwar die Kontrollmehrheit, nicht aber alle Aktien erworben wurden (§ 35 WpÜG). Außerdem kann die Bundesanstalt für Finanzdienstleistungsaufsicht von der genannten Pflicht auf Antrag befreien, wenn die mindestens 30 % der Stimmrechte auf besondere Weise erworben wurde (z. B. im Rahmen einer Sanierung), die Kontrolle nicht beabsichtigt (z. B. vorübergehender Erwerb) oder angesichts der Verteilung der Stimmrechte nicht möglich ist.

Die Nichteinhaltung der vom Wertpapiererwerbs- und Übernahmegesetz auferlegten Gebote wird mit Sanktionen bedroht. Zunächst ruhen nach § 59 WpÜG einige Rechte aus den Aktien des Bieters – vor allem deren Stimmrechte, nicht aber deren Dividendenansprüche –, wenn ein erforderliches Pflichtangebot nicht unterbreitet wird. In diesem Fall müssen zudem den Aktionären der Zielgesellschaft auf die geschuldete Gegenleistung Zinsen von fünf Prozentpunkten über den Basiszins nach § 247 BGB gezahlt werden (§ 38 WpÜG). Schließlich drohen bei verschiedenen Verstößen gegen die Vorschriften jeweils Bußgelder zwischen 200.000 und einer Million Euro (§ 60 WpÜG).

Weil Übernahmevorschriften konzernimmanente Konflikte im Vorfeld regeln, bevor die Mehrheit ihren Einfluss zum eventuellen Schaden der Minderheit ausnutzen kann, vermeiden sie zahlreiche Probleme, die sich vor allem nach den Erfahrungen mit dem faktischen Konzern als praktisch unlösbar erwiesen haben (Nachteilsausgleich, Wahrung der abhängigen Gesellschaft als Trägerin eigenständiger unternehmerischer Interessen beispielsweise). Sogar Probleme des Vertragskonzerns werden umgangen, soweit sie aus Vertragsänderungen oder aus der Tatsache stammen, dass die Minderheiten alle Entscheidungen im Blick auf die drohende Alternative faktischer Konzerne treffen müssen. Als unausweichlich erweisen sich allerdings die Probleme der Unternehmensbewertung. Sie treten bei der notwendigen Unterbreitung eines Angebots auf Gegenleistung in Euro oder in Aktien und bei der Prüfung dieses Angebots dahingehend erneut auf, ob das Angebot nicht zu gering angesetzt wurde. Die Problematik wird freilich in Fällen, in denen der Bieter abseits des Übernahmeangebots Aktien zu besseren Konditionen erwirbt, durch die Pflicht zum Ausgleich der Differenz etwas gemildert. Der frühzeitige Eingriff in das Geschehen reduziert zudem nicht nur das Risiko eines Abschlags vom Wert der Zielgesellschaft aufgrund der drohenden oder gar bereits vollendeten Konzerneinbindung, sondern hält sogar die Chance auf konkurrierende Übernahmeangebote zu Gunsten der Aktionäre der Zielgesellschaft und der Gesamtwirtschaft (optimale Politik in der Zielgesellschaft) offen. Insoweit verspricht das Übernahmegesetz einigen Problemen vorzubeugen, die sich durch ein Konzernrecht nur begrenzt lösen lassen.

Freilich kann – wie das Angebot von Porsche für VW zeigt – die Regelung durch ein bewusst niedriges Übernahmeangebot unterlaufen werden. Zudem beseitigt das Übernahmegesetz die Risiken aus einer Konzernbindung nicht vollständig. Die Minorität der Aktionäre der Zielgesellschaft, die sich gegen das Übernahmeangebot entscheidet, wird zu Minderheitsaktionären in einem Konzern. Da sie sich durch eigene Entscheidung in diese Position gebracht hat, lässt sich zwar über die Notwendigkeit zu weiterem Schutz durch ein Konzernrecht streiten, solange aber das deutsche Konzernrecht Bestand hat, wirkt es auch für diese Minderheit. Der eher unwahrscheinliche Verbleib von beachtlichen Minderheiten kann der Mehrheit zudem Verhaltensweisen nahe legen, die den Gläubigern der Zielgesellschaft zu schaden vermögen. Der Schutz der Gläubiger durch ein Konzernrecht bleibt insoweit bedeutsam, zumal sie ohne eigenes Zutun dem zusätzlichen Risiko ausgesetzt werden. Dabei bietet ihnen der faktische Konzern auf Basis des Nachteilsausgleichs weiterhin nur einen schwachen Schutz, und der Abschluss eines Beherrschungsvertrags mit dem für die Gläubiger umfassenderen Schutz des Vertragskonzerns wird nach einem Übernahmeverfahren eher unwahrscheinlich. Jedenfalls bestimmt auch nach einer Übernahme das Konzernrecht die Anspruchseinheit, gegen die sich die Ansprüche von Minderheitsaktionären und Gläubigern richten.

3. Zur Ausrichtung des Konzernabschlusses auf seine Informationsfunktion

3.1 Einleitung

Als Leitlinien für die Ausrichtung des Konzernabschlusses auf seine Informationsfunktion sind die unter B. 1. beschriebenen Anforderungen an den Konzernabschluss als Informationsinstrument und dabei speziell die Forderung nach Berücksichtigung der Besonderheiten des Konzerns noch zu vage. Sie bedürfen vor dem Hintergrund des Konzernrechts der Präzisierung. Vor allem muss untersucht werden, welche Bedeutung den beiden besonderen Perspektiven des Konzerns – der Perspektive einheitlicher Leitung und der Perspektive der Anspruchseinheiten – für die Ausrichtung des Konzernabschlusses auf seine Informationsfunktion zukommt.

Allerdings dürfen die Grenzen einer solchen Untersuchung nicht übersehen werden. Sie ergeben sich vor allem aus dem unzulänglichen Wissen darüber, wie traditionelle Jahresabschlüsse informieren, wie sie die Erwartungen der außenstehenden Eigner und Gläubiger über die relevanten Konsequenzen aus ihrer Beteiligung an dem jeweiligen Unternehmen oder Konzern beeinflussen. Das Problem der insoweit unzureichenden Grundlagen wird im Folgenden dadurch zu lösen versucht, dass der Untersuchung explizite Annahmen zugrunde gelegt werden. Diese Annahmen betreffen die für die außenstehenden Eigner und Gläubiger zentralen Inhalte eines traditionellen Jahresabschlusses und bestimmte Eigenschaften, die diese Größen haben müssen, um informativ zu sein.

Im Anschluss an die Diskussion der grundlegenden Annahmen soll für die verschiedenen, als zentral angesehenen Jahresabschlussinhalte geprüft werden, ob sie aus der Sicht von vier Gruppen von Interessenten in den Einzelabschlüssen von Konzernunternehmen ungeeignet abgebildet werden und daher einer verbesserten Abbildung im Konzernabschluss bedürfen. Dabei werden als Gruppen die Eigner und Gläubiger des herrschenden Konzernunternehmens als der Muttergesellschaft (M-Eigner, M-Gläubiger) sowie die außenstehenden, nicht konzerngebundenen Eigner und Gläubiger von abhängigen Konzernunternehmen als Tochtergesellschaften (T-Eigner, T-Gläubiger) betrachtet. Die Vielfalt möglicher Konzernformen wird, gestützt auf die Grundlinien des Konzernrechts, auf nur zwei wichtige Alternativen reduziert, den (einfachen) faktischen Konzern mit seiner Vielfalt der Anspruchs- und Haftungseinheiten und den Vertragskonzern, bei dem im Ergebnis letztlich die Anspruchs- und Haftungsgrundlagen zu einer Einheit verschmelzen.

3.2 Zentrale Inhalte des traditionellen Jahresabschlusses als Informationsinstrument und ihre wichtigsten Eigenschaften

Eigner und Gläubiger von Unternehmen sind im Grunde zunächst an zwei Sachverhalten eines Unternehmens interessiert, an den in Zukunft aus dem Unternehmen an die Eigner voraussichtlich fließenden Dividenden (Erfolgskraft) und an der Wahrscheinlichkeit, mit der das Unternehmen in Zukunft in der Lage sein wird, seinen fälligen Zahlungsverpflichtungen nachzukommen (Liquidität). Beide Eigenschaften hängen – durch heterogene Information gegebenenfalls gestört – zusammen, denn nachhaltige, künftige Erfolgskraft signalisiert den Gläubigern zugleich die Erfüllung ihrer Ansprüche und damit eine Kreditwürdigkeit. Für den Fall, dass das Unternehmen insolvent zu werden droht, richtet sich insbesondere das Interesse der Gläubiger zusätzlich auf die Höhe des bei Insolvenz noch verfügbaren Vermögens, auf den Umfang der diesem Vermögen gegenüberstehenden Gläubigeransprüche und auf eventuelle Prioritäten innerhalb der Gläubigeransprüche (Zerschlagungsfolgen).

Unmittelbar sagt der traditionelle Jahresabschluss allerdings weder über Erfolgskraft noch über künftige Liquidität oder künftige Zerschlagungsfolgen etwas aus. Er informiert vielmehr nur über vergangene Erfolge und Komponenten, aus denen sie sich ergeben, sowie über Strukturen bei Vermögen und Kapital, die allenfalls vage Schlüsse auf die Liquidität und die Folgen einer eventuellen Zerschlagung eines Unternehmens erlauben. Wird davon ausgegangen, dass Erwartungen über die zukünftige Erfolgskraft – soweit sie sich überhaupt auf traditionelle Jahresabschlüsse stützen lassen – gebildet werden, indem vergangene Erfolge auf ihre Nachhaltigkeit analysiert und entsprechend dem Ergebnis dieser Analyse differenziert in die Zukunft projiziert werden, und dass trotz aller Unzulänglichkeiten Prognosen zu Liquidität und Zerschlagungsfolgen auf Strukturuntersuchungen von Vermögen, Eigenkapital und Schulden gestützt werden, dann sind Eigner und Gläubiger, bezogen auf den traditionellen Jahresabschluss, an drei Größen interessiert,

- dem Gewinn, einschließlich der Komponenten, aus denen er sich ergibt, insbesondere Umsätzen und zentralen Aufwandspositionen,
- dem Vermögen und
- dem Kapital eines Unternehmens.

Hinsichtlich der besonderen Eigenschaften, die die aus traditionellen Jahresabschlüssen ableitbaren Gewinne, Vermögen und Kapitalien aufweisen sollten, um voraussichtlich für die externen Eigner und Gläubiger aussagefähig zu sein, erscheinen drei besonders wichtig.

Die Eigner und – soweit ihnen Erfolgskraft als Indikator für Kreditwürdigkeit dient – auch die Gläubiger werden sich nur für die für sie relevanten Gewinne interessieren. Das sind für die Eigner in erster Linie die Gewinne, an denen sie anteilig durch Ausschüttungen partizipieren, bzw. solche Gewinne, die zumindest wegen ihrer sachlichen Abgrenzung auf die Einheit, an deren Erfolg die Eigner durch Ausschüttungen beteiligt sind, am ehesten Schlüsse auf die von ihnen zu erwartenden Ausschüttungen zulassen. Für die Gläubiger gilt analog, dass sie sich für die Gewinne der Haftungseinheit interessieren, die für den von ihnen gewährten Kredit einzustehen hat. Vergleichbares gilt auch für Vermögen und Kapital, soweit diese als Grundlagen für die Abschätzung der Folgen einer eventuellen Zerschlagung dienen sollen. Vermögen und Kapital als Basis einer Liquiditätsbeurteilung dagegen können weiter zu ziehen sein, wenn Liquiditätshilfen zwischen den Unternehmen zu erwarten und möglich sind.

Gewinne, Vermögen und Kapital müssen aber nicht nur sachlich auf eine geeignete Bezugseinheit abgegrenzt sein, sondern sie müssen sich auch inhaltlich rechtfertigen lassen. In diesem Zusammenhang spielt sicher die Manipulierbarkeit eine große Rolle. Der traditionelle Jahresabschluss zeichnet sich sowohl durch unvermeidliche Ermessensspielräume als auch durch im Grunde vermeidbare, vom Gesetzgeber aber bewusst eingeräumte Wahlrechte aus. Insoweit sind von subjektivem Ermessen und bilanzpolitischen Überlegungen unabhängige Abbildungen der zentralen Größen nicht möglich. Im Konzern besteht aber zusätzlich der Verdacht, dass sich die zentralen Größen des Jahresabschlusses durch geeignete Transaktionen wie Käufe, Kreditgewährungen oder Kapitalveränderungen innerhalb des Konzerns gezielt und in erheblichem Umfang verändern lassen. Hinsichtlich des Informationsgehalts wird davon ausgegangen, dass insoweit von realen Transaktionen weniger beeinflussbare Jahresabschlussgrößen vorzuziehen sind.

Die Frage, inwieweit dem Vorsichtsprinzip gefolgt wird, ist ein weiteres inhaltliches Kriterium. Vorsicht findet seine Rechtfertigung in der Funktion der Ausschüttungsbegrenzung im Interesse der Sicherung eines Mindesthaftungspolsters für die Gläubiger. In einer reinen Informationsrechnung dagegen lässt sich Vorsicht nicht uneingeschränkt rechtfertigen, zumal dann, wenn sie im Verein mit Kongruenz und Wahlrechten genutzt werden kann, um in guten Zeiten stille Reserven zu sammeln, die dann bei Eintritt ungünstiger Entwicklungen unbemerkt aufgelöst werden.

3.3 Informationsdefizite von Einzelabschlüssen im Vertragskonzern

Beim Vertragskonzern weisen die beiden besonderen Perspektiven des Konzerns in die gleiche Richtung. Sowohl die einheitliche Leitung als auch die Anspruchseinheit greifen über das einzelne Unternehmen hinaus und liegen bei dem Vertragskonzern als neuer wirtschaftlicher Einheit. Dementsprechend sind erhebliche Informationsdefizite in den Einzelabschlüssen und eine hohe Dringlichkeit für einen Konzernabschluss zu erwarten.

Wenig vertrauenswürdig und zumindest als Basis für Ertragskraftprognosen irrelevant sind schon die Aufwands- und Ertragspositionen in den Erfolgsrechnungen der einzelnen Konzernunternehmen sowie die sich daraus ergebenden Einzelerfolge. Entsprechend den umfassenden Weisungsbefugnissen der Muttergesellschaft können Geschäfte mit den Tochtergesellschaften geschlossen werden, denen *"ein ordentlicher und gewissenhafter Geschäftsleiter einer unabhängigen Gesellschaft"* (§ 317 Abs. 2 AktG) nicht zugestimmt hätte. Sowohl die Volumina bestimmter Aufwendungen und Erträge als auch die Verteilung der Erfolge zwischen den Konzernunternehmen und sogar die Höhe der Erfolge aller Konzernunternehmen lassen sich durch Transaktionen innerhalb des Konzerns erheblich beeinflussen, letztere etwa durch den Kauf solcher Anlagegegenstände, in deren Wertansätzen stille Reserven verborgen sind, oder von immateriellen Anlagegegenständen, die der Verkäufer selbst geschaffen hat. Zugleich ist für die langfristige Zielerreichung aller Eigner und Gläubiger im Konzern die Ertragskraft des Gesamtkonzerns entscheidend. Für die T-Eigner gilt das nicht nur, weil die Muttergesellschaft letztlich für den Ausgleich einstehen muss, sondern zumindest beim variablen Ausgleich auch wegen des vom Erfolg der Mutter abhängigen Umfangs des Ausgleichs. Für die T-Gläubiger gilt es, weil die Muttergesellschaft Verluste bei den Tochtergesellschaften ausgleichen und im Insolvenzfall für die Verbindlichkeiten der Tochtergesellschaften Sicherheit leisten muss, weil die Muttergesellschaft für ihre Verpflichtungen den gesamten Konzern mobilisieren kann und weil damit letztlich die Bonität des Konzerns entscheidend wird. Eine Erfolgsrechnung für den Konzern, die die Erträge und Aufwendungen des gesamten Vertragskonzerns zusammenfasst, die Transaktionen innerhalb des Konzerns aber und die daraus resultierenden Erfolge eliminiert, dürfte somit den Interessen der Eigner und Gläubiger des Vertragskonzerns eher als die Einzelerfolgsrechnungen entsprechen.

Das Desinteresse an Einzelerfolgen hat aber auch im Vertragskonzern Grenzen. Aus der Sicht des Konzerns als Einheit haben die Einzelerfolgsrechnungen den Charakter von Segment-Informationen, die Grundlage für eine differenzierte Projektion der Erfolgsentwicklung des Konzerns sein können. Auch bleiben die Bilanzgewinne der Einzelgesellschaften insoweit interessant, als sie für die unmittelbaren Ausschüttungsansprüche sowohl der M-Eigner als auch der T-Eigner bei variablem Ausgleich maßgeblich sind. Ein ähnliches Interesse kann bei bloßem Beherrschungsvertrag an den Bilanzgewinnen der Töchter bestehen, weil ein auf diese Gewinne gestützter Ausschüttungsanspruch dem Ausgleichsanspruch vorgeht, sofern er größer ist.

Zu den allgemeinen Zweifeln an der Aussagefähigkeit von Vermögen und Kapitalien, wie sie in traditionellen Jahresabschlüssen ausgewiesen werden, gibt es im Vertragskonzern weitere Argumente, die dafür sprechen, dass der Informationsgehalt dieser Größen in den Einzelabschlüssen der Unternehmen zusätzlich beeinträchtigt ist.

Angesichts des umfassenden Weisungsrechts der Muttergesellschaft erscheinen die Abgrenzungen der Vermögen und Kapitalien weitgehend willkürlich. Auf Basis dieses Weisungsrechts lassen sich nämlich die Vermögen der Gesellschaften beliebig verschieben, solange bei den Töchtern Reinvermögen in Höhe der um die Mindestrücklage erweiterten jeweiligen Grundkapitalien erhalten werden. Zusätzlich kann durch Kapitalerhöhungen bei den Töchtern und durch Kreditgewährungen innerhalb des Konzerns der Anschein eines veränderten Gesamtvolumens von Vermögen und Schulden geweckt werden, ein Anschein allerdings, den die Externen in einem reinen Vertragskonzern bei Vorliegen aller Einzelbilanzen der Unternehmen angesichts des gesonderten Ausweises von Forderungen und Verbindlichkeiten gegenüber verbundenen Unternehmen zumindest grob selbst bereinigen können.

Der mangelnden Verlässlichkeit der Einzelvermögen und -kapitalien steht ein begrenztes Interesse an diesen Größen gegenüber, weil die Zielerreichung aller Eigner und Gläubiger nicht von den Einzelunternehmen, sondern vom Vertragskonzern insgesamt abhängt. Soweit Vermögen und Kapitalien zur Abschätzung der Liquiditätsaussichten herangezogen werden sollen, ist zwar zu bedenken, dass auch im Vertragskonzern zumindest die einzelnen Tochterunternehmen für ihre Liquidität selbst verantwortlich sind, es also keine Pflicht der Mutter zur Sicherung ihrer Liquidität gibt, dass aber aus wirtschaftlichen Erwägungen heraus der Konzern die für ihn wichtigen Konzernunternehmen liquide erhalten und nicht zuletzt zu diesem Zweck die Finanzplanung zentralisieren wird. Insoweit ist weniger die Liquidität der Einzelunternehmen als die des Konzerns interessant. Sollte allerdings der Konzern die Illiquidität einzelner Tochterunternehmen hinzunehmen bereit sein, kommt es für deren ungesicherte Gläubiger weniger auf das Verhältnis von Haftungsmasse zu Verbindlichkeiten bei dem jeweiligen Tochterunternehmen, als vielmehr auf das entsprechende Verhältnis bei dem gesamten Vertragskonzern an, weil die Mutter für die Forderungen dieser Gläubiger Sicherheit leisten muss und zur Erfüllung dieser Verpflichtung notfalls den gesamten Konzern einspannen wird.

3.4 Informationsdefizite von Einzelabschlüssen im faktischen Konzern

Die Prüfung der Frage, ob Einzelabschlüsse, gemessen an den in Teil B. 3.2 beschriebenen Kriterien, gewichtige Informationsdefizite aufweisen, die sich gegebenenfalls durch eine Zusammenfassung der Einzelabschlüsse zu einem Konzernabschluss aufheben lassen, wird beim faktischen Konzern nicht so leicht fallen wie beim Vertragskonzern. Die Perspektive der einheitlichen Leitung und diejenige der Haftungseinheit führen im faktischen Konzern zu verschiedenen Grundaussagen, so dass eine nähere Analyse erforderlich ist. Zu diesem Zweck werden innerhalb dieses Abschnitts sowohl faktische Konzerne mit als auch solche ohne Minderheitseigner bei den Tochtergesellschaften betrachtet. Obendrein muss streng zwischen den Informationsinteressen der Eigner und Gläubiger der Muttergesellschaft und denjenigen der Gläubiger und gegebenenfalls auch der Minderheitseigner der Tochtergesellschaften unterschieden werden.

Für Gläubiger und Minderheitseigner der Tochtergesellschaften (T-Gläubiger und T-Eigner) werden – solange die Gläubiger nicht von der Muttergesellschaft zusätzlich abgesichert werden – allein die Einzelabschlüsse der Konzerngesellschaften relevant sein, an denen sie jeweils "beteiligt" sind. Selbst wenn es im faktischen Konzern möglich ist, die Tochterunternehmen in die Gesamtstrategie des Konzerns einzuordnen, bleibt es für diese Personen dabei, dass sich ihre Ansprüche auf Dividenden bzw. auf Verzinsung und Tilgung nur gegen ihre Tochtergesellschaften richten. T-Eigner und T-Gläubiger müssen insoweit auf den Nachteilsausgleich bauen. Gelingt es mit Hilfe dieses Schutzsystems nicht, die Muttergesellschaft daran zu hindern, dass sie sich zu Lasten der Tochtergesellschaft Vorteile durch Geschäfte mit dieser verschafft, so haben die T-Eigner und T-Gläubiger die Folgen zu tragen. Ein zusammenfassender Konzernabschluss, der den Vorteil der Mutter und den Schaden der Tochter aufrechnet, führt zumindest aus Sicht der Beteiligten des Tochterunternehmens zu falschen Eindrücken. Wird dagegen das Schutzsystem des Nachteilsausgleichs wirksam, dem Nachteil der Tochter also ein Anspruch an die Mutter auf Nachteilsausgleich gegenübergestellt, so bedarf es keines Konzernabschlusses mehr, um die Folgen dieser Transaktion innerhalb des Konzerns zu neutralisieren, denn das geschieht insoweit schon in den Einzelabschlüssen.

Soweit Vermögen und Kapital als Grundlagen für die Bildung von Erwartungen über die künftige Liquidität oder über die möglichen Zerschlagungsfolgen dienen sollen, werden für die T-Eigner und die T-Gläubiger ebenfalls in erster Linie die entsprechenden Größen des Unternehmens interessant sein, an dem sie beteiligt sind. Für die Liquidität des Tochterunternehmens hat primär dieses Unternehmen selbst zu sorgen, denn eine Verpflichtung des Mutterunternehmens gibt es nicht einmal im Vertragskonzern. Zur Abschätzung der Liquidität primär relevant ist somit der Einzelabschluss des jeweiligen Tochterunternehmens. Allerdings wird die Mutter – gegebenenfalls unter Mobilisierung von Liquiditätsreserven aus dem gesamten Konzern – Liquiditätshilfe leisten, wenn das in ihrem Interesse liegt und sie dazu in der Lage ist. Wer folglich davon ausgeht, dass die Mutter zur Hilfe bereit ist, wird sich für die Fähigkeit der Muttergesellschaft und des von ihr geleiteten Konzerns interessieren, Liquiditätshilfe zu leisten. Soweit er sich dazu auf einen traditionellen Jahresabschluss stützt, wird er einen zusammenfassenden Konzernabschluss benötigen. Schon bei der Beantwortung der Frage aber, ob sich die Liquiditätshilfe für die Mutter lohnt, geht es wieder um die Attraktivität der Tochter und diese zeigt sich – wenn überhaupt – im Einzelabschluss der Tochter. Zur Abschätzung der Folgen einer Insolvenz bei dem Tochterunternehmen eignet sich erneut allenfalls die Einzelbilanz dieses Tochterunternehmens, soweit das Mutterunternehmen oder andere Konzernunternehmen den T-Gläubigern nicht besondere Sicherheiten eingeräumt haben. Aufgrund der im faktischen Konzern weiter bestehenden Haftungsgrenzen zwischen den Konzernunternehmen hat ein T-Gläubiger nur Ansprüche gegen die jeweilige Konzerntochter, und in die Haftungsmasse dieses Unternehmens teilt er sich – den Prioritäten entsprechend – auch nur mit den anderen Gläubigern des betreffenden Tochterunternehmens.

Für die Eigner und Gläubiger der Konzernobergesellschaft (M-Eigner und M-Gläubiger) ergibt sich ein differenziertes Bild.

Am Erfolg des Einzelabschlusses der Obergesellschaft, der wegen der Ausschüttungsbemessungsfunktion dieses Abschlusses ohnehin von zentralem Interesse ist, sind nicht unbedingt Zweifel angebracht. Trotz einheitlicher Leitung, die nach herrschender, aber nicht unumstrittener Meinung auch im faktischen Konzern möglich ist, wird zumindest vom Gesetzgeber davon ausgegangen, dass die Schutzmechanismen im faktischen Konzern – insbesondere der Nachteilsausgleich und der Abhängigkeitsbericht – Erfolgsmanipulationen zu Lasten der abhängigen Gesellschaft verhindern. Selbst wenn gewisse Wirksamkeitsschranken dieses Schutzsystems berücksichtigt werden, sollte der Erfolg im faktischen anders als im Vertragskonzern nur in Grenzen beeinflussbar sein. Zugleich ist der Erfolg schon im Einzelabschluss der Obergesellschaft in dem Sinne umfassend, dass er die Erfolge der Tochtergesellschaften beinhaltet, soweit diese Erfolge den Beteiligungsquoten entsprechend der Obergesellschaft zustehen. Dass dabei die Erfolge der Tochterunternehmen meist nicht im Jahr ihrer Entstehung bei der Tochter, sondern erst in einem späteren Jahr bei Zufluss zur Mutter berücksichtigt werden, so dass sich im Erfolg des Einzelabschlusses der Obergesellschaft Komponenten aus verschiedenen Entstehungsjahren mischen, spricht eher gegen die bisher praktizierte Methode der Erfassung von Erfolgen der Tochterunternehmen in Einzelabschlüssen ihrer Mütter als gegen den Einzelabschluss generell. Ähnlich problematisch, aber durch Einsatz der Equity-Methode im Einzelabschluss überwindbar, ist die Tatsache, dass im Einzelabschluss der Obergesellschaft nur die an sie ausgeschütteten Gewinne, nicht aber ihr Anteil an den gesamten Gewinnen und an den Verlusten der Tochtergesellschaften erfasst werden. Verluste bei den Tochtergesellschaften wirken sich im Einzelabschluss der Mutter nur dann aus, wenn sie zu Abschreibungen des Beteiligungsbuchwerts führen.

Allerdings gibt es auch im faktischen Konzern Argumente für ein Interesse der M-Eigner und M-Gläubiger an konsolidierten Erfolgsrechnungen des gesamten Konzerns. Selbst wenn sich in der Einzelerfolgsrechnung der Obergesellschaft die Erfolge aller Konzernunternehmen insoweit niederschlagen, wie sie den M-Eignern letztlich zustehen, so spiegelt diese Einzelerfolgsrechnung doch weder die gesamten Umsatzerlöse noch die Aufwendungen wieder, aus denen sich dieser Gesamterfolg ergeben hat. Die Einzelerfolgsrechnung der Obergesellschaft erlaubt also keine Schlüsse auf die Entstehung der Erfolge. Das dürfte besonders dann bedeutsam sein, wenn sich die Obergesellschaft im Wesentlichen auf die Konzernleitung beschränkt, Produktion und Absatz dagegen fast ausschließlich bei den Tochtergesellschaften erfolgen. Die Erfolgsrechnung der Obergesellschaft weist dann kaum Umsatzerlöse und Kosten der Produktion aus.

Hinsichtlich der Höhe des Erfolges sind durch eine konsolidierte Erfolgsrechnung für den faktischen Konzern insoweit Verbesserungen zu erwarten, als die Einzelerfolge der Konzerngesellschaften durch bestimmte Transaktionen innerhalb des Konzerns beeinflusst werden können, die vom Schutzsystem des faktischen Konzerns nicht neutralisiert werden. Auch innerhalb des faktischen Konzerns können Gegenstände gehandelt werden, in deren Wertansätzen beim Veräußerer sich stille Reserven verbergen. Ferner können originäre immaterielle Anlagegegenstände durch Erwerb innerhalb des Konzerns scheinbar zu derivativen immateriellen Anlagen gewandelt und aktiviert werden, was den Erfolg des verkaufenden Konzernunternehmens und damit indirekt zumindest vorübergehend auch den Erfolg der Konzernobergesellschaft erhöht. Wieder darf aber nicht übersehen werden, dass solche Erfolgsbeeinflussungen etwa auf der Grundlage des Sale and Lease back auch nicht konzerngebundenen Einzelgesellschaften offen stehen, also ein Maßstab angelegt wird, dem die Einzelerfolge unabhängiger Unternehmen nicht unbedingt genügen.

Nicht eindeutig beantworten lässt sich die Frage, ob Vermögen und Kapital im Einzelabschluss der Obergesellschaft oder in einem Konzernabschluss so abgebildet werden, wie es den Informationsbedürfnissen von M-Eignern und M-Gläubigern im faktischen Konzern entspricht. Bezogen auf die Abschätzung der künftigen Liquidität verdient ein zusammenfassender Konzernabschluss den Vorzug, obwohl es dabei bleibt, dass im faktischen Konzern jedes Unternehmen selbst für seine Liquidität sorgen muss. Das Schutzsystem des faktischen Konzerns stellt nur auf das vergangenheitsorientiert gemessene Vermögen der abhängigen Konzerngesellschaften ab. Es lässt folglich Liquiditätsverschiebungen innerhalb des Konzerns zu, solange die Vermögen der Tochtergesellschaften nicht beeinträchtigt werden bzw. solange die Beeinträchtigungen der Vermögen der Tochtergesellschaften mit dem Instrumentarium Nachteilsausgleich und Abhängigkeitsbericht nicht wirksam erfasst und verhindert werden können. Für die Liquidität der Obergesellschaft sind dementsprechend im Notfall die Liquiditätsreserven aller Konzernunternehmen mobilisierbar, und es wäre weltfremd anzunehmen, dass eine Konzernleitung diese Möglichkeiten nicht nutzt. Wenn überhaupt, können die Liquiditätsreserven des Konzerns nur aus einem zusammenfassenden Konzernabschluss entnommen werden.

Zweifel an der Aussagefähigkeit von Vermögen und Kapitalien einzelner Unternehmen im faktischen Konzern ergeben sich auch aus der Beeinflussbarkeit dieser Größen durch die Konzernleitung. Insbesondere dann, wenn Tochtergesellschaften zu 100 % der Obergesellschaft gehören, steht es im Belieben der Konzernleitung, wo sie in den Grenzen des Schutzsystems des faktischen Konzerns die Investitionen bremst und wo sie im Gegenteil die Investitionen forciert. Die Verteilung des Konzernvermögens und der Kapitalien auf die verschiedenen Gesellschaften erscheint insoweit willkürlich und wenig informativ. Soweit andererseits aber Minderheitseigner an den Tochtergesellschaften beteiligt sind und die Konzernleitungsmacht im faktischen Konzern Grenzen hat, die Vorstände der Tochtergesellschaften also nicht allein den Interessen der Mehrheit, sondern den Interessen aller ihrer Eigner und Gläubiger verpflichtet sind, gewinnt die Trennung der einzelnen Vermögen und Kapitalien auch für die Eigner und Gläubiger der Obergesellschaft wieder an Bedeutung. Nur das in der Einzelbilanz der Obergesellschaft ausgewiesene Vermögen kann dann uneingeschränkt eingesetzt werden. Die Vermögen der anderen Konzerngesellschaften dagegen sind zumindest insoweit als eigenständig zu respektieren, als sie nicht voll in einen nur auf die Interessen der Mehrheit ausgerichteten Konzern integriert werden dürfen. Die Gesellschaften müssen ihre Eigenständigkeit bewahren, damit der Nachteilsausgleich seine zentrale Grundlage behält und ein Verhalten eines ordentlichen und gewissenhaften Geschäftsleiters einer unabhängigen Gesellschaft vorstellbar bleibt.

Einzelabschlüsse der Obergesellschaft verdienen schließlich den Vorzug, wenn insbesondere die M-Gläubiger die möglichen Folgen einer Insolvenz abschätzen wollen. Auch bei Insolvenz der Obergesellschaft hat im faktischen Konzern die Aufteilung der Vermögen und Kapitalien auf die verschiedenen Konzerngesellschaften Bestand. Die Gläubiger der Obergesellschaft haben nur Ansprüche gegen diese Gesellschaft, und sie teilen sich auch nur mit den anderen Gläubigern dieser Obergesellschaft in deren Haftungsmasse. Dabei wirken sich die Verbindungen der Obergesellschaft zu den übrigen Konzerngesellschaften allein dadurch aus, dass auch die Beteiligungen zur Masse gehören. Abgesehen von den wahrscheinlich problematischen Wertansätzen vermittelt der Einzelabschluss insoweit also ein geeignetes Bild. Problematisch wird es allerdings dann, wenn unterstellt wird, dass das Schutzsystem des faktischen Konzerns versagt. In diesem Fall kann der Vorstand der Obergesellschaft vor Eintritt der Insolvenz in seinem Bestreben, diese Insolvenz zu vermeiden, die Vermögen innerhalb des Konzerns vor allem zugunsten der Obergesellschaft verschieben. Zumindest im

Vorfeld der Insolvenz wären also die Grenzen zwischen den Vermögen der Konzerngesellschaften durchlässig, und der Wert des Einzelabschlusses der Obergesellschaft als Basis für eine Abschätzung von Zerschlagungsfolgen wäre beschränkt.

4. Zu den Grundlagen des Konzernabschlusses de lege lata

4.1 Leitlinien des Gesetzgebers zur Konzernrechnungslegung versus theoretische Überlegungen zum Bedarf an Konzernabschlüssen

Zwischen den im vorangegangenen Abschnitt präsentierten Überlegungen zur Zweckmäßigkeit von Konzernabschlüssen als Informationsinstrumente einerseits und den Leitlinien andererseits, an denen sich der Gesetzgeber bei der Konzeption der neuen Konzernrechnungslegungsvorschriften orientiert, bestehen erhebliche Spannungen.

Die zuvor dargestellten theoretischen Überlegungen führten zu einem sehr differenzierten Ergebnis. Nur im Fall des Vertragskonzerns, wo sowohl einheitliche Leitung als auch Anspruchseinheit gegeben waren, besteht allenthalben Bedarf an einem Konzernabschluss. Im faktischen Konzern dagegen behalten insbesondere aus der Sicht der Gläubiger und Minderheitseigner der Tochtergesellschaften die Einzelunternehmen als Anspruchseinheiten und die von ihnen aufgestellten Einzelabschlüsse große Bedeutung. Der auf den Konzern als einheitlich geleitetem Gebilde bezogene Konzernabschluss dagegen findet allein aus der Sicht der Eigner und Gläubiger der Obergesellschaft und auch lediglich im Blick etwa auf Umsätze und Aufwendungen oder im Blick auf Anhaltspunkte für die Liquidität der Konzernunternehmen Interesse. Eine eindeutige Überlegenheit des Konzernabschlusses gegenüber den Einzelabschlüssen der Konzernunternehmen ließ sich für den faktischen Konzern nicht nachweisen.

Im Gesetz finden diese Probleme keinen Ausdruck. Der Gesetzgeber hat sich vielmehr entschieden, die Konzernrechnungslegungspflicht an das Kriterium der einheitlichen Leitung (§ 290 Abs. 1 HGB) oder an das Vorliegen konkret definierter Sachverhalte (§ 290 Abs. 2 HGB) zu knüpfen, die zwar eine einheitliche Leitung ermöglichen, wo aber noch nicht einmal sichergestellt ist, dass einheitliche Leitung tatsächlich ausgeübt wird. Damit wird die Bedingung für Konzernrechnungslegungspflicht nicht enger, sondern weiter gezogen, als es die einheitliche Leitung vorgibt.

Solange der Konzernabschluss die Einzelabschlüsse der Konzernunternehmen ergänzt, aber nicht ersetzt, scheint dieser Unterschied nur insofern Bedeutung zu haben, als die Pflichten zur Konzernrechnungslegung möglicherweise gemessen an den Kosten und Nutzen von Konzernabschlüssen etwas zu weit gehen. Tatsächlich aber hat der Unterschied größere Bedeutung. Wenn in einem Konzernabschluss sowohl faktische Konzernunternehmen als auch solche eines Vertragskonzerns zusammengefasst werden, können aus der Einbindung derart unterschiedlicher Konzernunternehmen Beeinträchtigungen des Informationsgehalts resultieren. Aus der Sicht der Eigner und Gläubiger von Unternehmen des Vertragskonzerns interessieren auf jeden Fall die auf den Vertragskonzern als Anspruchseinheit bezogenen Daten. Die aber werden nicht geliefert. Verfügbar sind vielmehr Informationen über den Gesamtkonzern, in denen sich solche über den Vertragskonzern mit solchen über zusätzliche faktische Konzernunternehmen mischen. Mit den beschriebenen Einschränkungen werden vom Gesetzgeber zudem allenfalls die Informationsinteressen der Eigner und Gläubiger der Konzernobergesellschaft gesehen, soweit sich diese Interessen auf die Darstellung des Gesamtkonzerns beziehen. Interessen von Minderheiten bleiben unberücksichtigt.

Die gerade herausgearbeitete Problematik der gesetzlichen Regelung wird auch durch das grundsätzliche Recht entsprechender Minderheiten nicht beseitigt, Teilkonzernabschlüsse verlangen zu können (§ 291 Abs. 3 HGB). Teilkonzernabschlüsse sind nämlich innerhalb eines "gemischten" Konzerns nur in dem Spezialfall Lösungen des hier aufgeworfenen Problems, wenn der oder die Vertragskonzerne innerhalb des gemischten Konzerns sich genau mit einem bzw. mehreren Teilkonzernen decken. Das nachfolgende Schaubild B.1 mit zwei Konzernen dürfte diese Aussage verdeutlichen.

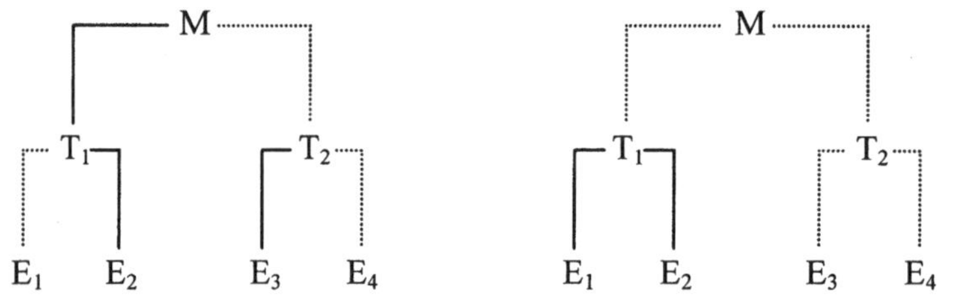

Lösung durch Teilkonzern-Abschluss nach HGB unmöglich

Lösung durch Teilkonzern-Abschluss nach HGB möglich

—— vertragliches Konzernverhältnis
········ faktisches Konzernverhältnis

M Mutter, T Tochter, E Enkel

Schaubild B.1: Teilkonzernabschluss und Haftungseinheit

4.2 Einheits- und Interessentheorie

Der Konzern, der sich dadurch auszeichnet, dass die in ihm zusammengefassten Einzelunternehmen in der Regel einheitlich durch die Obergesellschaft geleitet werden, soll im Konzernabschluss so dargestellt werden, als ob er auch wirtschaftlich eine Einheit bilden würde (vgl. Busse von Colbe u. a., Konzernabschlüsse, 2003, S. 38; ADS, 6. Aufl., § 297 Tz. 40) bzw. als ob die einbezogenen *"Unternehmen insgesamt ein einziges Unternehmen wären"* (§ 297 Abs. 3 Satz 1 HGB). Diese Fiktion ist in der Literatur unter der Bezeichnung Einheitstheorie bekannt, und sie wird vom Gesetzgeber sehr weitgehend akzeptiert. Dementsprechend prägt sie nicht nur den größten Teil der in späteren Kapiteln dieses Buches noch im Detail zu erläuternden Vorschriften zur Konzernrechnungslegung, sondern sie ist auch die wichtigste

Grundlage zur Ausfüllung von Gesetzeslücken, also zur Lösung solcher Detailprobleme, die im Gesetz nicht explizit geregelt wurden.

Der Einheitstheorie erscheint der Konzern als ein einheitliches Unternehmen, in dem die einzelnen Konzerngesellschaften Abteilungen oder Teilbetrieben dieses Unternehmens vergleichbar sind. Entsprechend diesem Vorbild müssen dann im Konzernabschluss als dem Abschluss der gesamten Einheit alle Vermögensgegenstände und Schulden sämtlicher "Abteilungen" zusammengefasst werden. Beteiligungen zwischen den "Abteilungen" kann es ebenso wenig geben wie Umsätze aus gegenseitigen Lieferungen oder Forderungen und Verbindlichkeiten untereinander. Gewinne dürfen nicht schon dann realisiert werden, wenn eine "Abteilung" an eine andere liefert, sondern erst dann, wenn die Produkte die wirtschaftliche Einheit Konzern verlassen, weil sie an Dritte verkauft wurden. Einheitlich zusammenzufassen ist auch das der Konzernobergesellschaft von ihren Eignern und das den Konzerntöchtern eventuell von Minderheiten bereitgestellte Kapital.

Obwohl die Einheitstheorie die Konzernrechnungslegung weltweit prägt, lässt sich schwerlich verheimlichen, dass sie die Verhältnisse im Konzern sehr einseitig interpretiert und drastisch vereinfacht. Sie hat eher den Charakter einer realitätsfremden Fiktion als den einer Theorie. Wie am Anfang der vorliegenden Untersuchung gezeigt wurde, gewinnt der Konzern seine Bedeutung aus dem Spannungsverhältnis zwischen Vielheit und Einheit. Nicht zuletzt durch die rechtlichen Regelungen verbleiben speziell im faktischen Konzern sehr heterogene Interessen und differenzierte Anspruchsgrundlagen, die eine unkritische Vermischung von Erfolgen, Vermögen, Schulden und Kapitalien nicht unbedingt sinnvoll erscheinen lassen. Diese Schwäche der Einheitstheorie ist auch dem Gesetzgeber bewusst. Er orientiert sich zwar weitgehend, aber nicht uneingeschränkt an der Einheitstheorie. Insbesondere beim Ausweis des Konzernkapitals wird gegen die besonders problematische Implikation der Einheitstheorie von einer Interessenhomogenität aller Eignergruppen verstoßen: Das Kapital der Obergesellschaft und die Minderheitenanteile an Tochtergesellschaften – sogenannte Anteile anderer Gesellschafter – werden gesondert ausgewiesen.

Als abzulehnende Alternative wird der Einheitstheorie üblicherweise die Interessentheorie gegenübergestellt. Die Besonderheit dieser Theorie zeigt sich bei Vorliegen von Minderheitsanteilen an Tochtergesellschaften. Statt der gesamten Einheit Konzern soll nur der Teil der Gesamtheit dargestellt werden, der den Eignern der Obergesellschaft zusteht. Der Konzernabschluss wird als vervollständigter Abschluss der Obergesellschaft angesehen. Deshalb müssen – sofern überhaupt das ganze Vermögen des Konzerns erfasst wird – die Minderheitenanteile als Anteile anderer Gesellschafter gesondert ausgewiesen und streng vom Eigenkapital des Konzerns getrennt werden. Der Interessentheorie wird noch konsequenter gefolgt, wenn bei einer Tochtergesellschaft, an der der Konzern x % und die Minderheiten (100 - x) % halten, nur x % des Vermögens und der Schulden dieser Tochter in den Konzernabschluss übernommen werden, ein Gedanke, der übrigens bei der Quotenkonsolidierung Eingang in das geltende Recht zur Konzernrechnungslegung gefunden hat.

Dass die Interessentheorie trotz der ihr zugedachten Rolle als Negativbeispiel einen brauchbaren Kern hat, zeigt sich schon daran, dass der Gesetzgeber den Minderheitenausweis von ihr übernahm. Sie trägt im Ansatz der Interessenheterogenität weit besser Rechnung als die

Einheitstheorie. Die Schwäche der Theorie liegt darin, dass sie bisher einseitig nur auf die Interessen der Eigner der Obergesellschaft fixiert wurde, was letztlich zu der zweifellos unhaltbaren Überlegung der anteiligen Zurechnung von Vermögen und Schulden von Töchtern zum Konzern durch die angedeutete Quotenkonsolidierung führt. Eine Interessentheorie dagegen, die versuchen würde, der Vielfalt der Interessen der Beteiligten im Konzern Rechnung zu tragen und der Spannung zwischen Einheit und Vielheit im Konzern Ausdruck zu verleihen, würde sich zu einer gefährlichen Rivalin für die Einheitstheorie entwickeln.

4.3 Der ausgeweitete Konzern in den neuen Konzernrechnungslegungsvorschriften

Schon die Konzernrechnungslegungspflicht wird, wie beschrieben wurde, nach neuem Recht nicht eng an das Kriterium der einheitlichen Leitung, sondern zusätzlich auch an das Vorliegen konkreter Sachverhalte geknüpft, die einheitliche Leitung zwar ermöglichen, die tatsächliche Ausübung derselben aber nicht voraussetzen. Noch weiter geht der Gesetzgeber bei der Festlegung des Kreises der in den Konzernabschluss einzubeziehenden oder durch konsolidierungsähnliche Korrekturen besonders zu behandelnden Unternehmen. Dieser Kreis umfasst neben den einheitlich geleiteten und den einheitlich leitbaren Konzernunternehmen auch Gemeinschaftsunternehmen sowie assoziierte Unternehmen.

Gemeinschaftsunternehmen (§ 310 HGB) sind dabei solche, an denen mehrere Gesellschaften meist mit gleichen, zumindest aber nicht mit derart unterschiedlichen Rechten beteiligt sind, dass eine allein das Gemeinschaftsunternehmen leiten kann. Vielmehr ist die Leitung nur gemeinschaftlich durch mehrere, teilweise nicht zum Konzernkreis gehörende Unternehmen möglich. Wie das Definitionsmerkmal der gemeinschaftlichen Leitung klarstellt, erfüllen Gemeinschaftsunternehmen nicht das Kriterium der einheitlichen Leitung. Trotzdem werden sie dem Kreis der zu konsolidierenden Unternehmen zugerechnet. Allerdings werden sie nach einem besonderen Verfahren – der schon angesprochenen Quotenkonsolidierung – einbezogen.

Unter assoziierten Unternehmen (§ 311 HGB) versteht der Gesetzgeber ein (noch) nicht in den Konzernabschluss einbezogenes Unternehmen, an dem ein Konzernunternehmen eine Beteiligung von im Zweifel mindestens 20 % hält und bei dem dieses Konzernunternehmen einen maßgeblichen Einfluss auf die Geschäfts- und Finanzpolitik hat. Was dabei genau einen maßgeblichen Einfluss auszeichnet, lässt sich nicht klar umschreiben, wichtig ist aber zunächst nur, dass dieser maßgebliche Einfluss schwächer als die einheitliche Leitung ist. Obwohl also damit wiederum keine einheitliche Leitung möglich ist, wurden auch assoziierte Unternehmen in Form der Equity-Methode vereinfacht in die Konsolidierung einbezogen.

Der beschriebene, weit gezogene Konzernkreis vergrößert die Spannungen zwischen den in vorangegangenen Abschnitten angestellten theoretischen Überlegungen und den Leitlinien des Gesetzgebers. Nach den theoretischen Überlegungen besteht die Gefahr, dass schon ein Konzernabschluss unter Einbeziehung aller einheitlich geleiteten Unternehmen mehrere Anspruchseinheiten vermischt und deshalb an Aussagefähigkeit verliert. Der Kreis der einzubeziehenden Unternehmen müsste im Zweifel also eher enger gezogen werden. Dem Gesetzgeber dagegen geht die einheitliche Leitung bereits bei der Frage der Aufstellungspflicht und erst recht bei der Frage des Konsolidierungskreises nicht weit genug. Damit müsste dem Gesetzgeber ein über die einheitlich geleiteten Unternehmen hinausgehender Konzernbegriff vorschweben. Ein solcher Begriff wirft über die Aufgabe des Nachweises der Nützlichkeit der mit seiner Hilfe zu gewinnenden Informationen zwei Probleme auf.

Zunächst müsste dieser Konzernbegriff definiert werden. Es reicht nicht aus, bestimmte Unternehmen als Einzubeziehende vorzugeben. Wie beim Leitbild der einheitlichen Leitung bedarf es der Angabe des allgemeinen Kriteriums, an dem sich der Gesetzgeber bei seiner Konzernabgrenzung orientiert und das etwa an die maßgebliche Beeinflussung durch das Management der Konzernobergesellschaft anknüpfen könnte.

Anschließend läge es nahe, sicherzustellen, dass alle Unternehmen, die das Kriterium erfüllen, unabhängig von der konkreten Grundlage, auf der die Erfüllung des Kriteriums beruht, in den Konzernabschluss einbezogen werden. Angesichts der Fülle möglicher Koordinationsformen zwischen Unternehmen und Markt – hier sei beispielhaft auf die interessanten Entwicklungen bei den Zulieferern der Automobilindustrie hingewiesen – und der vielfältigen Wirkungen, die insbesondere von den Entscheidungen großer oder aus anderen Gründen für bestimmte Marktpartner wichtiger Unternehmen ausgehen können, wird es allerdings sehr schwierig werden, eine solche Konzeption konsequent durchzusetzen. Auch ist fraglich, ob derartige Durchsetzungsversuche angesichts der mannigfachen Ansatzmöglichkeiten für Umgehungen nicht zu aufwendigen Regelungen führen müssten, die obendrein nur Informationsansprüche durchsetzen sollen, welche die Parteien in der Regel leichter vertraglich vereinbaren können. Andererseits würde es bei einem Verzicht auf Versuche zur Durchsetzung des dem Gesetzgeber offenbar vorschwebenden Konzepts einer Konzernabgrenzung bei der unsystematisch partiellen Erweiterung der einheitlichen Leitung bleiben.

Der weite Konzernkreis nach neuem Recht ist also keineswegs unproblematisch.

Literaturhinweise

Busse von Colbe, Walther/Ordelheide, Dieter/Gebhardt, Günther/Pellens, Bernhard: Konzernabschlüsse, 7. Aufl., Wiesbaden 2003.

Coenenberg, Adolf Gerhard unter Mitarbeit von Bettina Bischof, Manuel Deffner, Christian Fink, Marcus Gantzkow, Andreas Joest, Kalina Keller, Wolfgang Schultze und Barbara Straub: Jahresabschluss und Jahresabschlußanalyse, 20. Aufl., Stuttgart 2005.

Druey, Jean Nicolas (Hrsg.): Das St. Galler Konzernrechtsgespräch, Konzernrecht aus der Konzernwirklichkeit, Bern und Stuttgart 1988.

Emmerich, Volker/Sonnenschein, Jürgen: Konzernrecht, 6. Aufl., München 1997.

Geßler/Hefermehl/Eckardt/Kropff: Aktiengesetz, Kommentar, 6. Lieferung, §§ 291-318, München 1976.

Großfeld, Bernhard: Aktiengesellschaft, Unternehmenskonzentration und Kleinaktionär, Tübingen 1968.

Hoffmann-Becking, Michael: Der qualifizierte faktische AG-Konzern - Tatbestand und Abwehransprüche - in: Probleme des Konzernrechts, ZHR, Beiheft 62, Heidelberg 1989, S. 68-86.

Hommelhoff, Peter: Die Konzernleitungspflicht, Köln/Berlin/Bonn/München 1982.

Hopt, Klaus J. (Hrsg.): Groups of Companies in European Laws, Legal and Economic Analyses on Multinational Enterprises, Vol. II, Berlin/ New York 1982.

Kropff, Bruno: Aktiengesetz (Textausgabe), Düsseldorf 1965.

Kropff, Bruno: Konzerneingangskontrolle bei der qualifiziert konzerngebundenen Aktiengesellschaft, in: Bilanz- und Konzernrecht, Festschrift für Reinhard Goerdeler, hrsg. von Hans Havermann, Düsseldorf 1987, S. 259-278.

Lehertshuber, Bonaventura: Unternehmensvertragsrecht und Konzernhandelsbilanz, Frankfurt M./Bern/New York 1986.

Lutter, Marcus: Der qualifizierte faktische Konzern, in: AG, 35. Jg., 1990, S. 179-185.

Mestmäcker, Ernst-Joachim: Verwaltung, Konzerngewalt und Rechte der Aktionäre, Karlsruhe 1958.

Mestmäcker, Ernst-Joachim: Zur Systematik des Rechts der verbundenen Unternehmen im neuen Aktiengesetz, in: Das Unternehmen in der Rechtsordnung, Festgabe für Heinrich Kronstein, 1967, S. 129-159.

Moxter, Adolf: Offene Probleme der Rechnungslegung bei Konzernunternehmen, in: ZfhF, N.F., 13.Jg., 1961, S. 641-653.

Piltz, Detlev J.: Die Unternehmensbewertung in der Rechtsprechung, 3. Aufl., Düsseldorf 1994.

Pöppl, Franz: Aktienrechtlicher Minderheitenschutz durch den "Abhängigkeitsbericht", Stuttgart 1972.

Richardt, Harald: Der aktienrechtliche Abhängigkeitsbericht unter ökonomischen Aspekten, Wiesbaden 1974.

Rowedder/Fuhrmann/Koppensteiner/Rasner/Ritter/Zimmermann/Wiedmann: Gesetz betreffend die Gesellschaften mit beschränkter Haftung (GmbHG), Kommentar, 2. Aufl., München 1990.

Scheffler, Eberhard: Zur Problematik der Konzernleitung, in: Bilanz- und Konzernrecht, Festschrift für Reinhard Goerdeler, hrsg. von Hans Havermann, Düsseldorf 1987, S. 469-485.

Scheffler, Eberhard: Der qualifizierte faktische Konzern, in: AG, 35.Jg., 1990, S. 173-178.

Schildbach, Thomas: Jahresabschluss und Markt, Berlin u. a. 1986.

Schildbach, Thomas: Der handelsrechtliche Jahresabschluss, 8. Aufl., Herne/Berlin 2008.

Stimpel, Walter: "Durchgriffshaftung" bei der GmbH: Tatbestände, Verlustausgleich, Ausfallhaftung, in: Bilanz- und Konzernrecht, Festschrift für Reinhard Goerdeler, hrsg. von Hans Havermann, Düsseldorf 1987, S. 601-621.

Thoennes, Horst: Die Rechtsprechung zur Unternehmensbewertung aus der Sicht der Berufspraxis, in: 50 Jahre Wirtschaftsprüferberuf, Bericht über die Jubiläumsfachtagung vom 21. bis 23. Oktober 1981 in Berlin, Düsseldorf 1981, S. 265-275.

Uecker, Peter: Der Vorteils-Nachteils-Ausgleich beim Abhängigkeitsbericht, Düsseldorf 1972.

Zehner, Klaus: Unternehmensbewertung im Rechtsstreit, in: DB, 34.Jg., 1981, S. 2109-21

C. Konsolidierungsgrundsätze

1. Notwendigkeit und Aufgaben von Konsolidierungsgrundsätzen

Dem Konzernabschluss, bestehend aus Konzernbilanz, Konzern-Gewinn- und Verlustrechnung und Konzernanhang, kommt – wie schon erläutert wurde – nur eine Informationsfunktion zu. Er hat gem. § 297 Abs. 2 S. 2 HGB *"unter Beachtung der Grundsätze ordnungsmäßiger Buchführung ein den tatsächlichen Verhältnissen entsprechendes Bild der Vermögens-, Finanz- und Ertragslage des Konzerns zu vermitteln"*. Dabei ist die Lage *"der einbezogenen Unternehmen so darzustellen, als ob diese Unternehmen insgesamt ein einziges Unternehmen wären"* (§ 297 Abs. 3 S. 1 HGB).

Der Konzern könnte die Informationsaufgabe grundsätzlich mittels einer eigenen Konzernbuchführung erfüllen. Dieser Weg würde aber hohe zusätzliche Aufwendungen verursachen und wird daher in der Praxis vermieden. Statt dessen wird ein konsolidierter Jahresabschluss für den Konzern erstellt, worunter eine *"Zusammenfassung der Einzelabschlüsse der einbezogenen Konzernunternehmen unter Aufrechnung der Ergebnisse aus dem innerkonzernlichen Geschäftsverkehr, die sich in Vermögens-, Kapital- und Erfolgsgrößen niederschlagen können"* (von Wysocki/Wohlgemuth, Konzernrechnungslegung, 1996, S. 3), verstanden wird.

Die gesetzlichen Regelungen für die Konsolidierung, die später erläutert werden, sind allerdings zum Teil lückenhaft und in der Regel auslegungsbedürftig, da der Gesetzgeber bewusst darauf verzichtet hat, alle Fragen und Details der Konsolidierung im Gesetz zu regeln. Der Grund dafür besteht darin, dass das Gesetz bei einer vollständigen Kodifizierung aller Regeln der Konzernrechnungslegung zu starr und unbeweglich und damit eine entsprechende Anpassung an die technische und wirtschaftliche Entwicklung der Praxis sehr umständlich wäre. Die unvollständigen gesetzlichen Regelungen bedingen aber die Notwendigkeit von Konsolidierungsgrundsätzen, die dazu beitragen sollen, dass im Konzern sinnvoll Rechnung gelegt wird. Sie sollen der Praxis gerade in den Fällen, in denen das Gesetz lückenhaft oder auslegungsbedürftig ist, Kriterien für eine zweckentsprechende Gestaltung der Konzernabschlüsse liefern und Anhaltspunkte für die Ausübung von Wahlrechten geben. Des weiteren können sie aber auch als Grundlage für die Beurteilung der gesetzlichen Konsolidierungsregelungen, der Konsolidierungspraxis und der Literaturvorschläge zu diesem Themenkomplex herangezogen werden (vgl. Busse von Colbe u. a., Konzernabschlüsse, 2003, S. 56; vgl. zum Problem der Divergenzen zwischen Regelungen der §§ 290 ff. HGB und den Grundsätzen ordnungsmäßiger Konzernrechnungslegung von Wysocki, WPg 1986, S. 177-181).

2. Entwicklung und Ableitung von Konsolidierungsgrundsätzen

Die Entwicklung und Ableitung von Konsolidierungsgrundsätzen, die zusätzlich zu den Grundsätzen ordnungsmäßiger Buchführung bei der Erstellung des Konzernabschlusses zu beachten sind und die mit der Umsetzung der 7. EG-Richtlinie zum Teil in den §§ 290-312 HGB gesetzlich kodifiziert wurden, bringen ähnliche Schwierigkeiten mit sich wie die Ermittlung der Grundsätze ordnungsmäßiger Buchführung (s. hierzu Schildbach, Jahresabschluss, 2008, S. 82 f.).

Bei der induktiven Methode, bei der die Konsolidierungsgrundsätze aus der Konsolidierungspraxis ordentlicher und ehrenwerter Kaufleute abgeleitet werden sollen, besteht die Schwierigkeit, diese Kaufleute von den nicht ordentlichen und nicht ehrenwerten zu trennen. Erschwerend kommt bei dieser Beurteilung hinzu, dass die in- und ausländische Konsolidierungspraxis dabei berücksichtigt werden muss, da bei der Konzernrechnungslegung das Weltabschlussprinzip zu beachten ist, nach dem grundsätzlich Tochterunternehmen mit Sitz im Ausland in den Konzernabschluss einzubeziehen sind. Da es keine anderen Kriterien zur Beurteilung der Ordnungsmäßigkeit der Konsolidierungsgrundsätze gibt, kommt es bei dieser Methode zu der Gefahr eines Zirkelschlusses, denn es muss von Beginn an bekannt sein, was induktiv durch Beobachtung der Kaufleute abgeleitet werden sollte, nämlich wie ordentliche Konsolidierungsgrundsätze auszusehen haben.

Der andere Weg zur Entwicklung und Ableitung von Konsolidierungsgrundsätzen ist die deduktive Methode, wonach die Grundsätze aus den Aufgaben der Rechnungen und aus den Interessen der Beteiligten abgeleitet werden sollen. Dabei stößt man aber auf analoge Probleme wie bei der Ermittlung der Grundsätze ordnungsmäßiger Buchführung für den Einzelabschluss, denn auch hier existiert aufgrund der gesetzlich unklar geregelten Zwecke der Konzernrechnungslegung (§ 297 Abs. 2 HGB) eine mangelhafte Deduktionsbasis. Zudem ist es für die Betriebswirtschaftslehre auch im Bereich der Konzernrechnungslegung schwierig, Regeln festzulegen, nach denen die Aufstellung des Konzernabschlusses erfolgen sollte. Ein weiteres Problem bei der deduktiven Ermittlung der Konsolidierungsgrundsätze besteht in den heterogenen Interessen der Konzernabschlussersteller bzw. -adressaten, die aufgrund der oft komplexen Konzernstrukturen i.d.R. noch widersprüchlicher und umfangreicher sind als bei den Einzelabschlüssen. Daraus folgen zwangsläufig noch vielschichtigere, unterschiedliche Urteile zu der Frage, wie im Konzern zweckmäßig Rechnung zu legen ist.

Aus den obigen Ausführungen ergibt sich, dass auch im Bereich der Konsolidierungsgrundsätze vieles für eine Ermittlung in einem politischen Prozess spricht, in den die verschiedenen an der Konzernrechnungslegung interessierten Gruppen ihre Vorstellungen über eine zweckmäßige Rechnungslegung einbringen, sie diskutieren und ggf. durchsetzen können (vgl. Schildbach, Jahresabschluss, 2008, S. 83).

3. Inhalte der wichtigsten Konsolidierungsgrundsätze

Ohne den Anspruch auf Vollständigkeit der Darstellung wird im folgenden versucht, die wichtigsten Konsolidierungsgrundsätze zu erläutern. Da der Aufwand einer umfassenden und systematischen Darstellung und Erläuterung der zu diesem Themenkomplex vertretenen Meinungen im Rahmen dieses Lehrbuches unvertretbar erscheint, wird der Leser diesbezüglich auf die Literatur verwiesen (Trützschler in: Küting/Weber, Konzernrechnungslegung, 2. Aufl., II. Kapitel, Rn. 999-1027). Dies gilt auch für die allgemeinen, hier nicht näher erläuterten Grundsätze ordnungsmäßiger Buchführung, die zwar bei der Erstellung des Konzernabschlusses beachtet werden müssen, dort aber keine wesentlichen Änderungen zum Einzelabschluss aufweisen (vgl. z.B. Leffson, Grundsätze ordnungsmäßiger Buchführung, 1987).

3.1 True and fair view

Ebenso wie im Einzelabschluss ist die Forderung nach *"true and fair view"* auch ein Bestandteil der Generalklausel für den Konzernabschluss. Danach hat der Konzernabschluss *"unter Beachtung der Grundsätze ordnungsmäßiger Buchführung ein den tatsächlichen Verhältnissen entsprechendes Bild der Vermögens-, Finanz- und Ertragslage des Konzerns zu vermitteln"* (§ 297 Abs. 2 S. 2 HGB, vgl. auch Busse von Colbe, ZfbF 1985, S. 767).

Da der Konzernabschluss anders als der Einzelabschluss ausschließlich Informationsfunktionen erfüllt, müsste die auf die Informationsfunktionen ausgerichtete *"true and fair view"*-Forderung hier eine besonders große Bedeutung haben. Dem stehen aber mehrere Gründe entgegen. Zunächst kann der Inhalt der Forderung vor dem Hintergrund der Vielfalt an Informationswünschen, der Unklarheiten über die Informationsgehalte traditioneller Jahresabschlusszahlen und dem Konflikt zwischen Informationen und Geheimhaltung nicht klar angegeben werden. Außerdem stehen der Generalklausel konkrete Einzelvorschriften gegenüber, die einen Kompromiss aus den widersprüchlichen Anforderungen zum Ausdruck bringen. Dieser Kompromiss verdient Respekt. Daher ist in der Regel anzunehmen, dass ein den Einzelvorschriften entsprechender Konzernabschluss auch einen *"true and fair view"* vermittelt (vgl. ADS, 6. Aufl., § 297 Tz. 35). Auch gibt es keine Möglichkeit, unter Berufung auf *"true and fair view"* gegen kodifizierte Einzelvorschriften zu verstoßen (vgl. ADS, 6. Aufl. , § 297 Tz. 28). Praktisch dient die *"true and fair view"*-Forderung somit nur drei Funktionen:

- Erstens dient sie als Leitlinie für Interpretationen in Zweifelsfragen, etwa im Rahmen der GuV-Konsolidierung, welche im entsprechenden § 305 HGB nur in Grundzügen behandelt wird (vgl. Förschle/Lust in: Beck Bil-Komm., 6. Aufl., § 297 Anm. 187).
- Zweitens ist sie Grundlage für zusätzliche Erläuterungspflichten im Anhang, wie etwa solche über schwebende Kartellverfahren (vgl. ADS, 6. Aufl., § 297 Tz. 36) oder über Risiken aus der Einbeziehung von Tochterunternehmen aus politisch instabilen Regionen (vgl. Baetge/Kirsch in: Küting/Weber, Konzernrechnungslegung, 2. Aufl., § 297 Rn. 60).
- Drittens soll sie grobe Grenzen für Erleichterungen bei der Konzernrechnungslegung aus Gründen der Wirtschaftlichkeit liefern, wie etwa bei Ausnahmen von der Einbeziehungspflicht von Tochterunternehmen (§ 296 Abs. 2 HGB), der Schuldenkonsolidierung (§ 303 Abs. 2 HGB), der Zwischenergebniseliminierung (§ 304 Abs. 2 HGB), der Aufwands- und Ertragskonsolidierung (§ 305 Abs. 2 HGB) und der konzerneinheitlichen Bewertung (§ 308 Abs. 2 S. 3 HGB).

Dass aus *"true and fair view"* außerdem die Notwendigkeit zur Aufstellung von Konzernabschlüssen folgt, ist praktisch ohne Bedeutung, weil Konzernabschlüsse im HGB explizit vorgeschrieben sind.

Im Konflikt zwischen Einzelvorschriften und *"true and fair view"*-Forderung setzen sich erstere allerdings teilweise auch dann durch, wenn sie letzterer eindeutig widersprechen. Insoweit wird die Forderung nach "true and fair view" in wichtigen Punkten untergraben. Zu nennen sind diesbezüglich insbesondere die folgenden Vorschriften:

- § 308 Abs. 2 S. 2 HGB erlaubt die Übernahme von nach dem Kreditwesengesetz gebildeten stillen Reserven der in den Konzernabschluss einzubeziehenden Kreditinstitute und die im Versicherungsaufsichtsgesetz kodifizierten versicherungstechnischen Rückstellungen sowie die Beibehaltung niedrigerer Wertansätze der in den Konzernabschluss einzubeziehenden Versicherungsunternehmen;
- Konzerne, die den Konzernabschluss gemäß § 11 Publizitätsgesetz (PublG) aufstellen, brauchen nach § 13 Abs. 3 PublG die §§ 279 Abs. 1 und 280 HGB nicht anzuwenden. Das bedeutet, dass bei Inanspruchnahme dieses Wahlrechtes aufgrund der einheitlichen Bewertung im Konzern (§ 308 Abs. 1 HGB) für sämtliche Vermögensgegenstände aller einbezogenen Nicht-Kapitalgesellschaften – aber auch der Kapitalgesellschaften – das Wahlrecht nach § 253 Abs. 4 HGB in Anspruch genommen werden kann und damit stille Reserven gebildet werden können.

International besitzt die Generalklausel eine höchst unterschiedliche Bedeutung. Im Rahmen von IFRS nimmt das Gebot zur "fair presentation" den Rang eines "overriding principle" innerhalb der Rechnungslegungsvorschriften ein, das in Ausnahmefällen, in denen ein Festhalten an bestimmten Einzelvorschriften nach Ansicht des Rechnungslegenden ein irreführendes Bild erzeugen würde, bei Fehlen entgegenstehender Verbote zu einer Rechnungslegung entgegen diesen Einzelvorschriften zwingt. Der Verstoß gegen einen konkreten IFRS ist eingehend zu begründen und zu erläutern, vor allem durch Angaben über (IAS 1.18)

- die Vorschrift, die nicht eingehalten wurde,
- die Gründe dafür, warum eine Beachtung der Vorschrift in die Irre geführt hätte,
- die abweichende Vorgehensweise und
- deren Auswirkungen auf die Positionen im Jahresabschluss in den einzelnen Berichtsperioden.

In Amerika hat das Gebot der "fair presentation" weniger mit der Rechnungslegung als mit der Prüfung zu tun. Dabei darf der Abschlussprüfer einem Jahresabschluss die Eigenschaft des "present fairly" in Einklang mit den US-GAAP grundsätzlich nur testieren, wenn sämtliche US-GAAP eingehalten werden. (Das gilt jedenfalls dann, wenn das geprüfte Unternehmen der Aufsicht durch die Börsenaufsichtsbehörde SEC unterliegt.) Jahresabschlüssen, in denen nicht alle Detailvorschriften der US-GAAP beachtet werden, verdienen ein volles Testat nicht, es sei denn, dass Gesetze reformiert oder neue Geschäfte entwickelt wurden und die in Unkenntnis dieser Innovationen geschaffenen US-GAAP solche Neuentwicklungen aus der Sicht vermutlich aller vernünftigen Menschen irreführend abbilden (AICPA, Rule 203 of the Code of Professional Conduct, in AICPA, Professional Standards, Vol. 2, S. 4581 f.). Die Testierung nicht vollständig regelkonformer Jahresabschlüsse muss durch die gleichen Angaben erläutert werden, wie sie oben unter IFRS aufgeführt wurden. Ein Vorrang der Generalklausel ergibt sich auch aus Rule 10b – 5 des Securities Exchange Act und aus dem amerikanischen case law.

3.2 Vollständigkeit des Konzernabschlusses

Der Grundsatz der Vollständigkeit des Konzernabschlusses folgt aus der Einheitstheorie, nach der - wie schon in B.4.2 erläutert wurde - die einzelnen, rechtlich getrennten Konzerngesellschaften wirtschaftlich als eine Einheit angesehen werden. Der Konzern wird also wie ein Unternehmen mit mehreren Betriebsstätten oder Teilbetrieben betrachtet. Mithin stellt der Konzernabschluss einen Abschluss für die wirtschaftliche Einheit des Konzerns dar.

Entsprechend diesem Leitgedanken müssten grundsätzlich

- sowohl alle einheitlich geleiteten Konzernunternehmen
- als auch alle Vermögensgegenstände, Schulden und Rechnungsabgrenzungsposten sowie sämtliche Erträge und Aufwendungen der in den Konzernabschluss einbezogenen Unternehmen (§ 300 Abs. 2 HGB)

vollständig in den Konzernabschluss aufgenommen werden.

Die handelsrechtlichen Vorschriften zum Konzernabschluss tragen dem Grundsatz der Vollständigkeit zwar Rechnung, sie verstoßen aber auch teilweise gegen diesen Grundsatz, meist dahingehend, dass sie den Kreis einzubeziehender Unternehmen, Vermögensgegenstände und Schulden sehr weit ziehen.

Dem Vollständigkeitsgrundsatz wird insoweit entsprochen, als alle Konzernunternehmen unabhängig von ihrem Sitz in den Konzernabschluss aufzunehmen sind (Weltabschlussprinzip; § 294 Abs. 1 HGB). Ob dem Vollständigkeitsgrundsatz durch Einbeziehungswahlrechte (§ 296 HGB) widersprochen wird, hängt vor allem von der prinzipiellen Beurteilung von Wahlrechten (können Wahlrechte dem Gebot der Vollständigkeit überhaupt dienen?) und von der Interpretation der Bedingungen für das Wahlrecht nach § 296 Abs. 1 Nr. 2 HGB ab. Als Lücke für das Vollständigkeitsgebot muss dieses Einbeziehungswahlrecht nämlich dann angesehen werden, wenn die Voraussetzungen für eine Nichteinbeziehung wegen unverhältnismäßig hoher Kosten oder Verzögerungen bei der Beschaffung der zur Aufstellung des Konzernabschlusses erforderlichen Angaben weit ausgelegt werden und beispielsweise auch vom Konzern abstellbare Informationsprobleme als Voraussetzung anerkannt werden.

Abweichungen vom Grundsatz der Vollständigkeit ergeben sich aber auch insoweit, als der Konzern entgegen dem Einheitstheoriegedanken über die einheitliche Leitung und die Vermögenseinheit hinaus ausgedehnt wird. Nach neuem Recht müssen bzw. können nämlich auch alle

- Unternehmen, die nur eine der Voraussetzungen des sog. Control-Konzeptes (§ 290 Abs. 2 HGB; siehe hierzu im einzelnen D.1.3) erfüllen,
- Gemeinschaftsunternehmen (§ 310 HGB; siehe hierzu im einzelnen E.5) und

- assoziierten Unternehmen (§§ 311 f. HGB; siehe hierzu im einzelnen E.6)

in den Konzernabschluss einbezogen werden.

Hinsichtlich der vollständigen Erfassung aller Vermögensgegenstände, Schulden etc. der zum Konsolidierungskreis gehörenden Unternehmen im Konzernabschluss sind nicht die Ansatzentscheidungen in den jeweiligen Einzelabschlüssen, sondern die für das Mutterunternehmen geltenden Bilanzierungsgebote, -wahlrechte und -verbote maßgebend. Dabei dürfen die Bilanzansatzwahlrechte des Mutterunternehmens im Konzernabschluss vom Konzern ohne Rücksicht auf ihre Existenz und Ausübung in den Einzelabschlüssen neu wahrgenommen werden, so dass im Ergebnis für den Konzern ein eigenes Ansatzwahlrecht besteht.

Abgesehen davon, dass das Mutterunternehmen und damit der Konzern gegebenenfalls andere Ansatzwahlrechte hat als die einzelne Tochter oder dass im Konzern Ansatzwahlrechte anders ausgeübt werden können, gibt es einen weiteren möglichen Grund für abweichende Vermögen in Einzelabschlüssen und Konzernabschluss. Selbsterstellte Patente eines Tochterunternehmens dürfen im Einzelabschluss dieser Tochter nicht angesetzt werden. Wurden diese Patente aber von der Mutter zusammen mit dem restlichen Vermögen im Rahmen des Beteiligungserwerbs entgeltlich erworben, sind sie in der Konzernbilanz wie andere entgeltlich erworbene immaterielle Anlagen im Prinzip einzubeziehen.

Der Grundsatz der Vollständigkeit einschließlich des Weltabschlussprinzips gilt auch im Rahmen von IFRS und US-GAAP.

3.3 Konzerneinheitliche Bewertung

Schon aus der Einheitstheorie, nach der der Konzernabschluss wie ein Einzelabschluss eines einheitlichen Unternehmens aussehen soll, lässt sich unmittelbar das Verlangen nach einer konzerneinheitlichen Bewertung ableiten. Alle Vermögensgegenstände, Schulden usw. müssten demnach wie in einem Einzelabschluss nach einheitlichen Grundsätzen bewertet werden.

Diesem Verlangen der Einheitstheorie wird auch grundsätzlich durch die Kodifizierung der einheitlichen Bewertung im § 308 HGB entsprochen. Danach hat die Bewertung im Konzernabschluss grundsätzlich nach den für das Mutterunternehmen *"anwendbaren Bewertungsmethoden"* einheitlich zu erfolgen (§ 308 Abs. 1 S. 1 HGB). Diese bilden also den äußeren Rahmen für die konzerneinheitliche Bewertung.

- Demzufolge dürfen Werte aus dem Einzelabschluss des Mutterunternehmens entweder unverändert in die Konzernbilanz übernommen oder nach anderen für das Mutterunternehmen anwendbaren und für den Konzernabschluss angewandten Bewertungsmethoden bewertet werden (solche Änderungen innerhalb der dann ggf. aufzustellenden sog. Handelsbilanz II des Mutterunternehmens sind jedoch im Konzernanhang anzugeben und zu begründen, vgl. § 308 Abs. 1 S. 2 und 3 HGB).
- Die Werte aus den Einzelabschlüssen der übrigen in den Konzernabschluss einbezogenen Unternehmen können in den Konzernabschluss grundsätzlich nur übernommen werden,

wenn sie den beim Mutterunternehmen für den Konzernabschluss angewandten Bewertungsmethoden entsprechen. Ansonsten müssen sie jeweils in einer sog. Handelsbilanz II auf diese Methoden umgestellt werden. Für den Fall eines Konzerns mit einer inländischen Muttergesellschaft sind hinsichtlich des Umfangs der erforderlichen Modifikationen drei Fälle zu unterscheiden (vgl. auch WP-Handbuch, Band I, M Tz. 252 ff.):

- Einzelabschlüsse deutscher Kapitalgesellschaften i.w.S. (einschließlich der ihnen nach § 264 a HGB gleichgestellten Gesellschaften) müssen zwar nach den für das Mutterunternehmen anwendbaren, nicht aber nach den für den Konzernabschluss angewandten Bewertungsmethoden aufgestellt sein; sie sind nur auf die letzteren Methoden umzustellen.
- Einzelabschlüsse deutscher Nichtkapitalgesellschaften können stille Reserven enthalten, die Kapitalgesellschaften i.w.S. nicht bilden dürfen (§§ 253 Abs. 4, 279 Abs. 1 S. 1 HGB). Wenn ihr Mutterunternehmen eine Kapitalgesellschaft i.w.S. ist, müssen diese Einzelabschlüsse modifiziert werden, damit sie den für das Mutterunternehmen anwendbaren und auch den für den Konzernabschluss angewandten Bewertungsmethoden entsprechen.
- Einzelabschlüsse ausländischer Konzernunternehmen können nach Bewertungsmethoden aufgestellt sein, die nicht den nationalen Grundsätzen ordnungsmäßiger Buchführung entsprechen. So kann zum Beispiel durch Rückgriff auf Preisindizes der Inflation Rechnung getragen werden. Solche Abschlüsse sind zusätzlich den handelsrechtlichen Grundsätzen ordnungsmäßiger Buchführung anzupassen, die derartige Inflationsbereinigungen verbieten.

Wie streng jedoch im Detail innerhalb des Rahmens der *"anwendbaren Bewertungsmethoden"* des Mutterunternehmens einheitlich zu bewerten ist, bleibt im Gesetz letztlich unklar.

Sicher ist, dass Bewertungswahlrechte bei vergleichbaren Vermögensgegenständen nicht willkürlich verschiedenartig ausgeübt werden dürfen und dass als Maßstab für die konzerneinheitliche Bewertung ein rechtlich einheitliches Unternehmen herangezogen werden muss. Besteht für dieses die Möglichkeit, Bewertungswahlrechte aufgrund sachlicher und nachprüfbarer Gründe unterschiedlich auszuüben, wie z.B. bei Herstellungskosten

- für Gegenstände des Anlage- und Umlaufvermögens,
- für Produkte für verschiedene Märkte oder
- für Produkte aus Fabriken mit unterschiedlicher Produktions- und Kostenstruktur,

oder ist in einem Einzelabschluss die Bewertung verschiedener gleichartiger Vermögensgegenstände in einer Bandbreite zulässig, so ist dies auch im Konzernabschluss erlaubt.

Insofern stellt das Gesetz an die Einheitlichkeit der Bewertung im Konzernabschluss also keine höheren Anforderungen als an die Bewertung im Einzelabschluss eines rechtlich selbständigen Unternehmens.

Allerdings wird der Grundsatz der einheitlichen Bewertung im Konzern im neuen Recht durch folgende Ausnahmeregelungen erheblich durchlöchert:

- Wertansätze, die auf spezifischen Bewertungsvorschriften für Kreditinstitute und Versicherungsunternehmen beruhen (z.B. Beibehaltung versicherungstechnischer Rückstellungen, stille Reserven iSv. §§ 340 ff. HGB), dürfen beibehalten werden, wenn sie den Besonderheiten dieser Geschäftszweige Rechnung tragen (§ 308 Abs. 2 S. 2 HGB). Dies gilt auch dann, wenn das Mutterunternehmen selbst kein Kreditinstitut oder Versicherungsunternehmen ist. Auf die Inanspruchnahme dieser Ausnahmeregelung ist im Konzernanhang hinzuweisen.
- Wertansätze brauchen gem. § 308 Abs. 2 S. 3 HGB nicht angepasst zu werden, wenn ihre Auswirkungen für den true and fair view (§ 297 Abs. 2 S. 2 HGB) von untergeordneter Bedeutung sind. Für die diesbezügliche Beurteilung bei Existenz mehrerer Sachverhalte, die einzeln von untergeordneter Bedeutung sind, ist ggf. die Gesamtbetrachtung entscheidend. Eine Angabe im Konzernanhang ist bei Inanspruchnahme dieser Ausnahmeregelung nicht vorgesehen.
- § 308 Abs. 2 S. 4 HGB lässt darüber hinaus *"Abweichungen in Ausnahmefällen"* zu. Diese nicht näher erläuterte Ausnahmevorschrift ist jedoch sehr restriktiv zu handhaben, da ansonsten der Informationsverlust des Konzernabschlusses trotz der Angabe- und Begründungspflichten im Konzernanhang sehr groß werden kann, so dass im Extremfall sogar ein Verstoß gegen die Generalnorm droht.

Aus Sicht der Einheitstheorie und zugunsten der besseren Erfüllung der Generalnorm sollte man jedoch

- zunächst möglichst selten von diesen Ausnahmeregelungen Gebrauch machen.
- Außerdem kann die Belastung aus der Verpflichtung zur konzerneinheitlichen Bewertung dadurch verringert werden, dass die Konzernleitung schon für die Einzelabschlüsse konzerneinheitliche Bewertungsrichtlinien erlässt, die die Tochterunternehmen von Anfang an zu einheitlicher Vorgehensweise anhalten.

Ergibt sich aufgrund der erstmaligen Anwendung des § 308 HGB eine Erhöhung oder Verminderung des Ergebnisses, so kann der Unterschiedsbetrag gemäß Art. 27 Abs. 4 EGHGB erfolgsneutral *"... in die Gewinnrücklagen eingestellt oder mit diesen offen verrechnet werden..."*. Damit beeinflusst er zwar das Jahresergebnis nicht, er beeinträchtigt dafür aber zum Teil die Vergleichbarkeit der Konzernergebnisse, was als erheblicher Nachteil zu werten ist.

Ein Gesamturteil über die einheitliche Bewertung (zusammenfassend dargestellt in Schaubild C.1 auf der folgenden Seite) fällt nicht leicht. Einerseits erscheint sie vorteilhaft, weil sie einem Wertekonglomerat im Konzernabschluss entgegenwirkt. Andererseits aber darf dieses Bemühen nicht überbewertet werden, weil ein traditioneller Jahresabschluss sich trotzdem auf eine Vielfalt von Werten stützt. Außerdem wird der nicht operational fassbare Grundsatz durch wichtige Ausnahmen aufgeweicht, und er eröffnet einen gewaltigen Spielraum für eine eigenständige Konzernbilanzpolitik, die nicht unbedingt der Informationsfunktion dient, die Konzernleitung allerdings aufwertet.

Grundsätze:
- Bewertung in dem von der Rechtsform des Mutterunternehmens abhängigen zulässigen Rahmen (*anwendbare Bewertungsmethoden*)
- Wahl einer konzerneinheitlichen Bewertung innerhalb dieses Rahmens (*angewandte Bewertungsmethoden*)

Abschluss des Mutterunternehmens:

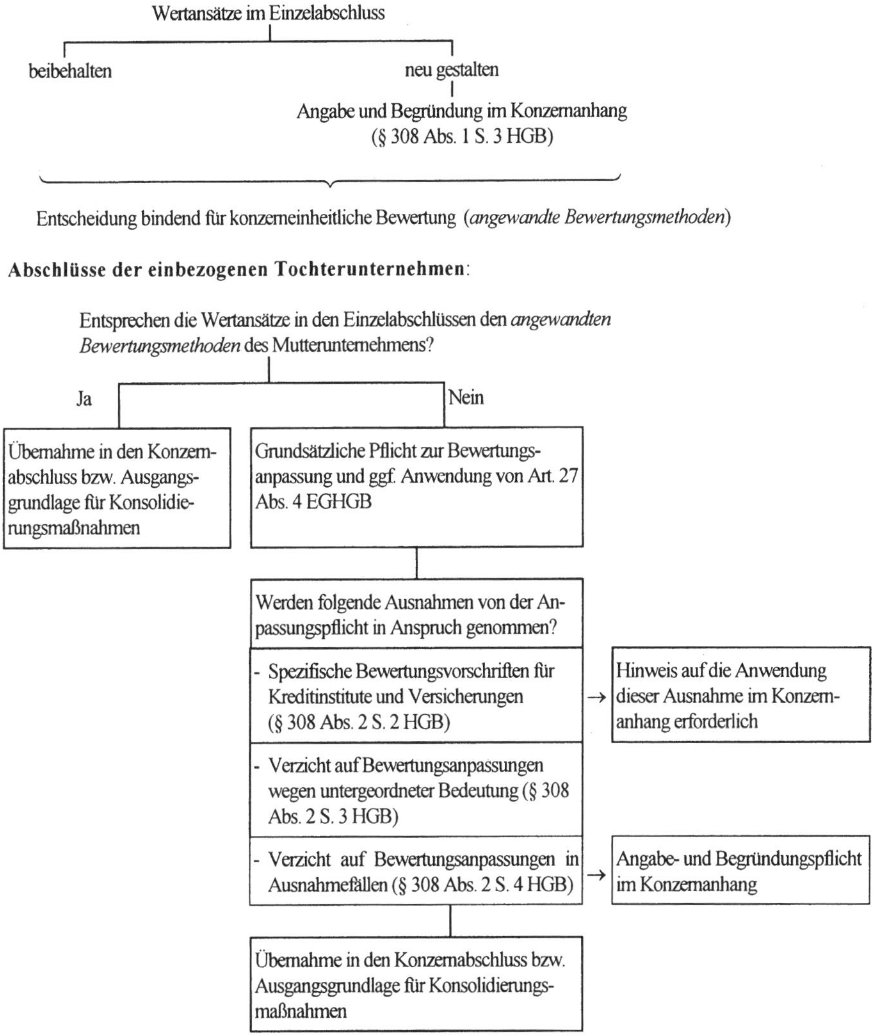

Schaubild C.1: Konzerneinheitliche Bewertung (§ 308 HGB)

Während US-GAAP wahrscheinlich im Vertrauen auf fehlende Wahlrechte in den Rechnungslegungsvorschriften den Grundsatz der konzerneinheitlichen Bewertung nicht kennen

(Pahler, Advanced Accounting, 2006, S. 24), wird der Grundsatz von IAS 27.28 explizit gefordert.

3.4 Konsolidierungskontinuität

Bei der Konsolidierungskontinuität wird in der Konzernrechnungslegung zwischen materieller und formeller Kontinuität unterschieden.

Allgemein soll durch den Grundsatz der materiellen Konsolidierungskontinuität (Stetigkeit) die Vergleichbarkeit mehrerer aufeinander folgender Konzernabschlüsse erreicht und eine willkürliche Gestaltung der Abschlüsse vermieden werden. Veränderungen innerhalb der aufeinander folgenden Konzernabschlüsse sollen demnach nur auf Änderungen im realen Bereich und nicht auf dem Wechsel der Abbildungsregeln bzw. der Ausübung der diesbezüglichen Spielräume beruhen.

Die Stetigkeit hat im Konzern die vier Dimensionen Ansatz, Bewertung, Gliederung und Konsolidierung.

Für den Bereich des Ansatzes fehlt eine explizite Regelung im Gesetz gänzlich. Dies wird zum Teil so interpretiert, dass *"über die Ansatzwahlrechte zu jedem Stichtag neu entschieden werden"* darf (Federmann, Bilanzierung, 1994, S. 141).

Bezogen auf die Bewertung im Konzern verweist der Gesetzgeber in § 298 Abs. 1 HGB auf die entsprechende, für alle Kaufleute geltende Regelung des § 252 Abs. 1 Nr. 6 HGB, wonach die auf den vorhergehenden Jahresabschluss angewandten Bewertungsmethoden beibehalten werden sollen. Diese *"Soll"*-Vorschrift findet in der Literatur allerdings sehr unterschiedliche Interpretationen, die von einer Auslegung des Wortes *"soll"* als *"müssen mit Ausnahmen"* (Helmrich, WPg 1984, S. 628 f.; zu den Ausnahmen vgl. SABI 2/1987, WPg 1988, S. 49) bis hin zu *"sollen ist ein "Papiertiger" "* (Selchert, DB 1984, S. 1894) reichen. Darüber hinaus ist auch unklar und strittig, ob Entscheidungen über die Bewertung bestimmter Vermögensgegenstände dazu zwingen, andere gleichartige Vermögensgegenstände ebenso zu bewerten, auch wenn sie in späteren Jahren erworben wurden (vgl. Schildbach, Jahresabschluss, 2008, S. 91 f. m.w.N.). Der Referentenentwurf zum BilMoG sieht eine Verschärfung der Bewertungsstetigkeit vor, denn "sollen beibehalten werden" wird dort durch "sind beizubehalten" ersetzt.

Die §§ 298 Abs. 1, 265 Abs. 1 S. 1 HGB verlangen von den Kapitalgesellschaften explizit die strenge Einhaltung der Ausweis- bzw. Gliederungsstetigkeit. Die Gliederung der Konzernbilanz, der Konzern-Gewinn- und Verlustrechnung und des Konzernanhangs sind also im Zeitablauf grundsätzlich beizubehalten, *"soweit nicht in Ausnahmefällen wegen besonderer Umstände Abweichungen erforderlich sind"* (§ 265 Abs. 1 HGB). Insbesondere aus Gründen der Vergleichbarkeit der Konzernabschlüsse sollten strenge Anforderungen an die Auslegung dieser Regelung gestellt werden.

Obwohl auch der Grundsatz der Beibehaltung der Konsolidierungsmethoden als *"Soll"*-Norm geregelt ist (§ 297 Abs. 3 S. 2 HGB), scheint das *"Soll"* hier strenger als bei der Bewertungsstetigkeit ausgelegt zu werden. Die im Gesetz vorgesehenen Ausnahmefälle zum Grundsatz der Konsolidierungsstetigkeit dürften durch die Kommentierung auf wenige Fälle beschränkt sein, etwa auf den Fall, in dem früher ausgenutzte Erleichterungen beispielsweise bei der Konsolidierung freiwillig nicht mehr in Anspruch genommen werden sollen (vgl. ADS, 6. Aufl., § 297 Tz. 54). Dabei ist unklar, ob unter Konsolidierungsmethoden in diesem Zusammenhang nur die Kapital-, Schulden-, Zwischenergebnis- sowie Aufwands- und Ertragskonsolidierung oder etwa auch die Abgrenzung des Konsolidierungskreises zu verstehen ist. Vieles deutet darauf hin, dass eine weite Interpretation zweckmäßig wäre. Konsolidierungsstetigkeit bedeutet nach herrschender Meinung allerdings, dass sich bezogen auf einen Konzernabschluss unterschiedliche Konsolidierungsmethoden grundsätzlich gegenseitig ausschließen. So darf etwa nur dann ein Teil der Töchter nach der Buchwert- und der Rest nach der Neubewertungsmethode konsolidiert werden, wenn es dafür Gründe gibt (vgl. ADS, 6. Aufl., § 297 Tz. 48). Eine solche Einheitlichkeit der Wahlrechtsausübung ergibt sich primär aus dem Einheitsgedanken des § 297 Abs. 3 S. 1 HGB und der Einheitstheorie (vgl. Baetge/Kirsch in: Küting/Weber, Konzernrechnungslegung, 2. Aufl., § 297 Rn. 80).

Unterbrechungen der Stetigkeit bei Ansatz, Bewertung, Gliederung und Konsolidierung lösen stets Pflichten zu Erläuterungen im Konzernanhang aus. Soweit die Stetigkeit bei der Gliederung durchbrochen wird, sind die Abweichungen im Anhang lediglich anzugeben und zu begründen (§§ 298 Abs. 1, 265 Abs. 1 S. 2 HGB). Stetigkeitsunterbrechungen bei Ansatz, Bewertung und Konsolidierung dagegen sind im Anhang nicht nur anzugeben und zu begründen, bei ihnen muss auch der Einfluss auf die Vermögens-, Finanz- und Ertragslage des Konzerns angegeben werden (§§ 297 Abs. 3 S. 4 und 5, 313 Abs. 1 S. 2 Nr. 3 HGB). Allerdings darf der Informationsgehalt solcher Erläuterungen im Anhang nicht überbewertet werden, weil Gesetz und Kommentierung keine verlässlichen Grenzen ziehen. Auch gelten die Erläuterungspflichten nur für echte Stetigkeitsunterbrechungen. Wenn beispielsweise eine andere Konsolidierungsmethode für eine Beteiligung gewählt wird, weil der Beteiligungscharakter durch den Kauf oder Verkauf von Anteilen wechselte, liegt keine erläuterungspflichtige Stetigkeitsunterbrechung vor.

Die Bilanzidentität oder formelle Kontinuität der Bilanzen am Ende eines Geschäftsjahres und am Anfang des folgenden Geschäftsjahres ist nach §§ 298 Abs. 1 iVm. 252 Abs. 1 Nr. 1 HGB auch für den Konzernabschluss streng gefordert. Bestünde dieser Grundsatz nicht oder würde man ihn nicht sehr streng auslegen, so wären durch Wertdifferenzen zwischen der Schlussbilanz und der Eröffnungsbilanz des Folgejahres Informationsverzerrungen möglich, die den Nutzen der Konzernrechnungslegung für den Konzernabschluss- und Konzernlageberichtsleser insgesamt in Frage stellen und die Ermittlung des Totalerfolges verhindern.

Konsolidierungskontinuität				
materielle				formelle
Ansatz (keine Regelung)	Bewertung (§§ 298 I, 252 I Nr. 6 HGB)	Ausweis bzw. Gliederung (§§ 298 I, 265 I 1 HGB)	Konsolidierungsmethode (§ 297 III 2 HGB)	Bilanzidentität (§§ 298 I, 252 I Nr. 1 HGB)
keine Regelung (unterschiedliche Interpretation in Literatur)	Stetigkeitsgrds. *"soll"* eingehalten werden (*"soll"* in Lit. unterschiedlich interpretiert)	Pflicht zur Einhaltung des Stetigkeitsgrundsatzes	Stetigkeitsgrds. *"soll"* eingehalten werden (*"soll"* in Lit. unterschiedlich interpretiert)	Pflicht zur Einhaltung des Stetigkeitsgrundsatzes
keine Regelung	Abweichungen nur in begründeten Ausnahmefällen möglich (§§ 298 I, 252 II HGB)	Abweichungen in Ausnahmefällen wegen besonderer Umstände erforderlich (§§ 298 I, 265 I 1 HGB)	Abweichungen nur in Ausnahmefällen zulässig (§ 297 III 3 HGB)	Abweichung nur in begründeten Ausnahmefällen möglich (§§ 298 I, 252 II HGB); [sehr enge Auslegung geboten!]
Abweichungen sind anzugeben und zu begründen; deren Einfluss auf die Vermögens-, Finanz- u. Ertragslage des Konzerns ist gesondert darzustellen (§ 313 I 2 Nr. 3 HGB)	Abweichungen sind im Konzernanhang anzugeben und zu begründen; deren Einfluss auf die Vermögens-, Finanz- und Ertragslage des Konzerns ist gesondert darzustellen (§ 313 I 2 Nr. 3 HGB)	Abweichungen sind im Anhang anzugeben und zu begründen (§§ 298 I, 265 I 2 HGB)	Abweichungen sind im Konzernanhang anzugeben und zu begründen; ihr Einfluss auf die Vermögens-, Finanz- und Ertragslage des Konzerns ist anzugeben (§§ 297 III 4,5; 313 I 2 Nr. 3 HGB)	keine explizite Regelung - analoge Anwendung von § 313 I Nr. 3 HGB geboten oder - explizite Regelung bei Gesetzesänderungen notwendig

Schaubild C.2: Konsolidierungskontinuität

Abweichungen von dem Grundsatz der formellen Kontinuität sind also nur in begründeten Ausnahmefällen möglich (§§ 298 Abs. 1, 252 Abs. 2 HGB), wobei diese Regelung sehr streng auszulegen ist. Denkbar ist eigentlich nur der Fall einer Gesetzesänderung, in der dann aber auch explizit – etwa in Form von Übergangsregelungen – dargelegt werden müsste, wie die Durchbrechung der Bilanzidentität ohne Verlust an Informationen für den Konzernabschlussleser gezeigt werden kann. (Zusammengefasst werden die Aspekte der Konsolidierungskontinuität in Schaubild C.2 auf der vorangegangenen Seite.)

Die international schon in den theoretischen Leitlinien für die Rechnungslegung (Framework des IASC, Statements of Financial Accounting Concepts des FASB) unverbindlich geforderte Stetigkeit wird in beiden Fällen auch in konkrete Normen umgesetzt. Sowohl IAS 8.14 als auch APB Opinion 20.15 schreiben grundsätzlich vor, dass vergleichbare Sachverhalte im Zeitablauf immer wieder nach den gleichen Methoden abgebildet werden müssen. Dabei wird nicht zwischen Bilanzansatz, Bewertung, Gliederung und Konsolidierung unterschieden. Nach beiden Standards soll Stetigkeit (consistency) freilich nicht möglichen Verbesserungen im Wege stehen. Daher darf von der Stetigkeit abgewichen werden, wenn ein verbesserter Rechnungslegungsstandard entwickelt wurde oder wenn der Konzern auf eine andere zulässige Methode übergeht, die die wirtschaftliche Lage zutreffender beschreiben kann. Stetigkeitsunterbrechungen müssen aber umfassend erläutert werden. Der Grundsatz der Bilanzidentität ist nicht bekannt, weil er wahrscheinlich als selbstverständlich gilt.

3.5 Einheitliche Rechnungsperioden

Hinter der Forderung nach einheitlichen Rechnungsperioden verbergen sich zwei Probleme, die Wahl des Bilanzstichtags für den Konzernabschluss und die noch wichtigeren Vorschriften bei abweichenden Geschäftsjahren der Konzernunternehmen.

Die zentrale Grundvoraussetzung für eine sinnvolle Konzernrechnungslegung aus Sicht der Einheitstheorie ist die Einheitlichkeit der Rechnungsperioden der in den Konzernabschluss einbezogenen Einzelabschlüsse. Nur bei einheitlichen Rechnungsperioden können Verschiebungen von Liquidität und Erfolgen innerhalb des Konzerns verhindert werden und damit die einheitstheoretische Forderung nach einem Abschluss wie bei einem einheitlichen Unternehmen erfüllt werden.

Nachdem ein großzügiges früheres Wahlrecht abgeschafft wurde, ist der Konzernabschluss jetzt "auf den Stichtag des Jahresabschlusses des Mutterunternehmens aufzustellen" (§ 299 Abs. 1 HGB). Auf diesen Stichtag sollen auch die übrigen in den Konzernabschluss einbezogenen Unternehmen ihre Jahresabschlüsse aufstellen. Soweit gegen diese Sollvorschrift verstoßen wird, ist in Anlehnung an traditionelle angelsächsische Regelungen zu unterscheiden. Liegt der Stichtag des Jahresabschlusses eines einbezogenen Unternehmens um mehr als drei Monate vor dem Stichtag des Konzernabschlusses, so muss ein zusätzlicher Zwischenabschluss auf den Stichtag des Konzernabschlusses aufgestellt und der Konsolidierung zugrunde gelegt werden. Liegt hingegen der Stichtag des Jahresabschlusses eines einbezogenen Unternehmens nur bis zu drei Monate vor dem Stichtag des Konzernabschlusses, so darf auf Basis des um maximal 3 Monate zeitlich vor verschobenen Einzelabschlusses konsolidiert werden.

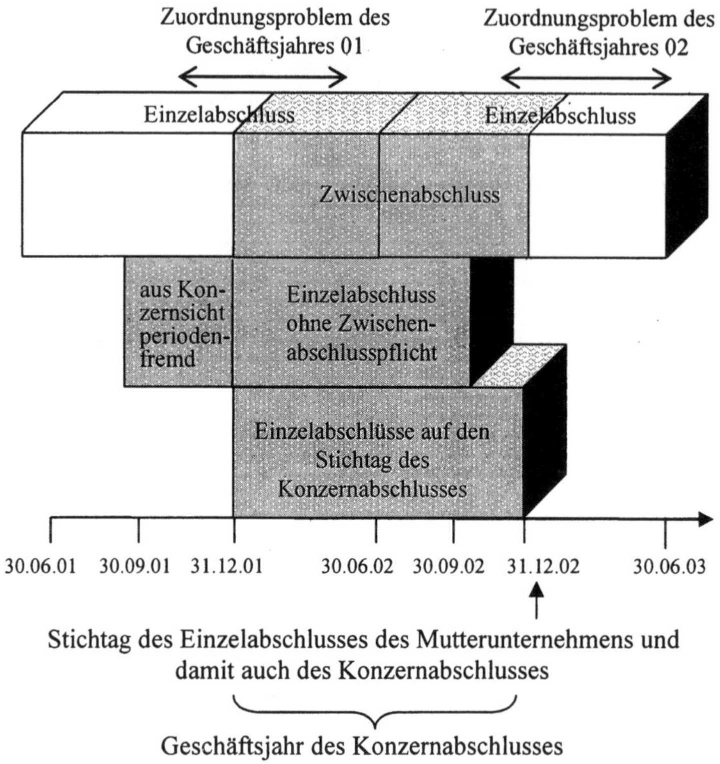

Schaubild C.3: Heterogene Rechnungsperioden im Konzernabschluss

Beide Ersatzlösungen (im Schaubild C.3 die oberen beiden Balken) haben Nachteile. Wenn Zwischenabschlüsse aufgestellt werden, müssen Elemente aus zwei Geschäftsjahren des jeweiligen Einzelunternehmens dem dazu verschobenen Konzerngeschäftsjahr zugeordnet werden. Das ist nur teilweise auf der Grundlage der Bücher noch möglich (Gehälter, Mieten). In anderen Fällen – insbesondere bei Steueraufwendungen, Pensionsverpflichtungen und Boni etwa – müssen vereinfachende oder künstliche Fiktionen genutzt werden, die Spielräume eröffnen und den Informationsgehalt beeinträchtigen können. Werden bei abweichenden Stichtagen keine Zwischenabschlüsse aufgestellt, so entstehen über die Interpretationsprobleme solcher Konzernabschlüsse hinaus – ihnen liegt nämlich ein "Sammelsurium" von Geschäftsjahren zugrunde – Probleme bei der konkreten Konsolidierung. Auf Basis verschobener Perioden und Stichtage müssen die bei Kapital-, Schulden-, Zwischenergebnis-, Aufwands- und Ertragskonsolidierung aufzurechnenden Positionen nicht zueinander passen. Für derart unsystematische Buchungsunterschiede gibt es auch keine einheitstheoretisch begründbaren Lösungen, sondern allenfalls mit gewisser Willkür behaftete Näherungslösungen. Werden die damit verbundenen Darstellungsspielräume angestrebt, kann es zu gezielten Geschäften innerhalb des Konzern kommen – etwa zu bewusster Verlagerung von Liquidität zwischen den Stichtagen –, bei denen sich die Buchungsunterschiede nutzen lassen, um den

Konzern in einem vorteilhaften Licht – im Beispiel als besonders liquide – erscheinen zu lassen. Die beschriebenen Mängel werden durch die in § 299 Abs. 3 HGB verordnete Pflicht, "Vorgänge von besonderer Bedeutung für die Vermögens-, Finanz- und Ertragslage eines in den Konzernabschluss einbezogenen Unternehmens, die zwischen dem Abschluss-Stichtag dieses Unternehmens und dem Abschluss-Stichtag des Konzernabschlusses eingetreten sind, in der Konzernbilanz und in der Konzern-Gewinn- und Verlustrechnung zu berücksichtigen oder im Konzernanhang anzugeben" nur unzureichend behoben. Das Kriterium der besonderen Bedeutung bleibt nicht nur vage und damit umgehbar, es knüpft auch unzweckmäßigerweise an die Lage des einbezogenen Unternehmens statt an die des Konzerns an.

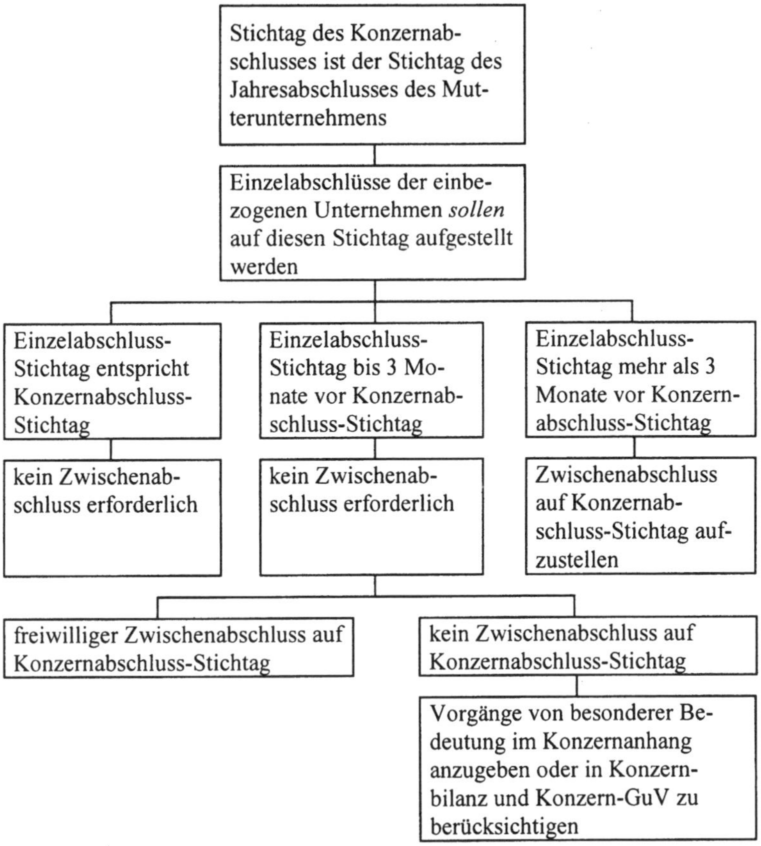

Schaubild C.4: Einheitliche Rechnungsperioden

Sollen die beschriebenen Probleme vermieden und der Informationswert des Konzernabschlusses erhöht werden, muss das Mutterunternehmen die übrigen in den Konzernabschluss einbezogenen Unternehmen dazu bewegen, ihre Geschäftsjahre auf das der Mutter und damit auch des Konzerns umzustellen. Während dies bei voll konsolidierten Tochterunternehmen aufgrund des beherrschenden Einflusses recht einfach möglich erscheint, werden sich diesbezüglich bei Gemeinschaftsunternehmen und assoziierten Unternehmen aber u. U. erhebliche Schwierigkeiten ergeben.

Sowohl der Grundsatz der einheitlichen Rechnungsperioden als auch die Toleranzgrenzen, in denen – bei entsprechender Erläuterung – von diesem Grundsatz abgewichen werden darf, finden sich ganz ähnlich in den internationalen Standards. Accounting Research Bulletin ARB 51.4 zieht aber ebenso wie IAS 27.27 die Grenze insoweit etwas großzügiger, als bei den Bilanzstichtagen Abweichungen bis zu 3 Monaten in beiden Richtungen akzeptiert werden. Bei einem Konzern mit dem Kalenderjahr als Geschäftsjahr dürfen also Abschlüsse unverändert übernommen werden, deren Geschäftsjahre jeweils zwischen dem 30.09. und dem 31.03. beginnen, während § 299 Abs. 2 S. 2 HGB nur den Zeitraum zwischen dem 30.09. und dem 31.12. toleriert. Genau wie die neue Regelung in § 299 Abs. 1 HGB gehen IFRS und US-GAAP ferner davon aus, dass das Geschäftsjahr der Mutter zugleich das Geschäftsjahr des Konzerns bestimmt (angedeutet in ARB 51.4 bzw. in IAS 27.27).

3.6 Grundsatz der Wirtschaftlichkeit (materiality)

Nach dem Grundsatz der Wirtschaftlichkeit sind in den Konzernabschluss nur diejenigen Informationen aufzunehmen, die für den potentiellen Konzernabschluss- und Konzernlageberichtsleser und dessen Entscheidungen wesentlich sind. Angaben die dagegen zur Vermittlung eines den tatsächlichen Verhältnissen entsprechenden Bildes der Vermögens-, Finanz- und Ertragslage des Konzerns von untergeordneter Bedeutung sind, dürfen vernachlässigt, verkürzt oder verdichtet werden. Ungeklärt ist dabei natürlich einerseits, nach welchen Kriterien entschieden werden soll, welche Informationen wesentlich sind und welche nicht, und andererseits, aus Sicht welches Konzernabschlusslesers diese Entscheidung getroffen werden soll; denn aufgrund der oft komplexen Konzernstrukturen können die Informationsbedürfnisse sehr heterogen sein.

Der Grundsatz soll insgesamt dazu beitragen, dass zwischen dem Informationsgehalt des Konzernabschlusses und den zu seiner Aufstellung anfallenden Kosten ein angemessenes Verhältnis besteht. Somit ist in unklaren Einzelfällen zu prüfen, ob den zusätzlichen Informationen, die durch eine bestimmte Handlung vermittelt werden können, nicht zu hohe Aufwendungen gegenüberstehen. Dabei ist der Grundsatz der Wirtschaftlichkeit eng auszulegen, denn eine zu weit reichende Anwendung kann zu einem Verstoß gegen die Generalnorm führen, wie die zahlreichen gesetzlichen Regelungen zeigen, die den Grundsatz explizit oder implizit enthalten, wie z.B.

- § 291 Abs. 1 HGB (unter bestimmten Bedingungen befreiender Konzernabschluss),
- § 293 HGB (größenabhängige Befreiung von der Aufstellung eines Konzernabschlusses und Konzernlageberichtes),
- § 296 HGB (Verzicht auf die Einbeziehung von Tochterunternehmen in den Konzernabschluss),
- § 298 Abs. 2 und 3 HGB (Erleichterungen bei der Erstellung des Konzernabschlusses),

- § 299 Abs. 3 HGB (Verzicht auf die Zwischenabschlusserstellung unter bestimmten Bedingungen),
- § 303 Abs. 2 HGB (Ausnahmen von der Schuldenkonsolidierung),
- § 304 Abs. 2 HGB (Ausnahmen von der Zwischenergebniseliminierung),
- § 305 Abs. 2 HGB (Ausnahmen von der GuV-Konsolidierung),
- § 308 Abs. 2 S. 3 HGB (Ausnahmen von der einheitlichen Bewertung)
- § 311 Abs. 2 HGB (Ausnahmen von der Anwendung der Vorschriften für assoziierte Unternehmen),
- § 313 Abs. 2 Nr. 4 S. 3 HGB (Ausnahmen von bestimmten Angabepflichten im Konzernanhang).

Im Sinne der Wesentlichkeit (materiality) gilt der Grundsatz auch im Rahmen der internationalen, von angelsächsischen Traditionen geprägten Rechnungslegung. US-GAAP verweisen nicht nur unverbindlich im Rahmen von Statement of Financial Accounting Concepts 2.123 bis .132 auf die materiality, sondern bestätigen diese Sicht auch am Ende eines jeden konkreten SFAS, indem jeweils in fetter Schrift und durch eine Umrahmung hervorgehoben darauf hingewiesen wird: "The provisions of this Statement need not be applied to immaterial items." Für IFRS gilt im Kern das Gleiche. Die grundsätzliche Einschränkung "International Accounting Standards are not intended to apply to immaterial items" fand sich allerdings bis April 2002 in Preface 12 und nicht in jedem IAS und IFRS. Über die nicht verbindliche Erwähnung im Framework (29, 30, 38 und 84) hinaus wird es zudem explizit durch IAS 1.29 bis .31 vorgegeben. Danach müssen Gliederungen von Bilanz und GuV sicherstellen, dass alle wesentlichen Positionen gesondert ausgewiesen werden.

Literaturhinweise

Außer den einschlägigen Kommentierungen zu den §§ 294-300 und 308 HGB können vor allem folgende Quellen herangezogen werden:

Busse von Colbe, Walther: Der Konzernabschluß im Rahmen des Bilanzrichtlinie-Gesetzes, in: ZfbF, 37. Jg., 1985, S. 761-782.

Financial Accounting Standards Board (FASB): Original Pronouncements, Accounting Standards as of June 1, 1999, Vol. 1 und 2, Norwalk 1999.

Harms, Jens E./Küting, Karlheinz: Konsolidierung bei unterschiedlichen Bilanzstichtagen nach künftigem Konzernrecht, Grundprobleme im Rahmen der Voll-, Quoten- und Equity-Konsolidierung, in: BB, 40. Jg., 1985, S. 432-443.

IDW (Hrsg.): Wirtschaftsprüfer-Handbuch 2006, 13. Aufl., Band I, Düsseldorf 2006.

International Accounting Standards Board (IASB): International Financial Reporting Standards 2006, London 2006.

Leffson, Ulrich: Die Grundsätze ordnungsmäßiger Buchführung, 7. Aufl., Düsseldorf 1987.

Schildbach, Thomas: Die neue Generalklausel für den Jahresabschluß von Kapitalgesellschaften – zur Interpretation des Paragraphen 264 Abs. 2 HGB, in: BFuP, 39. Jg., 1987, S. 1-15.

Schildbach, Thomas: Der handelsrechtliche Jahresabschluss, 8. Aufl., Herne/Berlin 2008.

Schulz, Ursula: Der Stetigkeitsgrundsatz im Konzernabschluß, in: WPg, 43. Jg., 1990, S. 357-369.

Selchert, Friedrich W.: Bewertungsstetigkeit nach dem Bilanzrichtlinie-Gesetz, in: DB, 37. Jg., 1984, S. 1889-1894.

Sonderausschuß Bilanzrichtlinien-Gesetz: Stellungnahme SABI 2/1987: Zum Grundsatz der Bewertungsstetigkeit (§ 252 Abs. 1 Nr. 6 HGB) und zu den Angaben bei Abweichungen von Bilanzierungs- und Bewertungsmethoden (§ 284 Abs. 2 Nr. 3 HGB), in: WPg, 41. Jg., 1988, S. 48-50.

Stobbe, Thomas: Die konzerneinheitliche Bewertung - Eine Herausforderung für Theorie und Praxis? -, in: DB, 39. Jg., 1986, S. 1833-1840.

Trützschler, Klaus: Konsolidierungsgrundsätze, in: Küting/Weber (Hrsg.), Handbuch der Konzernrechnungslegung, 2. Aufl., Stuttgart 1998, S. 623-631.

Wysocki, Klaus von: Das Dritte Buch des HGB 1985 und die Grundsätze ordnungsmäßiger Konzernrechnungslegung, in: WPg, 39. Jg., 1986, S. 177-181.

D. Pflicht zur Aufstellung eines Konzernabschlusses und eines Konzernlageberichtes

1. Die grundsätzliche Aufstellungspflicht nach HGB und PublG

1.1 Grundsatz

Das deutsche Recht erlegt inländischen Institutionen die Pflicht, einen Konzernabschluss sowie einen Konzernlagebericht aufzustellen, dann auf, wenn sie

- Kapitalgesellschaften (GmbH, AG, KG auf Aktien) sind,
- Personenhandelsgesellschaften (OHG, KG) im Sinne von § 264a HGB sind, also weder direkt noch indirekt über eine natürliche Person als voll haftenden Gesellschafter verfügen (GmbH & Co KG, Stiftung & Co KG, Genossenschaften & Co KG)
  (die unter den beiden bisherigen Spiegelstrichen aufgeführten Gesellschaften werden im folgenden kurz als Kapitalgesellschaften i.w.S. bezeichnet) oder
- Unternehmen sind, die dem Publizitätsgesetz unterliegen,

und die in

- § 290 Abs. 1 HGB,
- § 290 Abs. 2 HGB oder
- § 11 Abs. 1 PublG

definierten Bedingungen erfüllen.

Der Begriff des Unternehmens wird weder im HGB noch im PublG allgemein gültig gesetzlich definiert. Vielmehr muss je nach der Zweckbestimmung der betreffenden Vorschrift ein eigener Inhalt gesucht werden. Bezüglich der Konzernrechnungslegung ist dieser jedoch mangels eindeutiger theoretischer Grundlagen im Detail noch nicht ganz geklärt, obwohl in der Literatur immer wieder die Kriterien "Kaufmannseigenschaft", "Buchführungspflicht" und "wirtschaftliche Betätigung" herangezogen werden. Die h.M. geht aber davon aus, dass z.B. Privatpersonen mit mehreren Unternehmen, aber ohne eigenen Geschäftsbetrieb, sowie der Bund, die Länder und Gemeinden mangels eigenständiger erwerbswirtschaftlicher Ziele i.d.R. keine Unternehmen und insofern von den Normen des Publizitätsgesetzes zur Konzernrechnungslegung nicht betroffen sind (vgl. WP-Handbuch, Band I, M Tz. 82 und O Tz. 6 und 8 f.; Siebourg in: Küting/Weber, Konzernrechnungslegung, 2. Aufl., § 290 Rn. 14 f.; vgl. allgemein zu den diesbezüglichen Problemen auch: SABI 1/1988, WPg 1988, S. 340 ff.).

Die beiden Normen des HGB regeln die Konzernrechnungslegungspflicht für inländische Kapitalgesellschaften i.w.S. (AG, KGaA, GmbH, GmbH & Co KG), und sie stützen sich dabei auf unterschiedliche Ansätze zur Regelung dieser Pflicht.

§ 290 Abs. 1 HGB ist der deutschen Tradition verpflichtet. Er knüpft die Konzernrechnungslegungspflicht an das Vorliegen von drei Bedingungen:

- eine inländische Kapitalgesellschaft i.w.S. hält eine Beteiligung nach § 271 HGB
- an einem oder mehreren anderen in- oder ausländischen Unternehmen,
- und diese Unternehmen werden von der zuerst genannten Kapitalgesellschaft i.w.S. einheitlich geleitet.

Im Zentrum dieses Ansatzes steht damit die nicht unproblematische, gleichwohl aber fast allgemein als theoretisch sinnvoll angesehene Leitlinie der einheitlichen Leitung. Wann eine einheitliche Leitung tatsächlich vorliegt, lässt sich in der Praxis nicht leicht feststellen. Um diese Probleme zu verringern, stützt sich das AktG in den §§ 15 ff. auf Vermutungen, die bereits früher für die Konzernrechnungslegung Bedeutung hatten.

Unmittelbar auf der Ebene der Vermutungen setzt das der angelsächsischen Tradition entstammende Control-Konzept in § 290 Abs. 2 HGB an. Statt allgemeiner, wenig operationaler Kriterien werden drei konkrete Bedingungen formuliert, die den Vermutungen nach dem alten Aktiengesetz ähneln. Ist eine dieser Bedingungen erfüllt, so müssen Konzernabschluss und Konzernlagebericht aufgestellt werden. Der Vorteil der konkret formulierten Bedingungen liegt in der höheren Praktikabilität und Rechtssicherheit. Dem steht jedoch der Nachteil gegenüber, dass dieses Konzept nicht immer zu sachgerechten Lösungen führt. So können Konzernabschlüsse unberechtigterweise verlangt oder fälschlicherweise nicht verlangt werden.

Beim Vergleich zwischen Abs. 1 und 2 des § 290 HGB dürfte die einheitliche Leitung zwar noch als eine theoretische Leitlinie angesehen werden, die aber zunehmend von dem praktikableren Control-Konzept verdrängt zu werden droht. Dafür spricht auch die Tatsache, dass das Control-Konzept nach Art. 1 Abs. 1 der 7. EG-Richtlinie zwingend in das nationale Recht der Mitgliedstaaten der EG zu übernehmen war, das Konzept der einheitlichen Leitung dagegen aufgrund des Mitgliedstaatenwahlrechts nach Art. 1 Abs. 2 Buchstabe b der 7. EG-Richtlinie bis zu einer späteren Koordinierung, also befristet, übernommen werden durfte. Das bedeutet, dass beide Konzeptionen aufgrund der Übernahme ins Handelsgesetzbuch vorerst unabhängig voneinander bestehen. Sie schließen sich also nicht gegenseitig aus, sondern die Konzernrechnungslegungspflicht wird bereits dann begründet, wenn nur eine der beiden Konzeptionen erfüllt ist. In der Regel werden sich aber beide Konzepte überschneiden und Divergenzen nur in Randbereichen auftreten (siehe hierzu Biener/Berneke, Bilanzrichtlinien-Gesetz, 1986, S. 290 f.; Havermann in: IdW, Bericht über die Fachtagung 1986, 1986, S. 43-51).

Liegen die Voraussetzungen des § 290 Abs. 1 oder Abs. 2 HGB vor, so gilt die Obergesellschaft als

- Mutterunternehmen

und die entsprechenden untergeordneten Unternehmen als

- Tochterunternehmen.

Es handelt sich dabei aber um relative Begriffe, denn eine untergeordnete inländische Kapitalgesellschaft i.w.S. kann, wie das folgende Beispiel D.1 zeigt, bei Erfüllung der entsprechenden Voraussetzungen in Bezug auf eine ihr übergeordnete inländische Kapitalgesellschaft i.w.S. ein Tochterunternehmen und gleichzeitig im Verhältnis zu ihr nach gelagerten Unternehmen ein Mutterunternehmen sein. Ein derartiges Unternehmen wird im folgenden als Teilkonzernmutter bezeichnet.

Beispiel D.1: Mutter-, Tochterunternehmen, Teilkonzernmutter

inländische Kapitalgesellschaft i.w.S. (*Mutterunternehmen*)

§ 290 Abs. 1 oder 2 HGB erfüllt

inländische Kapitalgesellschaft i.w.S.
(*Tochter- und Mutterunternehmen*)
(im folgenden *Teilkonzernmutter* genannt)

§ 290 Abs. 2 HGB erfüllt

inländisches oder ausländisches Unternehmen
(*Tochterunternehmen*)

§ 11 Abs. 1 PublG enthält die grundsätzliche Verpflichtung zur Aufstellung eines Konzernabschlusses für alle inländischen Unternehmen, die keine Kapitalgesellschaften i.w.S. sind, welche

- die einheitliche Leitung
- über ein anderes Unternehmen
- mit beliebigem Sitz und unabhängig von der Rechtsform

tatsächlich ausüben, und die an drei aufeinander folgenden Stichtagen jeweils mindestens zwei der drei folgenden Merkmale erfüllen:

- Konzernbilanzsumme > 65 Mio €,
- Konzernumsatzerlöse > 130 Mio €,
- Zahl der Arbeitnehmer der inländischen Konzernunternehmen > 5000.

Zur Prüfung des Vorliegens der Größenmerkmale Konzernbilanzsumme und Konzernumsatzerlöse muss das Mutterunternehmen ggf. zumindest partiell einen Probe-Konzernabschluss erstellen.

Eine(r) inländische(n) Kapitalgesellschaft i.w.S.
(AG, KGaA, GmbH, GmbH & Co KG, Stiftung & Co KG)

Ein anderes inländisches Unternehmen

(§ 290 Abs.1)
- gehört eine Beteiligung (§ 271),
- an **UNTERNEHMEN** im In- oder Ausland
und
- übt einheitliche Leitung darauf aus

(§ 290 Abs.2)
hat bei **UNTERNEHMEN**
- Stimmrechtsmehrheit,
- als Gesellschafter "Organmacht"
oder
- Recht zu beherrschendem Einfluss

(§ 11 PublG)
- übt einheitliche Leitung aus
- über ein oder mehrere andere **UNTERNEHMEN**
und
- Erfüllung bestimmter Merkmale

⇒ **Unternehmen oben** gelten dann als **Mutterunternehmen**
⇒ **Unternehmen unten** gelten dann als **Tochterunternehmen**
} relative Begriffe

⇒ **grundsätzliche Konzernrechnungslegungspflicht nach HGB**
es sei denn:
→ • es gibt befreiende Konzernabschlüsse auf höherer Ebene und
• kein Verlangen nach dem aus dieser Sicht partiellen Konzernabschluss
→ es gibt größenabhängige Befreiungen für:
• Kapitalgesellschaften i.w.S. als Mutterunternehmen aus § 293 HGB
• andere Mutterunternehmen aus § 11 PublG mit unterschiedlichen Größenmerkmalen für:
  - normale Unternehmen
  - Kreditinstitute und Versicherungen

⇒ ausnahmsweise Pflicht zur Konzernrechnungslegung nach IFRS aufgrund von Art. 4 der EU-Verordnung 1606/2002 vom 19.7.2002 und § 315a Abs. 1 und 2 HGB für kapitalmarktorientierte Unternehmen und für solche, die die Zulassung eines Wertpapiers zum Handel an einem organisierten Markt beantragt haben, sowie entsprechende Wahlrechte für andere Mutterunternehmen nach Art. 5 EUVO 1606/2002 und § 315a Abs. 3 HGB (Näheres unter D.4)

(Anmerkung: §§-Angaben beziehen sich grundsätzlich auf das HGB)

Schaubild D.1: Konzernrechnungslegungspflicht inländischer Unternehmen

1.2 Das Konzept der "einheitlichen Leitung" (§ 290 Abs. 1 HGB)

1.2.1 Grundsatz

Nach dem Konzept der einheitlichen Leitung besteht die grundsätzliche Pflicht zur Aufstellung eines Konzernabschlusses und eines Konzernlageberichtes, wenn eine Kapitalgesellschaft i.w.S. mit Sitz im Inland

- eine Beteiligung nach § 271 Abs. 1 HGB an einem oder mehreren in- oder ausländischen Unternehmen hält und
- diese Unternehmen von der Kapitalgesellschaft i.w.S. tatsächlich einheitlich geleitet werden.

1.2.2 Das Kriterium der "einheitlichen Leitung"

Der Begriff der einheitlichen Leitung wirft – wie bereits eingehend untersucht wurde – aus theoretischer Sicht große Probleme auf. Zudem ist die Reichweite der einheitlichen Leitung unklar und wurde im Detail unterschiedlich gesehen. Inzwischen scheint allerdings in der Literatur ein hohes Maß an Übereinstimmung zu herrschen (vgl. B.2.2). Danach setzt einheitliche Leitung voraus, dass die folgenden grundlegenden Bereiche innerhalb eines Konzerns von der übergeordneten Kapitalgesellschaft i.w.S. zentral geplant und hierarchisch koordiniert werden:

- die langfristige Geschäftspolitik (z.B. Festlegung der Unternehmensziele im Rahmen des in der Satzung umschriebenen Unternehmensgegenstandes, Entscheidungen über die anzubietende Produktpalette) und
- die grundsätzlichen Fragen der Geschäftsführung (z.B. Koordination der Aktivitäten, Gestaltung des Informations- und Kontrollsystems im Konzern, Besetzung der Führungspositionen der abhängigen Unternehmen, Entscheidung über geschäftliche Maßnahmen von besonderer Bedeutung).

Darüber hinaus wird verlangt, dass zumindest einer der folgenden wichtigen Führungsbereiche in den Grundzügen zentral gelenkt wird:

- Finanzpolitik,
- Investitionspolitik,
- Absatz- und Beschaffungsmarktpolitik oder
- Personalpolitik.

Ob diese Auffassung noch die gesamte denkbare Spanne abdeckt, die von recht lockeren Verbindungen zwischen den Unternehmen mit weitgehender Selbständigkeit des untergeordneten Unternehmens in nahezu allen Unternehmensbereichen bis zur engen Verbindung reicht, bei der die Konzernleitung alles bis ins kleinste Detail selber festlegt, erscheint fraglich. Lockere Verbindungen dürften nicht mehr unter einheitlicher Leitung einzuordnen sein.

Zudem ist die einheitliche Leitung unteilbar. Insoweit kann in einem mehrstufigen Konzern nur die oberste Muttergesellschaft die übrigen Unternehmen einheitlich leiten; eine Teilkonzernmutter kann das nicht (vgl. Siebourg in: Küting/Weber, Konzernrechnungslegung, 2. Aufl., § 290 Rn. 19). Auch muss einheitliche Leitung tatsächlich ausgeübt werden. Die bloße Möglichkeit einer Einflussnahme auf das abhängige Unternehmen reicht bei dem Konzept der einheitlichen Leitung nicht aus.

1.2.3 Das Kriterium der Beteiligung nach § 271 Abs. 1 HGB

Für die Pflicht zur Konzernrechnungslegung nach § 290 Abs. 1 HGB wird zusätzlich vorausgesetzt, dass dem übergeordneten Unternehmen eine Beteiligung nach § 271 Abs. 1 HGB an den Unternehmen gehört, die es tatsächlich einheitlich leitet. Die herrschende Kapitalgesellschaft i.w.S. muss demnach mit den Anteilen an den Unternehmen dauernde Verbindungen beabsichtigen, die dem eigenen Geschäftsbetrieb dienen sollen. Als Beteiligung gelten dabei im Zweifel Anteile an einer Kapitalgesellschaft von mehr als zwanzig Prozent des Nennkapitals, wobei die Berechnung der Beteiligungshöhe gemäß § 271 Abs. 1 Satz 4 HGB nach § 16 AktG erfolgt. Dabei werden dem herrschenden Unternehmen nach § 290 Abs. 1 HGB iVm. §§ 271 Abs. 1 Satz 4 HGB, 16 Abs. 4 AktG auch Anteile zugerechnet, die einem von diesem abhängigen Unternehmen gehören.

Praktisch wird dieses Kriterium wohl nur in Ausnahmefällen zu einer Einschränkung der Konzernrechnungslegungspflicht nach § 290 Abs. 1 HGB führen, denn normalerweise wird die herrschende Kapitalgesellschaft i.w.S. oder ein von ihr abhängiges Unternehmen im Falle der tatsächlichen Ausübung der einheitlichen Leitung auch eine dem § 271 Abs. 1 HGB entsprechende Beteiligung besitzen.

Ausnahmsweise kann ein Mutterunternehmen an einer Personengesellschaft auch dann beteiligt sein, wenn zwar keine Kapitaleinlage geleistet, aber die Position eines voll haftenden Gesellschafters übernommen wurde (vgl. D.1.5 und ADS, 6. Aufl., § 290 Tz. 24).

Der Referentenentwurf zum BilMoG sieht die Streichung der Beteiligungsbedingung in § 290 Abs. 1 Satz 1 HGB vor. Er verpflichtet dann auf elegante Weise, Vermögen und Schulden einheitlich geleiteter Zweckgesellschaften in den Konzernabschluss aufzunehmen.

1.3 Das "Control-Konzept" (§ 290 Abs. 2 HGB)

1.3.1 Grundsatz

Das Control-Konzept knüpft die Konzernrechnungslegungspflicht inländischer Kapitalgesellschaften i.w.S., unabhängig von der tatsächlichen Ausübung der einheitlichen Leitung, an das Vorliegen eines der drei folgenden in § 290 Abs. 2 HGB festgelegten Rechte:

- Der Kapitalgesellschaft i.w.S. steht die Mehrheit der Stimmrechte der Gesellschafter bei einem Unternehmen zu (§ 290 Abs. 2 Nr. 1 HGB).
- Der Kapitalgesellschaft i.w.S. steht das Recht zu, die Mehrheit der Mitglieder des Verwaltungs-, Leitungs- oder Aufsichtsorgans bei einem anderen Unternehmen zu bestellen oder abzuberufen, und sie ist gleichzeitig Gesellschafter dieses Unternehmens (§ 290 Abs. 2 Nr. 2 HGB).
- Der Kapitalgesellschaft i.w.S. steht das Recht zu, einen beherrschenden Einfluss aufgrund eines mit diesem Unternehmen geschlossenen Beherrschungsvertrags oder aufgrund einer Satzungsbestimmung dieses Unternehmens auszuüben (§ 290 Abs. 2 Nr. 3 HGB).

Dabei reicht es für die grundsätzliche Verpflichtung zur Aufstellung eines Konzernabschlusses und eines Konzernlageberichtes aus, wenn eines der drei Rechte besteht. Ob das übergeordnete Unternehmen von seinen bestehenden Rechten auch tatsächlich Gebrauch macht, ist bei diesem Konzept im Unterschied zum Konzept der einheitlichen Leitung nicht relevant. Mithin ist z.B. auch eine Kapitalgesellschaft i.w.S., die sich lediglich auf Vermögensverwaltung beschränkt, bei Vorliegen eines der drei Rechte zur Konzernrechnungslegung verpflichtet, und jede inländische Teilkonzernmutter, die ihrerseits aufgrund ihrer Stellung zu anderen Unternehmen einen der drei in § 290 Abs. 2 HGB geregelten Tatbestände erfüllt, muss grundsätzlich einen (Teil-)Konzernabschluss und (Teil-)Konzernlagebericht aufstellen.

1.3.2 Mehrheit der Stimmrechte (§ 290 Abs. 2 Nr. 1 HGB)

Stehen einer inländischen Kapitalgesellschaft i.w.S. an einem anderen Unternehmen die Mehrheit der Stimmrechte der Gesellschafter zu, so ist sie grundsätzlich zur Aufstellung eines Konzernabschlusses und eines Konzernlageberichtes verpflichtet. Auf die Höhe des Kapitalanteils kommt es dabei nicht an. Beispielsweise verfügt die Kapitalgesellschaft i.w.S. auch dann, wenn ihr mehr als 50 % der Anteile zustehen, nicht unbedingt über die Mehrheit der Stimmrechte. Diese Anteile können nämlich zum Teil Vorzugsaktien ohne Stimmrecht gemäß § 12 Abs. 1 AktG sein, die Satzung kann das Stimmrecht gemäß § 134 Abs. 1 S. 2 AktG auf einen Höchstbetrag festsetzen, oder das die Rechte innehabende Unternehmen kann gemäß § 20 Abs. 7 AktG daran gehindert sein, die Stimmrechte auszuüben.

Die Mehrheit der Stimmrechte und die darauf gegründete Leitungsmöglichkeit auf das andere Unternehmen besteht im Sinne des Control-Konzeptes nur, wenn diese Position rechtlich gesichert ist. Demnach führt eine einmalige oder dauernde Präsenzmehrheit in der Hauptversammlung nicht zur Konzernrechnungslegungspflicht nach § 290 Abs. 2 Nr. 1 HGB.

Unterschiedlich beurteilt werden die Fälle, in denen zwar eine Stimmrechtsmehrheit von knapp über 50 % besteht, wichtige Entscheidungen aber per Satzung an größere Mehrheiten gebunden werden oder der Zustimmung eines anderen Gesellschafters bedürfen, oder wo sich der Inhaber der Stimmrechtsmehrheit vertraglich seiner Mehrheitsrechte begibt (sog. Entherrschungsverträge). Hoyos/Ritter-Thiele (in: Beck Bil-Komm., 6. Aufl., § 290 Anm. 45 ff.) sehen auch in diesen Fällen eine Konzernrechnungslegungspflicht gemäß § 290 Abs. 2 Nr. 1

HGB, weil das Control-Konzept mit unwiderlegbaren Vermutungen arbeitet, die formell erfüllt sind. Überwiegend wird Mehrheit aber materiell im Sinne einer Beherrschungsmöglichkeit interpretiert, so dass in den beschriebenen Fällen § 290 Abs. 2 Nr. 1 HGB nicht anwendbar ist (vgl. von Wysocki, WPg 1987, S. 278; Siebourg in: Küting/Weber, Konzernrechnungslegung, 2. Aufl., § 290 Rn. 70 ff.).

Die Antwort auf die Frage, wie die Mehrheit der Stimmrechte zu ermitteln ist und welcher Prozentsatz der Stimmrechte einem Unternehmen zustehen, ergibt sich nach § 290 Abs. 4 HGB aus dem Verhältnis zweier Größen. Die Zahl der Stimmrechte, die dem Unternehmen unmittelbar oder mittelbar über die Zurechnungsvorschrift des § 290 Abs. 3 HGB gehören, wird ins Verhältnis zur Gesamtzahl aller Stimmrechte gesetzt. Dabei ist die Gesamtzahl aller Stimmrechte allerdings vor der Berechnung des Verhältnisses gemäß § 290 Abs. 4 S. 2 HGB gegebenenfalls um die Stimmrechte aus den eigenen Anteilen zu kürzen, die

- dem Tochterunternehmen selbst,
- einem seiner Tochterunternehmen oder
- einer anderen Person für Rechnung der vorgenannten Unternehmen gehören.

1.3.3 Bestellungs- und Abberufungsrechte (§ 290 Abs. 2 Nr. 2 HGB)

Steht einer inländischen Kapitalgesellschaft i.w.S. das Recht zu, bei einem anderen Unternehmen die Mehrheit der Mitglieder des Verwaltungs-, Leitungs- oder Aufsichtsorgans zu bestellen oder abzuberufen, und ist sie gleichzeitig Gesellschafter, so ist sie gemäß § 290 Abs. 2 Nr. 2 HGB grundsätzlich zur Konzernrechnungslegung verpflichtet. Dabei reicht es aus, wenn das Recht für eines der Organe besteht. Als Mitglieder von Verwaltungs-, Leitungs- oder Aufsichtsorganen kommen nach deutschem Gesellschaftsrecht "*Vorstandsmitglieder, Geschäftsführer, geschäftsführende Gesellschafter, Aufsichtsräte, Verwaltungsräte, Beiräte und Personen, die ähnliche Management- und Aufsichts-/Kontrollaufgaben ... wahrnehmen*" in Betracht (WP-Handbuch, Band I, M Tz. 47). Mehrheit ist dabei auf das gesamte Gremium und nicht nur auf den Teil zu beziehen, der von den Anteilseignern bestellt wird (vgl. Siebourg in: Küting/Weber, Konzernrechnungslegung, 2. Aufl., § 290 Rn. 87).

Das Recht, die Mehrheit dieser Organe oder Gremien bestellen oder abberufen zu können, darf nicht auf rein faktischen Verhältnissen beruhen, sondern muss rechtlich gesichert sein. Dabei kommt es auch hier auf eine tatsächliche Ausübung der Rechte nicht an.

In der Regel wird das Recht zur Besetzung oder Abberufung der Mehrheit der Mitglieder des Verwaltungs-, Leitungs- oder Aufsichtsorgans mit einer Stimmrechtsmehrheit einhergehen. Es sind jedoch außer bei Aktiengesellschaften in allen Rechtsformen auch Fälle denkbar, in denen das Recht durch Entsendungsrechte oder Vereinbarungen mit anderen Gesellschaftern entsteht (siehe zu den Beschränkungen bei Aktiengesellschaften §§ 84 und 101 Abs. 2 AktG). Dies führt allerdings nur dann zur Konzernrechnungslegungspflicht, wenn das entsendende

Unternehmen zugleich Gesellschafter ist, also Anteile an dem Unternehmen besitzt (vgl. ADS, 6. Aufl., § 290 Tz. 49).

1.3.4 Beherrschungsvertrag/Satzungsbestimmung (§ 290 Abs. 2 Nr. 3 HGB)

Ein Mutter-/Tochterverhältnis und die damit verbundene grundsätzliche Pflicht zur Konzernrechnungslegung ist auch dann gegeben, wenn einer inländischen Kapitalgesellschaft i.w.S. das Recht zusteht, auf ein anderes Unternehmen aufgrund

- eines Beherrschungsvertrages oder
- einer Satzungsbestimmung

einen beherrschenden Einfluss auszuüben. Dabei kommt es auch in diesem Fall auf eine tatsächliche Ausübung der Beherrschungsmöglichkeiten nicht an.

Durch den Abschluss eines Beherrschungsvertrages können sich Aktiengesellschaften oder Kommanditgesellschaften auf Aktien unter die Leitung eines anderen Unternehmens stellen (§ 291 AktG). Obwohl eine entsprechende Regelung für die anderen Gesellschaftsformen fehlt, ist aufgrund des Regelungszweckes davon auszugehen, dass inhaltlich gleichartige Verträge, die eine inländische Kapitalgesellschaft i.w.S. mit einem anderen Unternehmen abschließt, auch zur grundsätzlichen Konzernrechnungslegungspflicht führen (vgl. SABI 1/1988, WPg 1988, S. 340 ff.).

Die grundsätzliche Verpflichtung einer inländischen Kapitalgesellschaft i.w.S. zur Aufstellung eines Konzernabschlusses und Konzernlageberichtes aufgrund einer Satzungsbestimmung setzt voraus, dass dadurch der beherrschende Einfluss auf das andere Unternehmen in seiner Gesamtheit rechtlich gesichert ist. Entgegen dem Wortlaut des Gesetzes ist diese Regelung aus ihrem Sinn heraus auch auf die Statute (z.B. Gesellschaftsverträge) von Unternehmen anderer Rechtsformen auszudehnen, wenn diese einer inländischen Kapitalgesellschaft i.w.S. entsprechende Rechte gewähren.

1.3.5 Zurechung und Abzug von Rechten (§ 290 Abs. 3 HGB)

Die in § 290 Abs. 2 Nr. 1-3 HGB aufgeführten Rechte brauchen einem Unternehmen nicht unmittelbar zuzustehen. Entscheidend ist vielmehr deren wirtschaftliche Inhaberschaft, denn gemäß § 290 Abs. 3 HGB gelten als dem Mutterunternehmen zustehende Rechte auch diejenigen,

- die einem Tochterunternehmen zustehen,
- die den für Rechnung des Mutter- oder Tochterunternehmens handelnden Personen zustehen und
- über die das Mutterunternehmen oder ein Tochterunternehmen aufgrund einer Vereinbarung mit anderen Gesellschaftern dieses Unternehmens verfügen kann.

Unter die letztgenannten Vereinbarungen fallen z.B. Stimmrechtsbindungs-, Stimmrechtsüberlassungs-, Stimmrechtspool-, Konsortial- und ähnliche Verträge, die das Ziel einer gemeinsamen Stimmrechtsabgabe verfolgen. Dabei ist jedoch zu beachten, dass im Fall von Vereinbarungen mit anderen Gesellschaftern die entsprechenden Rechte nur einem Unternehmen mit Gesellschafterstellung zugerechnet werden. Es ist also nicht möglich, dass ein Unternehmen, das nicht Gesellschafter ist, aufgrund von Vereinbarungen mit Gesellschafterunternehmen zu einem Mutterunternehmen im Sinne des § 290 Abs. 2 HGB wird.

Dass das Gesetz auf die wirtschaftliche Inhaberschaft der Rechte abstellt, wird nicht nur durch die o. g. Zurechnungen, sondern auch durch § 290 Abs. 3 S. 3 HGB deutlich. Danach müssen nämlich von der Summe der Rechte, die einem Mutterunternehmen unmittelbar und aufgrund der o.g. Zurechnungen zustehen, ggf. noch diejenigen Rechte abgezogen werden, die mit folgenden Anteilen verbunden sind:

- Anteile, die von dem Mutterunternehmen oder von Tochterunternehmen für Rechnung einer anderen Person gehalten werden oder
- Anteile, die als Sicherheit gehalten und deren Rechte nach Weisung oder im Interesse des Sicherungsgebers ausgeübt werden.

Beispiel D.2: Zurechnung und Abzug von Rechten

Gegeben sei folgende Konzernstruktur:

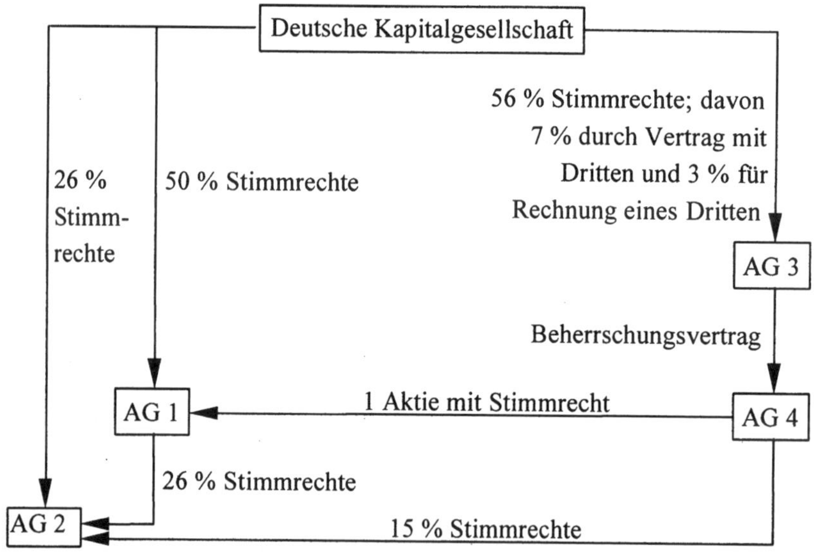

Frage: Welche Unternehmen müssen in den Konzernabschluss der deutschen Kapitalgesellschaft einbezogen werden?

Würde man nur die der deutschen Kapitalgesellschaft unmittelbar zustehenden Rechte berücksichtigen, so bräuchte diese keinen Konzernabschluss aufzustellen. Sie verfügt weder bei AG1 und AG2 noch bei der AG3 unmittelbar über die Mehrheit der Stimmrechte, denn bzgl. der AG3 stehen ihr 7 % der Stimmrechte nur mittelbar zu und weitere 3 % sind gem. § 290 Abs. 3 S. 3 Nr. 1 HGB abzuziehen.

Da es aber gem. § 290 Abs. 3 HGB auf die wirtschaftliche Inhaberschaft der Rechte ankommt, sind der deutschen Kapitalgesellschaft auch die mittelbar zustehenden Rechte zuzurechnen. Somit kann sie über (56 % - 3 % =) 53 % und damit über die Mehrheit der Stimmrechte der AG3 verfügen und muss einen Konzernabschluss aufstellen. In diesen muss sie aufgrund des von der AG3 mit der AG4 geschlossenen Beherrschungsvertrages auch die AG4 einbeziehen (§§ 290 Abs. 2 Nr. 3, 290 Abs. 3 HGB). Obwohl die AG4 ihrerseits über 15 % der Stimmrechte der AG2 verfügt und diese gem. § 290 Abs. 3 HGB wirtschaftlich der deutschen Kapitalgesellschaft, der selber 26 % der Stimmrechte der AG2 unmittelbar zustehen, zuzurechnen sind, reicht die Summe dieser Stimmrechte mit 41 % nicht zur Begründung eines Mutter-Tochterverhältnisses aus. Da die AG4 aber auch über eine Aktie mit Stimmrecht an der AG1 verfügt, stehen der deutschen Kapitalgesellschaft über § 290 Abs. 3 HGB die Mehrheit der Stimmrechte an der AG1 und über diese mittelbar auch die Mehrheit der Stimmrechte an der AG2 zu, so dass beide in den Konzernabschluss einzubeziehen sind.

1.4 Zur Konzernrechnungslegungspflicht im Gleichordnungskonzern

Ein Konzern liegt nach § 18 Abs. 2 AktG auch vor, wenn rechtlich selbständige Unternehmen unter einheitlicher Leitung stehen, ohne dass zwischen ihnen ein Abhängigkeitsverhältnis (§ 17 AktG) besteht. Diese Art einer Unternehmensgesamtheit wird als Gleichordnungskonzern bezeichnet.

Ein Gleichordnungskonzern kann auf verschiedenen Wegen entstehen. So können rechtlich selbständige, voneinander unabhängige Unternehmen z.B. durch ein von den Unternehmen gebildetes Gemeinschaftsorgan (z.B. eine Holding) oder durch vertragliche Vereinbarungen von einem der gleich geordneten Unternehmen einheitlich geleitet werden (zu beachten ist in diesem Zusammenhang § 291 Abs. 2 AktG). Denkbar ist die einheitliche Leitung solcher Unternehmen aber auch aufgrund einer mehrheitlichen Personenidentität in den Verwaltungs-, Leitungs- oder Aufsichtsorganen.

Der deutsche Gesetzgeber hat von der in Art. 12 der 7. EG-Richtlinie eingeräumten Möglichkeit, auch für Gleichordnungskonzerne die Konzernrechnungslegungspflicht grundsätzlich vorzuschreiben, keinen Gebrauch gemacht, da er "*keine Veranlassung für eine gesetzliche Regelung*" sah (BT-Drucksache 10/4268, S. 113). Somit ist die Antwort auf die Frage, ob ein Gleichordnungskonzern grundsätzlich zur Konzernrechnungslegung verpflichtet ist, anhand des Control-Konzeptes und des Konzeptes der einheitlichen Leitung zu ermitteln.

Da das Control-Konzept auf rechtlich gesicherte Beherrschungs- und Abhängigkeitsverhältnisse abstellt, kann sich eine Konzernrechnungslegungspflicht aus diesem Konzept nicht ergeben.

Fraglich ist dagegen, ob Gleichordnungskonzerne nach dem Konzept der einheitlichen Leitung (§ 290 Abs. 1 HGB, § 11 PublG) grundsätzlich zur Aufstellung eines Konzernabschlusses und Konzernlageberichtes verpflichtet sind. Im Regelfall, in dem keines der gleich geordneten Unternehmen die einheitliche Leitung tatsächlich ausübt, kann für den Gleichordnungskonzern auch nach diesem Konzept keine Pflicht zur Konzernrechnungslegung abgeleitet werden. Wird die einheitliche Leitung dagegen tatsächlich von einem der gleich geordneten Unternehmen ausgeübt, so kann dies für den Gleichordnungskonzern zur grundsätzlichen Konzernrechnungslegungspflicht führen. Gemäß § 290 Abs. 1 HGB und § 11 PublG sind dafür jedoch zusätzliche Voraussetzungen zu erfüllen.

Gemäß § 290 Abs. 1 HGB müsste dem die einheitliche Leitung ausübenden, inländischen Unternehmen in der Rechtsform einer Kapitalgesellschaft i.w.S. eine Beteiligung nach § 271 Abs. 1 HGB an dem gleich geordneten Unternehmen gehören. Diese zusätzliche Voraussetzung führt dazu, dass die praktische Relevanz dieses Falles wohl eher gering sein dürfte.

Gemäß § 11 Abs. 1 PublG müsste das Unternehmen, das die einheitliche Leitung über das gleich geordnete Unternehmen ausübt, eine Nicht-Kapitalgesellschaft sein und zudem die Größenmerkmale in der geforderten Weise überschreiten. Damit ist insgesamt gesehen eine Konzernrechnungslegungspflicht eines Gleichordnungskonzerns nach § 11 PublG noch am ehesten denkbar (vgl. WP-Handbuch, Band I, M Tz. 77 f. und O Tz. 12 m.w.N.; Siebourg in: Küting/Weber, Konzernrechnungslegung, 2. Aufl., § 290 Rn. 119; aA offenbar Coenenberg, Jahresabschluss, 2005, S. 559).

1.5 Grundsätzliche Konzernrechnungslegungspflicht der GmbH & Co KG?

Die bisherige Skepsis in der Literatur gegenüber einer Konzernrechnungslegungspflicht der GmbH & Co KG dürfte sich mit der geänderten Rechtslage noch weniger rechtfertigen lassen. Durch § 264 a HGB wurden Personenhandelsgesellschaften (OHG und KG), die nicht direkt oder indirekt über mindestens eine natürliche Person als persönlich haftenden Gesellschafter verfügen, speziell auch hinsichtlich der Konzernrechnungslegung den Kapitalgesellschaften gleichgestellt. Es macht wenig Sinn, die GmbH & Co KG zur Aufstellung eines Konzernabschlusses zu verpflichten, in den grundsätzlich alle direkten und indirekten Tochterunternehmen einzubeziehen sind, und die Verbindung zwischen GmbH und KG unberücksichtigt lassen. Das gilt umso mehr, als bei einem Konzernabschluss der KG ohne GmbH der eigentliche Kopf des Konzerns fehlen würde, denn die KG wird nach den Vorstellungen des HGB von ihrem persönlich haftenden Gesellschafter, der GmbH, geführt.

Durch § 264a HGB erhalten aber auch die Argumente für die Konzernrechnungslegungspflicht einer GmbH & Co KG ohne weitere Töchter zusätzliches Gewicht. Paragraph 290 HGB knüpft die Konzernrechnungslegungspflicht an die Bedingung, dass eine Kapitalgesellschaft mit Sitz im Inland genauer definierte Voraussetzungen erfüllt (einheitliche Leitung und Besitz einer Beteiligung oder Erfüllung von mindestens einem der drei Kriterien für Control). Versuche, die Verpflichtung dann zu verneinen, wenn die GmbH nicht selbst am wirtschaftlichen Geschäftsverkehr teilnimmt, weil die GmbH unter diesen Bedingungen kein Unternehmen sei, gehen an der Sache vorbei, weil die GmbH nach § 290 kein Unternehmen, sondern nur eine Kapitalgesellschaft sein muss. Diese Eigenschaft besitzt sie ohne jeden Zweifel.

Einen Konzernabschluss muss die GmbH & Co KG ohne weitere Töchter aber erst dann aufstellen, wenn auch die übrigen Bedingungen des § 290 HGB erfüllt sind.

Stimmrechtsmehrheit (§ 290 Abs. 2 Nr. 1 HGB) oder beherrschender Einfluss durch Beherrschungsvertrag oder Satzungsbestimmung (§ 290 Abs. 2 Nr. 3 HGB) dürften dabei als mögliche Grundlagen schwerlich relevant werden, weil derartige Beziehungen zwischen den beiden Unternehmen im Blick auf die Haftungsbeschränkung und die Folgen für die Konzernrechnungslegungspflicht nicht opportun und zugleich leicht vermeidbar erscheinen. Ob aber auch das Recht zur Besetzung oder Abberufung der Mehrheit der Mitglieder der Gesellschaftsorgane bei gleichzeitiger Gesellschafterstellung (§ 290 Abs. 2 Nr. 2 HGB) umgangen werden kann, ist fraglich. Einerseits wird darauf verwiesen, dass in der KG die persönlich haftenden Gesellschafter und im Falle der GmbH & Co KG die Geschäftsführer der GmbH zur Führung der Geschäfte der KG berechtigt und verpflichtet sind (§ 114 Abs. 1 HGB), während die Kommanditisten von der Führung der Geschäfte der KG ausgeschlossen bleiben (§ 164 HGB). Der GmbH als alleinigem Komplementär muss daher das Recht zustehen, die Mehrheit der Mitglieder des Leitungsorgans der KG – die Geschäftsführer der GmbH – zu bestellen, soweit im Gesellschaftsvertrag nicht eine vom Gesetz abweichende Regelung vereinbart wurde. Abweichende Regelungen aber, die das Recht zur Geschäftsführung der KG Kommanditisten übertragen, die zumindest mehrheitlich mit den Gesellschaftern der GmbH übereinstimmen, müssen als bloße Umgehungsversuche angesehen werden, weil sie an den tatsächlichen Einflussmöglichkeiten nichts ändern. Aus dieser Sicht ist also § 290 Abs. 2 Nr. 2 HGB bei der GmbH & Co KG erfüllt, wenn die Bestellung des Leitungsorgans der KG nicht einem Aufsichtsgremium übertragen wird, das nicht von den GmbH-Gesellschaftern oder den mit ihnen meist identischen Kommanditisten der KG beherrscht wird (vgl. Biener/Berneke, Bilanzrichtlinien-Gesetz, 1986, S. 287 f.; ähnlich auch Tillmann, DB 1986, S. 1321). Andererseits wird § 290 Abs. 2 Nr. 2 HGB als nicht erfüllt angesehen, weil die Geschäftsführer der GmbH als Leitungsorgan der KG nicht von der GmbH, sondern von den Gesellschaftern der GmbH bestellt werden. Dabei dürfte aber vernachlässigt werden, dass den Gesellschaftern der GmbH dieses Recht nur zusteht, wenn die GmbH als Komplementär in der KG entsprechende Rechte besitzt, dass die Gesellschafter der GmbH also allenfalls für die GmbH so handeln dürfen.

Grundlage für eine Konzernrechnungslegungspflicht der GmbH & Co KG kann aber auch einheitliche Leitung durch die GmbH bei gleichzeitiger Beteiligung an der KG gemäß § 290 Abs. 1 HGB sein. Meist führen die Geschäftsführer der GmbH für diese GmbH die Geschäfte auch der KG. In diesen Fällen dürfte die KG von der GmbH einheitlich geleitet werden (vgl. ADS, 6. Aufl., § 290 Tz. 121; Ulmer, BFuP Meinungsspiegel 2/1985, S. 147; WP-Handbuch, Band I, M Tz. 33; Tillmann, DB 1986, S. 1321). Allerdings wird für möglich gehalten, dass die GmbH als Komplementär nicht am Gesamthandsvermögen der KG beteiligt ist, weshalb die Voraussetzung der Beteiligung nicht gegeben sei (vgl. Tillmann, DB 1986, S. 1321; aber ADS, 6. Aufl. § 290 Tz. 122). Der Einwand erscheint aber problematisch, denn bezogen auf das Erfordernis der Beteiligung ist festzuhalten, dass nach herrschender Meinung bei Personengesellschaften eine Beteiligung auch dann vorliegt, "*wenn es an einer Kapitaleinlage vollkommen fehlt*" (ADS, 6. Aufl., § 290 Tz. 24).

Damit sprechen äußerst gewichtige Argumente für eine Konzernrechnungslegungspflicht der GmbH & Co KG (vgl. dazu ausführlich Schildbach/Koenen, WPg 1991, S. 661 ff.). Dieses Ergebnis erscheint auch vor dem Hintergrund der Aufgaben der Konzernrechnungslegung berechtigt, denn im Falle der GmbH & Co KG sind die Einzelabschlüsse von GmbH und KG für Außenstehende weitgehend wertlos. Davon zu unterscheiden ist die Frage, ob bei Gesellschaften mit überschaubarem Gesellschafterkreis Publizitätsvorschriften gerechtfertigt sind, wie sie das aktuelle Handelsrecht vorschreibt (vgl. Friauf, GmbHRdsch. 1985, S. 245 ff.; Streim/Kugel, BFuP 1985, S. 102 ff.; Feldhoff, Regulierung, 1992). Solche Zweifel betreffen allerdings nicht die GmbH & Co KG mit großem Gesellschafterkreis ("Publikums-GmbH & Co KG").

1.6 Aufstellungspflichten nach IFRS und US-GAAP zum Vergleich

Sowohl IFRS als auch US-GAAP knüpfen die Pflicht zur Aufstellung eines Konzernabschlusses nur an das Vorliegen von "control" einer Mutter über eine Tochter. Die einheitliche Leitung als Auslöser der Konzernrechnungslegungspflicht ist unbekannt. "Control" wird allerdings unterschiedlich definiert. US-GAAP kennen auch nach der Überarbeitung von Accounting Research Bulletin 51 durch SFAS 94 zurzeit ausschließlich das Kriterium des direkten oder indirekten Eigentums von mehr als 50 % der außenstehenden (nicht von der Tochtergesellschaft selbst gehaltenen) Stimmrechte. Angesichts der vielfältigen Bemühungen der Unternehmen, "control" auch ohne Stimmrechtsmehrheit auszuüben, ist der FASB allerdings gezwungen, sein Konzept zu überdenken und auszuweiten – etwa in Richtung auf eine faktische oder auf geeignete Verträge gestützte "control" (Delaney u. a. Wiley GAAP 2004, S. 429; Hoyle/Schaefer/Doupnik, Advanced Accounting, 8. Aufl., S. 19, 21 und 40 ff.). Konkreten Niederschlag haben diese Pläne bislang nur in den Vorschriften zur Konsolidierung auch von "Variable Interest Entities" in FIN 46 (R) gefunden, worauf im Rahmen der Behandlung des Konsolidierungskreises in Teil E.6 dieses Buches näher eingegangen wird.

Für IAS 27.13 ist die direkte oder (über andere Tochterunternehmen) indirekte Stimmrechtsmehrheit nur der Regelfall, bei dem "control" unterstellt wird. "Control" kann es zusätzlich auch bei Stimmrechtsanteilen von 50 % oder weniger dann geben,

- wenn die Mutter aufgrund von Vereinbarungen mit anderen Aktionären über die Mehrheit der Stimmrechte verfügt,
- wenn die Mutter die Geschäfts- oder Finanzpolitik der Tochter auf Basis entsprechender Satzungs- oder Vertragsklauseln bestimmen kann,
- wenn die Mutter die Mehrheit der Mitglieder des Vorstands oder des entsprechenden obersten Leitungsgremiums des Tochterunternehmens ernennen oder abberufen kann
- oder wenn die Mutter im Vorstand oder in dem entsprechenden Leitungsgremium des Tochterunternehmens über die Stimmrechtsmehrheit verfügt (IAS 27.13).

Aufgrund der beschriebenen Kriterien wird "control" allerdings nur widerlegbar vermutet, wobei von der Notwendigkeit der Beschränkung der Ausnahmen auf wenige Fälle ausgegangen wird. Im Rahmen von US-GAAP wird zu diesem Zweck zwischen Blockaderechten der Minderheit einerseits, durch die diese zwar Satzungsänderungen, Kapitalerhöhungen oder Rückkäufe eigener Aktien beispielsweise verhindern kann, die aber die Kontrolle der Stimmrechtsmehrheit grundsätzlich nicht in Frage stellen, und "substantive participating rights" andererseits unterschieden. Letztere geben der Minderheit Mitwirkungsrechte bei Entscheidungen, die für den normalen Geschäftsbetrieb von zentraler Bedeutung sind. Als Beispiele nennt Emerging Issues Task Force (EITF) 96 – 16 Mitwirkungsrechte der Minderheit bei der Festlegung der Entlohnung derjenigen Manager, welche die Geschäftspolitik der Mutter im Tochterunternehmen umsetzen sollen, oder bei Entscheidungen der Geschäftsführung, der Investitionspolitik oder der Budgetierung im Rahmen der eigentlichen Geschäftstätigkeit des Tochterunternehmens. Substantive participating rights verhindern "control" trotz Stimmrechtsmehrheit. IAS 27.13 hingegen räumt Ausnahmen unter solchen ungewöhnlichen Umständen ein, in denen klar nachgewiesen werden kann, dass Stimmrechtsmehrheit keine "control" ermöglicht. Näher präzisiert werden diese ungewöhnlichen Umstände nicht.

Für Unternehmen, die auf Basis Europäischen Rechts einen Konzernabschluss nach "europäischen IFRS" aufstellen (dazu näher in D.4), sind die obigen Vorschriften zur Aufstellungspflicht irrelevant. Sie haben sich in Deutschland z.B. weiterhin am HGB zu orientieren.

2. Teilkonzernabschlüsse (Tannenbaumprinzip) und befreiende Konzernabschlüsse

2.1 Grundsätzliche Teilkonzernrechnungslegungspflicht

In einem mehrstufigen Konzern stellt sich die Frage, ob die die Konzernrechnungslegungspflicht auslösenden Vorschriften in § 290 HGB auch für Teilkonzernmütter gelten. In diesem Falle wären auf allen Ebenen Teilkonzernabschlüsse aufzustellen. Die Frage ist nach neuem Recht im Prinzip zu bejahen, wenn jeweils die Voraussetzungen des § 290 HGB erfüllt sind.

Auf das Konzept der einheitlichen Leitung kann eine Verpflichtung zur Aufstellung von Teilkonzernabschlüssen allerdings nicht gestützt werden. Einheitliche Leitung ist nach herrschender Meinung unteilbar und kann nur vom obersten Mutterunternehmen ausgeübt werden (vgl. Siebourg in: Küting/Weber, Konzernrechnungslegung, 2. Aufl., § 290 Rn. 19 m.w.N.; WP-Handbuch, Band I, T Tz. 186 ff. m.w.N; aA Kropff, Aktiengesetz, 1965, S. 439; Schulze, WPg 1968, S. 86.).

Das Control-Konzept verpflichtet dagegen grundsätzlich jedes Unternehmen, das eine der dem Konzept zugrunde liegenden Voraussetzungen erfüllt, zur Aufstellung eines Konzernabschlusses und Konzernlageberichtes. Mithin ist in einem mehrstufigen Konzern jede Teilkonzernmutter, die aufgrund der ihr zustehenden Rechte gemäß § 290 Abs. 2-4 HGB eine rechtliche Beherrschungsmöglichkeit über ihr hierarchisch nachgelagerte Unternehmen hat, für diesen Teil des Gesamtkonzerns grundsätzlich zur Teilkonzernrechnungslegung verpflichtet.

Im Ergebnis führt das Control-Konzept in einem mehrstufigen, aus inländischen Kapitalgesellschaften bestehenden Konzern grundsätzlich zu einer Konzernrechnungslegungspflicht auf jeder Ebene des Konzerns. Diese im Schrifttum als *"Tannenbaumprinzip"* bezeichnete Regelung soll vor allem dem Schutz der Minderheitsgesellschafter, der Gläubiger und sonstiger Interessenten des Teilkonzerns dienen.

Die Tragweite des "Tannenbaumprinzips" lässt sich am Beispiel eines mehrstufigen Konzerns am besten verdeutlichen.

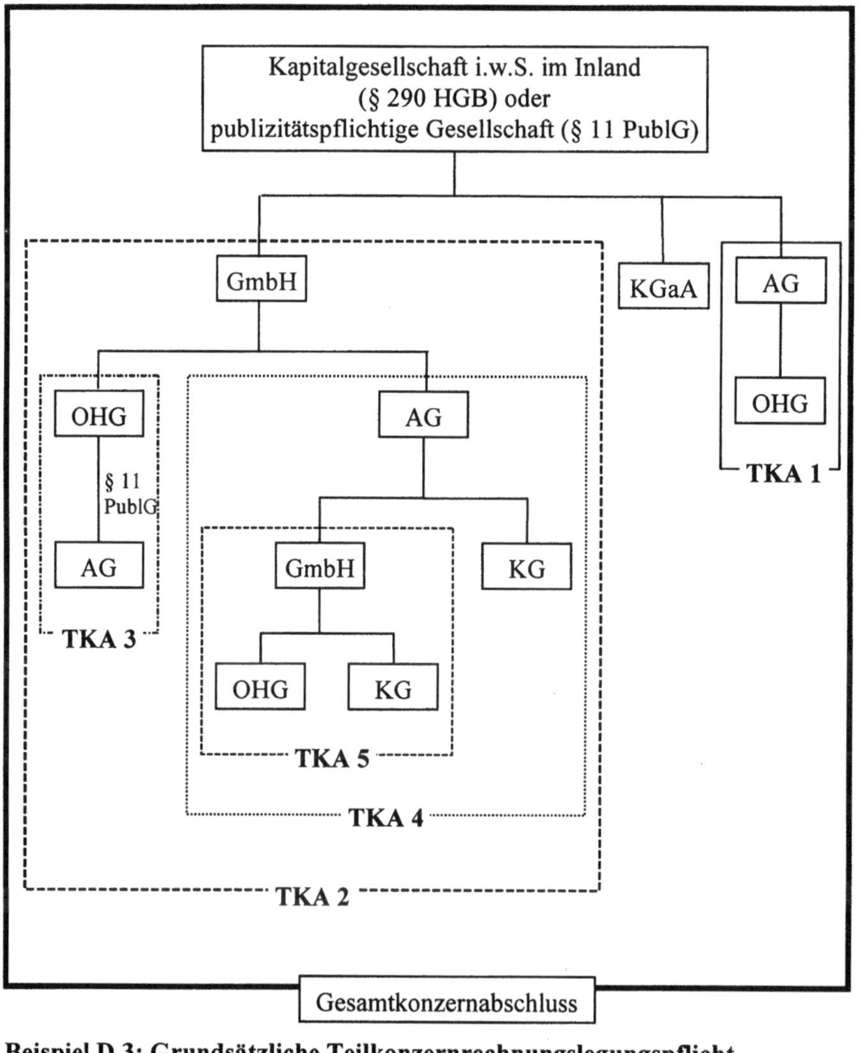

Beispiel D.3: Grundsätzliche Teilkonzernrechnungslegungspflicht

Die Graphik zeigt durch die unterschiedlichen Umrahmungen, welche der (Teilkonzern-) Mutterunternehmen grundsätzlich zur Aufstellung eines Gesamt- oder Teilkonzernabschlusses (TKA) verpflichtet sind und welche Unternehmen grundsätzlich in die jeweiligen Abschlüsse einzubeziehen sind. Dabei ist der TKA 3 allerdings strittig, da § 11 PublG einheitliche Leitung voraussetzt und diese vielfach für unteilbar bei der obersten Mutter liegend angesehen wird.

In der Praxis bringt die Teilkonzernrechnungslegung jedoch erhebliche Kosten und Mehrarbeit für die Teilkonzerne mit sich, die nicht nur durch die gesonderten Konsolidierungen auf jeder Stufe, sondern eventuell auch durch jeweils unterschiedliche "konzerneinheitliche" Bewertungen verursacht werden. Zudem vermitteln Teilkonzernabschlüsse selbst für die Minderheitseigner und Gläubiger der jeweiligen Teilkonzernmütter nur in Grenzen zusätzliche Informationen. Zeigt der Teilkonzernabschluss einen Ausschnitt aus einem Vertragskonzern, so ist er wegen des umfassenden Haftungsverbunds ähnlich problematisch wie ein Einzelabschluss im Vertragskonzern. Zeigt er dagegen einen Ausschnitt aus einem faktischen Konzern, so relativiert sich der Vorteil der konsolidierten gegenüber den aus den Einzelabschlüssen zu entnehmenden Zahlen dadurch, dass sie sich auf ein unvollständiges Gebilde beziehen, gegen das sich ganz heterogene Ansprüche richten. Nur wenn der Teilkonzernabschluss einen Vertragskonzern innerhalb eines umfassenderen faktischen Konzerns heraushebt, wird sein Informationswert klar positiv sein (vgl. B.4.1; zur Zweckmäßigkeit der Teilkonzernabschlüsse vgl.: Krag/Müller, BB 1985, S. 307-312; Gross, WPg 1976, S. 214-220; Kirchner, BB 1975, S. 1611-1617; Stobbe, BB 1985, S. 1508-1510).

2.2 Befreiende Konzernabschlüsse und Konzernlageberichte

Den auf Kosten und Nutzen gegründeten Zweifeln am Sinn der Teilkonzernabschlüsse hat der Gesetzgeber durch explizite Ausnahmeregelungen zum Tannenbaumprinzip Rechnung getragen. Diese Regelungen befreien von der Verpflichtung zur Aufstellung von Teilkonzernabschlüssen, wenn ein übergeordnetes Mutterunternehmen beliebiger Rechtsform und Größe einen Konzernabschluss und einen Konzernlagebericht, die vorgegebene Mindestanforderungen erfüllen, aufgestellt hat, wenn das um Befreiung nachsuchenden Unternehmen keine Wertpapiere ausgegeben hat, die am Abschluss-Stichtag in der EU oder einem ihrer Vertragsstaaten zum Handel an einem geregelten Markt zugelassen sind, und wenn Minderheiten keinen Teilkonzernabschluss verlangen (§ 291 HGB). Mit diesen Regelungen will der Gesetzgeber die Konzerne aus Gründen der Wirtschaftlichkeit und wegen der Bedenken bzgl. des Informationsgehaltes der Teilkonzernabschlüsse und -lageberichte zu einer Gesamtkonzernrechnungslegung veranlassen. Hinsichtlich des Sitzes des sogenannten befreienden Mutterunternehmens und der daran anknüpfenden Bedingungen für die befreienden Konzernabschlüsse unterscheidet der Gesetzgeber zwischen einem Sitz innerhalb der EU – einschließlich Deutschland – und einem Sitz außerhalb der EU.

2.2.1 Übergeordnetes Mutterunternehmen mit Sitz innerhalb der EU

Will ein übergeordnetes Mutterunternehmen mit Sitz innerhalb der EU oder in einem anderen Vertragsstaat des Abkommens über den Europäischen Wirtschaftsraum einen grundsätzlich befreienden Konzernabschluss und Konzernlagebericht erstellen, so müssen zur Erreichung der Befreiung die folgenden, in § 291 HGB genannten Voraussetzungen sämtlich erfüllt werden:

- In den befreienden Konzernabschluss müssen neben der zu befreienden deutschen Teilkonzernmutter grundsätzlich auch deren Tochterunternehmen einbezogen werden, die in den vermiedenen Teilkonzernabschluss einzubeziehen gewesen wären (§ 291 Abs. 2 Nr. 1 HGB).
- Der befreiende Konzernabschluss und der befreiende Konzernlagebericht müssen nach dem Recht des Sitzstaates des übergeordneten Mutterunternehmens aufgestellt worden sein, wobei dieses Recht den Anforderungen der 7. EG-Richtlinie entsprechen muss (§ 291 Abs. 2 Nr. 2 HGB).
- Der befreiende Konzernabschluss und der befreiende Konzernlagebericht müssen nach dem für das übergeordnete Mutterunternehmen anzuwendenden Recht von einem in Übereinstimmung mit der 8. EG-Richtlinie zugelassenen Abschlussprüfer geprüft worden sein (§ 291 Abs. 2 Nr. 2 HGB).
- Der befreiende Konzernabschluss und der befreiende Konzernlagebericht müssen inklusive des Bestätigungsvermerks oder des Vermerks über dessen Versagung innerhalb von neun Monaten nach dem Stichtag der zu befreienden Teilkonzernmutter in deutscher Sprache im Bundesanzeiger veröffentlicht worden sein (§ 291 Abs. 1 S. 1 iVm. § 325 Abs. 3 HGB), wobei aber eine Umrechnung in Euro nicht erforderlich ist.
- Im Anhang des Einzelabschlusses der zu befreienden Teilkonzernmutter sind Name und Sitz des Mutterunternehmens, das den befreienden Konzernabschluss und Konzernlagebericht aufstellt, anzugeben; außerdem ist ein Hinweis auf die Befreiung von der Teilkonzernrechnungslegungspflicht und eine Erläuterung der im befreienden Konzernabschluss vom deutschen Recht abweichend angewandten Bilanzierungs-, Bewertungs- und Konsolidierungsmethoden aufzunehmen (§ 291 Abs. 2 Nr. 3 HGB).

Obwohl diese Vorschriften auf den ersten Blick einfach und klar erscheinen, werfen sie bei näherer Betrachtung jedoch einige Probleme auf.

So ist zum Beispiel umstritten, ob die aus der Sicht der zu befreienden Teilkonzernmutter in den vermiedenen Teilkonzernabschluss einbeziehungspflichtigen Töchter sämtlich in den befreienden Konzernabschluss aufzunehmen sind oder nicht. Teilweise wird eine befreiende Wirkung des übergeordneten Konzernabschlusses auch dann angenommen, wenn er solche Töchter nicht umfasst, die zur Vermittlung eines true and fair view zwar in den Teilkonzernabschluss, nicht aber in den befreienden Konzernabschluss einbezogen werden müssen. (vgl. Siebourg in: Küting/Weber, Konzernrechnungslegung, 2. Aufl., § 291 Rn. 19 f.; Hoyos/Ritter-Thiele in: Beck Bil-Komm., 6. Aufl., § 291 Anm. 16 f.). Die zu befreiende Teilkonzernmutter aber muss unbedingt einbezogen werden, wenn der übergeordnete Konzernabschluss befreiende Wirkung haben soll.

Auch die zweite oben angeführte Voraussetzung für die befreiende Wirkung eines Konzernabschlusses kann in der Praxis zu Problemen oder erheblicher Mehrarbeit führen, da die Mutterunternehmen nach § 291 Abs. 2 Nr. 2 HGB das an die 7. EG-Richtlinie angepasste nationale Konzernrechnungslegungsrecht anwenden müssen. Diese Regelung bedeutet z.B. für den Konzernabschluss und den Konzernlagebericht einer deutschen Nicht-Kapitalgesellschaft, dass diese nur dann befreiende Wirkung haben, wenn die durch § 13 Abs. 3 S. 1 und 2 PublG im Vergleich zu den Kapitalgesellschaften gewährten Erleichterungen für die Gesamtkonzernrechnungslegung nicht in Anspruch genommen werden (§ 13 Abs. 3 S. 3 PublG). Probleme bezüglich der Auslegung dieser Regelung ergeben sich in Fällen, in denen ein ausländisches Mutterunternehmen mit Sitz in der EU, dessen Konzern aber primär in Deutschland wirtschaftlich aktiv ist, seine Konzernrechnungslegung freiwillig nach dem deutschen HGB erstellt. Folgt man hier dem Wortlaut des Gesetzes, so haben Konzernabschluss und Konzernlagebericht des ausländischen Mutterunternehmens keine befreiende Wirkung, da sie nicht dem maßgeblichen, angepassten nationalen Konzernrechnungslegungsrecht dieses Unternehmens entsprechen. Dieses Ergebnis ist natürlich aus theoretischer und praktischer Sicht nicht befriedigend. Dementsprechend wird inzwischen eine befreiende Wirkung solcher Abschlüsse teilweise auch dann angenommen, wenn sie nach deutschem Recht aufgestellt wurden (vgl. WP-Handbuch, Band I, M Tz. 93 f.).

2.2.2 Übergeordnetes Mutterunternehmen mit Sitz außerhalb der EU

Die Voraussetzungen für die befreiende Wirkung eines Konzernabschlusses und Konzernlageberichtes eines übergeordneten Mutterunternehmens mit Sitz außerhalb der EU enthält die auf der Grundlage des § 292 HGB erlassene sog. Konzernabschlussbefreiungsverordnung – KonBefV (BGBl. 1991, Teil I, S. 2122). Diese war erstmals auf solche Konzernabschlüsse und Konzernlageberichte anzuwenden, für die das Geschäftsjahr nach dem 31. Dezember 1989 begann. Die ursprüngliche Befristung wurde inzwischen durch Gesetz vom 29.4.1998 (BGBl. I, S. 707) aufgehoben.

Die in der Konzernabschlussbefreiungsverordnung geforderten Voraussetzungen ähneln denen des § 291 HGB. Der Konzernabschluss und der Konzernlagebericht einer Mutter mit Sitz außerhalb der EU und auch außerhalb der Vertragsstaaten des Abkommens über den Europäischen Wirtschaftsraum kann deren deutsche Tochter und Teilkonzernmutter nur dann von der Aufstellung eines Teilkonzernabschlusses und Teilkonzernlageberichts befreien, wenn der befreiende Konzernabschluss und Konzernlagebericht in deutscher Sprache offen gelegt wird und wenn die Teilkonzernmutter mit ihren Töchtern in den befreienden Abschluss einbezogen wurde. Dabei ist – wie schon im vorigen Abschnitt erörtert -- die Auslegung der Einbeziehungswahlrechte und -verbote aus der Sicht der befreienden Mutter zu respektieren. Der befreiende Konzernabschluss und Konzernlagebericht muss entweder nach dem mit den Anforderungen der 7. EG-Richtlinie konformen Recht eines Mitgliedstaats der EU aufgestellt werden oder einem solchen Konzernabschluss und Konzernlagebericht gleichwertig sein. Das als Referenzpunkt fungierende Recht eines EU-Mitgliedstaats darf allerdings nicht völlig frei gewählt werden. Vielmehr stehen nur die EU-Staaten zur Auswahl, in denen im jeweiligen Fall Teilkonzernmütter ansässig sind, die aufgrund der Offenlegung des konkreten befreienden Konzernabschlusses dort keinen Teilkonzernabschluss mehr aufzustellen haben. Nicht näher definiert wird, unter welchen Bedingungen genau zwei Abschlüsse gleichwertig sind, obwohl § 292 Abs. 3 Satz 1 HGB dazu die Grundlage liefert. Unstreitig stellt Gleichwertigkeit auf einen vergleichbaren Informationsgehalt ab. Dieser setzt nicht unbedingt die Einhaltung aller Kernforderungen der EU-Richtlinien oder des HGB voraus, zumal sich die Anschauungen äußerst dynamisch verändern und die EU verstärkt auf IFRS vertraut. Insoweit dürften inzwischen auch Abschlüsse nach IFRS oder US-GAAP speziell dann gleichwertig sein, wenn die zentralen Unterschiede erläutert werden.

Um befreiende Wirkung zu entfalten, muss der Konzernabschluss der Mutter mit Sitz außerhalb der EU obendrein von einem Abschlussprüfer geprüft worden sein, der entweder in Übereinstimmung mit der 8. EG-Richtlinie zu diesem Beruf zugelassen wurde oder der eine gleichwertige Befähigung besitzt und auf eine den §§ 316 ff. HGB entsprechende Weise prüft. Schließlich werden im Anhang des Einzelabschlusses der zu befreienden Teilkonzernmutter dreierlei Angaben verlangt, nämlich Name und Sitz des Mutterunternehmens, das den befreienden Konzernabschluss aufstellt, ein Hinweis auf die Befreiung von der Teilkonzernrechnungslegungspflicht sowie eine Erläuterung der im befreienden Konzernabschluss vom deutschen Recht abweichend verwendeten Bilanzierungs-, Bewertungs- und Konsolidierungsmethoden.

Die in § 292 Abs. 1 Satz 3 HGB angelegte zusätzliche Voraussetzung, nach der die befreiende Wirkung der Konzernabschlüsse und Konzernlageberichte von Mutterunternehmen mit Sitz in einem Land außerhalb der EU davon abhängig gemacht werden kann, dass in diesem Land gemäß §§ 290 ff. HGB aufgestellte Konzernabschlüsse und Konzernlageberichte deutscher Mutterunternehmen als gleichwertig anerkannt werden (sog. Gegenseitigkeitsbedingung), wurde nicht in die KonBefV aufgenommen. Sie lässt sich speziell gegenüber der SEC in Amerika nicht durchsetzen.

2.2.3 Minderheitenschutz im Teilkonzern

Sind die Voraussetzungen der §§ 291 oder 292 HGB iVm. §§ 1-4 KonBefV für die befreiende Wirkung des Konzernabschlusses und -lageberichtes eines übergeordneten Mutterunternehmens sämtlich erfüllt, so sind dessen unmittelbare und mittelbare Teilkonzernmütter – soweit sie nicht Wertpapiere ausgegeben haben, die in der EU oder in deren Vertragsstaaten zum Handeln an einem geregelten Markt zugelassen sind – grundsätzlich von der Konzernrechnungslegungspflicht befreit. Diese Befreiung ist aber für einzelne zu befreiende Teilkonzernmütter dann aufgehoben, wenn deren Minderheitsgesellschafter von der Regelung des § 291 Abs. 3 Nr. 2 HGB Gebrauch machen (diese Regelung ist – soweit übertragbar – durch die Verweise in § 2 Abs. 3 KonBefV und § 11 Abs. 6 PublG auch für die unter diese Vorschriften fallenden Unternehmen sinngemäß anzuwenden). Danach kann die befreiende

Wirkung eines übergeordneten Konzernabschlusses und Konzernlageberichtes trotz Erfüllung der entsprechenden Voraussetzungen nicht in Anspruch genommen werden, wenn

- Gesellschafter, denen mindestens 10 % der Anteile an einer zu befreienden AG und KGaA bzw. mindestens 20 % der Anteile an einer zu befreienden GmbH gehören, spätestens sechs Monate vor Ablauf des Konzerngeschäftsjahres die Aufstellung eines Teilkonzernabschlusses und Teilkonzernlageberichtes beantragt haben, oder
- dem Mutterunternehmen mindestens 90 % der Anteile an dem zu befreienden Unternehmen gehören und nicht sämtliche Minderheitsgesellschafter der Befreiung zugestimmt haben.

Diese Regelungen, die dem Schutz der Informationsinteressen der Minderheitsgesellschafter der zu befreienden Teilkonzernmutter dienen sollen, führen zu erheblichen Problemen und wurden deshalb in der Literatur heftig kritisiert. Während bei einer sog. kleinen Minderheit (dem Mutterunternehmen gehören mehr als 90 % der Anteile an einer GmbH) ein Gesellschafter mit einem noch so minimalen Anteil durch die Verweigerung seiner Zustimmung eine Pflicht zur (Teil-) Konzernrechnungslegung auslösen kann, sind GmbH-Gesellschafter mit Anteilen zwischen 10 % und 19,99 % dazu noch nicht einmal mit einem gemeinsamen Antrag in der Lage. Mutterunternehmen, denen also zwischen 80,01 und 89,99 % der Anteile an einer GmbH gehören, können die Befreiung bei Vorliegen der übrigen Voraussetzungen für die Teilkonzernmutter-GmbH auf jeden Fall erreichen, was schwerlich sinnvoll erscheint.

Außerdem ist die auf die kleine Minderheit (Mutterunternehmen hat mehr als 90 % der Anteile an einer Teilkonzernmutter) ausgerichtete Regelung, nach der eine Befreiung von der (Teil-)Konzernrechnungslegung bei Vorliegen der übrigen Voraussetzungen (§ 291 Abs. 1 und 2 HGB) nur bei Zustimmung aller anderen Gesellschafter wirksam wird, aus praktischer Sicht in vielen Fällen unerfüllbar. Man denke hier z.B. an große Publikumsgesellschaften, bei denen ein Teil der Gesellschafter trotz großer Anstrengungen des Unternehmens unerreichbar sein kann oder die Zustimmung aus Desinteresse nicht gibt. In diesen Fällen bleibt es trotz des Schweigens einiger Gesellschafter bei der Befreiung von der Pflicht zur Teilkonzernrechnungslegung, wenn das Unternehmen alles in seiner Macht stehende getan hat, um die Zustimmung zu erhalten (vgl. SABI 1/1988, WPg 1988, S. 342; Siebourg in: Küting/Weber, Konzernrechnungslegung, 2. Aufl., § 291 Rn. 37; aA WP-Handbuch, Band I, M Tz. 102). Nicht ausreichend dürfte dagegen ein Sonderbeschluss der Mehrheit der Minderheitsgesellschafter sein (vgl. SABI 1/1988, WPg 1988, S. 342).

Insgesamt bleibt es allerdings dabei, dass nach dem Wortlaut des Gesetzes große Minderheiten schlechter geschützt werden als kleine, was in Einzelfällen aus Sicht der Theorie und Praxis zu unsachgerechten und unakzeptablen Ergebnissen führen kann (vgl. Stobbe, BB 1985, S. 1508-1510). Der Referentenentwurf zum BilMoG sieht eine Streichung des § 291 Abs. 3 Nummer 2 Satz 2 HGB (besonderer Schutz kleiner Minderheiten) vor und trägt dieser Kritik Rechnung.

2.3 Teilkonzernabschlüsse nach IFRS und US-GAAP

Besondere Vorschriften, durch die Teilkonzernmütter von der Pflicht zur Aufstellung von Teilkonzernabschlüssen befreit werden und somit das Tannenbaumprinzip durchbrochen wird, gibt es lediglich im Rahmen der IFRS. Befreit werden nach IAS 27.10 allerdings nur solche Teilkonzernmütter,

- die dem Konzern entweder zu 100 % gehören oder bei denen die restlichen Eigner von der Befreiung wissen und dem nicht widersprechen
- von denen keine Eigenkapitalanteile oder Schuldtitel auf einem öffentlichen Markt (einschließlich regionaler und over-the-counter Märkte) gehandelt werden,
- deren Jahresabschlüsse weder aktuell noch auf Grund eines eingeleiteten Anerkennungsverfahrens in absehbarer Zeit einer Börsenaufsichtsbehörde oder vergleichbaren Institutionen eingereicht werden müssen und
- bei denen die oberste Mutter oder eine übergeordnete konzernrechnungslegende Teilkonzernmutter für Zwecke der Information der Öffentlichkeit Konzernabschlüsse nach IFRS vorlegt.

Alle vier Bedingungen müssen erfüllt sein, um die Befreiung zu erlangen. Auch ohne besondere Vorschrift gibt es nach US-GAAP dann keine Pflicht zur Erstellung und Offenlegung von Teilkonzernabschlüssen, wenn die Teilkonzernmutter mangels eigener, an den entsprechenden Börsen notierter Wertpapiere nicht der Kontrolle durch die Securities and Exchange Commission (SEC) unterliegt.

3. Größenabhängige Befreiungen

3.1 Grundsatz

Neben den Befreiungen von der Pflicht zur Teilkonzernrechnungslegung durch Aufstellung übergeordneter Konzernabschlüsse und -lageberichte sieht § 293 HGB erstmals im deutschen Konzernrechnungslegungsrecht unter bestimmten Voraussetzungen die generelle Befreiung von der Gesamtkonzernrechnungslegung für Konzerne vor, deren Mutterunternehmen Kapitalgesellschaften i.w.S. sind. Für die nach § 11 PublG konzernrechnungslegungspflichtigen Unternehmen bleibt es bei den Größenkriterien des § 11 Abs. 1 PublG; weitere Hürden gibt es nicht.

§ 293 HGB befreit Mutterunternehmen, die zu den Kapitalgesellschaften i.w.S. zählen, grundsätzlich von der Aufstellung eines Konzernabschlusses und Konzernlageberichtes, wenn sie an zwei aufeinander folgenden Abschlussstichtagen mindestens zwei der drei festgelegten Grenzwerte für die Merkmale Bilanzsumme, Umsatzerlöse und durchschnittliche Anzahl der beschäftigten Arbeitnehmer nicht überschreiten. Die Höhe der Grenzwerte hängt gemäß § 293 Abs. 1 HGB von der gewählten Methode ab, wobei die Methode jedes Jahr wieder unabhängig ausgewählt werden kann.

- Wendet das Mutterunternehmen die sog. "Bruttomethode" (additive Methode) an, die für die Ermittlung der Höhe der obigen Merkmale von einer einfachen Addition der Einzeljahresabschlüsse des Mutterunternehmens und der in den Konzernabschluss einzubeziehenden Tochterunternehmen ausgeht, so dürfen nach § 293 Abs. 1 Nr. 1 HGB folgende Grenzwerte nach der Addition und vor der Berücksichtigung der Konsolidierung (Forderungen, Schulden, Zwischengewinne etc.) nicht überschritten werden:

- Bilanzsumme (ggf. nach Abzug von in den Bilanzen auf der Aktivseite ausgewiesenen Fehlbeträgen):	19.272.000 €
- Umsatzerlöse:	38.544.000 €
- durchschnittliche Anzahl der beschäftigten Arbeitnehmer:	250

Die Ermittlung der Arbeitnehmerzahl soll gemäß § 293 Abs. 1 S. 2 HGB nach § 267 Abs. 5 HGB erfolgen. Maßgebender Zeitpunkt zur Berechnung der übrigen Größenmerkmale ist bei dieser Methode der Abschlussstichtag des Mutterunternehmens (§ 293 Abs. 1 Nr. 1 HGB).

- Wendet das Mutterunternehmen dagegen die sog. "Nettomethode" (konsolidierte Methode) an, nach der zur Ermittlung der Höhe der obigen Merkmale von einem Konzernabschluss ausgegangen wird, der sich nach Addition der Einzeljahresabschlüsse des Mutterunternehmens und der Tochterunternehmen sowie nach der Durchführung der Konsolidierung ergibt, so sind nach § 293 Abs. 1 Nr. 2 HGB folgende Grenzwerte nicht zu überschreiten:

- Bilanzsumme (ggf. nach Abzug von in den Bilanzen auf der Aktivseite ausgewiesenen Fehlbeträgen):	16.060.000 €
- Umsatzerlöse:	32.120.000 €
- durchschnittliche Anzahl der beschäftigten Arbeitnehmer:	250

Auch bei dieser Methode soll die Ermittlung der Arbeitnehmerzahl gemäß § 293 Abs. 1 S. 2 HGB nach § 267 Abs. 5 HGB erfolgen. Für die Berechnung der übrigen Größenmerkmale ist hier dagegen der Konzernabschlussstichtag maßgebend (§ 293 Abs. 1 Nr. 2 HGB), der nach § 299 Abs. 1 HGB inzwischen aber mit dem Abschluss-Stichtag des Mutterunternehmens übereinstimmt.

Die Grenzwerte für die Bilanzsumme und die Umsatzerlöse liegen bei der Bruttomethode etwa 20 % über denen der Nettomethode, wodurch der Gesetzgeber einen Ausgleich für die unterschiedlichen Bezugsgrundlagen der beiden Methoden geschaffen hat. Durch die Zulassung der Bruttomethode hat er den Mutterunternehmen die Überprüfung der Befreiungsvoraussetzungen in vereinfachter Form, d.h. ohne die Pflicht zur Erstellung eines "Probe-Konzernabschlusses", ermöglicht, was unter Wirtschaftlichkeitsgesichtspunkten aus Sicht der Praxis sehr zu begrüßen ist.

Wie bereits oben erläutert wurde, beginnt die Befreiung von der Konzernrechnungslegung bei zweimaligem, aufeinander folgendem Unterschreiten von zwei der drei oben angeführten Größenmerkmale ab dem zweiten Stichtag. Entsprechendes gilt analog auch für das Ende der Befreiung. Das bedeutet, dass bei zweimaligem, aufeinander folgendem Überschreiten von zwei der drei Größenmerkmale die grundsätzliche Konzernrechnungslegungspflicht ab dem zweiten Stichtag einsetzt (vgl. § 293 Abs. 4 HGB). Dabei ist es völlig unerheblich, welche zwei der drei Größenmerkmale über- oder unterschritten wurden und welche der beiden beschriebenen Methoden angewendet wurde.

Der Referentenentwurf zum BilMoG sieht eine Anhebung der Grenzwerte im § 293 HGB auf 21.000.000, 42.000.000, 19.250.000 bzw. 38.500.000 Euro (in der Reihenfolge im Gesetzestext und in der vorangegangenen Beschreibung) für Geschäftsjahre vor, die nach dem 31.12.2007 beginnen.

3.2 Problem der Beeinflussungsmöglichkeiten der Größenmerkmale

Die Größenkriterien sind nur auf den ersten Blick eindeutig. Tatsächlich erlauben sie es den Unternehmen, Einfluss auf ihre Einordnung in eine der beiden Größenklassen zu nehmen.

3.2.1 Bruttomethode

Die Größenmerkmale der Bruttomethode können insbesondere durch die Konsolidierungswahlrechte nach § 296 HGB beeinflusst werden, denn nach § 293 Abs. 1 Nr. 1 HGB sind nur die Merkmale der Unternehmen zu addieren, "*die in den Konzernabschluss einzubeziehen wären*". Bezieht ein Mutterunternehmen also ein Tochterunternehmen aufgrund eines Konsolidierungswahlrechts nicht ein, so werden dessen Werte bei der Ermittlung der Größenmerkmale des Gesamtkonzerns nicht berücksichtigt. Dadurch ergibt sich ein erheblicher Gestaltungsspielraum für das Mutterunternehmen.

Weitere Spielräume ergeben sich bei der Bilanzsumme aus den Möglichkeiten zur Kürzung der nicht eingeforderten ausstehenden Einlagen vom gezeichneten Kapital (§ 272 Abs. 1 S. 3 HGB), zur Absetzung der erhaltenen Anzahlungen auf Bestellungen von den Vorräten (§ 268 Abs. 5 S. 2 HGB) und zur direkten statt indirekten steuerlichen Abschreibung.

Weichen Abschluss-Stichtage einzelner Tochterunternehmen vom Abschluss-Stichtag des Mutterunternehmens ab, so müssen die Größenkriterien der Töchter für den Abschluss-Stichtag der Mutter ermittelt werden. Diese Nebenrechnung eröffnet praktisch gewisse Spielräume, die aus der fehlenden Einbindung in ein kontinuierliches Rechnungssystem stammen.

Auch scheint es zulässig, die Einzelabschlüsse der Unternehmen freiwillig auf Basis einer konzerneinheitlichen Bewertung aufzustellen, wobei durch die Wahl einer geeigneten, zugleich aber nicht willkürlich erscheinenden Bewertung Einfluss auf die Größenmerkmale genommen werden kann (vgl. Biener/Berneke: Bilanzrichtlinien-Gesetz, 1986, S. 306).

Die beiden Merkmale "*Bilanzsumme*" und "*Umsatzerlöse*" beinhalten schließlich bei ausländischen Tochterunternehmen das gemeinsame Problem der Währungsumrechnung. Auch diesbezüglich besteht ein Methodenwahlrecht (siehe hierzu Kapitel F.)

3.2.2 Nettomethode

Hinsichtlich der Gestaltungsmöglichkeiten, die sich aus der Festlegung des Konsolidierungskreises ergeben, gilt das bei der Bruttomethode Beschriebene hier analog, da § 292 Abs. 1 Nr. 2 HGB von einem vom Mutterunternehmen aufzustellenden Konzernabschluss ausgeht, für den die Wahlrechte nach § 296 HGB naturgemäß auch anwendbar sind. Gleiches gilt für das Methodenwahlrecht der Umrechnung der Bilanzsumme und der Umsatzerlöse ausländischer Tochterunternehmen.

Da zur Ermittlung der Größenmerkmale Bilanzsumme und Umsatzerlöse bei der Nettomethode die Aufstellung einer Probe-Konzernbilanz und Probe-Konzern-Gewinn- und Verlustrechnung vorausgesetzt wird, müssen bei dieser Methode grundsätzlich alle Konzernrechnungslegungsvorschriften beachtet werden. Das bedeutet, dass hier z.B. der Ansatz und die Bewertung der Vermögensgegenstände und Schulden konzerneinheitlich zu erfolgen haben, das die Regelungen zum einheitlichen Abschluss-Stichtag zu beachten sind und das sämtliche Konsolidierungsmaßnahmen durchzuführen sind. Dies führt zu einer Fülle von Wahlrechten, die das Mutterunternehmen sämtlich in der Weise ausnutzen kann, dass die Größenmerkmale des § 293 Abs. 1 Nr. 2 HGB möglichst unterschritten werden.

3.3 Ausnahme von der generellen größenabhängigen Befreiung

Die größenabhängige Befreiung von der Konzernrechnungslegungspflicht kann nach § 293 Abs. 5 HGB trotz der Erfüllung der Voraussetzungen von § 293 Abs. 1-4 HGB nicht in Anspruch genommen werden, "*wenn das Mutterunternehmen oder ein in den Konzernabschluss des Mutterunternehmens einbezogenes Tochterunternehmen am Abschlussstichtag einen organisierten Markt im Sinne des § 2 Abs. 5 des Wertpapierhandelsgesetzes durch von ihm ausgegebene Wertpapiere im Sinne des § 2 Abs. 1 Satz 1 des Wertpapierhandelsgesetzes in Anspruch nimmt oder die Zulassung zum Handel an einem organisierten Markt beantragt worden ist.*"

Die Ausnahmeregelung umfasst nur in den Konzernabschluss einbezogene Unternehmen und Börsen der Europäischen Wirtschaftsgemeinschaft. Sind also Aktien von einem nicht in den Konzernabschluss einbezogenen Tochterunternehmen an einer Börse der EG zugelassen oder Aktien von einem konsolidierten Tochterunternehmen an einer Börse außerhalb der EG zugelassen, so beeinträchtigt das die Befreiung nicht.

Insgesamt gesehen will der Gesetzgeber mit dieser Regelung dem besonderen Informationsbedürfnis der Interessenten an börsengängigen Wertpapieren Rechnung tragen.

3.4 Größenabhängige Befreiungen nach IFRS und US-GAAP

Weder IFRS noch US-GAAP kennen in explizite Vorschriften gefasste Befreiungen von der Pflicht zur Konzernrechnungslegung für kleine Konzerne. Da in der angelsächsischen Tradition der Konzernabschluss zur Sicherung einer "fair presentation" des Konzerns unverzichtbar erscheint (so etwa ARB 51.1), passen derartige Ausnahmen auch nicht in die dortige Vorstellungswelt. Gleichwohl gibt es in den USA Erleichterungen für solche Konzernmütter, von denen keine Wertpapiere an einer der großen amerikanischen Börsen notiert werden und die aus diesem Grund nicht der Aufsicht durch die SEC unterliegen. Sie müssen US-GAAP nicht mit allen Details und in voller Strenge beachten. Es reicht vielmehr aus, wenn sie Konzernabschlüsse nach sogenannten "little GAAP" und bei großzügiger Auslegung der Regeln aufstellen.

4. Der Konzernabschluss nach internationalen Rechnungslegungsstandards gemäß der Verordnung 1606/2002 des Europäischen Parlaments und des Rates vom 19.7.2002 in Deutschland

4.1 Die neue Harmonisierungsstrategie der EU-Kommission als Basis

In dem aktuellen Ringen um weltweit vergleichbare Konzernabschlüsse drohten sich die US-GAAP als World-Standards allgemein durchzusetzen. Als Preis der SEC für eine Notierung ihrer Aktien an der New York Stock Exchange hatten zahlreiche europäische Unternehmen eine Rechnungslegung nach US-GAAP akzeptiert und so einen Trend gesetzt, der leicht auf die übrige Wirtschaft abfärben konnte. Da Europa keine Chancen sah, US-GAAP inhaltlich zu beeinflussen und speziell für die eigene Wirtschaft nachteilige Regeln zu verhindern, andererseits aber die weltweite Harmonisierung der Rechnungslegung befürwortete, setzte es auf den Wettbewerber der US-GAAP beim Ringen um die World-Standards, die in Europa wurzelnden IFRS, die damals noch IAS hießen. Nach mehrfacher Vorankündigung wurde eine neue Strategie der Harmonisierung der Rechnungslegung in Europa entwickelt. Sie umfasst folgende zentrale Elemente:

- ein Verfahren zur vereinfachten Transformation der von einem privaten Gremium geschaffenen IFRS (einschließlich IAS, IFRIC und SIC) in Europäisches Recht durch Entscheidungen der Kommission und eines Regelungsausschusses für Rechnungslegung (sogenanntes Komitologieverfahren; von den Mitgliedstaaten in nationales Recht umzusetzende Europäische Richtlinien entfallen, denn als Europäisches Recht sind die von der EU-Kommission übernommenen IFRS unmittelbar in allen Mitgliedstaaten verbindlich),
- eine Verpflichtung der kapitalmarktorientierten Unternehmen in Europa, im Falle einer Konzernrechnungslegungspflicht nach den jeweiligen nationalen Vorschriften die entsprechenden Konzernabschlüsse gemäß den von der EU-Kommission übernommenen IFRS aufzustellen, und
- Wahlrechte für die Mitgliedstaaten, den Kreis der Unternehmen in dem jeweiligen Land, die ihren Konzernabschluss oder ihren Einzelabschluss nach IFRS erstellen, durch verpflichtende Vorgaben oder Unternehmenswahlrechte zu erweitern.

Die folgenden Unterabschnitte sind den wichtigen Detailfragen zum Konzernabschluss nach internationalen Rechnugslegungsstandards gemäß der Verordnung (EG) Nr. 1606/2002 (IAS-VO) gewidmet, wie sie in Deutschland umgesetzt wurde. Da die Übernahme der IFRS in Europäisches Recht geschlossen für die gesamte Europäische Union geschieht, dies bisher von wenigen Ausnahmen abgesehen (IAS 32 und 39) reibungslos mit nur geringen Verzögerungen erfolgte und weil die gewünschte Harmonisierung in Zukunft ähnlich problemlose Übernahmen erwarten lässt, wird diesem Übernahmeprozess nicht näher nachgegangen. Angesichts der meist geringen zeitlichen Verzögerungen bei der Übernahme soll auch nicht zwischen den IFRS als Normen des IASB und als Europäisches Recht unterschieden werden. Diese Frage wird bedeutsam, wenn der EuGH eine Rechtsprechung zu den IFRS als Europäisches Recht entwickelt. Im Mittelpunkt stehen daher andere Fragen.

- Für welche Unternehmen in Deutschland wird die Konzernrechnungslegung nach internationalen Standards auf Basis der Verordnung (EG) Nr. 1606/2002 und deren Umsetzung in deutsches Recht relevant und welche Anfangstermine sind dabei zu beachten?
- Inwieweit sind von den deutschen Unternehmen, die ihre Konzernabschlüsse internationalen Standards erstellen, in Europäisches Recht umgesetzte IFRS und inwieweit HGB-Vorgaben zu beachten?

Der ersten Frage wird in Abschnitt 4.2, der zweiten in Abschnitt 4.3 nachgegangen.

4.2 Zur Relevanz internationaler Standards für Konzernabschlüsse deutscher Mutterunternehmen

In § 315a HGB hat der deutsche Gesetzgeber die in Artikel 5 der Verordnung (EG) Nr. 1606/2002 vorgesehene Möglichkeit, neben Pflichten auch Rechte zur Konzernrechnungslegung nach internationalen Standards einzuräumen, durch ein umfassendes Unternehmenswahlrecht Gebrauch gemacht. Danach dürfen alle Mutterunternehmen unabhängig von ihrer Rechtsform, die nicht zur Konzernrechnungslegung nach IFRS verpflichtet sind, ihren Konzernabschluss freiwillig nach IFRS statt nach GoB und HGB aufstellen. Das leuchtet ein, weil Konzernabschlüsse nur der Information dienen und IFRS diese angeblich informativer machen.

Hinsichtlich der Fragen, welche deutschen Mutterunternehmen zur Konzernrechnungslegung nach IFRS nicht nur berechtigt, sondern verpflichtet sind und welche Termine den Beginn dieser Pflicht markieren, bedarf es mehrerer Unterscheidungskriterien. § 315a Abs. 1 HGB knüpft die grundsätzliche Pflicht zur Konzernrechnungslegung nach IFRS an das Kriterium der Kapitalmarktorientierung gemäß Artikel 4 der Verordnung (EG) Nr. 1606/2002. In diesem Sinne kapitalmarktorientiert sind Unternehmen dann, "wenn am jeweiligen Bilanzstichtag ihre Wertpapiere in einem beliebigen Mitgliedstaat zum Handel in einem geregelten Markt im Sinne des Artikels 1 Absatz 13 der Richtlinie 93/22/EWG des Rates vom 10. Mai 1993 über Wertpapierdienstleistungen zugelassen sind" (Art. 4 IAS-VO). Entscheidend ist demnach, dass von dem Mutterunternehmen selbst Eigen- oder Fremdkapitaltitel an den entsprechenden Märkten zum Handel zugelassen wurden (allein der Handel von Papieren der

Töchter an diesen Märkten verpflichtet die Mutter nicht) und dass die Märkte nähere Anforderungen erfüllen. Sie müssen regelmäßig aktiv sein, vom betreffenden Mitgliedstaat anerkannt sowie hinsichtlich ihrer Konditionen durch ihn geprägt und überwacht sein. Die Mitgliedstaaten melden der EU-Kommission, für welche Märkte das zutrifft, und die Kommission legt diese Meldungen offen. Für Deutschland werden der amtliche Handel, die geregelten Märkte an den Börsen, der Startup Markt der Hamburger Börse und die Terminbörse Eurex genannt.

Die im soeben beschriebenen Sinne kapitalmarktorientierten Mutterunternehmen sind grundsätzlich ab den am 1.01.2005 oder später beginnenden Geschäftsjahren zur Konzernrechnungslegung nach IFRS verpflichtet. Die Verordnung 1606/2002 sieht von diesem Grundsatz zwei durch Art. 57 EGHGB umgesetzte Ausnahmen vor, nämlich

- Gesellschaften, von denen nur Schuldtitel an einen der oben beschriebenen Märkten gehandelt werden, und
- Gesellschaften, denen vor dem Zeitpunkt der Veröffentlichung der Verordnung (EG) Nr. 1606/2002 im Amtsblatt der Europäischen Gemeinschaften (11.09.2002) Wertpapiere zum öffentlichen Handel in einem Staat außerhalb der EU und des Abkommens über den Europäischen Wirtschaftsraum zugelassen wurden und die in diesem Zusammenhang auch vor dem Stichtag begonnen haben, ihrer Konzernrechnungslegung andere international anerkannte Rechnungslegungsstandards als IFRS zugrunde zu legen – insbesondere US-GAAP.

Für beide genannten Gruppen ist durch Art. 57 EGHGB der Beginn der Pflicht auf die Geschäftsjahre festgelegt, die am 1.01.2007 oder später beginnen. Da allerdings die Annäherung von IFRS und US-GAAP länger dauert als erhofft und die zuletzt genannten Unternehmen nicht zusätzlich belastet werden sollen, ist für sie eine weitere Verschiebung der Frist um zunächst 2 Jahre absehbar. Für "Nicht EU" Emittenten mit Abschlüssen nach kanadischen, japanischen oder US-GAAP und Notierung in Europa wurde die Frist bereits auf den 1.01.2009 verschoben (DB 2007, S. 239). Europäische Emittenten dürfen schwerlich diskriminiert werden.

Für Deutschland spezifisch erweitert § 315a Abs. 2 HGB die Pflicht zur Konzernrechnungslegung auf Mutterunternehmen, deren Wertpapiere noch nicht an den in Artikel 4 der Verordnung (EG) Nr. 1606/2002 genannten Märkten zum Handel zugelassen wurden, die aber bis zum jeweiligen Bilanzstichtag die Zulassung dort beantragt haben. Durch Art. 58 Abs. 3 Satz 2 EGHGB ist der Beginn dieser Pflicht allerdings ebenfalls auf Geschäftsjahre hinausgezögert worden, die am 1.01.2007 oder später beginnen.

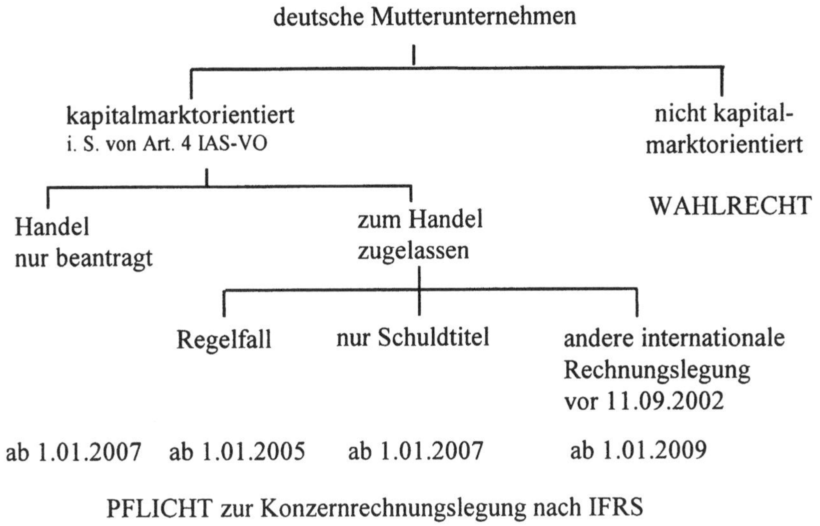

Schaubild D.4: Konzernrechnungslegung nach IFRS

4.3 Geltungsbereiche von HGB und IFRS für die Konzernrechnungslegung nach IFRS in Deutschland

Inwieweit deutsche Mutterunternehmen bei ihrer Konzernrechnungslegung nach IFRS den Vorgaben von IFRS, IAS, IFRIS und SIC und inwieweit für sie weiterhin Vorschriften aus dem HGB gelten, wird in § 315a Abs. 1 HGB geregelt. Danach bestimmen die Vorschriften des ersten Titels (§§ 290 bis 293 HGB) insbesondere, ob ein Unternehmen "Mutterunternehmen" und in dieser Eigenschaft grundsätzlich konzernrechnungslegungspflichtig ist. Für die Entscheidung, ob eine Pflicht zur Konzernrechnungslegung begründet wurde, bleibt somit weiterhin das deutsche Recht maßgeblich. Größenabhängige Befreiungen kommen wegen § 293 Abs. 5 HGB allerdings nicht in Betracht, denn eine Börsennotierung der Mutter schließt diese aus. Auch die Möglichkeit, gemäß § 291 HGB auf Teilkonzernabschlüsse zu verzichten, dürfte zumindest für Unternehmen, deren Wertpapiere bereits an einem geregelten Markt gehandelt werden, nicht bestehen. § 291 Abs. 3 HGB steht dem klar entgegen. Damit werden kapitalmarktorientierte Teilkonzernmütter durch die Konzernrechnungslegungspflicht nach deutschem Recht daran gehindert, die in IAS 27.10 gebotenen Befreiungen von der Pflicht zur Aufstellung von Teilkonzernabschlüssen (vgl. D 2.3) wahrzunehmen.

Die in europäisches Recht umgesetzten internationalen Standards bestimmen die Abgrenzung des Konsolidierungskreises, die Art und Weise der Einbeziehung der Unternehmen in den Konzernabschluss sowie die Regeln, nach denen die dem Konzernabschluss zugrunde liegenden Einzelabschlüsse aufzustellen und anschließend zu konsolidieren sind. Das schließt auch die Regeln zur Währungsumrechnung, zur einheitlichen Bewertung und zur Bildung latenter

Steuern einerseits sowie zur Erstellung von Kapitalflussrechnungen, von Eigenkapitalspiegeln und zur Segmentberichterstattung andererseits ein.

Im Anhang zu Konzernabschlüssen nach § 315a HGB sind sowohl sämtliche in den IAS, IFRS, SIC und IFRIC geforderten Angaben als auch die Erläuterungen und Ergänzungen offenzulegen, die in den §§ 313 Abs. 2 bis 4 und 314 Abs. 1 Nr. 4, 6, 8 und 9 HGB angesprochen werden. Da IFRS keinen Lagebericht kennen, ist der Konzernlagebericht nach § 315 HGB aufzustellen.

Literaturhinweise

Außer der einschlägigen Kommentierung der §§ 290-293 HGB und § 11 PublG können vor allem folgende Quellen herangezogen werden:

Biener, Herbert/Berneke, Wilhelm: Bilanzrichtlinien-Gesetz, Düsseldorf 1986.

Europäisches Parlament und Rat der Europäischen Union: Verordnung (EG) Nr. 1606/2002 vom 19.7.2002 betreffend die Anwendung internationaler Rechnungslegungsstandards in: Amtsblatt der Europäischen Gemeinschaften Nr. L 243 vom 11.9.2002, S. 1-4.

Financial Accounting Standards Board (FASB): Original Pronouncements, Accounting Standards as of June 1, 2004, Vol. 1 bis 3, New York u. a. 2004.

Friauf, Karl Heinrich: Die Publizitätspflicht für Gesellschaften mit beschränkter Haftung aus verfassungsrechtlicher Sicht, in: GmbHRdsch., 76. Jg., 1985, S. 245-253.

Hoyle, Joe B./Schaefer, Thomas F./Doupnik, Timothy S.: Advanced Accounting, 8th edition, Boston u. a. 2007.

IDW (Hrsg.): Wirtschaftsprüfer-Handbuch 2006, 13. Aufl., Band I, Düsseldorf 2006.

International Accounting Standards Board (IASB): International Financial Reporting Standards 2006, London 2006.

Krag, Joachim/Müller, Herbert: Zur Zweckmäßigkeit von Teilkonzernabschlüssen der 7. EG-Richtlinie für Minderheitsgesellschafter, in: BB, 40. Jg., 1985, S. 307-312.

Pahler, Arnold J.: Advanced Accounting, 9th edition, Mason 2006.

Schulze, Joachim: Einheitliche Leitung von Konzernunternehmen durch mehrere Obergesellschaften und ihre Bedeutung für die Konzernrechnungslegung nach dem Aktiengesetz, in: WPg, 21. Jg., 1968, S. 85-90.

Siebourg, Peter: Pflicht zur Aufstellung des Konzernabschlusses und Abgrenzung des Konsolidierungskreises, in: Konzernrechnungslegung und prüfung, hrsg. von Jörg Baetge, Düsseldorf 1990, S. 39-61.

Sonderausschuß Bilanzrichtlinien-Gesetz (SABI): Stellungnahme SABI 1/1988: Zur Aufstellungspflicht für einen Konzernabschluss und zur Abgrenzung des Konsolidierungskreises, in: WPg, 41. Jg., 1988, S. 340-343.

Stobbe, Thomas: Zur Umsetzung der Art. 7 und 8 der 7. EG-Richtlinie, Anmerkungen zum Beitrag von Krag/Müller, in: BB, 40. Jg., 1985, S. 1508-1510.

Streim, Hannes/Kugel, Birgit: GmbH & Co KG und Rechnungslegungsreform – Analyse der Zweckmäßigkeit der geplanten Regelungen, in: BFuP, 37. Jg., 1985, S. 102-117.

Tillmann, Bert: Umwandlung auf doppelstöckige GmbH & Co KG – Ein Ausweg aus der Publizitätspflicht der GmbH? –, in: DB, 39. Jg., 1986, S. 1319-1323.

Ulmer, Peter: BFuP Meinungsspiegel 2/1985 zum Thema GmbH & Co KG und Rechnungslegungsreform, in: BFuP, 37. Jg., 1985, S. 147.

E. Konsolidierungskreis

1. Grundsatz

Der Gesetzgeber hat den Kreis der in den Konzernabschluss und Konzernlagebericht einzubeziehenden Unternehmen differenziert geregelt. Danach kann man, wie auch das folgende Schaubild E.1 zeigt, grundsätzlich zwischen

- der Vollkonsolidierung,
- der Quoten- oder anteilsmäßigen Konsolidierung,
- der Equity-Methode und
- der Bewertung einer Beteiligung nach der Anschaffungskostenmethode

Beteiligungen § 271 Abs. 1 HGB

Assoziierte Unternehmen ("*maßgeblicher Einfluss*") § 311 HGB

Gemeinschaftsunternehmen ("*gemeinsame Führung*")

Mutter- und alle Tochterunternehmen nach § 290 HGB, außer den nach § 296 HGB (Konsolidierungswahlrecht) nicht einbezogenen Unternehmen

Vollkonsolidierung §§ 300 - 309 HGB

Nukleus; ohne Voll- keine Randkonsolidierung

Quotenkonsolidierung § 310 HGB

§§ 297 - 301, 303 - 306, 308, 309 HGB entsprechend anwenden

Equity-Methode § 312 HGB

einheitliche Bewertung wahlweise anwendbar; Zwischenergebnisse sind voll oder teilweise zu eliminieren

Bewertung zu Anschaffungskosten

Schaubild E.1: Kreis der in den Konzernabschluss und Konzernlagebericht einzubeziehenden Unternehmen

unterscheiden (zum Schaubild E.1 vgl. Ordelheide, BFuP 1986, S. 298 f.; Busse von Colbe/-Chmielewicz, DBW 1986, S. 326 f.).

Wie das Schaubild E.1 zeigt, bilden die vollkonsolidierten Unternehmen den Nukleus des Konzerns und damit den Konsolidierungskreis im engeren Sinne (s. Titelüberschrift zu den §§ 294-296 HGB). Die allgemeine Voraussetzung für die Einbeziehung eines Unternehmens im Rahmen dieser Konsolidierungsform in den Konzernabschluss und den Konzernlagebericht ist, wie bereits an verschiedenen Stellen anklang, das Bestehen eines Mutter-/Tochter-Verhältnisses nach § 290 HGB. Liegt ein solches Verhältnis vor, so sind neben dem Mutterunternehmen grundsätzlich alle Tochterunternehmen in die Konzernrechnungslegung einzubeziehen (§ 294 Abs. 1 HGB). Ausnahmen können sich nur durch die Inanspruchnahme der Konsolidierungswahlrechte (§ 296 HGB) ergeben.

Die Bedeutung der §§ 294-296 HGB, die gemäß § 13 Abs. 2 PublG auch auf die nach dem PublG aufzustellenden Konzernabschlüsse und Konzernlageberichte analog anzuwenden sind, geht im Konzernrechnungslegungsrecht aber faktisch weit über die Abgrenzung des Konsolidierungskreises im Rahmen der Vollkonsolidierung hinaus. Sie können das Mutterunternehmen nämlich im Extremfall, in dem die Einbeziehung aller Tochterunternehmen aufgrund der Anwendung dieser Vorschriften unterbleibt, sogar ganz von der Aufstellungspflicht eines Konzernabschlusses und Konzernlageberichtes befreien. Dies führt dazu, dass auch die oben angeführten anderen Konsolidierungs- oder Bewertungsformen (s. die Randkonsolidierungen in Schaubild E.1) nicht mehr zur Anwendung kommen.

Ist dies nicht der Fall und besteht somit für das Mutterunternehmen die Pflicht zur Aufstellung eines Konzernabschlusses und Konzernlageberichtes, so werden Beteiligungen an anderen Unternehmen, die keine Tochterunternehmen sind oder auf deren Einbeziehung aufgrund des § 296 HGB verzichtet werden soll, nicht immer völlig unverändert in den Konzernabschluss übernommen. Vielmehr wird lediglich die Einbeziehung dieser Unternehmen im Rahmen der Vollkonsolidierung ausgeschlossen. Gleichwohl können solche Unternehmen aber unter bestimmten Bedingungen im Wege der Quotenkonsolidierung (§ 310 HGB) oder müssen bei der Erfüllung der Voraussetzungen des § 311 HGB grundsätzlich nach den Vorschriften bezüglich assoziierter Unternehmen im Rahmen der Equity-Methode in den Konzernabschluss aufgenommen werden. Ist die Einbeziehung in die Konzernrechnungslegung auch nach diesen Regelungen ausgeschlossen, so sind die Anteile an dem Unternehmen als einfache Beteiligung nach der Anschaffungskostenmethode in dem Konzernabschluss zu bilanzieren.

Bevor auf die unterschiedlichen Formen der Einbeziehung der Unternehmen in den Konzernabschluss näher eingegangen wird, soll das folgende Schaubild E.2 die Abgrenzungen der Voll- und Quotenkonsolidierung, Equity-Methode und Anschaffungskostenbewertung nochmals zusammenfassend und übersichtlich aufzeigen und die noch näher zu erläuternden jeweiligen Anwendungsvoraussetzungen andeuten.

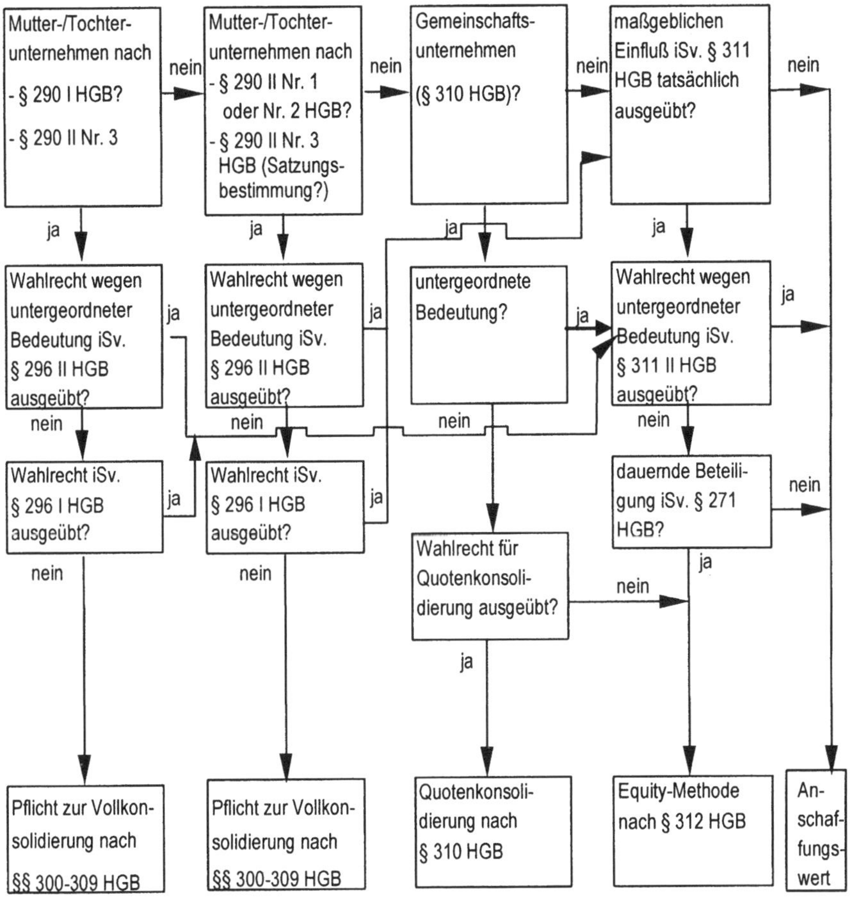

Schaubild E.2: Einbeziehungsformen und deren Anwendungsvoraussetzungen

2. Die grundsätzliche Konsolidierungspflicht

Wie bereits oben angedeutet wurde, muss ein Mutterunternehmen grundsätzlich alle Tochterunternehmen in den Konzernabschluss und Konzernlagebericht einbeziehen (§ 294 Abs. 1 HGB). Diese grundsätzliche Einbeziehungspflicht besteht sowohl für unmittelbare als auch für mittelbare Tochterunternehmen (s. § 290 Abs. 3 HGB) und ist unabhängig vom Sitz der Tochterunternehmen. Somit sind im deutschen Konzernrechnungslegungsrecht auch ausländische Tochterunternehmen generell in den Konzernabschluss einzubeziehen, wodurch das sog. "Weltabschlussprinzip", das im anglo-amerikanischen Recht schon lange üblich war und das deutsche Konzerne zuvor häufig freiwillig praktizierten, auch in der Bundesrepublik Deutschland vorgeschrieben ist. Dies ist aus Sicht der Einheitstheorie sehr zu begrüßen, denn diese neue Regelung und die Angabepflichten zum Konsolidierungskreis im Anhang (§ 313 Abs. 2 Nr. 1 HGB; zur praktischen Umsetzung vgl. Heydemann/Koenen, DB 1992, S. 2253 ff.) sind wesentliche Voraussetzungen für einen verbesserten Einblick des Konzernabschlusslesers in die tatsächlichen Verhältnisse der Vermögens-, Finanz- und Ertragslage eines Konzerns.

Da die Vergleichbarkeit mehrerer zeitlich aufeinander folgender Konzernabschlüsse und Konzernlageberichte durch die Veränderung des Konsolidierungskreises ohne zusätzliche Angaben kaum möglich und der Informationsgehalt für den Konzernabschlussleser somit erheblich eingeschränkt wäre, schreibt der Gesetzgeber in § 294 Abs. 2 HGB vor, dass bei "*wesentlichen*" Änderungen des Konsolidierungskreises in einem Geschäftsjahr zusätzliche Angaben im Konzernabschluss gemacht werden müssen. Fraglich ist dabei, wann die Änderung des Konsolidierungskreises "*wesentlich*" ist und wo und wie die zusätzlichen Angaben zu machen sind.

Den erstgenannten Fragenkomplex kann man nicht allgemein gültig beantworten. Vielmehr muss in jedem Einzelfall anhand der Generalnorm entschieden werden, ob die Änderung wesentlich ist oder nicht. Ergibt sich diesbezüglich ein positives Ergebnis, so lässt sich die Vergleichbarkeit entweder durch eine Anpassung der für die Aussagefähigkeit des Konzernabschlusses wesentlichen Posten und Beträge des vorhergehenden Konzernabschlusses (§ 294 Abs. 2 S. 2 HGB) oder durch entsprechende zusätzliche Angaben im neuen Konzernabschluss erreichen (§ 294 Abs. 2 S. 1 HGB; vgl. diesbezüglich auch WP-Handbuch, Band I, M Tz. 202).

Damit das Mutterunternehmen insgesamt seiner grundsätzlichen Verpflichtung zur Aufstellung eines Weltabschlusses sach- und zeitgerecht nachkommen kann, haben zumindest deutsche Tochterunternehmen gemäß § 294 Abs. 3 S. 1 HGB dem Mutterunternehmen von sich aus die zentralen Unterlagen vorzulegen (Jahresabschluss etc.). Zudem dürfen Mutterunternehmen gegenüber ihren deutschen Tochterunternehmen nach § 294 Abs. 3 S. 2 HGB alle Aufklärungen und Nachweise verlangen, die für die Aufstellung des Konzernabschlusses und Konzernlageberichtes erforderlich sind.

Der Referentenentwurf zum BilMoG sieht mit der Streichung des Beteiligungserfordernisses in § 290 Abs. 1 Satz 1 HGB die Pflicht zur Einbeziehung einheitlich geleiteter Zweckgesellschaften in den Konzernabschluss vor.

3. Konsolidierungswahlrechte (§ 296 HGB)

3.1 Allgemeines

Die Einbeziehung eines Tochterunternehmens im Rahmen der Vollkonsolidierung in den Konzernabschluss kann aufgrund der Inanspruchnahme eines der Konsolidierungswahlrechte unterbleiben. Gemäß § 296 HGB bestehen Konsolidierungswahlrechte, wenn:

- erhebliche und andauernde Beschränkungen die Ausübung bestimmter Rechte des Mutterunternehmens gegenüber dem Tochterunternehmen nachhaltig beeinträchtigen (§ 296 Abs. 1 Nr. 1 HGB),
- die für die Aufstellung des Konzernabschlusses erforderlichen Angaben des Tochterunternehmens nicht ohne unverhältnismäßig hohe Kosten oder Verzögerungen zu erhalten sind (§ 296 Abs. 1 Nr. 2 HGB),
- die Anteile des Tochterunternehmens nur zum Zwecke der Weiterveräußerung gehalten werden (§ 296 Abs. 1 Nr. 3 HGB) oder
- Tochterunternehmen für die Verpflichtung, ein den tatsächlichen Verhältnissen entsprechendes Bild der Vermögens-, Finanz- und Ertragslage des Konzerns zu vermitteln, von untergeordneter Bedeutung sind (§ 296 Abs. 2 HGB).

Die Konsolidierungswahlrechte des § 296 Abs. 1 Nr. 2 und Abs. 2 HGB sind gesetzliche Anwendungsbeispiele für den Grundsatz der Wirtschaftlichkeit (vgl. BT-Drucksache 10/4268, S. 114; Maas/Schruff, WPg 1986, S. 208). Da diese Regelungen jedoch im Detail schwer interpretierbar und wenig praktikabel sind, bringen sie für die Theorie und Praxis erhebliche Anwendungsschwierigkeiten mit sich.

Die Inanspruchnahme der Konsolidierungswahlrechte ist nach § 296 Abs. 3 HGB im Konzernanhang zu begründen, wobei der alleinige Hinweis auf Abs. 1 oder 2 des § 296 HGB nicht ausreicht. Zudem sind dort die gemäß § 313 Abs. 2 Nr. 1 HGB geforderten Angaben über das nicht vollkonsolidierte Tochterunternehmen zu machen.

Insgesamt gesehen verschaffen die Konsolidierungswahlrechte dem Mutterunternehmen trotz der Angabe- und Begründungspflicht im Konzernanhang vielfältige Möglichkeiten, den Informationsgehalt des Konzernabschlusses und des Konzernlageberichtes zu beeinflussen. Insbesondere wegen des Fehlens einer dem früheren § 295 Abs. 3 S. 2 HGB entsprechenden Regelung hat der Konzernabschlussleser bei Anwendung der Konsolidierungswahlrechte keinerlei Möglichkeiten, die Entscheidungen nachzuvollziehen oder sich diesbezüglich ein eigenes Urteil zu bilden. Diese Regelung verpflichtete in Deutschland nicht offen gelegte Einzelabschlüsse von Unternehmen, die nicht in den Konzernabschluss einbezogen wurden, ergänzend gemeinsam mit dem Konzernabschluss zum Handelsregister einzureichen. Zudem stehen Einbeziehungswahlrechte in mehr oder weniger großem Gegensatz zum Vollständigkeitsgrundsatz, was aus Sicht der Einheitstheorie allenfalls mit der besseren Erfüllung der Generalnorm oder einer strengen Anwendung des Wirtschaftlichkeitsgrundsatzes gerechtfertigt werden kann. Jedenfalls wären aus Gründen der Rechtssicherheit und im Blick auf die Informationsfunktion der Konzernrechnungslegung Konsolidierungsverbote etwa in den Fällen von § 296 Abs. 1 Nr. 1 und 3 HGB und generelle Angabepflichten analog zu dem früheren § 295 Abs. 3 S. 2 HGB zweckmäßiger gewesen (so z.T. auch Sahner/Kammers, DB 1983, S. 2211).

3.2 Beschränkungen in der Rechtsausübung des Mutterunternehmens

Ein Mutterunternehmen braucht ein Tochterunternehmen nach § 296 Abs. 1 Nr. 1 HGB im Rahmen der Vollkonsolidierung nicht in den Konzernabschluss einbeziehen, wenn "*erhebliche*" und "*andauernde*" Beschränkungen die Ausübung ihrer Rechte in Bezug auf das Vermögen oder die Geschäftsführung dieses Tochterunternehmens "*nachhaltig*" beeinträchtigen.

Die im Gesetzestext verwendeten Worte "*nachhaltig*", "*erhebliche*" und "*andauernde*" machen deutlich, dass die Möglichkeiten der Inanspruchnahme dieses Konsolidierungswahlrechtes sowohl aus zeitlicher Sicht als auch nach inhaltlichen Anforderungen sehr eng auszulegen sind.

Es steht somit außer Zweifel, dass nur vorübergehende Beeinträchtigungen der Rechte, gleich welcher Art, nicht für die Ausübung des Konsolidierungswahlrechtes ausreichen. Die Beeinträchtigungen brauchen sich aber auch nicht über mehrere Jahre zu erstrecken. Vielmehr muss die Beschränkung der Rechte nach hM während des Geschäftsjahres und bis zum Konzernabschlussstichtag bestanden haben (vgl. Heni in: Hofbauer/Kupsch, BHR § 296 Rz 7) und deren Ende nicht absehbar sein (vgl. etwa Biener/Schatzmann, Konzern-Rechnungslegung, 1983, S. 25; Sahner/Sauermann in: Küting/Weber, Konzernrechnungslegung, 2. Aufl., § 296 Rn. 11).

Ob die Beschränkungen "*erheblich*" sind, hängt von der Bedeutung der Beschränkung für die Durchsetzung einer Konzernpolitik, nicht aber von der Art der Beschränkung (z.B. tatsächlich, gesellschaftsrechtlich oder vertraglich) ab. Vermögensbeschränkungen müssen sich demnach auf das ganze Vermögen oder zumindest seine wesentlichen Teile beziehen. Beschränkungen der Rechte zur Geschäftsführung müssen die einheitliche Leitung durch die Konzernspitze unmöglich machen, wie etwa bei gemeinnützigen Wohnungsunternehmen und rechtlich selbständigen Unterstützungskassen sowie bei Eröffnung eines Insolvenzverfahrens über das Vermögen der Tochter (Förschle/Deubert in: Beck Bil-Komm., 6. Aufl., § 296 Anm. 11; WP-Handbuch, Band I, M Tz. 181) oder bei drohender Verstaatlichung oder Zwangsverwaltung ausländischer Töchter. Beschränkungen des Gewinntransfers oder der Besetzung von Führungspositionen mit Repräsentanten der Mutter können, müssen aber nicht eine ausreichende Grundlage für die Nichteinbeziehung sein, weil trotz der Beschränkungen eine einheitliche Leitung noch möglich sein kann, wie z.B. in den Fällen, in denen der Konzern die Thesaurierung im Ausland wünscht oder er die Tochter auf einem anderen Wege leitet (zur praktischen Anwendung vgl. Heydemann/Koenen, DB 1992, S. 2255). Allerdings setzt § 296 Abs. 1 Nr. 1 HGB eine Beschränkung von Rechten voraus; die fehlende tatsächliche Inanspruchnahme der Rechte alleine reicht nicht (vgl. WP-Handbuch, Band I, M Tz. 179).

3.3 Unverhältnismäßig hohe Kosten und Verzögerungen

Sind die zur Aufstellung eines Konzernabschlusses erforderlichen Angaben eines Tochterunternehmens nicht ohne unverhältnismäßig hohe Kosten oder Verzögerungen zu erhalten, so kann die Vollkonsolidierung dieses Unternehmens gemäß § 296 Abs. 1 Nr. 2 HGB unterbleiben.

Die äußerst unklaren Kriterien dieses Einbeziehungswahlrechts werden in der Literatur überwiegend kritisch beurteilt und sollen nach einhelliger Meinung eng ausgelegt werden. Danach muss zwischen den Kosten für die Vollkonsolidierung und der Informationsverbesserung durch die Einbeziehung der Tochter ein krasses Missverhältnis bestehen, wenn eine Nichteinbeziehung auf § 296 Abs. 1 Nr. 2 HGB gestützt werden soll. Solche Missverhältnisse sind allenfalls vorübergehend, nicht aber dauerhaft vorstellbar. Auch dürfen sie nicht auf Gründen beruhen, die der Konzern zu verantworten hat. Damit bleiben als mögliche Beispiele:

- außergewöhnliche Störungen (Zusammenbruch der Datenverarbeitung bei der Tochter, Streiks, Zerstörung der Daten durch Feuer, Beschränkungen des Datentransfers) und
- zeitliche Engpässe bei der Umstellung des Rechnungswesens neuer Beteiligungsunternehmen auf die Usancen des Konzerns

(vgl. Sahner/Sauermann in: Küting/Weber, Konzernrechnungslegung, 2. Aufl., § 296 Rn. 12 ff.; WP-Handbuch, Band I, M Tz. 188; Förschle/Deubert in: Beck Bil-Komm., 6. Aufl., § 296 Anm. 19 ff.; zur praktischen Anwendung dieses Konsolidierungswahlrechtes vgl. Heydemann/Koenen, DB 1992, S. 2256).

3.4 Halten von Anteilen nur zum Zwecke der Weiterveräußerung

Hält ein Mutterunternehmen Anteile an einem Tochterunternehmen bereits ab dem Zeitpunkt des Erwerbs ausschließlich zum Zwecke der Weiterveräußerung, so braucht dieses Tochterunternehmen gemäß § 296 Abs. 1 Nr. 3 HGB nicht in den Konzernabschluss einbezogen zu werden.

Auch dieses nur aus der Sicht des Control-Konzeptes mögliche Wahlrecht knüpft an ein wenig operationales Kriterium an, der ausschließlichen Veräußerungsabsicht. Welche Indizien dafür vorliegen müssen und welche ausreichen – neben dem Ausweis der Anteile im Umlaufvermögen auch Einleitung von Verkaufsverhandlungen, Einschaltung eines Maklers oder Verzicht auf die wirtschaftliche Integration etwa – ist offen. Gefordert wird nur, dass die subjektive Absicht mehr oder weniger klar belegbar sein muss.

Das Wahlrecht ist zeitlich nicht befristet, die mehrfache Nutzung aber weckt nach herrschender Meinung Zweifel an der Veräußerungsabsicht (vgl. Heni in: Hofbauer/Kupsch, BHR § 296 Rz 19; Maas/Schruff, WPg 1986, S. 209; WP-Handbuch, Band I, M Tz. 191), so dass von Jahr zu Jahr strengere Anforderungen an den Nachweis der ausschließlichen Veräußerungsabsicht zu stellen sein dürften.

Veräußerungen an andere Konzernunternehmen oder Veräußerungen nur eines kleinen Teils der Beteiligung, der das Vorliegen des Control-Konzeptes nicht behindert, reichen allerdings für die Nichteinbeziehungsmöglichkeit nicht aus. Auch gilt das Wahlrecht nicht, wenn trotz Veräußerungsabsicht vorübergehend Einfluss auf die Politik der Tochter genommen werden soll (vgl. Biener/Schatzmann, Konzern-Rechnungslegung, 1983, S. 26; Sahner/Sauermann in: Küting/Weber, Konzernrechnungslegung, 2. Aufl., § 296 Rn. 19 ff.).

Das Konsolidierungswahlrecht wird vor allen Dingen für Kreditinstitute, Versicherungsunternehmen und professionelle Kapitalanlagegesellschaften von Bedeutung sein, die gelegentlich Beteiligungen an Unternehmen ausschließlich zum Zwecke der Weiterveräußerung erwerben. Bei normalen Industrieunternehmen ist das dagegen wohl eher selten der Fall.

3.5 Tochterunternehmen von untergeordneter Bedeutung

Die Vollkonsolidierung eines Tochterunternehmens kann im Konzernabschluss des Mutterunternehmens nach § 296 Abs. 2 HGB auch unterbleiben, wenn die Tochter zur Vermittlung eines den tatsächlichen Verhältnissen entsprechenden Bildes der Vermögens-, Finanz- und Ertragslage des Konzerns von untergeordneter Bedeutung ist. Diese Regelung, die weitgehend der bisherigen aktienrechtlichen Vorschrift und internationaler Übung entspricht, ist ein gesetzliches Anwendungsbeispiel des Grundsatzes der Wesentlichkeit und Wirtschaftlichkeit (vgl. BT-Drucksache 10/4268, S. 114; Busse von Colbe/Chmielewicz, DBW 1986, S. 331).

Wegen der allgemein gehaltenen gesetzlichen Kodifizierung kann jedoch wie bei den anderen Konsolidierungswahlrechten auch hier nicht anhand allgemein gültiger Regeln oder genau festgelegter Kriterien und deren Größenordnungen bestimmt werden, wann ein Tochterunternehmen zur Erfüllung der Generalnorm für den Konzern von untergeordneter Bedeutung ist (anders die amerikanische Konsolidierungspraxis, vgl. Sahner/Kammers, DB 1983, S. 2210, Fn. 33 m.w.N.). Verhältniszahlen wie z.B. der Umsatz, die Bilanzsumme oder einzelne Posten der Gewinn- und Verlustrechnung des Tochterunternehmens im Verhältnis zum übrigen Konsolidierungskreis können, ebenso wie einzelne Funktionen, die das Tochterunternehmen im Rahmen des Gesamtkonzerns ausübt, allenfalls Anhaltspunkte für eine solche Beurteilung sein. Entscheidend ist letztendlich aber das Gesamtbild, d.h. die gesamte wirtschaftliche Tätigkeit des Tochterunternehmens innerhalb der wirtschaftlichen Einheit des Konzerns (vgl. Heni in: Hofbauer/ Kupsch, BHR § 296 Rz 22; WP-Handbuch, Band I, M Tz. 192 f.). Da sich dieses Gesamtbild aus vielfältigen Gründen sehr schnell ändern kann, ist die Beurteilung der Bedeutung des Tochterunternehmens für den Konzern von Jahr zu Jahr neu zu prüfen.

Sind mehrere Tochterunternehmen einzeln betrachtet für die Verpflichtung, ein den tatsächlichen Verhältnissen entsprechendes Bild der Vermögens-, Finanz- und Ertragslage des Konzerns zu vermitteln, von untergeordneter Bedeutung, so sind sie gemäß § 296 Abs. 2 S. 2 HGB dennoch in den Konzernabschluss einzubeziehen, wenn sie zusammen nicht von untergeordneter Bedeutung sind. Damit wird verhindert, dass die Aussagefähigkeit des Konzernabschlusses im Sinne der Generalnorm durch eine isolierte Beurteilung der Tochterunternehmen erheblich vermindert wird.

4. Quotenkonsolidierung

Unternehmen, die vom Konzern nicht einheitlich geleitet werden oder bei denen die Voraussetzungen für das Control-Konzept fehlen und die daher nicht in Form der Vollkonsolidierung in den Konzernabschluss einbezogen werden, können trotzdem anteilig (quotal) konsolidiert werden, wenn sie die in § 310 Abs. 1 HGB genannten Bedingungen erfüllen. Diese als Quotenkonsolidierung bezeichnete anteilsmäßige Konsolidierung begründet also alleine keine Pflicht zur Aufstellung eines Konzernabschlusses und Konzernlageberichtes, sondern ist nur eine besondere Form der Konsolidierung innerhalb der nach § 290 HGB oder § 11 PublG bestehenden Konzernrechnungslegungspflicht eines Mutterunternehmens (vgl. WP-Handbuch, Band I, M Tz. 530).

§ 310 Abs. 1 HGB beschränkt den Kreis der Unternehmen, die im Rahmen der Quotenkonsolidierung in den Konzernabschluss aufgenommen werden können, auf Gemeinschaftsunternehmen (joint ventures). Das sind solche, die von einem in einen Konzernabschluss einbezogenen Mutter- oder Tochterunternehmen zusammen mit einem oder mehreren konzernfremden Unternehmen tatsächlich gemeinsam geführt werden, wobei die Anteile der Gesellschaften an dem Gemeinschaftsunternehmen meist gleich hoch sind (unterschiedliche Kapitalanteile, wie etwa 30 %, 30 %, 20 % und 20 % sind dann für die gemeinsame Führung nicht schädlich, wenn wesentliche Beschlüsse einstimmig gefasst werden müssen; vgl. Winkeljohann/-Böcker in: Beck Bil-Komm., 6. Aufl., § 310 Anm. 25).

Beispiel E.1: Gemeinschaftsunternehmen

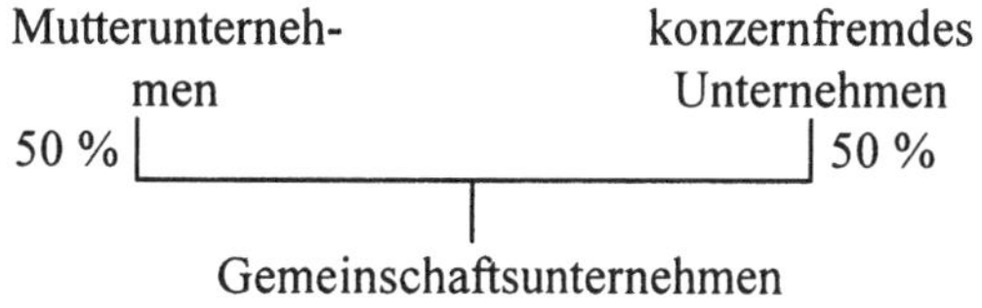

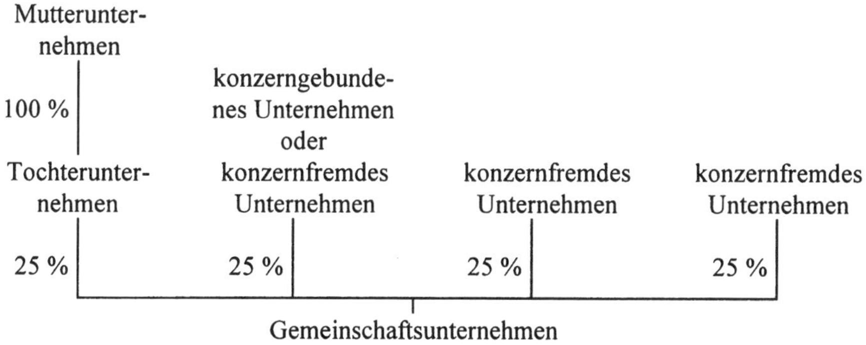

Gemeinschaftsunternehmen werden im Unterschied zu Tochterunternehmen nach § 290 HGB nicht von einem Unternehmen einheitlich geleitet, sondern durch mehrere Unternehmen (sog. Gesellschafterunternehmen) "*gemeinsam geführt*". Was dabei unter dem Merkmal der "*gemeinsamen Führung*" zu verstehen ist und wie es sich von einer einheitlichen Leitung unterscheidet, lässt der Gesetzgeber offen. Es ist jedoch davon auszugehen, dass die Anforderungen nicht sehr unterschiedlich sind. Auch bei gemeinsamer Führung werden dem Gemeinschaftsunternehmen die langfristige Geschäftspolitik, grundsätzliche Fragen der Geschäftsführung und ein finanzieller Rahmen beispielsweise vorgegeben, nur geschieht das nicht durch ein Mutterunternehmen, sondern durch meist einstimmigen Beschluss aller Gesellschafterunternehmen. Die Möglichkeiten zu einer solchen gemeinsamen Führung sind allerdings bei den verschiedenen Rechtsformen des Gemeinschaftsunternehmens unterschiedlich (vgl. hierzu im einzelnen Scherrer in: Hofbauer/Kupsch, BHR § 310 Rz 14 f.; Sigle in: Küting/Weber, Konzernrechnungslegung, 2. Aufl., § 310 Rn. 24-31; Arbeitskreis "Externe Unternehmensrechnung", Aufstellung, 1989, S. 125).

Obwohl Gemeinschaftsunternehmen nach obigen Ausführungen weder das Kriterium der einheitlichen Leitung noch die Voraussetzungen des Control-Konzeptes erfüllen und die Intensität der Verbindung zwischen den Unternehmen damit vergleichsweise geringer ist, werden sie dem Kreis der zu konsolidierenden Unternehmen zugerechnet. Sie werden dabei nach dem besonderen Verfahren der schon angesprochenen Quotenkonsolidierung einbezogen. Auf die Besonderheiten dieses in der Literatur nicht selten heftig kritisierten Verfahrens wird in den Kapiteln G.3.3, H.4.3, I.5.2 und J.2. näher eingegangen.

5. Equity-Methode

Die Equity-Methode begründet wie die Quotenkonsolidierung keine originäre Pflicht zur Aufstellung eines Konzernabschlusses und Konzernlageberichtes. Sie ist nur eine besondere Form der Beteiligungsbewertung innerhalb des nach § 290 HGB oder § 11 PublG aufzustellenden Konzernabschlusses eines Mutterunternehmens, wobei zur Durchführung der Bewertung jedoch in Nebenrechnungen bestimmte Konsolidierungsmaßnahmen durchzuführen sind (siehe hierzu im einzelnen G.3.4, H.4.3, I.5.3, J.3.4, K.2.3.2.4, N.1, O.3, O.4).

Die Equity-Methode ist gemäß § 311 HGB vorgeschrieben, wenn

- ein in den Konzernabschluss einbezogenes Unternehmen eine Beteiligung nach § 271 Abs. 1 HGB an einem Unternehmen hält, das nicht zugleich Tochterunternehmen oder Gemeinschaftsunternehmen ist,
- das einbezogene Unternehmen tatsächlich einen maßgeblichen Einfluss auf die Geschäfts- und Finanzpolitik des anderen Unternehmens ausübt und
- die Beteiligung zur Erfüllung der Generalnorm nicht von untergeordneter Bedeutung ist (Ausnahmetatbestand).

Sind die ersten beiden Voraussetzungen erfüllt, so wird das Unternehmen, welches die Beteiligung hält, als "beteiligtes Unternehmen" und das andere als "assoziiertes Unternehmen" bezeichnet.

Entscheidend für die Anwendung der Equity-Methode ist folglich die tatsächliche Ausübung eines maßgeblichen Einflusses, wobei wieder anerkanntermaßen unklar ist, was genau darunter verstanden werden soll. Vieles spricht dafür, dass es inhaltlich um die gleichen Fragen geht wie bei der einheitlichen Leitung – der explizite Hinweis auf "*die Geschäfts- und Finanzpolitik*" in § 311 Abs. 1 HGB bekräftigt das. Nur die Intensität des Einflusses ist geringer als bei einheitlicher Leitung, aber größer als bei Wahrnehmung der normalen Anteilsrechte. Indizien für einen maßgeblichen Einfluss sind vor allem die Vertretung in einem Aufsichts- oder Leitungsorgan, Austausch von Führungskräften, finanzielle oder technologische Abhängigkeiten. Widerlegbar vermutet wird ein maßgeblicher Einfluss bei Stimmrechten von mindestens 20 % (§ 311 Abs. 1 S. 2 HGB). Maßgeblicher Einfluss muss auf Dauer (mehrere Jahre) angelegt sein und tatsächlich ausgeübt werden - gelegentliche Einflussnahmen genügen ebenso wenig wie bloße Möglichkeiten zur Einflussnahme (vgl. WP-Handbuch, Band I, M Tz. 444 - 452; Küting/Köthner/ Zündorf in: Küting/Weber, Konzernrechnungslegung, 2. Aufl., § 311 Rn. 15-67; Winkeljohann/Böcker in: Beck Bil-Komm., 6. Aufl., § 311 Anm. 15-17).

Unter die Pflicht zur Bewertung "at equity" fallen aber nicht nur die assoziierten Unternehmen, auf die lediglich ein maßgeblicher Einfluss ausgeübt wird, sondern auch

- alle nach § 296 Abs. 1 HGB nicht vollkonsolidierten, aber einheitlich geleiteten Unternehmen und alle aufgrund der Nichtausübung des Wahlrechtes nach § 310 HGB nicht quotal konsolidierten, aber gemeinsam geleiteten Unternehmen (vgl. von Wysocki/Wohlgemuth, Konzernrechnungslegung, 1996, S. 162 f.; Busse von Colbe/Chmielewicz, DBW 1986, S. 342);
- alle nur vom Control-Konzept erfassten, aber aufgrund des § 296 Abs. 1 HGB nicht vollkonsolidierten Tochterunternehmen dann, wenn zwischen dem Mutterunternehmen und dem Tochterunternehmen ein Beherrschungsvertrag abgeschlossen worden ist (§ 290 Abs. 2 Nr. 3 HGB), da das Gesetz hier gleichzeitig eine tatsächliche Ausübung der einheitlichen Leitung unwiderlegbar vermutet (§§ 290 Abs. 1 HGB, 18 Abs. 1 S. 2 AktG).

Für alle anderen nicht vollkonsolidierten Tochterunternehmen, die unter das Control-Konzept fallen, ist dagegen von Fall zu Fall zu prüfen, ob eine Beteiligung im obigen Sinne existiert und der rechtlich gesicherte maßgebliche Einfluss auch tatsächlich ausgeübt wird. § 290 Abs. 2 HGB setzt insofern nämlich nicht die tatsächliche Ausübung, sondern das bloße Bestehen der Rechte seitens des Mutterunternehmens voraus, was aus der Sicht des Gedankens der einheitlichen Leitung innerhalb der Konzernrechnungslegungsvorschriften allerdings sehr verwunderlich und seitens des Gesetzgebers inkonsistent ist (vgl. Havermann in: FS für Goerdeler, 1987, S. 188).

Sind die obigen Voraussetzungen des § 311 Abs. 1 HGB erfüllt, so kann die Bilanzierung eines assoziierten Unternehmens "at equity" ausnahmsweise dann unterbleiben, wenn die Beteiligung für die Vermittlung eines den tatsächlichen Verhältnissen entsprechenden Bildes der Vermögens-, Finanz- und Ertragslage des Konzerns von untergeordneter Bedeutung ist (Ausnahmetatbestand, § 311 Abs. 2 HGB). Dies wird in der Regel immer dann der Fall sein, wenn das Konzernunternehmen schon bei der diesbezüglichen Beurteilung im Rahmen der Vollkonsolidierung (§ 296 Abs. 2 HGB) als unbedeutend eingestuft wurde.

Wird auf ein Unternehmen wegen der Inanspruchnahme des beschriebenen Ausnahmetatbestandes (§ 311 Abs. 2 HGB) die Equity-Methode nicht angewendet oder liegt mangels der Erfüllung der Voraussetzungen gar kein assoziiertes Unternehmen vor, so sind die Anteile an dem Unternehmen nach der Anschaffungskostenmethode als einfache Beteiligung zu bilanzieren (siehe auch Schaubild E.1; Busse von Colbe/Chmielewicz, DBW 1986, S. 341 f.; Ordelheide, BFuP 1986, S. 298 f.).

Insgesamt gesehen wird durch die Equity-Methode der in den §§ 294-296 HGB eng definierte Konsolidierungskreis über die schon beschriebene Erweiterung durch die quotenkonsolidierten Unternehmen hinaus nochmals vergrößert. Damit wird nicht nur das Wertkonglomerat innerhalb des Konzernabschlusses weiter erhöht, sondern auch die Anzahl der in die Konzernrechnungslegung einbezogenen unterschiedlichen Intensitäten von Gesellschaftsverbindungen nimmt erheblich zu. Dies ist aus theoretischer Sicht um so verwunderlicher, weil die assoziierten Unternehmen und die Gemeinschaftsunternehmen als solche nicht zur wirtschaftlichen Einheit des Konzerns gehören, weshalb die Einbeziehung streng genommen gegen die Regelung des § 297 Abs. 3 S. 1 HGB verstößt.

6. Der Konsolidierungskreis nach IFRS und US-GAAP

Nach IFRS und US-GAAP sind ebenso wie nach HGB grundsätzlich alle unmittelbaren und mittelbaren Tochterunternehmen unabhängig von ihrem Sitz (Weltabschlussprinzip) durch Vollkonsolidierung in den Konzernabschluss der Mutter einzubeziehen. Bei den Ausnahmefällen, in denen Tochterunternehmen aus besonderen Gründen nicht durch Vollkonsolidierung einbezogen werden dürfen (Verbote – Konsolidierungswahlrechte gibt es nicht), gehen die beiden Standard-Setter unterschiedliche Wege.

Abgesehen von zwei Sonderfällen (die Konsolidierung entfällt insoweit, als nach IAS 27.10 ein Teilkonzernabschluss nicht aufgestellt werden muss – vorne behandelt unter D.2.3 – bzw. die Tochter braucht mangels "materiality" nicht konsolidiert zu werden) kennen IFRS keine Ausnahme von der Pflicht zur Konsolidierung von Tochterunternehmen. Der Fall, dass etwa aufgrund des Zwangs zur Aufnahme eines lokalen Partners oder von Beschränkung des Transfers vom Gewinnen oder Devisen die Kontrolle über die Tochter in Frage steht, wird im Rahmen der IFRS nicht mehr ausdrücklich geregelt. Es ist zu prüfen, ob die Mutter trotz der Beschränkungen die Kontrolle über die Tochter besitzt. Gilt das nicht, so liegt keine "subsidiary" vor und die Vollkonsolidierung hat zu unterbleiben. Beteiligungen an Tochterunternehmen, die veräußert werden sollen oder die bereits mit Veräußerungsabsicht erworben wurden, werden nach IFRS 5 – obwohl nur in IFRS 5 BC 53 und dem vorangestellten unverbindlichen Zwischentitel klargestellt – nicht mehr von der Vollkonsolidierung ausgenommen. So wird nicht zuletzt auch Übereinstimmung mit SFAS 144 App. C2 herbeigeführt. Den

Besonderheiten der Veräußerungsabsicht wird durch eine spezifische Bewertung, einen gesonderten Bilanzausweis und eine Erfolgstrennung Rechnung getragen.

US-GAAP kennen neben der Ausnahme fehlender "materiality", für die es keine Vorschriften gibt, weil US-GAAP dann nicht befolgt werden müssen, ein Verbot zur Konsolidierung solcher Tochterunternehmen, bei denen die Mutter ihre Kontrolle über die Tochter nachhaltig nicht ausüben kann. Solche Fälle sind anzunehmen, wenn sich das Tochterunternehmen im Insolvenzverfahren befindet, wenn es aufgrund von Devisentransferbeschränkungen der Mutter keine Zahlungen leisten kann oder wenn es wichtigen, staatlich verordneten Handlungsbeschränkungen unterliegt (vgl. Pahler, Advanced Accounting, 9. Aufl., S. 84).

Der Kreis der durch Vollkonsolidierung in den Konzernabschluss einzubeziehenden Unternehmen wird von beiden angelsächsischen Standards über die Tochterunternehmen auf "Zweckgesellschaften" (Special Purpose Entities SPE nach SIC 12; Variable Interest Entities VIE nach FIN 46 R) ausgeweitet.

Im Rahmen von IFRS wird die Vollkonsolidierung prinzipienorientiert dann verlangt, wenn nach dem wirtschaftlichen Kern des Verhältnisses das eine Unternehmen (die Mutter) die Zweckgesellschaft kontrolliert (SIC 12.8). Trotz fehlender Stimmrechtsmehrheit sind diese Bedingungen nach SIC 12.10 beispielsweise erfüllt, wenn die Geschäfte der Zweckgesellschaft im Interesse der "Mutter" geführt werden, die "Mutter" die Macht oder das Recht hat, sich mehr als die Hälfte der Vorteile der Zweckgesellschaft zu verschaffen, oder wenn die "Mutter" die Mehrheit der Risiken übernimmt, um im Gegenzug die Vorteile aus der Zweckgesellschaft ziehen zu können. Dabei kann Macht über die Zweckgesellschaft in genauen Vorgaben für die Geschäftspolitik bestehen ("Autopilot"), die die Zweckgesellschaft im Interesse der "Mutter" steuern.

US-GAAP behandeln das Problem inzwischen als "Variable Interest Entities" durch FASB Interpretation (FIN) 46 R. Darunter werden Unternehmen verstanden, bei denen Geschäftsführungsrechte und über (miss-)erfolgsabhängige Ansprüche auf Wert bzw. Residuum des Unternehmens letztlich Risiko und Chance nicht den formalen Eignern sondern anderen "Nutznießern" zustehen. Definiert werden "Variable Interest Entities" (VIE) durch Erfüllung eines der drei Kriterien des FIN 46 R.5:

- Das risikotragende Eigenkapital reicht als Basis zur Finanzierung der Unternehmensaktivitäten nicht aus; es bedarf der Ergänzung durch andere nachrangige Kapitalien. Vermutet wird ein derart unzureichendes Eigenkapital, wenn es kleiner ist als 10 % der Bilanzsumme (FIN 46 R.10).
- Die Gruppe der (formalen) Eigner besitzt eine der ansonsten für sie typischen Eigenschaften nicht:
  - Sie können auf Basis ihrer Stimmrechte die Geschäftspolitik der VIE nicht bestimmen, etwa weil die Stimmrechte bei Nicht-Eignern liegen.
  - Sie müssen die gegebenenfalls aus der VIE zu erwartenden Verluste nicht tragen, etwa weil sie durch Garantien geschützt werden.

– Sie haben keinen Anspruch auf die gegebenenfalls von der VIE erwirtschafteten Gewinne, weil diese vertraglich anderen Nutznießern zustehen.

- Das zweite Kriterium in Form fehlenden Einflusses auf die Geschäftspolitik gilt auch als erfüllt, wenn die Stimmrechte einiger sich nicht proportional zu ihrer Beteiligung an Gewinnen, Verlusten oder beidem verhalten und praktisch alle Aktivitäten der VIE mit oder im Interesse eines Investors getätigt werden, der unverhältnismäßig wenige Stimmrechte besitzt.

Da Macht und/oder Residualanspruch nicht bei den Eignern liegen, rücken die "Nutznießer" wirtschaftlich in deren Position. Der Nutznießer, dem mehr als 50 % der Gewinne der VIE zustehen, der mehr als 50 % der Verluste der VIE zu tragen hat oder auf den beides zutrifft, hat die Variable Interest Entity per Vollkonsoliedierung in seinen Konzernabschluss einzubeziehen (FIN 46R.14).

Im Rahmen des Konzernabschlusses nach IFRS besteht für Gemeinschaftsunternehmen ein Wahlrecht wie im HGB. Gemeinschaftsunternehmen dürfen entweder durch Quotenkonsolidierung (IAS 31.30) oder im Wege der Equity-Bewertung (IAS 31.38) in den Konzernabschluss einbezogen werden. Allerdings muss analog zur Vollkonsolidierung nach den Vorschriften des IFRS 5 vorgegangen werden, wenn die Anteile veräußert werden sollen. Ferner gibt es nach IAS 31.2 (b) und (c) analog zum Wegfall eines Teilkonzernabschlusses aufgrund von IAS 27.10 die Möglichkeit zum einvernehmlichen Verzicht auf quotale Konsolidierung und Equity Bewertung von Gemeinschaftsunternehmen in Teilkonzernabschlüssen nicht kapitalmarktorientierter Teilkonzernmütter. (Braucht nach IAS 27.10 ein Teilkonzernabschluss nicht aufgestellt zu werden, erübrigt sich insoweit die Abbildung von Gemeinschaftsunternehmen obendrein völlig.)

US-GAAP hingegen schreiben grundsätzlich vor, Gemeinschaftsunternehmen im Konzernabschluss nach der Equity Methode zu bewerten (APB 18.16 iVm SFAS 94.15 e). In Ausnahmefällen aber, wie bei Gemeinschaftseigentum an Personengesellschaften oder – aufgrund einer verbreiteten Branchenpraxis – in der Erdgas- und der Erdölindustrie, ist auch unter US-GAAP die Quotenkonsolidierung erlaubt (AICPA, Accounting Interpretation of APB Opinion 18, # 2).

Beteiligungen an assoziierten Unternehmen sind in den Konzernabschlüssen sowohl nach IFRS als auch nach US-GAAP grundsätzlich gemäß der Equity-Methode zu erfassen (IAS 28.13; APB 18.17). Im Rahmen von IFRS müssen allerdings Ausnahmen beachtet werden. Besteht die Absicht zur Veräußerung der Anteile, so darf nicht at equity bewertet werden. Obendrein gibt es wiederum in Analogie zu IAS 27.10 die Möglichkeit, in einem Teilkonzernabschluss einer nicht kapitalmarktorientierten Teilkonzernmutter einvernehmlich auf die Equity-Bewertung von Anteilen an assoziierten Unternehmen zu verzichten (IAS 28.13 (b) und (c)).

Im Schaubild E.3 werden die Vorschriften zum Konsolidierungskreis nach US-GAAP (oben) bzw. nach IFRS (unten) noch einmal zusammengefasst und um die mit den Vorschriften zur Bewertung von Anteilen an Unternehmen unterhalb der Schwelle des "significant influence" im Einzelabschluss übereinstimmender Regeln für den Konzernabschluss ergänzt.

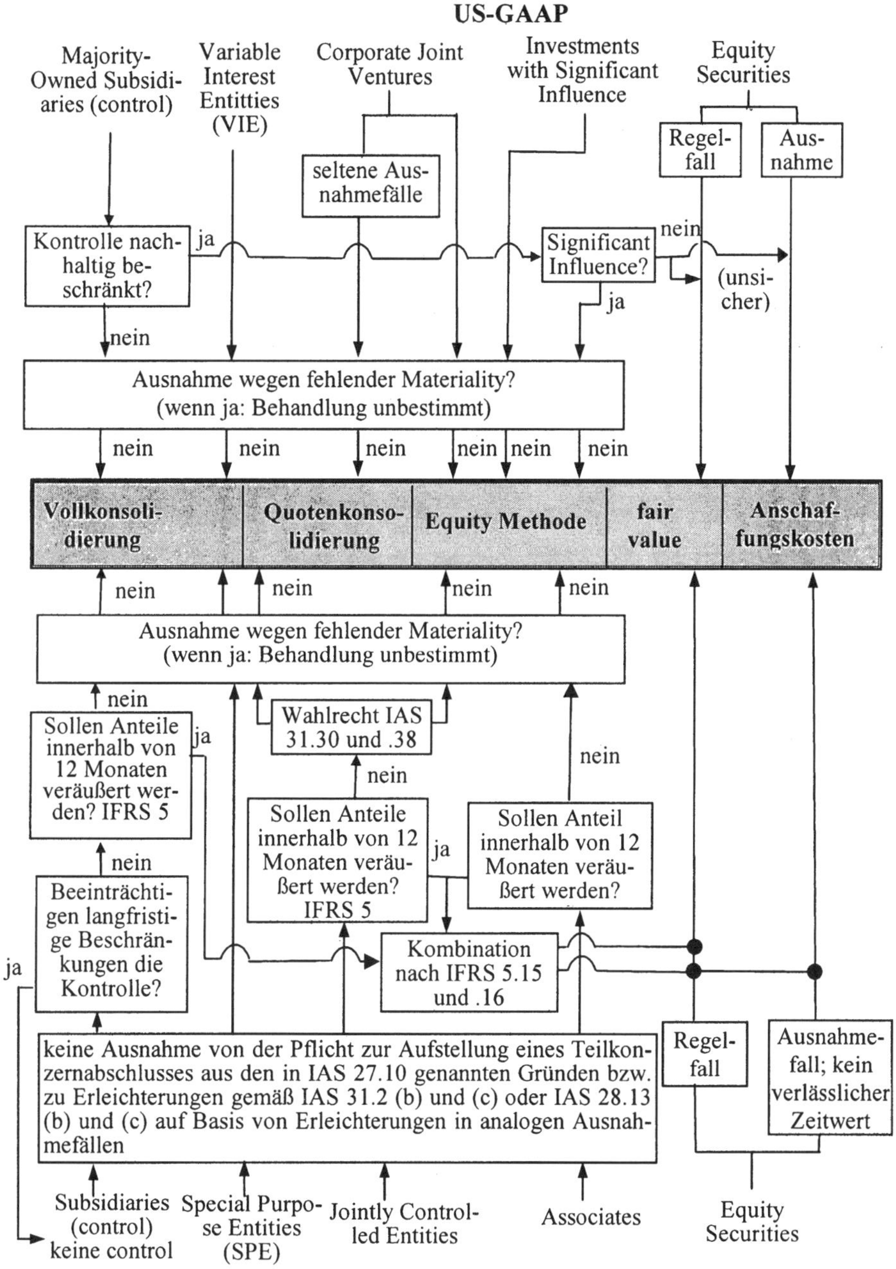

Schaubild E.3: Konsolidierungskreis nach IFRS und US-GAAP

Literaturhinweise

Grundsätzlich können neben den einschlägigen Kommentierungen der §§ 294, 296, 310 und 311 HGB folgende Quellen herangezogen werden:

Arbeitskreis "Externe Unternehmensrechnung" der Schmalenbach-Gesellschaft - Deutsche Gesellschaft für Betriebswirtschaft e.V.: Aufstellung von Konzernabschlüssen, hrsg. von Walther Busse von Colbe, Eberhard Müller und Herbert Reinhard, 2. Aufl., Düsseldorf 1989.

Biener, Herbert/Berneke, Wilhelm: Bilanzrichtlinien-Gesetz, Düsseldorf 1986.

Biener, Herbert/Schatzmann, Jürgen: Konzern-Rechnungslegung, Düsseldorf 1983.

Busse von Colbe, Walther/Chmielewicz, Klaus: Das neue Bilanzrichtlinien-Gesetz, in: DBW, 46. Jg., 1986, S. 289-347.

Financial Accounting Standards Board (FASB): Original Pronouncements, Accounting Standards as of June 1, 2004, Vol. 1 bis 3, New York u. a. 2004.

Havermann, Hans: Der Konzernabschluss nach neuem Recht - ein Fortschritt?, in: Bilanz- und Konzernrecht, Festschrift für Reinhard Goerdeler, hrsg. von Hans Havermann, Düsseldorf 1987, S. 173-197.

Hayn, Sven/Graf Waldersee, Georg: IAS/US-GAAP/HGB im Vergleich, 5. Aufl., Stuttgart 2004.

IDW (Hrsg.): Wirtschaftsprüfer-Handbuch 2006, 13. Aufl., Band I, Düsseldorf 2006.

International Accounting Standards Board (IASB): International Financial Reporting Standards 2006, London 2006.

Maas, Ulrich/Schruff, Wienand: Der Konzernabschluss nach neuem Recht, in: WPg, 39. Jg., 1986, S. 201-210 und 237-246.

Ordelheide, Dieter: Der Konzern als Gegenstand betriebswirtschaftlicher Forschung, in: BFuP, 38. Jg., 1986, S. 293-312.

Sahner, Friedhelm/Kammers, Heinz: Die Abgrenzung des Konsolidierungskreises nach der 7. EG-Richtlinie im Vergleich zum Aktiengesetz 1965 - ein Fortschritt?, in: DB, 36. Jg., 1983, S. 2149-2153 und 2209-2212.

F. Währungsumrechnung

1. Grundlagen

HGB, IFRS und US-GAAP gleichermaßen schreiben Konzernabschlüsse nach dem Weltabschlussprinzip vor. Die auf heimische Währungen lautenden Abschlüsse ausländischer Konzerntöchter müssen allerdings in Euro umgerechnet werden, um sie beispielsweise in einen Konzernabschluss einer deutschen Mutter einbeziehen zu können. Diese Umrechnung verursacht nur dann keine Probleme, wenn zwischen den Währungen ein festes Austauschverhältnis besteht, wie etwa zwischen Euro und DM. Im typischeren Fall veränderlicher Austauschverhältnisse entstehen Probleme, die auf höchst unterschiedlichen Wegen durch Wahl jeweils spezifischer Umrechnungskurse gelöst werden. Zurzeit dominieren weltweit zwei grundlegende Methoden mit jeweils vielfältigen Varianten und ein breites Spektrum von Meinungen über die Eignung der Methoden und Varianten. Die Diskussion und die Umrechnungspraxis wird freilich zunehmend von den diesbezüglichen Vorstellungen der IFRS und der US-GAAP geprägt.

Die bei der Aufstellung eines Konzernabschlusses angewandten Methoden der Währungsumrechnung unterscheiden sich hinsichtlich:

- der verwendeten Währungskurse,
- der Erfolgswirkungen eventueller Umrechnungsdifferenzen und
- der grundlegenden Perspektive bei der Währungsumrechnung.

Bezüglich der zur Umrechnung verwendeten Währungskurse sind zwei Fragen zu klären:

1. Welche Art von Kurs wird aufgegriffen?
2. Welcher Zeitpunkt oder Zeitraum wird bei der Kursermittlung zugrunde gelegt?

Im allgemeinen existieren zu einem bestimmten Zeitpunkt folgende Währungskurse nebeneinander: Sortenkurse, Devisenterminkurse und Devisenkassakurse. Letztere finden Anwendung bei der Währungsumrechnung. Auf eine Differenzierung nach Geld- und Briefkursen wird meist verzichtet und stattdessen der Mittelkurs bei der Umrechnung zugrunde gelegt. Schwierig ist die Wahl des angemessenen Kurses bei Ländern, deren Währung nicht frei konvertierbar ist. Im Falle multipler Wechselkurse oder vom offiziellen Kurs stark abweichender Schwarzmarktkurse wird es vom Einzelfall abhängen, welcher Kurs der für die Umrechnung angemessene ist.

Wichtiger für die Währungsumrechnung ist die Festlegung des Zeitpunkts oder Zeitraums, der für die Ermittlung des Umrechnungskurses zugrunde gelegt wird, mit dem eine bestimmte Position des Jahresabschlusses umgerechnet werden soll. Grundsätzlich kommen folgende Kurse in Frage:

1. Der Stichtagskurs (Kurs am Bilanzstichtag (TK)).

2. Ein historischer Kurs (Kurs an dem Tag, an dem die Transaktion durchgeführt wurde, also z.B. ein Umsatz getätigt, ein Anlagegegenstand erworben oder Kapital eingezahlt wurde bzw. an dem Tag, an dem ein Gegenstand auf seinen aktuellen Zeitwert abgeschrieben wurde (HK)).
3. Ein Durchschnittskurs (ein gewichteter oder ungewichteter Durchschnittskurs über einen bestimmten Zeitraum, z.B. das Geschäftsjahr (DK)).

Die in der Literatur diskutierten Verfahren unterscheiden sich dadurch, welchen der drei oben angeführten Kurse sie für die Umrechnung von Bilanz- und GuV-Positionen jeweils heranziehen. Zukünftige Kurse (z.B. Terminkurse für die Umrechnung von in Zukunft fälligen Verbindlichkeiten), werden hier nicht weiter betrachtet, weil sie für die Währungsumrechnung im Konzern keine Bedeutung besitzen.

Soweit starre Regeln, wie etwa die in §§ 244, 298 Abs. 1 HGB, den Überlegungen nicht den Boden entziehen, kann im Rahmen einer grundlegenden Perspektive bei der Währungsumrechnung nach der Währung gesucht werden, die Konzernabschlüsse besonders informativ macht. Aus der Sicht der Investoren liegt es nahe, die Währung zu wählen, in der sie in Zukunft den Großteil ihrer Konsumausgaben tätigen werden (Konsumwährung). Dieser Ansatz führt allerdings bei den Unternehmen in eine Sackgasse, deren Aktionäre in verschiedenen Ländern der Welt leben. Gesonderte Abschlüsse in den verschiedenen Konsumwährungen wären nicht nur teuer, sondern in ihrer Widersprüchlichkeit auch verwirrend und daher unbrauchbar. Eine weniger widersprüchliche aber gleichwohl leider auch nicht völlig klare Perspektive liefern die jeweiligen Unternehmen. Als zur Rechnungslegung geeignet erscheint diejenige Währung, in der die Unternehmen wirtschaftlich rechnen, weil sie in dieser Währung die meisten ihrer Einnahmen und Ausgaben tätigen oder den Großteil ihres Kapitals zu bedienen haben (sogenannte "funktionale Währung"). So ist es vorstellbar, dass die deutsche Tochter eines britischen Ölkonzerns ebenso wie die britische Mutter nicht ihre heimischen Währungen (Euro, britisches Pfund) und auch nicht die Berichtswährung der Mutter (das britische Pfund) als funktionale Währung besitzen. Funktionale Währung beider kann vielmehr der US-Dollar sein, weil Öl weltweit in US-Dollar fakturiert und gehandelt wird. Die Rechnungslegung in funktionaler Währung reduziert Fremdwährungsumrechnungen in den Buchführungen der Einzelunternehmen auf das geringstmögliche Maß. Soweit Kursverschiebungen zwischen den Währungen zufallsbedingte Störgrößen in Jahresabschlüsse als Prognosebasen hineintragen, werden auch diese Störgrößen minimiert. Unterschiedliche funktionale Währungen innerhalb eines Konzerns müssen durch ein besonderes Währungsumrechnungsverfahren zusammengeführt werden, das die Strukturen der Einzelabschlüsse nicht verzerrt und keine zusätzlichen Umrechnungserfolge erzeugt.

2. Die Regulierungen zur Währungsumrechnung

2.1 Gesetzliche Vorschriften in Deutschland

Das deutsche Handelsrecht schreibt zwar den Euro als Währung vor, in der Konzernabschlüsse heimischer Konzerne aufgestellt werden müssen (§§ 244, 298 Abs. 1 HGB), es verzichtet aber auf Vorgaben, wie die Umrechnung zu erfolgen hat. Das so gewährte umfangreiche Methodenwahlrecht wird nur durch die Bereitschaft der Praxis, international übliche Umrechnungsverfahren zu übernehmen, und durch allgemeine Grundsätze eingeengt.

Bei der Umrechnung ist die Generalklausel des § 297 Abs. 2 HGB zu beachten, die auf die GoB verweist und ein *"den tatsächlichen Verhältnissen entsprechendes Bild der Vermögens-, Finanz-, und Ertragslage"* fordert. Die gewählte Methode darf also nicht dazu führen, dass der Einblick in die Verhältnisse des Unternehmens verschleiert wird. Der "Arbeitskreis Weltbilanz" des IdW stellte 1977 mehrere Forderungen an die Währungsumrechnung, die aus den allgemeinen GoB abgeleitet sind und in der Literatur weitgehend anerkannt werden.

1. Methodenbestimmtheit: Die gewählte Methode muss hinreichend deutlich bestimmt sein.
2. Einheitlichkeit der Methode: Vergleichbare Unternehmen des Konzerns sollten auf einheitliche Weise umgerechnet werden. Dies bedeutet aber nicht, dass in einem Konzernabschluss nur ein Verfahren Anwendung finden darf. Vielmehr sehen gerade die weltweit führenden Standards IFRS und US-GAAP vor, dass in einem Konzernabschluss mehrere Umrechnungsverfahren zum Einsatz kommen können.
3. Methodenstetigkeit: Die für ein Unternehmen gewählte Umrechnungsmethode darf im Zeitablauf nicht willkürlich gewechselt, sondern sollte beibehalten werden, sofern nicht besondere Umstände einen Wechsel nötig erscheinen lassen.
4. Erläuterung der Methode: Die gewählte Methode muss angemessen erläutert werden. Dies fordert auch § 313 Abs. 1 Nr. 2 HGB.

2.2 Vorgaben zur Währungsumrechnung nach IAS und US-GAAP

IAS 21 und SFAS 52 basieren auf dem Konzept der funktionalen Währung. Sie bezeichnet die Währung, in der ein Unternehmen wirtschaftlich rechnet, weil ein Großteil der Cash flows, der Verkaufspreise und anderen Konditionen auf den Absatzmärkten sowie der Aufwendungen und Ausgaben auf diese Währung lauten oder weil die Kapitalien und speziell das Eigenkapital von der Mutter in dieser Währung aufgebracht wurden. Innerkonzernliche Beziehungen sprechen für die Währung der Mutter als funktionale Währung, wenn ein intensiver Leistungsaustausch zwischen Mutter und Tochter stattfindet oder wenn die Tochter als bloße Zwischenholding die Beteiligungen der Mutter in dem Sitzland der Tochter verwaltet. Bei autonomen Töchtern im Ausland dagegen, die nur Namen, Renommee und Wissen der Mutter nutzen, aber wenig Leistungen mit ihr tauschen, wird deren heimische als funktionale Währung vermutet (IAS 21.9, .10 und .11, SFAS 52.42).

Für die Währungsumrechnung reicht im Idealfall eine Methode aus. Dieser Fall liegt vor, wenn alle Unternehmen im Konzernkreis ihre Bücher – wie in IAS 21.17 beispielsweise vorgesehen – jeweils in ihrer funktionalen Währung führen. (Da Jahresabschlüsse in Deutschland gemäß § 244 HGB zwingend in € aufzustellen sind, liegt es zumindest nahe, dass abweichend zum obigen Idealfall Unternehmen bei uns selbst dann ihre Bücher in € führen, wenn nicht der €, sondern der $ beispielsweise ihre funktionale Währung ist.) In dem Idealfall kommt es nur zu Umrechnungen aus funktionalen Währungen von Unternehmen in abweichende Berichtswährungen. Davon sind zunächst die Konzerntöchter betroffen, wenn deren funktionale Währung von der Berichtswährung der Mutter abweicht. Davon ist aber auch die Mutter betroffen, wenn sie in einer von ihrer funktionalen abweichenden Währung berichten möchte, etwa weil auf dem für sie bedeutsamsten Kapitalmarkt in dieser Berichtswährung abgerechnet wird. Umrechnungen aus der funktionalen in eine andere Währung erfolgen strukturerhaltend und erfolgsneutral, weil bezogen auf die funktionale Währung als unternehmensspezifische Basis der Betrachtung alle Kursveränderungen aus Ansprüchen oder Verpflichtungen in davon abweichenden Währungen bereits erfasst sind. Diese erfolgsneutrale Umrechnung wird im Folgenden in Anlehnung an die Unterscheidung in SFAS 52.10 und .12 "translation" genannt, obwohl IAS 21 nicht nur diese erfolgsneutrale Umrechnung eines Abschlusses nach IAS 21.38 – .41, sondern auch bei erfolgswirksamen Umrechnungen von Fremdwährungstransaktionen in IAS 21.23 als "translation" bezeichnet. Beide Standards gehen von Buchführung in funktionaler Währung aus, so dass Abschlüsse nur gemäß erfolgsneutraler translation umzurechnen sind. Beide Standards sorgen aber auch für den Sonderfall vor, in dem die Bücher nicht in funktionaler Währung geführt werden. Dabei verweisen sie auf das Ziel, die Zahlen zu reproduzieren, die bei Buchführung in funktionaler Währung entstanden wären, und auf das Vorgehen bei der Umrechnung von Einzeltauschaktionen (IAS 21.34 und SFAS 52.10). Ein besonderes Verfahren zur Währungsumrechnung in die funktionale Währung (remeasurement) findet sich nur noch in SFAS 52.47 und .48.

Während GoB und HGB in Deutschland bislang keine bestimmte Methode der Währungsumrechnung im Konzernabschluss vorschreiben und damit große Freiheiten gewähren, sieht der Referentenentwurf zum BilMoG die Pflicht zur Verwendung der Stichtagskursmethode vor.

3. Die Stichtagskursmethode

3.1 Die erfolgsneutrale Grundkonzeption

Wenn bei der Stichtagskursmethode alle Positionen des Jahresabschlusses mit dem Kurs am Stichtag dieses Abschlusses umgerechnet werden, wird der Grundgedanke der Methode besonders deutlich. Der in einer anderen Währung präsentierte Jahresabschluss wird mit allen seinen Zahlen nur proportional "verschoben", so dass alle Relationen zwischen verschiedenen Positionen dieses Jahresabschlusses unverändert erhalten bleiben. Soweit alle Umrechnungen mit demselben Kurs erfolgen, entstehen im Rahmen der Umrechnung selbst auch keine Umrechnungsdifferenzen, so dass es keine Einflüsse auf den Erfolg gibt und sogar Relationen, welche den Erfolg einschließen, durch die Währungsumrechnung nicht verändert werden. Allerdings führt die Umrechnung der Bilanzpositionen einer Tochter mit im Zeitablauf unterschiedlichen Stichtagskursen zu Inkonsistenzen. Der Wert etwa einer dort ausgewiesenen Maschine, die in Fremdwährung von 1100 FWE am 01.01. über Abschreibungen von 100 FWE auf 1000 FWE am 31.12. sinkt, wird von der Stichtagskursmethode bei einer Kursentwicklung 1 FWE = 2 € am 01.01. zu 1 FWE = 1,5 € am 31.12. in 2200 € am 01.01., 150 € Abschreibungen und 1500 € am 31.12. abgebildet, obwohl zu erwarten wäre 2200 – 150 = 2050. Es kommt also zu Wertänderungen, die sich nicht im Erfolg niederschlagen, weil das Verfahren bewusst erfolgsneutral sein soll. Besonders im Blick auf die in Kapitel G. noch näher zu behandelnde, hier zumindest aber in elementarer Form erforderliche Kapitalkonsolidierung stört die Veränderung des Eigenkapitals der Tochter im Zeitablauf. Diese Störung kann auf zwei Wegen behoben werden, die freilich im Ergebnis nicht zu Unterschieden führen.

Die erfolgsneutrale Grundkonzeption mit ihren beiden Lösungswegen lässt sich am besten durch ein Zahlenbeispiel erläutern, das zur besseren Vergleichbarkeit auch zur Verdeutlichung der weiteren Verfahren in diesem Kapitel beibehalten werden soll. Dabei wird von einem Konzern mit einer Tochter im Ausland ausgegangen, die von der Mutter am 01.01.01 gegründet wurde und der Mutter zu 100 % gehört. Das Beispiel geht von vorgegebenen Bilanzen per 01.01.01 und 31.12.01 sowie von GuV-Rechnungen des Jahres 01 beider Unternehmen aus. Allerdings bedürfen die Zahlen der Tochter in Fremdwährungseinheiten (FWE) der Umrechnung in Euro.

Kurs 01.01.01	1 FWE = 2 €
Kurs 31.12.01	1 FWE = 1,5 €
Durchschnittskurs im Jahr 01	1 FWE = 1,8 €

Im Beispiel werden die jeweils verwendeten Kurse und die in Euro umgerechneten Zahlen in den beiden Spalten nach der Spalte für die Zahlen der Tochter in FWE gezeigt. Anschließend werden die Zahlen der Mutter in Euro ergänzt und mit denen der Tochter horizontal addiert. Zum Schluss wird die erforderliche Kapitalkonsolidierung in einfacher Form durchgeführt und das Ergebnis, der Konzernabschluss präsentiert.

Bei der ersten, in IAS 21.39 angelegten Vorgehensweise wird auch das Eigenkapital der Tochter am Periodenende konsequent zum aktuellen Stichtagskurs umgerechnet. Weil aber im Zuge der Kapitalkonsolidierung der Beteiligungsbuchwert erneut gegen das inzwischen veränderte Eigenkapital der Tochter aufgerechnet werden muss, entsteht eine am 01.01. noch nicht vorhandene Differenz von 1.600 € - 1.200 € = 400 € = 800 FWE · (2 – 1,5). Diese Differenz nach IAS 21.41 (b) wird auf einem besonderen Eigenkapitalkonto erfasst, das später in der Bilanz offen von den Rücklagen abgesetzt werden kann. Das Eigenkapital im Konzern wird dann mithilfe einer Vorspalte folgendermaßen präsentiert:

Grundkapital		4.000
Differenz aus der Währungsumrechnung	- 400	
Rücklagen	1.000	600

Beispiel F.1: Erfolgsneutrale Grundkonzeption der Stichtagskursmethode

	Tochter			Mutter	Summe	Konsolidierung		Konzern
Bilanzen per 01.01.01	in FWE	Kurs	in €	in €	€	Soll €	Haben €	in €
Maschinen	1100	2 €	2200	-	2200			2200
Beteiligung	-			1600	1600		1600	-
Kasse	-			8400	8400			8400
∑	1100		2200	10000	12200			10600
Grundkapital	800	2 €	1600	4000	5600	1600		4000
Rücklagen	-		-	1000	1000			1000
Fremdkapital	300	2 €	600	5000	5600			5600
∑	1100		2200	10000	12200	1600	1600	10600
GuV 01								
Umsatz	1200	1,5 €	1800	1500	3300			3300
Abschreibungen	100	1,5 €	150	-	150			150
andere Aufwendungen	900	1,5 €	1350	1000	2350			2350
JÜ	200		300	500	800			800
Bilanzen per 31.12.01								
Maschinen	1000	1,5 €	1500	-	1500			1500
Beteiligung	-		-	1600	1600		1600	-
Vorräte	500	1,5 €	750	-	750			750
Forderungen	500	1,5 €	750	-	750			750
Kasse	-		-	8900	8900			8900
∑	2000		3000	10500	13500			11900
Grundkapital	800	1,5 €	1200	4000	5200	1200		4000
Differenz	-		-	-	-	400		- 400
Rücklagen	-		-	1000	1000			1000
JÜ	200	1,5 €	300	500	800			800
Fremdkapital	1000	1,5 €	1500	5000	6500			6500
∑	2000		3000	10500	13500	1600	1600	11900

Variante: Umrechnung des Eigenkapitals der Tochter mit historischem Kurs

(von Beteiligungen)							(1.600)	
Grundkapital	800	2 €	1600	4000	5600	1600		4000
Differenz	-		- 400	-	- 400			- 400
Rücklagen	-		-	1000	1000			1000
JÜ	200	1,5 €	300	500	800			800
Fremdkapital	1000	1,5 €	1500	5000	6500			6500
∑	2000		3000	10500	13500	1600	1600	11900

Bei der zweiten, in USA praktisch verbreiteten Variante der Stichtagskursmethode wird das Eigenkapital der Tochter ausnahmsweise auf Basis des historischen Kurses zum Zeitpunkt der Gründung der Tochter oder des Beteiligungserwerbs (hier der Kurs von 1 FWE = 2 € am 01.01.) umgerechnet. Da innerhalb der in Fremdwährung auf Soll- und Habenseite gleich großen Bilanz der Tochter verschiedene Kurse zur Umrechnung genutzt werden, entsteht die oben beschriebene Differenz von 400 Euro schon bei der Umrechnung. Sie wird ebenfalls in der zwischen Grundkapital und Rücklagen vorsorglich geschaffenen Zeile "Differenz" erfasst und später im Konzernabschluss wie bei der ersten Vorgehensweise behandelt. Bei der Kapitalkonsolidierung entstehen dann keine Probleme mehr. Statt von "Differenz" wie oben sprechen IAS 21.39 (c) von "exchange differences" und SFAS 52.13 von "translation adjustments".

3.2 Ausnahme der erfolgswirksamen Umrechnung konzerninterner monetärer Schuldverhältnisse (IAS 21.45)

Von der grundsätzlich erfolgsneutralen Währungsumrechnung sind nach IAS 21.45 konzerninterne Schuldverhältnisse ausgenommen, bei denen ein Konzernunternehmen gegen ein anderes Konzernunternehmen mit abweichender funktionaler Währung eine monetäre Forderung besitzt. Die auf eine Währung lautende Forderung und die ihr gegenüberstehende Verbindlichkeit lösen bei zumindest einem der beiden Unternehmen eine Wertänderung in der Bilanz aus, wenn sich der Kurs der funktionalen Währung des einen gemessen in der funktionalen Währung des anderen Unternehmens im Zeitablauf verändert. Die bei mindestens einem der beiden Unternehmen (lautet der Kredit auf keine der beiden funktionalen Währungen, gilt das für beide) aus der Bewertung ihrer monetären Position mit einem aktuellen veränderten Kurs resultierende Wertänderung gegenüber dem Beginn des Schuldverhältnisses bzw. gegenüber dem letzten Bilanzstichtag ist erfolgswirksam in die GuV einzubeziehen. Auch von dieser Regel aber gibt es eine Ausnahme. Geht es um eine langfristige Forderung einer Mutter oder einer Tochter gegenüber einer anderen Tochter, wobei eine Tilgung weder geplant noch wahrscheinlich ist, so dass die Forderung einen Teil des "net investment" in die letztere Tochter darstellt (IAS 21.15), werden die Wertdifferenzen nicht im Erfolg, sondern erfolgsneutral im Eigenkapital erfasst (IAS 21.32).

3.3 Im Blick auf die GuV modifizierte Stichtagskursmethoden

Insbesondere von IFRS und US-GAAP wird die Stichtagskursmethode dahingehend modifiziert, dass die Aufwands- und Ertragspositionen in der GuV entweder mit den jeweiligen Kursen an den Transaktionstagen oder – weil dies zu aufwendig wäre und bei kontinuierlicher Kursentwicklung die Aussagekraft kaum verbessert – mit monatlichen oder gar jährlichen Durchschnittskursen umgerechnet werden (IAS 21.40, SFAS 52.12). Bezogen auf die Abschreibungen wird als Transaktionstag der Tag oder der Zeitraum des Verzehrs verstanden und nicht derjenige der historischen Anschaffung. Der Einsatz unterschiedlicher Kurse in der Bilanz (Kurs am Bilanzstichtag) und in der GuV (Kurse an den Transaktionstagen oder Periodendurchschnittskurs) führt allerdings zu einer Diskrepanz zwischen den Jahresüberschüssen in Bilanz und GuV. Um die Geschlossenheit des Jahresabschlusses wiederherzustellen, werden unterschiedliche Wege eingeschlagen.

3.3.1 Entscheidung für den Erfolg auf Basis einer modifizierten GuV

International wird im Rahmen der Stichtagskursmethode der Erfolg aus der GuV als maßgeblich angesehen. Dementsprechend wird der Erfolg in der Bilanz dem Erfolg in der GuV angeglichen und der Unterschied zusätzlich in der "Differenz" ("exchange differences" bzw. "translation adjustment") erfolgsneutral aufgefangen. Im Konzernabschluss per 31.12.01 des Beispiels schlägt sich die Vorgehensweise bei Verwendung des Durchschnittskurses von 1 FWE = 1,8 € in der GuV und bei gleichzeitiger Umrechnung des Eigenkapitals der Tochter mit dem historischen Kurs folgendermaßen nieder:

Beispiel F.2: Stichtagskursmethode in Form der "translation"

	Tochter in FWE	Kurs	in €	Mutter in €	Summe €	Konsolidierung Soll €	Konsolidierung Haben €	Konzern in €
GuV 01								
Umsatz	1200	1,8 €	2160	1500	3660			3660
Abschreibungen	100	1,8 €	180	-	180			180
andere Aufwendungen	900	1,8 €	1620	1000	2620			2620
JÜ	200	1,8 €	360	500	860			860
Bilanzen per 31.12.01								
Maschinen	1000	1,5 €	1500	-	1500			1500
Beteiligung	-		-	1600	1600		1600	-
Vorräte	500	1,5 €	750	-	750			750
Forderungen	500	1,5 €	750	-	750			750
Kasse	-		-	8900	8900			8900
Σ	2000		3000	10500	13500			11900
Grundkapital	800	2 €	1600	4000	5600	1600		4000
Differenz	-		- 460	-	- 460			- 460
Rücklagen	-		-	1000	1000			1000
Jahresüberschuss	200	1,8 €	360	500	860			860
Fremdkapital	1000	1,5 €	1500	5000	6500			6500
Σ	2000		3000	10500	13500	1600	1600	11900

Das "translation adjustment" (die "Differenz") wird in der Bilanz dann offen von den Rücklagen abgesetzt. Die in nachfolgenden Jahren entstehenden Differenzen werden mit den bisherigen im "translation adjustment" zusammengefasst und fortgeschrieben, bis die Beteiligung an der Tochter verkauft wird (IAS 21.48; SFAS 52.12 - .14).

3.3.2 Entscheidung für den Erfolg aus der Bilanz zum Stichtagskurs

In Deutschland wird die Stichtagskursmethode auch in anderer Form mit einer nicht zum Stichtagskurs umgerechneten GuV kombiniert. Dabei werden nur die Erträge und die Aufwendungen in der GuV zu den Kursen an den jeweiligen Transaktionstagen bzw. vereinfacht mit Durchschnittskursen umgerechnet, während das Jahresergebnis selbst wie in der Bilanz auf Basis des Stichtagskurses umgerechnet wird. Bei dieser Vorgehensweise entsteht innerhalb der GuV eine Differenz, weil der Erfolg als Saldo aller umgerechneten Aufwendungen und Erträge nicht mit dem umgerechneten Erfolg übereinstimmt. Zum Ausgleich werden in der GuV sonstige betriebliche Erträge oder Aufwendungen in Höhe der Differenz fingiert. Die Konzern-GuV des Beispiels in Euro lautet dementsprechend:

Umsatz	3660
Abschreibungen	- 180
Sonstiger Aufwand (erweitert um 860 – 800 = 60)	- 2680
JÜ	800

Wenn diese Variante allerdings als erfolgswirksame Währungsumrechnung charakterisiert wird (vgl. Treuarbeit, Konzernabschlüsse '89, 1990, Rn 356 - 370), ist Zurückhaltung geboten. Da der Jahresüberschuss mit dem Stichtagskurs umgerechnet wird, werden offensichtlich nur die Aufwendungen und Erträge neu gefasst, ohne den Jahresüberschuss wirklich zu verändern.

4. Die Zeitbezugsmethode

4.1 Die Grundkonzeption

Die Zeitbezugsmethode, die in Deutschland vor allem von Busse von Colbe und Ordelheide vertreten wird, versteht sich als konsequente Anwendung der Einheitstheorie auf die Währungsumrechnung. Sie fußt auf der Vorstellung, dass die ausländischen Tochtergesellschaften unmittelbar in der Währung der Mutter buchen. Busse von Colbe und Ordelheide (Busse von Colbe u. a., Konzernabschlüsse, 2003, S. 159) beschreiben dies in ihrem "Äquivalenzprinzip": *"Der Grundsatz der Äquivalenz besagt, dass Zweifelsfragen bei der Aufstellung des Konzernabschlusses so gelöst werden sollen, wie sie analog auch in einem Einzelabschluss behandelt würden. . . . Für Vermögensgegenstände, die von Konzernunternehmen im Ausland gegen fremde Währung erworben wurden, muss dann gelten, dass deren Ausweis im*

Konzernabschluss unabhängig davon ist, ob sie in die Bestände des Mutterunternehmens oder eines in- oder ausländischen Tochterunternehmens eingegangen sind."

Ganz analog fordert SFAS 52.10 für die Währungsumrechnung in Form des "remeasurement" die Reproduktion des Ergebnisses, wie es sich ergeben hätte, wenn die Buchungen direkt in der funktionalen Währung erfolgt wären.

Die Umsetzung der Grundkonzeption der Zeitbezugsmethode wird im Folgenden in mehreren Schritten erläutert. Zunächst wird das schon zur Erklärung der Stichtagskursmethode herangezogene Beispiel so um Geschäftsvorfälle ergänzt, dass sich die Buchungen rekonstruieren lassen, wie sie sich bei direkter Abbildung in der funktionalen Währung (im Beispiel Euro) ergeben hätten. Die Buchungen führen aber nur in Verbindung mit dem Niederstwertprinzip zu endgültigen Jahresabschlüssen der Tochter in Euro. Da das Niederstwertprinzip höchst unterschiedlich ausgelegt wird, müssen in verschiedenen Formen durch das Niederstwertprinzip modifizierte Ergebnisse der Zweitbuchführung der Tochter in Euro betrachtet werden. Die auf solchen Wegen ableitbaren Jahresabschlüsse der Tochter in der funktionalen Währung Euro liefern freilich nur Orientierungspunkte. Für die Praxis ist eine zweite vollständige Buchführung in funktionaler Währung nämlich viel zu aufwendig. Sie benötigt Näherungsverfahren, die vergleichbare Ergebnisse auf einfachere Weise erzeugen. Die Näherungsverfahren zeichnen sich dadurch aus, dass bei ihnen die Bilanzpositionen mit Hilfe gezielt differenzierter Kurse umgerechnet werden, um weitestgehend die Bilanz am Periodenende zu erzeugen, die sich auch bei Buchhaltung in funktionaler Währung ergeben hätte. Aus der Bilanz ergibt sich auch der Jahresüberschuss. Die GuV muss daher an den Jahresüberschuss aus der Bilanz angepasst werden. Am Beispiel der erfolgswirksamen Zeitbezugsmethode nach internationalem Vorbild werden derartige Näherungsverfahren anschließend genauer beschrieben. Da in Deutschland aber unter der Zeitbezugsmethode vereinzelt auch ein völlig anderes Vorgehen subsummiert wird, bei dem die differenzierte Umrechnung der Bilanz mit dem zum Stichtagskurs umgerechneten Jahresüberschuss kombiniert wird, soll zum Schluss auch dieser Sonderform kurz nachgegangen werden.

4.2 Die unmittelbar auf eine zweite Buchführung gestützte Zeitbezugsmethode

Da die Methode auf einer zweiten Buchführung beruht, müssen die Buchungen nachgeliefert werden, die hinter dem Jahresabschluss der Tochter vom 01.01. und vor allem hinter der Entwicklung vom Abschluss am 01.01. zu dem am 31.12.01 stehen. Sie werden zunächst in der Form von Buchungssätzen in Fremdwährungseinheiten unter zusätzlicher Angabe der Tageskurse an den jeweiligen Transaktionstagen und anschließend in der Form von Buchungssätzen in Euro dargestellt.

Datum	Tageskurs (€/FWE)	Geschäftsvorfälle als Buchungssätze in FWE			
01.01.01	2	Gründung der TU (Eröffnungsbilanzbuchung:)			
		Maschinen	1100	an Gezeichnetes Kapital	800
				an Verbindlichkeiten (200 fällig am 06.09.01, 100 fällig am 05.02.06)	300
07.01.01	1,8	Vorräte	1000	an Verbindlichkeiten (100 fällig am 06.09.01, 900 fällig am 04.03.02)	1000
04.03.01	1,8	Kasse	700	an Umsatzerlöse	1200
		Forderungen (fällig am 04.03.02)	500		
		Materialeinsatz	500	an Vorräte	500
06.09.01	1,82	Verbindlichkeiten	300	an Kasse	300
02.10.01	1,78	Löhne	400	an Kasse	400
31.12.01	1,5	Abschreibungen	100	an Maschinen	100

Die beschriebenen Buchungen führen zu den Bilanzen und der GuV, die im Beispiel F.1. erste Spalte vorgestellt wurden. Bei einer Zeitbezugsmethode durch eine zweite Buchführung werden diese Buchungen selbst in Euro (die funktionale Währung oder die Währung der Mutter) umgerechnet.

Datum	Geschäftsvorfälle als Buchungssätze in Euro					
01.01.01	Maschinen	(TK 2)	2200	an Gez. Kapital	(TK 2)	1600
				an Verbindlichk.	(TK 2)	600
07.01.01	Vorräte	(TK 1,8)	1800	an Verbindlichk.	(TK 1,8)	1800
04.03.01	Kasse	(TK 1,8)	1260	an Umsatzerlöse	(TK 1,8)	2160
	Forderungen	(TK 1,8)	900			
	Materialeinsatz	(HK 1,8)	900	an Vorräte	(HK 1,8)	900
06.09.01	Verbindlichkeiten	(HK 2)	400	an Kasse	(HK 1,8)	540
	Verbindlichkeiten	(HK 1,8)	180	an Währungserfolg		40

Datum	Geschäftsvorfälle als Buchungssätze in Euro					
02.10.01	Löhne	(TK 1,78)	712	an Kasse	(HK 1,8)	720
	Währungserfolg		8			
31.12.01	Abschreibungen	(HK 2)	200	an Maschinen	(HK 2)	200

Bis einschließlich 04.03.01 ergeben sich aus der Umrechnung keine Probleme, weil die Soll- und Habenbeträge aller Transaktionen jeweils mit den gleichen Kursen umgerechnet werden. Das gilt für die Vorratsverbräuche, weil sich der Kurs zwischen dem 07.01. und dem 04.03. nicht verändert hat. Am 06.09.01 werden unter anderem Verbindlichkeiten bezahlt, die mit einem Kurs von 2 Euro umgerechnet wurden. Dafür werden am 04.03.01 zugegangene Kassenbestände verwendet, die mit einem Kurs von 1,8 Euro umgerechnet wurden. Die Kursdifferenz führt dazu, dass ein Währungserfolg durch Kassenhaltung erzielt wurde; es handelt sich hier um einen währungskursbedingten "Schuldnergewinn". Genau der gegenteilige Effekt tritt am 02.10.01 ein. Die Kassenhaltung in Fremdwährung hat infolge der Abwertung zu einem Währungsverlust von 8 Euro geführt. Aus den Salden der Konten lassen sich die vorläufige Bilanz und die vorläufige GuV der Tochter in Euro aufstellen.

Beispiel F.3.1 Vorläufiger Jahresabschluss TU aus einer zweiten Buchführung in Euro

Vorläufige TU Bilanz in Euro

Maschinen	2000	GK	1600
Vorräte	900	JÜ	380
Forderungen	900	FK*	1820
	3800		3800

Vorläufige TU GuV in Euro

Umsatz	2160
Währungserfolg	+ 32
Abschreibungen	- 200
Materialeinsatz	- 900
Löhne	- 712
JÜ	380

* $FK = 1820 = 100 \cdot 2 + 900 \cdot 1{,}8$

Die wenigen Transaktionen im Beispiel verdecken das Problem, dass in der Praxis nicht exakt festgestellt werden kann, welcher Bestand an Vermögen oder Schulden genau durch eine Transaktion bewegt wird und welcher dazugehörige Umrechnungskurs folglich insoweit verwendet werden muss. Genau wie bei der Vorratsbewertung wird das Problem durch Verbrauchsfolgefiktionen, wie Durchschnittsmethode, FIFO oder LIFO gelöst.

Der vorläufige Jahresabschluss trägt dem Niederstwertprinzip noch nicht Rechnung, das allerdings weltweit höchst unterschiedlich ausgelegt wird.

Bezogen auf das nichtmonetäre Vermögen (im Beispiel Maschinen und Vorräte) wird teilweise ein allgemeiner Niederstwerttest verlangt (etwa Busse von Colbe u. a., Konzernabschlüsse, 2003, S. 177 ff., IAS 21.25), teilweise wird nur für die Vorräte die Anwendung des Niederstwertprinzips gefordert (SFAS 52.49 – .53). Im Beispiel wird vereinfachend davon ausgegangen, dass nur bei den Maschinen eine Wertminderung eingetreten ist. Der Wert der Maschine betrage am Bilanzstichtag 1300 FWE und damit zum relevanten Stichtagskurs 1950 Euro. Bei einem Tageswert der Vorräte von 600 FWE = 900 Euro dagegen entsteht keine Differenz. Wenn das Niederstwertprinzip auf die Vorräte beschränkt wird, sind also bezüglich des nichtmonetären Vermögens keine Änderungen des vorläufigen Jahresabschlusses erforderlich. Wird dagegen das Niederstwertprinzip auch auf Sachanlagen angewendet, müssten die Maschinen außerplanmäßig um 50 zu Lasten des Jahresüberschusses abgeschrieben werden. Die Buchung außerplanmäßige Abschreibung 50 Euro an Maschine 50 Euro modifiziert folglich in diesem Fall den vorläufigen zum endgültigen Abschluss:

Beispiel F.3.2: Jahres- und Konzernabschluss aus einer zweiten Buchführung in Euro nach Niederstwerttest bei Sachanlagen

TU GuV 01 in Euro	
Umsatz	2160
Währungserfolg	+ 32
Abschreibungen	- 250
Materialeinsatz	- 900
Löhne	- 712
JÜ	330

Konzern GuV 01 in Euro	
Umsatz	3660
Währungserfolg	+ 32
Abschreibungen	- 250
Materialeinsatz	- 900
Löhne	- 712
Sonstiger Aufwand	- 1000
JÜ	830

TU Bilanz 31.12.01 in Euro

Maschinen	1950	GK	1600
Vorräte	900	JÜ	330
Forderungen	900	FK	1820
	3750		3750

Konzernbilanz 31.12.01 in Euro

Maschinen	1950	GK	4000
Vorräte	900	RL	1000
Forderungen	900	JÜ	830
Kasse	8900	FK	6820
	12650		12650

Es verdient festgehalten zu werden, dass bei dieser Form der Umrechnung im Abschluss nur unmittelbare Währungserfolge, aber keine Umrechnungsdifferenzen auftreten.

Bezogen auf das monetäre Vermögen (im Beispiel Forderungen und Verbindlichkeiten – FK -) müssten bei strenger Auslegung des Niederstwertprinzips nach deutscher Tradition die Forderungen um 900 - 500 · 1,5 = 150 Euro erfolgsmindernd abgewertet werden, während die entsprechende erfolgssteigernde Reduktion der Verbindlichkeiten um 1820 - 1000 · 1,5 = 320 Euro nicht zulässig wäre. Bei derart strenger Auslegung des Niederstwertprinzips sinkt der Erfolg der Tochter und des Konzerns in Euro um 150 bei entsprechender Verminderung der Forderungen in der Bilanz um 150 auf 750 Euro.

Es sei angenommen, dass den Forderungen der Tochter in Fremdwährung Verbindlichkeiten in Fremdwährung mit gleicher Frist gegenüberstehen, so dass in Höhe von 500 FWE eine geschlossene Position unterstellt werden kann. Bei einer geschlossenen Position erübrigt sich nach GoB die Notwendigkeit zur Abschreibung der Forderung bei fortbestehendem Verbot zur Reduktion des überschießenden Teils der Verbindlichkeit. Die im Beispiel F.3.2 dargestellten Jahres- und Konzernabschlüsse bleiben in diesem Fall bestehen.

Nach US-GAAP sind Forderungen und Verbindlichkeiten in fremder, von der funktionalen Währung abweichender Währung selbst bei Verstoß gegen das Realisationsprinzip auf Basis des Stichtagskurses zu bewerten. Soweit also in funktionale Währung umgerechnet wird, wären die Forderungen der Tochter mit 750 Euro und die Verbindlichkeit (FK) mit 1500 Euro anzusetzen. Der Erfolg der Tochter und des Konzerns steigt dann von 380 um 170 auf 550 Euro an. Der Jahresabschluss der Tochter in Euro und der Konzernabschluss in Euro, die daraus resultieren, stimmen weitgehend mit den Ergebnissen im späteren Beispiel F.4 überein. Die aus der Zweitbuchführung abgeleitete GuV der Tochter weicht allerdings insoweit ab, als der "remeasurement gain" nur 32 + 170 = 202 Euro und die anderen Aufwendungen 900 + 712 = 1612 Euro ausmachen.

4.3 Praktische Näherungsverfahren der Zeitbezugsmethode

4.3.1 Erfolgswirksame Zeitbezugsmethode nach internationalem Vorbild

Für die Sonderfälle, in denen die Bücher nicht in funktionaler Währung oder in denen sie in einer hochinflationären Währung geführt werden, sieht SFAS 52 vor, die Zeitbezugsmethode in erfolgswirksamer Form zu verwenden ("remeasurement" nach SFAS 52.10). Dabei werden die für das Verfahren charakteristischen Regeln dafür, welche Jahresabschlussposition mit welchem Kurs umzurechnen ist, in SFAS 52.48 sehr detailliert vorgegeben und bei Beams, Advanced Accounting 1996, S. 533 sehr übersichtlich dargestellt. Danach sind umzurechnen

- monetäre Bilanzposten mit dem Kurs am Bilanzstichtag,
- nichtmonetäre Bilanzposten, die mit historischen Anschaffungs- oder Herstellungskosten oder die – wie das Eigenkapital – mit dem historisch eingezahlten oder bedungenen Betrag bewertet sind, mit dem Kurs zum Zeitpunkt der Anschaffung, der Herstellung oder der Zahlung des Eigenkapitals bzw. seiner Festlegung und
- nichtmonetäre Bilanzpositionen, die mit einem Zeitwert bewertet sind, mit dem Kurs zu dem Zeitpunkt, aus dem der Zeitwert stammt.

Vorräte als nichtmonetäres Vermögen müssten auf Basis obiger Regeln mit den Kursen umgerechnet werden, die zu den Zeitpunkten galten, aus denen ihre Werte in Fremdwährung stammen. Eine solche Bewertung ist äußerst aufwendig. Im Blick auf die Bestände in der Bilanz gewährt SFAS 52 gleichwohl keine besondere Erleichterung, etwa indem er auch hier Durchschnittskurse explizit zu verwenden erlaubt. Bezüglich der Finanzanlagen ist klarzustellen, dass speziell Beteiligungen als nichtmonetär angesehen werden und daher mit historischen Kursen umzurechnen sind.

Aufwendungen und Erträge, die zu nichtmonetären Bilanzpositionen gehören, wie insbesondere Abschreibungen oder Materialverbräuche, müssen mit den Kursen umgerechnet werden, die auch zur Umrechnung der zugehörigen Bilanzposition herangezogen werden. Daher werden Abschreibungen im Rahmen der Zeitbezugsmethode grundsätzlich mit dem historischen Kurs zum Zeitpunkt der Beschaffung der Anlage umgerechnet. Auch bei den Materialverbräuchen ist grundsätzlich so vorzugehen, wobei allerdings nach SFAS 52.12 und .47 vereinfachend Durchschnittskurse erlaubt sind. Die übrigen, zu Zahlungen führenden Aufwendungen und Erträge sind ebenfalls genau genommen mit dem Kurs zum Zeitpunkt der Transaktion umzurechnen. Meist wird aber gerade für sie die Verwendung von Durchschnittskursen erlaubt (SFAS 52.12, Beams, Advanced Accounting 1996, S. 533). Unter der Annahme, dass bei den Sachanlagen etwa aufgrund der strengen Anforderungen an ein impairment keine Niederstwertabschreibung erforderlich ist, lässt sich anhand des Zahlenbeispiels die erfolgswirksame Zeitbezugsmethode nach internationalem Vorbild leicht verdeutlichen. (In der GuV werden möglichst weitgehend Durchschnittskurse verwendet.)

Beispiel F.4: Erfolgswirksame Zeitbezugsmethode nach internationalem Vorbild

	Tochter			Mutter	Summe	Konsolidierung		Konzern
	in FWE	Kurs	in €	in €	in €	Soll €	Haben €	in €
GuV 01								
Umsatz	1200	1,8 €	2160	1500	3660			3660
Abschreibungen	100	2 €	200	-	200			200
andere Aufwendungen	900	1,8 €	1620	1000	2620			2620
"remeasurement gain"			+ 210*	-	+ 210			+ 210
JÜ	200	Bilanz	550	500	1050			1050
Bilanzen per 31.12.01								
Maschinen	1000	2 €	2000	-	2000			2000
Beteiligung	-		-	1600	1600		1600	-
Vorräte	500	1,8 €	900	-	900			900
Forderungen	500	1,5 €	750	-	750			750
Kasse	-		-	8900	8900			8900
Σ	2000		3650	10500	14150			12550
Grundkapital	800	2 €	1600	4000	5600	1600		4000
Rücklagen	-		-	1000	1000			1000
JÜ	200	Saldo	550	500	1050			1050
Fremdkapital	1000	1,5 €	1500	5000	6500			6500
Σ	2000		3650	10500	14150	1600	1600	12550

* 2160 - 1620 - 200 = 340; 550 – 340 = 210

Da die Positionen in Bilanz und GuV mit heterogenen Kursen in Euro umgerechnet werden, ergeben sich die Jahresüberschüsse in beiden Rechnungen zunächst nur als Salden. Im Rahmen der vereinfachten Zeitbezugsmethode nach internationalem Vorbild ist der Jahresüberschuss aus der Bilanz maßgeblich. Die GuV muss folglich um einen "remeasurement gain" (bzw. -loss) derart ergänzt werden, dass sie den Jahresüberschuss aus der Bilanz reproduziert. Im Beispiel ist ein Ertrag in Höhe von 550 – 340 = 210 in der GuV zusätzlich anzusetzen. Nach Summenbildung mit der Bilanz der Mutter und nach Konsolidierung ergibt sich erneut der Konzernabschluss.

Niederstwertabschreibungen lassen sich nahtlos in die Methode integrieren. Beim Vergleich von Buchwerten auf Basis früherer Anschaffungskosten und Zeitwerten sind in vollem Einklang mit den Regeln erstere zu historischen und letztere zu aktuellen Kursen umzurechnen. Abhängig von der genauen Ausprägung des Niederstwertprinzips (streng, gemildert oder etwa in den Grenzen des "lower of cost or market" bzw. des "impairment") ist dann gegebenenfalls ein niedrigerer Wert in funktionaler Währung weitgehend unabhängig davon anzusetzen, ob die Wertentwicklung in Fremdwährung oder die Entwicklung des Umrechnungskurses den niedrigeren Wert bewirkt hat.

4.3.2 Erfolgsneutrale Zeitbezugsmethode

Auch im Rahmen der Zeitbezugsmethode können die aus Umrechnungsdifferenzen entstehenden Erfolgswirkungen vermieden werden, wenn der Jahresüberschuss in Euro aus dem Jahresüberschuss in Fremdwährung durch Umrechnung zum Stichtagskurs abgeleitet und die verbleibenden Umrechnungsdifferenzen in der Bilanz mit den Rücklagen verrechnet und in der GuV als sonstige betriebliche Aufwendungen bzw. sonstige betriebliche Erträge erfasst werden. Im Beispiel würde diese Vorgehensweise den Konzernjahresüberschuss auf 800 Euro senken, während die Konzernrücklagen auf 1250 Euro anwüchsen. In der GuV der Tochter und des Konzerns in Euro entstünde ein zusätzlicher Aufwand von 40 Euro, der den Jahresüberschuss der Tochter auf 300 Euro und den Konzernjahresüberschuss auf 800 Euro reduzieren würde. Obwohl zusätzliche Aufwendungen oder Erträge entstehen, ist diese Vorgehensweise gerade nicht erfolgswirksam. Auch wenn die Erfolgswirkungen nur partiell unterdrückt würden, wäre die Vorgehensweise mit internationalen Rechnungslegungsstandards unvereinbar.

5. Andere Verfahren

Die Fristigkeitsmethode (current – non current Methode) unterscheidet nach der Bindungsdauer der Positionen und rechnet die langfristigen Positionen, also das langfristige Kapital und das Anlagevermögen mit dem historischen Kurs, die übrigen Positionen mit dem Stichtagskurs um.

Die Methode der Umrechnung nach dem Geldcharakter einer Position (monetary – non monetary Methode) rechnet die nichtmonetären Aktiva und das Eigenkapital nach den historischen Kursen, die übrigen Positionen mit dem Stichtagskurs um.

Die beiden soeben genannten Verfahren waren früher gebräuchlich, werden aber inzwischen in der Literatur weitgehend einhellig als unzulässig abgelehnt, da die angewandten Kriterien für die differenzierte Umrechnung willkürlich und unbegründet erscheinen.

Eine gänzlich andere Methode, die Umrechnung mit Hilfe von Kaufkraftparitäten, ist zwar von theoretischem Interesse, erlangte aber nie praktische Bedeutung, weshalb hier auf eine Darstellung verzichtet werden soll (vgl. Hieke, DB 1975, S. 113-115).

6. Die Behandlung von Hochinflationsländern

Die Währungsumrechnung von Konzernunternehmen in einem Hochinflationsland stellt einen eigenen Problemkreis dar. Infolge der Hochinflation wird der Außenwert der Fremdwährung ständig sinken. Bilanziert man zu Anschaffungskosten in Fremdwährung und rechnet diese gemäß Stichtagskursmethode mit den gesunkenen Währungskursen um, so wird das Konzernunternehmen im Zeitablauf völlig unterbewertet und verschwindet förmlich aus der Konzernbilanz ("Vanishing plants effect").

Beispiel F.6: Inflation und Stichtagskursmethode

Bilanz TU 1.1.01 in FWE					Bilanz TU 1.1.01 in Euro			
AV	1000	EK	1000	Kurs: 1 : 1	AV	1000	EK	1000

Bilanz TU 31.12.01 in FWE					Bilanz TU 31.12.01 in Euro			
AV	1000*	EK	1000	Kurs: 10 : 1	AV	100	EK	100

(* Tageswert 10000)

Grundsätzlich lässt sich das Problem auf zwei verschiedenen Wegen lösen. Der erste Weg, den SFAS 52 einschlägt, geht davon aus, dass Währungen mit hoher Inflation keine verlässlichen funktionalen Währungen sein können. Soweit die Bücher einer Tochter in einem Hochinflationsland nicht unmittelbar in einer harten Währung – etwa der Währung der Mutter – geführt werden dürfen, muss das Ergebnis einer solchen Buchführung näherungsweise durch den Einsatz der erfolgswirksamen Zeitbezugsmethode nach internationalem Vorbild erzeugt werden. Der andere Weg basiert auf einer Inflationsbereinigung des Jahresabschlusses in fremder Währung vor seiner Umrechnung mit Hilfe der erfolgsneutralen Stichtagskursmethode. Nach diesem sogenannten "restate – translate" Verfahren geht IAS 21.43 vor. Da es gegen zentrale GoB (z.B. Anschaffungswertprinzip) verstößt, ist seine Zulässigkeit in Deutschland zweifelhaft.

7. Zur Wahl der Methode

Obwohl speziell die großen deutschen Konzerne die international derzeit vorherrschenden Vorstellungen zur Währungsumrechnung immer stärker aufgreifen, bleibt die Frage kontrovers, welche Methode oder Methodenkombination das Problem der Währungsumrechnung am besten löst. Das wird spätestens dann deutlich werden, wenn die neuen Tendenzen zu verstärktem Rückgriff auf "fair values" im Jahresabschluss auf die Währungsumrechnung übertragen werden. Die bisherigen Erfahrungen lassen sich gleichwohl in einigen grundlegenden Aussagen zusammenfassen.

Der Währungsumrechnung fehlt die letztlich überzeugende Basis, weil in den Konzernen mit weltweit gestreutem Anlegerkreis die Konsumwährung der Anleger, in der diese die Masse ihrer Konsumausgaben tätigen werden, mangels Eindeutigkeit nicht aufgegriffen werden kann. Die Darstellung aller Konzernunternehmen mit den Zahlen, wie sie sich bei einer Buchhaltung in der heimischen Währung der Konzernmutter ergeben hätten, überzeugt ebenfalls schwerlich. Bei diesem Vorgehen entscheidet nämlich der inzwischen eher zufällige Sitz des Mutterunternehmens über die Erfolge aller Konzernunternehmen, obwohl die auf der Umrechnung in die Währung der Mutter basierenden Erfolgseinflüsse für alle Eigner irrelevant sind, die nicht die Währung der Mutter als Konsumwährung haben. Damit verspricht der Gedanke der funktionalen Währung noch am ehesten einen Ausweg. Allerdings bleibt auch diese Lösung unvollkommen, denn die funktionale Währung eines Unternehmens lässt sich in einer mit der Globalisierung ständig wachsenden Zahl von Fällen nicht eindeutig bestimmen.

Methodenvielfalt und Verzicht auf präzise Vorgaben mögen die Unternehmen in die Lage versetzen, individuellen Besonderheiten Rechnung zu tragen. In jedem Fall erlauben sie diesen aber auch, gegebene Sachverhalte höchst unterschiedlich darzustellen. Die Vielzahl der Abbildungsmöglichkeiten des immer gleichen Beispielfalls in den vorangegangenen Abschnitten dieses Kapitels macht das deutlich. Diese Vielfalt und ihre hochdifferenzierten Auswirkungen kann der Leser schwerlich durchschauen, zumal die Komplexität der Materie bisher klare Begriffe, wie etwa "erfolgswirksam", grundlegend relativiert. Insoweit dienen Präzisierungen der Regeln für die Währungsumrechnung und Einschränkungen der Möglichkeiten zur Wahl von Umrechnungsverfahren voraussichtlich der Transparenz und Verständlichkeit von Konzernabschlüssen.

Aus Gründen der Wirtschaftlichkeit sollten Umrechnungsmethoden gewählt werden, die mit vergleichsweise geringem Aufwand verbunden sind. Im Rahmen des Konzepts der funktionalen Währung kann diesem Postulat entsprochen werden, wenn – wie nach IAS 21 sogar vorgeschrieben – die Unternehmen ihre Bücher in der jeweils funktionalen Währung führen dürfen. Ein solches Vorgehen macht nämlich das vergleichsweise aufwendige "remeasurement" nach der Zeitbezugsmethode überflüssig. Um die Zahlen aller Konzernunternehmen zusammenfassen zu können, sind zusätzlich nur noch Umrechnungen nach der wenig aufwendigen Stichtagskursmethode ("translation") erforderlich. Weitere Umrechnungen in abweichende Konsumwährungen von Eignern wären im Konzept der funktionalen Währung ebenfalls nach dieser einfachen erfolgsneutralen Methode vorzunehmen. Genau diese Methode lässt sich am ehesten extern näherungsweise durchführen.

Die Stichtagskursmethode verstößt allerdings gegen die Kongruenz. Als "exchange differences" oder "translation adjustment" werden Eigenkapitalveränderungen erfasst, die weder aus Einlagen oder Entnahmen der Eigner noch aus Gewinnen oder Verlusten stammen. Auch wenn der Währungsumrechnung insbesondere in Konzernen mit weltweit gestreuten Anlegern die allein maßgebende Währung zur Ermittlung des Totalerfolgs fehlt, die Kongruenz also keine eindeutige Grundlage besitzt, sollte trotzdem klar geregelt werden, was mit den neuartigen Eigenkapitalveränderungen dann zu geschehen hat, wenn die Beteiligung, durch die die Veränderung ausgelöst wurde, aus dem Konzernkreis ausscheidet. Sofern die "exchange differences" bzw. das "translation adjustment" nachträglich in den Erfolg einbezogen werden, sollte durch einen gesonderten Ausweis zumindest Transparenz sichergestellt werden.

Der Referentenentwurf zum BilMoG misst offensichtlich möglichen Verstößen gegen die Kongruenz weniger Gewicht bei als Praktikabilitäts- und Kostengründen. Er sieht daher einheitlich die Stichtagskursmethode zur Währungsumrechnung vor.

Literaturhinweise

Arbeitskreis "Externe Unternehmensrechnung" der Schmalenbach Gesellschaft - Deutsche Gesellschaft für Betriebswirtschaft e. V.: Aufstellung von Konzernabschlüssen, hrsg. von Walther Busse von Colbe, Eberhard Müller und Herbert Reinhard, 2. Aufl., Düsseldorf 1989.

Beams, Floyd A.: Advanced Accounting, 6th edition, New Jersey 1996, S. 530-584.

Bovermann, Brigitte: Die Umrechnung der Jahresabschlüsse ausländischer Tochtergesellschaften für den Weltabschluß in der EG unter dem Aspekt seiner Informationsfunktion, Frankfurt am Main 1988.

Busse von Colbe, Walther: Währungsumrechnung unter dem Einfluß neuer Rechnungslegungsvorschriften, in: Konzernrechnungslegung und -prüfung, hrsg. von Jörg Baetge, Düsseldorf 1990, S. 73-96.

Busse von Colbe, Walther/Ordelheide, Dieter/Gebhardt, Günther/Pellens, Bernhard: Konzernabschlüsse, 7. Aufl., Wiesbaden 2003.

Financial Accounting Standards Board (FASB): Statement of Financial Accounting Standards No. 52 (SFAS 52), Foreign Currency Translation, December 1981, in: Accounting Standards, Original Pronouncements as of June 1, 2004, hrsg. vom Financial Accounting Standards Board (FASB), Norwalk 2004, Vol. 1, FAS 52-1-52-33.

Gebhardt, Günther: Vereinheitlichung der Recheneinheit durch Währungsumrechnung, in: Beck'sches Handbuch der Rechnungslegung (Beck HdR), hrsg. von Edgar Castan, Hans-Joachim Böcking, Gerd Heymann, Norbert Pfitzer und Eberhard Scheffler, Teil C 310, München 2004.

Hauptfachausschuß (HFA): Geänderter Entwurf einer Verlautbarung zur Währungsumrechnung im Jahres- und Konzernabschluss, in: WPg, 39. Jg., 1986, S. 664-667.

(The) *Institute of Chartered Accountants in England and Wales*: Statement of Standard Accounting Practice (SSAP) 20, Foreign currency translation (April 1983), in: Accounting Standards 1993/94, London 1993, S. 349-361.

International Accounting Standards Board (IASB): International Accounting Standard 21 (IAS 21), The Effects of Changes in Foreign Exchange Rates, in: International Financial Reporting Standards 2006, London 2006, S. 1147-1177.

Langenbucher, Günther: Umrechnung von Fremdwährungsabschlüssen, in: Küting/Weber (Hrsg.), Handbuch der Konzernrechnungslegung, 2. Aufl., Stuttgart 1998, S. 633-673.

Treuarbeit (Hrsg.): Konzernabschlüsse '89, Düsseldorf 1990.

Wysocki, Klaus von: Weltbilanzen als Planungsobjekte und Planungsinstrumente multinationaler Unternehmen, in: ZfbF, 23. Jg., 1971, S. 682-70

G. Kapitalkonsolidierung

1. Grundlagen der Kapitalkonsolidierung

1.1 Zweck der Kapitalkonsolidierung

Der Konzernabschluss ist kein originäres Rechenwerk, sondern entsteht aus den Einzelabschlüssen in drei Schritten.

Im ersten Schritt werden die Einzelabschlüsse der einzubeziehenden Unternehmen für den Konzernabschluss vorbereitet, indem sie erforderlichenfalls auf eine konzerneinheitliche Bewertung ausgerichtet oder in eine gemeinsame Konzernwährung umgerechnet werden (Erstellung der Handelsbilanz II).

Im zweiten Schritt werden für jede Bilanzposition gesondert die Zahlen aus den Einzelabschlüssen der verschiedenen Konzernunternehmen "horizontal" zu einer Summenbilanz addiert.

Unter Konsolidierung versteht man den dritten Schritt, nämlich die Aufrechnung von Positionen aus den Einzelabschlüssen, die sich nur aus der rechtlichen Zersplitterung der – vom Gesetzgeber fingierten – Einheit Konzern ergeben und die daher im Konzernabschluss keinen Platz haben. Gleichzeitig wird durch die Eliminierung dieser Positionen eine Doppelerfassung ein und desselben Tatbestandes im Konzernabschluss vermieden.

Bei der Grundform der Kapitalkonsolidierung werden der Buchwert der Anteile des Mutterunternehmens am Tochterunternehmen aus dem Einzelabschluss des Mutterunternehmens (im folgenden als Beteiligungsbuchwert bezeichnet) und das der Beteiligung des Mutterunternehmens entsprechende Eigenkapital des Tochterunternehmens, wie es sich aus dessen Einzelabschluss ergibt (im Folgenden als anteiliges Eigenkapital bezeichnet), gegeneinander aufgerechnet (vgl. § 301 Abs. 1 S. 1 HGB).

In einem einheitlichen Unternehmen gibt es keine Beteiligungen an Betriebsabteilungen, und diese verfügen auch nicht über ein gesondertes Eigenkapital.

Die Aufrechnung verhindert zugleich Doppelerfassungen. Der Beteiligungsbuchwert steht beim Mutterunternehmen stellvertretend für den Wert des Tochterunternehmens, der im Rahmen einer traditionellen Bilanz durch den Saldo aus Vermögensgegenständen und Schulden – einschließlich der Bilanzierungshilfen, Rechnungsabgrenzungsposten und Sonderposten – ausgedrückt wird. Da die Vermögensgegenstände und Schulden des Tochterunternehmens im Rahmen der Summenbildung in die Konzernbilanz übernommen werden, muss der Beteiligungsbuchwert aus der Konzernbilanz ausscheiden, um Doppelerfassungen zu vermeiden.
Das Gleiche gilt für das Eigenkapital des Tochterunternehmens. Auch dieses repräsentiert den Wert des Tochterunternehmens – allerdings in dessen Bilanz (vgl. Dreger, Konzernabschluß, 1969, S. 51). Zugleich ist das bilanzielle Eigenkapital des Tochterunternehmens

kein zusätzliches Eigenkapital des Konzerns als wirtschaftliche Einheit. Im Zeitpunkt der Einbindung eines Tochterunternehmens in den Konzern wird das Eigenkapital des Konzerns – zumindest bei einer 100 %-Beteiligung – ausschließlich durch das Eigenkapital des Mutterunternehmens gebildet.

Aus beiden Gründen muss folglich auch das Eigenkapital des Tochterunternehmens, soweit es dem Konzern zusteht, aus dem Konzernabschluss entfernt werden.

1.2 Betroffene Bilanzpositionen

Hinter den Begriffen *"Beteiligungsbuchwert"* und *"anteiliges Eigenkapital"* kann sich eine Vielzahl von Bilanzpositionen des Einzelabschlusses verbergen.

Der Beteiligungsbuchwert wird im Regelfall unter der Position *"Anteile an verbundenen Unternehmen"* auszuweisen sein. Daneben kommen aber auch noch folgende Positionen in Betracht (vgl. Dusemond/Weber/Zündorf in: Küting/ Weber, Konzernrechnungslegung, 2. Aufl., § 301 Rn. 33):

- Beteiligungen,
- Wertpapiere des Anlagevermögens,
- sonstige Vermögensgegenstände oder
- sonstige Wertpapiere.

Zum anteiligen Eigenkapital zählen, zumindest nach geltendem Recht, alle Positionen, die im Bilanzgliederungsschema des § 266 Abs. 3 HGB unter *"Eigenkapital"* stehen, also:

- gezeichnetes Kapital,
- Kapital- sowie Gewinnrücklagen,
- Jahreserfolg und Ergebnisvortrag, soweit sie vor der Zugehörigkeit des Tochterunternehmens zum Konzern erwirtschaftet und daher vom Konzern erworben wurden.

Zusätzlich können folgende auf der Aktivseite ausgewiesene Korrekturposten zu einer Verminderung des konsolidierungspflichtigen Eigenkapitals führen (vgl. Dusemond/Weber/Zündorf in: Küting/Weber, Konzernrechnungslegung, 2. Aufl., § 301 Rn. 44):

- ausstehende Einlagen,
- eigene Anteile und der
- nicht durch Eigenkapital gedeckte Fehlbetrag.

Sofern ausstehende Einlagen eingefordert sind, werden sie bei der Kapitalkonsolidierung nicht berücksichtigt. Wegen ihres Forderungscharakters sind eingeforderte ausstehende Einlagen, die von einbezogenen Unternehmen geschuldet werden, Gegenstand der Schuldenkonsolidierung (vgl. H. 2.1.2). Von nicht einbezogenen Unternehmen bzw. Gesellschaftern geschuldete ausstehende Einlagen sind, unabhängig davon, ob sie eingefordert wurden, auch im Konzernabschluss als ausstehende Einlagen auszuweisen. Bei nicht eingeforderten ausstehenden Einlagen von einbezogenen Unternehmen wird dagegen eine Verrechnung mit dem gezeichneten Kapital befürwortet (vgl. Busse von Colbe u. a., Konzernabschlüsse, 2003, S. 325; WP-Handbuch, Band I, M Tz. 410). Nicht eingeforderte ausstehende Einlagen des Mutterunternehmens dürfen allerdings auch mit einem entsprechenden Vermerk in die Konzernbilanz übernommen werden.

Die Behandlung eigener Anteile von Tochterunternehmen ist davon abhängig, ob der Charakter eines Korrekturpostens zum Eigenkapital oder eines Vermögensgegenstands überwiegt. Werden eigene Anteile längerfristig gehalten, so weisen sie eher den Charakter eines Korrekturpostens zum Eigenkapital auf und sind mit dem Eigenkapital zu verrechnen (vgl. Arbeitskreis "Weltabschlüsse", ZfbF-Sonderheft 9/1979, S. 49; Busse von Colbe u. a., Konzernabschlüsse, 2003, S. 320 f.). Bei nur kurzfristigem Halten erscheint dagegen die Übernahme dieser Position in den Konzernabschluss, also die Nichtberücksichtigung bei der Kapitalkonsolidierung, sinnvoll (vgl. Busse von Colbe u. a., Konzernabschlüsse, 2003, S. 325).

Eigene Anteile, die das Mutterunternehmen hält, sind hingegen gem. § 301 Abs. 4 HGB in keinem Fall Gegenstand der Kapitalkonsolidierung, sondern *"als eigene Anteile im Umlaufvermögen gesondert auszuweisen."* Diese Vorschrift gilt auch für Anteile am Mutterunternehmen, die von einbezogenen Tochterunternehmen gehalten werden (Rückbeteiligungen). Die Gleichbehandlung von eigenen Anteilen und Rückbeteiligungen resultiert aus der fingierten wirtschaftlichen Einheit des Konzerns. Aus Sicht des Konzerns als wirtschaftlicher Einheit ist es unerheblich, ob Anteile am Mutterunternehmen von diesem selbst oder von einem Tochterunternehmen gehalten werden: Sie sind in beiden Fällen als Anteile des Konzerns an sich selbst anzusehen.

Für den Fall eines nicht durch Eigenkapital gedeckten Fehlbetrags gem. § 268 Abs. 3 HGB muss der Beteiligungsbuchwert mit einem negativen Eigenkapitalbetrag konsolidiert werden (zu einer ausführlichen Diskussion der hiermit verbundenen buchungstechnischen Probleme vgl. Küting/Göth, BB 1994, S. 2446 ff.), so dass stets ein aktivischer Unterschiedsbetrag in Höhe der Summe der beiden "aufzurechnenden" Größen entsteht (vgl. Dusemond/Weber/Zündorf in: Küting/ Weber, Konzernrechnungslegung, 2. Aufl., § 301 Rn. 57).

Mit der Streichung von § 308 Abs. 3 HGB entfällt das Recht, rein steuerliche Ansätze und Werte in den Konzernabschluss zu übernehmen. Sonderposten mit Rücklageanteil sind daher bei der Erstkonsolidierung aufzulösen. Sie gehen in Höhe des Eigenkapitalanteils (also Sonderposten nach Abzug latenter Steuern) in die Kapitalkonsolidierung ein (vgl. Förschle/Deubert in: Beck Bil-Komm., 6. Aufl., § 301 Anm. 38).

Im Referentenentwurf zum BilMoG dürfen nicht eingeforderte ausstehende Einlagen ebenso wie eigene Anteile nicht mehr auf der Aktivseite der Bilanz ausgewiesen werden; sie sind vielmehr offen auf der Passivseite abzusetzen. Die Kapitalkonsolidierung erhält dadurch eindeutige Vorgaben. Rückbeteiligungen von Töchtern an der Mutter sind zwar weiterhin in deren Einzelabschlüssen zu aktivieren, müssen damit aber künftig in jedem Fall konsolidiert werden.

2. Überblick über die Methoden der Kapitalkonsolidierung

Die Aufrechnung des Beteiligungsbuchwerts in der Bilanz der Mutter mit dem anteiligen Eigenkapital in der gegebenenfalls aufgrund des Gebots zur konzerneinheitlichen Bewertung modifizierten Bilanz der Tochter kann nach verschiedenen Methoden erfolgen. Hintergrund ist die Tatsache, dass das Eigenkapital der Tochter als Saldo einer traditionellen Bilanz einen völlig anderen Charakter besitzt als der den Preis und damit tendenziell auch den Wert der Tochter anteilig zum Ausdruck bringende Beteiligungsbuchwert: Bilanzwert und Unternehmenswert stehen sich gegenüber und lassen sich schon aufgrund ihrer fast immer unterschiedlichen Größe nicht einfach und ohne Differenz aufrechnen. Die Kapitalkonsolidierung wird gerne genutzt, um ein dem (Unternehmens-)Wert der Tochter angepasstes Nettovermögen in den Konzernabschluss einzubringen. Der veränderte Vermögensausweis führt dann in den Folgejahren zu entsprechend veränderten Verbräuchen und Abschreibungen, hat also Erfolgswirkung.

2.1 Erfolgsneutrale versus erfolgswirksame Kapitalkonsolidierung

Auf Basis dieser Grundüberlegungen lassen sich die Methoden der Kapitalkonsolidierung zunächst danach unterscheiden, ob sie die Vermögensgegenstände und Schulden – allenfalls gemäß konzerneinheitlicher Bewertung modifiziert – aus dem Abschluss der Tochter übernehmen oder die Gelegenheit zur Annäherung an den Unternehmenswert nutzen. Da bei den ersteren Verfahren das Vermögen nicht anders bewertet und die Aufrechnungsdifferenz mit den Rücklagen verrechnet wird (das früher alternativ zu findende bloße "Stehenlassen" dieser Differenz in der Bilanz ist nirgends mehr zulässig), sind sie erfolgsneutral: Die Kapitalkonsolidierung selbst hat keine Erfolgswirkungen. Als "Interessenzusammenführungsmethode" bei Erfüllung dreier Bedingungen nach § 302 HGB weiterhin zulässig, ist das erfolgsneutrale "Pooling" oder "Uniting of Interests" im internationalen Bereich jüngst verboten worden.

Bei den anderen Verfahren werden die Werte der Vermögensgegenstände und ggf. auch der Schulden über die konzerneinheitliche Bewertung hinaus dem gezahlten Preis oder dem Wert der Tochter angepasst. Zu diesem Zweck werden zunächst stille Reserven aufgelöst, indem bei der Tochter angesetztes Vermögen auf dessen Zeitwert aufgewertet, angesetzte Schulden abgewertet und nicht angesetztes Vermögen aktiviert wird. Letzteres betrifft vor allem das originäre immaterielle Anlagevermögen der Tochter, das im Rahmen des Erwerbs der Beteiligung von der Mutter entgeltlich erworben wurde. Die danach ggf. noch verbleibende Aufrechnungsdifferenz geht soweit aktiv als Goodwill und soweit passiv zumindest vorläufig (IFRS) als Badwill in die Konzernbilanz ein. Da alle diese Modifikationen in der Folgezeit über veränderte Verbräuche, Abschreibungen oder Auflösungen der Posten den Erfolg verändern, sind diese Verfahren der Kapitalkonsolidierung erfolgswirksam.

Die zurzeit üblichen Verfahren der Kapitalkonsolidierung zählen fast sämtlich zu diesen erfolgswirksamen sogenannten "Erwerbsverfahren". Da kann es nicht überraschen, wenn durch die folgenden Unterscheidungen allein die erfolgswirksamen Verfahren tiefer untergliedert werden.

2.2 Kapitalkonsolidierung mit oder ohne Beschränkung der Auflösung stiller Reserven auf die im Beteiligungsbuchwert zum Ausdruck kommenden Anschaffungskosten

Der Beteiligungsbuchwert repräsentiert den Wert der Gegenleistungen, die die Mutter erbracht hat, um den Anteil an der Tochter zu erwerben, und damit die Anschaffungskosten dieses Anteils. Das gilt unabhängig davon, ob die Anschaffungskosten in Geld, in Aktien, in anderen Wertpapieren oder in Sachgütern geleistet wurden. Die Anschaffungskosten müssen allerdings nicht unbedingt dem Wert des Anteils an der Tochter entsprechen, etwa wenn die Mutter den Anteil bei günstiger Gelegenheit vorteilhaft erwerben konnte. Dieser Unterschied eröffnet zwei Vorgehensweisen.

Nach Anschaffungskosten- und Realisationsprinzip dürfen stille Reserven höchstens solange aufgelöst werden, bis der dem Konzern zuzurechnende Teil des Nettovermögens der Tochter im Konzernabschluss dem Buchwert der Beteiligung der Mutter an der Tochter entspricht. Im Kaufpreis nicht vergütete stille Reserven kommen dann nicht zum Ansatz. Dieses den Grundsätzen traditioneller Rechnungslegung entsprechende Vorgehen – in der Buchwertmethode nach § 301 Abs. 1 Nr. 1 HGB möglicherweise bewahrt – entspricht aber nicht dem Zeitgeist. Modern ist es vielmehr, sämtliche stillen Reserven auch dann aufzulösen, wenn sie im Kaufpreis nicht vergütet wurden, sich bei der Konsolidierung der Tochter also an deren Wert und nicht an deren Kaufpreis zu orientieren. Werden mehr stille Reserven aufgelöst als in den Anschaffungskosten vergütet, entsteht zum Ausgleich ein Badwill auf der Passivseite. Wird dieser Badwill – wie im Rahmen von IFRS 3.56 beispielsweise vorgesehen – sofort erfolgssteigernd aufgelöst, kommt es zu fundamentalen Neuerungen im Rechnungswesen: ein vorteilhafter Einkauf erzeugt unmittelbar Gewinne und nicht erst später etwa beim Verkauf über Anschaffungskosten. Ein großzügiger Ansatz von erworbenem immateriellem Vermögen steigert diesen Gewinn.

2.3 Kapitalkonsolidierung ohne oder mit analoger Behandlung der Anteile von Minderheiten

Bei Mutterunternehmen, die weniger als 100 % der Anteile an der Tochter erworben haben, bezieht sich die Kapitalkonsolidierung selbst nur auf die Aufrechnung des Beteiligungsbuchwerts mit dem anteiligen Eigenkapital der Tochter. Der zum Konzernanteil komplementäre Minderheitenanteil am Eigenkapital bleibt bei dieser Kapitalkonsolidierung übrig. Es liegt nahe, diesen Minderheitenanteil betraglich unverändert unter gesondertem Ausweis als "Anteile anderer Gesellschafter" oder "Ausgleichsposten für die Anteile anderer Gesellschafter" (§ 307 HGB) in der Konzernbilanz zu belassen. In Deutschland wird von Buchwertmethode, in Amerika von "parent company concept" gesprochen. IFRS 3.40 schließt dieses Vorgehen neuerdings aus.

Das beschriebene Vorgehen widerspricht allerdings dem Bestreben, den Erwerb der Anteile an der Tochter durch die Mutter zum Anlass zu nehmen, um Defizite der Darstellung des

Vermögens der Tochter in ihrer Bilanz möglichst umfassend zu beseitigen. Da im Rahmen der erfolgswirksamen Kapitalkonsolidierung die stillen Reserven ohnehin ermittelt wurden, ist es leicht möglich, neben den auf den (Konzern-) Anteil der Mutter auch den auf den Anteil der Minderheiten entfallenden Teil der stillen Reserven aufzulösen, so dass die stillen Reserven der Tochter zu 100 % offen gelegt werden (in Deutschland "Neubewertung", in USA "economic unit concept" und unter IFRS 3.36 zwingend). (Bisher noch nicht üblich, für die Zukunft aber zu erwarten ist die zusätzliche Hochrechnung des aus der Kapitalkonsolidierung gegebenenfalls resultierenden und nur den (Konzern-) Anteil der Mutter betreffenden Goodwill auf die Minderheit. Der Goodwill, den die Mutter beispielsweise für ihre 51 % gezahlt hat, soll allerdings künftig nicht ungeprüft auf die Minderheit übertragen werden. Der zusätzliche Goodwill für die Minderheit ist vielmehr auf niedrigerer Basis zu bestimmen, wenn die Mehrheit spezifische Vorteile aus ihrer Herrschaft ziehen kann. Sowohl US-GAAP als auch IFRS planen den Übergang zu diesem Vorgehen.)

2.4 Unterscheidungen nach der Behandlung von Goodwill und Badwill

In der Vergangenheit war es – wie im HGB heute noch – üblich, die bei der Kapitalkonsolidierung nach Auflösung stiller Reserven verbleibende Aufrechnungsdifferenz auf der Aktivseite, den Goodwill, als abnutzbare Anlage anzusehen und planmäßig abzuschreiben. Zusätzliche außerplanmäßige Abschreibungen sind erforderlich, wenn der Goodwill dauerhaft im Wert gemindert ist. Im Rahmen eines politischen Kuhhandels sind zuerst US-GAAP und danach auch IFRS dazu übergegangen, den Goodwill nicht mehr planmäßig abzuschreiben, weil er eine nicht bestimmbare ("indefinite") Nutzungsdauer besitze. Allein außerplanmäßige Abschreibungen verändern in beiden Standards den Wert des Goodwill ("impairment only approach"), zumal bei Wegfall der Gründe für die außerplanmäßige Abschreibung nicht zugeschrieben werden darf (IAS 36.124).

Hinter dem Badwill als passivischem Rest der Kapitalkonsolidierung werden höchst unterschiedliche Ursachen vermutet, was konsequenterweise verschiedene Folgebehandlungen auslöst. Soweit er als Ausdruck künftiger Belastungen angesehen wird, verbleibt er – ggf. umgegliedert in eine Rückstellung – in der Bilanz, bis die erwartete Belastung eingetreten ist. Zu ihrem Ausgleich wird er dann erfolgswirksam aufgelöst (§ 309 Abs. 2 Nr. 1 HGB, SFAS 141.46). Soweit in ihm eine Überbewertung des Vermögens der Tochter vermutet wird, wird er parallel zur Abwertung dieses Vermögens erfolgsneutral aufgelöst (SFAS 141.44). Was keinem der beiden genannten Inhalte zugeordnet werden kann, gilt als Gewinn, der optimistisch unmittelbar (IFRS 3.56) oder vorsichtig erst dann ausgewiesen wird, wenn seine Existenz feststeht (§ 309 Abs. 2 Nr. 2 HGB).

2.5 Unterscheidung nach dem Umfang des Vermögens der Tochter, das in den Konzernabschluss übernommen wird

Bei der letzten Form der Differenzierung wird noch einmal ein grundlegender Aspekt aufgegriffen, der am Rande Ergebnisse der bisherigen Darstellungen aufgreift, im Kern aber auf den Umfang des Vermögens der Tochter abzielt, das in die Konzernbilanz übernommen wird. Die bisherigen Ausführungen gingen implizit von der Vollkonsolidierung aus, bei der das gesamte Vermögen der Tochter und alle ihre Schulden in die Konzernbilanz eingehen. Der Anteil des Konzerns am Eigenkapital der Tochter wird im Rahmen der Kapitalkonsolidierung gegen den Beteiligungsbuchwert aufgerechnet und der Minderheitenanteil wird gesondert ausgewiesen, wobei verschiedenen der bisher erläuterten Leitbildern gefolgt zu werden vermag.

Wenn der Konzern nur einen Anteil von $x < 1$ am Kapital der Tochter hält, kann alternativ auch nur der Anteil x an den Vermögenswerten und Schulden aus der Bilanz der Tochter in den Konzernabschluss übernommen werden, was zum Ausgleich den Ausweis von Minderheitsanteilen genau überflüssig macht. Statt von Voll- spricht man von Quotenkonsolidierung.

Eine von diesen Ansätzen prinzipiell unterschiedliche Lösung wird angestrebt, wenn das Nettovermögen der Tochter überhaupt nicht in den Konzernabschluss übernommen wird, sondern es zunächst beim Ausweis des Beteiligungsbuchwerts bleibt. Dieser Ansatz der Equity-Methode macht anfänglich eine Kapitalkonsolidierung naturgemäß überflüssig. In Nebenrechnungen aber werden die Folgen der Auflösungen stiller Reserven und der Bildung von Goodwills und Badwills auf den Erfolg nach der jeweils bevorzugten Variante über die Zeit konsequent nachgehalten. Diese Erfolgswirkungen werden in den Konzernerfolg und den Beteiligungsbuchwert einbezogen, der damit zentrale Inhalte der Kapitalkonsolidierung darzustellen erlaubt. Genau diese Eigenschaft der Equity-Methode ist gemeint, wenn sie als "one line consolidation" bezeichnet wird.

3. Nach deutschem HGB zulässige Methoden der Kapitalkonsolidierung

Nachdem inzwischen kapitalmarktorientierte Unternehmen, deren Wertpapiere zum Handel in einem geregelten Markt der EU zugelassen sind oder die eine solche Zulassung beantragt haben, grundsätzlich ab 2005 und in Ausnahmefällen ab 2007 zur Konzernrechnungslegung nach IFRS verpflichtet sind und andere ein Wahlrecht besitzen, gleiches freiwillig zu tun, beziehen sich die folgenden Ausführungen nur noch auf einen Teil der konzernrechnungslegungspflichtigen Unternehmen in Deutschland, nämlich diejenigen, die ihre Konzernabschlüsse nach den Vorschriften des § 294 ff. HGB aufstellen.

Gegenstände der folgenden Ausführungen sind daher zunächst die beiden in § 301 HGB zur Wahl gestellten Methoden der Vollkonsolidierung, die Buchwert- und die Neubewertungsmethode, wie sie nach den Modifikationen durch das TransPuG 2002 auszulegen sind. Bei Erfüllung dreier Voraussetzungen steht auch eine erfolgsneutrale Form der Kapitalkonsolidierung, die Methode der Interessenzusammenführung nach § 302 HGB offen, die anschließend erläutert wird. Darstellungen der Alternativen zur Vollkonsolidierung in Form der Quotenkonsolidierung nach § 310 HGB und in Form der Equity-Methode nach § 312 HGB schließen diesen Abschnitt ab.

3.1 Die erfolgswirksamen Verfahren der Vollkonsolidierung nach § 301 HGB

3.1.1 Charakterisierung der Methoden

Die in § 301 HGB zur Wahl gestellten Verfahren zur Vollkonsolidierung von Tochterunternehmen sind beide erfolgswirksame Erwerbsverfahren nach angelsächsischem Vorbild. Im Erstkonsolidierungszeitpunkt, der nach § 301 Abs. 2 HGB unterschiedlich gewählt werden kann (im Buch erläutert in G.3.1.8), werden soweit zulässig

- die in der Bilanz des Tochterunternehmens in den Werten der Vermögensgegenstände und Schulden in Form von Differenzen zwischen Buchwerten und aktuellen Zeitwerten schlummernden stillen Reserven ganz oder teilweise aufgelöst,
- erforderlichenfalls auch stille Lasten als Gegenteil stiller Reserven (überhöhte Buchwerte bei Aktiva und zu geringe Buchwerte bei Passiva) beseitigt, worauf – weil stille Lasten vergleichsweise selten auftreten – im Folgenden nicht näher eingegangen wird (zu Einzelheiten vgl. Dusemond/Weber/Zündorf in: Küting/Weber, Konzernrechnungslegung, 2. Aufl., § 301 Rn. 118-122 und 128-133) und
- bei dem Tochterunternehmen bisher nicht aktivierte, vor allem immaterielle Vermögensgegenstände angesetzt, deren Ansatz bisher ausgeschlossen war, weil sie selbst erstellt waren, die aber mit dem Erwerb der Anteilsmehrheit durch die Mutter implizit von dieser entgeltlich erworben wurden und als solche ansatzpflichtig sind (vgl. Ordelheide, DB 19856, S. 495; von Wysocki/Wohlgemuth, Konzernrechnungslegung, 1996, S. 100; a.A. Biener, DB Beilage 19/1983, S. 9).

Aus den Wertanpassungen und der Aktivierung zusätzlichen Vermögens resultieren in Zukunft veränderte Abschreibungen, Materialaufwendungen oder Erfolge beim Abgang der Gegenstände. Diese Folgen sind gemeint, wenn die Verfahren als erfolgswirksam bezeichnet werden.

Hinsichtlich des Umfangs der stillen Reserven, die durch Wertkorrekturen oder Ansatz zusätzlicher Vermögensgegenstände aufgelöst werden dürfen, sind die Vorstellungen des § 301 HGB nach der Neufassung durch das TransPuG nicht mehr ganz eindeutig.

Klargestellt hat der Gesetzgeber, dass im Rahmen der Neubewertung, bei der vor der Aufrechnung von Beteiligungsbuchwert und anteiligem Eigenkapital und unabhängig vom Umfang des Anteils der Mutter an dem Tochterunternehmen stille Reserven (und stille Lasten) aufgelöst werden, keine Beschränkung auf die Anschaffungskosten der Beteiligung mehr besteht. Das war vor 2002 anders. Damit werden alle stillen Reserven vollständig aufgelöst, auch wenn im Kaufpreis der Anteile diese stillen Reserven nur teilweise oder gar nicht vergütet wurden. Das Vorgehen entspricht dem aktuellen Zeitgeist und den Vorbildern von IFRS und US-GAAP, widerspricht aber dem Anschaffungswertprinzip. Zugleich werden hinsichtlich der stillen Reserven Mehrheit und Minderheit gleich behandelt, obwohl nur die Mehrheit im relevanten Zeitraum Anteile erworben haben muss.

Obwohl die Neubewertungsmethode durch Verzicht auf die Anschaffungskostenobergrenzen einschneidend verändert wurde, hat der Gesetzgeber die Vorschriften zur Buchwertmethode in § 301 HGB unverändert gelassen. Dieses Vorgehen erlaubt verschiedene Interpretationen. Da die Regierungsbegründung zum TransPuG explizit nur auf die "Abschaffung der Anschaffungskostenrestriktion bei der Neubewertungsmethode" abzielte und keine Parallelvorschrift für die Buchwertmethode geschaffen wurde, liegt es nahe, die Buchwertmethode als unverändert anzusehen. Das bedeutet, dass im Rahmen der Buchwertmethode stille Reserven maximal bis zur Höhe der Differenz aus Beteiligungsbuchwert und anteiligem Eigenkapital des Tochterunternehmens auf Buchwertbasis aufgelöst werden dürfen und das auch nur für die Konzernmehrheit, nicht aber für die Minderheit. Der weltweite Trend zur Überwindung der Anschaffungskostenrestriktion und vor allem die Bestrebungen zu verstärkten Annäherungen an die für Europa richtungweisenden IFRS lassen auch eine andere Sichtweise zu, zumal der Gesetzgeber ihr nicht durch Einfügung entsprechender expliziter Verbote entgegengetreten ist. Danach wäre die Anschaffungsrestriktion der aktuellen Mode entsprechend auch bei der Buchwertmethode aufgehoben. Für die Buchwertmethode spezifisch verbliebe dann nur die Eigenschaft, dass stille Reserven nur für die Konzernmehrheit, nicht aber für die Minderheit aufgelöst werden. Obwohl die Argumente für die erstgenannte Interpretation zu überwiegen schienen und sie daher im Folgenden bevorzugt betrachtet werden soll, wird – unter jeweils entsprechendem Hinweis – auch auf die Buchwertmethode "ohne Anschaffungskostenrestriktion" eingegangen, wenn es sich zur Klarstellung anbietet.

3.1.2 Das Auswahlverfahren bei der Auflösung stiller Reserven im Rahmen der Buchwertmethode mit Anschaffungskostenrestriktionen

Soweit im Rahmen der Buchwertmethode die Anschaffungskostenrestriktion als weiterhin gültig angenommen wird, kommt es zu einem Problem, wenn die Restriktion im konkreten Einzelfall relevant wird, weil mehr stille Reserven erworben als im Kaufpreis der Anteile vergütet wurden. Das folgende Beispiel soll das Problem und – da eine explizite Regelung im Gesetz fehlt – seine nach GoB zulässigen Lösungen verdeutlichen.

Das Mutterunternehmen M erwirbt am 31.12.06 eine 80 %-Beteiligung am Tochterunternehmen T, das erstmals zum 31.12.06 in den Konzernabschluss von M einbezogen wird. Die Anschaffungskosten der Beteiligung betragen 800 €, das bilanzielle Eigenkapital von T 900 €, wovon $0,8 \cdot 900 = 720$ € auf M entfallen.

Der Einzelabschluss von T beinhaltet folgende stille Reserven:

Position	Buchwert	Zeitwert	stille Reserven	
			100 %	80 %
Grundstück	100	250	150	120
Maschine	80	150	70	56
selbst entwickeltes und genutztes Patent	-	30	30	24
			250	200

Die stillen Reserven belaufen sich für T insgesamt auf 250 € und für den von M erworbenen Anteil von 80 % auf 0,8 · 250 = 200 €. Nur diese 200 € stille Reserven auf den Konzernanteil dürfen im Rahmen der Buchwertmethode aufgelöst werden. Im Beispiel setzt die Anschaffungskostenrestriktion eine engere Grenze. Danach dürfen stille Reserven nur in dem Umfang aufgelöst werden, in dem die Anschaffungskosten der Beteiligung das anteilige Eigenkapital des Tochterunternehmens übersteigen – im Beispiel also 800 - 720 = 80 €. Das anteilige Eigenkapital von 720 € zuzüglich der aufgelösten stillen Reserven von 80 € entsprechen dann nämlich genau den Anschaffungskosten von 800 €.

Die durch die Anschaffungskostenrestriktion in Fällen, wie sie das Beispiel beschreibt, enger gezogene Grenze verursacht ein Problem. Der Ersteller des Konzernabschlusses muss entscheiden, welche der vorhandenen stillen Reserven er auflöst und welche nicht. Die Entscheidung hat Auswirkungen auf die Bilanzstruktur und auf die Zeitpunkte, zu denen die Erfolgswirkungen eintreten. Wird angenommen, dass der Wert des Grundstücks auf absehbare Zeit nicht voraussichtlich dauerhaft unter 250 € sinkt, so führt die Entscheidung, 80 € stille Reserven beim Grundstück aufzulösen, zu einer speziellen Änderung der Bilanzstruktur und zu einer langfristigen Verschiebung der Erfolgswirkungen. Diese treten nämlich erst ein, wenn das Grundstück veräußert wird. Bei Zuordnung der stillen Reserven von 80 € auf Maschine und Patent hingegen ändern sich andere Teile des Vermögens und die Erfolgswirkungen treten früher ein – teils über den Zeitraum der Abschreibung der Maschine und teils über den Zeitraum der Abschreibung des Patents. Noch rascher wären Erfolgswirkungen zu erwarten, wenn sich die stillen Reserven in den Vorräten verbergen und dort aufgelöst würden.

Mangels gesetzlicher Vorgabe stehen nach GoB verschiedene Verfahren offen, um einen zur vollständigen Auflösung aller stillen Reserven nicht ausreichenden Unterschiedsbetrag aus der Anschaffungskostenrestriktion auf die Bilanzpositionen mit stillen Reserven zu verteilen. Verboten sind nämlich im Grunde nur willkürliche und/oder nicht nachprüfbare Verteilungen. In der Literatur ausdrücklich als zulässige Kriterien der Zuordnung von stillen Reserven werden genannt (vgl. Küting/Zündorf, BB 1985, S. 1306-1309):

- Bedeutung der stillen Reserven, wobei dem Grundsatz der Wesentlichkeit entsprechend zunächst große Einzelbeträge aufgelöst werden – im Beispiel wären die stillen Reserven beim Grundstück aufzulösen,
- Bestimmtheit des Vorhandenseins stiller Reserven – im Beispiel wäre das zu klären; zumindest der "Puffer" zwischen 120 und 80 spräche aber für das Grundstück,

- proportionale Zuordnung nach Buchwerten, Zeitwerten oder vorhandenen stillen Reserven – wird im Beispiel proportional zu den vorhandenen stillen Reserven verteilt, so entfallen 48, 22,4 und 9,6 auf die drei Positionen,
- Liquidierbarkeit mit den Zielen einer möglichst raschen oder späten Auflösung, (im Beispiel wären im ersten Fall die stillen Reserven bei Maschine und Patent aufzulösen, im zweiten Fall bei dem Grundstück).

Das beschriebene Auswahlproblem tritt nicht ein, wenn der Betrag, um den die Anschaffungskosten der Beteiligung das anteilige Eigenkapital des Tochterunternehmens übersteigen, nicht kleiner ist als der Gesamtbetrag der aufdeckungsfähigen, auf den Anteil der Mutter entfallenden stillen Reserven, wenn im Beispiel also die Anschaffungskosten von M für die 80 %-Beteiligung an T 720 + 200 = 920 € erreichen oder übersteigen. Trotz Anschaffungskostenrestriktion können dann nämlich alle stillen Reserven aufgelöst und – soweit die Anschaffungskosten 920 € überschreiten – ein aktiver Geschäftswert angesetzt werden. Das Problem tritt aber auch dann nicht ein, wenn die Anschaffungskostenrestriktion nicht gilt. Dann werden nämlich unabhängig vom Kaufpreis alle stillen Reserven aufgelöst – bei Buchwertmethode 200 und bei Neubewertungsmethode 250 – und die Differenz im Badwill oder Goodwill aufgefangen. Die Buchwertmethode ohne Anschaffungskostenrestriktion führt im ursprünglichen Beispiel zu einem Badwill von 720 + 200 – 800 = 200 – 80 = 120 €.

3.1.3 Buchwert- und Neubewertungsmethode bei 100%igen Beteiligungen

3.1.3.1 Die Buchwertmethode

Die Buchwertmethode verdankt ihren Namen dem Umstand, dass zunächst die Vermögensgegenstände und Schulden aus dem konzerneinheitlich erstellten Einzelabschluss des Tochterunternehmens (Handelsbilanz II) unverändert mit ihren Buchwerten in die Konsolidierung eingebracht werden. Ein aus der Aufrechnung des auf Basis der Buchwerte ermittelten anteiligen Eigenkapitals des Tochterunternehmens und des Beteiligungsbuchwerts resultierender aktivischer Unterschiedsbetrag wird anschließend zunächst auf Vermögensgegenstände und Schulden verteilt (Auflösung stiller Reserven einschließlich des Ansatzes bisher nicht aktivierten Vermögens). Der Unterschiedsbetrag setzt dabei auf einfache Weise die Grenze für die Auflösung stiller Reserven, die noch mit der Anschaffungskostenrestriktion vereinbar ist. Ein nach Auflösung der stillen Reserven verbleibender Unterschiedsbetrag wird als Geschäftswert (Goodwill) im Konzernabschluss ausgewiesen. Eine passivische Aufrechnungsdifferenz (Überschuss des anteiligen Eigenkapitals des Tochterunternehmens über den Beteiligungsbuchwert) führt nach § 301 Abs. 3 HGB zu einem Unterschiedsbetrag aus der Kapitalkonsolidierung auf der Passivseite (Badwill).

Die Kapitalkonsolidierung nach der Buchwertmethode soll anhand eines einfachen Beispiels verdeutlicht werden. Dieses geht von einem Mutterunternehmen M aus, das von einem Tochterunternehmen T 100 % der Anteile besitzt und dieses am Ende des Jahres 06 erstmals in einen Konzernabschluss einbezieht. Die nachfolgende Übersicht zeigt in komprimierter Form von links nach rechts die Einzelbilanz von M, die Einzelbilanz von T mit Buchwerten und – in Klammern – stillen Reserven, die Summenbilanz, die Konsolidierungsbuchungen und die Konzernbilanz.

Beispiel G.1: Erstmalige Konsolidierung nach der Buchwertmethode

	M	T	Summe	Konsolidierung		Konzern
				Soll	Haben	
Übrige Aktiva	1250	450	1700			1700
[stille Reserven]	-	[100]	[100]	(2) 100		100
Geschäftswert	-	-	-	(2) 150		150
Beteiligung an T	500	-	500		(1) 500	-
Unterschiedsbetrag	-	-	-	(1) 250	(2) 250	-
Summe	1750	450	2200			1950
Gezeichnetes Kapital	600	150	750	(1) 150		600
Rücklagen	300	80	380	(1) 80		300
Jahresüberschuss	100	20	120	(1) 20		100
Fremdkapital	750	200	950			950
Summe	1750	450	2200	750	750	1950

Zunächst werden im Konsolidierungsschritt (1) der Beteiligungsbuchwert und das sich aus den – gegebenenfalls konzerneinheitlich angepassten – Buchwerten des Einzelabschlusses des Tochterunternehmens ergebende Eigenkapital aufgerechnet, woraus ein aktivischer Unterschiedsbetrag in Höhe von (500 - (150+100) =) 250 € resultiert.

Danach wird im Schritt (2) der Unterschiedsbetrag in Höhe der stillen Reserven (100 €) auf die Vermögensgegenstände des Tochterunternehmens verteilt. Im Beispiel werden die aufgedeckten stillen Reserven gesondert in der Konzernbilanz ausgewiesen, um die Wirkungen der Methode zu verdeutlichen; tatsächlich findet kein gesonderter Ausweis, sondern eine Zuschreibung zu den betreffenden Aktivpositionen statt. Der verbleibende Betrag von (250 - 100 =) 150 € wird als Geschäftswert aktiviert.

Die Erfolgswirksamkeit der Kapitalkonsolidierung wird erst bei der Folgekonsolidierung zum 31.12.07 deutlich, weil hier wie in allen folgenden Beispielen angenommen wird, dass der Geschäftswert entsprechend der überwiegenden Praxis erst im *"folgenden Geschäftsjahr"* abgeschrieben wird, obwohl er auch im Jahr der erstmaligen Konsolidierung bereits abgeschrieben werden darf (vgl. G.3.1.7).

Im Beispiel G.2 für das Folgejahr wird unterstellt, dass der Jahresüberschuss aus dem ersten Jahr von 20 € in voller Höhe in die Rücklagen des Tochterunternehmens eingestellt wurde (bei Ausschüttung an M käme es wirtschaftlich zu einer Rückzahlung auf den Kaufpreis, der sich in einem niedrigeren Beteiligungsbuchwert niederschlagen sollte, vgl. Dusmond/Weber/Zündorf in: Küting/Weber, Konzernrechnungslegung, 2. Aufl., § 301 Rn. 173). Der beim Tochterunternehmen im Folgejahr erwirtschaftete Jahresüberschuss von 140 € sei noch nicht verwendet worden. Das Mutterunternehmen habe hingegen den Jahresüberschuss des ersten Jahres voll ausgeschüttet und im Folgejahr wiederum einen, noch nicht verwendeten, Jahresüberschuss von 100 € erzielt.

Schließlich wird angenommen, dass der Geschäftswert über 15 Jahre linear abgeschrieben wird und dass die stillen Reserven folgende Vermögensgegenstände betreffen:

- 40 € für Grundstücke, die keiner Abschreibung unterliegen und
- 60 € für eine Maschine, die bei einer Restnutzungsdauer von 3 Jahren linear abgeschrieben wird.

Beispiel G.2: Folgekonsolidierung nach der Buchwertmethode

	M	T	Summe	Konsolidierung		Konzern
				Soll	Haben	
Übrige Aktiva	1250	590	1840			1840
[stille Reserven]	-	[100]	[100]	(2) 100	(3) 20	80
Geschäftswert	-	-	-	(2) 150	(3) 10	140
Beteiligung an T	500	-	500		(1) 500	-
Unterschiedsbetrag	-	-	-	(1) 250	(2) 250	-
Summe	1750	590	2340			2060
Gezeichnetes Kapital	600	150	750	(1) 150		600
Rücklagen	300	100	400	(1) 100		300
Jahresüberschuss	100	140	240	(3) 30		210
Fremdkapital	750	200	950			950
Summe	1750	590	2340	780	780	2060

Die Schritte (1) und (2) entsprechen dem inzwischen allgemeinen Grundsatz der Erstkonsolidierung. Danach wird grundsätzlich auch in den Folgeperioden der Beteiligungsbuchwert mit dem Eigenkapital im Zeitpunkt der erstmaligen Einbeziehung des Tochterunternehmens in den Konzernabschluss verrechnet. Weil aber der Jahresüberschuss der Tochter aus dem Vorjahr von 20 € inzwischen in die Rücklagen eingestellt wurde, wird nicht mehr gegen die beiden Einzelbeträge von 80 und 20, sondern gegen die Rücklage von 100 € aufgerechnet.

Für die ersten beiden Schritte der Kapitalkonsolidierung sind die Wertansätze zum Zeitpunkt der erstmaligen Konsolidierung maßgebend. Dementsprechend werden im T-Abschluss die historischen stillen Reserven zu diesem Zeitpunkt gezeigt. Die dabei aufgelösten Beträge werden in den Konsolidierungsbuchungen sichtbar, während in der Zeit der Konzernzugehörigkeit entstandene stille Reserven auch bei erfolgswirksamer Kapitalkonsolidierung unberücksichtigt bleiben.

Im erfolgswirksamen Konsolidierungsschritt (3) werden die Abschreibungen auf die stillen Reserven (1/3 von 60 = 20 €) und auf den Geschäftswert (1/15 von 150 = 10 €) von den entsprechenden Posten der Konzernbilanz abgesetzt. Der Gesamtbetrag der zusätzlichen

Abschreibungen von (20 + 10 =) 30 € mindert den im Konzernabschluss ausgewiesenen Jahresüberschuss.

In den Beispielen G.1 und G.2 wird die Anschaffungskostenrestriktion nicht wirksam, weil der Kaufpreis über das anteilige Eigenkapital des Tochterunternehmens sämtliche stillen Reserven und einen Geschäftswert (Goodwill) abdeckt. Die dargestellten Konsolidierungsbuchungen entsprechen daher der Buchwertmethode in beiden möglichen Varianten: mit Anschaffungskostenrestriktion und ohne.

Das wäre anders, wenn die Beteiligung an T beispielsweise für 335 € erworben worden wäre und mit diesem Betrag in den Bilanzen von M stünde. Mit Anschaffungskostenrestriktion dürften dann nur 335 - 250 = 85 € stille Reserven aufgelöst werden, was den Erfolg im Jahr 07 um 60 : 3 = 20 mindern würde, wenn die stillen Reserven primär bei der Maschine aufgelöst würden, und um 45 : 3 = 15, wenn die stillen Reserven zunächst voll bei den Grundstücken und nur mit dem Rest bei den Maschinen aufgelöst würden. Ohne Anschaffungskostenrestriktion müssten trotz des niedrigen Kaufpreises alle stillen Reserven von 100 aufgelöst werden. Zum Ausgleich entstünde aber eine passivische Aufrechnungsdifferenz von 335 - 250 - 100 = -15 € als Badwill. Der Erfolg des Jahres 07 würde um 60 : 3 = 20 gemindert.

3.1.3.2 Die Neubewertungsmethode

Bei der Neubewertungsmethode werden entweder schon im Rahmen der Erstellung der Handelsbilanz II (vgl. Dusemond/Weber/Zündorf in: Küting/Weber, Konzernrechnungslegung, 2. Aufl., § 301 Rn. 9) oder in unmittelbarem Anschluss daran vor der Summenbildung und vor der Konsolidierung die in der Bilanz des Tochterunternehmens vorhandenen stillen Reserven aufgedeckt (Handelsbilanz III). Mit dem Wegfall der Anschaffungskostenrestriktion können dabei unabhängig von der Höhe der Anschaffungskosten stets sämtliche vorhandenen stillen Reserven in voller Höhe (einschließlich der im Beispiel nicht relevanten, auf Minderheiten entfallenden Beträge) aufgelöst werden. Die so neubewertete Bilanz des Tochterunternehmens wird in den Beispielen allgemein durch TN gekennzeichnet. Ein nicht durch Auflösung stiller Reserven im Rahmen der Neubewertung aufzufangender aktivischer Unterschiedsbetrag erscheint als Geschäftswert (Goodwill) in der Konzernbilanz und eine gegebenenfalls verbleibende passivische Aufrechnungsdifferenz als Unterschiedsbetrag auf der Passivseite (Badwill).

Übertragen auf die Zahlen des zuvor nach der Buchwertmethode konsolidierten Konzerns ergeben sich die gleichen Konzernabschlüsse, weil im Beispiel die Anschaffungskostenrestriktion nicht relevant wird, die bei der Buchwertmethode nach überwiegender Ansicht zu beachten wäre, bei der Neubewertung aber nicht mehr beachtet werden darf, und weil die Mutter alle Anteile an der Tochter besitzt (keine Minderheiten).

Beispiel G.3: Erstmalige Konsolidierung nach der Neubewertungsmethode

	M	T	TN	Summe M TN	Konsolidierung Soll	Konsolidierung Haben	Konzern
Übrige Aktiva	1250	450	450	1700			1700
[stille Reserven]	-	[100]	100	100			100
Geschäftswert	-	-	-	-	(2) 150		150
Beteiligung an T	500	-	-	500		(1) 500	-
Unterschiedsbetrag	-	-	-	-	(1) 150	(2) 150	-
Summe	1750	450	550	2300			1950
Gezeichnetes Kapital	600	150	150	750	(1) 150		600
Rücklagen	300	80	180[1]	480	(1) 180		300
Jahresüberschuss	100	20	20	120	(1) 20		100
Fremdkapital	750	200	200	950			950
Summe	1750	450	550	2300	650	650	1950

[1] einschließlich "Neubewertungsrücklage" aus der Aufdeckung stiller Reserven

Da der Beteiligungsbuchwert im ersten Konsolidierungsschritt gegen ein Eigenkapital aufgerechnet wird, das als Folge der Auflösung von stillen Reserven vor der Konsolidierung um 100 € angewachsen ist, verbleibt ein um 100 € kleinerer Unterschiedsbetrag von 150 €. Er wird im zweiten Schritt der Konsolidierung in voller Höhe in den Geschäftswert (Goodwill) überführt.

3.1.4 Buchwert- und Neubewertungsmethode bei Vorhandensein von Minderheiten

Bisher wurden die Grundzüge der Methoden der Kapitalkonsolidierung für den Fall einer 100 %-Beteiligung des Mutterunternehmens am Kapital des Tochterunternehmens dargestellt. Häufig tritt jedoch der Fall auf, dass neben dem Mutterunternehmen auch *"andere Gesellschafter"* (so § 307 HGB), in diesem Buch meist als *"Minderheiten"* bezeichnet, am Kapital des Tochterunternehmens beteiligt sind. Hinsichtlich der Übernahme der Vermögensgegenstände und Schulden des Tochterunternehmens in die Konzernbilanz hat das Vorhandensein von Minderheiten bei Vollkonsolidierung keine Konsequenzen: Vermögensgegenstände und Schulden werden entsprechend der Fiktion des Konzerns als wirtschaftliche Einheit voll (und nicht etwa anteilig gemäß dem Kapitalanteil des Mutterunternehmens) übernommen.

Würden Beteiligungsbuchwert und Eigenkapital des Tochterunternehmens wie bei einer 100 %-Beteiligung aufgerechnet, so würden mit der nur anteiligen Beteiligung und dem vollen Eigenkapital zwei nicht vergleichbare Größen gegenübergestellt. Es ist daher nur das anteilige, d. h. dem Beteiligungsprozentsatz des Mutterunternehmens entsprechende Eigenkapital gegen den Beteiligungsbuchwert aufzurechnen.

Der auf die Minderheiten entfallende Anteil des Eigenkapitals des Tochterunternehmens, der Minderheitenanteil, wird dagegen nicht aus dem Konzernabschluss eliminiert. Dieser Betrag darf allerdings nicht unverändert in die Konzernbilanz übernommen werden, da für den Posten *"Eigenkapital des Tochterunternehmens"* in einem auf der Fiktion einer wirtschaftlichen Einheit beruhenden Abschluss kein Platz ist. Aus diesem Grund wird das auf die Minderheiten entfallende Eigenkapital des Tochterunternehmens im Konzernabschluss unter *"Anteile anderer Gesellschafter"*, *"Ausgleichsposten für Anteile anderer Gesellschafter"* oder *"Anteile außenstehender Gesellschafter"* ausgewiesen, obwohl diese Vorgehensweise – wie die Existenz von Minderheiten überhaupt – nicht mit der Einheitstheorie harmoniert.

3.1.4.1 Die Buchwertmethode bei Vorhandensein von Minderheiten

Beispiel G.4: Erstmalige Konsolidierung nach der Buchwertmethode mit Anschaffungskostenrestriktion bei Existenz von Minderheiten

	M	T (80%)	Summe	Konsolidierung Soll	Konsolidierung Haben	Konzern
Übrige Aktiva	1482	450	1932			1932
[stille Reserven]	-	[100]	[100]	(2) 68		68
Geschäftswert	-	-	-			-
Beteiligung an T	268	-	268		(1) 268	-
Unterschiedsbetrag	-	-	-	(1) 68	(2) 68	-
Summe	1750	450	2200			2000
Gezeichnetes Kapital	600	150	750	(1) 120 (3) 30		600
Rücklagen	300	80	380	(1) 64 (3) 16		300
Jahresüberschuss	100	20	120	(1) 16 (3) 4		100
Minderheiten	-	-			(3) 50	50
Fremdkapital	750	200	950			950
Summe	1750	450	2200	386	386	2000

Die Kapitalkonsolidierung bei Vorhandensein von Minderheiten nach der Buchwertmethode soll anhand des durch Modifikation des Beispiels G.1 (vgl. G.3.1.3.1) gewonnenen Beispiels G.4 verdeutlicht werden:

Zunächst wird nun angenommen, dass M zu 80 % an T beteiligt ist. Der Buchwert der Beteiligung an T betrage nun 268 €, wobei die Differenz gegenüber dem obigen Beispiel von 232 € in andere Aktiva investiert wurde, wodurch die übrigen Aktiva von M nun einen

Buchwert von 1482 € aufweisen. Auf der Passivseite von M sowie in der T-Bilanz ergeben sich keine Veränderungen zum obigen Beispiel.

Der Konsolidierungsschritt (1) unterscheidet sich von dem ersten Schritt im Beispiel G.1 insoweit, als nur 80 % der Eigenkapitalpositionen von T einbezogen werden entsprechend dem Anteil von M an T. Der verbleibende Unterschiedsbetrag von 68 reicht nicht aus, um alle auf M entfallenden stillen Reserven bei T (80 % von 100 € = 80 €) aufzulösen. Da die Anschaffungskostenrestriktion gilt, werden im Schritt (2) nur die durch den Kaufpreis gedeckten stillen Reserven von 68 aufgelöst. Der Minderheitenanteil an Kapital, Rücklagen und Gewinn von 20 % wird im Schritt (3) in die Bilanzposition "Anteile anderer Gesellschafter" umgegliedert, hier kurz mit "Minderheiten" umschrieben. Die auf den Anteil der Minderheiten entfallenden stillen Reserven von 68 : 4 = 17 € werden nach dem Charakter der Buchwertmethode nicht aufgedeckt. Insoweit wird der gelegentlich vertretenen Ansicht, auch bei der Buchwertmethode dürften die auf die Minderheiten entfallenden stillen Reserven aufgedeckt werden (vgl. etwa von Wysocki, WPg 1968, S. 180; von Wysocki/Wohlgemuth, Konzernrechnungslegung, 1996, S. 119 f.) hier nicht gefolgt, um die Begriffsverwirrung nicht auf die Spitze zu treiben.

Nach der aus § 301 HGB nicht mehr auszuschließenden Interpretation einer Buchwertmethode ohne Anschaffungskostenrestriktion schillert diese Methode nämlich ohnehin. Bei dieser Interpretation wären unter den im Beispiel G.4 beschriebenen Bedingungen die auf die Mutter entfallenden stillen Reserven von 80 € voll aufzulösen und ein Badwill von 80 - 68 = 12 €

Beispiel G.5: Folgekonsolidierung nach der Buchwertmethode mit Anschaffungskostenrestriktion bei Existenz von Minderheiten

	M	T 80 %	Summe	Konsolidierung Soll	Konsolidierung Haben	Konzern
Übrige Aktiva	1482	590	2072			2072
[stille Reserven]	-	[100]	[100]	(2) 68	(3) 12	56
Geschäftswert	-	-	-			-
Beteiligung an T	268	-	268		(1) 268	-
Unterschiedsbetrag	-	-	-	(1) 68	(2) 68	-
Summe	1750	590	2340			2128
Gezeichnetes Kapital	600	150	750	(1) 120 (4) 30		600
Rücklagen	300	100	400	(1) 80 (4) 20		300
Jahresüberschuss	100	140	240	(3) 12 (4) 28		200
Minderheiten	-	-	-		(4) 78	78
Fremdkapital	750	200	950			950
Summe	1750	590	2340	426	426	2128

zu bilden, wozu auf der Passivseite eine neue Position "*Unterschiedsbetrag aus der Kapitalkonsolidierung*" geschaffen werden müsste.

Beispiel G.5 zeigt die Folgekonsolidierung im Jahr 07. Erneut entsprechen die Konsolidierungsschritte (1) und (2) dem Grundsatz der Erstkonsolidierung, weil Beteiligungsbuchwert und anteiliges Eigenkapital von T wie im Zeitpunkt der erstmaligen Einbeziehung von T aufgerechnet werden. Da der Jahresüberschuss des Tochterunternehmens aus dem Jahr 06 von 20 € inzwischen in die Rücklagen eingestellt wurde, werden allerdings konsequenterweise die Rücklagen um die früheren 64 (Rücklagen 06) + 16 (Jahresüberschuss 06) = 80 € gekürzt. Der Konsolidierungsschritt (3) beruht auf der Annahme, im Rahmen der Erstkonsolidierung seien zunächst die auf M entfallenden stillen Reserven der Grundstücke von 0,8 · 40 = 32 € und der Restbetrag von 68 – 32 = 36 € bei den Maschinen mit 3-jähriger Nutzungsdauer aufgelöst werden. Bei dieser Aufteilung führt die Auflösung stiller Reserven zu Erfolgswirkungen von 32 · 0 + 36 : 3 = 12 €, denen im Schritt (3) Rechnung getragen wird. Der Anteil der Minderheiten von 20 % an Kapital, Rücklagen und Jahresüberschuss des Tochterunternehmens wird schließlich unter (4) in die "Minderheiten" auf der Passivseite umgebucht.

3.1.4.2 Die Neubewertungsmethode bei Vorhandensein von Minderheiten

Anders als bei der Buchwertmethode werden bei Existenz von Minderheiten im Rahmen der Neubewertungsmethode auch die stillen Reserven aufgelöst, die auf die Minderheiten entfallen. Da obendrein die Anschaffungskostenrestriktion für die Neubewertungsmethode nicht mehr gilt, werden die bei dem Tochterunternehmen T insgesamt in der Bilanz verborgenen stillen Reserven von 100 € aufgelöst. Dem wird Rechnung getragen, indem in der Summenspalte die Zahlen der Mutter und der Tochtergesellschaft nach umfassender Neubewertung (alle 100 € stille Reserven und die auf 180 € gewachsenen Rücklagen erscheinen offen in der Bilanz) zusammengefasst werden.

Der Beteiligungsbuchwert wird in Schritt (1) mit dem anteiligen Eigenkapital des Tochterunternehmens aufgerechnet, wobei sich ein passivischer Unterschiedsbetrag ergibt. Er ist entstanden, weil der Kaufpreis der Anteile (Beteiligungsbuchwert) kleiner ist als das anteilige Eigenkapital von T zu Zeitwerten, die stillen Reserven aber trotz des kleineren Kaufpreises voll aufgelöst wurden (keine Anschaffungskostenrestriktion). Im Konsolidierungsschritt (2) werden die Anteile der Minderheiten an Kapital, Rücklagen und Jahresüberschuss in die Position "*Anteile anderer Gesellschafter*" – hier verkürzt Minderheiten – umgegliedert. Da im Rahmen der Neubewertungsmethode auch die auf die Minderheiten entfallenden stillen Reserven von 20 € aufgelöst werden, muss der dort ausgewiesene Betrag entsprechend größer als der bei der Buchwertmethode im Beispiel G.4 angesetzte Betrag sein (70 - 50 = 20).

Beispiel G.6: Erstmalige Konsolidierung nach der Neubewertungsmethode bei Existenz von Minderheiten

	M	T	TN	Summe M TN	Konsolidierung Soll	Konsolidierung Haben	Konzern
Übrige Aktiva	1482	450	450	1932			1932
[stille Reserven]	-	[100]	100	100			100
Geschäftswert	-	-	-	-			-
Beteiligung an T	268	-	-	268		(1) 268	-
Unterschiedsbetrag	-	-	-	-			-
Summe	1750	450	550	2300			2032
Gezeichnetes Kapital	600	150	150	750	(1) 120 (2) 30		600
Rücklagen	300	80	180[1]	480	(1) 144 (2) 36		300
Jahresüberschuss	100	20	20	120	(1) 16 (2) 4		100
Minderheiten	-	-	-	-		(2) 70	70
Fremdkapital	750	200	200	950			950
Unterschiedsbetrag	-	-	-	-		(1) 12	12
Summe	1750	450	550	2300	350	350	2032

[1] einschließlich "Neubewertungsrücklage" aus der Aufdeckung stiller Reserven

Im Rahmen der in Beispiel G.7 dargestellten Folgekonsolidierung nach der Neubewertungsmethode wird in Schritt (1) – wie vom Grundsatz der Erstkonsolidierung vorgegeben – erneut der Beteiligungsbuchwert mit dem anteiligen Eigenkapital zum Zeitpunkt der erstmaligen Konsolidierung aufgerechnet, wobei nur der Thesaurierung des Jahresüberschusses der Tochter aus dem Jahr 06 Rechnung getragen wird. Da alle stillen Reserven von 40 bei den Grundstücken sowie 60 bei den Maschinen aufgelöst wurden und die Maschinen noch 3 Jahre nutzbar sein sollen, entstehen zusätzliche Abschreibungen von 60 : 3 = 20. Die davon auf die Mehrheit entfallenden 80 % (16 €) werden in Schritt (2) zu Lasten des Jahresüberschusses und die auf die Minderheit entfallenden 20 % (4 €) werden in Schritt (4) zu Lasten des Minderheitenanteils verbucht. Schritt (3) dient der Überführung des Anteils der Minderheiten an Kapital, Rücklagen und Jahresüberschuss der Tochtergesellschaft in die Position "*Anteile anderer Gesellschafter*" – hier verkürzt Minderheiten genannt.

Auch wenn die Meinung vorherrscht, dass die Erfolgswirkungen aus der Auflösung stiller Reserven für die Minderheit – im Beispiel G.7 also die Abschreibung von 4 € – das auf die Minderheit entfallende Ergebnis belasten sollen, wodurch sich der Anteil der Minderheiten von 94 € in 70 € Kapital und 28 - 4 = 24 € anteiligen Erfolg aufgliedert, steht diese Ansicht nicht allein. Alternativ wird ein erfolgsneutrales Vorgehen zu Lasten des Anteils der Minderheiten am Kapital bevorzugt. Die 94 € Minderheitenanteil am Ende des Jahres 07 bestünden dann aus 66 € anteiligem Kapital und 28 € anteiligem Erfolg. Nach einer dritten Ansicht sind die auf die Auflösung stiller Reserven für die Minderheiten folgenden Mehraufwendungen nicht der Minderheit, sondern der Mehrheit anzulasten. Im Schritt (4) wäre dann wie im Schritt (2) der Jahresüberschuss der Konzernmehrheit zu belasten gewesen. Er wäre auf 192 € gesunken, während der Minderheitenanteil 98 € betragen hätte (vgl. Weber/Zündorf in: Küting/Weber, Konzernrechnungslegung, 2. Aufl., § 307 Rn. 9).

Beispiel G.7: Folgekonsolidierung nach der Neubewertungsmethode bei Existenz von Minderheiten

	M	T	TN	Summe M TN	Konsolidierung Soll	Konsolidierung Haben	Konzern
Übrige Aktiva	1482	590	590	2072			2072
[stille Reserven]	-	[100]	100	100		(2) 16 (4) 4	80
Geschäftswert	-	-	-	-			-
Beteiligung an T	268	-	-	268		(1) 268	-
Unterschiedsbetrag	-	-	-	-			-
Summe	1750	590	690	2440			2152
Gezeichnetes Kapital	600	150	150	750	(1) 120 (3) 30		600
Rücklagen	300	100	200[1]	500	(1) 160 (3) 40		300
Jahresüberschuss	100	140	140	240	(2) 16 (3) 28		196
Minderheiten	-	-	-	-	(4) 4	(3) 98	94
Fremdkapital	750	200	200	950			950
Unterschiedsbetrag	-	-	-	-		(1) 12	12
Summe	1750	590	690	2440	398	398	2152

[1] einschließlich "Neubewertungsrücklage" aus der Aufdeckung stiller Reserven

3.1.5 Kapitalkonsolidierung im mehrstufigen Konzern

Ein mehrstufiger Konzern liegt dann vor, wenn ein Tochterunternehmen selbst wiederum Mutterunternehmen eines Unternehmens (Enkelunternehmen) ist, wie dies in folgender Beteiligungsstruktur zum Ausdruck kommt:

M —60 %→ T —80 %→ E

Schaubild G.1: Beteiligungsstruktur eines mehrstufigen Konzerns

Das Mutterunternehmen M hält 60 % der Anteile des Tochterunternehmens T und T hält 80 % der Anteile des Enkelunternehmens E.

Selbstverständlich kann auch das Enkelunternehmen seinerseits wieder Mutterunternehmen sein. Aus Gründen der Übersichtlichkeit beschränken sich die nachfolgenden Ausführungen jedoch auf den Fall eines zweistufigen Konzerns.

Für die Konsolidierung mehrstufiger Konzerne stehen grundsätzlich zwei Verfahren zur Verfügung, nämlich

- die Kettenkonsolidierung und
- die Simultankonsolidierung.

3.1.5.1 Die Kettenkonsolidierung

Bei der Kettenkonsolidierung wird, ausgehend von der am weitesten von der Konzernmutter entfernten Teilkonzernmutter (im Beispiel T) und deren Tochtergesellschaft(en) (im Beispiel E), ein Teilkonzernabschluss der untersten Stufe – ggf. auch mehrere – aufgestellt. Dieser wird Stufe für Stufe um die jeweils nächst höhere (Teil-)Konzernmutter erweitert, bis am Ende die Konzernmutter und alle zu konsolidierenden Tochterunternehmen einbezogen sind. Man erhält so für jede Stufe einen Teilkonzernabschluss und im letzten Schritt auf der obersten Stufe den Konzernabschluss.

Anders als im einstufigen ist im mehrstufigen Konzern unsicher, ob die direkten Beteiligungsquoten der Konzernunternehmen aneinander als Grundlage der Konsolidierung herangezogen werden können. Es besteht die Gefahr, dass die indirekten Anteile der Minderheiten nicht zutreffend berücksichtigt werden (im Beispiel die indirekten Anteile der an T beteiligten Minderheiten an E, also 40 % · 80 % = 32 %).

Bei einer eingehenden Analyse stellt sich allerdings heraus, dass die Aufrechnung von Beteiligungsbuchwert und anteiligem Kapital auf Vorstufen auf der jeweils nächsten Stufe nur anteilig berücksichtigt wird, so dass trotz der Beschränkung auf die direkten Anteile die indirekten richtig zum Tragen kommen (vgl. Ewert/Schenk, BB Beilage 14/1993, S. 3 Gleichung (7)). Ansätze – wie etwa die Konsolidierung auf Basis des Bruttokapitals – bei denen indirekte Minderheitenanteile explizit zusätzlich berücksichtigt werden, führen demgegenüber zur verfälschenden Doppelberücksichtigung von indirekten Minderheitenanteilen (vgl. ebenda, Gleichung (8)).

Im Rahmen der erfolgswirksamen Konsolidierung droht – vor allem bei der Buchwertmethode, hinsichtlich des Geschäftswerts auch bei der Neubewertungsmethode – ein zweites Problem.

Bei Anwendung der Buchwertmethode werden auf jeder Stufe in Höhe der aktivischen Differenz zwischen Beteiligungsbuchwert und anteiligem Kapital gemäß direkter Beteiligungsquote stille Reserven aufgedeckt und ggf. ein Geschäftswert angesetzt. Auf der nächsten Stufe aber können an der Teilkonzernmutter der Vorstufe Minderheiten beteiligt sein (im Beispiel halten Minderheiten einen Anteil von 40 % an T).

Es lässt sich darüber streiten, ob in Höhe des Minderheitenanteils an Teilkonzernmüttern Unterschiedsbeträge auf der nächsten Stufe zur Aufdeckung stiller Reserven bzw. zur Bildung entsprechender Geschäftswerte führen dürfen oder nicht (bejahend z.B. Dusemond/Weber/Zündorf in: Küting/Weber, Konzernrechnungslegung, 2. Aufl., § 301 Rn. 250-252; ablehnend z.B. ADS, 6. Aufl., § 301 Tz. 222 u. 227-231).

Nach dem Grundprinzip der Buchwertmethode werden die auf Minderheiten entfallenden stillen Reserven nicht aufgedeckt (vgl. Kapitel G.3.1.4.1). Dieses Prinzip wäre auch auf die indirekten Anteile an stillen Reserven und Geschäftswerten zu übertragen. Allerdings hat die Teilkonzernmutter, an der Minderheiten beteiligt sind, im Beteiligungskaufpreis die auf der Vorstufe aufgedeckten anteiligen stillen Reserven und den Geschäftswert effektiv vergütet. Speziell gemäß der viel geachteten Einheitstheorie müssten diese stillen Reserven und Geschäftswertanteile im Minderheitenanteil erfasst werden. Für beide Standpunkte gibt es also gute Argumente.

Den dargelegten Gründen folgend wird die Kettenkonsolidierung im folgenden Beispiel auf Basis der direkten Beteiligungsquoten erläutert. Das gewählte Verfahren der additiven Kapitalkonsolidierung führt dazu, dass auch die auf die an T beteiligte Minderheit von 40 % entfallenden stillen Reserven bei E aufgedeckt werden.
Soll nach strenger Auslegung der Buchwertmethode die Aufdeckung stiller Reserven für Minderheiten vermieden werden, müssten diese zunächst aufgedeckten stillen Reserven unter Verringerung des Minderheitenanteils wieder aus dem Konzernabschluss herausgerechnet werden. Die entsprechende Korrekturbuchung (vgl. Ewert/Schenk, BB Beilage 14/1993, S. 6) wird nur im Rahmen der Erläuterung des Zahlenbeispiels zur Buchwertmethode angegeben. In der Tabelle des Beispiels G.8 werden die stillen Reserven einschließlich des indirekten Minderheitenanteils und damit ohne diese Korrekturbuchung ausgewiesen.

Bei Anwendung der Neubewertungsmethode wird die beschriebene Problematik zwar in Bezug auf die stillen Reserven vermieden, da hier grundsätzlich auch die auf Minderheiten entfallenden stillen Reserven aufzudecken sind. Bestehen bleibt das Problem aber hinsichtlich eines verbleibenden Geschäftswerts, so dass insoweit auch im Rahmen der Neubewertungsmethode Korrekturbuchungen erforderlich würden.
Gänzlich verzichtet werden kann schließlich auf die Korrekturbuchungen, wenn auf Basis des Nettokapitals konsolidiert wird. Dieses Verfahren wird – anhand der Buchwertmethode – an späterer Stelle im Beispiel G.10 vorgestellt.

Dem angekündigten Beispiel zur Kettenkonsolidierung liegt ein zweistufiger Konzern mit Beteiligungsverhältnissen wie im Schaubild G.1 zugrunde, nur ist zusätzlich M noch direkt mit 20 % an E beteiligt. Zunächst wird die Kettenkonsolidierung anhand der Buchwertmethode mit Aufdeckung der indirekt auf Minderheiten entfallenden stillen Reserven und bei Fortgeltung der Anschaffungskostenrestriktion bezüglich der Auflösung stiller Reserven gezeigt.

Die Konsolidierung auf der Stufe T-E erfolgt entsprechend dem Beispiel G.4 (vgl. G.3.1.4.1). Zu beachten ist, dass hier der Unterschiedsbetrag von (220 - (60+100+15) · 80 % =) 80 € kleiner als die auf T entfallenden stillen Reserven in Höhe von (80 % von 125 =) 100 € ist, so dass die stillen Reserven nur in Höhe von 80 € aufgedeckt werden.

Die Schritte (1a) und (3a) zeigen die Konsolidierung von M und T-E. Im Schritt (1a) resultiert aus der Kapitalaufrechnung ein negativer (bzw. passivischer) Unterschiedsbetrag in Höhe von (110 - (100+90+10) · 60 % =) - 10 €, der auch als solcher in der Konzernbilanz erscheint (zur weiteren Behandlung passivischer Unterschiedsbeträge vgl. G.3.1.7.).

Beispiel G.8: Kettenkonsolidierung nach der Buchwertmethode mit Anschaffungskostenrestriktion

	T	E	Konsolidierung		T-E	M	Konsolidierung		Konzern
	60%	80 %	Soll	Haben			Soll	Haben	
Übrige Aktiva	180	350			530	1600			2130
[stille Reserven]	[80]	[125]	(2) 80		80	-	(2b) 5		85
Geschäftswert	-	-			-	-			-
Beteilig. MT	-	-			-	110		(1a)110	-
Beteilig. ME	-	-			-	40		(1b) 40	-
Beteilig. TE	220	-		(1)220	-	-			-
Unterschiedsbetrag	-	-	(1) 80	(2) 80	-	-	(1b) 5	(2b) 5	-
Summe	400	350			610	1750			2215
Gezeichnetes Kapital	100	60	(1) 48 (3) 12		100	600	(1a) 60 (3a) 40		600
Rücklagen	90	100	(1) 80 (3) 20		90	350	(1a) 54 (3a) 36		350
Jahresüberschuss	10	15	(1) 12 (3) 3		10	50	(1a) 6 (3a) 4		50
Minderheiten	-	-		(3) 35	35	-	(1b) 35	(3a) 80	80
Unterschiedsbetrag	-	-			-	-		(1a) 10	10
Fremdkapital	200	175			375	750			1125
Summe	400	350	335	335	610	1750	245	245	2215

Die Ermittlung des Minderheitenanteils im Schritt (3a) wird von der Tatsache, dass ein passivischer Unterschiedsbetrag entsteht, nicht berührt: Als Minderheitenanteil ist bei der Buchwertmethode immer der Anteil der konzernfremden Gesellschafter am bilanziellen Eigenkapital (gegebenenfalls laut Handelsbilanz II) des Tochterunternehmens auszuweisen.

Im Schritt (1b) wird der Buchwert der Beteiligung von M an E mit dem auf M entfallenden Eigenkapital von E aufgerechnet. Da letzteres bei der Konsolidierung von T und E als Minderheitenanteil ausgewiesen wurde – vgl. Schritt (3) – ist die Sollbuchung auch beim Minderheitenanteil vorzunehmen.

Der Unterschiedsbetrag in Höhe von (40 - 35 =) 5 € wird im Schritt (2b) zur Aufdeckung in den Aktiva von E enthaltener stiller Reserven verwendet.

Sollen die indirekt auf Minderheiten entfallenden stillen Reserven im Konzernabschluss nicht offen ausgewiesen werden (strenge Buchwertmethode), müssen sie durch eine zusätzliche Konsolidierungsbuchung per Minderheitenanteil an stille Reserven (0,4 · 80 =) 32 eliminiert werden. Dadurch vermindern sich die aufgedeckten stillen Reserven auf (48 + 5 =) 53, der Minderheitenanteil auf 48 und die Bilanzsumme auf 2183. Dem aktuellen Modetrend entspricht dieses Vorgehen nicht.

Wird der in Beispiel G.8 nach der Buchwertmethode konsolidierte Konzern alternativ nach der Neubewertungsmethode konsolidiert, kommt es zu Unterschieden, weil die stillen Reserven unabhängig sowohl vom Beteiligungsbuchwert (Anschaffungskostenrestriktion gilt nicht) als auch von der Beteiligungsquote unter Einschluss der Minderheitenanteile aufgelöst werden. Im ersten Schritt werden daher sämtliche stillen Reserven bei E und T aufgedeckt, so dass die Bilanzen EN und TN nach vollständiger Neubewertung entstehen.

Die in den Schritten (1) und (3) durchgeführte Konsolidierung von T und E entspricht der Vorgehensweise im Beispiel G.6 (vgl. G.3.1.4.2). Im Ergebnis entsteht der Teilkonzernabschluss TN – EN, der auf der nächsten Stufe mit M zum Gesamtkonzernabschluss zusammengefasst wird. Das geschieht in drei Schritten.

Im ersten Schritt (1a) wird erneut nach dem Vorbild von Beispiel G.6 und der Konsolidierung von TN mit EN auf der Vorstufe der Beteiligungsbuchwert der Anteile von M an T mit dem anteiligen Eigenkapital von T nach Auflösung aller stillen Reserven von T – erkennbar an den um 80 auf 170 € angewachsenen Rücklagen – aufgerechnet. Da in den Anschaffungskosten nicht alle stillen Reserven vergütet wurden, verbleibt per Saldo ein passivischer Unterschiedsbetrag von 58 €. Die Beteiligung von M an E entspricht dem Anteil, der bei der Konsolidierung von T und E als Minderheitenanteil ausgegliedert wurde. Daher ist im Schritt (1b) der Beteiligungsbuchwert der Anteile von M an E in Höhe von 40 € gegen den Minderheitenanteil von 60 € aus der Teilkonzernbilanz TN – EN aufzurechnen. Als Saldo verbleibt erneut ein passivischer Unterschiedsbetrag von 20 €. Mit Hilfe der unter (3a) erfassten Konsolidierungsbuchung werden schließlich die Anteile der Minderheiten an Kapital, Rücklagen und Jahresüberschuss von T in die Position "*Anteile anderer Gesellschafter*" – hier verkürzt Minderheiten – umgegliedert. Da die stillen Reserven bei T voll in Höhe von 80 € aufgedeckt wurden, übersteigt der Minderheitenanteil von 112 € den im Beispiel G.8 nach der Buchwertmethode ausgewiesenen Betrag um die stillen Reserven, die auf die Minderheiten entfallen, also 0,4 · 80 = 32 €.

Beispiel G.9: Kettenkonsolidierung nach der Neubewertungsmethode ohne Anschaffungskostenrestriktion

	TN	EN	Konsolidierung Soll	Konsolidierung Haben	TN-EN	M	Konsolidierung Soll	Konsolidierung Haben	Konzern
Übrige Aktiva	180	350			530	1600			2130
[stille Reserven]	80	125			205	-			205
Geschäftswert	-	-				-			
Beteilig. MT	-	-				110		(1a) 110	
Beteilig. ME	-	-				40		(1b) 40	
Beteilig. TE	220	-		(1)220		-			
Unterschiedsbetrag	-	-				-			
Summe	480	475			735	1750			2335
Gezeichnetes Kapital	100	60	(1) 48 (3) 12		100	600	(1a) 60 (3a) 40		600
Rücklagen[1]	170	225	(1)180 (3) 45		170	350	(1a) 102 (3a) 68		350
Jahresüberschuss	10	15	(1) 12 (3) 3		10	50	(1a) 6 (3a) 4		50
Minderheiten	-	-		(3) 60	60	-	(1b) 60	(3a) 112	112
Unterschiedsbetrag	-	-		(1) 20	20	-		(1a) 58 (1b) 20	98
Fremdkapital	200	175			375	750			1125
Summe	480	475	300	300	735	1750	340	340	2335

[1] einschließlich "Neubewertungsrücklage" aus der Aufdeckung stiller Reserven

3.1.5.2 Die Simultankonsolidierung

Die Simultankonsolidierung wurde entwickelt, um insbesondere bei vielstufigen Konzernen die Aufstellung von (gesetzlich nicht immer vorgeschriebenen; vgl. D.2.) Teilkonzernabschlüssen zu vermeiden. Bei diesem Verfahren wird der Konzernabschluss vielmehr in einem Schritt ermittelt.

Für den hier betrachteten Fall einseitiger Beteiligungsverhältnisse konnten bei der Kapitalkonsolidierung nach dem AktG 1965 der im Konzernabschluss auszuweisende Konsolidierungsausgleichsposten und der Minderheitenanteil mit Hilfe von Gleichungen ermittelt werden (vgl. Forster/Havermann, WPg 1969, S. 4 f.).

Für die nach geltendem Recht durchzuführende erfolgswirksame Kapitalkonsolidierung sind derartige Gleichungen jedoch nur unter sehr engen Bedingungen anwendbar. Sie unterstellen nämlich, dass die Konsolidierung auf einer Stufe (d. h. die Ermittlung des Unterschiedsbetrags und seine Verteilung) auch von den Unterschiedsbeträgen anderer Stufen beeinflusst wird. Demnach könnte z. B. der auf einer Stufe zur vollständigen Aufdeckung der stillen Reserven fehlende Unterschiedsbetrag durch "überschüssige" Unterschiedsbeträge auf anderen Stufen kompensiert werden. Des Weiteren würden passivische Unterschiedsbeträge mit aktivischen saldiert und so u. U. die Aufdeckungsfähigkeit stiller Reserven beeinträchtigt, wie das Beispiel G.8 zur Buchwertmethode zeigt:

Der simultan ermittelte Gesamtunterschiedsbetrag betrüge
(110 - (60+54+6)) + (40 - (12+20+3)) + (220 - (48+80+12)) = 75 €
und wäre für die Aufdeckung stiller Reserven zu verwenden.

Im Ergebnis entspräche dies einer Verrechnung des passivischen Unterschiedsbetrags (10 €) mit den aufgedeckten stillen Reserven (85 €).

Ein solcher Ausgleich zwischen den Konzernstufen ist jedoch nicht zulässig. Es ist daher fraglich, ob nach den durch das geltende Recht vorgeschriebenen erfolgswirksamen "Erwerbsverfahren" eine simultane Kapitalkonsolidierung überhaupt noch möglich ist (vgl. auch, für den Fall der Saldierung aktivischer und passivischer Unterschiedsbeträge, Dusemond/Weber/Zündorf in: Küting/Weber, Konzernrechnungslegung, 2. Aufl., § 301 Rn. 253-256; sowie allgemein Ewert/Schenk, BB Beilage 14/1993, S. 4).

Zumindest muss der über die Simultankonsolidierung ermittelte Gesamtunterschiedsbetrag in die Teilunterschiedsbeträge der einzelnen Konzernstufen zerlegt werden, um eine korrekte Zuordnung auf stille Reserven, Geschäftswert oder passivischen Unterschiedsbetrag zu gewährleisten.

3.1.6 Kapitalkonsolidierung bei gegenseitigen Beteiligungen

Eine gegenseitige Beteiligung liegt vor, wenn ein in den Konzernabschluss einbezogenes Unternehmen an einem anderen einbezogenen Unternehmen und das letztere wiederum am ersteren beteiligt ist.

Derartige Konstellationen können auf allen Konzernstufen auftreten. Besteht ein gegenseitiges Beteiligungsverhältnis mit der am höchsten stehenden Muttergesellschaft, so handelt es sich um den Sonderfall einer Rückbeteiligung, der konsolidierungstechnisch anders zu behandeln ist als gegenseitige Beteiligungen zwischen den übrigen Konzernunternehmen (vgl. G.1.2).

Neben der Frage, ob eine Rückbeteiligung oder eine "sonstige" gegenseitige Beteiligung vorliegt, ist für die Kapitalkonsolidierung bedeutsam, ob (konzernfremde) Minderheiten Anteile an gegenseitig beteiligten Konzernunternehmen besitzen.

3.1.6.1 Gegenseitige Beteiligungen ohne Minderheitenanteile

Diese Konstellation liegt vor, wenn wie im folgenden Schaubild die Anteile sämtlicher einbezogener Unternehmen, mit Ausnahme der Muttergesellschaft, von einbezogenen Unternehmen gehalten werden.

Schaubild G.2: Beteiligungsstruktur eines Konzerns mit gegenseitigen Beteiligungen ohne Minderheiten

Sofern die Kapitalkonsolidierung nach der Buchwertmethode mit Anschaffungskostenrestriktion erfolgt, ergibt sich aus dem gegenseitigen Beteiligungsverhältnis keine Besonderheit. Die Buchwerte der Beteiligungen von T an E und von E an T werden jeweils mit dem anteiligen Eigenkapital aufgerechnet und die sich ergebenden Unterschiedsbeträge, sofern sie aktivisch sind, auf einzelne Vermögensgegenstände und Schulden sowie gegebenenfalls auf den Geschäftswert verteilt. Die Kapitalkonsolidierung nach der Buchwert- oder Neubewertungsmethode ohne Anschaffungskostenrestriktion ist ebenso problemlos möglich, nur werden vor der Aufrechnung der Beteiligungsbuchwerte mit den entsprechenden anteiligen Eigenkapitalien zunächst die stillen Reserven aufgelöst, nämlich die auf den Konzernanteil entfallenden bzw. sämtliche.

Eine eventuelle Rückbeteiligung von T oder E an M wäre hingegen nicht zu konsolidieren, sondern lediglich umzugliedern und als *"Eigene Anteile"* im Konzernabschluss auszuweisen.

3.1.6.2 Gegenseitige Beteiligungen mit Minderheitenanteilen

Modifiziert man das Schaubild G.2 dahingehend, dass T nur noch zu 80 % an E beteiligt ist, so ergibt sich folgende Beteiligungsstruktur:

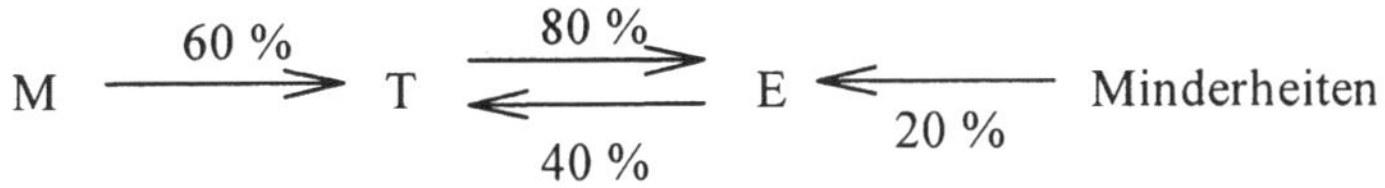

Schaubild G.3: Beteiligungsstruktur eines Konzerns mit gegenseitigen Beteiligungen und Minderheiten

Die als Minderheiten bezeichneten konzernfremden Gesellschafter sind hier mit 20 % direkt an E beteiligt. Daneben sind sie über die Beteiligung von E an T indirekt an T und über die Beteiligung von T an E wiederum indirekt an E beteiligt (und so weiter).

Die effektiven Anteile der Konzernunternehmen und der Minderheiten am Kapital von T und E sind hier nicht mehr unmittelbar ersichtlich. Die Lösung dieses Problems erfolgt mit Hilfe der Matrizenrechnung (vgl. Kloock/Sabel, WPg 1969, S. 196-201; Haase, DB 1969, S. 761-763; Busse von Colbe/Ordelheide, Konzernabschlüsse, 1984, S. 141-147).

Die in der Literatur vorgestellten Verfahren basieren z.T. auf der erfolgsneutralen Konsolidierung nach dem AktG 1965 und konnten daher als Simultankonsolidierung durchgeführt werden. Die Kapitalkonsolidierung nach § 301 HGB erfordert hingegen die Aufspaltung des Gesamtunterschiedsbetrags in die einzelnen Teilunterschiedsbeträge (vgl. G.3.1.5.2). Die Eignung des Matrizenkalküls zur Ermittlung der effektiven Beteiligungsverhältnisse bleibt hiervon freilich unberührt, was anhand der Beteiligungsstruktur gemäß Schaubild G.3 verdeutlicht werden soll:

Bevor die Konsolidierung durchgeführt werden kann, müssen zunächst die effektiven Anteile der Konzernunternehmen und der Minderheiten an T und E berechnet werden (vgl. Kloock/-Sabel, WPg 1969, S. 191-193; Ewert/Schenk, BB Beilage 14/1993, S. 10 f.).

Aus der die direkten Anteile wiedergebenden Verflechtungsmatrix

$$P = \begin{bmatrix} 0 & 0{,}6 & 0 \\ 0 & 0 & 0{,}8 \\ 0 & 0{,}4 & 0 \end{bmatrix}$$

lassen sich die indirekten Anteile auf den verschiedenen Stufen P x P, P x P x P, P x P x P x P usw. errechnen. Letztlich gesucht ist die Summe aller direkten und indirekten Anteile $P + P^2 + P^3 + P^4 + ...$, die sich ergibt als $(E - P)^{-1} - E$. Bezogen auf das gewählte Beispiel gilt:

$$(E - P)^{-1} = \begin{bmatrix} 1 & 15/17 & 12/17 \\ 0 & 25/17 & 20/17 \\ 0 & 10/17 & 25/17 \end{bmatrix}$$

und:

$$(E - P)^{-1} - E = \begin{bmatrix} 0 & 15/17 & 12/17 \\ 0 & 8/17 & 20/17 \\ 0 & 10/17 & 8/17 \end{bmatrix}$$

Die erste Zeile der Matrix gibt die effektiven Anteile des Konzerns an den Gesellschaften an. Die Minderheitenanteile betragen dementsprechend (1 - 15/17 =) 2/17 bei T und (1 - 12/17 =) 5/17 bei E. Während der Konzernanteil an E allein auf T entfällt, ist der Konzernanteil an T von 15/17 entsprechend den direkten Anteilen auf M und E zu verteilen: 60 % von 15/17 = 9/17 entfallen auf M, 40 % von 15/17 = 6/17 entfallen auf E.

Die effektive Beteiligungsstruktur sieht somit folgendermaßen aus:

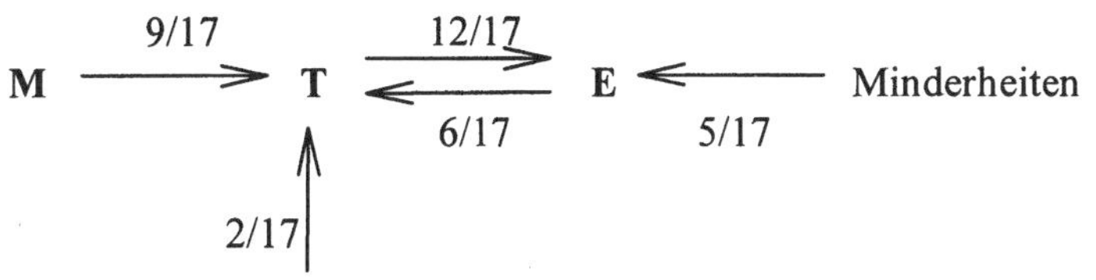

Schaubild G.4: Effektive Beteiligungsstruktur eines Konzerns mit gegenseitigen Beteiligungen und Minderheiten

Basierend auf den Daten des Beispiels G.8 (vgl. G.3.1.5.1) wird die erstmalige Konsolidierung nach der Nettokapitalmethode nachfolgend anhand der Buchwertmethode erläutert. Der Ausweis der Beteiligung an T im E-Abschluss führe zu einer Reduzierung der übrigen Aktiva und der stillen Reserven. Die Aktiva in der Bilanz von M wurden ebenfalls modifiziert, um der fehlenden Beteiligung an E und der geringeren Beteiligungsquote an T Rechnung zu tragen.

Im Schritt (1a) wird der (volle) Beteiligungsbuchwert MT gegen den effektiven Anteil von M am Eigenkapital der T aufgerechnet, der (9/17 · 200 =) 105,88 € beträgt. Da ein passivischer Unterschiedsbetrag resultiert, erübrigt sich die weitere Verteilung der Differenz.

Schritt (1b) zeigt die Konsolidierung der Beteiligung von T an E. Auch hier wird das effektiv auf T entfallende Eigenkapital aufgerechnet, also (12/17 · 175 =) 123,53 €. Die Besonderheit liegt nun darin, dass auch der Beteiligungsbuchwert aufzuspalten ist, denn bei der Nettokapitalmethode sollen nur der Konzern, nicht aber die Minderheiten, am Unterschiedsbetrag teilhaben.

Deshalb wird im Schritt (1b) der effektiv auf den Konzern entfallende Teil des Beteiligungsbuchwerts, hier (15/17 · 220 =) 194,12 €, gegen das auf T entfallende Eigenkapital aufgerechnet. Die aktivische Differenz ist dann im Schritt (2b) zur Aufdeckung stiller Reserven zu verwenden, wobei nur der effektiv auf T entfallende Teil, nämlich (12/17 · 50 =) 35,29 €, aufdeckbar ist. Die verbleibenden 35,30 € werden als Geschäftswert ausgewiesen.

Im Schritt (3b) wird der indirekt auf die Minderheiten entfallende Teil des Beteiligungsbuchwerts TE in Höhe von (2/17 · 220 =) 25,88 € erfolgsneutral gegen den Minderheitenanteil aufgerechnet.

Analog zum eben gesagten wird im Schritt (1c) der Konzernanteil am Beteiligungsbuchwert ET, hier (12/17 · 90 =) 63,53 €, gegen das effektiv auf E entfallende Eigenkapital von T, hier (6/17 · 200 =) 70,59 €, aufgerechnet, was zu einem passivischen Unterschiedsbetrag führt. Der indirekt auf die Minderheiten entfallende Teil des Beteiligungsbuchwerts in Höhe von (5/17 · 90 =) 26,47 € wird gegen den Minderheitenanteil aufgerechnet (3c).

Die Schritte (4a) bzw. (4b) zeigen, wie die Anteile der Minderheiten am Eigenkapital von T bzw. E, die hier (2/17 · 200 =) 23,53 € bzw. (5/17 ·175 =) 51,47 € betragen, in den Minderheitenanteil gebucht werden.

Beispiel G.10: Kapitalkonsolidierung bei gegenseitigen Beteiligungen und Minderheiten mit Hilfe der Nettokapitalmethode auf Basis der Buchwertmethode mit Anschaffungskostenrestriktion

	M	T	E	Konsolidierung Soll	Konsolidierung Haben	Erläuterung	Konzern
Übrige Aktiva	1650	180	260				2090
[stille Reserven]	-	[80]	[50]	(2b) 35,29		12/17 · 50	35,29
Geschäftswert	-	-	-	(2b) 35,30			35,30
Beteiligung MT	100	-	-		(1a)100	17/17 · 100	-
Beteiligung TE	-	220	-		(1b)194,12 (3b) 25,88	15/17 · 220 2/17 · 220	-
Beteiligung ET	-	-	90		(1c) 63,53 (3c) 26,47	12/17 · 90 5/17 · 90	-
Unterschiedsbetrag	-	-	-	(1b) 70,59	(2b) 70,59		-
Summe	1750	400	350				2160,59
Eigenkapital	1000	200	175	(1a)105,88 (1b)123,53 (1c) 70,59 (4a) 23,53 (4b) 51,47		9/17 · 200 12/17 · 175 6/17 · 200 2/17 · 200 5/17 · 175	1000
Minderheiten	-	-	-	(3b) 25,88 (3c) 26,47	(4a) 23,53 (4b) 51,47		22,65
Unterschiedsbetrag	-	-	-		(1a) 5,88 (1c) 7,06		12,94
Fremdkapital	750	200	175				1125
Summe	1750	400	350	568,53	568,53		2160,59

Der Minderheitenanteil errechnet sich also aus den effektiven Anteilen der Minderheiten am bilanziellen Eigenkapital (Bruttokapital), wie er sich aus (4a) und (4b) ergibt, abzüglich der effektiven Anteile an den Beteiligungsbuchwerten gemäß (3b) und (3c). Er kann nach der Nettokapitalmethode auch in einem Schritt ermittelt werden: 2/17 · (200-220) + 5/17 · (175-90) = 22,65.

Besteht eine Rückbeteiligung an der Muttergesellschaft, so stellt sich die Frage, ob die hierdurch entstehende indirekte Beteiligung der Minderheiten am Kapital der Muttergesellschaft im Minderheitenanteil berücksichtigt werden soll oder nicht (vgl. Lanfermann/Stolberg, WPg 1970, S. 354-357; Dusemond/Weber/Zündorf in: Küting/Weber, Konzernrechnungslegung, 2. Aufl., § 301 Rn. 353 und 359-361). Die Berücksichtigung im Minderheitenanteil ist umso eher zu befürworten, je bedeutsamer die Rückbeteiligung für den Konzernabschluss ist.

Die beiden folgenden Beispiele zeigen die Kapitalkonsolidierungen bei gegenseitigen Beteiligungen und Minderheiten mit Hilfe der Nettokapitalmethode, wenn alternativ die Buchwertmethode ohne Anschaffungskostenrestriktion (Beispiel G.11) bzw. die Neubewertungsmethode ohne Anschaffungskostenrestriktion (Beispiel G.12) zugrunde gelegt wird.

Beispiel G.11: Kapitalkonsolidierung bei gegenseitigen Beteiligungen und Minderheiten mit Hilfe der Nettokapitalmethode auf Basis der Buchwertmethode ohne Anschaffungskostenrestriktion

	M	T	E	Konsolidierung		Erläuterung	Konzern
				Soll	Haben		
Übrige Aktiva	1650	180	260			80 · 15/17	2090
stille Reserven	-	70,59	35,29			50 · 12/17	105,88
Geschäftswert	-	-	-	(2b) 35,30			35,30
Beteiligung MT	100	-	-		(1) 100	17/17 · 100	-
Beteiligung TE	-	220	-		(2) 194,12 (3) 25,88	15/17 · 220 2/17 · 220	-
Beteiligung ET	-	-	90		(4) 63,53 (5) 26,47	12/17 · 90 5/17 · 90	-
Unterschiedsbetrag	-	-	-	(2) 35,30	(2a) 35,30		-
Summe	1750	470,59	385,29				2231,18
Eigenkapital	1000	270,59	210,29	(1) 148,24 (2) 158,82 (4) 98,82 (6) 23,53 (7) 51,47		9/17 · 280 12/17 · 225 6/17 · 280 2/17 · 200 5/17 · 175	1000
Minderheiten	-	-	-	(3) 25,88 (5) 26,47	(6) 23,53 (7) 51,47		22,65
Unterschiedsbetrag	-	-	-		(1) 48,24 (4) 35,29		83,53
Fremdkapital	750	200	175				1125
Summe	1750	470,59	385,29	603,83	603,83		2231,18

In beiden Beispielen werden zunächst stille Reserven bei T und E aufgelöst, soweit die Methoden dies verlangen. Bei der Buchwertmethode ohne Anschaffungskostenrestriktion sind die Konzernanteile an den stillen Reserven aufzulösen, bei T also 15/17 von 80 = 70,59 € und bei E 12/17 von 50 = 35,29 €. Im Rahmen der Neubewertungsmethode ohne Anschaffungsrestriktionen müssen sämtliche stille Reserven zu 100 % aufgelöst werden, bei T also 80 € und bei E 50 €. Parallel zur Auflösung der stillen Reserven wachsen die Eigenkapitalien von T und E. Auf Basis der unveränderten Beteiligungsbuchwerte und der unveränderten Anteile aber meist größerer Eigenkapitalien erfolgen dann die Konsolidierungsbuchungen analog zum Beispiel G.10. Soweit gegen Konzernanteile am Kapital von T und E gebucht wird, werden die Beträge stets auf Basis des Eigenkapitals nach vollständiger Auflösung aller stillen Reserven berechnet. Für die Minderheitenanteile dagegen wird nur bei der Neubewertungsmethode von diesen Eigenkapitalien ausgegangen. Die Buchwertmethode stützt sich hier auf die Eigenkapitalien vor Auflösung stiller Reserven. Die Methodenänderungen führen zu einleuchtenden Konsequenzen. Durch Aufhebung der Anschaffungskostenrestriktion bei der Buchwertmethode wachsen die aufgelösten stillen Reserven und der passive Unterschiedsbetrag (Badwill) um je 70,59 € an. Der Wechsel zur Neubewertungsmethode lässt die aufgelösten stillen Reserven um weitere 24,12 € ansteigen, jetzt allerdings zu Gunsten eines entsprechend größeren Anteils der Minderheiten.

Beispiel G.12: Kapitalkonsolidierung bei gegenseitigen Beteiligungen und Minderheiten mit Hilfe der Nettokapitalmethode auf Basis der Neubewertungsmethode ohne Anschaffungskostenrestriktion

	M	T	E	Konsolidierung		Erläuterung	Konzern
				Soll	Haben		
Übrige Aktiva	1650	180	260				2090
stille Reserven	-	80	50				130
Geschäftswert	-	-	-	(2a) 35,30			35,30
Beteiligung MT	100	-	-		(1) 100	17/17 · 100	-
Beteiligung TE	-	220	-		(2) 194,12 (3) 25,88	15/17 · 220 2/17 · 220	-
Beteiligung ET	-	-	90		(4) 63,53 (5) 26,47	12/17 · 90 5/17 · 90	-
Unterschiedsbetrag	-	-	-	(2) 35,30	(2a) 35,30		-
Summe	1750	480	400				2255,30
Eigenkapital	1000	280	225	(1) 148,24 (2) 158,82 (4) 98,82 (6) 32,94 (7) 66,18		9/17 · 280 12/17 · 225 6/17 · 280 2/17 · 280 5/17 · 225	1000
Minderheiten	-	-	-	(3) 25,88 (5) 26,47	(6) 32,94 (7) 66,18		46,77
Unterschiedsbetrag	-	-	-		(1) 48,24 (4) 35,29		83,53
Fremdkapital	750	200	175				1125
Summe	1750	480	400	627,95	627,95		2255,30

3.1.7 Die Behandlung des Geschäftswerts

Ein nicht durch Auflösung stiller Reserven (Aufwertung von Vermögen, Abwertung von Schulden oder Ansatz bisher nicht aktivierbarer immaterieller Anlagen) kompensierter aktivischer Unterschiedsbetrag gem. § 301 Abs. 3 HGB ist bei der erstmaligen Konsolidierung in der Konzernbilanz als Geschäftswert (Goodwill) auszuweisen.

Der Geschäftswert kann im Einzelnen folgende Sachverhalte wiedergeben (vgl. Wöhe, StuW 1980, S. 99):

- Werte, die weder im Einzelabschluss noch im Konzernabschluss bilanzierungsfähig sind (z. B. Kundenstamm, effiziente Organisation, gutes Management),
- Synergieeffekte aus einer besonders effizienten Kombination von Vermögensgegenständen,
- das Entgelt für den Besitz des erworbenen Unternehmens als solches (etwa dafür, dass dieses nicht mehr als Konkurrent auftritt).

Allerdings besteht auch die Möglichkeit, dass der Geschäftswert eine Überzahlung oder eine Überbewertung der im Tausch erbrachten Gegenleistung ausdrückt.

Bei den Folgekonsolidierungen lässt der Gesetzgeber gem. § 309 Abs. 1 HGB drei Möglichkeiten der Behandlung des Geschäftswerts zu, nämlich die pauschale Abschreibung gemäß S. 1, die planmäßige Abschreibung gemäß S. 2 und die Verrechnung mit den Rücklagen gemäß S. 3.

Die pauschale Abschreibung gemäß § 309 Abs. 1 S. 1 HGB erlaubt, den Geschäftswert *"in jedem folgenden Geschäftsjahr zu mindestens einem Viertel"* abzuschreiben. Es handelt sich hierbei in zweifacher Hinsicht um eine Mindestvorschrift, nämlich sowohl hinsichtlich des Abschreibungsbeginns als auch der Abschreibungshöhe pro Periode. Zwar muss mit der Abschreibung erst in dem der Erstkonsolidierung folgenden Geschäftsjahr begonnen werden, eine Abschreibung im Jahr der Erstkonsolidierung ist aber auch zulässig (vgl. Ordelheide in: Beck HdR, C 402, Rz 32; SABI 2/1988, WPg 1988, S. 623). Ferner darf auch ein höherer Abschreibungssatz als 25 % gewählt werden. Wenn dieser wesentlich höher liegt, wäre er allerdings zu begründen (vgl. Weber/Zündorf in: Küting/Weber, Konzernrechnungslegung, 2. Aufl., § 309 Rn. 20).

Als zweite Möglichkeit steht den Unternehmen gem. § 309 Abs. 1 S. 2 HGB die planmäßige Abschreibung über die voraussichtliche Nutzungsdauer des Geschäftswerts offen. Diese Vorschrift ermöglicht, im Vergleich zur relativ kurzen Frist bei der ersten Möglichkeit, eine deutliche Verlängerung der Abschreibungsdauer, wobei allerdings Schwierigkeiten bei der Bestimmung der Nutzungsdauer im Einzelfall bestehen. Dementsprechend groß ist die Bandbreite der in der Praxis festgelegten Nutzungsdauern bei Wahl dieser Möglichkeit. Eine Untersuchung deutscher Konzernabschlüsse für das Geschäftsjahr 1989 zeigte Nutzungsdauern von bis zu 40 Jahren (vgl. Treuarbeit, Konzernabschlüsse, 1990, S. 72 f.). Die steuerliche Abschreibungsdauer von 15 Jahren (§ 7 Abs. 1 S. 3 EStG) gilt seit der Abschaffung von § 308 Abs. 3 HGB als willkürlich. Sie darf folglich der Goodwillabschreibung im Konzernabschluss nach HGB nur zugrunde gelegt werden, wenn sie – wie im Buch vereinfachend unterstellt – der geschätzten wirklichen Nutzungsdauer entspricht. Auch muss die planmäßige Abschreibung mit dem Zeitpunkt des Zugangs des Goodwill ansetzen und bei Zugang im Geschäftsjahr anteilig erfolgen.

Während die beiden erstgenannten Möglichkeiten von der Behandlung eines Geschäftswerts im Einzelabschluss bekannt sind (vgl. § 255 Abs. 4 S. 2 u. 3 HGB), gilt die dritte Möglichkeit gem. § 309 Abs. 1 S. 3 HGB lediglich für einen sich im Rahmen der Kapitalkonsolidierung ergebenden Geschäftswert.

Nach dieser Variante kann ein aktivischer Geschäftswert statt erfolgswirksam abgeschrieben zu werden auch erfolgsneutral mit den Rücklagen verrechnet werden. Dabei wird es auch für zulässig gehalten, den Geschäftswert nicht sofort in voller Höhe, sondern verteilt über mehrere Perioden zu verrechnen (vgl. Förschle/Hoffmann in: Beck Bil-Komm., 6. Aufl., § 309 Anm. 21; Ordelheide in Beck HdR, C 402, Rz 36; aA SABI 2/1988, WPg 1988, S. 624; Weber/Zündorf in: Küting/Weber, Konzernrechnungslegung, 2. Aufl., § 309 Rn. 35; WP-Handbuch, Band I, M Tz. 379).

Legt man bei der Verrechnung über mehrere Perioden die im Fall der Abschreibung zu wählende Nutzungsdauer zugrunde, so führt die Verrechnung hinsichtlich des Vermögensausweises zum gleichen Ergebnis wie die Abschreibung. Ein Unterschied ergibt sich nur beim Erfolgsausweis.

Die Wahl einer der drei obigen Alternativen ist für jeden Geschäftswert gesondert zu treffen, wobei eine einmal gewählte Alternative dem Gebot der Stetigkeit unterliegt. Ein Alternativenwechsel ist somit nur in begründeten Ausnahmefällen zulässig, was insbesondere beim Wechsel von erfolgswirksamer Abschreibung zu erfolgsneutraler Verrechnung schwer sein dürfte.

Soweit der Beteiligungsbuchwert niedriger als das anteilige Eigenkapital des Tochterunternehmens ist, entsteht ein passivischer Unterschiedsbetrag aus der Kapitalkonsolidierung, der gem. § 301 Abs. 3 S. 1 HGB in der Konzernbilanz auszuweisen ist.

Ein solcher passivischer Geschäftswert oder Geschäftsminderwert (Badwill) kann entweder auf im bilanziellen Eigenkapital nicht zum Ausdruck kommende negative Ertragserwartungen beim Tochterunternehmen oder auf einen besonders niedrigen Kaufpreis der Beteiligung, d.h. einen sogenannten *"lucky buy"*, zurückzuführen sein (vgl. Sahner, Kapitalkonsolidierung, 1983, S. 44; Niehus, WPg 1984, S. 324).

Die erfolgswirksame Auflösung eines passivischen Unterschiedsbetrags lässt der Gesetzgeber nur unter bestimmten Bedingungen zu.

Für den Fall negativer Ertragserwartungen ist – entsprechend der Auflösung von Rückstellungen – gem. § 309 Abs. 2 Nr. 1 HGB eine Auflösung vorzunehmen, soweit die *"erwartete ungünstige Entwicklung der künftigen Ertragslage (...) eingetreten ist oder (...) erwartete Aufwendungen zu berücksichtigen sind"*.

Für den Fall eines *"lucky buy"* erlaubt § 309 Abs. 2 Nr. 2 HGB die erfolgswirksame Auflösung des passivischen Unterschiedsbetrags nur, wenn *"feststeht, dass er einem realisierten Gewinn entspricht"*. Dieser Fall ist streng genommen erst dann denkbar, wenn die Beteiligung veräußert wird oder wenn zumindest eine feste Veräußerungsabsicht besteht (vgl. SABI 2/1988, WPg 1988, S. 624).

Schließlich besteht gemäß § 301 Abs. 3 S. 3 HGB noch die Möglichkeit, passivische und verbleibende aktivische Unterschiedsbeträge aus der Kapitalkonsolidierung gegeneinander aufzurechnen.

3.1.8 Der Basiszeitpunkt der Kapitalkonsolidierung

In den bisherigen Beispielen wurde unterstellt, dass das Mutterunternehmen seine Beteiligung an dem Tochterunternehmen am Stichtag der Aufstellung des Konzernabschlusses erworben hat. Wird die Beteiligung hingegen zu irgendeinem Zeitpunkt während des Geschäftsjahres erworben, so stellt sich die Frage, welcher Zeitpunkt bei der Aufrechnung von Beteiligungsbuchwert und anteiligem Eigenkapital als Basiszeitpunkt zugrunde gelegt werden soll. Nach der Erwerbsfiktion wäre dies der Zeitpunkt des Erwerbs der Beteiligung.

Damit keine Zwischenabschlüsse aufgestellt werden müssen, wenn Erwerbszeitpunkt und Abschlussstichtag des Tochterunternehmens voneinander abweichen (von der Problematik eines Abweichens der Abschlussstichtage von Tochterunternehmen und Konzern sei hier abgesehen, vgl. dazu C. 3.5), lässt der Gesetzgeber jedoch neben dem Erwerbszeitpunkt auch den Zeitpunkt der erstmaligen Einbeziehung des Tochterunternehmens in den Konzernabschluss als Basis für die Ermittlung der aufzurechnenden Größen zu (vgl. § 301 Abs. 2 HGB).

Für den Fall, dass die Beteiligung nicht durch eine einzige Transaktion, sondern sukzessive erworben wurde, sieht § 301 Abs. 2 HGB zusätzlich die Möglichkeit vor, *"den Zeitpunkt, zu dem das Unternehmen Tochterunternehmen geworden ist"*, zugrunde zu legen.

Insbesondere bei einem sukzessiven Beteiligungserwerb, der sich über einen langen Zeitraum erstreckt, kann die Frage des Basiszeitpunkts der Konsolidierung sehr bedeutsam sein. Erfolgt die Kapitalaufrechnung global, entweder bezogen auf den Zeitpunkt des Entstehens des Mutter-Tochter-Verhältnisses oder der erstmaligen Einbeziehung in den Konzernabschluss, so werden u. U. Größen gegenübergestellt, die nicht miteinander vergleichbar sind. Denn wenn sich das Eigenkapital des Tochterunternehmens seit dem Erwerb der Anteile, etwa durch Gewinnthesaurierungen, geändert hat, werden auch diese Eigenkapitaländerungen in die Konsolidierung einbezogen und gehen – wie bei der Stichtagskonsolidierung – im Unterschiedsbetrag unter (vgl. Dreger, Konzernabschluss, 1969, S. 78; Schindler, Kapitalkonsolidierung, 1986, S. 186).

Beispiel G.13: Kapitalkonsolidierung mit unterschiedlichen Basiszeitpunkten

Das Unternehmen M hat zu drei verschiedenen Zeitpunkten Anteile am Unternehmen T erworben. Erwerbszeitpunkt, Beteiligungsquote und Anschaffungskosten der jeweiligen Anteile können der nachfolgenden Übersicht in den Spalten 1-3 entnommen werden. Spalte 4 zeigt das bilanzielle Eigenkapital von T, das sich bei Aufstellung eines Zwischenabschlusses zum jeweiligen Erwerbszeitpunkt ergeben hätte, und Spalte 5 das anteilige Eigenkapital (bezogen auf die einzelne Tranche und kumuliert). Die Spalten 6 und 7 zeigen die im T-Abschluss

enthaltenen stillen Reserven insgesamt und soweit sie auf die jeweilige M-Beteiligung entfallen (bezogen auf die einzelne Tranche und kumuliert).
Die letzte Zeile zeigt die Verhältnisse am Stichtag des Konzernabschlusses, dem Zeitpunkt der erstmaligen Konsolidierung.

Zum Tochterunternehmen wurde T mit dem Erwerb der dritten Tranche durch M.

Zeitpunkt	Beteiligungsquote	AK	EK	anteiliges EK	stille Reserven	anteilige stille Reserven
01.03.06	20 %	90	400	80	100	20
01.08.06	20 %	125	450	90/180	100	20/40
01.11.06	25 %	185	480	120/312	100	25/65
31.12.06	65 %	400	500	325	100	65

Die drei gesetzlichen Alternativen zum Basiszeitpunkt der Kapitalkonsolidierung werden nun anhand der Buchwertmethode mit Anschaffungskostenrestriktion dargestellt.

Bei Zugrundelegung des Zeitpunkts des Erwerbs der Anteile (exakte Methode) ist für den Fall eines Erwerbs der Beteiligung in Tranchen eine schrittweise Konsolidierung, das sogenannte step-by-step-Verfahren, vorzunehmen (vgl. Dreger, Konzernabschluss, 1969, S. 77-80; Schindler, Kapitalkonsolidierung, 1986, S. 184-188).

Nach diesem Verfahren werden die drei Tranchen jeweils für sich konsolidiert, indem die Anschaffungskosten der Tranchen mit dem auf sie entfallenden Teil des Eigenkapitals im Erwerbszeitpunkt aufgerechnet werden. Der Unterschiedsbetrag aus der Kapitalkonsolidierung und dessen Aufteilung auf stille Reserven und den Geschäftswert ergeben sich als Summe aus den drei Teilkonsolidierungen.

Die schrittweise Konsolidierung führt zu folgendem Ergebnis:

Zeitpunkt	Unterschiedsbetrag	aufgedeckte stille Reserven	Geschäftswert
01.03.06	10	10	-
01.08.06	35	20	15
01.11.06	65	25	40
Summe	110	55	55

Die Zugrundelegung eines einheitlichen Zeitpunkts – entweder das Datum des Entstehens des Mutter-Tochter-Verhältnisses (01.11.06) oder das Datum der erstmaligen Einbeziehung (31.12.06) – führt zu folgenden Ergebnissen:

Zeitpunkt	Unterschiedsbetrag	aufgedeckte stille Reserven	Geschäftswert
01.11.06	88	65	23
31.12.06	75	65	10

Ein Vergleich der beiden zuletzt genannten Basiszeitpunkte zeigt, dass der Zeitpunkt der Erstkonsolidierung zu einem um 13 € niedrigeren Unterschiedsbetrag führt, was sich in der

Konzernbilanz in einem entsprechend niedrigeren Geschäftswert niederschlägt. Die Differenz lässt sich dadurch erklären, dass bei der Wahl des Erstkonsolidierungszeitpunkts auch die zwischenzeitlichen anteiligen Eigenkapitalsteigerungen in Höhe von (65 % von (500-480) =) 13 € in die Kapitalkonsolidierung einbezogen werden und den Unterschiedsbetrag im Vergleich zum Zeitpunkt des Entstehens des Mutter-Tochter-Verhältnisses entsprechend vermindern.

Die schrittweise Konsolidierung führt, da sie auch die anteiligen Eigenkapitalsteigerungen vom ersten und zweiten Erwerb bis zur Entstehung des Mutter-Tochter-Verhältnisses nicht in die Kapitalkonsolidierung einbezieht, zu einem noch höheren Unterschiedsbetrag.

Daneben führt diese Methode jedoch auch zu einer anderen Verteilung des Unterschiedsbetrages. Hier werden nämlich nur stille Reserven in Höhe von 55 € statt 65 € bei den beiden anderen Varianten aufgedeckt. Dies ist darauf zurückzuführen, dass bei der ersten Tranche die anteiligen stillen Reserven nicht voll bezahlt wurden und folglich nicht voll aufgedeckt werden konnten: Ein Ausgleich durch "überschüssige" Unterschiedsbeträge bei anderen Tranchen ist bei der schrittweisen Konsolidierung nicht möglich. Legt man dagegen einen einheitlichen Basiszeitpunkt zugrunde, so kommt es zu einem derartigen Ausgleich. Diese Ungenauigkeit erscheint freilich hinnehmbar, da insbesondere bei Erwerb der Beteiligung in sehr vielen Tranchen und über einen langen Zeitraum hinweg die schrittweise Konsolidierung sehr aufwendig, wenn nicht sogar mangels ausreichender Daten unmöglich ist.

3.1.9 Die Endkonsolidierung

Die Endkonsolidierung eines einbezogenen Unternehmens ist durchzuführen, wenn es aus dem Konsolidierungskreis ausscheidet oder von einem "härteren" in einen "weicheren" Teil des Konsolidierungskreises wechselt (z. B. beim Übergang von der Vollkonsolidierung zur Equity-Methode). Dieser letztgenannte Fall wird nachfolgend allerdings nicht behandelt (vgl. dazu Ordelheide, BB 1986, S. 770-772; Dusemond/Weber/Zündorf in: Küting/Weber, Konzernrechnungslegung, 2. Aufl., § 301 Rn. 386-388).

Im Einzelabschluss des beteiligten Unternehmens führt der Verkauf der Beteiligung zu einem Erfolg in Höhe der Differenz aus den Veräußerungserlösen und dem Beteiligungsbuchwert als dem Abgangswert im Einzelabschluss. Sofern zwischenzeitlich keine außerplanmäßigen Abschreibungen und Zuschreibungen und auch keine Kapitalerhöhungen oder -herabsetzungen durchgeführt wurden, entspricht der Beteiligungsbuchwert den Anschaffungskosten der Beteiligung, die somit bei Veräußerung zu Aufwendungen werden.

In den Konzernabschluss kann dieser Veräußerungserfolg nicht unverändert übernommen werden, da bei erfolgswirksamer Kapitalkonsolidierung der Konzernabgangswert der Beteiligung in zweifacher Hinsicht zu modifizieren ist.

Zunächst ist zu berücksichtigen, dass im Konzernabschluss ein Teil der Anschaffungskosten der Beteiligung schon während der Zeit der Konzernzugehörigkeit des Tochterunternehmens in die Aufwendungen einbezogen worden sein kann, so dass insoweit der Veräußerungserfolg aus Konzernsicht höher ausfällt (vgl. Ordelheide, BB 1986, S. 767). Hierbei handelt es sich um die Erfolgswirkungen aus der Kapitalkonsolidierung, also den eventuell abgeschriebenen Geschäftswert aus der erstmaligen Konsolidierung und um im Rahmen der erstmaligen Konsolidierung aufgedeckte stille Reserven, die durch Abschreibung, Verbrauch oder Abgang erfolgswirksam aufgelöst wurden.

Zusätzlich wurden Rücklagenänderungen und noch nicht verwendete Ergebnisse des Tochterunternehmens aus der Zeit seiner Konzernzugehörigkeit bereits im Konzernabschluss berücksichtigt, während sie in den Einzelabschluss des Mutterunternehmens nicht eingingen, was z. B. im Fall von Rücklagendotierungen zu einer Minderung des Veräußerungserfolgs aus Konzernsicht führt (vgl. Schindler, Kapitalkonsolidierung, 1986, S. 230).

Die Endkonsolidierung nach der Buchwertmethode soll nun auf der Grundlage des Beispiels G.5 (vgl. G.3.1.4.1) vorgeführt werden. Es wird angenommen, dass M seine Beteiligung an T am 31.12.07 zum Preis von 600 € veräußert. Den daraus resultierenden Einzelabschluss von M zeigt die erste Spalte von links. Den Ausgangspunkt der Endkonsolidierung bildet – neben dem Einzelabschluss von T – der aus Beispiel G.5 entnommene (vorläufige) Konzernabschluss KV zum 31.12.07 unter Einbeziehung von T, von dem aus man durch die Endkonsolidierungsbuchungen zum Konzernabschluss ohne T gelangt (zur Vorgehensweise vgl. Ordelheide, BB 1986, S. 769 f.; Schindler, Kapitalkonsolidierung, 1986, S. 234; Dusemond/Weber/Zündorf in: Küting/Weber, Konzernrechnungslegung, 2. Aufl., § 301 Rn. 369).

Im Schritt (1) wird der Veräußerungserfolg aus Konzernsicht durch die Gegenüberstellung von zufließenden Veräußerungserlösen und dem auf den Konzern entfallenden (anteiligen) Abgangswert von T ermittelt. Der anteilige Abgangswert entspricht der Summe der auf den Konzern entfallenden einzelnen Aktiv- und Passivposten von T, wie sie sich aus dem Konzernabschluss ergeben, weil der Endkonsolidierung die Fiktion des Einzelabgangs der Positionen zugrunde liegt (vgl. Ordelheide, BB 1986, S. 766 f.).

Im Beispiel setzt sich der Konzernabgangswert aus folgenden Komponenten zusammen:

	anteilige übrige Aktiva (80 % von 590)	472
+	noch nicht abgeschriebene stille Reserven	+ 56
+	noch nicht abgeschriebener Geschäftswert	+ 0
-	anteilige Schulden (80 % von 200)	- 160
		368

(Ausgehend von der Neubewertungsmethode (Beispiel G.7) würde die Endkonsolidierung wegen der Mehrabschreibungen auf die umfangreichen stillen Reserven – 16 statt 12 – und des Badwills zu einem niedrigeren Abgangswert von 364 und damit einem höheren Veräußerungsgewinn von 236 führen, der aber zusammen mit dem geringeren Konzernergebnis vor Endkonsolidierung von 196 ebenfalls 432 ergäbe.)

Schritt (2) zeigt die Endkonsolidierung des Minderheitenanteils, der im Beispiel dem auf die Minderheiten entfallenden Abgangswert von T entspricht. Die Neubewertungsmethode hätte einen um die noch nicht aufgelösten stillen Reserven der Minderheiten, hier also 16 €, höheren Minderheitenanteil bewirkt. Diesem stände freilich ein um den gleichen Betrag höherer auf die Minderheiten entfallender Abgangswert von 78 + 16 = 94 gegenüber.

Beispiel G.14: Endkonsolidierung nach der Buchwertmethode

	M	T	KV	Endkonsolidierung		Konzern
				Soll	Haben	
Übrige Aktiva	2082	590	2072	(1) 600	(1) 472 (2) 118	2082
[stille Reserven]	-	-	56		(1) 56	-
Geschäftswert	-	-	-			-
Summe	2082	590	2128			2082
Gezeichnetes Kapital	600	150	600			600
Rücklagen	300	100	300			300
Jahresüberschuss	432[1]	140	200		(1) 232	432[2]
Minderheiten	-		78	(2) 78		-
Fremdkapital	750	200	950	(1) 160 (2) 40		750
Summe	2082	590	2128	878	878	2082

[1] davon Veräußerungsgewinn (600 – 268) = 332
[2] davon Veräußerungsgewinn 232

Da hier aus Vereinfachungsgründen nur noch M in den Konzernabschluss einbezogen wird, gleicht die Konzernbilanz der Einzelbilanz von M. Ein Unterschied ergibt sich jedoch wegen der abweichenden Veräußerungserfolge zwischen der Konzern-GuV und der Einzel-GuV.

Außerdem kommt es zu hier nicht sichtbaren Unterschieden bei der Erstellung des Anlagengitters (vgl. Ordelheide in: Beck HdR, C 403, Rz 3-5; Dusemond/Weber/ Zündorf in: Küting/Weber, Konzernrechnungslegung, 2. Aufl., § 301 Rn. 373 f.).

3.1.10 Kritik

Die Ausgestaltung der Kapitalkonsolidierung nach § 301 HGB als Erstkonsolidierung ist positiv zu beurteilen (vgl. G.3.1.3.1 – Erläuterung des Beispiels G.2).

Hinsichtlich der Erfolgswirksamkeit kann ein derart eindeutiges Urteil nicht gefällt werden.

Vor dem Hintergrund der vom Gesetzgeber fingierten wirtschaftlichen Einheit des Konzerns kann die Erwerbsfiktion als konsequent gelten: Das Tochterunternehmen geht eben nicht in Form einer abstrakten Beteiligung, sondern mit seinen einzelnen Vermögensgegenständen und Schulden in den Konzernabschluss ein, und folglich findet aus Konzernsicht auch ein

Erwerb dieser einzelnen Positionen statt (vgl. Lutter/Rimmelspacher, DB 1992, S. 487-490). Dieser grundsätzlich positive Ansatz ist jedoch mit erheblichen Problemen verbunden.

Zunächst lassen sich die den einzelnen Positionen beizulegenden Werte keineswegs eindeutig ermitteln, da verlässliche Markt- oder Börsenpreise nicht immer existieren. Dieses Problem mag zwar durch detaillierte Bewertungsgutachten gemildert werden, eine zweifelsfreie Ermittlung stiller Reserven wird aber kaum möglich sein. Dies gilt in besonderem Maße, wenn Erwerbszeitpunkt und Basiszeitpunkt der Kapitalkonsolidierung auseinanderfallen. Daneben stellt sich bei einem zur Aufdeckung aller – wie auch immer ermittelten – stillen Reserven nicht ausreichenden Unterschiedsbetrag die Frage der Zuordnung.

Der grundsätzlich positive Einfluss der Erwerbsmethode auf die Darstellung der Vermögenslage wird somit durch Ungenauigkeiten beeinträchtigt.

Diese Ungenauigkeiten wirken aber nicht nur auf den Vermögensausweis. Über die spätere Abschreibung der stillen Reserven verzerren sie auch den Erfolgsausweis. Insbesondere letzteres kann bewusst als Instrument der Konzernbilanzpolitik eingesetzt werden, zumal Wahlrechte zwischen erfolgswirksamer und erfolgsunwirksamer Behandlung eingeräumt werden.

Insgesamt sind die Vorteile der Erwerbsmethode gegenüber der erfolgsunwirksamen Konsolidierung somit zweifelhaft.

Diesen zweifelhaften Vorteilen steht ein sicherer Mehraufwand durch die Ermittlung und Fortführung der stillen Reserven gegenüber.

Problematisch ist auch das Wahlrecht zwischen Buchwertmethode und Neubewertungsmethode, da es bei Vorhandensein von Minderheiten zusätzliche bilanzpolitische Spielräume eröffnet. Daneben bergen beide Methoden jeweils spezielle Probleme in sich:

Bei der Buchwertmethode hängt der Umfang der aufgedeckten stillen Reserven und damit die Bewertung von Vermögensgegenständen und Schulden von der Beteiligungsquote des Mutterunternehmens ab, was zumindest aus Sicht der Einheitstheorie bedenklich ist. Bei der Neubewertungsmethode werden die – nicht bezahlten – stillen Reserven, die auf die Minderheiten entfallen, mit aufgedeckt. Diese Vorgehensweise bei der Neubewertungsmethode stellt einen Verstoß gegen das Anschaffungswertprinzip dar und passt insoweit nicht zur traditionellen Rechnungslegung. Zudem führt sie bei komplexen Beteiligungsstrukturen zu Sonderproblemen. Daher wird hier der Buchwertmethode der Vorzug gegeben.

Nicht befriedigend lösbare Probleme bereitet auch die Behandlung des Geschäftswerts. Sie zwingen letztlich zur Wahl des kleineren Übels.

Die planmäßige Abschreibung eines aktivischen Geschäftswerts muss entweder pauschal oder auf Basis einer praktisch nur unter größten Schwierigkeiten schätzbaren Nutzungsdauer erfolgen. Die Schätzprobleme eröffnen vor allem Spielräume bei der Abschreibung mit – angesichts der häufig großen Geschäftswerte – bedeutenden Auswirkungen auf den Erfolgsausweis. Da Geschäftswerte obendrein vielfach durch laufende Ausgaben für Know-how, Mitarbeiterschulung oder Werbung beispielsweise vor Wertverfall bewahrt werden, diese Ausgaben in den originären Geschäftswert aber nicht aktiviert werden dürfen, führt die

Goodwillabschreibung unter den beschriebenen Bedingungen zu einer Doppelbelastung des Konzernerfolgs. Die Überzeichnung der Aufwendungen wird nur insoweit vermieden, als die planmäßigen Abschreibungen dem Wertverfall des Geschäftswerts unter Berücksichtigung der Anstrengungen zu seiner Sicherung entsprechen. Dieser Sonderfall ist höchst unwahrscheinlich.

Um das Problem der Doppelbelastung zu umgehen, liegt es nahe, auf die planmäßige Abschreibung des Geschäftswerts zu verzichten und den Geschäftswert nur dann außerplanmäßig abzuschreiben, wenn sein Wert unter den Buchwert gesunken ist. Auch dieses Vorgehen aber hat gravierende Nachteile. Noch schwieriger als die Schätzung der Nutzungsdauer ist die Bestimmung des genauen Werts des Goodwill am Abschlussstichtag. Der Wertansatz in der Bilanz und vor allem der Abschreibungsaufwand lassen sich auf Basis eines solchen Vorgehens zudem noch stärker beeinflussen, zumal fehlende Planmäßigkeit die Verfälschung nicht einebnet und für den Zeitvergleich neutralisiert. Zusätzlich wird eine Möglichkeit zur Aktivierung des originären Goodwill geschaffen, der den erworbenen Goodwill sukzessive verdrängen wird und im Rahmen des Niederstwerttests nicht vom derivativen Geschäftswert getrennt werden kann.

Im Vergleich beider Übel scheint die planmäßige Abschreibung auf Basis normierter oder zumindest eingegrenzter Nutzungsdauerschätzungen mit Offenlegung von Nutzungsdauer und Abschreibungsbetrag das kleinere zu sein.

Die erfolgsneutrale Verrechnung des Goodwill mit den Rücklagen vermeidet zwar die störenden Einflüsse auf die Ertragslage, verstößt aber gegen das Gebot der Kongruenz (Übereinstimmung von Erfolg über die Totalperiode und gesamtem Zahlungsüberschuss über die Lebensdauer eines Unternehmens). Manager könnten beliebig hohe Geschäftswerte in Unternehmenskaufpreisen vergüten, ohne die Erfolge des von ihnen geleiteten Unternehmens daraus jemals zu belasten. Die so entstehenden Fehlanreize wären gefährlich.

3.2 Die Interessenzusammenführungsmethode

3.2.1 Charakterisierung der Methode

Die Interessenzusammenführungsmethode (englisch: pooling of interests) hat wie die erfolgswirksame Konsolidierung ihren Ursprung im angelsächsischen Raum (vgl. Hoffmann, Interessenzusammenführung, 1992, S. 42 ff.). Sie wurde für solche Fälle konzipiert, in denen die Grundgedanken der Erwerbsmethode – Einzelerwerb des Vermögens eines Unternehmens durch ein anderes und Bildung eines Mutter-Tochter-Verhältnisses mit den entsprechenden Beherrschungsmöglichkeiten – nicht passen.

Die Interessenzusammenführungsmethode soll vielmehr dann angewandt werden, wenn die Beteiligung mit dem Ziel beider Unternehmen erworben wurde, *"ihre Ressourcen zu 'poolen'"* (Niehus, WPg 1983, S. 440). Diese Zusammenlegung der Ressourcen soll darin zum Ausdruck kommen, dass die bisherigen Eigner des Tochterunternehmens – sofern man überhaupt noch von einem Tochterunternehmen sprechen kann – als Gegenleistung Anteile des die Beteiligung erwerbenden Unternehmens erhalten.

Für die Kapitalkonsolidierung bedeutet dies, dass die Vermögensgegenstände und Schulden des Tochterunternehmens mit den Buchwerten des Einzelabschlusses in den Konzernabschluss übernommen, stille Reserven durch die Verteilung des Unterschiedsbetrags auf einzelne Positionen also nicht aufgedeckt werden. Außerdem wird das Kapital auch in den Folgeperioden auf Basis der Werte zum Zeitpunkt der erstmaligen Konsolidierung aufgerechnet, so dass diese Methode als erfolgsneutrale Erstkonsolidierung einzustufen ist.

Der Unterschied zu den erfolgswirksamen Erwerbsmethoden besteht darin, dass der Beteiligungsbuchwert bei der Interessenzusammenführungsmethode nur gegen das anteilige gezeichnete Kapital des Tochterunternehmens aufgerechnet wird. Ein hieraus entstehender aktivischer Unterschiedsbetrag wird mit den Konzernrücklagen verrechnet, während ein passivischer Unterschiedsbetrag den Rücklagen hinzugerechnet wird.

3.2.2 Die Interessenzusammenführungsmethode nach geltendem Recht

Während die Interessenzusammenführungsmethode nach dem AktG 1965 nicht zulässig war, besteht nach geltendem Recht (vgl. § 302 HGB) unter bestimmten Bedingungen ein Wahlrecht, diese Methode statt der echten angelsächsischen anzuwenden. Dabei bleibt die Anwendung der Interessenzusammenführungsmethode gem. § 302 Abs. 1 Nr. 1 HGB auf die Fälle beschränkt, in denen das Mutterunternehmen mindestens 90 % der Anteile des Tochterunternehmens hält. Außerdem wird verlangt, dass die Beteiligung gegen *"die Ausgabe von Anteilen eines in den Konzernabschluss einbezogenen Unternehmens"* (§ 302 Abs. 1 Nr. 2 HGB) erworben wurde, wobei eine eventuelle Barzahlung maximal 10 % *"des Nennbetrags (...) der ausgegebenen Anteile"* (§ 302 Abs. 1 Nr. 3 HGB) betragen darf.

Hinsichtlich der Erfolgswirksamkeit ergibt sich abweichend von den vorstehenden Ausführungen eine Besonderheit: Auch bei Anwendung der Interessenzusammenführungsmethode nach § 302 HGB gelten nämlich – mit Ausnahme von § 301 HGB – die übrigen Vorschriften über die Konzernrechnungslegung, also auch der Grundsatz der konzerneinheitlichen Bilanzierung und Bewertung. Im Rahmen der Anpassung des Einzelabschlusses des Tochterunternehmens an konzerneinheitliche Maßstäbe kann es daher auch hier zu Änderungen beim Ansatz und bei der Bewertung einzelner Bilanzpositionen und damit in den Folgeperioden zu entsprechenden Erfolgswirkungen kommen. Diese Erfolgswirkungen resultieren jedoch aus dem Grundsatz der einheitlichen Bilanzierung und Bewertung und nicht aus der Konsolidierungsmethode.

Die Kapitalkonsolidierung nach der Interessenzusammenführungsmethode soll nun anhand des modifizierten Beispiels G.1 (vgl. G.3.1.3.1) veranschaulicht werden:

Zunächst wird die M-Bilanz vor dem Beteiligungserwerb (M_0) gezeigt, wobei unterstellt wird, dass der Kaufpreis für die im ursprünglichen Beispiel enthaltene Beteiligung an T (500 €) in andere Aktiva investiert war. Die Beteiligung wird gegen die Ausgabe neuer – d.h.

aus einer Kapitalerhöhung stammender – M-Aktien im Nominalwert von 200 € erworben. Dieser Betrag ergibt sich aus den Unternehmenswerten von M und T vor dem Beteiligungserwerb: M habe einen Wert von 1500 € und T einen Wert von 500 €, sodass die bisherigen T-Eigner M-Aktien im Nominalwert von (500 : 1500 =) 1/3 des bisherigen Grundkapitals von M, also (1/3 von 600 =) 200 €, erhalten.

Beispiel G.15: Kapitalkonsolidierung nach der Interessenzusammenführungsmethode

	M_0	M_1	T	Summe	Konsolidierung		Konzern
					Soll	Haben	
Übrige Aktiva	1750	1750	450	2200			2200
Beteiligung an T	-	500	-	500		(1) 500	-
Unterschieds-betrag	-	-	-	-	(1) 350	(2) 350	-
Summe	1750	2250	450	2700			2200
Gezeichnetes Kapital	600	800	150	950	(1) 150		800
Rücklagen	400	700	100	800	(2) 350		450
Fremdkapital	750	750	200	950			950
Summe	1750	2250	450	2700	850	850	2200

In der M-Bilanz nach Beteiligungserwerb (M_1) wird die Beteiligung, entsprechend den Regeln einer Kapitalerhöhung gegen Sacheinlage, mit ihrem Zeitwert in Höhe von 500 € angesetzt (vgl. Eckes/Weber in: Küting/Weber, Konzernrechnungslegung, 2. Aufl., § 302 Rn. 44 f.). Die Differenz zwischen den Anschaffungskosten der Beteiligung und dem Nominalwert der ausgegebenen Anteile von (500 - 200 =) 300 € ist den Rücklagen zuzuführen.

Im ersten Konsolidierungsschritt wird der Beteiligungsbuchwert gegen das gezeichnete Kapital aufgerechnet, woraus ein aktivischer Unterschiedsbetrag in Höhe von (500 - 150 =) 350 € resultiert. Der aktivische Unterschiedsbetrag wird dann im zweiten Schritt mit den Rücklagen verrechnet.

3.2.3 Die Interessenzusammenführungsmethode bei Vorhandensein von Minderheiten

Wie oben erwähnt, lässt der Gesetzgeber die Interessenzusammenführungsmethode bis zu einem Anteil anderer Gesellschafter (Minderheiten) am gezeichneten Kapital von 10 % zu, sofern die übrigen Bedingungen erfüllt sind. Da sich die Konsolidierung nach § 302 HGB nur auf die Anteile des Mutterunternehmens bezieht, gilt für den Ausweis des Minderheitenanteils § 307 HGB. Der Minderheitenanteil ergibt sich somit als Anteil der anderen Gesellschafter am gesamten Eigenkapital des Tochterunternehmens.

Beispiel G.16: Kapitalkonsolidierung nach der Interessenzusammenführungsmethode mit Minderheiten

	M_0	M_1	T	Summe	Konsolidierung		Konzern
					Soll	Haben	
Übrige Aktiva	1750	1750	450	2200			2200
Beteiligung an T	-	450	-	450		(1) 450	-
Unterschieds-betrag	-	-	-	-	(1) 315	(2) 315	-
Summe	1750	2200	450	2650			2200
Gezeichnetes Kapital	600	780	150	930	(1) 135 (3) 15		780
Rücklagen	400	670	100	770	(2) 315 (3) 10		445
Minderheiten	-	-	-	-		(3) 25	25
Fremdkapital	750	750	200	950			950
Summe	1750	2200	450	2650	790	790	2200

Das Beispiel G.15 wird nun dahingehend abgewandelt, dass M 90 % der Anteile von T erwirbt. Der Wert dieser Anteile betrage (90 % von 500 =) 450 €, also 30 % des Werts von M, so dass die bisherigen T-Eigner M-Anteile im Nominalwert von (30 % von 600 =) 180 € erhalten. Die Bilanzierung der Beteiligung im M-Abschluss erfolgt zu 450 €, woraus eine Rücklagenzuführung in Höhe von (450 - 180 =) 270 € resultiert.

Die Konsolidierungsschritte (1) und (2) erfolgen analog zum Fall einer 100 %-Beteiligung des Mutterunternehmens.

Im dritten Schritt wird der Anteil der anderen Gesellschafter am gesamten Eigenkapital von T, hier also (10 % von (150+100) =) 25 € in die Position *"Minderheitenanteile"* umgebucht.

3.2.4 Kritik

Die Interessenzusammenführungsmethode zeichnet sich zunächst durch die Nichtaufdeckung stiller Reserven aus, die in den Vermögensgegenständen und Schulden des Tochterunternehmens enthalten sind. Dies bewirkt einerseits eine im Vergleich zur Erwerbsmethode tendenzielle Unterbewertung dieser Positionen, andererseits werden aber die mit der Erwerbsmethode einhergehenden Nachteile vermieden, was die Kapitalkonsolidierung relativ einfach und unkompliziert macht.

Erschwert wird diese Konsolidierungsmethode allerdings durch die – aus dem Konzept der Interessenzusammenführung nicht logisch zwingend folgende – Pflicht zur konzerneinheitlichen Bilanzierung und Bewertung.

Außerdem erfolgt im Ergebnis eine Verrechnung des gesamten Unterschiedsbetrags mit den Rücklagen. Dieses, freilich auch bei der Kapitalkonsolidierung nach § 301 HGB für den nicht auf einzelne Positionen verteilbaren Geschäftswert existierende, Recht zur Verrechnung ist für den Vermögensausweis äußerst problematisch. Zumindest bleibt jedoch der Konzernerfolg von Verzerrungen verschont.

Der wichtigste Kritikpunkt an der Interessenzusammenführungsmethode ist allerdings darin zu sehen, dass diese Methode bei Vorliegen der Anwendungsvoraussetzungen alternativ zur Konsolidierung nach § 301 HGB angewendet werden kann. Die Methode wurde zwar für den Sonderfall des *"Pooling"* konzipiert, ihre Anwendungsvoraussetzungen gem. § 302 Abs. 1 HGB stellen aber nur auf die Art des Erwerbs (Anteilshöhe, Art der Gegenleistung) ab und können somit auch beim Entstehen eines "normalen" Mutter-Tochter-Verhältnisses erfüllt sein (vgl. Jonas, Konzernabschluss, 1986, S. 234; das Mutter-Tochter-Verhältnis begründet überhaupt erst die Pflicht zur Vollkonsolidierung). Ein derartiges Nebeneinander unterschiedlicher Konsolidierungsmethoden trägt eher zur Verwirrung als zur Information der Adressaten des Konzernabschlusses bei. Im Rahmen sowohl von IFRS als auch von US-GAAP wurde die Methode vor allem aus dem zuletzt genannten Grund abgeschafft.

3.3 Quotenkonsolidierung

Im Zuge der Einführung eines differenzierenden Konsolidierungskreises wurde im § 310 Abs. 1 HGB für Gemeinschaftsunternehmen, die von mehreren unabhängigen Unternehmen gemeinsam geführt werden (vgl. E.4.), die Möglichkeit zur anteilmäßigen Konsolidierung, im folgenden als Quotenkonsolidierung bezeichnet, aufgenommen.

Bei dieser Form der Konsolidierung werden im ersten Schritt die Vermögensgegenstände und Schulden des Gemeinschaftsunternehmens nur quotal in die Summenbilanz übernommen, und zwar in Höhe der Quote, in der Konzernunternehmen an ihm beteiligt sind. Im zweiten Schritt können dann Beteiligungsbuchwerte und Eigenkapital aufgerechnet werden, ohne dass ein Ausgleichsposten für Minderheitenanteile entsteht.

3.3.1 Die Quotenkonsolidierung nach geltendem Recht

Gem. § 310 Abs. 2 HGB ist die Quotenkonsolidierung auf der Grundlage der erfolgswirksamen Erwerbsmethode durchzuführen. Die Ausführungen zu diesem Verfahren in G.2.1 gelten somit entsprechend.

Es besteht auch hier ein Wahlrecht zwischen Buchwertmethode und Neubewertungsmethode, die jedoch – wegen des Wegfalls der Minderheitenproblematik – in jedem Fall zum gleichen Ergebnis führen. Daher stützen sich die folgenden Ausführungen nur auf die Buchwertmethode.

Die Technik der Quotenkonsolidierung soll anhand des folgenden Beispiels verdeutlicht werden:

Die M-AG bezieht das Gemeinschaftsunternehmen G, an dem sie zu 50 % beteiligt ist, erstmals in den Konzernabschluss zum 31.12.06 ein.

Die Quotenkonsolidierung wird hier so durchgeführt, dass in den Summenabschluss die Positionen aus dem G-Abschluss nur anteilig eingehen. Daher erscheint in der dritten Spalte, rechts neben dem "kompletten" G-Abschluss deren quotaler Abschluss GQ.

Im Konsolidierungsschritt (1) wird der Beteiligungsbuchwert gegen das anteilige Eigenkapital aufgerechnet, so dass ein Unterschiedsbetrag in Höhe von (250 - (75+40+10) =) 125 € entsteht.

Der Unterschiedsbetrag wird im Konsolidierungsschritt (2) zunächst für die Aufdeckung stiller Reserven verwendet, wobei der auf M entfallende Anteil (50 % von 100 = 50 €) die Obergrenze bildet. Der verbleibende Betrag (125 - 50 = 75 €) wird als Geschäftswert ausgewiesen.

Beispiel G.17: Quotale erstmalige Konsolidierung nach der Buchwertmethode

	M	G	GQ	Summe	Konsolidierung Soll	Konsolidierung Haben	Konzern
Übrige Aktiva	1500	450	225	1725			1725
[stille Reserven]	-	[100]	[50]	[50]	(2) 50		50
Geschäftswert	-	-	-	-	(2) 75		75
Beteiligung an G	250	-	-	250		(1) 250	-
Unterschieds-betrag	-	-	-	-	(1) 125	(2) 125	-
Summe	1750	450	225	1975			1850
Gezeichnetes Kapital	600	150	75	675	(1) 75		600
Rücklagen	300	80	40	340	(1) 40		300
Jahresüberschuss	100	20	10	110	(1) 10		100
Fremdkapital	750	200	100	850			850
Summe	1750	450	225	1975	375	375	1850

Für die Folgekonsolidierung zum 31.12.07 gelten die gleichen Annahmen hinsichtlich der Verwendung der Jahresüberschüsse aus 06 und der im Jahr 07 erwirtschafteten Jahresüberschüsse wie im Beispiel G.2 (vgl. G.3.1.3.1) zur Vollkonsolidierung.

Da auch die Quotenkonsolidierung als Erstkonsolidierung durchzuführen ist, entsprechen die beiden ersten Schritte mit Ausnahme der Zusammenfassung von Rücklagen und Jahresüberschuss zu einem Betrag (80 + 20 = 100 €) denen zum 31.12.06.

Konsolidierungsschritt (3) zeigt die Abschreibung auf den Geschäftswert und auf die aufgedeckten stillen Reserven, wobei bezüglich der stillen Reserven die gleichen Annahmen wie in Beispiel G.2 (vgl. G.3.1.3.1) getroffen werden, d. h. die anteiligen stillen Reserven betreffen in Höhe von 20 € ein Grundstück und in Höhe von 30 € eine Maschine, die bei einer Restnutzungsdauer von 3 Jahren linear abgeschrieben wird.

Beispiel G.18: Quotale Folgekonsolidierung nach der Buchwertmethode

	M	G	GQ	Summe	Konsolidierung Soll	Konsolidierung Haben	Konzern
Übrige Aktiva	1500	590	295	1795			1795
[stille Reserven]	-	[100]	[50]	[50]	(2) 50	(3) 10	40
Geschäftswert	-	-	-	-	(2) 75	(3) 5	70
Beteiligung an G	250	-	-	250		(1) 250	-
Unterschieds-betrag	-	-	-	-	(1) 125	(2) 125	-
Summe	1750	590	295	2045			1905
Gezeichnetes Kapital	600	150	75	675	(1) 75		600
Rücklagen	300	100	50	350	(1) 50		300
Jahresüberschuss	100	140	70	170	(3) 15		155
Fremdkapital	750	200	100	850			850
Summe	1750	590	295	2045	390	390	1905

3.3.2 Kritik

In der Literatur wird die Quotenkonsolidierung aus verschiedenen Gründen kritisiert:

Zunächst wird ihr vorgeworfen, sie verstoße gegen den ehernen Grundsatz der Darstellung des Konzerns als wirtschaftliche Einheit (vgl. Küting, BB 1983, S. 813, m.w.N.; später relativierend von Wysocki/Wohlgemuth, Konzernrechnungslegung, 1996, S. 146). Dies ist zwar richtig, zugleich aber unpassend. Auf die für die Quotenkonsolidierung gem. § 310 Abs. 1 HGB einzig in Frage kommenden Gemeinschaftsunternehmen ist die Einheitstheorie nämlich nicht anwendbar, da diese von mehreren unabhängigen Gesellschafterunternehmen geführt werden. Berechtigt kann somit allenfalls die Kritik daran sein, dass Gemeinschaftsunternehmen überhaupt einbezogen werden, nicht jedoch die Kritik an ihrer quotalen Konsolidierung, denn die der Einheitstheorie entsprechende Vollkonsolidierung von Gemeinschaftsunternehmen würde erst recht ein unzutreffendes Bild vermitteln.

Weiter wird kritisiert, dass die Quotenkonsolidierung durch die gleichzeitige Anwendung der Vollkonsolidierung zu einem undurchschaubaren Konglomerat voll und anteilig einbezogener Positionen führt (vgl. Küting, DB 1980, S. 10). Dieser Mangel könnte jedoch durch einen gesonderten Ausweis der quotal erfassten Positionen behoben werden, was freilich gesetzlich nicht vorgeschrieben ist.

Der wichtigste Einwand gegen die Quotenkonsolidierung besteht darin, dass sie zum Ausweis von Vermögensgegenständen und Schulden führt, über die der Konzern nicht frei verfügen kann (vgl. Küting, DB 1980, S. 10). Auch dieser Einwand könnte zwar durch einen gesonderten Ausweis entschärft werden, die Tatsache, dass dem Konzern nicht allein verfügbare Werte ausgewiesen werden, bliebe aber bestehen.

Diesem Standpunkt steht eine andere Sichtweise entgegen (vgl. Harms/Knischewski, DB 1985, S. 1355 f.; Schindler, Kapitalkonsolidierung, 1986, S. 288 f., m.w.N.; Sigle, ZfB-Ergänzungsheft 1/1987, S. 324):

Viele Konzerne gehen dazu über, aus Kapazitäts- oder Risikogründen bestimmte Aktivitäten rechtlich auszugliedern und in Form von Gemeinschaftsunternehmen mit anderen Unternehmen zusammen durchzuführen. Geht man davon aus, dass der Konzernabschluss auch ein zutreffendes Bild von der wirtschaftlichen Tätigkeit des Konzerns liefern soll, dann ist der Ausweis einer abstrakten Beteiligung, sei es zu Anschaffungskosten oder nach der Equity-Methode (vgl. G.3.4), sicher unbefriedigend, da die einzelnen Vermögens- und Erfolgskomponenten im Beteiligungsbuchwert untergehen.

Der Sinn der Quotenkonsolidierung von Gemeinschaftsunternehmen hängt davon ab, welche Ziele mit der Aufstellung von Konzernabschlüssen verfolgt werden: Sollen z.B. Vermögenspositionen oder Haftungspotentiale aufgezeigt werden, ist sie abzulehnen. Soll dagegen die wirtschaftliche Tätigkeit des Konzerns abgebildet werden, ist sie zu befürworten. Ein Kompromiss könnte der oben erwähnte gesonderte Ausweis der quotal erfassten Bestandteile sein, wobei der Kreis der so einzubeziehenden Unternehmen eng zu definieren wäre.

Im Vergleich zum traditionellen Beteiligungsausweis zu Anschaffungskosten ist die Quotenkonsolidierung – egal nach welcher Methode – in jedem Fall aufwendiger. Hierbei ist jedoch zu beachten, dass im Regelfall die Nichtanwendung der Quotenkonsolidierung zum Beteiligungsausweis nach der Equity-Methode führt. Da diese, wie in G.3.4 gezeigt werden wird, der Quotenkonsolidierung hinsichtlich der Aufwendigkeit nicht nachsteht, ist die Kritik an der Quotenkonsolidierung insofern zu relativieren.

3.4 Die Equity-Methode

3.4.1 Konzeption der Equity-Methode

Die Equity-Methode stellt im Rahmen der Konsolidierungsmethoden eine Besonderheit dar: Bei ihr werden nämlich nicht die Vermögensgegenstände und Schulden des einzubeziehenden Unternehmens (hier als assoziiertes Unternehmen bezeichnet, vgl. E.5) anstelle des Beteiligungsbuchwerts in den Konzernabschluss übernommen. Vielmehr bleibt es auch im Konzernabschluss beim Ausweis der Beteiligung.

Der Unterschied zum Ausweis im Einzelabschluss liegt darin, dass bei dieser Methode die Beteiligung statt zu Anschaffungskosten *"at equity"*, d.h. zum anteiligen Eigenkapital bewertet werden soll. Dahinter steht der Gedanke, dass die Bewertung einer Beteiligung zu Anschaffungskosten ein unvollkommenes Bild vermitteln kann (vgl. Havermann, WPg 1975, S. 233).

Einerseits wirken sich Gewinnthesaurierungen beim assoziierten Unternehmen nicht auf den Buchwert beim beteiligten Unternehmen aus, so dass stille Reserven entstehen, andererseits werden Gewinnausschüttungen und Verluste des assoziierten Unternehmens i. d. R. nicht zeitkongruent, sondern zeitlich verschoben im Abschluss des beteiligten Unternehmens ausgewiesen.

Diese Nachteile sollen dadurch vermieden werden, dass außer den Anschaffungskosten und den bei der Anschaffungswertmethode zulässigen Modifikationen auch die nach dem Beteiligungserwerb erwirtschafteten Erfolge anteilig im Beteiligungsbuchwert berücksichtigt werden (vgl. Havermann, WPg 1975, S. 234).

Der Beteiligungsbuchwert bei Anwendung der Equity-Methode im Einzelabschluss ließe sich demnach gemäß folgendem Schema ermitteln (vgl. Schindler, Kapitalkonsolidierung, 1986, S. 161):

	Anschaffungskosten
+/-	anteiliger Jahresüberschuss/-fehlbetrag
-	vereinnahmte Ausschüttungen
-	außerplanmäßige Abschreibungen
+	Zuschreibungen
+	Kapitaleinzahlungen
-	Kapitalrückzahlungen
=	Beteiligungsbuchwert nach der Equity-Methode

Schaubild G.5: Beteiligungsbuchwert nach der Equity-Methode ohne Konsolidierungsmaßnahmen

Die Equity-Methode in dieser Form, in der sie übrigens auch im Konzernabschluss anwendbar wäre, ist somit eher eine Bewertungsmethode als eine Konsolidierungsmethode.

Da jedoch im Konzernabschluss nach geltendem Recht die Wertermittlung im Rahmen der Equity-Methode auf einer – in einer Nebenrechnung durchzuführenden – Kapitalaufrechnung basiert und diese Methode zudem unter bestimmten Bedingungen (vgl. E.5) als Alternative zu anderen Konsolidierungsmethoden vorgesehen ist, liegt es nahe, diese *"Ersatzkonsolidierung"* (Havermann, WPg 1975, S. 237) unter die Methoden der Kapitalkonsolidierung einzuordnen.

3.4.2 Die Varianten der Equity-Methode nach § 312 HGB

Für die Durchführung der Equity-Methode (zum Anwendungsbereich vgl. E.5) bietet § 312 Abs. 1 HGB zwei Varianten (nachfolgend als Methoden bezeichnet) an:

- die sogenannte Buchwertmethode und

- die sogenannte Kapitalanteilsmethode.

Die Methoden weisen materiell keine Unterschiede auf. Sie unterscheiden sich lediglich beim Ausweis des Unterschiedsbetrags aus der fiktiven Kapitalkonsolidierung, wobei dieser Unterschied nur bei der erstmaligen Anwendung der Equity-Methode zwingend ist.

3.4.2.1 Erstmalige Anwendung nach der Buchwertmethode

Bei der Buchwertmethode wird die Beteiligung gem. § 312 Abs. 1 S. 1 Nr. 1 HGB mit ihrem Buchwert aus dem Einzelabschluss des beteiligten Unternehmens angesetzt.

Die Besonderheit gegenüber dem Ausweis im Einzelabschluss besteht darin, dass wie bei der Vollkonsolidierung ein Unterschiedsbetrag zwischen dem Beteiligungsbuchwert und dem anteiligen bilanziellen Eigenkapital ermittelt wird. Der Unterschiedsbetrag kann, da keine tatsächliche Eliminierung von Beteiligungsbuchwert und anteiligem Eigenkapital erfolgt, nur in einer Nebenrechnung ermittelt werden.

Der – im Beteiligungsbuchwert enthaltene – aktivische Unterschiedsbetrag ist entweder in der Konzernbilanz als "Davon"-Betrag in einer Vorspalte zum Beteiligungsbuchwert auszuweisen oder im Konzernanhang anzugeben. Entsteht ein passivischer Unterschiedsbetrag, so ist er in der Vorspalte der Bilanz als "Dazu"-Betrag auszuweisen (vgl. Harms/Küting, DB 1980, S. 2463) oder im Anhang anzugeben (vgl. Schäfer, Equity-Methode, 1982, S. 275).

Die Buchwertmethode ähnelt insoweit der Buchwertmethode im Rahmen der Vollkonsolidierung (vgl. G.3.1.3.1), als auch hier bei der Ermittlung des Unterschiedsbetrags das anteilige Eigenkapital auf der Basis von Buchwerten, also vor der Aufdeckung stiller Reserven (aber gegebenenfalls nach konzerneinheitlicher Bewertung), zugrunde gelegt wird. Der Unterschiedsbetrag enthält somit neben einem eventuellen Geschäftswert auch einzelnen Vermögensgegenständen und Schulden zuordnungsfähige Beträge. Erst nach seiner Ermittlung wird der Unterschiedsbetrag durch Aufdeckung stiller Reserven einzelnen Positionen zugeordnet und als verbleibender Betrag der Geschäftswert bestimmt.

Folgendes Beispiel soll die erstmalige Anwendung nach der Buchwertmethode verdeutlichen:

Die M-AG hält eine 40 %-Beteiligung an der A-AG, auf die sie einen maßgeblichen Einfluss i. S. v. § 311 Abs. 1 HGB ausübt. Die Equity-Methode wird erstmals im Konzernabschluss der M-AG zum 31.12.06 angewendet. Beispiel G19 zeigt die relevanten Daten und Buchungen, wobei Nebenrechnungen in eckige Klammern gesetzt wurden.

Im ersten Schritt werden der Beteiligungsbuchwert und das anteilige bilanzielle Eigenkapital gegeneinander aufgerechnet, wobei nur der resultierende Unterschiedsbetrag in Höhe von (200 - 40 % von (150+50+50) =) 100 € Eingang in den Konzernabschluss findet und auch das nur als Zusatzvermerk. Die übrigen Werte tauchen nur in Nebenrechnungen auf.

Im Konsolidierungsschritt (2) wird – ebenfalls nur in einer Nebenrechnung – der Unterschiedsbetrag auf die aufdeckungsfähigen stillen Reserven in Höhe von (40 % von 100 =) 40 € und auf den Geschäftswert (100 - 40 = 60 €) verteilt.

Die einzige Auswirkung der Buchwertmethode bei der erstmaligen Anwendung auf den Konzernabschluss besteht somit im Zusatzvermerk des Unterschiedsbetrags.

Beispiel G.19: Erstmalige Anwendung der Equity-Methode nach der Buchwertmethode

	M	A	Konsolidierung Soll	Konsolidierung Haben	Konzern	Nebenrechnung
Übrige Aktiva	1550	450			1550	
[Stille Reserven]	-	[100]	(2) [40]			[40]
Geschäftswert	-	-	(2) [60]		-	[60]
Beteiligung an A	200	-		(1)[200]	200	
- davon Unterschiedsbetrag[1]	-	-	(1) 100	(2)[100]	100	
Summe	1750	450			1750	
Gezeichnetes Kapital	600	150	(1) [60]		600	
Rücklagen	400	50	(1) [20]		400	
Jahresüberschuss	-	50	(1) [20]		-	
Fremdkapital	750	200			750	
Summe	1750	450	300[2]	300[2]	1750	

[1] alternativ: Angabe im Anhang
[2] einschließlich der Beträge aus Nebenrechnungen

3.4.2.2 Erstmalige Anwendung nach der Kapitalanteilsmethode

Die Kapitalanteilsmethode verlangt gem. § 312 Abs. 1 S. 1 Nr. 2 HGB die Bewertung der Beteiligung zum anteiligen Eigenkapital. Hierbei ist – insofern weist diese Methode Parallelen zur Neubewertungsmethode bei Vollkonsolidierung (vgl. G.3.1.3.2) auf – nicht vom bilanziellen Eigenkapital, sondern vom Eigenkapital auszugehen, das sich nach Aufdeckung stiller Reserven ergibt.

Entsteht aus der Aufrechnung von Beteiligungsbuchwert und anteiligem "neubewertetem" Eigenkapital ein aktivischer Unterschiedsbetrag, so ist dieser als Geschäftswert gesondert in der Konzernbilanz auszuweisen.

Ob dagegen die vom Gesetzgeber alternativ eingeräumte Möglichkeit zur Angabe des Geschäftswerts im Anhang praktikabel ist, wird in der Literatur unterschiedlich beurteilt.

Einerseits wird bzw. wurde diese Variante abgelehnt, weil sie wegen eines ansonsten auf der Aktivseite auftretenden Fehlbetrags konsolidierungstechnisch nicht möglich sei (vgl. Küting/Zündorf, BB Beilage 7/1986, S. 7) oder weil sie bilanztechnisch die unmittelbare Vollabschreibung des Geschäftswerts erfordere, was wiederum eine Angabe im Anhang überflüssig mache (vgl. Schindler, Kapitalkonsolidierung, 1986, S. 318).

Andererseits wird es auch bei der Kapitalanteilsmethode für zulässig gehalten, den Geschäftswert in der Bilanz in den Beteiligungsbuchwert einzubeziehen und ihn nur im Anhang gesondert anzugeben (vgl. Ordelheide, WPg 1985, S. 578; WP-Handbuch, Band I, M Tz. 470). Daneben wird noch vorgeschlagen, den Geschäftswert, kombiniert mit einer Anhangangabe, unter einer anderen Bilanzposition, z.B. zusammen mit Geschäftswerten aus der Vollkonsolidierung auszuweisen (vgl. Küting/Zündorf in: Küting/Weber, Konzernrechnungslegung, 2. Aufl., § 312 Rn. 30). Der Ausweis mit anderen Geschäftswerten hätte den Vorteil, dass er mit dem Gesetzeswortlaut übereinstimmen würde, während der Ausweis im Beteiligungsbuchwert zu einer Buchwertmethode mit Angabe des Geschäftswerts statt des gesamten Unterschiedsbetrags führen würde.

Für den Fall, dass die Anschaffungskosten für die Beteiligung kleiner als das anteilige bilanzielle Eigenkapital sind, findet – anders als bei der Neubewertungsmethode im Rahmen der Vollkonsolidierung nach der Reform durch das TransPuG – eine Beschränkung des Wertansatzes auf die Anschaffungskosten statt. Der Ausweis eines Geschäftswerts ist dann weder in der Bilanz noch im Anhang möglich (vgl. Küting/Zündorf, BB Beilage 7/1986, S. 7; Schindler, Kapitalkonsolidierung, 1986, S. 319).

Ausgehend von den Daten des Beispiels G.19 ist die erstmalige Konsolidierung nach der Kapitalanteilsmethode auf der Grundlage der Bilanz für A nach Neubewertung (AN) wie folgt vorzunehmen:

Beispiel G.20: Erstmalige Anwendung der Equity-Methode nach der Kapitalanteilsmethode

	M	AN	Konsolidierung		Konzern	Neben-rechnung
			Soll	Haben		
Übrige Aktiva	1550	450			1550	
[Stille Reserven]	-	100				[40]
Geschäftswert[1]	-	-	(2) 60		60	
Beteiligung an A	200	-		(1) 60 (1)[140]	140	
Unterschiedsbetrag	-	-	(1) 60	(2) 60	-	
Summe	1750	550			1750	
Gezeichnetes Kapital	600	150	(1) [60]		600	
Rücklagen	400	150[2]	(1) [60]		400	
Jahresüberschuss	-	50	(1) [20]		-	
Fremdkapital	750	200			750	
Summe	1750	550	260[3]	260[3]	1750	

[1] alternativ: Angabe im Anhang und Ausweis unter anderer Position
[2] einschließlich "Neubewertungsrücklage" aus der Aufdeckung stiller Reserven
[3] einschließlich der Beträge aus Nebenrechnungen

Im Konsolidierungsschritt (1) wird der Beteiligungsbuchwert gegen das anteilige Eigenkapital auf der Basis von Zeitwerten aufgerechnet. Zu beachten ist die Differenzierung beim Beteiligungsbuchwert: Soweit er betragsmäßig dem anteiligen Eigenkapital auf Zeitwertbasis entspricht (hier: 40 % von (150 + 50 + 50 + 100) = 140 €), erfolgt die Konsolidierung nur als Nebenrechnung. In Höhe des Unterschiedsbetrags aus der Kapitalkonsolidierung (hier: 200 - 140 = 60 €) mindert die Buchung dagegen den Wertansatz im Konzernabschluss.

Im Schritt (2) wird der Unterschiedsbetrag in die Position Geschäftswert umgebucht, so dass der Geschäftswert bei dieser Methode nicht in der Nebenrechnung erfasst zu werden braucht. Letztere umfasst nur die anteiligen aufgedeckten stillen Reserven in Höhe von (40 % von 100 =) 40 €.

3.4.2.3 Anwendung im Folgejahr nach der Buchwertmethode

In den Folgeperioden ist der Beteiligungsbuchwert im Konzernabschluss fortzuschreiben, wobei sich die Modifikationen nach ihren Ursachen in drei Gruppen unterteilen lassen.

Erstens findet eine Modifikation des Beteiligungsbuchwerts durch die Zurechnung oder den Abzug des anteiligen Jahreserfolgs, gegebenenfalls korrigiert um vereinnahmte Gewinnausschüttungen, statt. Diese Modifikationen resultieren aus der allgemeinen Konzeption der Equity-Methode und wären auch bei einer Anwendung der Equity-Methode im Einzelabschluss durchzuführen.

Zweitens sind die Mehraufwendungen, die aus der Auflösung stiller Reserven und aus Abschreibungen auf den Geschäftswert resultieren, vom Beteiligungsbuchwert abzuziehen. Diese Modifikationen sind typisch für die Equity-Methode im Konzernabschluss. Da im Konzernabschluss weder die einzelnen Vermögensgegenstände und Schulden des Beteiligungsunternehmens noch der Geschäftswert ausgewiesen werden, können diese Abschreibungen nur vom Beteiligungsbuchwert abgesetzt werden.

Drittens kann es zu Wertänderungen kommen, die auch bei der Bewertung zu Anschaffungskosten auftreten, wie außerplanmäßige Abschreibungen, Zuschreibungen, Kapitalein- und -rückzahlungen.

Das Beispiel G.19 lässt sich für das Geschäftsjahr 07 wie folgt fortführen:

Ergänzend wird angenommen, dass A den im Vorjahr vor Erwerb der Beteiligung erwirtschafteten, von M erworbenen und daher auch anteilig in die Kapitalkonsolidierung einbezogenen Jahresüberschuss in voller Höhe ausgeschüttet hat. Hiervon entfallen 40 % von 50 €, also 20 € auf M. Da die M-AG den Jahresüberschuss insoweit im Preis vergütet hatte, bekommt sie praktisch einen Teil des Kaufpreises zurück. Dies führt in der Einzelbilanz von M dazu, dass der Beteiligungsbuchwert wegen nachträglicher Anschaffungskostenminderungen auf 180 € vermindert wird (vgl. Weber, Beteiligungen, 1980, S. 176; Dusemond/Weber/Zündorf in: Küting/Weber, Konzernrechnungslegung, 2. Aufl., § 301 Rn. 173). Selbst habe M im Jahr 07 keinen Jahresüberschuss erwirtschaftet. Bei A dagegen schlage sich der Jahresüberschuss von 200 € in einer Erhöhung der übrigen Aktiva nieder, so dass sich unter Berücksichtigung der Ausschüttungen des Vorjahresgewinns die übrigen Aktiva bei A um (200 - 50 =) 150 € erhöht haben. Hinsichtlich der stillen Reserven gelten die Annahmen des Beispiels G.2 (vgl. G.3.1.3.1), d. h. die anteiligen aufgedeckten stillen Reserven betreffen eine über drei Jahre linear abzuschreibende Maschine (24 €) und ein Grundstück (16 €).

Die beiden ersten Konsolidierungsschritte zeigen die Kapitalaufrechnung und die anschließende Verteilung des Unterschiedsbetrags. Sie unterscheiden sich von der Konsolidierung im ersten Jahr dadurch, dass wegen der in die Form der Ausschüttung eines erworbenen Jahresüberschusses gekleideten Anschaffungskostenminderung beim Beteiligungsbuchwert und beim Jahresüberschuss jeweils 20 € weniger eliminiert werden müssen. Auch ist der "Davon"-Vermerk des Unterschiedsbetrags bei den Folgekonsolidierungen nicht mehr erforderlich.

Im Schritt (3) wird der Beteiligungsbuchwert um den anteiligen Jahresüberschuss von (40 % von 200 =) 80 € erhöht. Die Gegenbuchung erfolgt beim Jahresüberschuss, denn genau in diesem Umfang ist der Jahresüberschuss von A dem beteiligten Unternehmen M zuzurechnen.

In den Schritten (4) und (5) werden die Abschreibungen auf die anteilig aufgedeckten stillen Reserven (1/3 · 40 % · 60 = 8 €) und auf den Geschäftswert (1/15 · 60 = 4 €) ebenfalls erfolgswirksam vom Beteiligungsbuchwert abgesetzt.

Beispiel G.21: Anwendung der Equity-Methode im Folgejahr nach der Buchwertmethode

	M	A	Konsolidierung Soll	Konsolidierung Haben	Konzern	Nebenrechnung
Übrige Aktiva	1570	600			1570	
[Stille Reserven]	-	[100]	(2) [40]	(4a) [8]		[32]
Geschäftswert	-	-	(2) [60]	(5a) [4]	-	[56]
Beteiligung an A	180	-	(3) 80 (4a) [8] (5a) [4]	(1)[180] (4) 8 (5) 4	248	
- davon Unterschiedsbetrag	-	-	(1)[100]	(2)[100]	-	
Summe	1750	600			1818	
Gezeichnetes Kapital	600	150	(1) [60]		600	
Rücklagen	400	50	(1) [20]		400	
Jahresüberschuss	-	200	(4) 8 (5) 4	(3) 80	68	
Fremdkapital	750	200			750	
Summe	1750	600	384[1]	384[1]	1818	

[1] einschließlich der Beträge aus Nebenrechnungen

Während diese Buchungen also Eingang in den Konzernabschluss finden, erfolgt die in den Schritten (4a) und (5a) durchgeführte Fortschreibung der – im Konzernabschluss nicht ausgewiesenen – stillen Reserven und des Geschäftswerts in Form einer Nebenrechnung. Weitere Erfolgswirkungen können sich aus der konzerneinheitlichen Bewertung ergeben, die allerdings im Rahmen der Equity-Methode nicht vorgeschrieben ist und im Beispiel auch nicht vorgenommen wurde.

Die Ermittlung des Beteiligungsbuchwerts nach der Equity-Methode lässt sich auch durch folgendes Schema darstellen:

	Buchwert in der Vorperiode	200
-	Anschaffungskostenminderung durch Ausschüttung	20
=	Einzelabschlusswert am 31.12.07	180
+	anteiliger Jahresüberschuss	80
-	Geschäftswertabschreibung	4
-	Abschreibung stiller Reserven	8
=	Buchwert am 31.12.07	248

Da die Beteiligung im Einzelabschluss nicht nach der Equity-Methode bewertet werden darf, gibt es ab dem Jahr der zweiten Folgekonsolidierung ein zusätzliches Problem. Die Buchwerte aus der Vorperiode laut Konzernabschluss und laut Einzelabschluss unterscheiden sich in Höhe der im Vorjahr oder in den Vorjahren vorgenommenen erfolgswirksamen Modifikationen. Um vom Einzelabschlusswert zum Konzernabschlusswert zu gelangen, ist daher bei späteren Folgekonsolidierungen zunächst eine *"Angleichungsbuchung"* (Küting/Zündorf, BB Beilage 7/1986, S. 9) vom Einzelabschlusswert zum Equity-Wert der Vorperiode durchzuführen. Diese Buchung umfasst die kumulierten erfolgswirksamen Modifikationen nach dem Stand am Ende des Vorjahres. Da der laufende Konzernerfolg nur durch die Modifikationen des betreffenden Jahres beeinflusst werden soll, ist die Gegenbuchung erfolgsunwirksam – hier bei den Konzernrücklagen – vorzunehmen (vgl. Coenenberg, Jahresabschluss, 2005, S. 675).

3.4.2.4 Anwendung im Folgejahr nach der Kapitalanteilsmethode

Die einzige Besonderheit der Kapitalanteilsmethode gegenüber der Buchwertmethode besteht im separaten Ausweis des Geschäftswerts in der Hauptspalte der Konzernbilanz.

Für das obige Beispiel ergibt sich zum 31.12.07 folgender Wertansatz der Beteiligung im Konzernabschluss:

Beispiel G.22: Anwendung der Equity-Methode im Folgejahr nach der Kapitalanteilsmethode

	Buchwert in der Vorperiode	140
-	Anschaffungskostenminderung durch Ausschüttung	20
=	Einzelabschlusswert am 31.12.07	120
+	anteiliger Jahresüberschuss	80
-	Abschreibungen stiller Reserven	8
=	Buchwert am 31.12.07	192

Für den Geschäftswert gilt:

	Buchwert in der Vorperiode	60
-	Abschreibung	4
=	Buchwert am 31.12.07	56

Die Addition beider Werte ergibt selbstverständlich den Wertansatz der Beteiligung nach der Buchwertmethode.

Da zudem auch bei der Kapitalanteilsmethode der gesonderte Ausweis des Geschäftswerts nur bei der erstmaligen Konsolidierung verlangt wird (vgl. § 312 Abs. 1 Satz 3 2. Halbsatz HGB), kann der Geschäftswert bei Folgekonsolidierungen auch zusammen mit anderen Geschäftswerten oder mit im Beteiligungsbuchwert ausgewiesen werden. Letztere Variante führt dazu, dass die Kapitalanteilsmethode der Buchwertmethode völlig gleicht.

3.4.3 Einzelfragen der Equity-Methode nach geltendem Recht

3.4.3.1 Konzerneinheitliche Bewertung

Bei assoziierten Unternehmen besteht nach § 312 Abs. 5 S. 1 HGB keine Pflicht, sondern nur ein Wahlrecht zu konzerneinheitlicher Bewertung. Allerdings ist ein Verzicht auf die Anpassung im Anhang anzugeben. Unklar ist, wie weit für den Fall einer Anpassung der Umfang der Einheitlichkeit geht, da der Gesetzgeber eine sehr enge Formulierung gewählt hat:

- Es wird nur von einheitlicher Bewertung und nicht von einheitlicher Bilanzierung gesprochen und

- es ist nur die Rede von einer Anpassung an die im Konzernabschluss *"angewandten"* Bewertungsmethoden und nicht, wie in § 308 Abs. 1 HGB, von einer Anpassung an die *"anwendbaren"* Bewertungsmethoden.

Ob es sich bei dem zuletzt genannten Punkt um eine bewusste Verschärfung des Einheitlichkeitsgrundsatzes handelt, muss bezweifelt werden (vgl. Küting/Zündorf, BB Beilage 7/1986, S. 14 f.). Einerseits sind keine Gründe hierfür ersichtlich, andererseits wäre es paradox, zunächst strengere Vorschriften für assoziierte Unternehmen als für Tochterunternehmen zu erlassen und dann bei ihrer Anwendung ein Wahlrecht einzuräumen.

Auch die anscheinende Beschränkung des Einheitlichkeitsgrundsatzes auf die Bewertung (der Höhe nach) erscheint nicht sinnvoll: Wenn man schon der Konsolidierung einheitlich erstellte Abschlüsse zugrunde legen will, dann sollte die Einheitlichkeit alle Bereiche der Bilanzierung, also auch die der Bewertung vorgelagerte Frage des Ansatzes umfassen.

Wird im Rahmen der Equity-Methode konzerneinheitlich bewertet, so dass eine von der ursprünglichen Handelsbilanz abweichende Handelsbilanz II entsteht, müssen im Rahmen der Folgekonsolidierungen natürlich auch die aus der Umbewertung resultierenden Folgen beachtet werden.

3.4.3.2 Behandlung des Geschäftswerts

Hinsichtlich der Behandlung des Geschäftswerts verweist § 312 Abs. 2 S. 3 HGB auf die entsprechenden Vorschriften für die Vollkonsolidierung in § 309 HGB (vgl. G.3.1.7; Küting/Zündorf, BB Beilage 7/1986, S. 6).

Der aktivische Geschäftswert beeinflusst somit – auch wenn er, wie bei der Buchwertmethode, nicht als eigenständiger Posten erscheint – den Konzernabschluss, sei es den Konzernerfolg (bei Abschreibung) oder nur die Konzernrücklagen (bei erfolgsneutraler Verrechnung). Entsprechendes gilt für die Erfolgswirkungen eines passivischen Geschäftswerts bei Eintritt der Bedingungen gem. § 309 Abs. 2 HGB (Eintritt einer erwarteten ungünstigen Entwicklung, Realisierung des Gewinns).

Schließlich dürfen auch aktivische und passivische Geschäftswerte aus der Anwendung der Equity-Methode miteinander verrechnet werden.

3.4.3.3 Stichtag der Aufstellung und Basiszeitpunkt der Konsolidierung

Gem. § 312 Abs. 6 S. 1 HGB wird für den Jahresabschluss assoziierter Unternehmen kein konzerneinheitlicher Stichtag verlangt. Es ist vielmehr der jeweils letzte Abschluss heranzuziehen.

Diese im Hinblick auf die Zielsetzung der Equity-Methode, nämlich eine möglichst aktuelle Bewertung der Beteiligung zu erreichen, sehr problematische Regelung (vgl. Maas/Schruff, WPg 1985, S. 6) muss vor dem Hintergrund der Praktikabilität der Equity-Methode gesehen werden: Häufig wird der Einfluss des beteiligten Unternehmens auf das assoziierte Unternehmen nicht ausreichen, die Aufstellung eines Zwischenabschlusses durchzusetzen (vgl. Harms/Küting, BB 1985, S. 442).

Als Basiszeitpunkte für die Aufrechnung von Beteiligungsbuchwert und anteiligem Eigenkapital lässt der Gesetzgeber gem. § 312 Abs. 3 HGB

- den Zeitpunkt des Erwerbs,
- den Zeitpunkt der erstmaligen Einbeziehung oder,

- beim Erwerb der Beteiligung in mehreren Tranchen, den Zeitpunkt zu, in dem das Beteiligungsunternehmen assoziiertes Unternehmen geworden ist.

Diese Möglichkeiten entsprechen denen bei Vollkonsolidierung (vgl. G.3.1.8).

3.4.3.4 Das Entstehen eines negativen Beteiligungsbuchwerts

Die Berücksichtigung des anteiligen Jahresüberschusses/-fehlbetrags des assoziierten Unternehmens bei der Fortschreibung des Beteiligungsbuchwerts kann bei hohen Verlusten dazu führen, dass ein negativer Wert entsteht. Die Beantwortung der vom Gesetzgeber offen gelassenen Frage, ob bei anteiligen Jahresfehlbeträgen, die den bisherigen Wertansatz übersteigen, ein negativer, also passivischer Beteiligungsbuchwert auszuweisen ist, wird von den Haftungsverhältnissen abhängig gemacht.

Grundsätzlich wird für diesen Fall empfohlen, die Equity-Methode auszusetzen, damit kein negativer Beteiligungsbuchwert auszuweisen ist (vgl. APB-Opinion No. 18, Para 19 i; Enke, Bilanzierung, 1977, S. 65; Schäfer, Equity-Methode, 1982, S. 321; Fricke, Rechnungslegung, 1983, S. 241). Eine Zuschreibung ist dann erst wieder möglich, wenn die anteiligen Jahresüberschüsse späterer Perioden die zwischenzeitlich nicht berücksichtigten anteiligen Jahresfehlbeträge übersteigen.

Besteht eine rechtliche Verpflichtung des beteiligten Unternehmens, anteilige Verluste auszugleichen, so ist ein negativer Betrag als Verbindlichkeit zu passivieren (vgl. Enke, Bilanzierung, 1977, S. 65 f.; Schäfer, Equity-Methode, 1982, S. 321; Fricke, Rechnungslegung, 1983, S. 242, die gegebenenfalls auch die Bildung einer Rückstellung für erforderlich hält).

3.4.3.5 Ausweis im Anlagengitter

Die Änderungen des Wertansatzes der Beteiligung nach der Equity-Methode sind im Anlagengitter zu erfassen.

Die Zuordnung der Änderungen zu den Positionen des Anlagengitters wirft zum Teil keine Probleme auf. Abschreibungen und Zuschreibungen des Beteiligungsbuchwerts sind ebenso in den Spalten "Abschreibungen" bzw. "Zuschreibungen" zu erfassen wie Abschreibungen auf den Geschäftswert und Abschreibungen auf die aufgedeckten stillen Reserven. Käufe und Verkäufe von Anteilen dagegen sind eindeutig der Zugangs- bzw. Abgangsspalte zuzuordnen. Problematisch ist allerdings die Zuordnung der Wertfortschreibungen um anteilige Jahreserfolge, um vereinnahmte Gewinnausschüttungen und um konsolidierte Zwischenerfolge (vgl. I.5.3).

Für diese problematischen Sachverhalte werden drei Ausweisalternativen im Anlagengitter vorgeschlagen (vgl. Küting/Zündorf, BB Beilage 7/1986, S. 12; Zündorf, Anlagenspiegel, 1990, S. 58-66):

Nach der ersten Alternative werden die obigen Vorgänge – nach der Netto- oder der Bruttomethode – in der Abschreibungs- bzw. Zuschreibungsspalte erfasst. Bei dieser Vorgehensweise wird dem Umstand Rechnung getragen, dass anteilige Jahreserfolge und Zwischenerfolge keine mengenmäßigen Veränderungen des Anlagevermögens repräsentieren. Sie werden vielmehr zusammen mit den anderen wertmäßigen Änderungen unter den Abschreibungen bzw. Zuschreibungen ausgewiesen, während Abgänge und Zugänge nur mengenmäßige Änderungen beinhalten. Der Nachteil dieser Vorgehensweise ist, dass die in den Vorperioden vorgenommenen Zuschreibungen die kumulierten Abschreibungen übersteigen können, so dass – wegen der Saldierung beider Größen – negative kumulierte Abschreibungen auszuweisen wären. Hiermit einhergehende Interpretationsschwierigkeiten könnten jedoch durch zusätzliche Erläuterungen im Anhang verringert werden.

Die zweite Alternative besteht in der Verbuchung unter Zugängen und Abgängen. Dies hat jedoch den Nachteil, dass dann die Zugänge und Abgänge neben mengenmäßigen Änderungen, für die sie eigentlich vorgesehen sind, auch wertmäßige Änderungen enthalten.

Schließlich besteht noch die Möglichkeit, anteilige Jahresergebnisse, vereinnahmte Gewinnausschüttungen und Zwischenerfolgseliminierungen in gesonderten Spalten zu erfassen. Dieser korrekten Methode steht allerdings ein erheblicher Buchungsaufwand gegenüber: Wegen einer Position (Beteiligungen an assoziierten Unternehmen) wären im gesamten Anlagengitter eine oder (beim Bruttoausweis) zwei zusätzliche Spalten einzuführen.

3.4.3.6 Der Konzernabschluss als Grundlage

Grundsätzlich ist bei der Kapitalaufrechnung das anteilige Eigenkapital aus dem Einzelabschluss des assoziierten Unternehmens zugrunde zu legen. Stellt das assoziierte Unternehmen jedoch einen Konzernabschluss auf, so ist gem. § 312 Abs. 6 S. 2 HGB dieser zugrunde zu legen.

Wichtig ist, dass diese Vorschrift keine Aufstellungspflicht für das assoziierte Unternehmen begründet. Hat es also von einem Wahlrecht zur Nichtaufstellung gem. §§ 291-293 HGB Gebrauch gemacht, so muss es keinen Konzernabschluss speziell für Zwecke der Equity-Methode aufstellen.

3.4.4 Kritik

Durch die anteilige Zurechnung der Jahreserfolge zum Beteiligungsbuchwert soll die Equity-Methode zu einer von stillen Reserven freien und damit gegenüber der Anschaffungskostenmethode aussagefähigeren Bewertung führen.

Auch wenn die Equity-Methode in dieser Hinsicht Vorteile gegenüber der Anschaffungskostenmethode bringen kann, ist doch zweifelhaft, ob das anteilige bilanzielle Eigenkapital einziger Maßstab für den Wert einer Beteiligung ist (vgl. Schäfer, Equity-Methode, 1982,

S. 29). Auch die Equity-Methode führt nur zu einem objektivierten Wertansatz der Beteiligung. Die Bildung stiller Reserven wird durch sie nicht ausgeschlossen (vgl. Havermann, WPg 1975, S. 241 f.).

Viel schlimmer ist jedoch, dass durch die Zurechnung thesaurierter Gewinne Beträge ausgewiesen werden, auf die das beteiligte Unternehmen keinen Zugriff hat. Der maßgebliche Einfluss auf das assoziierte Unternehmen reicht nämlich i.d.R. nicht aus, um eine Ausschüttung von Gewinnen veranlassen zu können. Somit werden Werte ausgewiesen, auf die der Konzern nicht zurückgreifen kann.

Dieser bereits im Rahmen der Quotenkonsolidierung (vgl. G.3.3.2) diskutierte Nachteil ließe sich zwar durch einen gesonderten Ausweis zugerechneter thesaurierter Gewinne mildern. Zu fragen wäre dann aber, warum das Privileg der Durchbrechung des Anschaffungswertprinzips nur für Beteiligungen an assoziierten Unternehmen gelten soll, wohingegen etwa "normale" Beteiligungen oder Grundstücke zu ihren Anschaffungskosten bilanziert werden, obwohl auch diese erhebliche stille Reserven beinhalten können.

Eine zusätzliche Verzerrung des Wertansatzes der Beteiligung folgt aus den konsolidierungsähnlichen Fortschreibungen.

Die Abschreibungen stiller Reserven und des Geschäftswerts resultieren aus der Erwerbsfiktion. Diese Fiktion ist, abgesehen von den mit ihr einhergehenden Problemen, nicht sinnvoll auf assoziierte Unternehmen übertragbar. Hier liegt primär ein Beteiligungserwerb und nicht ein Erwerb einzelner Vermögensgegenstände und Schulden vor, was auch dadurch zum Ausdruck kommt, dass in den Konzernabschluss nur der Beteiligungsbuchwert eingeht.

Freilich ist aus diesem Grund der Schaden, den die Equity-Methode für die Darstellung der Vermögenslage anrichtet, nur begrenzt: Es sind nur die Positionen *"Beteiligungen an assoziierten Unternehmen"* und, über die Erfolgswirkungen, das Eigenkapital betroffen.

Diese scheinbare Harmlosigkeit darf jedoch nicht darüber hinwegtäuschen, dass die Equity-Methode Erfolgswirkungen hat, die mit denen einer "richtigen" Konsolidierung vergleichbar sind.

So treten hinsichtlich der Kapitalkonsolidierung die gleichen Erfolgswirkungen wie bei der Quotenkonsolidierung auf. Gleiches gilt für die Vollkonsolidierung nach der Buchwertmethode, da auch hier stille Reserven und Geschäftswert nur insoweit im Konzernabschluss berücksichtigt werden, als sie auf den Kapitalanteil einbezogener Unternehmen entfallen. Ein Unterschied ergibt sich allerdings, wenn stille Reserven im Rahmen der Erstellung der Handelsbilanz II aufgedeckt werden, da dies auch bei der Buchwertmethode voll (und nicht etwa anteilig) geschieht. Die Anwendung der Neubewertungsmethode führt hingegen insgesamt zu stärkeren Erfolgswirkungen, was aber dadurch relativiert wird, dass auf Minderheiten entfallende Erfolgswirkungen nicht in das Konzernergebnis einzugehen brauchen (vgl. G.3.1.4.2).

Hinsichtlich des bei einer Gesamtbetrachtung ebenfalls zu berücksichtigenden Einflusses der Zwischenergebniseliminierung wird auf I.5.3 verwiesen.

Gemessen an ihren Erfolgswirkungen hat die Equity-Methode, so wie sie in das deutsche Konzernbilanzrecht umgesetzt wurde, alles andere als den Charakter einer *"kleinen Konsolidierung"* (Havermann, WPg 1975, S. 237), so dass sie unabhängig von der obigen Kritik auch nicht in die Konzeption des Gesetzgebers passt, die darin besteht, die Konzernunternehmen mit abnehmendem Einfluss des Mutterunternehmens in immer geringerem Ausmaß einzubeziehen.

Durch die Verpflichtung, die aus der Anwendung der Equity-Methode resultierenden Erfolgswirkungen in der Konzern-Gewinn- und Verlustrechnung gesondert auszuweisen, werden die Mängel zwar vermindert, aber keineswegs völlig ausgeräumt, zumal die einzelnen Komponenten nicht offen gelegt werden müssen.

Die Equity-Methode stellt im Hinblick auf das Ziel, *"ein den tatsächlichen Verhältnissen entsprechendes Bild (...) zu vermitteln"* (§ 297 Abs. 2 S. 2 HGB), keinen Fortschritt, sondern eher einen Störfaktor dar.

Zudem verursacht sie, was durch zahlreiche Varianten und Unklarheiten noch verstärkt wird, einen erheblichen, den "echten" Konsolidierungsmethoden durchaus vergleichbaren, Buchungsaufwand.

Daher wird hier dafür plädiert, die Möglichkeit zur Nichtanwendung der Equity-Methode gem. § 311 Abs. 2 HGB sehr weit auszulegen.

3.5 Reformvorstellungen im Referentenentwurf zum BilMoG

Eine Reform der handelsrechtlichen Vorschriften zur Kapitalkonsolidierung entsprechend dem Referentenentwurf zum Bilanzrechtsmodernisierungsgesetz schränkt die Vielfalt der Möglichkeiten deutlich ein (siehe auch G.1.2):

- Zur Vollkonsolidierung ist nur noch die Neubewertungsmethode ohne Anschaffungskostenrestriktion (und ohne Hochrechnung des Goodwill auf die Minderheiten) vorgesehen; die Buchwertmethode soll untersagt werden.
- Als Basiszeitpunkt der Kapitalkonsolidierung, welcher der Ermittlung der Zeitwerte des erworbenen Vermögens zugrunde liegt, sieht der Entwurf den Zeitpunkt des Erwerbs der Anteile vor. Damit werden im Falle eines Erwerbs zu einem vom Bilanzstichtag abweichenden Termin ein Zwischenabschluss der Tochter auf den Tag des Erwerbs und bei sukzessivem Erwerb in mehreren Tranchen mehrere Bestimmungen der Zeitwerte des Vermögens der Tochter erforderlich.
- Die Möglichkeiten zur Verrechnung aktiver Geschäftswerte (Goodwills) mit passivischen Unterschiedsbeträgen (Badwills) werden versperrt; der Bruttoausweis in der Bilanz wird erforderlich.
- Nach der Erstkonsolidierung ist der Geschäftswert (Goodwill) planmäßig und – bei Bedarf – außerplanmäßig abzuschreiben. Die Möglichkeiten zur pauschalen Ab-

schreibung mit mindestens 25 % und vor allem zur erfolgsneutralen Verrechnung mit den Rücklagen sollen beseitigt werden.

- Die Interessenzusammenführungsmethode wird nach internationalem Vorbild nicht weiter zugelassen.
- Die Equity Methode darf nur noch auf Basis der Buchwertmethode (ohne Anschaffungskostenrestriktion) mit dem Zeitpunkt des Erwerbs der Anteile als Basiszeitpunkt erfolgen.

4. Kapitalkonsolidierung nach US-GAAP

4.1 Grundlinien vor dem Hintergrund der aktuellen Entwicklung

Die Rechnungslegungsstandards aus dem angelsächsischen Kulturkreis (US-GAAP und IFRS) sind "modernen" Vorstellungen von Rechnungslegung aufgeschlossener als das HGB. Das gilt insbesondere auch für die Kapitalkonsolidierung, wo obendrein noch weiterhin deutlicher Reformbedarf gesehen wird. Zudem streben beide Standardsetter eine Konvergenz ihrer Rechnungslegungsstandards an, was sich in einer Fülle von Projekten zur Fortentwicklung dieser Standards in Richtung auf eine zügig gewünschte, aber nur schwierig zu realisierende Übereinstimmung niederschlägt.

Da das frühere Nebeneinander von erfolgsneutraler Interessenzusammenführung ("pooling of interests") und erfolgswirksamer Erwerbsmethode ("purchase method") schlecht vergleichbare Abschlüsse schuf und weil ein extensiver Missbrauch des "Pooling" durch die Wirtschaft vermutet wurde, müssen nach US-GAAP seit dem 30.06.2001 alle Tochterunternehmen grundsätzlich gemäß der erfolgswirksamen Erwerbsmethode konsolidiert werden. Ausnahmen gibt es nur noch für Gleichordnungskonzerne ("combinations of entities under common control"), die weiterhin nach einem dem "Pooling" nahe kommenden Verfahren konsolidiert werden (vgl. Delaney u. a., Wiley GAAP 2004, S. 427 f. und 468 f.) und für nicht erwerbswirtschaftliche Unternehmen, wenn der Kaufpreis auf unausgeglichenen Leistungsaustausch ("Zuwendung") hindeutet (vgl. ebenda, S. 470 f.).

Bei der Erwerbsmethode nach US-GAAP sind die stillen Reserven im Vermögen der Tochter bei Übernahme unabhängig von der Höhe des Kaufpreises vollständig aufzulösen. Allerdings gibt es noch ein Wahlrecht zwischen Buchwert- und Neubewertungsmethode. Nach dem "parent company concept" werden nur die auf die Konzernmehrheit entfallenden stillen Reserven aufgelöst und nach dem "economic unit concept" auch die auf die Minderheit entfallenden stillen Reserven. Für die Zukunft ist allerdings eine Einschränkung auf die Neubewertungsmethode ("economic unit concept") geplant, die es bei IFRS bereits gibt. Geplant ist auch die Einführung der full goodwill Methode, bei der nicht nur der Goodwill der Konzernmehrheit, sondern verpflichtend der gesamte Goodwill der Tochter ausgewiesen werden soll, auch soweit er auf die Minderheit entfällt.

Das Verbot der Pooling of Interests Methode ließ sich politisch nicht leicht durchsetzen. Es wurde daher durch das Zugeständnis an die Wirtschaft erkauft, die planmäßigen Abschreibungen auf den Goodwill abzuschaffen, die die Ergebnisse vieler Konzernmütter stark belasten. Stattdessen wurde die Pflicht zur jährlichen Überprüfung der Werthaltigkeit des Goodwill in der Bilanz eingeführt, die Niederstwertabschreibungen auslöst, wenn gemessen an einem zweistufigen Test der Wert des Goodwill in den Büchern höher ist als aktuell zulässig. Inhalt und Probleme dieses zweistufigen Tests werden ebenso näher behandelt wie wichtige andere Spezifika der Kapitalkonsolidierung nach US-GAAP im Vergleich zum HGB.

Wie bei uns werden auch bei US-GAAP unter anderem alle Elemente der purchase method in die Equity-Bewertung projiziert. Es liegt also nahe, die Equity-Methode wiederum gemeinsam mit der Kapitalkonsolidierung in einem Abschnitt zu erläutern. Obendrein spielt die Equity-Methode im Rahmen der US-GAAP eine bedeutendere Rolle als nach GoB und HGB, weil sie schon im Einzelabschluss zum Einsatz kommt. Anteile an Unternehmen, auf die ein "significant influence" ausgeübt werden kann, der ähnlich wie der maßgebliche Einfluss bei uns ab einem Anteil von 20 % widerlegbar vermutet wird, müssen im Einzel- und Konzernabschluss nach US-GAAP "at equity" bewertet werden. Statt dieser Pflicht besteht für den Einzelabschluss zwar ein Wahlrecht, wenn die Beteiligung auf Basis speziell von mehr als 50 % der Stimmrechte "control" gewährt, genau dann aber wird im Zuge der nachfolgend notwendigen Kapitalkonsolidierung der Beteiligungsbuchwert ohnehin wieder eliminiert. Gerade diese Möglichkeit zur Bewertung von Mehrheitsbeteiligungen "at equity" mit anschließender Konsolidierung schafft allerdings besondere Probleme. Die andersartige Bewertung der Beteiligung im Einzelabschluss des Mutterunternehmens verändert nämlich die Ausgangskonstellation der Zahlen vor der Kapitalkonsolidierung. Dementsprechend sind veränderte Konsolidierungsbuchungen erforderlich, die näher behandelt und erklärt werden sollen.

Die Quotenkonsolidierung wird nicht behandelt werden, weil angesichts der grundsätzlichen Unvereinbarkeit mit US-GAAP spezifische Regeln fehlen. Accounting Interpretations of APB Opinion No. 18 lassen "proportionate consolidation" nur ausnahmsweise für Anteile an Personenhandelsgesellschaften und für Anteile an Kapitalgesellschaften dann zu, wenn sich ein solches Vorgehen – wie etwa in der Branche der Öl- und Gasexploration – als übliche Praxis etabliert hat. Mangels spezifischer Vorschriften ist davon auszugehen, dass die für Voll- und Equity-Konsolidierung völlig übereinstimmenden Prinzipien und Vorgehensweisen auch hier beachtet werden müssen.

Auflösung stiller Reserven und Ansatz eines Goodwill gemäß der "purchase method" sollen nach den Vorstellungen der SEC nicht auf Konzernabschlüsse beschränkt sein. Nach den Grundsätzen des "push down accounting" werden Zeitwerte und Goodwill auch in die Einzelabschlüsse der Tochterunternehmen übernommen. Inwieweit und für welche Tochterunternehmen dies gefordert wird, soll abschließend zu US-GAAP erörtert werden.

4.2 Kapitalkonsolidierung nach der "purchase method"

4.2.1 Bestimmung der erwerbenden späteren Muttergesellschaft

Auch wenn regelmäßig das Unternehmen, welches durch Hingabe von Geld, anderer Vermögensgegenstände oder Ausgabe eigener Aktien die Stimmrechtsmehrheit bei dem anderen Unternehmen erwirbt, der wirtschaftliche Erwerber und das Mutterunternehmen ist, gibt es Ausnahmen von dieser Regel, die sogenannten "reverse acquisitions". Ein solcher Fall wird angenommen, wenn ein scheinbarer Erwerber so viele seiner eigenen Aktien an die Eigner der scheinbar erworbenen Gesellschaft ausgeben muss, dass deren frühere Eigner die Mehrheit der Stimmrechte im Konzern und damit auch die Kontrolle erlangen. In einem anderen Fall erwirbt eine kleine börsennotierte Gesellschaft die Mehrheit der Anteile einer großen Gesellschaft ohne Börsennotierung, so dass nicht nur deren Eigner die Kontrolle im Konzern erlangen, sondern zugleich auch ein rascher, billiger Börsengang gelingt. Konzernrechnungslegung nach US-GAAP setzt daher zunächst die Bestimmung des wirtschaftlichen Erwerbers und damit des Mutterunternehmens der Verbindung voraus. Obwohl schwierige Fragen aufgeworfen werden, "GAAP does not provide definitive guidance on these important issues" (Delaney u. a., Wiley GAAP 2004, S. 475). SFAS 141.17 zählt nur mögliche Kriterien auf, die auf den Erwerber hindeuten, nämlich

- welche Gesellschaft ist die größere,
- wessen Eigner erlangen die Stimmrechtsmehrheit oder zumindest eine große Minderheit bei Streubesitz der übrigen Anteile,
- wessen Eigner können direkt oder über ein Aufsichtsgremium das geschäftsführende Gremium im Konzern bestimmen,
- wessen engere Führung erlangt die Führung auch im Konzern und
- welches Unternehmen zahlt eine Prämie zusätzlich zum Marktwert der Aktien des anderen Unternehmens?

Nähere Hinweise zur Gewichtung oder Abwägung fehlen ebenso wie Hilfen zur Lösung der vielen Detailprobleme der anschließenden Konzernrechnungslegung.

4.2.2 "cost of the acquired entity"

Als Ausgangspunkt für den fortzuschreibenden Beteiligungsbuchwert werden zunächst die Anschaffungskosten der Beteiligung, die "cost of the acquired entity" (SFAS 141.20 bis .34) benötigt. Die Möglichkeiten der Fortschreibung werden im späteren Abschnitt 4.2.7 erläutert.

Die "cost of the acquired entity" setzen sich aus drei Gruppen von möglichen Bestandteilen zusammen, nämlich dem Zeitwert der gewährten Gegenleistung, einem Teil der im Zuge des Erwerbs entstandenen Aufwendungen sowie einem Teil der unsicheren, vom Eintritt wohl definierter Bedingungen abhängigen Gegenleistungen ("contingent consideration").

Im Rahmen des Zeitwerts der gewährten und nicht an den Eintritt von Bedingungen geknüpften Gegenleistung gehen in die Anschaffungskosten ein

- Barzahlungen mit ihrem Nominalwert bzw. Zeitwert (bei Devisen),
- übertragene andere Güter mit ihrem Zeitwert und speziell
- als Gegenleistung gewährte Gläubigeransprüche etwa aus Obligationen mit dem Barwert der künftigen Belastungen sowie
- als Gegenleistung gewährte Eigentumsrechte, insbesondere Aktien, mit ihrem Zeitwert im Sinne des aktuellen Börsenkurswerts.

Der Grundsatz, die Anschaffungskosten aus den Zeitwerten der Gegenleistung abzuleiten, gilt allerdings nur so lange, wie diese Zeitwerte verlässlicher bestimmt werden können als der Zeitwert des erworbenen Unternehmens. Lässt sich hingegen letzterer verlässlicher bestimmen, bildet er die Grundlage der Anschaffungskosten (SFAS 141.6). Im Zweifel müssen Informationen zu Leistung und Gegenleistung gewürdigt werden (SFAS 141.23).

Die im Zuge des Erwerbs entstandenen Aufwendungen müssen im Blick auf ihre spätere Behandlung in drei Gruppen eingeteilt werden. Mit dem Erwerb verbundene direkte Kosten, wie Anwaltskosten, Gebühren der beratenden Investment Bank, Gebühren beratender Accountants, Vermittlungsprovisionen und Reisespesen werden zurzeit noch in die Anschaffungskosten einbezogen. Mit der aktuell anstehenden Reform des SFAS 141 aber wird sich das ändern. In Zukunft sollen sie – wie jetzt schon die Gemeinkosten – unmittelbar erfolgsmindernd berücksichtigt werden. Anteilige Gemeinkosten und die Aufwendungen einer unternehmensinternen, mit Akquisitionen beschäftigten Abteilung dagegen dürfen nicht in die Anschaffungskosten eingerechnet werden; sie sind sofort erfolgsmindernd zu erfassen. Die mit Emission und Registrierung von als Gegenleistung gewährten Aktien und Obligationen verbundenen Aufwendungen schließlich erfahren eine Sonderbehandlung. Soweit sie aus Aktienemissionen stammen, mindern sie die Kapitalrücklage und soweit sie mit der Ausgabe von Obligationen zusammenhängen, sind sie analog zum Disagio als Aufwand auf die Laufzeit der Papiere zu verteilen. (Pahler, Advanced Accounting, 9. Aufl., S. 145).

Bedingte Gegenleistungen, die vom Eintritt jeweils wohl definierter künftiger Ereignisse abhängen, sind in dem Ausnahmefall unmittelbar in die Anschaffungskosten einzubeziehen, in dem der Eintritt des die Belastung auslösenden Ereignisses und die Höhe desselben praktisch sicher sind ("determinable beyond reasonable doubt" APB 16.78). Sofern diese hohe Hürde im Zeitpunkt des Erwerbs noch nicht überwunden wird, darf die Gegenleistung weder als Belastung bilanziert noch in die Anschaffungskosten einbezogen werden. Über sie ist nur zu informieren. Sobald nachträglich das geforderte hohe Maß an Sicherheit erreicht wird, müssen bedingte Gegenleistungen, die von der Höhe der Gewinne oder Umsätze (so SFAS 141.28; Pahler, Advanced Accounting, 9. Aufl., S. 146) abhängen, nachträglich den Anschaffungskosten hinzugefügt werden. Wenn die bedingte Gegenleistung dagegen vom Kurs der gewährten Wertpapiere abhängt, darf sie nach erreichter Quasisicherheit nicht zusätzlicher Teil der Anschaffungskosten werden, weil sie nur den inzwischen eingetretenen Wertverlust der Gegenleistung ausgleicht, also keine zusätzliche Gegenleistung darstellt (SFAS 141.30).

Bedingte Gegenleistungen werden anders zu behandeln sein, wenn SFAS 141 reformiert wird. Sie werden unabhängig vom Objekt ihrer Bindung (Gewinn, Umsatz, Aktienkurs) stets von Anfang an mit ihren meist geschätzten Zeitwerten (fair values) in die "cost of the acquired entity" einbezogen. Letztere werden später auch nicht mehr angepasst. Soweit sich hinter den bedingten Gegenleistungen Schulden verbergen, werden diese jeweils aktualisiert, aber zu Lasten des Erfolgs. Durch Ausgabe von Eigenkapital zu erfüllende bedingte Gegenleistungen werden hingegen nicht mehr angepasst (Hoyle/Schaefer/Doupnik, Advanced Accounting, 8. Aufl., S. 122 f.)

In einem Beispiel verfüge die spätere Konzernmutter vor Erwerb von 80 % der stimmberechtigten Stammaktien des späteren Tochterunternehmens über einen Kassenbestand von 1040, über ein gezeichnetes Kapital von 1800, über Kapitalrücklagen von 1100 sowie über einen vorläufigen Jahresüberschuss von 640. Die Gegenleistung für 80 % der Stammaktien der späteren Tochter setze sich aus 200 zusätzlichen Aktien mit einem Nennwert von je 1 und einem Marktwert von je 2,5 sowie aus einer baren Zuzahlung von 700 zusammen. Im Rahmen des Erwerbs sind direkte Kosten – Vermittlungsprovisionen und Gebühren der Berater – von 40 und Emissionskosten von 30 entstanden. Die angenommenen Daten führen nach Inkrafttreten der Reform zu folgenden Anschaffungskosten der Beteiligung bei den – vereinfachend unter Vernachlässigung der latenten Steuern als Folge der Nichtanerkennung direkter Kosten des Beteiligungserwerbs als Betriebsausgaben – ebenfalls aufgezeigten Veränderungen der übrigen Positionen:

Beispiel G.23: "cost of the acquired entity"

	Beteiligung	Kasse	gezeichnetes Kapital	Kapitalrücklage	vorläufiger Jahresüberschuss
Anfangsbestand vor Erwerb	0	1040	1800	1100	640
Aktienausgabe - Nennwert	+ 200		+ 200		
- Agio	+ 300			+ 300	
Emissionskosten		- 30		- 30	
bare Zuzahlung	+ 700	- 700			
direkte Kosten		- 40			- 40
Bestand nach Erwerb	1200	270	2000	1370	600

Im Beispiel markieren 1200 die "cost of the acquired entity" nach der Reform. Vor der Reform lagen sie um die direkten Kosten höher bei 1240.

4.2.3 Auflösung stiller Reserven und Lasten

Stille Reserven sind nach US-GAAP zunächst stets unabhängig vom Kaufpreis aufzulösen; eine Anschaffungskostenrestriktion wie zum Teil im HGB gibt es nicht. Ob alle vorhandenen stillen Reserven nur für die Mehrheit oder auch für die Minderheit aufzulösen sind, ist umstritten. Noch sind beide Vorgehensweisen erlaubt, und meist werden nur die stillen Reserven, die auf die Mehrheit entfallen, aufgelöst ("parent company concept" i. S. v. Buchwertmethode ohne Anschaffungskostenrestriktion). Der FASB bevorzugt aber eine Auflösung der stillen Reserven auch für die Minderheit ("economic unit concept"). Mit der zu erwartenden Reform von SFAS 141 wird das wohl vorgeschrieben (vgl. Hoyle/Schaefer/ Doupnik, Advanced Accounting, 8. Aufl., S. 156-163, Pahler, Advanced Accounting, 9. Aufl., S. 76-78 und 199 f.).

Wenn die Anschaffungskosten der Beteiligung das auf den Anteil der Mutter entfallende Eigenkapital der Tochter auf Buchwertbasis zuzüglich der dem Anteil der Mutter entsprechenden stillen Reserven der Tochter übersteigen, führt die Differenz – wie bei einem Verzicht auf § 309 Abs. 1 S. 3 HGB im deutschen Recht – zu einem Goodwill im Konzernabschluss. Wenn dagegen umgekehrt die beiden zuletzt genannten Komponenten zusammengenommen größer sind als die Anschaffungskosten der Beteiligung – und dieser Fall ist wahrscheinlicher als bei uns, weil die stillen Reserven unabhängig von den Anschaffungskosten stets vollständig aufgelöst werden – entsteht ein vorläufiger Badwill ("excess of fair value of acquired net assets over cost"), der schrittweise wieder aufgelöst wird, so dass er nicht in die Konzernbilanz eingeht. Einerseits werden die auf die Mutter entfallenden Anteile an den Zeitwerten bestimmter Anlagen der Tochter im Extremfall vollständig zu den Lasten des Badwill abgewertet. Andererseits werden – soweit vom vorläufigen Badwill gedeckt – Schulden für noch nicht im Kaufpreis berücksichtigte Kaufpreiszusagen vorsichtig passiviert. Nur der Rest des Badwill, der beide Hürden übersteht, wird dann sofort erfolgserhöhend aufgelöst (Details unter G.4.2.5). Nach SFAS 141 in der geplanten Neufassung entfallen die beiden Hürden. Der vorläufige Badwill soll in voller Höhe sofort erfolgswirksam vereinnahmt werden (vgl. Hoyle/Schaefer/Doupnik, Advanced Accounting, 8. Aufl., S. 56).

Zur Verdeutlichung wird unterstellt, die spätere Konzernmutter erwerbe 80 % der Anteile der späteren Tochter mit folgenden Eigenschaften:

	100 %		80 %		20 %		
Zeitwert des Nettovermögens	200		160		40		
stille Reserven	75		60		15		
Zeitwert des Anlagevermögens ohne marktgängige Finanzanlagen		150		120		(30)	
Buchwert des Nettovermögens	125		100		25		
Zeitwert des Umlaufvermögens und des von Abwertung ausgenommenen Anlagevermögens abzüglich der Schulden		50		40		(10)	(15)

Unabhängig von den Anschaffungskosten werden beim "parent company concept" 60 und beim "economic unit concept" 75 stille Reserven (15 zugunsten des Minderheitenanteils) aufgelöst. Wenn die Anschaffungskosten der 80 % Anteile 160 überschreiten, entsteht ein Goodwill. Soweit die Anschaffungskosten zwischen 160 und 40 liegen, wird das Anlagevermögen mit Ausnahme bestimmter Anlagen zum Ausgleich proportional abgewertet. Bei

Kaufpreisen unter 40 entsteht ein vorläufiger Badwill. Keine klaren Vorgaben gibt es zur Behandlung der Minderheiten, wenn bei "economic unit concept" die Anschaffungskosten der Mutter unter 160 und bei "parent company concept" unter 100 liegen. Überwiegend wird allerdings angenommen, dass bezogen auf die Minderheitenanteile die Zeitwerte des von Abwertung betroffenen Anlagevermögens nicht analog zur Mehrheit um bis zu 30 bzw. bis zu 15 abgesenkt werden müssen. Bei Kaufpreisen unter 40 wird auch regelmäßig kein auf die Minderheit hochgerechneter Badwill angesetzt.

Die vollständige, allenfalls auf den Anteil der Mutter an der Tochter beschränkte Auflösung stiller Reserven impliziert zunächst, dass auch eventuelle stille Lasten (Überbewertung von Aktiva, Unterbewertung oder Nichtansatz von Schulden) eliminiert werden, was nicht ungewöhnlich zu sein scheint. Außerdem werden alle erworbenen "assets" und "liabilities" angesetzt, was vor allem beim immateriellen Anlagevermögen zu großzügigem Ansatz führt, schon um einen Goodwill als "Hollow and Dubious Asset" (Pahler, Advanced Accounting, 9. Aufl., S. 198) soweit wie möglich überflüssig zu machen. Immaterielles Vermögen ist nach SFAS 141.39 zu aktivieren, wenn es auf einem gesetzlichen oder vertraglichen Recht gründet – egal ob einzelverwertbar oder nicht –, wenn es ohne eine solche rechtliche Basis zumindest einzeln durch Verkauf, Übertragung, Lizenzierung, Vermietung oder Tausch verwertbar ist oder wenn es wenigstens in Verbindung mit einem zugehörigen Vertrag, Vermögenswert oder einer Schuld gesondert verwertet werden kann. Eindeutig nicht aktivierbar sind die besonderen Fähigkeiten der Mitarbeiter. Das verbleibende weite Feld des zu aktivierenden immateriellen Vermögens verdeutlicht SFAS 141 im Anhang A.14 – in der Tabelle auf dieser und der folgenden Seite nach Bieker/Esser StuB 2004, S. 450:

	Vermögenswerte, die auf einem gesetzlichen oder vertraglichen Recht basieren	**Vermögenswerte, die nicht auf einem gesetzlichen oder vertraglichen Recht basieren, aber einzeln verwertbar sind**
Absatzmarktbezogene immaterielle Vermögenswerte *(marketing-related intangible assets)*	• Markenrechte, Markenzeichen, Emblems • Internet-Adressen • Aufmachung und Design • Zeitschriftentitel • Wettbewerbsunterlassungsvereinbarungen	
Kundenbezogene immaterielle Vermögenswerte *(customer-related intangible assets)*	• Auftrags- und Produktionsrückstände • Vertragliche Kundenbeziehungen	• Kundenlisten • nicht-vertragliche Kundenbeziehungen
Immaterielle Vermögenswerte im künstlerischen Bereich *(artistic-related intangible assets)*	• Theaterstücke, Opern, Ballettaufführungen • Bücher, Zeitschriften, Zeitungen • Kompositionen, Liedtexte, Werbemelodien • Gemälde, Fotografien • Videoaufzeichnungen, Filme, TV-Sendungen	

Auf Verträgen basierende immaterielle Vermögenswerte *(contract-based intangible assets)*	• Lizenzen, Tantiemen, Stillhaltevereinbarungen • Werbe-, Konstruktions-, Management-; Dienstleistungs-, Liefer- und Abnahmeverträge • Leasingverträge • Baurechte • Franchiserechte • Betriebs- und Sendegenehmigungen • Förderungs- und Abbaurechte • Schuldenbedienungsrechte durch Dritte • Dienstverträge	
Technologiebezogene immaterielle Vermögenswerte *(technology-based intangible assets)*	• patentierte Technologien • EDV-Software • Geschäftsgeheimnisse, z. B. vertrauliche Formeln, Prozesse und Rezepte	• nicht patentrechtlich geschützte Technologien • Datenbanken

Zu bewerten sind Vermögenswerte und Schulden mit ihren Zeitwerten (fair values) zum Zeitpunkt des Übergangs der Kontrolle auf den Erwerber. Details der Zeitwertinhalte gibt SFAS 141.37 vor, nämlich etwa für

- marktgängige Finanzinstrumente: Markt- oder Börsenpreis,
- (Umsatz-)Forderungen: auf Basis eines angemessenen Zinses berechnete Barwerte der zu erwartenden Zahlungen abzüglich Eintreibungskosten,
- Vorräte
  - fertige Erzeugnisse, Waren: erwartete Erlöse abzüglich Verkaufskosten und angemessener Gewinn,
  - unfertige Erzeugnisse: wie oben abzüglich Kosten der Fertigstellung,
  - Rohstoffe: aktuelle Wiederbeschaffungskosten,
- Anlagen
  - im Normalfall: aktuelle Wiederbeschaffungskosten oder geringerer Nutzwert,
  - bei Veräußerungsabsicht: Nettoverkaufserlös abzüglich Verkaufskosten,
- immaterielle Anlagen: geschätzte Zeitwerte,
- andere Anlagen: sachverständig geschätzte Zeitwerte,
- langfristige Forderungen: Barwerte der künftigen Zahlungen gegründet auf angemessenen Zins,
- Nettoposition aus Pensionszusagen: Wert der nicht erfassten Lasten (bzw. der Überdotation),
- Schulden: Barwerte der künftig zu leistenden Zahlungen gegründet auf angemessenen Zins.

Die strengen Vorgaben von SFAS 2.11 verbieten sogar den Ansatz materiellen Vermögens, das Forschung und Entwicklung dient, wenn diese Anlagen sich nicht für mehr als einen Zweck eignen. Ergebnisse von Forschung und Entwicklung dürfen nicht aktiviert werden, solange "technological feasibility" aussteht (SFAS 86.3 und .4). Auf dieser Basis hat sich nach dem Präzedenzfall IBM/Lotus 1995, wo 1,8 der 3 Mrd. $ Kaufpreis als erworbenes "in process research and development" sofort erfolgsmindernd abgeschrieben wurden, eine entsprechende Praxis als US-GAAP durchgesetzt, obwohl die Steuer in USA Aktivierung und Abschreibung über 15 Jahre vorschreibt. Vor allem weil die SEC erheblichen Missbrauch dieser Vorgaben vermutet, hat sich der FASB in der anstehenden Reform von SFAS 141 für eine Aktivierungspflicht von erworbenem "in-process research and development" entschieden, bewertet zum Zeitwert – wie auch immer ermittelt (Hoyle/Schaefer/Doupnik, Advanced Accounting, 8. Aufl., S. 59-62).

Umstritten ist auch die Behandlung von Lasten, die sich aus einer geplanten Restrukturierung des erworbenen Unternehmens abzeichnen, etwa weil Personal freigesetzt, Verträge gekündigt und Anlagen verlagert oder veräußert werden sollen. Noch sind solche Lasten auf Basis von EITF 95-3 unter den dort genannten wenig strengen Bedingungen großzügig anzusetzen. Die aktuellen Reformbestrebungen des FASB zielen auf ein Ende dieser Freiheit zur Überschätzung der drohenden Lasten mit der Möglichkeit zu jederzeitiger erfolgserhöhender Korrektur (sog. "cookie jar reserves"). Künftig sollen die im Zusammenhang mit dem Erwerb geplanten Restrukturierungen nicht mehr als Lasten bei der Erstkonsolidierung berücksichtigt werden. Sie sind erfolgswirksam zu erfassen, wenn sie entstehen (Pahler, Advanced Accounting, 9. Aufl., S. 164). Restrukturierungslasten, die bei dem erworbenen Unternehmen bereits vor dem Erwerb passiviert waren, sind mit ihrem Zeitwert in die Erstkonsolidierung einzubeziehen (SFAS 141.40).

Die Werte der Vermögensgegenstände und Schulden nach Auflösung stiller Reserven und nach gegebenenfalls anschließend erforderlichem Ausgleich eines vorläufigen Badwill sind für die weitere Konzernrechnungslegung maßgeblich. Verbräuche von Vorräten werden ebenso wie Abschreibungen von Anlagen auf Grundlage der neuen Werte erfasst.

4.2.4 Bildung und Behandlung des Goodwill

Im Rahmen der "purchase method" ergibt sich der Goodwill nach US-GAAP wie im HGB aus der positiven Differenz zwischen den Anschaffungskosten der Beteiligung und den auf die Mutter entfallenden Anteilen sowohl am Eigenkapital der Tochter auf Buchwertbasis als auch an den stillen Reserven der Tochter einschließlich der zusätzlich aktivierten immateriellen Vermögenswerte. Der so berechnete Betrag bezeichnet den von der Mutter im Rahmen des Erwerbs ihrer Beteiligung in den Anschaffungskosten vergüteten Goodwill. Wenn die Mutter wie im Beispiel des vorherigen Abschnitts mit 80 % weniger als 100 % der Anteile der Tochter erworben hat, repräsentiert der von ihr erworbene Goodwill nur einen Teil eines vorstellbaren "vollen" Goodwill der Tochter, im Beispiel nur 80 %. Der auf Basis der Anschaffungskosten der Mutter von beispielsweise 176 hochgerechnete "volle" Geschäftswert entspricht dem erworbenen Goodwill (176 – 160 =) 16 dividiert durch 0,8, also 16 : 0,8 = 20.

Bei dem in USA vorherrschenden "parent company concept" wird – konzeptionell konsequent – nur der erworbene Goodwill im Konzernabschluss ausgewiesen. Vieles spricht dafür, dass derzeit auch bei einer Konzernrechnungslegung nach dem "economic unit concept" nur der von der Mehrheit erworbene und nicht der "volle", also auf die Minderheit hochgerechnete Goodwill angesetzt werden darf (so Pahler, Advanced Accounting, 9. Aufl., S. 199 f.). Das wichtigste Argument ist die Definition des Goodwill in SFAS 141.43 als Überschuss der Anschaffungskosten über das erworbene Nettovermögen. Gleichwohl wird in der Literatur festgestellt, dass bereits auf Basis der aktuellen US-GAAP auch der Ansatz des "vollen" Goodwill zulässig ist (Delaney u. a., Wiley GAAP 2004, S. 455; Hoyle/Schaefer/ Doupnik, Advanced Accounting, 8. Aufl., S. 159). Der zusätzliche Goodwill steigert den Wert der Minderheitenanteile.

Als immaterieller Vermögenswert mit unbestimmter Nutzungsdauer darf der Goodwill nach SFAS 142.18 nicht mehr planmäßig abgeschrieben werden. An die Stelle der planmäßigen Abschreibung ist die Verpflichtung getreten, den Goodwill grundsätzlich einmal im Jahr zu einem beliebig gewählten, aber immer wieder gleichen Zeitpunkt und zusätzlich auch dann auf Wertminderung ("impairment") zu prüfen, wenn konkrete Anzeichen darauf hindeuten (SFAS 142.28). Umgekehrt darf die Prüfung unterbleiben, wenn bei Vermögen und Schulden keine wesentlichen Änderungen eingetreten sind, der Wert des Goodwill bei der letzten Prüfung deutlich über dem Buchwertausweis lag und die Wertminderung unwahrscheinlich ist (SFAS 142.27).

Der Werthaltigkeitstest hat auf der Ebene der Berichtseinheiten zu erfolgen, wie sie für die Segmentberichterstattung zu bilden sind. Dementsprechend muss der Goodwill zunächst auf diejenigen Berichtseinheiten aufgeteilt werden, die von seiner Existenz profitieren. Diese können weiteres Vermögen aus dem erworbenen Unternehmen umfassen, müssen das aber nicht, so dass sich Teile des Goodwill auch auf Berichtseinheiten zurechnen lassen, die nur solche Bereiche der Mutter und/oder anderer Töchter abdecken, welche durch die Verbindung Vorteile etwa in Form besserer Kapazitätsauslastung erlangen. Verteilungsschlüssel liefern die jeweiligen Ertragswerte der reporting units abzüglich der zugehörigen fair values des Nettovermögens (beim erworbenen Unternehmen) bzw. die Ertragswerte vor und nach dem Erwerb (bei anderen Konzernunternehmen) (SFAS 142.35).

Die Werthaltigkeitstests selber erfolgen in zwei Stufen. Auf der ersten Stufe wird nur die Existenz eines Indikators für Wertminderung geprüft, indem der Zeitwert der Berichtseinheit im Sinne ihres fiktiven Kaufpreises – geschätzt auf Basis aktueller Börsenkurse vergleichbarer Einheiten oder von Barwerten der zu erwartenden Zahlungsüberschüsse – mit dem Buchwert der Berichtseinheit einschließlich ihres Goodwill verglichen wird. Ein den Zeitwert der Berichtseinheit übersteigender Buchwert spricht für eine mögliche Wertminderung und löst die zweite Teststufe aus. Dabei wird der Zeitwert der Berichtseinheit aus der ersten Stufe analog zur Kaufpreisallokation bei der Erstkonsolidierung pro forma und nur zu Prüfungszwecken auf alle – auch auf neu entstandene immaterielle – Vermögenswerte und Schulden der Berichtseinheit zugerechnet, die sämtlich zu aktuellen Zeitwerten bewertet sind. (Das macht nur Sinn, wenn vor dem Goodwill alle anderen Vermögenswerte und Schulden der gleichen Berichtseinheit nach den für sie gültigen US-GAAP auf Wertminderungen überprüft wurden (SFAS 142.29).) Der dabei analog zur Erstkonsolidierung verbleibende Restbetrag entspricht dem Wert des Goodwill am Tag des Tests. Soweit der Wert des Goodwill in den Büchern diesen Stichtagswert überschreitet, ist er abzuschreiben. Spätere Zuschreibungen als Folge einer Werterholung sind verboten. (Vgl. Hoyle/Schaefer/Doupnik, Advanced Accounting, 8. Aufl., S. 116-120) Außerplanmäßige Abschreibungen auf den Goodwill haben eine große praktische Bedeutung; so schrieb AOL Time Warner im Jahr 2002 99,7 Mrd. $ ab (vgl. ebenda, S. 117). Die Abschreibungen sind in der GuV gesondert vor der Zwischensumme "Income from Continuing Operations" auszuweisen (vgl. Pahler, Advanced Accounting, 9. Aufl., S. 194).

4.2.5 Behandlung des Badwill

Übersteigt der der Mutter zuzurechnende Anteil am Nettovermögen der Tochter zu Zeitwerten (also nach Auflösung der stillen Reserven und nach Berücksichtigung aller erworbener immaterieller Vermögenswerte) die Anschaffungskosten der Beteiligung, entsteht ein vorläufiger Badwill. Dieser wird nach SFAS 141 von 2001 reduziert oder beseitigt, indem die anteilig auf die Mutter entfallenden Zeitwerte des Anlagevermögens mit Ausnahme der nicht auf Basis der Equity-Methode bewerteten Finanzanlagen, der zum Verkauf bestimmten Anlagen, der aktiven latenten Steuern und der Vorleistungen auf Altersversorgungsverpflichtungen so lange proportional zu ihrem Wert abgesenkt werden, bis entweder der Wert dieser Anlagen oder der vorläufige Badwill aufgezehrt ist (SFAS 141.44). Sofern beim Kauf des Unternehmens oder seiner Anteile allerdings bedingte Gegenleistungen zugesagt wurden, die von der Höhe der künftig bei der Tochter erwirtschafteten Gewinne oder Umsätze beispielsweise abhängen und deren konkrete Höhe nicht sicher ist, ist besondere Vorsorge zu treffen, da sie bis zur Klärung ihres Umfangs nicht in die Anschaffungskosten einbezogen werden dürfen. Nach SFAS 141.46 ist eine Schuld in Höhe des Minimums aus dem vorläufigen Badwill vor Abwertung der Anlagen nach SFAS 141.44 und der größtmöglichen Ausprägung der bedingten Gegenleistung anzusetzen. Nur soweit der vorläufige Badwill nicht an diesen beiden Hürden scheitert und zumindest ein Rest verbleibt, ist dieser Rest als "extraordinary gain" unmittelbar im Zeitpunkt der Erstkonsolidierung zu erfassen. Damit gibt es im Konzernabschluss nach US-GAAP letztlich keinen Badwill, weil er nur vorläufig entsteht und gleich wieder nach differenzierten Regeln aufgelöst wird.

Mit der anstehenden Reform von SFAS 141 wird sowohl die Abwertung von Anlagen als auch die Verzögerung der Berücksichtigung bedingter Kaufpreisbestandteile mit gegebenenfalls kompensierendem Ansatz einer Schuld abgeschafft werden. Alles deutet darauf hin, dass der vorläufige Badwill dann in voller Höhe sofort erfolgssteigernd aufgelöst wird (vgl. Hoyle/Schaefer/Doupnik, Advanced Accounting, 8. Aufl., S. 56).

4.2.6 Minderheitenanteile im Konzernabschluss

Von Ausnahmen abgesehen ist die Quotenkonsolidierung, die den Minderheitenausweis vermeidet, nach US-GAAP verboten. Bei Vollkonsolidierung von Töchtern, an denen der Konzern weniger als 100 % der außenstehenden Aktien hält, müssen dann freilich Minderheiten berücksichtigt werden. Die Fragen, wie das zu geschehen hat, sind weitgehend ungeregelt. Da somit auf die verschiedenen Theorien der Konzernrechnungslegung zurückgegriffen werden muss und diese Theorien die Minderheiten ganz unterschiedlich sehen, erfolgt der Ausweis nach Wert und Einordnung uneinheitlich. Auf Basis des "parent company concepts", das den Konzernabschluss als erweiterten Abschluss der Obergesellschaft ansieht, werden die Minderheitenanteile

- am Kapital in der Bilanz auf Basis des Anteils an den Buchwerten des Nettovermögens der Tochter entweder zwischen Eigen- und Fremdkapital oder sogar als Fremdkapital ausgewiesen und
- am Erfolg in der GuV auf Basis der bei Buchwertfortführung entstehenden Erfolge der Tochter (ohne Mehraufwendungen aus der Auflösung stiller Reserven) vor dem Ergebnis wie ein Aufwand gesondert abgezogen, so dass als Konzernergebnis nur noch das ausgewiesen wird, was auf die Mehrheit entfällt.

Im Rahmen des "economic unit concepts" hingegen, das den Konzernabschluss als Abschluss der Einheit Konzern begreift, werden die Minderheitenanteile

- am Kapital in der Bilanz auf Basis des Anteils an den Zeitwerten des Nettovermögens der Tochter – vereinzelt sogar erweitert um einen hochgerechneten Goodwill – innerhalb des Eigenkapitals ausgewiesen und
- am Erfolg in der GuV auf Basis der durch die Auflösung stiller Reserven und teilweise sogar der Goodwillaufstockung und deren Wertminderungen geprägten Aufwendungen ermittelt und erst im Anschluss an die Ermittlung des Konzernergebnisses durch dessen Aufspaltung auf Mehrheit und Minderheit gesondert ausgewiesen (vgl. Pahler, Advanced Accounting, 9. Aufl., S. 76-78).

4.2.7 Equity-Methoden: Vorgehensweisen und Anwendungsbereich

Im Einzelabschluss der Mutter dürfen die Beteiligungen an Tochterunternehmen, die unter "control" der Mutter stehen, zu fortgeführten Anschaffungskosten, nach einer "partial equity method" oder vollständig nach der "equity method" bewertet werden (Hoyle/Schaefer/Doupnik, Advanced Accounting, 8. Aufl., S. 94 f.), da ohnehin ein Konzernabschluss erstellt werden muss.

Die "partial equity method" entspricht der Equity-Methode ohne Konsolidierungsmaßnahmen (vgl. G.3.4.1, speziell Schaubild G.5). Der Beteiligungsbuchwert wird ausgehend von den "cost of an acquired company" über die bei fortgeführten Anschaffungskosten erforderlichen

Korrekturen hinaus (Änderungen des Kapitals, außerplanmäßige Abschreibungen, Zuschreibungen) fortgeschrieben. Die jeweils auf den Anteil der Mutter am Kapital der Tochter entfallenden

- Jahresüberschüsse der Tochter erhöhen,
- Jahresfehlbeträge der Tochter senken und
- Gewinnausschüttungen der Tochter senken den Beteiligungsbuchwert in der Bilanz der Mutter.

Gewinne und Verluste der Tochter schlagen sich so unverzögert im Jahresabschluss der Mutter nieder.

Im Rahmen der vollen "equity method" werden zusätzlich zu den zuvor behandelten Komponenten die erfolgswirksamen Folgen der Kapitalkonsolidierung in den Beteiligungsbuchwert projiziert. Die "cost of the acquired entity" stehen gemäß "purchase method" stellvertretend für die auf den Anteil der Mutter entfallenden vollen Zeitwerte des Nettovermögens der Tochter, die entweder um einen Goodwill erweitert oder um Wertminderungen bei einem Teil des Anlagevermögens und gegebenenfalls zusätzlich um einen vorläufigen Badwill eingeschränkt werden müssen. Sowohl den Mehraufwendungen aus den auf die Mehrheit entfallenden stillen Reserven zuzüglich des eventuellen Goodwill als auch den Minderaufwendungen zur Berücksichtigung der niedrigen Anschaffungskosten der Mehrheit ist in den Erfolgen der Tochter nicht Rechnung getragen worden, soweit diese Erfolge von der "partial equity method" in den Beteiligungsbuchwert eingerechnet werden. Mehr- und Minderaufwendungen werden erst von der vollen "equity method" berücksichtigt. Dementsprechend gilt jeweils für die Anteile, die auf die Mehrheit entfallen,

- Mehrabschreibungen als Folge der Auflösung stiller Reserven bei abnutzbarem Anlagevermögen oder (außerplanmäßig) als Folge der Bildung eines Goodwill sowie
- Mehrverbräuche als Folge des Verbrauchs oder Verkaufs von Vermögen, bei dem stille Reserven aufgelöst werden, mindern den Beteiligungsbuchwert in der Bilanz der Mutter, weil sie den Gewinn der Tochter auf Basis der neuen Werte verringern, und
- Minderabschreibungen als Folge der Abwertung von abnutzbarem Anlagevermögen oder
- geringere "Aufwendungen" aufgrund der geringeren Buchwerte beim Verkauf derart abgewerteter Anlagen sowie
- Auflösungen des vorläufigen Badwill steigern den Gewinn der Tochter auf Basis der neuen Werte und damit den Beteiligungsbuchwert in der Bilanz der Mutter.

Im Prinzip entspricht das Vorgehen demjenigen der Equity-Methode in Deutschland nach der Variante Buchwertmethode. Spezifisch sind die in Deutschland nicht möglichen Minderabschreibungen als Folge von Abwertungen des Anlagevermögens und die Zuordnungs- sowie Abschreibungsregeln im Detail, denn die Equity-Methode nach US-GAAP übernimmt für die Beteiligungen an später nach der Erwerbsmethode voll zu konsolidierenden Tochterunternehmen die Vorgehensweise der "purchase method" vollkommen analog.

Die zuletzt beschriebene volle "equity method" kommt nicht nur wahlweise bei Beteiligungen an Töchtern zum Zuge, die unter "control" der Mutter stehen. Sie ist auch zwingend der Bewertung von Beteiligungen zugrunde zu legen, bei denen nur ein "significant influence" ausgeübt werden kann. Analog zum maßgeblichen Einfluss nach § 311 Abs. 1 Satz 2 HGB wird auch nach APB 18.17 widerlegbar vermutet, dass Beteiligungen von 20 % oder mehr "significant influence" gewähren. Als weitere Indikatoren gelten die Vertretung im "board" (Vorstand oder Aufsichtsrat), die Beteiligung an der Bestimmung der Unternehmenspolitik, ein wesentlicher Leistungsaustausch, ein Austausch von Managern oder eine technologische Abhängigkeit (ebenda). Als mögliche Gründe, die trotz eines Anteils von 20 % oder mehr gegen "significant influence" sprechen, nennt FASB Interpretation No. 35.4 und .9

- Gegenmaßnahmen des Unternehmens, an dem die Beteiligung besteht, in Form von gerichtlichen Klagen oder Beschwerden gegenüber Aufsichtsbehörden mit dem Ziel der Einschränkung der Einflussmöglichkeiten,
- Verträge zwischen beiden Unternehmen, in denen das beteiligte Unternehmen Einschränkungen seiner Aktionärsrechte akzeptiert, etwa indem es sich verpflichtet, keine weiteren Anteile zu erwerben,
- Konzentration der Stimmrechtsmehrheit an dem Unternehmen, an dem die Beteiligung besteht, auf wenige Aktionäre, die das Unternehmen ohne Rücksicht auf die Ansichten des beteiligten Unternehmens führen,
- fehlgeschlagene Versuche des beteiligten Unternehmens, spezifische Informationen zur Anwendung der Equity-Methode, beispielsweise auch in Quartalsberichten, zu erhalten, oder
- fehlgeschlagene Versuche des beteiligten Unternehmens, einen Vertreter in den Aufsichtsrat oder Vorstand zu entsenden.

4.3 Beispiele zur Kapitalkonsolidierung nach der "purchase method"

4.3.1 Beispiele mit positivem Goodwill

4.3.1.1 Konsolidierung auf Basis der Bewertung zu fortgeführten Anschaffungskosten ("at cost")

In Abschnitt G.4.2.2 waren abschließend anhand eines Zahlenbeispiels die Anschaffungskosten von 1200 einer Beteiligung von 80 % an einem Tochterunternehmen erläutert worden. Die zugehörigen Bilanzen von Mutter- und Tochterunternehmen im Erwerbszeitpunkt 1.1.06 bilden die Ausgangsdaten für das erste Konsolidierungsbeispiel. Minderheiten werden von Anfang an in die Beispiele einbezogen, weil Lösungen für Fälle ohne Minderheiten aus den Beispielen leicht abgeleitet werden können. Wie in den entsprechenden amerikanischen Lehrbüchern bleiben aber die mit dem Ansatz latenter Steuern verbundenen Probleme regelmäßig ausgeklammert. Sie werden nur in zwei Beispielen ergänzend verdeutlicht. Für genaue Grundlagen und Details wird auf Kapitel K.3 verwiesen.

In der Vorspalte der Tabellen zu den Beispielen werden die Bilanzpositionen mit Kurzangaben zur jeweiligen Nutzungsdauer (ND) in Jahren aufgeführt. In der Spalte rechts neben den Bilanzzahlen der Tochter auf Buchwertbasis finden sich Zahlen auf Zeitwertbasis, soweit Unterschiede zu den Buchwerten bestehen. In den drei mittleren Spalten wird anschließend die Erstkonsolidierung auf Basis des "parent company concepts" (Buchwertmethode) und in den drei Spalten am rechten Rand diejenige auf Basis des "economic unit concepts" (Neubewertungsmethode) präsentiert.

Bei der Erstkonsolidierung nach dem "parent company concept" werden zum Ausgleich des Beteiligungsbuchwerts von 1200 im Haben (**a**) die Anteile der Mutter an Kapital, Rücklagen und (gekauftem) Jahresüberschuss der Tochter (**b**; 400 + 160 + 80 = 640), die auf die Mutter entfallenden stillen Reserven (**c**; 64 + 176 + 80 + 40 + 120 = 480) sowie der Goodwill als Residuum (**d**; 1200 – 640 - 480 = 80) im Soll verbucht. Die Anteile der Minderheiten an Kapital, Rücklagen und Jahresüberschuss (100 + 40 + 20 = 160) werden durch eine Sollbuchung eliminiert und per Habenbuchung von 160 in den Minderheitenanteil überführt (**y**).

Im Rahmen der Erstkonsolidierung nach dem "economic unit concept" werden die vollen stillen Reserven der Tochter aufgelöst (**c'**; 80 + 220 + 100 + 50 + 150 = 600). Die dabei zusätzlich aufgedeckten und auf die Minderheiten entfallenden stillen Reserven (600 – 480 = 120 = 600 · 0,2) müssen durch eine Habenbuchung (**x**) zusätzlich dem Minderheitenanteil zugerechnet werden. Der auf die Minderheiten hochgerechnete Goodwill von 20 (80 : 0,8 = 100; 100 · 0,2 = 20) wird im Beispiel nicht aufgelöst. Würde er dagegen aufgelöst, wüchse der Goodwill auf 100 und der Minderheitenanteil auf 300.

Am Ende des ersten gemeinsamen Geschäftsjahrs fallen zunächst die gleichen Buchungen wie im Zeitpunkt der Erstkonsolidierung an. Für das Folgejahr spezifisch sind die Mehrverbräuche aus den und die Abschreibungen auf die aufgelösten stillen Reserven. Unabhängig vom gewählten "concept" betrifft das die auf die Mehrheit entfallenden stillen Reserven von 80 · 0,8 · 1 = 64 bei den Vorräten (diese sollen im Folgejahr vollständig verbraucht werden), von 100 · 0,8 : 20 = 4 bei den Gebäuden, von 50 · 0,8 : 5 = 8 bei den Maschinen und von 150 · 0,8 : 6 = 20 beim Patent. Der Goodwill als immaterieller Vermögensgegenstand mit unbestimmter Nutzungsdauer wird nicht mehr planmäßig abgeschrieben. Auch außerplanmäßige Abschreibungen seien nicht erforderlich. Da die Beteiligung "at cost" bewertet wird, gehen die Mehraufwendungen (**f**) wie bei der Konsolidierung nach HGB zu Lasten des Konzernanteils am Jahresüberschuss. Im Rahmen des "economic unit concept" müssen zusätzlich die auf die Minderheit entfallenden stillen Reserven fortgeschrieben werden (**m**; 80 · 0,2 · 1 = 16; 100 · 0,2 : 20 = 1; 50 · 0,2 : 5 = 2; 150 · 0,2 : 6 = 5).

Die Summe dieser Einzelbeträge von 24 wird nach US-GAAP erfolgswirksam dem Minderheitenanteil am Erfolg belastet (vgl. Hoyle/Schaefer/Doupnik, Advanced Accounting, 8. Aufl., S. 160; Pahler, Advanced Accounting, 9. Aufl., S. 199). Der auf die Minderheiten entfallende Jahresüberschuss der Tochter (150·0,2=30) wird vom Jahresüberschuss in den Minderheitenanteil am Erfolg übertragen (**z**).

Beispiel G.24: Erstkonsolidierung per 1.1.06; Goodwill (ohne latente Steuern)

	Mutter	Tochter		parent company concept			economic unit concept		
				Konsolidierung			Konsolidierung		
	Buchwerte	Buchwerte	abweichende Zeitwerte	Soll	Haben	Konzern	Soll	Haben	Konzern
Kasse	270	100				370			370
Forderungen	500	-				500			500
Vorräte (Verzehr im Jahr 6)	2000	20	100	c 64		2084	c' 80		2100
Beteiligung (80 % an T)	1200	-			a 1200	-		a 1200	-
Grundstücke	1000	230	450	c 176		1406	c' 220		1450
Gebäude (ND 20 Jahre)	5000	300	400	c 80		5380	c' 100		5400
Maschinen (ND 5 Jahre)	2800	450	500	c 40		3290	c' 50		3300
Patent (ND 6 Jahre)	-	-	150	c 120		120	c' 150		150
Goodwill (ND unbestimmt)	-	-		d 80		80	d 80		80
SUMME	12770	1100				13230			13350
Verbindlichkeiten	8800	300				9100			9100
Minderheiten	-	-			y 160	160		y 160 x 120	280
Gezeichnetes Kapital	2000	500		b 400 y 100		2000	b 400 y 100		2000
Kapitalrücklagen	1370	200		b 160 y 40		1370	b 160 y 40		1370
Gewinnrücklagen	-	-				-			-
Jahresüberschuss	600	100		b 80 y 20		600	b 80 y 20		600
SUMME	12770	1100		1360	1360	13230	1480	1480	13350

Beispiel G.25: Folgekonsolidierung per 31.12.06; Goodwill und "at cost" (ohne latenten Steuern)

	Mutter M	Tochter T	parent company concept			economic unit concept		
			Konsolidierung			Konsolidierung		
	Buchwerte	Buchwerte	Soll	Haben	Konzern	Soll	Haben	Konzern
Kasse	170	200			370			370
Forderungen	700	-			700			700
Vorräte (Verzehr im Jahr 06)	1000	175	c 64	f 64	1175	c' 80	f 64 m 16	1175
Beteiligung (80 % an T)	1200	-		a 1200	-		a 1200	-
Grundstücke	1500	250	c 176		1926	c' 220		1970
Gebäude (ND 20 Jahre)	5500	325	c 80	f 4	5901	c' 100	f 4 m 1	5920
Maschinen (ND 5 Jahre)	3000	400	c 40	f 8	3432	c' 50	f 8 m 2	3440
Patent (ND 6 Jahre)	-	-	c 120	f 20	100	c' 150	f 20 m 5	125
Goodwill (ND unbestimmt)	-	-	d 80		80	d 80		80
SUMME	13070	1350			13684			13780
Verbindlichkeiten	9000	400			9400			9400
Minderheiten - Kapital	-	-		y 160	160		y 160 x 120	280
Minderheiten - Erfolg	-	-		z 30	30	m 24	z 30	6
Gezeichnetes Kapital	2000	500	b 400 y 100		2000	b 400 y 100		2000
Kapitalrücklagen	1370	200	b 160 y 40		1370	b 160 y 40		1370
Gewinnrücklagen	200	100	b 80 y 20		200	b 80 y 20		200
Jahresüberschuss	500	150	f 96 z 30		524	f 96 z 30		524
SUMME	13070	1350	1486	1486	13684	1630	1630	13780

4.3.1.2 Konsolidierung auf Basis der Bewertung "at cost", aber mit latenten Steuern

Die angelsächsischen Standards verfolgen ein neues Konzept bei den latenten Steuern, das an den Differenzen von Beständen in Handels- und Steuerbilanz anknüpft, statt an genau absehbar in beiden Systemen zeitlich verschoben entstehenden Erfolgen. Werden die im Rahmen der Erstkonsolidierung aufgelösten stillen Reserven und die zusätzlich aktivierten immateriellen Vermögensgegenstände nur im Konzernabschluss nicht aber in der Steuerbilanz angesetzt, entstehen nach dem neuen angelsächsischen Konzept Ursachen für passive latente Steuern. In Höhe der zusätzlichen Aktiva besteht handelsrechtlich ein Potential für Aufwendungen, dem steuerlich keine Aufwendungen gegenüberstehen. Mangels Aufwand kommt es also in Zukunft zu zusätzlichen steuerlichen Erfolgen, denen durch passive latente Steuern vorzusorgen ist. Im Rahmen des "parent company concepts" werden $0{,}8 \cdot 600 = 480$ an stillen Reserven aufgelöst, auf die bei einem Steuersatz von 40 % 192 passive latente Steuern zu bilden sind. Beim "economic unit concept" lauten die Zahlen $1 \cdot 600 \cdot 0{,}4 = 240$. Die passiven latenten Steuern erhöhen den Goodwill von 80 auf 272, soweit sie auf die stillen Reserven für die Mehrheit entfallen, und senken den Anteil der Minderheit um 48, soweit sie den auf die Minderheit entfallenden stillen Reserven Rechnung tragen. Obwohl der im Zuge der Erstkonsolidierung gebildete Goodwill allein im Konzernabschluss ausgewiesen wird und so ebenfalls einen Unterschied zwischen den Aktiva in Handels- und Steuerbilanz signalisiert, dürfen auf diesen Unterschied gemäß einer expliziten Ausnahmevorschrift in SFAS 109.9d und .30 keine latenten Steuern gebildet werden. Mit dem Ansatz zusätzlicher latenter Steuern von 192 bzw. 240 ist also die Bildung latenter Steuern bei Erstkonsolidierung abgeschlossen. (Den aktiven latenten Steuern von $40 \cdot 0{,}4 = 16$ aus den Kosten des Beteiligungserwerbs wird hier nicht Rechnung getragen, weil sie die Bilanz der Mutter und nicht die Konsolidierung betreffen.)

Am Ende des ersten gemeinsamen Jahres sind bereits Teile der aufgelösten stillen Reserven und des zusätzlich aktivierten Patents abgeschrieben. Die im Zuge der Erstkonsolidierung wie im Vorjahr gebildeten passiven latenten Steuern müssen also wieder aufgelöst werden. Das geschieht erfolgswirksam, indem es die Mehraufwendungen aus der Abschreibung stiller Reserven verringert. Im Rahmen des "parent company concept" werden zulasten der Mehrheit 96 an zusätzlichen Abschreibungen verrechnet, die zu 40 % die passiven latenten Steuern mindern ($96 \cdot 0{,}4 = 38{,}4$ oder etwa 38) und nur zu 60 % das Ergebnis für die Mehrheit ($96 \cdot 0{,}6 = 57{,}6$ oder etwa 58 statt 96 ohne latente Steuern). Bei dem "economic unit concept" werden zusätzlich zu den Abschreibungen von 96 für die Mehrheit noch 24 auf die der Minderheit zuzurechnenden stillen Reserven abgeschrieben. Dementsprechend sinken die passiven latenten Steuern um $0{,}4 \cdot 120 = 48$. Von diesen 48 entlasten $96 \cdot 0{,}4 = 38{,}4$ oder etwa 38 die Mehrheit und $24 \cdot 0{,}4 = 9{,}6$ oder etwa 10 die Minderheit, deren Erfolgsanteil daher nur um $24 - 10 = 14$ belastet wird.

Beispiel G.26: Erstkonsolidierung per 1.1.06; Goodwill (mit latenten Steuern)

	Mutter	Tochter		parent company concept			economic unit concept		
				Konsolidierung			Konsolidierung		
	Buchwerte	Buchwerte	abweichende Zeitwerte	Soll	Haben	Konzern	Soll	Haben	Konzern
Kasse	270	100				370			370
Forderungen	500	-				500			500
Vorräte (Verzehr im Jahr 06)	2000	20	100	c 64		2084	c' 80		2100
Beteiligung (80 % an T)	1200	-			a 1200	-		a 1200	-
Grundstücke	1000	230	450	c 176		1406	c' 220		1450
Gebäude (ND 20 Jahre)	5000	300	400	c 80		5380	c' 100		5400
Maschinen (ND 5 Jahre)	2800	450	500	c 40		3290	c' 50		3300
Patent (ND 6 Jahre)	-	-	150	c 120		120	c' 150		150
Goodwill (ND unbestimmt)	-	-		d 272		272	d 272		272
SUMME	12770	1100				13422			13542
Verbindlichkeiten	8800	300				9100			9100
passive latente Steuern	-	-			d 192	192		d 240	240
Minderheiten	-	-			y 160	160	d 48	y 160 x 120	232
Gezeichnetes Kapital	2000	500		b 400 y 100		2000	b 400 y 100		2000
Kapitalrücklagen	1370	200		b 160 y 40		1370	b 160 y 40		1370
Gewinnrücklagen	-	-				-			-
Jahresüberschuss	600	100		b 80 y 20		600	b 80 y 20		600
SUMME	12770	1100		1552	1552	13422	1720	1720	13542

Beispiel G.27: Folgekonsolidierung per 31.12.06; Goodwill und "at cost" (mit latenten Steuern)

	Mutter M	Tochter T	parent company concept			economic unit concept		
			Konsolidierung			Konsolidierung		
	Buchwerte	Buchwerte	Soll	Haben	Konzern	Soll	Haben	Konzern
Kasse	170	200			370			370
Forderungen	700	-			700			700
Vorräte (Verzehr im Jahr 06)	1000	175	c 64	f 64	1175	c' 80	f 64 m 16	1175
Beteiligung (80 % an T)	1200	-		a 1200	-		a 1200	-
Grundstücke	1500	250	c 176		1926	c' 220		1970
Gebäude (ND 20 Jahre)	5500	325	c 80	f 4	5901	c' 100	f 4 m 1	5920
Maschinen (ND 5 Jahre)	3000	400	c 40	f 8	3432	c' 50	f 8 m 2	3440
Patent (ND 6 Jahre)	-	-	c 120	f 20	100	c' 150	f 20 m 5	125
Goodwill (ND unbestimmt)	-	-	d 272		272	d 272		272
SUMME	13070	1350			13876			13972
Verbindlichkeiten	9000	400			9400			9400
passive latente Steuern	-	-	f 38	d 192	154	f, m 48	d 240	192
Minderheiten - Kapital	-	-		y 160	160	d 48	y 160 x 120	232
Minderheiten - Erfolg	-	-		z 30	30	m 14	z 30	16
Gezeichnetes Kapital	2000	500	b 400 y 100		2000	b 400 y 100		2000
Kapitalrücklagen	1370	200	b 160 y 40		1370	b 160 y 40		1370
Gewinnrücklagen	200	100	b 80 y 20		200	b 80 y 20		200
Jahresüberschuss	500	150	f 58 z 30		562	f 58 z 30		562
SUMME	13070	1350	1678	1678	13876	1870	1870	13972

4.3.1.3 Konsolidierung auf Basis der Bewertung nach der "partial equity method"

Die Unterschiede bei der Konsolidierung, die sich ergeben, wenn die Beteiligung an der Tochter in der Bilanz der Mutter nicht zu fortgeführten Anschaffungskosten ("at cost"), sondern gemäß der "partial equity method" bewertet wird, sind gering. Im Erstkonsolidierungszeitpunkt stimmen die Werte der Beteiligung notwendigerweise nach allen Methoden überein. Folglich gibt es auch keinerlei Unterschiede bei der Erstkonsolidierung. Am Ende des ersten gemeinsamen Geschäftsjahrs muss bei "partial equity" der Wert der Beteiligung der Mutter an der Tochter fortgeschrieben werden. Im Jahr 06 hat die Tochter einen Jahresüberschuss von 150 erzielt und keine Ausschüttungen an die Aktionäre geleistet. Dementsprechend hat sich der Wert der Beteiligung von 1200 um $150 \cdot 0{,}8 = 120$ auf 1320 erhöht. Im gleichen Umfang liegt der Jahresüberschuss der Mutter höher als bei der Bewertung "at cost" – also bei $500 + 120 = 620$. Beide Änderungen lassen die Bilanzsumme in der Bilanz der Mutter am 31.12.06 auf 13190 ansteigen.

Bei Ausweis eines Jahresüberschusses nach deutscher Tradition kommt es in dem Beispiel nicht zu Gewinnausschüttungen der Tochter, die den Beteiligungsbuchwert verringert hätten. Unter diesen Bedingungen hätten Gewinnausschüttungen nur aus dem erworbenen Jahresüberschuss des Vorjahrs stammen können, der im Beispiel voll der Gewinnrücklage zugeführt wurde. Ausschüttungen erworbener Jahresüberschüsse sind wirtschaftlich Rückzahlungen von Anschaffungskosten. Sie müssten daher schon bei einer Bewertung "at cost" wertmindernd berücksichtigt werden. Um die Unterschiede zwischen den Bewertungsverfahren nicht zu verwischen, werden Ausschüttungen an die Eigner nur im folgenden Abschnitt 4.3.1.4 einbezogen, in dem Jahresabschlüsse ausnahmsweise nach voller Ergebnisverwendung betrachtet werden, wie das in USA üblich ist.

Die eigentlichen Konsolidierungsbuchungen am Ende des betrachteten Folgejahrs weichen bei "parent company concept" und bei "economic unit concept" gleichermaßen in nur zwei Zahlen von denen im Beispiel G.25 ab. Der Jahresüberschuss der Mutter muss zur Vermeidung von Doppelzählungen durch eine Sollbuchung von 120 vermindert werden. Um den gleichen Betrag fällt die Habenbuchung zur Eliminierung des Beteiligungsbuchwerts (1320 gegenüber 1200) höher aus.

4.3.1.4 Konsolidierung auf Basis der Bewertung nach der vollen "equity method" und nach Ergebnisverwendung

Gegenüber den bisherigen Beispielen werden zwei Änderungen vorgenommen. Die Beteiligung an der Tochter in der Bilanz der Mutter wird nach der vollen "equity method" bewertet. Außerdem werden Jahresabschlüsse von Mutter und Tochter nach Ergebnisverwendung betrachtet. Da die Tochter am 1.1.06 keine Gewinnausschüttungen beschließen darf, wenn nicht Teile der Anschaffungskosten an die Mutter zurückgezahlt werden sollen, beschränkt sich die Betrachtung auf den 31.12.06.

Vom Jahresüberschuss des Jahres 06 schütte die Tochter 100 an ihre Aktionäre aus – 80 davon an die Mutter – und führe die restlichen 50 ihrer Gewinnrücklage zu, die damit 150 beträgt; 100 stammen aus dem erworbenen Jahresüberschuss vom 1.1.06 und 50 aus der Thesaurierung am 31.12.06. Der Kassenbestand der Tochter sinkt ausschüttungsbedingt von 200 auf 100. Die Mutter schüttet aus ihrem Jahresüberschuss des Jahres 06 an ihre Aktionäre 150 aus. Den Rest führt sie zusätzlich zu der Dotierung von 200 aus dem Jahresüberschuss vom 1.1.06 den Gewinnrücklagen zu. Ihr Kassenbestand sinkt auf 170 + 80 (von der Tochter) - 150 = 100.

Als Grundlage der Konsolidierung per 31.12.06 werden ferner der nach Maßgabe der vollen "equity method" veränderte Beteiligungsbuchwert und der modifizierte Jahresüberschuss der Mutter benötigt.

		Beteiligungs-buchwert	Jahresüber-schuss der Mutter
Wert 1.1.06 bzw. Ausgangsbetrag		1200	500
+ anteiliger Jahresüberschuss der Tochter	(150·0,8)	+ 120	+ 120
- anteiliger Jahresfehlbetrag der Tochter	(0·0,8)	- 0	- 0
- anteilige Ausschüttung der Tochter	(100·0,8)	- 80	- 0
- anteilige Mehrverbräuche • Vorräte	(80·0,8)	- 64	- 64
- anteilige Mehrabschreibungen			
• Gebäude	(100·0,8:20)	- 4	- 4
• Maschinen	(50·0,8:5)	- 8	- 8
• Patent	(150·0,8:6)	- 20	- 20
		1144	524

Da die Mutter vom Jahresüberschuss von 524 an ihre Aktionäre 150 ausschüttet, kann sie noch 374 den Gewinnrücklagen zuführen, die dann zusammen mit den 200 vom 31.12.06 "at cost" auf 574 anwachsen. Die Bilanzen von Mutter und Tochter im Beispiel G.28 tragen den beschriebenen Modifikationen Rechnung.

Bei der Konsolidierung nach dem "parent company concept" wird zunächst der Beteiligungsbuchwert durch die Habenbuchung (**a**) eliminiert. Die Gegenbuchungen im Soll dienen der Eliminierung des Mehrheitsanteils am Kapital der Tochter, der freilich gegenüber den bisherigen Beispielen um den Anteil der Mehrheit am thesaurierten Gewinn der Tochter von 50 · 0,8 = 40 höher als bei der Erstkonsolidierung ausfällt, (**b**; 400 + 160 + 120 = 680), der Auflösung des Mehrheitsanteils an den stillen Reserven der Tochter (**c**; 64 + 176 + 80 + 40 + 120 = 480) sowie der Bildung des Goodwill aus der Erstkonsolidierung von 80 (**d**). Die Summe der Sollbuchungen von 680 + 480 + 80 = 1240 übersteigt die Habenbuchung von 1144 um 96. Das entspricht genau den Mehraufwendungen aus Konzernsicht – Mehrverbrauch bei Vorräten 64, Abschreibungen von Gebäuden 4, von Maschinen 8 und des Patents 20 –, die durch ergänzende Habenbuchungen (**f**) einbezogen werden. Die um den Konzernanteil am thesaurierten Gewinn der Tochter höhere Gegenbuchung bei den Gewinnrücklagen von 50 · 0,8 = 40 ist erforderlich, da bei der "equity method" auch der Beteiligungsbuchwert als Folge des von der Tochter erzielten Gewinns von 150 · 0,8 = 120 erhöht und als

Beispiel G.28: Folgekonsolidierung per 31.12.06; Goodwill und "equity method" (ohne latente Steuern)

	Mutter M	Tochter T	parent company concept			economic unit concept		
			Konsolidierung			Konsolidierung		
	Buchwerte	Buchwerte	Soll	Haben	Konzern	Soll	Haben	Konzern
Kasse	100	100			200			200
Forderungen	700	-			700			700
Vorräte (Verzehr im Jahr 06)	1000	175	c 64	f 64	1175	c' 80	f 64 m 16	1175
Beteiligung (80 % an T)	1144	-		a 1144	-		a 1144	-
Grundstücke	1500	250	c 176		1926	c' 220		1970
Gebäude (ND 20 Jahre)	5500	325	c 80	f 4	5901	c' 100	f 4 m 1	5920
Maschinen (ND 5 Jahre)	3000	400	c 40	f 8	3432	c' 50	f 8 m 2	3440
Patent (ND 6 Jahre)	-	-	c 120	f 20	100	c' 150	f 20 m 5	125
Goodwill (ND unbestimmt)	-	-	d 80		80	d 80		80
SUMME	12944	1250			13514			13610
Verbindlichkeiten	9000	400			9400			9400
Minderheiten	-	-		y 170	170	m 24	y 170 x 120	266
Gezeichnetes Kapital	2000	500	b 400 y 100		2000	b 400 y 100		2000
Kapitalrücklagen	1370	200	b 160 y 40		1370	b 160 y 40		1370
Gewinnrücklagen	574	150	b 120 y 30		574	b 120 y 30		574
SUMME	12944	1250	1410	1410	13514	1554	1554	13610

Folge des von ihr ausgeschütteten Gewinns von 100 · 0,8 = 80 gemindert, per Saldo also um 40 erhöht ist. Der Minderheitenanteil am Kapital liegt mit 100 + 40 + 30 = 170 um 10 höher als im Beispiel G.27, weil er den Anteil am thesaurierten Gewinn der Tochter umfasst. Er wird durch Buchung **y** in die spezifische Passivposition übertragen.

Im Rahmen des "economic unit concepts" werden die ursprünglichen stillen Reserven der Tochter von 600 zu 100 % und nicht nur entsprechend dem Konzernanteil von 600 · 0,8 = 480 (**c'**) aufgelöst. Die zusätzlichen 120 schlagen sich im Minderheitenanteil am Kapital nieder (**x**). Die für die Minderheiten aufgelösten stillen Reserven müssen freilich ebenfalls fortgeschrieben werden (**m**). Bei den Vorräten wurden 16 mehr verbraucht. Die Abschreibungen umfassen zusätzlich 1 + 2 + 5. Insgesamt entstehen folglich Mehrkosten von 24. Diese Mehrbelastungen werden im Minderheitenanteil erfasst. Genau genommen belasten sie den auf die Minderheiten entfallenden Erfolg der Tochter von ursprünglich 30 und senken ihn ab auf 6.

4.3.2 Beispiel mit einem vorläufigen Badwill

Das Beispiel aus dem vorangegangenen Abschnitt wird nun insoweit modifiziert, als angenommen wird, die bare Zuzahlung im Rahmen des Erwerbs der 80 % Anteile an der Tochter habe nur 320 statt 700 betragen. Entsprechend sinken die "cost of the acquired entity" um 380 auf 820 und der Kassenbestand der Mutter am 1.1.06 liegt um 380 höher bei 650 (nachprüfbar anhand des Beispiels G.23). Hinsichtlich der Ergebnisverwendung wird wieder zum Ausweis eines Jahresüberschusses zurückgekehrt.

Im Rahmen der Erstkonsolidierung zeigt sich, dass die "cost of the acquired entity" von 820 (**a**) um 300 kleiner sind als die auf die Mehrheit entfallenden Anteile am Kapital und am erworbenen Jahresüberschuss der Tochter (**b**; 400 + 160 + 80 = 640) zuzüglich der auf die Mehrheit entfallenden stillen Reserven der Tochter (**c**; 64 + 176 + 80 + 40 + 120 = 480), insgesamt also 640 + 480 = 1120. Da nach US-GAAP die stillen Reserven unabhängig von den Anschaffungskosten aufgelöst werden müssen, erfolgt der Ausgleich durch eine proportionale Reduktion der Zeitwerte des aus der Bilanz der Tochter übernommenen Anlagevermögens mit Ausnahme der nicht auf Basis der Equity-Methode bewerteten Finanzanlagen, der zum Verkauf bestimmten Anlagen, der aktiven latenten Steuern und der Vorleistungen auf Altersversorgungsverpflichtungen, die im Beispiel aber nicht existieren. Bezogen auf die Zeitwerte des Anlagevermögens der Tochter von 450 + 400 + 500 + 150 = 1500 macht der vorläufige Badwill von 300 genau 20 % aus. Die Zeitwerte des Anlagevermögens werden folglich jeweils um 20 % reduziert (**g**; 90, 80, 100 bzw. 30). Schließlich werden noch die Anteile der Minderheit am Kapital und am Jahresüberschuss der Tochter in den besonderen Passivposten für die Minderheitenanteile überführt (**y**; 100 + 40 + 20 = 160).

Bei der Erstkonsolidierung nach dem "economic unit concept" werden zusätzlich die auf die Minderheit entfallenden und somit sämtliche stillen Reserven der Tochter unabhängig von den Anschaffungskosten der Mehrheit aufgelöst (**c'**). Die zusätzlich aufgelösten stillen Reserven von 600 · 0,2 = 120 werden im Minderheitenanteil erfasst (**x**). Die Tatsache, dass die

Beispiel G.29: Erstkonsolidierung per 1.1.06; vorläufiger Badwill (ohne latente Steuern)

	Mutter M	Tochter T		parent company concept			economic unit concept			
			abweichende	Konsolidierung			Konsolidierung		Konzern	
	Buchwerte	Buchwerte	Zeitwerte	Soll	Haben	Konzern	Soll	Haben	ohne*	mit*
Kasse	650	100				750			750	750
Forderungen	500	-				500			500	500
Vorräte (Verbrauch im Folgejahr)	2000	20	100	c 64		2084	c' 80		2100	2100
Beteiligung (80 % an T)	820	-			a 820	-		a 820	-	-
Grundstücke	1000	230	450	c 176	g 90	1316	c' 220	g 90 * (22,5)	1360	1337,5
Gebäude (ND 20 Jahre)	5000	300	400	c 80	g 80	5300	c' 100	g 80 * (20)	5320	5300
Maschinen (ND 5 Jahre)	2800	450	500	c 40	g 100	3190	c' 50	g 100 * (25)	3200	3175
Patent (ND 6 Jahre)	-	-	150	c 120	g 30	90	c' 150	g 30 * (7,5)	120	112,5
SUMME	12770	1100				13230			13350	13275
Verbindlichkeiten	8800	300				9100			9100	9100
Minderheiten - Kapital					y 160	160	* (75)	y 160 x 120	280	205
Gezeichnetes Kapital	2000	500		b 400 y 100		2000	b 400 y 100		2000	2000
Kapitalrücklagen	1370	200		b 160 y 40		1370	b 160 y 40		1370	1370
Gewinnrücklagen	-	-				-			-	-
Jahresüberschuss	600	100		b 80 y 20		600	b 80 y 20		600	600
SUMME	12770	1100		1280	1280	13230	1400	1400	13350	13275
							* 1475	* 1475		

Mehrheit im Kaufpreis von 820 das erworbene anteilige Nettovermögen der Tochter zu Zeitwerten von 1120 nicht voll vergütet hat, kommt in den Absenkungen der Werte des Anlagevermögens der Tochter um insgesamt 300 (**g**) nur insoweit zum Ausdruck, als es den Mehrheitsanteil betrifft. Offen bleibt, ob die von der Höhe der Anschaffungskosten unabhängige volle Auflösung der auf die Minderheiten entfallenden stillen Reserven analoge Wertminderungen erforderlich macht, die den niedrigen Anschaffungskosten der Mehrheit auch für die Minderheit Rechnung trägt. Das Problem wurde bislang kaum behandelt und es verliert aktuell angesichts der Bestrebungen völlig an Interesse, Vermögensabwertungen zur Kompensation vorläufiger Badwills zugunsten einer sofortigen erfolgswirksamen Vereinnahmung sehr bald abzuschaffen. Die Gleichbehandlung von Mehrheit und Minderheit durch das "economic unit concept" und die Reste von "historical cost based accounting" (Pahler, Advanced Accounting, 9. Aufl., S. 149) legen freilich eine solche Abwertung auch der auf die Minderheiten entfallenden stillen Reserven nahe. Sie wird daher im Beispiel wenigstens für die Erstkonsolidierung als Möglichkeit gezeigt, indem die Konsolidierungsbuchungen und das Ergebnis ergänzend aufgeführt werden, gekennzeichnet durch ein *. Mit 20 % hat die Minderheit ¼ des Anteils der Mehrheit von 80 %. Dementsprechend wären 300 : 4 = 75 aufgelöste stille Reserven wieder aus dem Minderheitenanteil zu eliminieren und jeweils (20 : 4 =) 5 % der Zeitwerte dcs Anlagevermögens der Tochter abzustocken (22,5; 20; 25 bzw. 7,5). Da dieses Vorgehen aber zumindest umstritten sein dürfte, werden die Zahlen in Klammern gesetzt und zwei Konzernabschlussalternativen – ohne und mit Modifikationen – präsentiert.

Die Folgekonsolidierung per 31.12.06 soll nur am Beispiel der Beteiligungsbewertung nach der vollen "equity method" aufgezeigt werden, weil dieses für US-GAAP spezifische Vorgehen mit dem HGB noch unvereinbar ist. Dafür bleibt es bei Jahresabschlüssen nach allenfalls partieller Ergebnisverwendung, die einen Jahresüberschuss nach deutscher Tradition aufweisen.

Im ersten Schritt müssen erneut der Beteiligungsbuchwert und der Jahresüberschuss der Mutter nach Maßgabe der "equity method" bestimmt werden.

		Beteiligungs-. buchwert	Jahresüberschuss der Mutter
Wert am 1.1.06 bzw. Ausgangsbetrag		820	500
+anteiliger Jahresüberschuss der Tochter	(150·0,8)	+ 120	+ 120
- anteiliger Jahresfehlbetrag der Tochter	(0·0,8)	- 0	- 0
- anteilige Ausschüttungen der Tochter	(0·0,8)	- 0	- 0
- anteilige Mehrverbräuche • Vorräte	(80·0,8)	- 64	- 64
- anteilige Mehrabschreibungen • Gebäude	(100·0,8:20)	- 4	- 4
• Maschinen	(50·0,8:5)	- 8	- 8
• Patent	(150·0,8:6)	- 20	- 20
+ anteilige Minderabschreibungen • Gebäude	(80:20)	+ 4	+ 4
• Maschinen	(100:5)	+ 20	+ 20
• Patent	(30:6)	+ 5	+ 5
		873	553

Beispiel G.30: Folgekonsolidierung per 31.12.06; vorläufiger Badwill und "equity method" (ohne latente Steuern)

	Mutter M	Tochter T	parent company concept			economic unit concept		
			Konsolidierung			Konsolidierung		
	Buchwerte	Buchwerte	Soll	Haben	Konzern	Soll	Haben	Konzern
Kasse	550	200			750			750
Forderungen	700	-			700			700
Vorräte (Verbrauch im Jahr 06)	1000	175	c 64	f 64	1175	c' 80	f 64 m 16	1175
Beteiligung	873	-		a 873	-		a 873	-
Grundstücke	1500	250	c 176	g 90	1836	c' 220	g 90	1880
Gebäude (ND 20 Jahre)	5500	325	c 80 h 4	g 80 f 4	5825	c' 100 h 4	g 80 f 4 m 1	5844
Maschinen (ND 5 Jahre)	3000	400	c 40 h 20	g 100 f 8	3352	c' 50 h 20	g 100 f 8 m 2	3360
Patent (ND 6 Jahre)	-	-	c 120 h 5	g 30 f 20	75	c' 150 h 5	g 30 f 20 m 5	100
SUMME	13123	1350			13713			13809
Verbindlichkeiten	9000	400			9400			9400
Minderheiten - Kapital	-	-		y 160	160		y 160 x 120	280
- Erfolg				z 30	30	m 24	z 30	6
Gezeichnetes Kapital	2000	500	b 400 y 100		2000	b 400 y 100		2000
Kapitalrücklagen	1370	200	b 160 y 40		1370	b 160 y 40		1370
Gewinnrücklagen	200	100	b 80 y 20		200	b 80 y 20		200
Jahresüberschuss	553	150	e 120 z 30		553	e 120 z 30		553
SUMME	13123	1350	1459	1459	13713	1603	1603	13809

Im Rahmen der eigentlichen Folgekonsolidierung nach dem "parent company concept" werden gegen den Beteiligungsbuchwert von 873 (Habenbuchung **a**) viele Positionen gebucht. Der Stand im Erstkonsolidierungszeitpunkt von 820 ist kompensiert, wenn im Soll das anteilige Eigenkapital der Tochter (**b**; 400 + 160 + 80 = 640) und die anteiligen ursprünglichen stillen Reserven der Tochter (**c**; 64 + 176 + 80 + 40 + 120 = 480) sowie im Haben die Abstockungen der Anlagen zum Ausgleich des vorläufigen Badwill (**g**; 90 + 80 + 100 + 30 = 300) erfasst wurden. Zusätzlich muss durch Sollbuchung (**e**) der Anteil der Mehrheit am Jahresüberschuss der Tochter (150 · 0,8 = 120) eliminiert werden, um eine Doppelerfassung zu vermeiden. Im Haben müssen die Mehrverbräuche und Mehrabschreibungen aufgrund der entsprechend dem Mehrheitsanteil aufgelösten stillen Reserven (**f**; 64 + 4 + 8 + 20 = 96) verbucht werden und im Soll schließlich die Minderabschreibungen als Folge der Wertabstockungen zum Ausgleich des vorläufigen Badwill (**h**; 4 + 20 + 5 = 29). Das Gesamtresultat 820 + 120 + 29 – 96 = 873 belegt die These von der Equity-Methode als "one line consolidation". Die Minderheitenanteile am Kapital und am Erfolg werden mithilfe leicht durchschaubarer Buchungen (**y** und **z**) in die spezifischen Passivpositionen überführt.

Die Folgekonsolidierung nach dem "economic unit concept" entspricht der gerade beschriebenen sehr weitgehend. Verfahrensspezifisch müssen wiederum die stillen Reserven für Mehrheit und Minderheit aufgelöst (**c'**) und der Mehrbetrag von 120 auf dem Anteil der Minderheiten am Kapital erfasst werden (**x**). Wie im Beispiel G.27 müssen daraufhin zusätzlich die auf die Minderheiten entfallenden stillen Reserven fortgeschrieben werden (**m**), weil die ursprünglichen Vorräte verbraucht wurden (80 · 0,2 = 16) und weil das Gebäude (100 · 0,2 : 20 = 1), die Maschinen (50 · 0,2 : 5 = 2) sowie das Patent (150 · 0,2 : 6 = 5) planmäßig abzuschreiben sind. Alle anderen Konsolidierungsbuchungen gleichen denen des "parent company concept". Der Gedanke der Abstockung der auf die Minderheiten entfallenden stillen Reserven analog zur Berücksichtigung des vorläufigen Badwill der Mehrheit wird nicht erneut aufgegriffen. Er hatte zusätzlich zu den Auswirkungen im Beispiel G.29 * Konsequenzen durch entsprechende Minderabschreibungen gehabt.

4.4 Push Down Accounting

Während die Grundgedanken der "purchase method" über die Equity-Methode nur versteckt in Beteiligungswerten Einzug in Einzelabschlüsse halten, prägen sie beim "push down accounting" die Einzelabschlüsse von Tochterunternehmen vollständig. Mit dem Erwerb einer großen Mehrheit durch die Mutter werden die Bilanzansätze und Werte in der Bilanz der Tochter vor Erwerb durch die Ansätze und Werte ersetzt, wie sie sich bei der Erstkonsolidierung für den Konzernabschluss ergeben. Der "bilanzielle Neuanfang" aus dem Konzernabschluss wird auf den Einzelabschluss "hinuntergedrückt" – einschließlich des Ansatzes eines im Kaufpreis vergüteten Goodwill. Das neue und meist umfangreichere Vermögen der Tochter ist wie im Konzern auch Basis für die Aufwendungen in der Folgezeit – also höhere Bestandsminderungen und Abschreibungen. Begründet wird das Vorgehen mit der Möglichkeit einer zu 100 % oder nur geringfügig weniger beteiligten Mutter, die Methode der Übernahme der Tochter zu wählen. Da sie statt der Anteile auch das Vermögen und die Schulden hätte direkt erwerben können und dann die Tochter auf "push down"-Basis hätte in ihren Einzelabschluss übernehmen müssen, könnte sie ohne "push down accounting" zwischen zwei sehr verschiedenen Formen der Darstellung wählen. Genau das aber soll verhindert werden. Zudem erspart das gleiche Vorgehen in Einzel- und Konzernabschluss eine zweite Rechnungslegung auf historischer Basis.

Push down accounting führt im Wesentlichen zu folgenden, auf die Verhältnisse zum Zeitpunkt des Erwerbs durch die Mutter abstellenden Anpassungen:

- Die Vermögensgegenstände und Schulden der Tochter werden um erworbenes immaterielles Vermögen erweitert und zu Zeitwerten im Erwerbszeitpunkt bewertet. Als Differenz zum Kaufpreis der Mutter wird in der Regel ein Goodwill ergänzt.
- Die Differenz zwischen Kaufpreis und bisherigem Nettobuchwert oder Eigenkapital wird als "revaluation capital" in die Bilanz der Tochter eingestellt.
- Eventuelle passivische Wertberichtigungskonten für Anlagen (im Rahmen des HGB nach herrschender Meinung für Kapitalgesellschaften ohnehin verboten) werden mit den Werten der zugehörigen Anlagen saldiert, um den "Neubeginn" zu verdeutlichen.
- Die "retained earnings" zum Zeitpunkt des Erwerbs werden in Kapitalrücklagen ("additional paid – in capital") überführt. (Vgl. Pahler, Advanced Accounting, 9. Aufl., S. 242-246.)

Obwohl die Rechnungslegung der Tochter auf neuer Basis vielfach als wünschenswert angesehen wird, gibt es von Seiten der privaten Standardsetter in USA keine Verpflichtung dazu. Die SEC hingegen schreibt durch Staff Accounting Bulletin No. 54 börsennotierten Unternehmen, die ihrer Aufsicht unterliegen, "push down accounting" vor,

- wenn die Tochter das Kriterium "substantially wholly owned" der SEC erfüllt, was bei Anteilen über 95 % des Konzerns an der Tochter als gegeben angenommen wird, und
- wenn nicht bedeutende Volumina an Vorzugsaktien oder auf dem Markt gehandelter Gläubigerpapiere der Tochter die Kontrolle durch die Mutter einschränken.

Zwischen 80 % und 95 % Anteil des Konzerns an den Stimmrechten der Tochter ist push down accounting von der SEC erlaubt, unter 80 % ist es verboten (vgl. Hoyle/Schaefer/Doupnik, Advanced Accounting, 8. Aufl., S. 124; Delaney u. a., Wiley GAAP 2004, S. 482; die obere Grenze legt Pahler, Advanced Accounting, 9. Aufl., S. 247 bei nur 90 %).

5. Kapitalkonsolidierung nach IFRS

5.1 Grundlinien

Die zurzeit noch von dem ab 31.3.2004 anstelle von IAS 22 maßgeblichen IFRS 3 "Business Combinations" geprägten Vorschriften zur Kapitalkonsolidierung nach IFRS lassen sich wahrscheinlich im unmittelbaren Vergleich mit den Ausführungen zu US-GAAP am deutlichsten herausarbeiten, weil sie mit diesen viele Gemeinsamkeiten, noch aber auch markante Unterschiede aufweisen. Mit US-GAAP verbindet sie nicht zuletzt die Neigung zu raschen, einschneidenden Regeländerungen, die auch im Jahr 2008 wieder für die Zeit nach dem 1.7.2009 erfolgten, im Buch aber nur in ihren wesentlichen Elementen unter Verweis auf IFRS 3 von 2008 berücksichtigt werden konnten.

Wie im Rahmen der US-GAAP sind auch nach IFRS alle "business combinations" als Zusammenführungen zuvor selbständiger Unternehmen oder Geschäftsbetriebe in jeweils ein Bericht erstattendes Unternehmen durch Beherrschung ("control") des einen durch das andere Unternehmen (IFRS 3.4) nach der Erwerbsmethode ("purchase method") abzubilden (IFRS 3.14). Die in IAS 22 noch vorgesehene "pooling of interest method", die der Interessenzusammenführung nach § 302 HGB entsprach, wurde verboten. Inzwischen wurde durch die Neufassung von IFRS 3 von 2008 auch ähnlich den Reformbestrebungen in USA der Wechsel zur "acquisition method" vollzogen (IFRS 3.4 von 2008).

Bei IFRS und US-GAAP erfolgt die Erfassung von Unternehmenszusammenschlüssen nach der "acquisition method" in den gleichen Schritten: Identifizierung des Erwerbers, Ermittlung der Anschaffungskosten, Auflösung stiller Reserven einschließlich Ansatz zusätzlicher Vermögenswerte sowie Bildung und Weiterbehandlung eines Goodwill oder eines vorläufigen Badwill. Wie bei US-GAAP werden auch nach IFRS alle stillen Reserven unabhängig von den Anschaffungskosten vollständig aufgelöst, so dass die Entstehung vorläufiger Badwills begünstigt wird. Anders als in USA geschieht das aber schon jetzt zwingend für Mehrheit und Minderheit analog zur Neubewertungsmethode ohne Anschaffungskostenrestriktion bzw. zum "economic unit concept" (IFRS 3.36). Beim gesonderten Ansatz erworbener immaterieller Vermögensgegenstände, die bei der Tochter zuvor nicht aktiviert waren, ist IFRS 3 ähnlich großzügig wie SFAS 142, beim Ansatz von Restrukturierungsverpflichtungen, die aus der Verbindung neu entstehen, aber jetzt schon so restriktiv, wie US-GAAP erst in Zukunft sein sollen. Ein Goodwill wird nicht mehr planmäßig, sondern nur bei eingetretener Wertminderung außerplanmäßig abgeschrieben. Die Prüfung auf Wertminderung erfolgt wie in USA grundsätzlich jährlich, aber nach einem einstufigen Verfahren und durch Vergleich mit mehreren Werten. Vorläufige Badwills sind nach erneuter Prüfung der Bilanzansätze und Werte sofort erfolgserhöhend aufzulösen.

Hinsichtlich des Ausweises von Beteiligungen an Tochterunternehmen im Einzelabschluss der Mutter, die im Rahmen der Kapitalkonsolidierung gegen die entsprechenden anteiligen Eigenkapitalien der Töchter aufgerechnet werden, trifft IAS 27.37 eine eigenwillige Entscheidung. Solche Beteiligungen dürfen weder "at equity" noch nach der "partial equity method" bewertet werden. Vielmehr steht nur entweder die Bewertung zu Anschaffungskosten (wie im HGB) oder zum jeweils aktuellen Zeitwert gemäß IAS 39 mit erfolgsneutraler Erfassung der Wertänderungen im Eigenkapital offen, da die Anteile dann als zur Veräußerung verfügbar anzusehen sind. Unklar bleibt freilich, wie die Kapitalkonsolidierung auf Basis volatiler Zeitwerte gelingen soll, sofern nicht die komplementär im Eigenkapital "geparkten" Wertänderungen ergänzend hinzugezogen werden. Um nicht auf Spekulationen angewiesen zu sein, werden dementsprechend alle Kapitalkonsolidierungen nach IFRS auf Basis der Anschaffungskostenbewertung von Beteiligungen in der Bilanz der Mutter erläutert.

Zur Darstellung von Beteiligungen an Gemeinschaftsunternehmen stehen nach IAS 31.30 im Konzernabschluss zwei Möglichkeiten offen: die Abbildung mit Hilfe der Quotenkonsolidierung oder auf Basis der Equity-Methode (IAS 31.38). (In Einzelabschlüssen der Partnerunternehmen sind Beteiligungen an Gemeinschaftsunternehmen nach IAS 31.46 und 27.37 entweder zu Anschaffungskosten oder zu aktuellen Zeitwerten anzusetzen.) Bei Wahl der Quotenkonsolidierung sind die Vorschriften zur Vollkonsolidierung bezüglich Auflösung stiller Reserven, Ansatz zusätzlicher Vermögenswerte, Goodwill und Badwill analog zu befolgen, allerdings immer nur quotal entsprechend dem Anteil des Konzerns an dem Gemeinschaftsunternehmen.

Im Rahmen der IFRS sind Equity-Methode und Kapitalkonsolidierung ebenfalls eng verbunden. Allerdings dient die Equity-Methode hier nur als spezifische Form der "Konsolidierung" von Anteilen an assoziierten Unternehmen und – wahlweise – an Gemeinschaftsunternehmen in Konzernabschlüssen; in den separaten Einzelabschlüssen von (Teil-) Konzernmüttern spielt die Equity-Methode keine Rolle. Dementsprechend kennen IFRS auch nur die "volle" Equity-Methode analog zur Vollkonsolidierung nach IFRS 3 (IAS 28.23) und keine partielle Variante. Mit der Darstellung der "purchase method" und den Reformüberlegungen zu einer künftigen "acquisition method" werden daher bereits auch die zentralen Eigenschaften der Equity-Methode nach IFRS umrissen. Spezifika lassen sich daher in einem abrundenden Abschnitt leicht ergänzen.

IFRS kennen im Unterschied zu den Vorgaben der SEC in USA kein "push down accounting".

5.2 Kapitalkonsolidierung nach der "acquisition method"

5.2.1 Bestimmung der erwerbenden späteren Muttergesellschaft

Wie im Rahmen der US-GAAP wird auch in IFRS damit gerechnet, dass das Unternehmen, das auf Basis des Erwerbs einer Stimmrechtsmehrheit an einem anderen Unternehmen formal "control" über dieses zweite Unternehmen erwirbt, nicht unbedingt der wirtschaftliche Erwerber sein muss. Um solche "reverse acquisitions" zu identifizieren, greifen IFRS auf ähnliche Kriterien wie und eines der Beispiele bei US-GAAP zurück, ebenfalls ohne die zentralen Gewichtungen und Abwägungen zu klären. Im Zweifel ist das wertvollere, das Zahlungen/andere Vermögenswerte bereitstellende oder dasjenige Unternehmen der Erwerber, dessen Management die Politik im Konzern bestimmen wird (IFRS 3.20). Letzteres harmoniert mit der Definition des Erwerbers in IFRS 3.17. Beim Kriterium der relativen Größe wird aber anders als in SFAS 141 nicht näher auf das Kriterium abgestellt, die Eigner welches Konzernunternehmens am Ende die Kontrolle im Konzern erlangen. Beispielhaft wird auch nur auf den Erwerb eines großen, nicht börsennotierten Unternehmens durch ein kleines börsennotiertes Unternehmen verwiesen (IFRS 3.21). In der Neuregelung des IFRS 3 von 2008 wird inzwischen allerdings wie in SFAS 141 darauf abgestellt, welche Eignergruppe nach dem Erwerb die Stimmrechtsmehrheit besitzt (IFRS 3 B 15(a) von 2008). Positiv ist auch hervorzuheben, dass IFRS in den Fassungen von 2004 und 2008 in Anhang B auf spezifische Detailprobleme bei der Durchführung von Konsolidierungen im Fall einer "reverse acquisition" eingeht.

5.2.2 "Cost of a business combination"

Die Anschaffungskosten eines Unternehmenszusammenschlusses nach IFRS 3.24-.35 entsprechen weitgehend den "cost of the acquired entity" nach US-GAAP. Erneut sind die gewährten Gegenleistungen (geleistete Zahlungen, übertragene Vermögenswerte, emittierte Eigenkapitaltitel und/oder eingegangene oder übernommene Schulden) mit ihrem Zeitwert zum Zeitpunkt des Erwerbs (Zeitpunkt, zu dem die Herrschaft effektiv übergeht) anzusetzen; bei wesentlichen zeitlichen Verzögerungen der Gegenleistungen ist deren Zeitwert durch Abzinsung zu bestimmen (IFRS 3.26). Soweit speziell der Zeitwert der gewährten Eigenkapitaltitel des erwerbenden Unternehmens mangels Börsennotierung oder aufgrund einer Marktenge nicht direkt verlässlich ermittelt werden kann, ist er zu schätzen. Dabei ist der anteilige Marktwert des erworbenen Unternehmens zu berücksichtigen, wenn er verlässlicher bestimmbar ist.

Die im Zuge des Erwerbs entstandenen Aufwendungen sind nach der Reform von IFRS 3 im Jahr 2008 in die Kosten des Erwerbs und die Kosten der Kapitalaufnahme aufzuteilen. Wie bisher die Gemeinkosten des Erwerbs etwa für eine Akquisitionsabteilung dürfen neuerdings auch die direkt zurechenbaren Kosten des Erwerbs für Berater und Gutachter nicht mehr in die Anschaffungskosten, sondern müssen ergebniswirksam in die Erfolgsrechnung einbezogen werden (IFRS 3.53 von 2008). Die mit der Kapitalaufnahme verbundenen Kosten verringern den aus der Emission zufließenden Betrag. Beim Eigenkapital geht das zu Lasten der Kapitalrücklage und beim Fremdkapital zu Lasten des zufließenden Betrags mit der Folge höherer Zinsaufwendungen in den Folgejahren. IFRS setzt damit spätestens ab 1.7.2009 bei den direkten Kosten des Erwerbs um, was auch in USA geplant ist.

Bedingte Gegenleistungen sind differenziert zu behandeln. Grundsätzlich sind sie ab Juli 2009 unabhängig von ihrer Eintrittswahrscheinlichkeit mit ihrem fair value zum Erwerbszeitpunkt in die Anschaffungskosten des Unternehmenszusammenschlusses einzubeziehen. Da als Gegenleistung gewährte Aktien und Obligationen bereits mit dem fair value bewertet sind, führt dieses Gebot nur dann zu zusätzlichen Bestandteilen, wenn die bedingten Gegenleistungen vom Erfolgs- oder Umsatzniveau abhängen. Auch werden vorläufige Schätzungen der fair values derartiger bedingter Gegenleistungen innerhalb einer "measurement period" von maximal einem Jahr an den nachträglich erreichten besseren Informationsstand über die Verhältnisse am Erwerbstag angepasst. Nach dieser Messperiode eintretende und von ihr nicht betroffene Wertänderungen werden folgendermaßen erfasst. Soweit sie die Bereitstellung von Eigenkapital betreffen, werden sie dort erfolgsneutral berücksichtigt. Soweit sie Wertänderungen eines Finanzinstruments widerspiegeln, sind sie nach IAS 39 abhängig vom Charakter dieses Finanzinstruments sofort, verzögert oder nach vorübergehend erfolgsneutraler Behandlung erfolgswirksam zu erfassen. In allen anderen Fällen werden sie nach den üblichen Regeln der IFRS abgebildet. IFRS 3.51 von 2008 fordert zudem, die bei Gelegenheit des Erwerbs einer Stimmrechtsmehrheit erbrachte Gegenleistung aufzuspalten, wenn ein Teil derselben eine andere Leistung betrifft. Befreit sich beispielsweise die Mutter durch Kauf der Tochter aus einem für die Mutter nachteiligen, längeren Liefervertrag mit der Tochter, so ist der Kaufpreis für die Tochter von der Entschädigung oder Vertragsstrafe für die Beendigung des für die Tochter vorteilhaften Vertrages zu trennen.

Wegen der großen Übereinstimmungen bei IFRS und US-GAAP sowohl beim aktuellen Stand der Standards als auch nach den absehbaren Reformen müssen die Ergebnisse des Beispiels 23 zur Ermittlung der "cost of the acquired entity" nach US-GAAP spätestens ab Juli 2009 als "cost of a business combination" gemäß IFRS übernommen werden. (Vor den Reformen wurden in beiden Systemen die direkten Kosten als Teil der Anschaffungskosten einbezogen. Diese dürfen folglich bei IFRS bis Juni 2009 im Beispiel auch 1240 statt 1200 betragen.)

5.2.3 Auflösung stiller Reserven und Lasten

Wie im Rahmen der US-GAAP sind auch nach IFRS 3 stille Reserven unabhängig von der Höhe des Kaufpreises aufzulösen. Anders als in USA muss das aber stets vollständig für Mehrheit und Minderheit geschehen (IFRS 3.40). Weil schon für die Mehrheit mehr stille Reserven aufgelöst werden können, als bezahlt wurden, und weil stets stille Reserven auch für die Minderheit entsprechend der Neubewertungsmethode ohne Anschaffungskostenrestriktion aufgedeckt werden, passt der Titel "Verteilung der Anschaffungskosten eines Unternehmenszusammenschlusses auf die erworbenen Vermögenswerte sowie die übernommenen Schulden und Eventualschulden" über IFRS 3.36 in keiner Weise zur Charakterisierung des Geschehens. Gerade angesichts der geringeren Bedeutung der Vorsicht im Rahmen der IFRS können freilich neben stillen Reserven auch stille Lasten (überbewertete Aktiva, unterbewertete Schulden) zu korrigieren sein.

Stille Reserven werden zunächst aufgelöst, indem nicht nur die bisher bilanzierten, sondern alle erworbenen "assets" und "liabilities" zum Ansatz kommen. Um eine Vermischung des immer bedeutender werdenden immateriellen Vermögens mit dem vagen Goodwill zu verhindern (IAS 38 BC 7), sieht IAS 38 besonders großzügige Ansatzvermutungen bei immateriellen Vermögenswerten vor, die im Rahmen einer "business combination" erworben wurden. Von den beiden für einen Bilanzansatz grundsätzlichen Voraussetzungen nach IAS 38.21 gilt der wahrscheinliche Zufluss von Nutzen als immer erfüllt (IAS 38.33). Die verlässliche Messung des Wertes ist im Normalfall als erfüllt anzusehen, bei begrenzter Nutzungsdauer sogar widerlegbar zu vermuten (IAS 38.35). Die wenigen Ausnahmefälle konkretisiert IAS 38.38. Die Zusatzanforderungen für einen Ansatz immaterieller Vermögenswerte lassen sich bei Unternehmenserwerben meist ebenfalls besonders leicht erfüllen. So gilt der künftige wirtschaftliche Nutzen (IAS 38.17) wieder gemäß IAS 38.33 als immer zu erwarten. Die Hürde der Identifizierbarkeit speziell durch Abgrenzbarkeit insbesondere vom Goodwill wird leichter überwindbar gemacht, indem eine Separierbarkeit zusammen mit einem anderen Vermögenswert zur Erfüllung genügt (IAS 38.36 und .37). Vertragliche oder gesetzliche Absicherung wird – wie vor allem die Beispiele beweisen – mehr als großzügig ausgelegt. Lediglich die Bedingung der Beherrschung ("control") wird nicht verwässert, so dass die

Mitarbeiterqualifikation und -zusammensetzung nicht aktivierungsfähig bleibt. Deutlich wird die fast grenzenlose Großzügigkeit zum Ansatz immaterieller Vermögenswerte aus einem Unternehmenserwerb andeutungsweise schon in der Systematik der verschiedenen möglichen erworbenen "intangibles" gemäß der Illustrative Examples zu IFRS 3, die als Gliederung vollständig mit SFAS 141 A 14 (hier unter G.4.2.3 wiedergegeben) übereinstimmt. Richtig plastisch wird das Vorgehen aber erst aus den verbalen Zusatzerläuterungen, von denen hier nur zwei besonders weitgehende Beispiele aufgegriffen werden sollen. Das vertraglich begründete kundenbezogene Vermögen unter B umfasst nicht nur die künftigen Erfolge aus bereits mit den Kunden geschlossenen Verträgen, sondern auch die Erfolge, die erfahrungsgemäß aus künftig zu erwartenden Verträgen mit diesen Kunden eintreten werden (ganz deutlich in Example 3). Auf Verträgen basierendes immaterielles Vermögen unter D umfasst auch den Barwert der Vorteile für den Arbeitgeber aus vorteilhaften Verträgen mit den Arbeitnehmern – etwa weil die Arbeitnehmer eine Vergütung unter Tarifvertrag akzeptiert haben, die Wettbewerber aber nach Tarif vergüten (IFRS 3 IE Gliederungspunkt D 9). Die nach IFRS 3.45 gebotene Übertragung der laxen Ansatzbedingungen für "intangibles" aus Unternehmenserwerben gemäß IAS 38 führt bei einem "in process research and development" zu deutlichen Abweichungen gegenüber US-GAAP. Sofern ein Unternehmen erworben wird, sind – wie oben erläutert – die zentralen Ansatzkriterien als erfüllt anzunehmen, zumal an der "control" über das Wissen kein Zweifel besteht. Nach dem großzügigen Ansatz im Rahmen des Unternehmenserwerbs gelten freilich für die Kosten der Fortsetzung der Forschung wieder die strengen Kriterien bei Selbsterstellung.

Strenge Grenzen gelten für den Ansatz von Schulden. So dürfen im Zuge einer "business combination" Rückstellungen zur Restrukturierung des erworbenen Unternehmens nur so weit in den Konzernabschluss übernommen werden, wie die Rückstellung bei Erwerb bereits von der Tochter angesetzt war. Kaufpreismindernd berücksichtigte Vorhaben, das erworbene Unternehmen zunächst umzustrukturieren, dürfen hingegen ebenso wenig passiviert werden wie absehbare künftige Verluste, die nach dem Erwerb vorübergehend hinzunehmen sind, bis die Restrukturierungsmaßnahmen greifen (IFRS 3.41 bzw. IFRS 3.11 von 2008). Diese vermutlich aus der Furcht vor Missbrauch durch Vortäuschung unnötiger und jederzeit auflösbarer Rückstellungen entstandene Regelung hat in Verbindung mit vorläufigen Badwills sehr bedenkliche Folgen (G.5.2.5).

Das, was als Vermögenswert oder Schuld im Konzernabschluss Ansatz findet, ist mit dem Zeitwert zum Erwerbszeitpunkt zu bewerten. Da sich der Zeitwert (fair value) freilich nur in einer Idealwelt eindeutig und unproblematisch ermitteln lässt, hilft IFRS 3 B 16 von 2004 mit (kasuistischen) Leitlinien, die bei den verschiedenen Vermögenswerten und Schulden zu den vom IASB gewünschten Inhalten der Werte führen sollen und die mangels Erläuterungen im IFRS 3 von 2008 hoffentlich auch in Zukunft noch nützlich sind. IASB und FASB haben in dieser Frage sehr ähnliche Vorstellungen und geben vor für

- marktgängige Finanzinstrumente: Marktpreis,
- nicht marktgängige Finanzinstrumente: Schätzwert auf Basis künftiger Zahlungen und des Zinses vergleichbarer Anlagen,

- Forderungen: Barwerte auf Basis vergleichbarer Zinsen, abzüglich Ausfälle und Eintreibungskosten (Abzinsung nur wenn wesentlich),
- Vorräte
  - fertige Erzeugnisse, Waren: erwartete Erlöse abzüglich Verkaufskosten und angemessener Gewinn,
  - unfertige Erzeugnisse: wie oben abzüglich Kosten der Fertigstellung,
  - Rohstoffe: Wiederbeschaffungskosten,
- Grundstücke/Gebäude: Marktwerte,
- Anlagen
  - im Normalfall: geschätzte Marktwerte, ersatzweise Ertragswerte oder Wiederbeschaffungskosten (Restnutzungsanteil),
  - bei Veräußerungsabsicht: Nettoverkaufserlös abzüglich Verkaufskosten (IFRS 3.36),
- immaterielle Anlagen: Marktpreis, wenn vorhanden, sonst Schätzwerte vergleichbarer Anlagen oder Ertragswerte,
- Nettoposition aus Pensionszusagen: Barwert der "defined benefit obligation" abzüglich Zeitwert der "plan assets"; als Aktivum nur, soweit mit Rückzahlung oder Minderung der künftigen Zahlungen zu rechnen ist,
- latente Steuern: Betrag der aus der Sicht des Erwerbers einsparbaren bzw. zu zahlenden Steuern nach Berücksichtigung der Neubewertung ohne Abzinsung,
- kurz- und langfristige Verbindlichkeiten (auch aus Wechseln), Rückstellungen: Barwert der künftigen Zahlungsverpflichtungen auf Basis eines angemessenen marktgerechten Zinses, soweit Frist nicht kurz und Abzinsung wesentlich,
- Rückstellungen für drohende Verpflichtungen und andere Lasten: Barwerte wie oben,
- bedingte Verpflichtungen des erworbenen Unternehmens: Betrag, den ein Dritter für die Übernahme der Verpflichtung verlangen würde (abgezinster Erwartungswert möglicher Belastungen).

Die Vorstellungen zur Auflösung stiller Reserven und Lasten im derzeitigen IFRS 3 werden im Exposure Draft zu IFRS 3 vom Juni 2005 grundsätzlich bestätigt. Das gilt speziell für den Ansatz des im Zuge einer "business combination" erworbenen "research and development in process" sowie für die Beispiele Vorteile aus Kundenbeziehungen als vertraglich gesichert, obwohl noch keine Verträge geschlossen wurden (Appendix A 49 (c) und Vorteile aus Tarifvereinbarungen mit den Mitarbeitern unter Marktniveau (Appendix A 55). Weiter gestärkt wird der Ansatz von Vermögenswerten im Konzern, die beim erworbenen Unternehmen nicht angesetzt waren, indem beim materiellen Vermögen die Bedingung der Wahrscheinlichkeit für einen Nutzenzufluss aufgehoben wird. Der Ansatz erfolgt unabhängig von der Höhe der Wahrscheinlichkeit mit einem Zeitwert, der die Verteilung möglicher Werte berücksichtigt (BC 92-97). Beim immateriellen Vermögen wird die Vermutung der Bewertbarkeit bei allen erworbenen intangibles mit Ausnahme der Mitarbeiterqualifikation und -zusammensetzung ("assembled workforce") gestärkt, indem die Existenz ausreichender Information zur Wertmessung in allen Fällen als gesichert unterstellt wird (Appendix D 11 zu IAS 38.34 und .35). Die Bestimmung von "fair values" wird (scheinbar) erleichtert und systematisiert, indem Appendix E eine Definition, einen Überblick über mögliche Bewertungsverfahren und ihre Vorgehensweisen, eine Ordnung möglicher Märkte sowie eine fair value-Hierarchie bereitstellt. Danach stützen sich fair values in erster Linie auf Preise identischer Vermögenswerte oder Schulden auf aktiven Märkten, in zweiter Linie auf Preise ähnlicher Vermögenswerte oder Schulden auf aktiven Märkten und erst in dritter Linie auf geeignete Bewertungstechniken (Anwendung geeigneter Multiplikatoren zur Schätzung der Marktbewertung, Barwerte künftig zu erwartender cash flows oder Erfolge, aktuelle Wiederbeschaffungskosten). Da nur wenige Güter identisch oder ähnlich auf aktiven, liquiden Märkten gehandelt werden, bleibt es bei der Dominanz der am wenigsten gewünschten Vorgehensweise mit ihren zahlreichen Varianten und Problemen.

5.2.4 Bildung und Behandlung des Goodwill

In der ab 31.03.2004 relevanten Fassung definiert IFRS 3.51 (b) den Goodwill genau wie HGB und US-GAAP als "Überschuss der Anschaffungskosten des Unternehmenszusammenschlusses über den vom Erwerber ... angesetzten Anteil an dem beizulegenden Nettozeitwert der identifizierbaren Vermögenswerte, Schulden und Eventualschulden". Nach dieser konventionellen Definition bleibt er auf den Goodwill der Konzernmehrheit beschränkt, wird also nicht auf die Minderheit hochgerechnet. Die neue Definition in IFRS 3.32 von 2008 löst diese Regelung durch ein Wahlrecht ab. Alternativ darf der Minderheitenanteil nämlich zum Zeitwert (fair value) angesetzt werden, so dass der Goodwill auch die auf die Minderheiten entfallenden Bestandteile umfasst. Weiterhin darf der Goodwill nach amerikanischem Vorbild schon seit 2004 nicht mehr planmäßig abgeschrieben werden. Vielmehr ist er nach den Vorgaben des IAS 36 grundsätzlich einmal pro Jahr auf eine mögliche Wertminderung zu prüfen und erforderlichenfalls außerplanmäßig abzuschreiben.

Die Werthaltigkeitsprüfung hat nach IAS 36.80 auf Basis einer Verteilung des Goodwill auf "cash generating units" oder auf Gruppen solcher zahlungsmittelgenerierender Einheiten zu erfolgen. Verteilt wird er auf die Einheiten, die vom Mehrwert der Kombination profitieren, und das können Teile des erworbenen Unternehmens, des übrigen Konzerns oder überlappende Einheiten sein. Zugerechnet werden soll der Goodwill auf die niedrigsten Ebenen, auf denen er noch "für interne Managementzwecke überwacht wird", die aber nicht größer sein dürfen als die Segmente der Segmentberichterstattung nach IAS 14. Zu den Kriterien, nach denen die Verteilung erfolgen soll, äußert sich IAS 36.81 nur insoweit, als er die Notwendigkeit einräumt, sich auf subjektives Ermessen zu stützen. Die Prüfung auf Werthaltigkeit hat regelmäßig jedes Jahr immer wieder zu dem gleichen Zeitpunkt zu erfolgen, kann aber auch früher erforderlich sein, wenn konkrete Anzeichen eine solche Gefahr andeuten oder um ein Jahr verschoben werden, wenn sich Vermögen und Schulden der Einheit nicht wesentlich verändert haben, der Wert der Einheit beim letzten Test deutlich über deren Buchwert lag und eine negative Differenz zwischen beiden Größen nach allen Ereignissen und Veränderungen höchst unwahrscheinlich ist (IAS 36.90, .96 und .99).

Der Test selbst erfolgt bei IFRS zwar anders als unter US-GAAP nur in einer Stufe, erfordert aber hochkomplexe Vergleichsgrößen und muss für jede Einheit gesondert erfolgen, auf die Goodwillbestandteile entfallen – gleichgültig ob diese zugerechnet wurden oder nicht (IAS 36.88). Auch müssen die einzelnen Vermögenswerte und Schulden einer zahlungsgenerierenden Einheit vor dieser Einheit auf Wertminderung geprüft werden, sofern auch sie einer solchen Prüfung zu unterziehen sind (IAS 36.97). Vergleichsgröße zum Buchwert der Einheit ist der erzielbare Betrag ("recoverable amount"), der seinerseits das Maximum aus dem Zeitwert abzüglich Veräußerungskosten und dem Nutzungswert ("fair value less cost to sell and value in use") darstellt. Bezogen auf zahlungsgenerierende Einheiten, die als solche und nicht als Summe ihrer Elemente zu bewerten sind, sind beide Vergleichswerte Gesamtwerte, die sich nur in der Perspektive unterscheiden. Der Zeitwert abzüglich Veräußerungskosten markiert den meist mangels eines Marktpreises nur fingierbaren objektiven Wert der Einheit in der Einschätzung des Marktes (etwa IAS 39 AG 76), während der Nutzungswert den subjektiven Wert der Einheit bei Fortführung der bisherigen Politik und in der gegenwärtigen Verwendung beschreibt. Da die Einschätzungen des Marktes nur gemutmaßt werden können und der Bestimmung von Nutzwerten im Standard (IAS 36.33 bis .51, ergänzt durch Appendix A) einschneidende Restriktionen auferlegt werden (Detailprognosen maximal 5 Jahre, keine Berücksichtigung von Restrukturierungen, Verbesserungen, Finanzierung oder Steuern z. B.) geschieht der Vergleich letztlich auf Basis eines aufwendigen Maßgrößenduos mit fragwürdigem Inhalt, zumal die Normierungen Realitätsnähe verhindern, aber Ermessensfreiräume nicht wirksam einschränken. Letzteres wird bei einem Blick in die Kommentierung deutlich.

Zur außerplanmäßigen Abschreibung kommt es, wenn der erzielbare Betrag der zahlungsgenerierenden Einheit kleiner ist als der Nettobuchwert der zu dieser Einheit gehörenden Vermögenswerte, einschließlich Goodwillanteil, und Schulden. Umgesetzt wird die Abschreibung, indem zunächst der zugerechnete Goodwill im Wert abgesenkt wird. Reicht das nicht aus, um den Buchwert der Einheit auf den erzielbaren Betrag zu senken, müssen die anderen Vermögenswerte proportional in ihren Werten gemindert werden, bis nacheinander deren individuelle erzielbare Beträge erreicht werden. Geschieht das bei allen Vermögenswerten, bevor die gesamte anfängliche Differenz in Abschreibungen umgesetzt wurde, so war Einzelverwertung der Einheit vorteilhafter als Gesamtverwertung und die Berechnung des erzielbaren Betrags der Einheit letztlich unsinnig. Außerplanmäßige Abschreibungen auf den Goodwill dürfen bei späterem Wegfall der Gründe nicht zurückgenommen werden; bei den übrigen Vermögenswerten aber müssen – ggf. wiederum proportional zu deren Werten – Zuschreibungen bei Wegfall der Gründe erfolgen (IFRS 3.122 - .124).

ED IFRS 3 vom Juni 2005 fußt auf einer revolutionär neuen Goodwilldefinition, auch wenn der Bilanzausweis letztlich wieder den bisherigen Vorstellungen entspricht. Goodwill bezeichnet nach ED IFRS 3.40 nämlich die Differenz zwischen dem Zeitwert des erworbenen Unternehmens und dem Nettozeitwert der erworbenen identifizierbaren Vermögenswerte und Schulden. Diese Definition erweitert den Goodwill nicht nur um den Anteil, der auf die Minderheit entfällt ("full goodwill"-Methode, wie in USA geplant), sondern auch um die Differenz zwischen Unternehmenswert und (hochgerechnetem) Kaufpreis. Wie bei der Auflösung stiller Reserven wird somit auch beim Goodwill der Ansatz zunächst unabhängig von den Anschaffungskosten. Für die Konzernrechnungslegung reicht daher die Bestimmung der "cost of a business combination" nur noch dann aus, wenn diese wie auf funktionsfähigen Märkten dem Wert des Unternehmens entsprechen. Im Ausnahmefall eines Verkaufs unter Druck aber kann der Preis für ein Unternehmen von beispielsweise 380 unter dem Wert desselben von 420 liegen. Bei einem Nettozeitwert der bilanzierten Vermögenswerte und Schulden von 300 resultiert ein neuer Goodwill von 120, statt des alten von 80. Da in diesem Fall allerdings in einem weiteren Schritt nach ED IFRS 3.61 der "excess" des Wertes über den Preis des Unternehmens (420 - 380 = 40) wieder vom Goodwill abzusetzen ist, erscheint dieser in der Bilanz letztlich doch wieder in der alten Größe von 120 - 40 = 80. Außer Träumen von einem idealen Goodwill und erheblichen Mehrkosten bringt die geplante Reform also nichts. Auch die Entscheidung für den vollen Goodwill kann sehr aufwendig werden, weil der für einen Mehrheitsanteil gezahlte Goodwill nicht repräsentativ auch für die Minderheit sein muss, was zusätzliche, schwierige und stark ermessensbehaftete Ermittlungen erforderlich macht.

5.2.5 Behandlung des Badwill

Wenn anders als in Abschnitt 5.2.4 unterstellt die "cost of a business combination" kleiner sind als der auf den Erwerber entfallende Anteil am Nettozeitwert der im Konzernabschluss angesetzten Vermögenswerte und Schulden des erworbenen Unternehmens, entsteht eine Differenz, die als negativer Goodwill oder Badwill zu deuten ist. IFRS 3.56 schreibt in diesem Fall ein zweistufiges Vorgehen vor, das den Amerikanern wohl als Vorbild für ihre Reformbestrebungen diente. Auf der ersten Stufe sind Ansatz und Bewertung der im Zuge des Unternehmenserwerbs in den Konzernabschluss eingebrachten Vermögenswerte und Schulden sowie die "cost of a business combination" noch einmal zu überprüfen und erforderlichenfalls zu korrigieren. Es bleibt aber dabei, dass weder die Lasten aus mit dem Erwerb verbundenen Plänen zur Restrukturierung des erworbenen Unternehmens noch aus künftig bei diesem zu erwartenden Verlusten passiviert werden dürfen, auch wenn sie im Kaufpreis korrekt antizipiert wurden (IFRS 3.41). Die nach dieser Prüfung verbleibende Differenz zwischen Substanzwert und Kaufpreis ist sofort erfolgserhöhend zu erfassen, wird also zugunsten eines höheren Erfolgs letztlich nicht in der Bilanz ausgewiesen. Der neue IFRS 3.34 von 2008 bestätigt das Vorgehen.

Dieses Vorgehen ist nicht unproblematisch, wie das folgende Beispiel beweist. Dabei kaufe M 100 % der Anteile von T zum Preis von 500 auf Basis der folgenden (angenommenermaßen korrekten) Überlegungen:

Eigenkapital von T auf Basis von Buchwerten	400
stille Reserven bei der Bewertung	+ 175
stille Reserven in Form identifizierbarer "intangibles"	+ 125
Restrukturierungsaufwand	- 120
künftig vorübergehend zu erwartende Verluste	- 80
im Preis vergüteter Wert	500

Während alle stillen Reserven zugunsten eines Nettozeitwerts der erworbenen identifizierbaren Vermögenswerte und Schulden (Substanzwert) in Höhe von 700 aufgelöst werden, bleiben die zusätzlichen Lasten vom Ansatz ausgeschlossen. Bei der Aufrechnung des Kaufpreises von 500 mit dem Nettozeitwert von 700 entsteht folglich ein vorläufiger Badwill von 200. Da die Daten als korrekt angenommen wurden, bleibt diese Differenz auch nach erneuter Prüfung bestehen und muss sofort zugunsten des Erfolgs des Konzerns als Erfolg aus einem (scheinbar) vorteilhaften Einkauf aufgelöst werden. Dem Gewinn aus dem Kauf folgen später entsprechende Restrukturierungsaufwendungen und Verluste; IFRS 3.41 erzwingt also eine ganz offensichtliche Fehlperiodisierung. Durch Liquidation des Vermögens von T zum Zeitwert von 700 vermeiden lässt sich dieser schlimme Fehler nicht, da auch die Liquidation eines lebenden Unternehmens Lasten auslöst, die verglichen mit der Restrukturierung als bei rationaler Planung bestmöglicher Verwendung jedenfalls größer sein sollten.

ED IFRS 3 vom Juni 2005 bestätigt das Ergebnis, erreicht es aber auf einem etwas anderen Weg. Der (neue) Goodwill als Differenz zwischen dem Unternehmenswert des Anteils an der Tochter und dessen Substanzwert (Nettozeitwert der anteiligen identifizierbaren Vermögenswerte und Schulden) ist nach ED IFRS 3.61 zu vermindern um die Differenz zwischen dem Unternehmenswert des Anteils und dem dafür gezahlten Preis. Reicht der Goodwill nicht aus, um diese Differenz aufzufangen, so ist der verbleibende Rest der Differenz sofort als Erfolg auszuweisen. Dahinter steckt die alte und fragwürdige Annahme der Sicherheit des Substanzwerts als Untergrenze des Unternehmenswerts. Bei einem Preis und einem Unternehmenswert unterhalb des Substanzwerts entstehen nämlich nach alter und neuer Regelung äußerst zweifelhafte vorläufige Badwills und Erfolge.

5.2.6 Nachträgliche Informationen über die Verhältnisse zum Erwerbszeitpunkt

Zu dem Zeitpunkt, zu dem ein Unternehmenszusammenschluss erstmals in einem Konzernabschluss abzubilden ist, können die Informationen über die Anschaffungskosten der Beteiligung, über die erworbenen identifizierbaren Vermögenswerte und Schulden sowie über deren Zeitwerte im Erwerbszeitpunkt noch sehr unvollkommen sein. In diesem Fall ist es nach IFRS 3.62 bzw. IFRS 3.45 von 2008 geboten, den Abschluss auf Basis der bis dahin vorliegenden Informationen provisorisch aufzustellen.

Mit dem Erwerb beginnt zugleich eine Frist von 12 Monaten, in denen die Bilanzansätze von Vermögenswerten und Schulden sowie die Werte der für die "business combination" erbrachten Gegenleistungen verbesserter Information über die Verhältnisse am Erwerbstag angepasst werden dürfen und sollen. Dabei sind die verbesserten neuen Ansätze und Werte so zu behandeln, als wären sie bereits ab dem Erwerbszeitpunkt in dieser Weise berücksichtigt worden. Dementsprechend werden die durch die verbesserte Information angepassten Anschaffungskosten, Ansätze von erworbenen identifizierbaren Vermögenswerten und Schulden oder Wertansätze solcher Vermögenswerte und Schulden in einer veränderten Höhe des Goodwill oder des Erfolgs aus vorteilhaftem Erwerb aufgefangen. Auch die für spätere Konzernabschlüsse erforderlichen Vergleichszahlen des Zeitpunkts der Erstkonsolidierung sind in der verbesserten Version anzugeben.

Wenn nach Ablauf der Frist von 12 Monaten weitere Informationen die Verhältnisse zum Zeitpunkt des Erwerbs in neuem Licht erscheinen lassen, sind Korrekturen nur noch nach Maßgabe der Vorschriften des IAS 8 zur Berücksichtigung von Fehlern ("errors") zu berücksichtigen. Danach müssen die Konzernabschlüsse rückwirkend in der Periode korrigiert werden, in der der jeweilige Fehler auftrat, und diese Korrekturen sind über die Zeit bis zur aktuellen Periode und deren Vergleichszeiträume hinein fortzuschreiben (IAS 8.42).

Ausnahmen von dieser Pflicht gibt es nur, wenn sich die periodenspezifischen oder kumulierten Effekte des Fehlers nicht ermitteln lassen (IAS 8.43). Der Fehler ist dann so früh wie möglich und notfalls ab der Berichtsperiode zu korrigieren.

5.2.7 Minderheitenanteile im Konzernabschluss

Minderheitenanteile werden nach IFRS 3.40 im Konzernabschluss stets mit deren Anteil am Nettozeitwert des Tochterunternehmens nach Ansatz aller identifizierbaren Vermögenswerte und Schulden sowie nach Auflösung sämtlicher stiller Reserven, aber ohne den auf die Minderheiten entfallenden Goodwill (Neubewertungsmethode ohne Anschaffungskostenrestriktion) angesetzt. Der neue IFRS 3.19 von 2009 eröffnet allerdings zusätzlich die Möglichkeit einer Bewertung zum Zeitwert (fair value), die den Goodwill aus dem Unternehmenserwerb um den Anteil anwachsen lässt, der auf die Minderheiten entfällt ("voller" Goodwill).

Die auf Minderheiten entfallenden Anteile am Eigenkapital sind in der Bilanz und die Anteile am Erfolg des Unternehmens sind in der GuV jeweils gesondert auszuweisen (IAS 1.68 (o) und .82 (a)). Obwohl IFRS verbindliche Gliederungsschemata für Bilanz und GuV nicht kennen, legen die Vorgaben des IAS 1 doch nahe, dass Mehrheits- und Minderheitenanteile am Kapital bzw. am Erfolg jeweils in unmittelbarer Reihenfolge ausgewiesen werden, was beim Erfolg freilich die Ermittlung eines Erfolgs für alle mit anschließender Aufteilung auf Mehrheit und Minderheit nicht ausschließt. Mangels expliziter Vorschriften kann auf Basis allgemeiner Grundsätze nur vermutet werden, dass die Erfolgswirkungen der Auflösung stiller Reserven für die Minderheiten in Form höherer Bestandsminderungen und Abschreibungen die Anteile der Minderheiten am Ergebnis belasten.

5.2.8 Equity-Methode: Anwendungsbereich und Vorgehensweise

Im Rahmen der IFRS kommt die Equity Methode nur im Konzernabschluss zum Tragen; im Einzelabschluss ist sie verboten. Dementsprechend können Teilkonzernmütter den Ausweis von Beteiligungen an assoziierten Unternehmen "at equity" vermeiden, wenn es ihnen gelingt, die Ausnahmen von der Verpflichtung zur Aufstellung von Teilkonzernabschlüssen gemäß IAS 27.10 oder von der Verpflichtung zur Anwendung der Equity-Methode gemäß IAS 28.13 (c) in Anspruch zu nehmen. Anteile an assoziierten Unternehmen müssen aber im Konzernabschluss grundsätzlich "at equity" bewertet werden, soweit diese Anteile nicht von Wagniskapital-Gesellschaften, von Investmentfonds fondsgebundener Lebensversicherungen oder ähnlichen Unternehmen gehalten werden, denn diese dürfen die Anteile auch mit deren Zeitwert ansetzen (IAS 28.1). Bei Anteilen an Gemeinschaftsunternehmen haben alle die Wahl zwischen Equity und Quotenkonsolidierung. Zur Veräußerung gehaltene Anteile sind nach den Vorgaben von IFRS 5 abzubilden (IAS 28.13 (a)).

Assoziierte Unternehmen zeichnen sich durch den maßgeblichen Einfluss aus, den der betrachtete Anteilseigner auf sie ausübt: Er hat die Möglichkeit zur Teilhabe an den finanz- und geschäftspolitischen Entscheidungen des assoziierten Unternehmens, ohne freilich "control" ausüben zu können (IAS 28.2). Wie im HGB wird maßgeblicher Einfluss ab einem Anteil von 20 % an den Stimmrechten – direkt oder indirekt über Tochterunternehmen – vermutet. Widerlegt wird die Vermutung, wenn bei Anteilen ab 20 % die Nichtexistenz eines maßgeblichen Einflusses oder bei Anteilen unter 20 % umgekehrt die Existenz dieses Einflusses nachgewiesen wird. Indikatoren für einen maßgeblichen Einfluss – und bei Fehlen auch für dessen Nichtexistenz – sind nach IAS 28.7

- die Vertretung in Vorstand, Aufsichtsrat oder vergleichbaren Leitungsorganen,
- die Beteiligung an der Geschäftspolitik einschließlich der Ausschüttungsentscheidungen,
- ein wesentlicher Leistungsaustausch zwischen beiden Unternehmen,
- der Austausch von Führungskräften zwischen beiden Unternehmen und/oder
- die Bereitstellung wesentlicher technologischer Informationen.

Die Equity-Methode nach IFRS verbindet die Charakteristika der "purchase method" nach IFRS 3 mit der typischen zeitsynchronen Berücksichtigung der Ergebnisse des assoziierten Unternehmens. Dementsprechend müssen mit Entstehen eines maßgeblichen Einflusses die auf den Anteil des Konzerns entfallenden stillen Reserven einschließlich der zusätzlich gesondert zu erfassenden separierbaren immateriellen Anlagen ermittelt werden, wie das auch bei Vollkonsolidierung geschieht. Die Differenz zwischen diesem Nettozeitwert des anteiligen Vermögens und den Anschaffungskosten ergibt den Goodwill (letztere größer als ersterer) oder den Badwill. Der Goodwill ist auch hier nur bei Wertminderung mit Auswirkungen auf den Wert der Beteiligung abzuschreiben. Ein vorläufiger Badwill führt nach erneuter Prüfung seiner Grundlagen sofort zu einem Gewinn. Der Ansatz zusätzlicher Vermögenswerte und die Auflösung stiller Reserven erzeugen in den Folgejahren höhere Aufwendungen aus Bestandsänderungen und Abschreibungen, die sich im Erfolg des Konzerns aus der Beteiligung an dem assoziierten Unternehmen niederschlagen. Die auf derart veränderter Basis ermittelten und auf den Anteil des Konzerns entfallenden Gewinne erhöhen den Equity-Wert der Beteiligung, entsprechende Verluste und die Ausschüttungen an den Konzern senken diesen Wert.

Wird der Wert der Beteiligung gemäß Equity-Methode durch die den Konzern zuzurechnenden Verluste des assoziierten Unternehmens aufgezehrt, so sind weitere Verluste von dem langfristigen Investment des Konzerns in dieses assoziierte Unternehmen (Vorzugsaktien oder langfristige Darlehen, bei denen ein Rückzug weder wahrscheinlich noch geplant ist) abzusetzen (IAS 28.29). Darüber hinausgehende Verluste sind nur zu passivieren, soweit der Konzern zu Leistungen verpflichtet ist. Ansonsten werden sie in Nebenbüchern erfasst und müssen bei nachfolgenden Gewinnen des assoziierten Unternehmens abgetragen sein, bevor die Beteiligung am oder das übrige langfristige Investment des Konzerns in das assoziierte Unternehmen wieder mit einem positiven Wert im Konzernabschluss erscheinen (IAS 28.30)

5.3 Beispiele zur Kapitalkonsolidierung nach IFRS

5.3.1 Beispiel mit positivem Goodwill

Da der im Rahmen einer "business combination" zum Erwerb der Kontrollmehrheit eingesetzte Betrag nach IFRS 3 von 2008 den amerikanischen Reformvorstellungen gleicht, wie sie dem Beispiel G.23 zugrunde liegen, entsprechen die Zahlen der Beispiele G.24 und G.25 auch IFRS, soweit nach der Neubewertungsmethode ("economic unit concept") konsolidiert wird. Die Konsolidierung nach der Buchwertmethode ist mit IFRS inzwischen unvereinbar. Nach IFRS 3 entspricht der Goodwill noch der Differenz aus Kaufpreis und anteiligem Nettozeitwert der erworbenen, identifizierbaren Vermögenswerte und Schulden, und dieser Goodwill darf nicht mehr planmäßig, sondern muss erforderlichenfalls außerplanmäßig abgeschrieben werden. Auch im Folgejahr führen IFRS in dem Beispiel zu den gleichen Zahlen, wie das "economic unit concept" nach US-GAAP, weil zunächst die Erstkonsolidierung zu wiederholen ist und anschließend die zusätzlichen Aufwendungen als Folge der Auflösung stiller Reserven und der zusätzlichen Bilanzansätze für Mehrheit und Minderheit gesondert erfasst werden müssen.

Bei den latenten Steuern verfolgen IFRS seit einigen Jahren das gleiche bilanzorientierte Konzept, bei dem latente Steuern Unterschiede von Ansatz und Bewertung in Handels- und Steuerbilanz Rechnung tragen, einige Posten wie etwa den Goodwill aber ausnehmen. Insoweit entsprechen auch die Beispiele G.26 und .27 den grundsätzlichen Anforderungen der IFRS, soweit die Neubewertungsmethode verwendet wird.

Die Beispiele einer Konsolidierung nach der "partial equity method" und der vollen "equity method" hingegen sind mit IFRS unvereinbar. Im Einzelabschluss der jeweiligen Konzernmutter dürfen Beteiligungen an einer Tochter nur zu Anschaffungskosten oder – nach Maßgabe von IAS 39 – zu aktuellen Zeitwerten ausgewiesen werden. Zu einer Konsolidierung auf

Basis einer Equity-Bewertung im Einzelabschluss der Mutter kann es demzufolge nicht kommen. Eine partielle Equity-Methode kennen IFRS nicht.

5.3.2 Beispiel mit vorläufigem Badwill

Da der vorläufige Badwill gemäß IFRS anders als nach den noch gültigen US-GAAP zu behandeln ist, muss die andersartige Vorgehensweise in diesem Fall noch einmal explizit verdeutlicht werden. Das liegt auch nahe, weil die Behandlung nach IFRS dem Vorgehen sehr nahe kommt, wie es in den anstehenden Reformen von SFAS 141 geplant ist.

Wird wie im Beispiel G.29 angenommen, die bare Zuzahlung im Rahmen des Kaufpreises habe nur 320 betragen, so ergeben sich "cost of a business combination" in Höhe von 820. Die Übereinstimmung der IFRS auf diesem Gebiet mit US-GAAP führt dazu, dass die Einzelabschlüsse von Mutter und Tochter unter beiden Regelwerken gleich ausfallen. Die Konsolidierung kann bei IFRS – wie künftig wahrscheinlich auch bei US-GAAP – auf die Neubewertungsmethode beschränkt werden. Dementsprechend werden nach Eliminierung des Beteiligungswerts von 820 (a) und des Konzernanteils am Kapital und am erworbenen Jahresüberschuss der Tochter von 400 + 160 + 80 = 640 (b) alle stillen Reserven unabhängig vom Kaufpreis aufgelöst (c). Anteiliges Kapital (640) und anteilige stille Reserven von 0,8 · 600 = 480 (der Minderheitenanteil von 0,2 · 600 = 120 wird durch die mit x gekennzeichnete Buchung dem Kapitalanteil der Minderheiten hinzugefügt) übersteigen in ihrer Summe von 1120 den Beteiligungsbuchwert um 300. Als Saldo zeichnet sich somit ein Badwill von 300 ab (l), der zunächst zur erneuten Prüfung der Bilanzansätze und Werte zwingt. Bei den gegebenen Daten kommt es freilich nicht zu Korrekturen, so dass der vorläufige Badwill in den Jahresüberschuss zu überführen ist (n). Zur Vervollständigung werden noch die Minderheitenanteile am Kapital der Tochter von 0,2 · 800 = 160 in das Kapital der Minderheiten umgebucht (y).

Im Folgejahr wiederholen sich zunächst die Buchungen a, b, c, l, x und y wie bei der erstmaligen Konsolidierung, weil im Rahmen der IFRS die Beteiligung "at cost" bewertet und anders als im Beispiel G.30 nicht getreu der "equity method" fortgeschrieben wird. Alternativ wäre eine Bewertung zu Zeitwerten in der Bilanz der Mutter möglich gewesen (IAS 27.37 (b)). Der Zeitwert der Beteiligung kann allerdings höchst unterschiedliche Werte annehmen, weshalb auf Basis dieses Wertes eine sinnvolle Konsolidierung nur vorstellbar ist, wenn auch die erfolgsneutral im Eigenkapital erfasste Wertdifferenz der Beteiligung seit Erwerb in die Konsolidierung einbezogen wird. Mangels klarer Vorgaben für diesen Fall soll hier aber nicht weiter spekuliert werden, wie auf Basis der Zeitbewertung von Beteiligungen im Rahmen der IFRS konsolidiert werden muss. Mit der Wiederholung der Buchung entsteht auch erneut der vorläufige Badwill. Da er bereits im Vorjahr den Jahresüberschuss gesteigert hatte, darf er das nicht erneut tun. Aus Konzernsicht erscheint dieser bei Erwerb der Tochter nur im Konzernabschluss entstandene Gewinn später vielmehr als zusätzlicher Betrag der Gewinnrücklagen, wohin er folglich durch Buchung n übertragen wird. Die aus der Auflösung stiller Reserven und dem Ansatz des Patents resultierenden Mehrverbräuche und Abschreibungen für die Mehrheit von 80 % (f) und die Minderheit von 20 % (m) werden jeweils den Erfolgen

Beispiel G.31: Erstkonsolidierung per 1.1.06; negativer Goodwill

	Mutter	Tochter		Konsolidierung		
	Buchwerte	Buchwerte	abweichende Zeitwerte	Soll	Haben	Konzern
Kasse	650	100				750
Forderungen	500	-				500
Vorräte (Verzehr im Jahr 1)	2000	20	100	c 80		2100
Beteiligung	820	-			a 820	-
Grundstücke	1000	230	450	c 220		1450
Gebäude (ND 20 Jahre)	5000	300	400	c 100		5400
Maschinen (ND 5 Jahre)	2800	450	500	c 50		3300
Patent (ND 6 Jahre)	-	-	150	c 150		150
Badwill	-	-		n 300	l 300	
SUMME	12770	1100				13650
Verbindlichkeiten	8800	300				9100
Minderheiten	-	-			y 160 x 120	280
Gezeichnetes Kapital	2000	500		b 400 y 100		2000
Kapitalrücklagen	1370	200		b 160 y 40		1370
Gewinnrücklagen	-	-				-
Jahresüberschuss	600	100		b 80 y 20	n 300	900
SUMME	12770	1100		1700	1700	13650

Beispiel G.32: Folgekonsolidierung per 31.12.07; negativer Goodwill und "at cost"

		Mutter M	Tochter T	Konsolidierung		Konzern
		Buchwerte	Buchwerte	Soll	Haben	
Kasse		550	200			750
Forderungen		700	-			700
Vorräte (Verzehr im Jahr 1)		1000	175	c 80	f 64 m 16	1175
Beteiligung		820	-		a 820	-
Grundstücke		1500	250	c 220		1970
Gebäude (ND 20 Jahre)		5500	325	c 100	f 4 m 1	5920
Maschinen (ND 5 Jahre)		3000	400	c 50	f 8 m 2	3440
Patent (ND 6 Jahre)		-	-	c 150	f 20 m 5	125
Badwill		-	-	n 300	l 300	
SUMME		13070	1350			14080
Verbindlichkeiten		9000	400			9400
Minderheiten	- Kapital	-	-		y 160 x 120	280
	- Erfolg	-	-	m 24	z 30	6
Gezeichnetes Kapital		2000	500	b 400 y 100		2000
Kapitalrücklagen		1370	200	b 160 y 40		1370
Gewinnrücklagen		200	100	b 80 y 20	n 300	500
Jahresüberschuss		500	150	f 96 z 30		524
SUMME		13070	1350	1850	1850	14080

beider Eignergruppen belastet. Außerdem wird der Anteil der Minderheiten am Erfolg der Tochter von $0{,}2 \cdot 150 = 30$ aus dem Jahresüberschuss (der Mehrheit) in den Anteil der Minderheit am Erfolg umgebucht (z).

Literaturhinweise

Außer der einschlägigen Kommentierung zu den §§ 301, 302, 307, 309, 310 und 312 HGB sei verwiesen auf:

Baetge, Jörg/Kirsch, Jans-Jürgen/Thiele, Stefan: Konzernbilanzen, 7. Aufl., Düsseldorf 2004, S. 195-274 und 369-474.

Busse von Colbe, Walther/Ordelheide, Dieter: Konzernabschlüsse, 5. Aufl., Wiesbaden 1984, S. 100-162.

Busse von Colbe, Walther/Ordelheide, Dieter/Gebhardt, Günther/Pallens, Bernhard: Konzernabschlüsse, 7. Aufl., Wiesbaden 2003, S. 197-352.

Dreger, Karl-Martin: Der Konzernabschluss, Wiesbaden 1969, S. 51-135.

Ewert, Ralf/Schenk, Gerald: Offene Probleme bei der Kapitalkonsolidierung im mehrstufigen Konzern, in: BB, 48. Jg., Beilage 14 zu Heft 20, 1993.

Financial Accounting Standards Board (FASB): Original Pronouncements, Accounting Standards as of June 1, 2004, Vol. 1,2 und 3, Norwalk.

Havermann, Hans: Zur Bilanzierung von Beteiligungen an Kapitalgesellschaften in Einzel- und Konzernabschlüssen. Einige Anmerkungen zum Equity-Accounting, in: WPg, 28. Jg., 1975, S. 233-242.

Hoffmann, Ira: Die Kapitalkonsolidierung bei Interessenzusammenführung gemäß § 302 HGB, Bergisch Gladbach/Köln 1992.

Hoyle, Joe B./Schaefer, Thomas F./Doupnik, Timothy S.: Advanced Accounting, 8. Aufl., Boston u. a. 2007.

International Accounting Standards Board: International Financial Reporting Standards 2006, London 2006.

IDW (Hrsg.): Wirtschaftsprüfer-Handbuch 2006, 13. Aufl., Bd. I, Düsseldorf 2006.

Küting, Karlheinz/Zündorf, Horst: Zurechnungsmodalitäten stiller Reserven im Rahmen der Kapitalkonsolidierung nach künftigem Konzernbilanzrecht, in: BB, 40. Jg., 1985, S. 1302-1311.

Küting, Karlheinz/Zündorf, Horst: Die Equity-Methode im deutschen Bilanzrecht, in: BB, 41. Jg., Beilage 7 zu Heft 21, 1986.

Lutter, Bernd/Rimmelspacher, Dirk: Einheitstheorie und Kapitalkonsolidierung – mehr Konflikt als Konsens?, in: DB, 45. Jg., 1992, S. 485-491.

Niehus, Rudolf J.: Die 7. EG-Richtlinie und die "Pooling-of-Interests"-Methode einer konsolidierten Rechnungslegung, in: WPg, 36. Jg., 1983, S. 437-446.

Ordelheide, Dieter: Anschaffungskostenprinzip im Rahmen der Erstkonsolidierung gem. § 301 HGB, in: DB, 39. Jg., 1986, S. 493-499.

Ordelheide, Dieter: Endkonsolidierung bei Ausscheiden eines Unternehmens aus dem Konsolidierungskreis, in: BB, 41. Jg., 1986, S. 766-772.

Ordelheide, Dieter: Anwendungsbereich und Erstkonsolidierung, in: Beck'sches Handbuch der Rechnungslegung (Beck HdR), hrsg. von Edgar Castan, Gerd Heymann, Eberhard Müller, Dieter Ordelheide und Eberhard Scheffler, Teil C 401, München 1987.

Ordelheide, Dieter: Folgekonsolidierung nach der Erwerbsmethode, in: Beck'sches Handbuch der Rechnungslegung (Beck HdR), hrsg. von Edgar Castan, Gerd Heymann, Eberhard Müller, Dieter Ordelheide und Eberhard Scheffler, Teil C 402, München 1987.

Pahler, Arnold J.: Advanced Accounting, 9. Aufl., Mason 2006.

Schindler, Joachim: Der Ausgleichsposten für die Anteile anderer Gesellschafter nach § 307 HGB, in: WPg, 39. Jg., 1986, S. 588-596.

Schindler, Joachim: Kapitalkonsolidierung nach dem Bilanzrichtliniengesetz, Frankfurt a.M./Bern/New York 1986.

Sigle, Hermann: Betriebswirtschaftliche Aspekte der Quotenkonsolidierung, in: Bilanzrichtlinien-Gesetz, ZfB-Ergänzungsheft 1/1987, S. 321-337.

Sonderausschuß Bilanzrichtlinien-Gesetz (SABI): Stellungnahme SABI 2/1988: Behandlung des Unterschiedsbetrags aus der Kapitalkonsolidierung, in: WPg, 41. Jg., 1988, S. 622-625.

Wagenhofer, Alfred: Internationale Rechnungslegungsstandards – IAS/IFRS, 5. Aufl., Frankfurt 2005.

Wysocki, Klaus von/ Wohlgemuth, Michael: Konzernrechnungslegung, 4. Aufl., Düsseldorf 1996, S. 78-173.

Zündorf, Horst: Quotenkonsolidierung versus Equity-Methode, Stuttgart 1987.

H. Schuldenkonsolidierung

1. Einführung

Die Einheitstheorie geht von der wirtschaftlichen Unselbständigkeit der in den Konzern einbezogenen Unternehmen aus. Wenn die Konzernunternehmen dementsprechend nur als Teilbetriebe der wirtschaftlichen Einheit Konzern anzusehen sind, kann es zwischen ihnen keine bilanzierungsfähigen Schuldverhältnisse geben. Aus der Summenbilanz müssen daher Forderungen und Verbindlichkeiten, die zwischen einbezogenen Unternehmen bestehen, eliminiert werden. Mit dieser Eliminierung erzielt die Schuldenkonsolidierung den gleichen Effekt wie die Kapitalkonsolidierung, die Vermeidung von Doppelzählungen: Denn eine Bilanzierung der Forderung des Gläubigerunternehmens in der Konzernbilanz liefe auf eine zweite Erfassung des Vermögens des Schuldnerunternehmens hinaus. Ebenso würde das Kapital als Kapital des Gläubigerunternehmens und als Verbindlichkeit des Schuldnerunternehmens doppelt gezählt.

Wer angesichts dieser Parallelität befürchtet, das mühevolle Durchdringen der vielfältigen Regelungen zur Kapitalkonsolidierung könnte hier eine Fortsetzung oder gar Steigerung erfahren, wird freilich zunächst durch den Wortlaut des § 303 HGB beruhigt, dessen erster Absatz schlicht besagt: *"Ausleihungen und andere Forderungen, Rückstellungen und Verbindlichkeiten zwischen den in den Konzernabschluss einbezogenen Unternehmen sowie entsprechende Rechnungsabgrenzungsposten sind wegzulassen."*

Beruhigend ist dabei in der Tat, dass es bei der Schuldenkonsolidierung keine Vielzahl verschiedener Verfahren zu unterscheiden gibt. Allerdings gestaltet sich die Schuldenkonsolidierung nicht derart unproblematisch, wie dies der Gesetzestext vielleicht vermuten lässt. Vielmehr verbleiben vor allem noch zwei Fragen, die in den beiden folgenden Abschnitten geklärt werden sollen:

Zunächst ist in Abschnitt H.2. der Gegenstand der Schuldenkonsolidierung abzugrenzen, also in erster Linie zu bestimmen, wie die Aufzählung der wegzulassenden Positionen in § 303 Abs. 1 HGB zu interpretieren ist.

Das zweite Problem wird im Gesetzestext überhaupt nicht angesprochen. Einfaches Weglassen der konzerninternen Forderungen und Verbindlichkeiten ist nur dann zulässig und möglich, wenn sie sich in genau gleicher Höhe gegenüberstehen. Häufig ist dies nicht der Fall; es entstehen sog. Aufrechnungsdifferenzen. Diese Differenzen sind Gegenstand des dritten Abschnitts dieses Kapitels.

Verbleibende Einzelfragen zur Schuldenkonsolidierung werden schließlich im Abschnitt H.4., die Schuldenkonsolidierung nach IFRS und US-GAAP im Abschnitt H.5. behandelt.

2. Zum Gegenstand der Schuldenkonsolidierung

Die Regelung der Schuldenkonsolidierung hat durch das Bilanzrichtlinien-Gesetz inhaltlich keine Änderung erfahren, die jetzige Formulierung ist jedoch etwas ausführlicher. Zusätzlich zu *"Forderungen"* und *"Verbindlichkeiten"* werden in § 303 Abs. 1 HGB auch ausdrücklich *"Ausleihungen"*, *"Rückstellungen"* und *"Rechnungsabgrenzungsposten"* als Gegenstand der Schuldenkonsolidierung genannt. Diese Neuformulierung bringt den Willen des Gesetzgebers zum Ausdruck, die Konsolidierung nicht nur auf Forderungen und Verbindlichkeiten im engeren Sinne zu beschränken (vgl. Biener/Berneke, Bilanzrichtlinien-Gesetz, 1986, S. 340); aber auch der neue Katalog darf nicht eng als vollständige Aufzählung der betroffenen Bilanzpositionen ausgelegt werden. Vielmehr sind bei der Schuldenkonsolidierung alle Posten zu berücksichtigen, durch die Schuldverhältnisse zwischen in die Konsolidierung einbezogenen Unternehmen abgebildet werden.

Schaubild H.1 auf der folgenden Seite zeigt als Ausschnitt einer Bilanz eines einbezogenen Unternehmens diejenigen Positionen, die bei der Eliminierung von Schuldverhältnissen zwischen voll konsolidierten Unternehmen betroffen sein können (zu den übrigen Unternehmen des Konsolidierungskreises vgl. H.4.3). Diese Posten, deren Bezeichnung aus der Bilanzgliederung des § 266 Abs. 2 und 3 HGB stammt, werden zunächst zu erläutern sein.

Aber nicht nur Bilanzpositionen, sondern auch die Eventualverbindlichkeiten und Haftungsverhältnisse unter der Bilanz (§ 251 HGB) sowie die Angaben sonstiger finanzieller Verpflichtungen im Anhang (§ 285 Nr. 3 HGB) müssen daraufhin geprüft werden, ob sie nach § 298 Abs. 1 HGB in Verbindung mit § 251 HGB bzw. § 314 Abs. 1 Nr. 2 HGB in den Konzernabschluss übernommen werden können.

2.1 Erläuterung der zu eliminierenden Bilanzpositionen

2.1.1 Forderungen gegen verbundene Unternehmen und Verbindlichkeiten gegenüber verbundenen Unternehmen

Bei diesen Bilanzpositionen ist zu beachten, dass als *"verbundene Unternehmen"* nach § 271 Abs. 2 HGB nicht nur Unternehmen gelten, die in einen Konzernabschluss tatsächlich einbezogen werden, sondern alle, die nach § 290 HGB grundsätzlich einzubeziehen wären (oder nach §§ 291, 292 HGB einbezogen werden könnten). Im Rahmen der Schuldenkonsolidierung sind allerdings Forderungen und Verbindlichkeiten gegenüber verbundenen Unternehmen nur insoweit zu eliminieren, als sie einbezogene verbundene Unternehmen betreffen.

Aktivseite			
*			(Ausstehende Einlagen auf das gezeichnete Kapital,) davon eingefordert
A.	I.	3.	geleistete Anzahlungen [auf immaterielles Anlagevermögen]
	II.	4.	geleistete Anzahlungen (...) [auf Sachanlagen]
	III.	2.	Ausleihungen an verbundene Unternehmen
		5.	Wertpapiere des Anlagevermögens
B.	I.	4.	geleistete Anzahlungen [auf Vorräte]
	II.	1.	Forderungen aus Lieferungen und Leistungen
	II.	2.	Forderungen gegen verbundene Unternehmen
		*	eingeforderte Einlagen auf das gezeichnete Kapital
	II.	4.	sonstige Vermögensgegenstände
	III.	3.	sonstige Wertpapiere
	IV.		(...) Guthaben bei Kreditinstituten und Schecks
C.	Rechnungsabgrenzungsposten		
	*	Disagio	
	*	andere Rechnungsabgrenzungsposten	
Passivseite			
B.	3.	sonstige Rückstellungen	
C.	1.	Anleihen	
	2.	Verbindlichkeiten gegenüber Kreditinstituten	
	3.	erhaltene Anzahlungen auf Bestellungen	
	4.	Verbindlichkeiten aus Lieferungen und Leistungen	
	5.	Verbindlichkeiten aus der Annahme gezogener Wechsel und der Ausstellung eigener Wechsel	
	6.	Verbindlichkeiten gegenüber verbundenen Unternehmen	
D.	Rechnungsabgrenzungsposten		

Schaubild H.1: Bilanzpositionen, die Schuldverhältnisse zwischen voll konsolidierten Unternehmen zum Inhalt haben können

2.1.2 Eingeforderte Einlagen auf das gezeichnete Kapital

Die ausstehenden Einlagen auf das gezeichnete Kapital besitzen einen Doppelcharakter – als aktivische Korrekturgröße zum Kapital und als Forderung.

Soweit sie nicht eingefordert sind, stellen sie einen reinen aktiven Korrekturposten zur Passivposition *"gezeichnetes Kapital"* dar. Dem entspricht das Wahlrecht im Einzelabschluss, entweder das gezeichnete Kapital in seiner vollen Höhe auf der Passivseite auszuweisen und dies durch den Ausweis der ausstehenden Einlagen auf das gezeichnete Kapital auf der Aktivseite zu korrigieren (Bruttoausweis) oder die nicht eingeforderten ausstehenden Einlagen auf der Passivseite offen (in einer Vorspalte) vom gezeichneten Kapital abzusetzen (Nettoausweis).

Im Konzernabschluss werden die nicht eingeforderten ausstehenden Einlagen von einbezogenen Unternehmen in der Regel im Sinne des Nettoausweises mit dem gezeichneten Kapital verrechnet (vgl. G.1.2).

Der Charakter einer Forderung der Gesellschaft gegenüber den Anteilseignern kommt wirtschaftlich gesehen erst in dem Zeitpunkt und nur insoweit zum Tragen, als die ausstehenden Einlagen oder Teile davon eingefordert werden.

Daher sind Gegenstand der Schuldenkonsolidierung auch nur die eingeforderten Einlagen, soweit sich die Forderung gegen andere einbezogene Unternehmen richtet. Solche eingeforderten Einlagen, die *"davon"*-Bestandteil der *"Ausstehenden Einlagen auf das gezeichnete Kapital"* oder eine gesonderte Forderungsposition im Umlaufvermögen sein können, werden gegen die entsprechenden Verbindlichkeiten aus Kapitaleinzahlungsverpflichtungen aufgerechnet, die beim verpflichteten Konzernunternehmen als *"davon"*-Bestandteil etwa der *"Verbindlichkeiten gegenüber verbundenen Unternehmen"* ausgewiesen werden sollten. Von Dritten eingeforderte Einlagen hingegen sind in die Konzernbilanz zu übernehmen.

2.1.3 Geleistete und erhaltene Anzahlungen

Anzahlungen erscheinen in Bilanzen, wenn bei einem Kaufgeschäft der Kaufpreis zumindest teilweise schon entrichtet wurde, bevor der Verkäufer seine Leistung erbracht hat. Die aktivierten geleisteten Anzahlungen bringen demnach den Anspruch auf Leistung und die passivierten erhaltenen Anzahlungen die Verpflichtung zur Leistung zum Ausdruck. Handelt es sich bei den Vertragspartnern um einbezogene Unternehmen, müssen geleistete und erhaltene Anzahlungen grundsätzlich im Rahmen der Schuldenkonsolidierung aus der Summenbilanz eliminiert werden.

Lediglich bei den geleisteten Anzahlungen auf Sachanlagen wird in der Literatur teilweise ein Verzicht auf die Berücksichtigung bei der Schuldenkonsolidierung für zulässig erachtet, weil die Grenzziehung zwischen den Anzahlungen auf Sachanlagen und den Anlagen im Bau, die gemeinsam unter einer Bilanzposition ausgewiesen werden, nicht immer möglich sei. Dem wird allerdings entgegengehalten, dass der Betrag der Anzahlung aus der Bilanz des Empfängers der Zahlung eindeutig ermittelt werden kann (vgl. Scherrer in: Hofbauer/Kupsch, BHR § 303 Rz 12).

2.1.4 Aktive und passive Rechnungsabgrenzungsposten

Aktive und passive Rechnungsabgrenzungsposten sind in die Schuldenkonsolidierung mit einzubeziehen, soweit das zugrunde liegende Schuldverhältnis (z.B. Darlehen, Miete, Pacht) gegenüber einem anderen einbezogenen Unternehmen besteht. Daran ändert auch die Tatsache nichts, *"daß der Ausgleich von Anspruch und Verpflichtung nicht in Geld, sondern durch eine andere Leistung erfolgt"* (NA 2/1967, WPg 1967, S. 489).

2.1.5 Rückstellungen

§ 303 Abs. 1 HGB bezeichnet ausdrücklich auch Rückstellungen als Gegenstand der Schuldenkonsolidierung. Das heißt aber nicht, dass sämtliche Rückstellungen aus den Einzelbilanzen der einbezogenen Unternehmen in der Konzernbilanz weggelassen werden müssten. Vielmehr ist eine neue Beurteilung der jeweiligen Sachverhalte aus der Sicht des fingierten einheitlichen Unternehmens erforderlich. Dabei kann es zu drei verschiedenen Ergebnissen kommen, und zwar:

- Übernahme der Rückstellung in die Konzernbilanz,
- Eliminierung oder
- Umgliederung.

Die Behandlung der verschiedenen Rückstellungsarten aus den Einzelbilanzen wird anhand des Schaubilds H.2 auf der nächsten Seite erläutert:

Die Rückstellungen aus den Einzelbilanzen sind dabei zunächst zu trennen in Rückstellungen für Verpflichtungen gegenüber sich selbst ("Aufwandsrückstellungen" – vom Bilanzrechtsmodernisierungsgesetz (BilMoG) in ihrem Fortbestand bedroht –) und solche gegenüber Dritten (Rückstellungen für ungewisse Verbindlichkeiten, für drohende Verluste aus schwebenden Geschäften sowie für Gewährleistungen ohne rechtliche Verpflichtung). Ferner ist danach zu differenzieren, ob es sich bei den Dritten um einbezogene Unternehmen handelt oder nicht.

In die Konzernbilanz zu übernehmen sind alle Aufwandsrückstellungen (1) sowie sämtliche Rückstellungen, die für Verpflichtungen gegenüber nicht einbezogenen Unternehmen gebildet worden sind (5).

In die Konzernbilanz zu übernehmen ist auch eine Rückstellung, wenn die Verpflichtung nur vordergründig gegenüber einem anderen einbezogenen Unternehmen, tatsächlich aber gegenüber einem Außenstehenden besteht. Droht beispielsweise dem einbezogenen Unternehmen

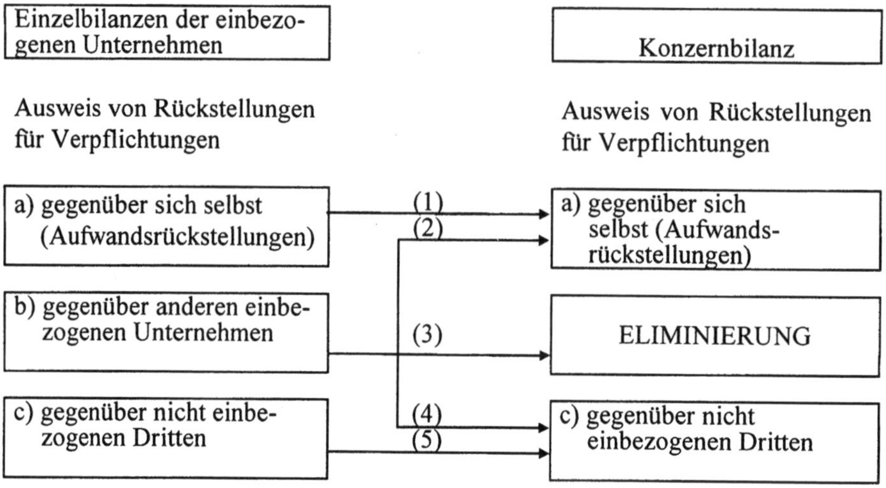

Schaubild H.2: Konsolidierung der Rückstellungen

A aus einem schwebenden Geschäft mit B, der Einkaufsgesellschaft des Konzerns, ein Verlust, und B derselbe Verlust aus dem entsprechenden Geschäft gegenüber einem Externen, so darf, da B in seiner Einzelbilanz keine Rückstellung bildet (durchlaufender Posten), die Rückstellung von A aus der Summenbilanz nicht eliminiert werden ((4), vgl. Heine, WPg 1967, S. 116 f.).

In der Regel aber dürfen Rückstellungen für (ungewisse) Verbindlichkeiten gegenüber einem anderen einbezogenen Unternehmen oder drohende Verluste aus schwebenden Geschäften mit einem solchen nicht in die Konzernbilanz eingehen (3).

Zu einer Umgliederung solcher Rückstellungen kann es ausnahmsweise kommen, wenn für den gesamten Konzern die Bildung einer Rückstellung aus anderem Grund erforderlich oder möglich ist. So kann etwa bei einer Rückstellung für Gewährleistungen aus Konzernsicht eine Passivierung als Rückstellung für unterlassene Instandhaltungsaufwendungen geboten oder zulässig sein ((2), Aufwandsrückstellung des Konzerns).

2.1.6 Anleihen

Erwirbt ein Unternehmen Anleihen, die es selbst am Kapitalmarkt begeben hat, so muss es diese in der Regel aktiv ausweisen und darf sie nur dann von der Anleiheschuld abziehen, wenn die Wiederveräußerung unmöglich oder endgültig nicht mehr vorgesehen ist (vgl. Dusemond/Knop in: Küting/Weber, Rechnungslegung, 4. Aufl., § 266 Rn. 147). Dementsprechend ist ein Schuldverhältnis zwischen zwei einbezogenen Unternehmen, das darin begründet ist, dass eines der Unternehmen Obligationen des anderen besitzt, nur ausnahmsweise dann zu konsolidieren, wenn keinerlei Absicht mehr besteht, die Anleihe an Externe weiterzugeben.

2.1.7 Sonstige

Es können noch weitere Bilanzpositionen von der Schuldenkonsolidierung betroffen sein, soweit jeweils Schuldverhältnisse mit einbezogenen Unternehmen zugrunde liegen:

- Ausleihungen (langfristige Finanzforderungen)
- Wertpapiere des Anlagevermögens (z.B. Obligationen unter den bei den Anleihen angesprochenen Voraussetzungen)
- Forderungen und Verbindlichkeiten aus Lieferungen und Leistungen
- sonstige Vermögensgegenstände (z.B. kurzfristige Darlehen)
- sonstige Wertpapiere (z.B. reine Finanzwechsel)
- Schecks
- Guthaben bei und Verbindlichkeiten gegenüber (einbezogenen) Kreditinstituten
- Wechselverbindlichkeiten

Einige dieser Positionen können allerdings nur dann konsolidierungspflichtige Schuldverhältnisse beinhalten, wenn den Kommentierungen nicht gefolgt wird, die den Ausweis unter den Posten *"Forderungen gegen verbundene Unternehmen"* und *"Verbindlichkeiten gegenüber verbundenen Unternehmen"* für vorrangig erachten (eindeutig für einen solchen Vorrang bei den Verbindlichkeiten z.B. Dusemond/Knop in: Küting/Weber, Rechnungslegung, 4. Aufl., § 266 Rn. 159; a.A. bei Forderungen z.B. Ellrott/Krämer in: Beck Bil-Komm., 6. Aufl., § 266 Anm. 119).

2.2 Konsolidierung von Eventualverbindlichkeiten und Haftungsverhältnissen

Neben den sicheren Verbindlichkeiten und den Rückstellungen gibt es eine dritte Art von Verbindlichkeiten, die sich dadurch auszeichnen, dass der Bilanzierende mit einer Inanspruchnahme nicht rechnet. Die Vermerkpflicht für diese Eventualverbindlichkeiten und Haftungsverhältnisse (vgl. § 251 HGB, für Kapitalgesellschaften zusätzlich § 268 Abs. 7 HGB) gilt nach § 298 Abs. 1 HGB grundsätzlich auch für den Konzernabschluss.

Aber die Übernahme solcher Angaben aus den Einzelabschlüssen in den Konzernabschluss hat ebenfalls nach einheitstheoretischen Grundsätzen zu erfolgen. Dies kann sich bei den folgenden beiden Konstellationen auswirken:

A) Die nach § 251 HGB vermerkte Verpflichtung besteht gegenüber einem anderen einbezogenen Unternehmen. Beispiel: Mutterunternehmen M leistet gegenüber ihrer 100%-igen Tochter T eine Bürgschaft für die Verbindlichkeit, die ein konzernexterner Dritter gegenüber T hat.

B) Die Eventualverpflichtung besteht gegenüber einem Außenstehenden für die Verbindlichkeit eines anderen einbezogenen Unternehmens. Beispiel: Mutterunternehmen M stellt einen Wechsel aus, den ihre Tochter T akzeptiert, und gibt ihn an einen konzernfremden Dritten weiter.

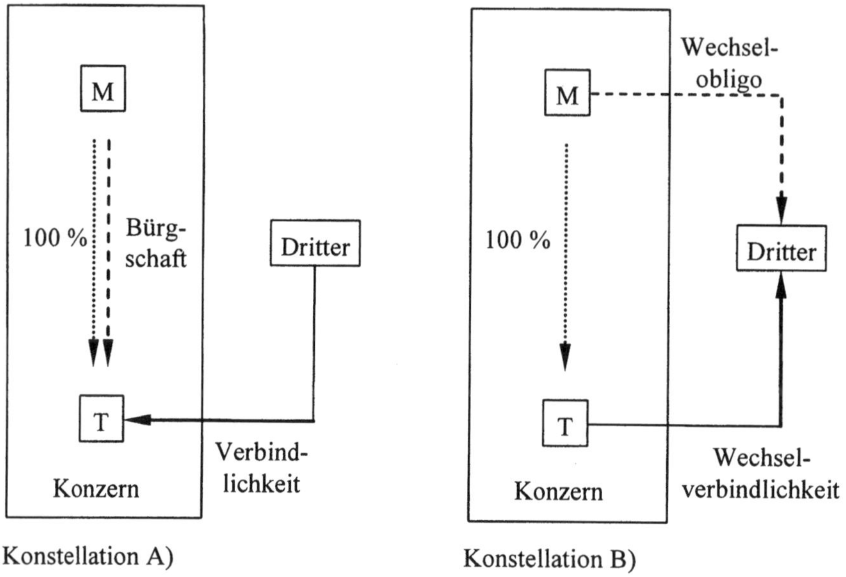

Schaubild H.3: Konsolidierung von Eventualverbindlichkeiten

Wie die Betrachtung der Sachverhalte aus der Sicht der wirtschaftlichen Einheit Konzern ergibt, sind in beiden Fällen die Angaben aus dem Einzelabschluss der Mutter im Konzernabschluss nicht zu machen:

Das fingierte einheitliche Unternehmen kann zum einen nicht eine Verpflichtung gegenüber sich selbst vermerken. Die Verbindlichkeit aus der Bürgschaft (Beispiel zu A) ist also im Konzernabschluss nicht anzugeben.

Zum anderen kann nicht zusätzlich eine Eventualverbindlichkeit angegeben werden, wenn bereits die Grundverpflichtung als Verbindlichkeit passiviert ist. Da die Wechselverbindlichkeit aus der Einzelbilanz von T in den Konzernabschluss eingeht, ist die lediglich akzessorische Verpflichtung von M (Wechselobligo, Beispiel zu B) nicht zu vermerken.

Diese Ausführungen lassen sich auch auf Mehrfachsicherungen übertragen. In Konstellation A erscheint keine Angabe im Konzernabschluss, auch wenn mehrere Unternehmen des Konsolidierungskreises bürgen, in Konstellation B ist auch dann kein Wechselobligo zu vermerken, wenn in der Indossantenkette mehrere einbezogene Unternehmen sind. Schließlich darf, wenn verschiedene einbezogene Unternehmen für einen Außenstehenden gegenüber einem weiteren Außenstehenden bürgen, diese Bürgschaft im Konzernabschluss nur einmal angegeben werden.

2.3 Konsolidierung der sonstigen finanziellen Verpflichtungen

Auch bei der Angabe der sonstigen finanziellen Verpflichtungen im Konzernanhang (§ 314 Abs. 1 Nr. 2 HGB) ist zu beachten, dass solche Verpflichtungen aus den Einzelabschlüssen der einbezogenen Unternehmen nur anzugeben sind, wenn und soweit sie gegenüber Außenstehenden bestehen. Verpflichtungen gegenüber anderen einbezogenen Unternehmen sind aus dem Summenabschluss zu eliminieren.

3. Zum Problem der Aufrechnungsdifferenzen

Nachdem der Gegenstand der Schuldenkonsolidierung abgegrenzt ist, stellt sich als nächstes die Frage, wie diese Konsolidierung zu erfolgen hat. Der Gesetzgeber beschränkt sich hierbei auf den Hinweis, die betroffenen Bilanzpositionen seien *"wegzulassen"*. Dies gilt unabhängig von der Beteiligungshöhe, so dass auch bei Existenz von Minderheiten innerkonzernliche Schuldverhältnisse zu 100 % zu eliminieren sind. *Weglassen* wird freilich problematisch, wenn Forderungen und Verbindlichkeiten in unterschiedlichem Umfang zu eliminieren sind, d.h. bei der Aufrechnung Differenzen auftreten.

Im Folgenden wird möglichen Entstehungsgründen dieser Unterschiedsbeträge nachgegangen und danach jeweils aufgezeigt, wie sie zu behandeln sind.

3.1 Ein Konsolidierungsbeispiel ohne Aufrechnungsdifferenzen

Das nachfolgende Beispiel H.1 veranschaulicht zunächst die Vorgehensweise, wenn sich Forderung und Verbindlichkeit in gleicher Höhe gegenüberstehen:

Die Muttergesellschaft M gewährt ihrer 100%-igen Tochter T am 31.12.05 durch Bargeldübergabe einen Kredit über 605 € für zwei Jahre (bare Rückzahlung 605 € am 31.12.07). Der vereinbarte Zins von 10 % sei marktüblich.

Wie bei der Kapitalkonsolidierung werden in den Spalten von links nach rechts die Bilanzen von M und T am 31.12.05, die Konsolidierungsbuchungen und die Konzernbilanz gezeigt.

Beispiel H.1: Schuldenkonsolidierung ohne Aufrechnungsdifferenzen

Bilanz zum 31.12.05

	M	T	Konsolidierung		Konzern
			Soll	Haben	
Beteiligung	2000			(1) 2000	
Ausleihung	605			(2) 605	
Kasse	395	2605			3000
Summe	3000	2605			3000
Eigenkapital	3000	2000	(1) 2000		3000
Verbindlichkeiten		605	(2) 605		
Summe	3000	2605	2605	2605	3000

Mit Buchung (1) wird die Kapitalkonsolidierung durchgeführt, Buchung (2) stellt die Schuldenkonsolidierung dar.

3.2 "Unechte" Aufrechnungsdifferenzen

Als "unecht" werden Aufrechnungsdifferenzen bezeichnet, die *"buchungstechnisch bedingt"* (ADS, 6. Aufl., § 303 Tz. 33) sind. Hierunter können zum einen falsche oder fehlende Buchungen bei einem beteiligten Konzernunternehmen fallen. Zum anderen werden darunter Erfassungsprobleme verstanden, die auf zeitlich unterschiedlicher Verarbeitung eines Vorgangs um den Bilanzstichtag herum beruhen.

Solche unechten Aufrechnungsdifferenzen bilden mehr ein Problem mangelnder gegenseitiger Abstimmung der Einzelbilanzen als ein Konsolidierungsproblem. Sie sind daher *"durch eine fiktive Buchung im Rahmen der Konsolidierung"* zu beseitigen (Arbeitskreis "Externe Unternehmensrechnung", Aufstellung, 1989, S. 87).

Übergibt beispielsweise das Mutterunternehmen am 30.12.07 einem Spediteur Handelswaren, die dieser erst am 03.01. des Folgejahres beim Tochterunternehmen abliefert, so folgt aus dem Realisationsprinzip, dass M am 31.12.07 die Forderung gegenüber T bereits ausweist. Bei T hingegen schlägt sich der Vorgang noch nicht in der Bilanz nieder.

In diesem Beispiel kann die Differenz zum einen beseitigt werden, indem bei der Konsolidierung die Buchung des Warenverkaufs bei M storniert wird. Ob diese Korrekturbuchung erfolgswirksam ist, ob also durch sie der Konzernjahreserfolg gegenüber der Summe der Einzeljahreserfolge verändert wird, hängt davon ab, ob M durch den Verkauf einen Erfolg erzielt hatte. Ist dies der Fall, weil M zu einem Preis über oder unter den eigenen Anschaffungskosten verkauft hatte, ist die Buchung erfolgswirksam (der Erfolg von M wird für den Konzernabschluss neutralisiert); entspricht hingegen der vereinbarte Kaufpreis den Anschaffungskosten von M, hat die Korrektur keine Erfolgswirkung.

Die Aufrechnungsdifferenz kann aber auch dadurch beseitigt werden, dass für den Konzernabschluss der Warenkauf bei T bereits zum 31.12.07 gebucht wird; diese Korrekturbuchung ist erfolgsunwirksam. Es ist freilich zu beachten, dass ein von M bei der Transaktion eventuell erzielter Erfolg in der Regel zu eliminieren ist (vgl. Kapitel I.).

3.3 Stichtagsbedingte Aufrechnungsdifferenzen

Eine zweite Art von Aufrechnungsdifferenzen kann sich aus der Regelung des § 299 Abs. 2 S. 2 HGB ergeben. Durch diese Vorschrift wurde der Grundsatz, dass die Jahresabschlüsse aller einbezogenen Unternehmen auf einen einheitlichen Stichtag aufzustellen sind, aufgehoben (vgl. C.3.5). Entsteht (oder erlischt) zwischen den Stichtagen zweier einbezogener Unternehmen ein Schuldverhältnis zwischen den beiden Unternehmen, so kommt es zu Aufrechnungsdifferenzen.

Bezüglich der Behandlung solcher Aufrechnungsdifferenzen besteht keine Einigkeit. Einerseits wird die Parallelität zu den unechten Aufrechnungsdifferenzen betont und dementsprechend eine Gleichbehandlung (Ausgleich durch eine Nachbuchung) gefordert (vgl. ADS, 6. Aufl., § 299 Tz. 88-91). Von anderer Seite wird dies hingegen nicht für notwendig gehalten und der offene Ausweis solcher Differenzen als *"Ausgleichsposten"* für zulässig erachtet (vgl. Harms in: Küting/Weber, Konzernrechnungslegung, 2. Aufl., § 303 Rn. 38).

3.4 "Echte" Aufrechnungsdifferenzen

3.4.1 Ursachen echter Aufrechnungsdifferenzen

Wenn eine Forderung in der Einzelbilanz des Gläubigers nicht in derselben Höhe ausgewiesen wird wie die entsprechende Verbindlichkeit in der Bilanz des Schuldners, so ist dies häufig auf zwingend anzuwendende oder zulässigerweise angewandte gesetzliche Vorschriften zurückzuführen. Als Beispiele für diese als "echt" bezeichneten Aufrechnungsdifferenzen können genannt werden:

- Abschreibungen zweifelhafter Forderungen:
  Wird die Erfüllung einer Forderung unsicher, so ist die Forderung auf den niedrigeren beizulegenden Wert außerplanmäßig abzuschreiben. Die dieser zweifelhaften Forderung gegenüberstehende Verbindlichkeit hingegen ist in voller Höhe anzusetzen.
- Abzinsung un- oder minderverzinslicher Forderungen:
  Un- oder minderverzinsliche Forderungen sind bei einer Restlaufzeit von drei Monaten und mehr mit ihrem Barwert, die entsprechende Verbindlichkeit mit dem Rückzahlungsbetrag zu bewerten.
- Darlehen mit Disagio, sofern dieses nicht zeitanteilig abgeschrieben wird:
  Ist bei einem Darlehen der Rückzahlungsbetrag größer als der Auszahlungsbetrag, so muss der Gläubiger die Forderung zum Auszahlungsbetrag aktivieren und über die Laufzeit an-

teilig bis zum Rückzahlungsbetrag zuschreiben, der Schuldner hingegen muss die Verbindlichkeit sofort in Höhe des Rückzahlungsbetrages passivieren. Bezüglich des Disagios besteht lediglich ein Aktivierungswahlrecht (mit gegebenenfalls planmäßiger Abschreibung über die Laufzeit). Verzichtet der Schuldner auf diese Aktivierung oder schreibt er nach Aktivierung das Disagio anders als zeitanteilig ab, entstehen Aufrechnungsdifferenzen.

- Rückstellungen für ungewisse Verbindlichkeiten und Gewährleistungen:
  Sind Verpflichtungen eines einbezogenen Unternehmens (A) gegenüber einem anderen einbezogenen Unternehmen (B) bezüglich Eintritt und/oder Höhe ungewiss, so sind in der Regel keine mit den Verpflichtungen korrespondierenden Ansprüche (von B) bilanzierbar. In der Summenbilanz stehen daher den Rückstellungen (von A) keine Forderungen gegenüber.

All diese Vorschriften bringen den Grundsatz der Vorsicht zum Ausdruck. Aufgrund der vorsichtigen Bewertung gilt hier bei Ungleichheit der wegzulassenden Positionen stets "Forderungen < Verbindlichkeiten", d.h. es entstehen passive Aufrechnungsdifferenzen.

Sowohl aktive als auch passive Aufrechnungsdifferenzen können auftreten, wenn Schuldverschreibungen eines einbezogenen Unternehmens von einem anderen einbezogenen Unternehmen zu einem Überpari- bzw. Unterparikurs erworben wurden, soweit ein solches Schuldverhältnis überhaupt zu konsolidieren ist (vgl. H.2.1.6 und ausführlicher zu solchen Fällen nach US-GAAP H.5).

Aktive oder passive Restbeträge können ferner auch resultieren, wenn aus den Einzelbilanzen ausländischer Konzernunternehmen zu unterschiedlichen Wechselkursen umgerechnete Forderungen und/oder Verbindlichkeiten eliminiert werden (bezüglich dieser Differenzen vgl. Wohlgemuth in: HWRev, 1992, Sp. 1754).

Die folgenden Ausführungen beziehen sich ausschließlich auf passive Aufrechnungsdifferenzen, lassen sich aber analog auf aktive Aufrechnungsdifferenzen übertragen.

3.4.2 Behandlung echter Aufrechnungsdifferenzen

Die Behandlung der echten Aufrechnungsdifferenzen ist gesetzlich nicht geregelt und in der Literatur in einem wesentlichen Punkt umstritten.

Einigkeit besteht darüber, dass die Verrechnung im Konzern-Eigenkapital stets in voller Höhe bei der Mehrheit und damit im Jahresergebnis zu erfolgen hat, eventuelle Minderheitenanteile also nicht tangiert werden.

Leitlinie bei der Behandlung echter Aufrechnungsdifferenzen ist die Fiktion der wirtschaftlichen Einheit des Konzerns. Danach dürfen interne Ansprüche und Verpflichtungen keinen Einfluss auf Konzernbilanz und -GuV ausüben, insbesondere auch nicht den Konzernjahreserfolg beeinflussen. Unumstritten ist daher auch der Grundsatz der periodenanteiligen Verrechnung.

Passive Aufrechnungsdifferenzen entstehen durch einseitige Aufwandsbuchungen eines einbezogenen Unternehmens, die aus Sicht der Einheit Konzern unbegründet sind und im Rahmen der GuV-Konsolidierung eliminiert werden müssen. Diese Aussage gilt genauso für die Ertragsbuchungen, die die Verminderung oder Beseitigung der Aufrechnungsdifferenzen bewirken. Insgesamt gilt also, dass sämtliche Veränderungen des Differenzbetrages erfolgswirksam zu behandeln sind: Eine Erhöhung der gesamten Aufrechnungsdifferenz erfordert die Rücknahme der aus einheitstheoretischer Sicht unbegründeten Belastungen der Einzelerfolge, so dass der Konzernjahreserfolg höher als die Summe der Einzeljahreserfolge ausfällt. Eine Verminderung der Aufrechnungsdifferenz lässt dementsprechend den Konzernjahreserfolg unter die Summe der Einzeljahreserfolge absinken.

Der Bestand vorjähriger Aufrechnungsdifferenzen hingegen wurde in den Jahren seiner Entstehung (erstmaliges Auftreten und Veränderungen) bereits erfolgswirksam verrechnet und darf daher den Konzernjahreserfolg nicht noch einmal beeinträchtigen. Die Aufrechnungsdifferenzen nach dem Stand am Ende des Vorjahres sind daher in der Bilanz erfolgsunwirksam zu verrechnen.

Uneinigkeit besteht allerdings darüber, unter welcher Position (Ergebnisvortrag, Rücklagen oder eigener Bilanzposten) diese erfolgsunwirksame Verrechnung erfolgen soll. Da diese Frage bei verschiedenen Konsolidierungsvorgängen, etwa auch bei der Zwischenergebniseliminierung, auftreten kann und dabei der Gewinnverwendungsteil der GuV die zentrale Rolle spielt, werden dieser Problemkreis und die verschiedenen Lösungsvorschläge dazu in Kapitel L. zusammenhängend dargestellt.

Der Grundsatz der periodenanteiligen Verrechnung soll anhand des gegenüber Beispiel H.1 (vgl. H.3.1) nur leicht modifizierten Beispiels H.2 veranschaulicht werden:

Es sei angenommen, dass M ihrer Tochter den Kredit über 605 € unverzinslich zur Verfügung stellt, obwohl der marktübliche Zins weiterhin bei 10 % liegt, und dass M außer den Einflüssen aus dem Kreditgeschäft keine Erfolge erzielt und ihre Ergebnisse gegebenenfalls vorträgt. T erziele keinerlei Erfolge.

Die Einzelabschlüsse von M und T an den Abschlussstichtagen der Jahre 05, 06 und 07 sind jeweils aus den ersten beiden Spalten ersichtlich. M muss das Darlehen bei Ausgabe (31.12.05) auf den Barwert abschreiben; es entsteht ein Jahresfehlbetrag in Höhe von 105 €, der auf das Jahr 06 vorgetragen wird. In den Jahren 06 und 07 erzielt M Zinserträge aus der allmählichen Zuschreibung auf den Rückzahlungsbetrag. Die resultierenden Jahresüberschüsse werden jeweils mit dem Verlustvortrag verrechnet und die verbleibende Differenz (im Jahr 06) auf neue Rechnung vorgetragen. Die Bilanzen werden vor Gewinnverwendung aufgestellt, um die differenzierte Behandlung der Aufrechnungsdifferenzen aufzeigen zu können. Verlustvorträge und Jahresfehlbeträge, die in einer Vorspalte offen vom Eigenkapital abzusetzen sind, sind hier in Klammern ausgewiesen.

Die erfolgsunwirksame Verrechnung der Aufrechnungsdifferenzen aus Vorjahren erfolgt mit dem Ergebnisvortrag (dies ist das Verfahren des Sonderausschusses Neues Aktienrecht, vgl. L.3.). Wie die nachfolgenden Buchungen zeigen werden, ist diese Vorgehensweise angemessen, weil so der aus Konzernsicht "falsche" Ausweis von Verlustvorträgen bei M gerade ausgeglichen wird.

Der Konzernabschluss zum 31.12.05 ergibt sich in dem Beispiel H.2.1 durch folgende Buchungen. Mit Buchung (1) wird die Kapitalkonsolidierung durchgeführt. Buchung (2) zeigt die Schuldenkonsolidierung: Forderung und Verbindlichkeit werden eliminiert (2a), die Aufrechnungsdifferenz, die in diesem Jahr in voller Höhe neu entstanden ist, dem Konzernjahreserfolg zugerechnet (2b). In der GuV schließlich wird der auf dem internen Schuldverhältnis beruhende Aufwand eliminiert (3).

Beispiel H.2.1: Schuldenkonsolidierung mit Aufrechnungsdifferenz (Jahr 05)

Bilanz zum 31.12.05

	M	T	Konsolidierung		Konzern
			Soll	Haben	
Beteiligung	2000			(1) 2000	
Ausleihung	500			(2a) 500	
Kasse	395	2605			3000
Summe	2895	2605			3000
[gezeichnetes Kapital]	[3000]				[3000]
[Gewinn(+)-/ Verlust(-)-vortrag]					[0]
[Jahresüberschuss(+)/ -fehlbetrag(-)]	[- 105]			(2b) 105	[0]
Eigenkapital	2895	2000	(1) 2000		3000
Verbindlichkeiten		605	(2a) 605		
Summe	2895	2605	2605	2605	3000

GuV 05

	M	T	Konsolidierung		Konzern
sonstige betriebliche Aufwendungen	105			(3) 105	0
Jahresüberschuss(+)/Jahresfehlbetrag(-)	- 105		(3) 105		0

Zum 31.12.06 ergibt sich folgendes Bild (vgl. Beispiel H.2.2):

Nach Kapitalkonsolidierung (1) und Eliminierung von Forderung und Verbindlichkeit (2a) verbleibt eine passive Aufrechnungsdifferenz in Höhe von 55. Diese setzt sich aus zwei Teilen zusammen: Die Verminderung der Differenz um 50 senkt den Konzernjahreserfolg, die Differenz nach dem Stand des Vorjahres in Höhe von 105 ist als Gewinnvortrag des Konerns aus dem Vorjahr zu berücksichtigen (2b). So werden Verlustvortrag und Jahresüberschuss der Mutter, die auf dem konzerninternen Kreditgeschäft beruhen, für den Konzern eliminiert. In der Konzern-GuV endlich darf der aus Konzernsicht nicht realisierte Zinsertrag der Mutter nicht erscheinen (3).

Beispiel H.2.2: Schuldenkonsolidierung mit Aufrechnungsdifferenz (Jahr 06)

Bilanz zum 31.12.06

	M	T	Konsolidierung Soll	Konsolidierung Haben	Konzern
Beteiligung	2000			(1) 2000	
Ausleihung	550			(2a) 550	
Kasse	395	2605			3000
Summe	2945	2605			3000
[gezeichnetes Kapital]	[3000]				[3000]
[Gewinn(+)-/ Verlust(-)-vortrag]	[- 105]			(2b) 105	[0]
[Jahresüber-schuss(+)/ -fehlbetrag(-)]	[+ 50]		(2b) 50		[0]
Eigenkapital	2945	2000	(1) 2000		3000
Verbindlichkeiten		605	(2a) 605		
Summe	2945	2605	2655	2655	3000

GuV 06

	M	T	Konsolidierung		Konzern
sonst. Zinsen und ähnliche Erträge	50		(3) 50		0
Jahresüber-schuss(+)/Jahres-fehlbetrag(-)	50			(3) 50	0

Am 31.12.07 (nach Rückzahlung des Kredits; vgl. Beispiel H.2.3) beschränkt sich die Schuldenkonsolidierung in der Bilanz auf die Verrechnung der Verminderung der Aufrechnungsdifferenz mit dem Bestand dieser Differenz am Ende des Vorjahres (2). Im Rahmen der GuV ist wie im Vorjahr der Zinsertrag der Mutter zu eliminieren (3).

Betrachtet man in allen Perioden jeweils nur die Konzernspalte, so sieht man, dass sich das Darlehen von M an T zu keinem Zeitpunkt im Konzernabschluss auswirkt, der Konzernabschluss also völlig dem eines einheitlichen Unternehmens entspricht.

Beispiel H.2.3: Schuldenkonsolidierung mit Aufrechnungsdifferenz (Jahr 07)

Bilanz zum 31.12.07

	M	T	Konsolidierung		Konzern
			Soll	Haben	
Beteiligung	2000			(1) 2000	
Ausleihung					
Kasse	1000	2000			3000
Summe	3000	2000			3000
[gezeichnetes Kapital]	[3000]				[3000]
[Gewinn(+)-/ Verlust(-)-vortrag]	[- 55]			(2) 55	[0]
[Jahresüber-schuss(+)/ -fehlbetrag(-)]	[+ 55]		(2) 55		[0]
Eigenkapital	3000	2000	(1) 2000		3000
Verbindlichkeiten					
Summe	3000	2000	2055	2055	3000

GuV 07

	M	T	Konsolidierung		Konzern
sonst. Zinsen und ähnliche Erträge	55		(3) 55		0
Jahresüberschuss(+)/ Jahresfehlbetrag(-)	55			(3) 55	0

4. Einzelfragen zur Schuldenkonsolidierung

Die Darstellung war bisher beschränkt auf den § 303 Abs. 1 HGB, der die Pflicht zur Konsolidierung von Schuldverhältnissen zwischen voll konsolidierten Konzernunternehmen regelt. Im Folgenden Abschnitt soll zunächst auf die Möglichkeit eines Verzichts auf die Schuldenkonsolidierung eingegangen werden. Anschließend werden noch einige weitergehende Punkte betrachtet, und zwar die Behandlung von Drittschuldverhältnissen, die Schuldenkonsolidierung bei Unternehmen, die nicht voll konsolidiert werden, sowie die Auswirkungen von Veränderungen des Konsolidierungskreises.

4.1 Befreiung von der Pflicht zur Schuldenkonsolidierung

Als einer der Grundsätze der Konsolidierung wurde die Forderung nach einem angemessenen Kosten-Nutzen-Verhältnis vorgestellt. Dieser Gedanke ist auch in § 303 Abs. 2 HGB niedergeschrieben, der einen Verzicht auf die Schuldenkonsolidierung für zulässig erklärt, wenn dadurch die Generalklausel des *"true and fair view"* nicht verletzt wird (zur Beurteilung dieser Festschreibung des Wirtschaftlichkeitsprinzips und der Problematik der mangelnden Konkretisierung vgl. C.3.6).

4.2 Zur Frage der Konsolidierung von Drittschuldverhältnissen

§ 303 Abs. 1 HGB fordert nur eine Konsolidierung der Ansprüche und Verpflichtungen *"zwischen den in den Konzernabschluß einbezogenen Unternehmen"*. Keine Eliminierungspflicht besteht danach für sog. Drittschuldverhältnisse, in denen ein Außenstehender gegenüber einem einbezogenen Unternehmen eine Verbindlichkeit und gegenüber einem anderen einbezogenen Unternehmen eine Forderung hat (vgl. Schaubild H.4 auf der nächsten Seite). Aus der Einheitstheorie ergibt sich jedoch ein Konsolidierungswahlrecht. Denn ein einzelnes Unternehmen, mit dem der Konzern fiktiv gleichzusetzen ist, darf Ansprüche und Verpflichtungen saldieren, wenn eine Identität von Schuldner und Gläubiger und die Voraussetzungen des § 387 BGB für eine Aufrechnung gegeben sind.

Freilich werden die praktischen Probleme bei der Feststellung solcher Drittschuldverhältnisse in der Regel einer Konsolidierung entgegenstehen.

4.3 Zur Schuldenkonsolidierung bei Gemeinschaftsunternehmen und bei assoziierten Unternehmen

Eine Pflicht zur Schuldenkonsolidierung besteht nicht nur im Rahmen der Vollkonsolidierung. Vielmehr ist nach § 310 Abs. 2 HGB eine Schuldenkonsolidierung auch durchzuführen, wenn Gemeinschaftsunternehmen anteilsmäßig in den Konzernabschluss einbezogen werden. Gegenüber den obigen Ausführungen ergeben sich hier zwei Besonderheiten:

Zum einen können bei der Schuldenkonsolidierung noch andere Bilanzpositionen betroffen sein: Denn Gesellschafter- und Gemeinschaftsunternehmen sind zueinander keine verbundenen Unternehmen, sondern *"Unternehmen, mit denen ein Beteiligungsverhältnis besteht"*, Gemeinschaftsunternehmen untereinander sind weder verbunden noch stehen sie in einem Beteiligungsverhältnis. Bei Berücksichtigung von Gemeinschaftsunternehmen sind somit im Ergebnis alle Forderungs- und Verbindlichkeitspositionen daraufhin zu prüfen, ob und inwieweit die Ansprüche bzw. Verpflichtungen gegenüber einbezogenen Unternehmen bestehen.

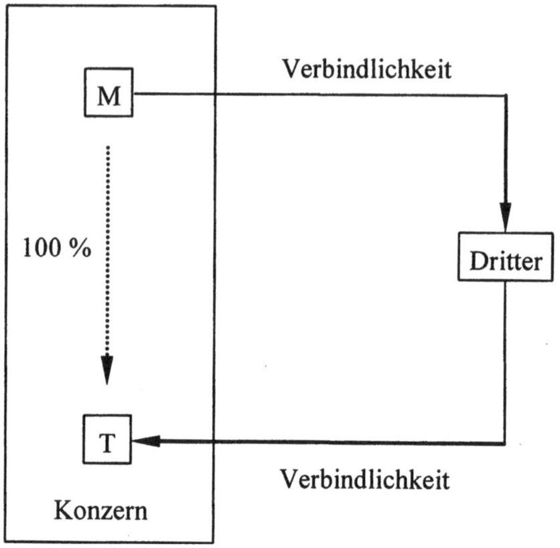

Schaubild H.4: Drittschuldverhältnis

Zum anderen sind Forderungen bzw. Verbindlichkeiten gegenüber Gemeinschaftsunternehmen nur quotal (entsprechend dem Kapitalanteil des Gesellschafterunternehmens am Gemeinschaftsunternehmen) zu eliminieren. Dies veranschaulicht das folgende Beispiel H.3, für das wieder die Daten des Beispiels H.1 (normalverzinsliches Darlehen über 605 €; vgl. H.3.1) gelten. Nur gewährt M den Kredit jetzt dem Gemeinschaftsunternehmen G, an dem M zu 50 % beteiligt ist (Beteiligungsbuchwert daher 1000 statt 2000, dafür betrage der Kassenbestand bei M jetzt 1395 € statt 395 €).

Beispiel H.3: Schuldenkonsolidierung bei Gemeinschaftsunternehmen

Bilanz zum 31.12.05

	M	GQ	Konsolidierung Soll	Konsolidierung Haben	Konzern
Beteiligung	1000			(1) 1000	
Ausleihung	605			(2) 302,5	302,5
Kasse	1395	1302,5			2697,5
Summe	3000	1302,5			3000
Eigenkapital	3000	1000	(1) 1000		3000
Verbindlichkeiten		302,5	(2) 302,5		
Summe	3000	1302,5	1302,5	1302,5	3000

Die ersten beiden Spalten zeigen die Bilanz von M und den quotalen Abschluss von G (GQ). Neben der Kapitalkonsolidierung (1) wird nun nur die Hälfte der Forderung von M eliminiert (2), der andere Teil wird in die Konzernbilanz übernommen.

Im Rahmen der Equity-Methode findet keine Schuldenkonsolidierung statt.

4.4 Auswirkungen von Veränderungen des Konsolidierungskreises

Zuletzt sind noch die Folgen von Ein- oder Austritten in den bzw. aus dem Konsolidierungskreis zu betrachten. Insbesondere ist hier der Frage nachzugehen, wie in diesen Fällen eventuelle Aufrechnungsdifferenzen zu behandeln sind.

Stand ein Unternehmen (A), das erstmals in den Konzernabschluss einbezogen wird, bereits zuvor in einer Schuldbeziehung zu einem einbezogenen Unternehmen (B), so sind zwei Fälle zu unterscheiden (vgl. ADS, 6. Aufl., § 303 Tz. 46):

War das Konzernergebnis durch das Schuldverhältnis vor Einbeziehung unbeeinflusst (z.B. Abzinsung einer Forderung von A), so darf das Schuldverhältnis sich auch weiterhin nicht auf das Konzernergebnis auswirken. Soweit Erfolgswirkungen aus dem Schuldverhältnis über die Erfolge der Einzelabschlüsse in den Konzernabschluss einzugehen drohen, müssen sie also eliminiert werden. Hat hingegen das Schuldverhältnis das Konzernergebnis bereits vor Einbeziehung beeinflusst (z.B. Abzinsung einer Forderung von B), so muss auch der gegenläufige Einfluss (allmähliche Aufwertung) im Konzernabschluss erfolgswirksam bleiben.

Die Aufrechnungsdifferenz ist in beiden Fällen in das Konzern-Eigenkapital (Ergebnisvortrag oder Rücklagen) einzustellen, in den Folgejahren aber unterschiedlich zu behandeln. Während im ersten Fall die Differenz erfolgswirksam, d.h. durch Verrechnung mit den späteren Erträgen, aufzulösen ist, darf im zweiten Fall eine solche Verrechnung nicht erfolgen, die Auflösung beeinflusst hier den Erfolg nicht.

Diese Ausführungen gelten nicht für die Behandlung von Aufrechnungsdifferenzen, die sich bei erstmaliger Anwendung von § 303 HGB ergeben haben. Diese Differenzen dürfen nach der Übergangsvorschrift des Art. 27 Abs. 4 EGHGB in die Gewinnrücklagen eingestellt oder offen mit diesen verrechnet werden; sie beeinträchtigen somit das Konzernergebnis nicht.

Die Fälle schließlich, in denen ein Unternehmen aus dem Konsolidierungskreis ausscheidet, das mit einem anderen einbezogenen Unternehmen in einem Schuldverhältnis steht, sind unkompliziert.

Scheidet das Gläubigerunternehmen aus dem Konsolidierungskreis aus, so geht fortan nur noch die Verbindlichkeit – unverändert in Höhe des Rückzahlungsbetrages – in die Konzernbilanz ein. Scheidet hingegen das Schuldnerunternehmen aus, so wird in diesem Zeitpunkt erstmals die Abzinsung der Forderung im Einzelabschluss des Gläubigerunternehmens auch im Konzernabschluss wirksam (vgl. Fischer in: Beck HdR, C 420, Rz 93).

5. Schuldenkonsolidierung nach IFRS und US-GAAP

Die jeweils sehr knappen Regelungen zur Schuldenkonsolidierung in den IFRS und den US-GAAP stimmen inhaltlich weitgehend mit den Vorgehensweisen nach HGB überein.

Sowohl nach US-GAAP als auch nach IFRS müssen sämtliche innerbetrieblichen Bestände und Transaktionen, also auch alle Forderungen und Verbindlichkeiten zwischen einbezogenen Unternehmen, eliminiert werden (ARB 51.6 bzw. IAS 27.24). Dies gilt im Rahmen der Vollkonsolidierung wie nach deutschem Recht unabhängig von der Beteiligungshöhe, d.h. auch bei Existenz von Minderheiten sind die betroffenen Posten in voller Höhe herauszurechnen.

Eine Regelung zur Schuldenkonsolidierung im Rahmen der Quotenkonsolidierung findet sich in den US-amerikanischen Standards, nach denen die Quotenkonsolidierung auch nur ausnahmsweise zur Anwendung kommt, nicht. Es kann aber davon ausgegangen werden, dass hierbei eine quotale Konsolidierung vorzunehmen ist. Zu dieser quotalen Konsolidierung kommt es auch nach den IAS, in denen allgemein für die Quotenkonsolidierung eine dem IAS 27 entsprechende Vorgehensweise festgeschrieben ist (IAS 31.33).

Nicht eindeutig geklärt ist die Frage nach der Notwendigkeit einer Schuldenkonsolidierung bei Anwendung der Equity-Methode. Die US-GAAP nennen explizit nur die Pflicht zur Eliminierung von Erfolgen aus innerbetrieblichen Transaktionen (APB 18.19). Eine Pflicht zu einer quotalen Schuldenkonsolidierung lässt sich daraus wohl eher nicht ableiten (so auch Niehus/Thyll, Konzernabschluss nach US-GAAP, 1998, S. 389; aA Hayn/Waldersee, IFRS/US-GAAP/HGB im Vergleich, 2004, S. 261). Auch in den IFRS findet sich keine spezielle Regelung. Lediglich aus dem generellen Verweis darauf, dass analog zur Vollkonsolidierung vorzugehen sei (IAS 28.20), kann auf eine Pflicht zur quotalen Eliminierung geschlossen werden.

Sowohl nach US-GAAP als auch nach IFRS wird nach einhelliger Meinung der Verzicht auf die Schuldenkonsolidierung für zulässig gehalten, wenn die betroffenen Positionen nur von untergeordneter Bedeutung sind.

Ebenfalls wie nach deutschem Recht erfolgt die Behandlung von erstmals auftretenden Aufrechnungsdifferenzen und deren Änderungen erfolgswirksam, während unverändert bestehende Aufrechnungsdifferenzen aus früheren Perioden erfolgsneutral verrechnet werden. Unterschiede ergeben sich bei der konkreten Durchführung allerdings insoweit, als die unterschiedlichen Vorschriften für die Einzelabschlüsse bewirken können, dass Aufrechnungsdifferenzen in anderen Fällen auftreten (oder gerade nicht auftreten) als nach deutschem Recht.

Besonders ausführlich wird in der Literatur zu US-GAAP der Fall der "intercompany bondholdings" behandelt (vgl. z.B. Hoyle/Schaefer/Doupnik, Advanced Accounting, 8. Aufl., S. 267 ff.; Pahler, Advanced Accounting, 9. Aufl., S. 348 ff.). Erwirbt ein Unternehmen von einem Dritten ein Wertpapier, das von einem anderen einbezogenen Unternehmen emittiert wurde, so sind Wertpapier und Verbindlichkeit zu eliminieren. Wenn nun seit der Emission Marktzinsänderungen eingetreten sind, erfolgt der Kauf nicht zu pari und es entsteht eine Aufrechnungsdifferenz.

Diese Aufrechnungsdifferenz ist bereits im Zeitpunkt der erstmaligen Eliminierung von Wertpapier und Schuld aus Konzernsicht Erfolg, weil nach US-GAAP auch im Einzelabschluss aus Rückkäufen eigener Obligationen zu einem Preis, der vom Wert der Verpflichtung in der Bilanz abweicht, Erfolge in Höhe der vollen Differenz entstehen (sogenannter "imputed gain or loss"). Die Erfolge in den Einzelabschlüssen des Erwerbers des Wertpapiers hingegen, die nach US-GAAP im Zeitablauf bis zur Fälligkeit des Papiers allmählich realisiert werden, dürfen nicht noch einmal zu Konzernerfolgen werden. Dies wird erreicht, indem der Konzernerfolg aus dem Zeitpunkt der erstmaligen Eliminierung im Konzernabschluss unter "retained earnings" vorgetragen und sukzessive mit den Erfolgen aus den Einzelabschlüssen des Erwerbers des Wertpapiers verrechnet wird.

Damit ist diese Vorgehensweise mit derjenigen in Beispiel H.2 vergleichbar, allerdings mit dem Unterschied, dass in Beispiel H.2 aus Konzernsicht über alle Perioden zusammen kein Erfolg eingetreten ist und sich die aus Konzernsicht unzutreffenden Erfolge im Einzelabschluss im Zeitablauf wieder ausgeglichen haben, während hier auch aus Konzernsicht ein Erfolg vorliegt, der lediglich zeitlich anders zugeordnet wird als im Einzelabschluss. Bezüglich der Frage, ob dieser Konzernerfolg gegebenenfalls auch Minderheiten zuzurechnen ist, werden nahezu alle denkbaren Meinungen vertreten. Es liegt aber nahe, der "face value method" zu folgen, wonach der Erfolg nur insoweit den Minderheiten anteilsmäßig zuzurechnen ist, als er beim Tochterunternehmen entsteht. Es kommt also nicht darauf an, ob die Differenz bei der Emission oder beim Kauf begründet wurde, sondern nur darauf, dass sie bei der Tochter entstand (vgl. Pahler, Advanced Accounting, 9. Aufl., S. 351).

Literaturhinweise

Außer den Kommentierungen des § 303 HGB sei verwiesen auf:

Arbeitskreis "Externe Unternehmensrechnung" der Schmalenbach-Gesellschaft - Deutsche Gesellschaft für Betriebswirtschaft e.V.: Aufstellung von Konzernabschlüssen, hrsg. von Walther Busse von Colbe, Eberhard Müller und Herbert Reinhard, 2. Aufl., Düsseldorf 1989, S. 85-91.

Gross, Gerhard/Schruff, Lothar/Wysocki, Klaus von: Der Konzernabschluß nach neuem Recht, Aufstellung-Prüfung-Offenlegung, 2., überarbeitete Aufl., Düsseldorf 1987, S. 164-176.

Haegert, Lutz: Die Konsolidierung der Haftungsverhältnisse in der Konzernbilanz nach neuem Aktienrecht, in: WPg, 18. Jg., 1965, S. 501-504.

IDW (Hrsg.): Wirtschaftsprüfer-Handbuch 2006, 13. Aufl., Band I, Düsseldorf 2006, M Tz. 503-528.

Maas, Rudolf: Schuldenkonsolidierung, in: Beck'sches Handbuch der Rechnungslegung (Beck HdR), hrsg. von Edgar Castan, Hans-Joachim Böcking, Gerd Heymann, Norbert Pfitzer und Eberhard Scheffler, Teil C 420, München 2003.

Wohlgemuth, Michael: Die Schuldenkonsolidierung, in: Handbuch des Jahresabschlusses in Einzeldarstellungen (HdJ), hrsg. von Klaus von Wysocki und Joachim Schulze-Osterloh, Abt. V/4 (2. neubearbeitete Aufl. 1993), Köln 1985.

Wysocki, Klaus von/Kohlmann, Ulrike: Konzernrechnungslegung III: Schuldenkonsolidierung (I,II), in: WISU, 9. Jg., 1980, S. 538-542 und 592-594.

I. Zwischenergebniseliminierung

1. Einführung

Aus Vorsichts- und Gläubigerschutzgründen gelten nach handelsrechtlichen GoB Gewinne erst dann als entstanden, wenn die eigene Leistung in Erfüllung eines wirksamen Verpflichtungsgeschäftes an einen Dritten erbracht ist. Dieses Realisationsprinzip bedeutet für die Bewertung von Vermögensgegenständen, dass die (gegebenenfalls um planmäßige Abschreibungen fortgeschriebenen) Anschaffungs- bzw. Herstellungskosten die Wertobergrenze bilden. Erwartete künftige Gewinne hingegen sind keine zulässigen Bestandteile von Bilanzwerten.

Künftig drohende Verluste müssen nach Vorsichts- und Niederstwertprinzip zwar insoweit vorweggenommen werden, als sie sich konkret abzeichnen (§§ 249 Abs. 1 S. 1, 253 Abs. 2 und 3 HGB), diese Pflicht beinhaltet aber kein Recht, drohende Verluste unbegrenzt zu antizipieren. Dementsprechend dürfen zumindest Kapitalgesellschaften von den Anschaffungs- bzw. Herstellungskosten auch nach unten nicht beliebig abweichen. Da § 253 Abs. 4 HGB (Abschreibungen im Rahmen vernünftiger kaufmännischer Beurteilung) nach § 279 Abs. 1 S. 1 HGB für Kapitalgesellschaften nicht anwendbar ist, sind bei ihnen Abwertungen auf die in §§ 253 Abs. 2 und 3 sowie 254 HGB genannten Sachverhalte beschränkt. Durch dieses Verbot der Bildung stiller Reserven wird der Gefahr einer Verschleierung von Ertragsschwächen durch Auflösung der Reserven in späteren Perioden entgegengewirkt.

Bringt man diese beiden Grundsätze, die auch beim Konzernabschluss zu beachten sind, mit der Einheitstheorie in Verbindung, nach der die einbezogenen Unternehmen nur Teile einer wirtschaftlichen Einheit, nicht aber unabhängige Vertragspartner darstellen, so ergibt sich daraus die Notwendigkeit zu einer Korrektur der Summenbilanz. Über die Einzelabschlüsse gehen nämlich in diese Summenbilanz auch Ergebnisse ein, die auf Geschäften zwischen einbezogenen Unternehmen beruhen, die aber aus Sicht der Gesamtheit Konzern noch nicht durch einen Außenumsatz realisiert sind. Diese sogenannten Zwischenergebnisse aus innerkonzernlichen Transaktionen müssen aus der Summenbilanz bis zu ihrer Realisation durch Leistung an einen Außenstehenden – oder auch durch Abschreibungen (vgl. I.4.3) – bzw. bis zu dem Zeitpunkt eliminiert werden, an dem Vorsichts- und Niederstwertprinzip ihre Berücksichtigung zulassen. In Art. 26 Abs. 1 c) der 7. EG-Richtlinie kommt diese Regel dadurch zum Ausdruck, dass *"Gewinne und Verluste aus Geschäften zwischen in die Konsolidierung einbezogenen Unternehmen, die in den Buchwert der Aktiva eingehen, weggelassen"* werden.

§ 304 Abs. 1 HGB, der die Behandlung von Zwischenergebnissen im deutschen Handelsrecht regelt, knüpft nicht unmittelbar an die Gewinne bzw. Verluste aus konzerninternen Geschäften an, sondern ist als Bewertungsvorschrift gefasst. Die Eliminierung von Zwischenergebnissen wird dabei mittelbar dadurch erreicht, dass die Werte innerkonzernlich transferierter Gegenstände in der Konzernbilanz keine Gewinnanteile beinhalten dürfen, andererseits aber auch bestimmte Teile der getätigten Ausgaben in diese Werte eingehen müssen und somit nicht als Aufwand behandelt werden dürfen.

Aus dieser gesetzlichen Ausgestaltung folgt die weitere Vorgehensweise: Nach einer Darstellung der allgemeinen Voraussetzungen einer Zwischenergebniseliminierung werden im dritten Abschnitt dieses Kapitels die zu eliminierenden Zwischenergebnisse aus einem Vergleich der in der Summenbilanz angesetzten Werte mit den nach § 304 Abs. 1 HGB zulässigen Werten abgeleitet.

Bezogen auf die drei Schritte der Konzernrechnungslegung (Erstellung der Handelsbilanz II, Summenbildung und Konsolidierung) ist die Zwischenergebniseliminierung der Konsolidierung zuzuordnen. Es geht also nur um die Eliminierung von Ergebnissen aus der Summenbilanz, die sich auf die gegebenenfalls konzerneinheitlich umbewerteten und in Euro umgerechneten Einzelbilanzen der einbezogenen Konzernunternehmen (HB II) stützt. Korrekturen im Rahmen der konzerneinheitlichen Bewertung oder im Rahmen der Währungsumrechnung schlagen sich dort eventuell in verglichen mit den Handelsbilanzen I veränderten Jahreserfolgen nieder, sind aber kein Bestandteil der Zwischenergebniseliminierung.

Werden die Buchwerte von Vermögensgegenständen in der Summenbilanz um Zwischenergebnisse geändert (um darin enthaltene Zwischengewinne verringert oder um Zwischenverluste erhöht), so treten eben diese Zwischenergebnisse als Bewertungsdifferenzen auf. Die Behandlung dieser Differenzbeträge ist Gegenstand des vierten Teils dieses Kapitels.

Erst in Teil I.5. geht die Darstellung über die in § 304 Abs. 1 HGB geregelte Pflicht zur Eliminierung von Zwischenergebnissen bei Vollkonsolidierung hinaus. Dabei werden die Befreiungstatbestände der Absätze 2 und 3 des § 304 HGB, Fragen bezüglich einer Zwischenergebniseliminierung im Rahmen von Quotenkonsolidierung und Equity-Methode sowie die Auswirkungen von Veränderungen des Kreises einbezogener Unternehmen erläutert. Abschnitt I.6. behandelt abschließend die Zwischenergebniseliminierung nach IFRS und US-GAAP.

2. Voraussetzungen einer Zwischenergebniseliminierung

Eine Pflicht zur Zwischenergebniseliminierung besteht nur, wenn vier Voraussetzungen, die sich aus § 304 Abs. 1 HGB ergeben, erfüllt sind und keine Möglichkeit nach § 304 Abs. 2 HGB besteht, auf eine Eliminierung zu verzichten. Die Voraussetzungen des § 304 Abs. 1 HGB sind hier zunächst zu erläutern (zu dem Befreiungstatbestand vgl. I.5.1).

2.1 Lieferungen oder Leistungen anderer einbezogener Unternehmen

Ergebnisse sind nur zu eliminieren, soweit sie bei *"Lieferungen oder Leistungen zwischen in den Konzernabschluss einbezogenen Unternehmen"* (§ 304 Abs. 1 HGB) entstanden sind. Lieferungen und Leistungen nicht einbezogener Unternehmen (also auch solcher Unternehmen, die nach § 296 HGB nicht einbezogen werden) können somit nicht von einer Zwischenergebniseliminierung betroffen sein.

Problematisch ist der Fall, bei dem eine Lieferung zwar von einem außenstehenden Dritten bezogen wurde, dieser Dritte die Lieferung aber seinerseits von einem anderen einbezogenen Unternehmen empfangen hat (sog. Dreiecksgeschäft; vgl. das Problem des Drittschuldverhältnisses bei der Schuldenkonsolidierung, H.4.2). Eine Eliminierung von Zwischenergebnissen wird in diesem Fall grundsätzlich für nicht notwendig erachtet, weil die Ergebnisse durch den Außenumsatz mit dem Dritten bereits einmal bestätigt worden sind. Dies soll jedoch dann nicht gelten, wenn die Lieferung über einen Dritten offensichtlich nur zu dem Zweck erfolgt ist, die Pflicht zur Zwischenergebniseliminierung zu umgehen. Die Schwierigkeit dürfte dabei vor allem darin bestehen, im Einzelfall zu erkennen, ob der Dritte gezielt zur Umgehung der Eliminierungspflicht eingeschaltet wurde.

2.2 Vermögensgegenstände

Außerdem müssen die Lieferungen oder Leistungen Vermögensgegenstände betreffen. Zur Zwischenergebniseliminierung kann es demnach nur kommen, wenn die Vermögensgegenstände, Teile oder sonstige Leistungen, die von einem anderen einbezogenen Unternehmen bezogen wurden, in den Wert eines Vermögensgegenstandes eingingen. Hingegen sind Leistungen einbezogener Unternehmen, die zu keiner Aktivierung beim Empfänger der Leistung führen, nur bei der GuV-Konsolidierung (durch Aufrechnung von Aufwendungen und Erträgen; vgl. Kapitel J.), nicht aber im Rahmen der Zwischenergebniseliminierung zu berücksichtigen.

2.3 Bilanzierung des Vermögensgegenstandes im Konzernabschluss

Weitere Voraussetzung des § 304 HGB ist es, dass die betreffenden Vermögensgegenstände in den Konzernabschluss zu übernehmen sind, d.h. dass sie am Stichtag bei einem einbezogenen Unternehmen bilanziert werden. Diese Voraussetzung ergibt sich unmittelbar aus dem Sinn der Zwischenergebniseliminierung: Befinden sich die Vermögensgegenstände am Stichtag bereits bei einem Außenstehenden, so besteht kein Grund mehr für eine Zwischenergebniseliminierung, da eine Realisation der Ergebnisse durch einen Außenumsatz eingetreten ist.

Zu Problemen führt allerdings das Recht des § 299 HGB, wonach der Abschluss-Stichtag eines Tochterunternehmens T von dem des Mutterunternehmens M abweichen darf, also beispielsweise drei Monate vor dem Bilanzstichtag der Mutter liegen darf (vgl. C.3.5). Aufgrund dieser Vorschrift kann es im Konzernabschluss sowohl zu einer Nicht-Eliminierung entstandener Zwischenerfolge als auch zu einer Eliminierung bereits durch Außenumsatz realisierter Zwischenerfolge kommen (vgl. Weber in: Küting/Weber, Konzernrechnungslegung, 2. Aufl., § 304 Rn. 10):

Der zuerst beschriebene Fall ergibt sich, wenn M zwischen den Bilanzstichtagen einen Vermögensgegenstand mit Gewinn oder Verlust an T verkauft. Der Vermögensgegenstand, der bei M nicht mehr und bei T noch nicht im Einzelabschluss bilanziert wird, erscheint nicht im Konzernabschluss und kann daher auch nicht Gegenstand einer Zwischenergebniseliminierung sein.

Der genau entgegen gesetzte Fall tritt ein, wenn T zwischen den Abschluss-Stichtagen einen Vermögensgegenstand an einen Dritten veräußert, den T zu einem früheren Zeitpunkt von M erworben hatte, wobei von M ein Erfolg erzielt worden war. Der Wert dieses Vermögensgegenstandes, der aufgrund des abweichenden Stichtages über den Einzelabschluss von T noch in den Konzernabschluss eingeht, ist aus Konzernsicht unzulässig. Daher ist der Zwischengewinn bzw. -verlust zu eliminieren, obwohl er durch einen Außenumsatz bereits realisiert wurde.

Freilich müssen diese Aussagen insofern relativiert werden, als § 299 Abs. 3 HGB vorschreibt, dass besonders bedeutsame Vorgänge zwischen den Stichtagen in Konzernbilanz und -GuV zu berücksichtigen oder zumindest im Konzernanhang anzugeben sind (allgemein zur Problematik des § 299 HGB vgl. C.3.5).

Ein Sonderproblem entsteht bei einer konzerninternen Veräußerung von Beteiligungen an einbezogenen Unternehmen. Obwohl solche Beteiligungen aufgrund der Kapitalkonsolidierung nicht in die Konzernbilanz eingehen, erscheint bei solchen Transaktionen eine Eliminierung von Zwischenergebnissen zweckmäßig, weil ansonsten bei der Kapitalkonsolidierung stille Reserven aufgedeckt werden könnten, die nicht von Dritten entgeltlich erworben wurden (vgl. ADS, 6. Aufl., § 304 Tz. 113-115).

2.4 Unzulässigkeit des Wertes in der Einzelbilanz aus Konzernsicht

Schließlich ist noch Voraussetzung, dass der Buchwert des Vermögensgegenstandes, wie er über den Summenabschluss in die Konzernbilanz eingehen würde, aus Konzernsicht unzulässig ist:

Ist der Einzelbilanzwert aus Konzernsicht zu hoch, so beruht dies in der Regel auf unrealisierten Gewinnen, die eliminiert werden müssen.

Ein aus Konzernsicht zu niedriger Wert andererseits ist meist Anzeichen dafür, dass an sich aktivierungspflichtige Teile unzulässigerweise zu Verlusten wurden, die damit ebenfalls zu eliminieren sind.

Mit der Frage, wann diese Voraussetzung erfüllt ist, beschäftigt sich der folgende Abschnitt dieses Kapitels.

3. Ermittlung der Zwischenergebnisse

Der Umfang der zu eliminierenden Zwischenergebnisse lässt sich nur indirekt aus einem Vergleich zweier Werte ableiten: dem Wert, mit dem der Vermögensgegenstand über die Summenbilanz in den Konzernabschluss eingehen würde, und dem aus Konzernsicht zulässigen Wert. Aus den Differenzen dieser Werte ergeben sich dann die Zwischenergebnisse.

3.1 Der Einzelbilanzwert

Der Wert des Vermögensgegenstandes in der Summenbilanz ist gleich dem Wert in der Einzelbilanz des bilanzierenden Unternehmens nach konzerneinheitlicher Bewertung (HB II). Er lässt sich in drei Stufen herleiten:

Primärer Wert im Einzelabschluss sind die (bei abnutzbarem Anlagevermögen um planmäßige Abschreibungen fortgeführten) Anschaffungs- bzw. Herstellungskosten. Beide Werte ergeben sich aus den gesetzlichen Vorschriften des § 255 HGB.

Die Anschaffungskosten (von außen bezogener, unbearbeiteter Gegenstände) liegen eindeutig fest und umfassen den Anschaffungspreis sowie als Einzelkosten unmittelbar zurechenbare Anschaffungsnebenkosten und nachträgliche Anschaffungskosten. Anschaffungspreisminderungen sind abzusetzen.

Bei der Bestimmung der Herstellungskosten der selbst hergestellten oder nach Erwerb weiterverarbeiteten Gegenstände besteht hingegen für den Bilanzierenden ein Spielraum: Die Untergrenze bilden die unmittelbar zurechenbaren Einzelkosten; Gemeinkosten, soweit sie auf den Zeitraum der Herstellung entfallen, dürfen jedoch auch einbezogen werden. Die Obergrenze wird dadurch markiert, dass allgemeine Forschungs- und Entwicklungs- sowie Vertriebskosten, ferner kalkulatorische Kosten und Leerkosten (Kosten offenbarer Unterbeschäftigung) unberücksichtigt bleiben müssen.

Nach der Ermittlung dieser primären Werte sind aber noch Abwertungswahlrechte und -pflichten nach den §§ 253 und 254 HGB zu berücksichtigen. Kapitalgesellschaften haben dabei die Modifikationen des § 279 HGB und zudem das Wertaufholungsgebot des § 280 HGB zu beachten, wonach grundsätzlich bei Wegfall der Gründe einer außerplanmäßigen Abschreibung eine Zuschreibungspflicht besteht.

Für den Konzernabschluss sind allerdings nicht die Werte aus dem Einzelabschluss (HB I) maßgeblich, sondern die Werte nach Berücksichtigung des Grundsatzes konzerneinheitlicher Bewertung (§ 308 HGB, HB II). Daraus ergeben sich hier vor allem zwei Folgerungen:

Zunächst sind die Herstellungskosten den konzerneinheitlichen Richtlinien anzupassen. Wie streng die Forderung nach Einheitlichkeit innerhalb des Konzerns aufzufassen ist, ist umstritten (vgl. dazu Kapitel C.3.3). Die Herstellungskosten müssen aber wohl nicht stets so präzise definiert werden, dass nur ein möglicher Wertansatz übrig bleibt.

Bedeutung hat der Grundsatz konzerneinheitlicher Bewertung außerdem bei der Ausübung der genannten Abschreibungswahlrechte. Hier sind zunächst Abwertungen von Tochterunternehmen daraufhin zu prüfen, ob sie dem Recht des Mutterunternehmens entsprechen. Ist etwa das Mutterunternehmen eine Kapitalgesellschaft i.w.S. (und auf diesen Fall sollen sich alle weiteren Ausführungen beziehen), so müssen die diesbezüglichen Einschränkungen (§§ 279, 280 HGB) beachtet werden. Ferner sind die verbleibenden Wahlrechte grundsätzlich konzerneinheitlich auszuüben.

Die Zwischenergebniseliminierung selbst erfolgt weder in der Einzelbilanz noch in der HB II, so dass ohne weitere Konsolidierungsmaßnahmen die aus diesen drei Schritten hervorgehenden Werte der HB II über die Summenbilanz in den Konzernabschluss eingehen würden. Diese Werte sind also auf ihre Zulässigkeit aus Konzernsicht zu prüfen.

3.2 Der konzernspezifische Korrekturwert

Bei der Bestimmung der konzernspezifischen Korrekturwerte wird ebenfalls schrittweise vorgegangen. Zunächst werden wieder die primären Werte Konzernanschaffungskosten und Konzernherstellungskosten, die gegebenenfalls um planmäßige Abschreibungen fortzuschreiben sind, bestimmt. Um die Darstellung zu vereinfachen, wird dabei stets diejenige Situation betrachtet, in der ein einbezogenes Unternehmen (Konzernlieferant L) einen Vermögensgegenstand von einem außenstehenden Dritten erworben (3.2.1) bzw. selbst hergestellt (3.2.2) und anschließend an ein anderes einbezogenes Unternehmen (Konzernempfänger E) veräußert hat, das seinerseits den Gegenstand nicht weiter be- oder verarbeitet hat. Die Ausführungen gelten analog für den Fall eines mehrfachen Transfers innerhalb des Kreises einbezogener Unternehmen, bei dem eine vollständige Eliminierung von Ergebnissen auf allen Stufen vorgenommen werden muss.

Anschließend wird der Einfluss des Grundsatzes konzerneinheitlicher Bewertung sowie der Regelungen in §§ 253 und 254 HGB dargestellt.

3.2.1 Konzernanschaffungskosten

Primärer Wert eines auf die Notwendigkeit einer Zwischenergebniseliminierung hin zu untersuchenden Vermögensgegenstandes sind aus Konzernsicht die Konzernanschaffungskosten, wenn der Gegenstand zunächst von außen bezogen wurde und von keinem einbezogenen Unternehmen be- oder verarbeitet worden ist. Für die Ermittlung der Konzernanschaffungskosten ist nach § 298 Abs. 1 auch § 255 Abs. 1 HGB anzuwenden. Daher gilt:

Konzernanschaffungskosten = Anschaffungspreis + Anschaffungsnebenkosten + nachträgliche Anschaffungskosten ./. Anschaffungspreisminderungen

Schaubild I.1: Konzernanschaffungskosten

Die einzelnen Teilbeträge sind dabei jeweils aus dem Blickwinkel der Gesamtheit Konzern zu bestimmen. Der Anschaffungspreis darf demnach nur die Zahlungen an Außenstehende umfassen. Eventuelle Anschaffungsnebenkosten des Konzernempfängers (z.B. für Montage) dürfen keine Gewinne des Konzernlieferanten enthalten.

Fraglich ist, ob Nebenkosten der innerkonzernlichen Transaktion in die Konzernanschaffungskosten eingehen können, die aufgrund der rechtlichen Selbständigkeit der Konzernunternehmen gerade erst entstehen (z.B. Grunderwerbsteuer). Diese Frage lässt sich allein auf Grundlage der Einheitstheorie nicht beantworten, weil mit dieser Sichtweise weder eine Behandlung solcher Ausgaben als Bestandteil der Anschaffungskosten noch eine Verrechnung als Aufwand vereinbar wäre. Die Entscheidung kann daher nur nach den allgemeinen Kriterien der Ermittlung von Anschaffungskosten getroffen werden, und dabei spricht das Ziel einer periodengerechten Verteilung der geleisteten Ausgaben für eine Berücksichtigung aller an Dritte gezahlten Nebenkosten in den Konzernanschaffungskosten (vgl. Busse von Colbe u. a., Konzernabschlüsse, 2003, S. 391).

3.2.2 Konzernherstellungskosten

Schwieriger gestaltet sich die Bestimmung der Konzernherstellungskosten, die als primärer Wert aus Konzernsicht zu betrachten sind, wenn der Gegenstand von mindestens einem konsolidierten Unternehmen hergestellt oder weiterverarbeitet worden ist. Die Konzernherstellungskosten lassen sich nach § 255 Abs. 2 und 3 in Verbindung mit § 298 Abs. 1 HGB nicht eindeutig ermitteln. Es müssen vielmehr die Unter- und die Obergrenze der Konzernherstellungskosten unterschieden werden.

Ein Fall kann allerdings bereits vorab behandelt werden. Veräußert der Konzernlieferant einen selbst geschaffenen, immateriellen Vermögensgegenstand, der zum Verbleib beim Empfänger bestimmt ist, so handelt es sich aus Konzernsicht um einen originär erworbenen Gegenstand des immateriellen Anlagevermögens, der nach § 248 Abs. 2 HGB nicht aktiviert werden darf, dessen Konzernherstellungskosten also gleich Null zu setzen sind (vgl. Arbeitskreis "Externe Unternehmensrechnung", Aufstellung, 1989, S. 102; anders NA 3/1968, WPg 1968, S. 133). Der Buchwert des immateriellen Anlagegegenstands beim Konzernempfänger ist damit in vollem Umfang zu hoch und als Zwischengewinn zu eliminieren. Anders ist der Fall freilich zu beurteilen, wenn der Vermögensgegenstand von einem Tochterunternehmen bereits beim Erwerb dieses Unternehmens geschaffen war. In diesem Fall wird er vom Konzern entgeltlich erworben und ist gegebenenfalls bei der Auflösung stiller Reserven im Rahmen der Erstkonsolidierung zu berücksichtigen (vgl. Kapitel G.3.1.1).

3.2.2.1 Untergrenze der Konzernherstellungskosten

Die Untergrenze der Konzernherstellungskosten liegt bei den von der Gesamtheit Konzern geleisteten, dem Gegenstand unmittelbar zurechenbaren Aufwendungen (Einzelkosten). Ausgangsbasis für deren Ermittlung sind die beim Konzernlieferanten angefallenen Einzelkosten, also dessen Herstellungskostenuntergrenze. Aus der speziellen Sichtweise des Konzerns als einer wirtschaftlichen Einheit muss dieser Wert allerdings gegebenenfalls korrigiert werden. Dabei kann es sowohl zu konzernspezifischen Herstellungskostenminderungen als auch zu konzernspezifischen Herstellungskostenmehrungen kommen.

Die Herstellungskostenminderungen betreffen all die Kosten, die zwar aktivierungspflichtige Einzelkosten des Konzernlieferanten darstellen, aus Konzernsicht aber nicht aktivierungsfähig sind. Beispielhaft können hier mengenabhängige Lizenzgebühren genannt werden, die vom Konzernlieferanten an andere einbezogene Unternehmen fließen.

Herstellungskostenmehrungen sind Ausgaben des Konzernlieferanten, die dieser nicht in die Herstellungskosten einbezieht, die aus Konzernsicht aber aktivierungspflichtig sind, zum Beispiel Kosten einer speziellen Verpackung des Gegenstands für den Transport zum Konzernempfänger. Es handelt sich hierbei aus Sicht des Lieferanten um nicht aktivierbare Sondereinzelkosten des Vertriebs, aus Konzernsicht jedoch um Einzelkosten des innerbetrieblichen Transports, die als Fertigungseinzelkosten aktivierungspflichtig sind (zumindest, soweit sie nicht auch aus Konzernsicht Vertriebskosten darstellen, wenn etwa der Konzernempfänger reine Vertriebsgesellschaft des Konzerns ist; vgl. Weber in: Küting/Weber, Konzernrechnungslegung, 2. Aufl., § 304 Rn. 41).

Hinzuzurechnen sind schließlich auch gegebenenfalls entstandene Anschaffungsnebenkosten des Konzernempfängers, so dass die Untergrenze der Konzernherstellungskosten folgendermaßen zusammengefasst werden kann:

Untergrenze der Konzernherstellungskosten=	
	Untergrenze der Herstellungskosten des Konzernlieferanten
./.	konzernspezifische Herstellungskostenminderungen (Einzelkosten)
+	konzernspezifische Herstellungskostenmehrungen (Einzelkosten)
+	Anschaffungsnebenkosten des Konzernempfängers

Schaubild I.2.1: Untergrenze der Konzernherstellungskosten

3.2.2.2 Obergrenze der Konzernherstellungskosten

Die Obergrenze der Konzernherstellungskosten umfasst alle aus der Sicht des Konzerns aktivierbaren Herstellungsausgaben. Das sind zusätzlich zu den Einzelkosten noch die Gemeinkosten, soweit sie auf den Zeitraum der Herstellung entfallen. Nicht aktivierbar sind allerdings die Kosten allgemeiner Forschung und Entwicklung, des Vertriebs, kalkulatorische Kosten sowie Leerkosten.

Ausgangsbasis für die Ermittlung der Obergrenze der Konzernherstellungskosten ist die Obergrenze der Herstellungskosten beim Konzernlieferanten. Diese Basis muss anschließend gegebenenfalls durch Mehrungen und Minderungen modifiziert werden.

Zu mindern ist der Wert um alle Kosten, die der Lieferant aktivieren musste oder in zulässiger Wahlrechtsausübung aktiviert hat, die aus Konzernsicht aber nicht aktivierungsfähig sind. Neben den bereits oben angeführten Lizenzgebühren können hier auch an ein anderes einbezogenes Unternehmen gezahlte Zinsen genannt werden, wenn der Empfänger dieser Zinsen seinerseits keinen Kredit aufgenommen hat, um das Kapital zur Verfügung zu stellen (damit sind die gezahlten Zinsen aus Konzernsicht kalkulatorische Eigenkapitalzinsen).

Zu mehren ist der Wert um Ausgaben, die der Lieferant nicht aktivieren durfte, die aus Konzernsicht aber aktivierungspflichtig oder auch -fähig sind. Hier lassen sich all die Vertriebskosten des Lieferanten anführen, die aus Konzernsicht Kosten des innerbetrieblichen Transports darstellen, also nicht nur Einzelkosten (z.B. spezielle Verpackung), sondern auch Gemeinkosten wie Abschreibungen auf Transportanlagen.

Schließlich sind wiederum die eventuell beim Konzernempfänger angefallenen Anschaffungsnebenkosten hinzuzurechnen:

Obergrenze der Konzernherstellungskosten=	
	Obergrenze der Herstellungskosten des Konzernlieferanten
./.	konzernspezifische Herstellungskostenminderungen
+	konzernspezifische Herstellungskostenmehrungen
+	Anschaffungsnebenkosten des Konzernempfängers

Schaubild I.2.2: Obergrenze der Konzernherstellungskosten

3.2.2.3 Beispiel zur Ermittlung der Konzernherstellungskosten

Das folgende Beispiel I.1 soll die Ausführungen zu den Konzernherstellungskosten verdeutlichen:

Konzernlieferant L liefert an Konzernempfänger E ein unfertiges Erzeugnis, das bei E am Bilanzstichtag unbearbeitet lagert. In der folgenden Tabelle sind in der ersten Spalte die bei L angefallenen Kosten verzeichnet. In der zweiten Spalte werden die Unter- und Obergrenze der Herstellungskosten des Konzernlieferanten bestimmt. Durch konzernspezifische Korrekturen gelangt man (dritte Spalte) zur Unter- und Obergrenze der Konzernherstellungskosten (KHK), die alternativ auch unmittelbar ermittelt werden (letzte Spalte).

Beispiel I.1: Ermittlung der Konzernherstellungskosten

	Kosten	HKL	KHK indirekt	KHK direkt
Materialeinzelkosten	240	240		240
Fertigungseinzelkosten	150	150		150
Sondereinzelkosten der Fertigung [1]	20	20		
Sondereinzelkosten des Vertriebs [2]	10			10
Untergrenze HK_L		410	410	
konzernspezifische HK-Minderungen (Einzelkosten)			- 20	
konzernspezifische HK-Mehrungen (Einzelkosten)			+ 10	
Untergrenze der KHK			400	400
Untergrenze		410		400
Materialgemeinkosten	40	40		40
Fertigungsgemeinkosten	85	85		70
davon FK-Zinsen [3]	(15)	(15)		(0)
Verwaltungsgemeinkosten	60	60		60
Vertriebsgemeinkosten [4]	30			30
Obergrenze der HK_L		595	595	
konzernspezifische HK-Minderungen (-20-15) (Einzel- u. Gemeinkosten)			- 35	
konzernspezifische HK-Mehrungen (+10+30) (Einzel- u. Gemeinkosten)			+ 40	
Obergrenze der KHK			600	600

[1] Lizenzgebühr an das ebenfalls einbezogene Unternehmen C
[2] spezielle Verpackung für Transport zum Konzernempfänger E
[3] anteilige Zinszahlung an C (aus Konzernsicht Eigenkapitalkosten)
[4] anteilige Abschreibungen auf Transportanlagen (aus Konzernsicht Fertigungsgemeinkosten)

3.2.3 Konzerneinheitliche Bewertung und sekundäre Werte

Auch der konzernspezifische Korrekturwert ergibt sich erst nach Berücksichtigung zweier weiterer Punkte aus dem primären Wert:

So ist zunächst auch hier der Grundsatz der konzerneinheitlichen Bewertung zu beachten, dem nicht nur die Werte in der Handelsbilanz II, sondern auch diejenigen im Konzernabschluss zu genügen haben. Soweit die internen Richtlinien die einheitliche Ermittlung der Herstellungskosten nicht exakt festlegen, verbleibt auch nach Vereinheitlichung noch ein Spielraum für die Festlegung der Konzernherstellungskosten.

Weiterhin müssen die zwingenden Niederstwertvorschriften und die konzerneinheitlich wahrzunehmenden Abschreibungswahlrechte berücksichtigt werden. Die Beibehaltung einer im Einzelabschluss vorgenommenen Abwertung aus steuerlichen Gründen ist allerdings seit dem TransPuG nicht mehr zulässig.

3.3 Die Zwischenergebnisse

Sind der in die Summenbilanz eingehende Wert aus der Handelsbilanz II des bilanzierenden Unternehmens einerseits und der aus Konzernsicht zulässige Wert bzw. Wertebereich andererseits bekannt, so können daraus die zu eliminierenden oder eliminierbaren Ergebnisse abgeleitet werden. Dabei werden in der allgemeinen Herleitung die Auswirkungen des Niederstwertprinzips zunächst ausgeklammert und anschließend isoliert betrachtet.

3.3.1 Allgemeine Herleitung eliminierungspflichtiger und -fähiger Ergebnisse

Die allgemeine Herleitung eliminierungspflichtiger bzw. -fähiger Ergebnisse soll durch eine Fortführung des obigen Beispiels I.1 veranschaulicht werden. Während der konzernspezifische Korrekturwert vor Berücksichtigung der konzerneinheitlichen Bewertung nur als Wertebereich zwischen der Untergrenze der Konzernherstellungskosten (Konzernmindestwert: 400 €) und der Obergrenze der Konzernherstellungskosten (Konzernhöchstwert: 600 €) festliegt, ist der Einzelbilanzwert durch die Anschaffungskosten von Konzernempfänger E eindeutig gegeben. Diese Anschaffungskosten sollen sich in drei verschiedenen Fällen auf 900 € (A), 550 € (B) und 300 € (C) belaufen, so dass die drei denkbaren Konstellationen gegeben sind:

A) Der Einzelbilanzwert ist höher als der Konzernhöchstwert.
B) Der Einzelbilanzwert liegt zwischen Konzernmindestwert und Konzernhöchstwert.
C) Der Einzelbilanzwert ist niedriger als der Konzernmindestwert.

Aus der Forderung, den Vermögensgegenstand in der Konzernbilanz mit einem konzernspezifisch zulässigen Wert anzusetzen, folgen in den Fällen A und C unabhängig von der konzerneinheitlichen Bewertung Pflichten zur Eliminierung von Zwischenergebnissen:

Im Fall A darf im Konzernabschluss höchstens der Wert 600 angesetzt werden, d.h. es ist eine Zwischengewinneliminierung in Höhe von (Einzelbilanzwert ./. Konzernhöchstwert = 900 - 600 =) 300 erforderlich.

Im entgegen gesetzten Fall C muss im Konzernabschluss der Vermögensgegenstand mindestens mit einem Wert von 400 bilanziert werden, so dass ein Zwischenverlust von 100 (= Konzernmindestwert ./. Einzelbilanzwert = 400 - 300) zu eliminieren ist.

Zusätzlich zu den genannten Pflichten bestehen aber vor Berücksichtigung der konzerneinheitlichen Bewertung auch Eliminierungswahlrechte:

Im Fall A kann der Vermögensgegenstand auch mit einem niedrigeren als dem Konzernhöchstwert, mindestens allerdings mit dem Konzernmindestwert bewertet werden. Es besteht also grundsätzlich ein Bewertungsspielraum im Umfang von (Konzernhöchstwert ./. Konzernmindestwert= 600 - 400 =) 200 ("Wahlrecht zur Zwischengewinneliminierung").

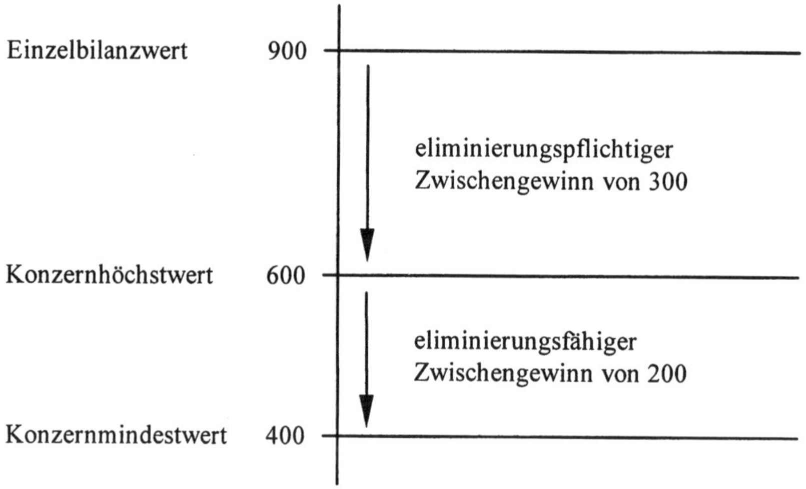

Schaubild I.3.1: Eliminierungspflicht und -wahlrecht (Fall A)

Analog kann in Konstellation C der Vermögensgegenstand auch höher, maximal mit dem Konzernhöchstwert angesetzt werden; der Spielraum zwischen Konzernhöchstwert und -mindestwert (= 200, wie oben) bildet hier den Wahlrechtsbereich der Zwischenverlusteliminierung.

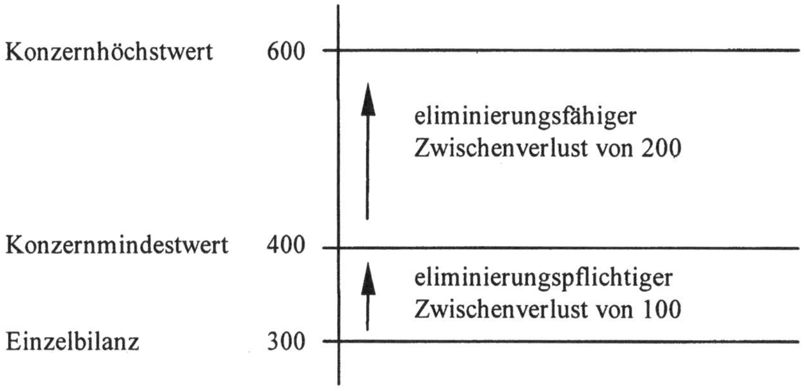

Schaubild I.3.2: Eliminierungspflicht und -wahlrecht (Fall C)

Und auch in Fall B schließlich, bei dem der Einzelbilanzwert aus Konzernsicht zulässig ist, steht der ganze Bereich zwischen Konzernmindest- und -höchstwert offen, so dass prinzipiell ein Wahlrecht zur Eliminierung sowohl eines Zwischenverlusts im Umfang von (Konzernhöchstwert ./. Einzelbilanzwert = 600 - 550 =) 50 als auch eines Zwischengewinns in Höhe von (Einzelbilanzwert ./. Konzernmindestwert = 550 - 400 =) 150 gegeben ist.

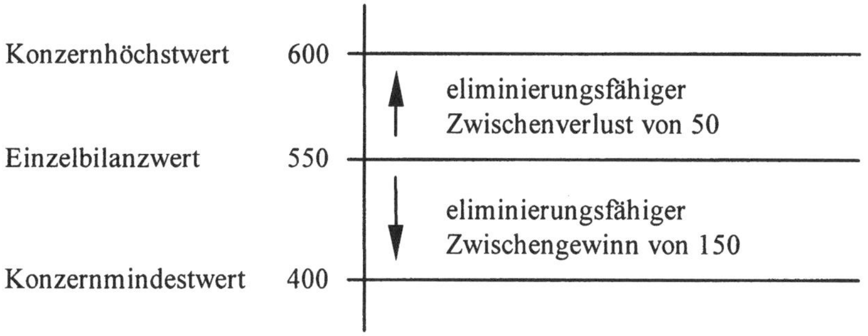

Schaubild I.3.3: Eliminierungswahlrechte (Fall B)

Durch die erforderliche konzerneinheitliche Bewertung wird der Umfang der eliminierungsfähigen Ergebnisse eingeschränkt bzw. bei punktgenauer Definition der Herstellungskosten auf Null reduziert. Wird in den behandelten Fällen der konzernspezifische Korrekturwert beispielsweise durch die konzerninternen Bewertungsrichtlinien eindeutig auf 500 festgelegt, so sind in den Fällen A und B Zwischengewinne von 400 bzw. 50 sowie im Fall C ein Zwischenverlust von 200 zu eliminieren. Soweit sich die Konzernherstellungskosten jedoch nicht punktgenau definieren lassen, verbleiben auch nach konzerneinheitlicher Bewertung Spielräume für eliminierungsfähige Zwischengewinne und -verluste.

3.3.2 Zum Einfluss niedrigerer Werte nach §§ 253 und 254 HGB

Auch zur Darstellung des Einflusses des Niederstwertprinzips wird das Beispiel I.1 fortgeführt. Vereinfachend wird allerdings angenommen, die Konzernherstellungskosten (KHK) seien auf einen Punkt festgelegt und zwar alternativ in Höhe des Konzernmindestwertes (Fälle A bis C) bzw. in Höhe des Konzernhöchstwertes (Fälle D bis F). Bezüglich der Anschaffungskosten von E (AK_E) werden sechs Einzelfälle unterschieden, in denen es dann jeweils zu folgenden Zwischenergebnissen (ZE; positive Werte sind Zwischengewinne, negative Werte sind Zwischenverluste) kommt:

Fall	A	B	C	D	E	F
AK_E	480	380	520	460	620	540
KHK	400	400	400	600	600	600
ZE	+ 80	- 20	+ 120	- 140	+ 20	- 60

Nun sei zusätzlich angenommen, der Stichtagswert des Vermögensgegenstandes betrage 500 € und für den Vermögensgegenstand gelte das strenge Niederstwertprinzip (Umlaufvermögen). Der Einzelbilanzwert (EW) sowie der Konzernbilanzwert (KW) bestimmen sich dann jeweils als Minimum aus Stichtagswert einerseits und Anschaffungskosten von E bzw. Konzernherstellungskosten andererseits. Daraus resultiert auch eine veränderte Höhe des Zwischenergebnisses:

Fall	A	B	C	D	E	F
EW	480	380	500	460	500	500
KW	400	400	400	500	500	500
ZE	+ 80	- 20	+ 100	- 40	0	0

Die Berücksichtigung der §§ 253, 254 HGB bringt also verständlicherweise keine Veränderungen, falls weder Einzelbilanz des Bilanzierenden noch Konzernbilanz betroffen sind (Fälle A und B), vermindert andererseits den Umfang der Eliminierungspflicht, soweit nur in einem Abschluss eine Anpassung erfolgen muss (Fälle C und D), und kann schließlich sogar zu einem Wegfall jeglicher Zwischenergebniseliminierung führen, wenn in beiden Bilanzen der niedrigere Stichtagswert angesetzt werden muss (Fälle E und F).

3.4 Besonderheiten bei Vorräten

Besonderheiten ergeben sich bei der Eliminierung von Zwischenergebnissen, die durch einen Transfer von Vorratsgütern notwendig wird.

Aufgrund der Tatsache, dass es bei wenig hochwertigen Vorräten unwirtschaftlich wäre, einzelne Lieferungen getrennt zu lagern, ist am Abschlussstichtag nicht nachvollziehbar, welche Stoffe verbraucht sind bzw. aus welchen Lieferungen der Endbestand an Vorräten stammt. Ein erstes Problem erwächst daraus bereits im Einzelabschluss: Wurden bestimmte Werkstoffe, unfertige Erzeugnisse oder Waren zu unterschiedlichen Preisen gekauft, so muss bestimmt werden, zu welchen Preisen die vorhandenen Vorräte erworben wurden. Beim

Konzernabschluss tritt ein weiteres Problem hinzu: Für die Zwischenergebniseliminierung muss zusätzlich bekannt sein, welche Bestände aus konzerninternen Lieferungen stammen und welche von Außenstehenden bezogen wurden.

Für die Lösung des ersten Problems wurden im Einzelabschluss verschiedene Verfahren entwickelt: das Durchschnitts- und die Verbrauchsfolgeverfahren (v.a. LIFO, FIFO und HIFO; § 256 HGB). Durch sie wird bestimmt, welche Stoffe jeweils als verbraucht gelten. Damit ist auch die Zusammensetzung des Endbestands eindeutig festgelegt. Wird beispielsweise unterstellt, die zuerst erworbenen Vorräte würden auch zuerst wieder verbraucht (FIFO), so stammt der Endbestand per Fiktion aus den zeitlich letzten Lieferungen. Zur Klärung der zweiten Frage muss dann noch ermittelt werden, inwieweit diese letzten Lieferungen aus externen oder konzerninternen Quellen stammen.

Aufgrund dieses zusätzlichen Ermittlungsaufwands sind diese Verfahren allerdings vergleichsweise aufwendig. Zur Vereinfachung des zweiten Problemkreises wurden daher speziell für den Konzern besondere Verbrauchsfolgeverfahren entwickelt, und zwar KIFO und KILO (Konzern in First out bzw. Konzern in Last out: die von anderen einbezogenen Unternehmen gelieferten Stoffe gelten als zuerst bzw. zuletzt verbraucht). Als besonders günstig bezüglich des Konsolidierungsaufwands erweist sich dabei die KIFO-Fiktion, da bei ihrer Anwendung die Bestände im geringsten Umfang als aus konzerninternen Lieferungen stammend betrachtet werden. KIFO- bzw. KILO-Fiktion sind allerdings wiederum in der Regel kein ausreichender Lösungsansatz für das Problem unterschiedlicher Preise. Zur Bestimmung der Wertkomponente müssen sie deshalb gegebenenfalls noch mit einer weiteren Fiktion (z.B. FIFO) kombiniert werden. Der Referentenentwurf zum BilMoG sieht eine Streichung der Möglichkeit vor, sonstige bestimmte Folgen neben FIFO und LIFO zu unterstellen, bedroht also den Einsatz von KIFO und KILO.

Gerade bei den Vorräten erscheint aber die individuelle Ermittlung von Zwischenergebnissen durch Vergleiche von Einzelbilanz- und konzernspezifischen Korrekturwerten insgesamt unangemessen. Deshalb wird es für zulässig gehalten, das Verfahren zu vereinfachen, indem für einzelne Produkte, Produktgruppen, einzelne Lieferanten oder Lieferantengruppen Durchschnittssätze der Zwischenergebnisse ermittelt werden, die sich als Verhältnis von Zwischenergebnissen zu Umsätzen bei dem oder den konzerninternen Lieferanten berechnen. Durch Abschlag dieser pauschal ermittelten Zwischenergebnisse können dann aus den Einzelbilanzwerten die aus Konzernsicht zulässigen Werte abgeleitet werden.

4. Verrechnung der Zwischenergebnisse

Werden die Werte von Vermögensgegenständen in der Konzernbilanz gegenüber denen in der Summenbilanz verändert, so ist zum Ausgleich der Konzernbilanz eine weitere, gegenläufige Korrektur erforderlich. Da es sich bei den Wertveränderungen um die zu eliminierenden Zwischenergebnisse handelt, hat diese Korrektur im Konzern-Eigenkapital zu erfolgen, und zwar voll zu Lasten des Mehrheitsanteils. Eine Verrechnung von Zwischenergebnissen mit dem Minderheitenanteil wird nach herrschender Meinung als nicht zulässig angesehen (vgl. WP-Handbuch, Band I, M Tz. 305).

In diesem Abschnitt soll die bezüglich der Erfolgswirksamkeit differenzierte Behandlung von Zwischenergebnissen vorgestellt werden:

Die Eliminierung der Zwischenergebnisse erfolgt in der Regel nur vorübergehend, und zwar bis zu dem Zeitpunkt, in dem das Ergebnis auch aus Konzernsicht als realisiert betrachtet werden darf. Dabei ist nach der Art des jeweiligen Vermögensgegenstandes zu unterscheiden.

Bei Gegenständen des nicht abnutzbaren Anlagevermögens bleiben die Zwischenergebnisse während des gewöhnlichen Geschäftsverlaufs erhalten. Zu einer Realisation kommt es erst bei einer späteren Veräußerung. In den Werten von Gegenständen des abnutzbaren Anlagevermögens enthaltene Zwischengewinne (bzw. nicht enthaltene Zwischenverluste) werden im Zeitablauf dadurch abgebaut, dass im Einzelabschluss von der um diesen Zwischengewinn höheren (bzw. um den Zwischenverlust niedrigeren) Abschreibungsbasis abgeschrieben wird (vgl. I.4.3). Beim Umlaufvermögen schließlich kommt es zu einer Auflösung der Zwischenergebnisse bei ihrer Realisierung durch einen Außenumsatz (vgl. I.4.2).

Bei der Behandlung der Zwischenergebnisse ist nun zu unterscheiden zwischen den Zeitpunkten der Entstehung bzw. Auflösung von Zwischenergebnissen und den dazwischen liegenden Perioden.

4.1 Der Grundsatz der periodenanteiligen Verrechnung

Die Verrechnung der Zwischenergebnisse erfolgt unter der Zielsetzung, den einzelnen Perioden die Erfolge nach den üblichen Grundsätzen und unter Beachtung der Einheitstheorie zuzuordnen. Daraus ergibt sich für die Zwischenergebniseliminierung das Gebot, neu entstandene Zwischenergebnisse sowie realisierte, vormals eliminierte Zwischenergebnisse erfolgswirksam zu verrechnen, d.h. im Konzernjahreserfolg zu berücksichtigen. Der Begriff der 'erfolgswirksamen' Behandlung mag dabei vor allem im Jahr der Entstehung eines Zwischenergebnisses irreführend sein, weil die erfolgswirksame Behandlung bewirkt, dass auf Ebene des Konzerns insgesamt gerade kein Ergebnis aus der Transaktion ausgewiesen wird: Erfolgswirksame Verrechnung heißt beispielsweise im Falle eines neu entstandenen Zwischengewinnes, dass der Erfolg, der aus der Einzelbilanz des Konzernlieferanten in die Konzernbilanz einzugehen droht, durch die Konsolidierung neutralisiert wird.

Zu einer erfolgswirksamen Verrechnung kann es in vier Fällen kommen:

- Erstmalige Eliminierung eines Zwischengewinns
- Realisierung eines eliminierten Zwischengewinns
- Erstmalige Eliminierung eines Zwischenverlusts
- Realisierung eines eliminierten Zwischenverlusts

Werden neu entstandene Zwischengewinne eliminiert (also Vermögensgegenstände in der Konzernbilanz erstmals niedriger bewertet als in der Einzelbilanz), so ist durch die erfolgswirksame Verrechnung der Konzernjahreserfolg gegenüber der Summe der Einzelerfolge zu vermindern, im Jahr der späteren Realisierung des Zwischengewinns hingegen zu erhöhen. Denn der Erfolg aus der Veräußerung des Gegenstands an einen Dritten umfasst aus Konzernsicht neben dem Erfolg des veräußernden Konzernempfängers auch den zuvor eliminierten Erfolg des Konzernlieferanten. Für die Zwischenverluste gilt das Gesagte jeweils mit umgekehrten Vorzeichen.

So ergibt sich der Konzernjahreserfolg insgesamt (unter Vernachlässigung aller Konsolidierungsmaßnahmen außer der Zwischenergebniseliminierung) wie folgt:

Konzernjahreserfolg =

Summe der Einzeljahreserfolge der einbezogenen Unternehmen (HB II)
./. neu entstandene Zwischengewinne
\+ realisierte Zwischengewinne
\+ neu entstandene Zwischenverluste
./. realisierte Zwischenverluste

bzw.

Konzernjahreserfolg =

Summe der Einzeljahreserfolge der einbezogenen Unternehmen (HB II)
./. Zunahme (bzw. + Abnahme) der Zwischengewinne
\+ Zunahme (bzw. ./. Abnahme) der Zwischenverluste

In Jahren des unveränderten Fortbestehens von Zwischenergebnissen darf der Konzernerfolg dann allerdings nicht neuerlich belastet werden. Zwischenergebnisse sind in solchen Perioden daher erfolgsneutral zu behandeln. Wie bereits bei der Erläuterung der Schuldenkonsolidierung dargestellt wurde, ist dabei umstritten, wie diese erfolgsneutrale Verrechnung erfolgen soll: Eine individuelle Korrektur ("Rückbuchung") der im Einzelabschluss vorgenommenen Ergebnisverwendung ist nicht möglich, weil nicht nachvollziehbar ist, wie die Zwischenergebnisse in den Einzelabschlüssen verwendet wurden (bei Zwischenverlusten müsste sogar bekannt sein, wie um die Zwischenverluste höhere Ergebnisse verwendet worden wären). Es bleibt daher nur die Möglichkeit einer pauschalen Korrektur, für die alternative Vorschläge ausgearbeitet wurden. (Das hier aufgeworfene Problem wird in Kapitel L. eingehend behandelt.)

4.2 Ein Beispiel zur periodenanteiligen Verrechnung von Zwischenergebnissen

Die Ausführungen zur periodenanteiligen Verrechnung sollen nun anhand des folgenden, sehr einfach gestalteten Beispiels I.2 veranschaulicht werden:

Konzernmutter M produziert ab Juli 04 monatlich 1000 Farbfernseher und verkauft sie sofort nach Fertigstellung an ihre 100%-ige Vertriebstochtergesellschaft T zum konstanten Verrechnungspreis von 1000 €. T wiederum verkauft die Geräte jeweils drei Monate später zum Preis von 1500 € an konzernexterne Dritte. Am Bilanzstichtag 31.12. sind damit jeweils die Lieferungen von 3 Monaten, also 3000 Fernsehgeräte auf Lager.

Die bei M anfallenden Herstellungskosten (= konzernspezifischer Korrekturwert) schwanken im Zeitablauf und betragen in den Monaten der Herstellung und Lieferung an T jeweils:

Juli 04	–	Juni 05	€	980
Juli 05	–	Juni 06	€	970
Juli 06	–	Juni 07	€	1015
ab Juni 07			€	1000

Der Bestand an Zwischenergebnissen ergibt sich danach an den Bilanzstichtagen in folgender Höhe:

31.12.04	$3000 \cdot (1000 - 980) =$	60000	Zwischengewinn
31.12.05	$3000 \cdot (1000 - 970) =$	90000	Zwischengewinn
31.12.06	$3000 \cdot (1000 - 1015) =$	- 45000	Zwischenverlust
31.12.07	$3000 \cdot (1000 - 1000) =$	0	

Die Veränderungen der Konzernjahreserfolge gegenüber den Summen der Jahreserfolge aus den Einzelabschlüssen (zerlegt in die oben bestimmten Komponenten) lassen sich danach aus Beispiel I.2.1 ablesen.

Beispiel I.2.1: Erfolgswirksame Behandlung von Zwischenergebnissen

Jahr	04	05	06	07
./. entstandene ZG	- 60000	- 90000		
+ realisierte ZG		+ 60000	+ 90000	
+ entstandene ZV			+ 45000	
./. realisierte ZV				- 45000
(./. Zu- bzw. + Abnahme der ZG	- 60000	- 30000	+ 90000	)
(+ Zu- bzw. ./. Abnahme der ZV			+ 45000	- 45000)
gesamte Veränderung des Konzernerfolges	- 60000	- 30000	+ 135000	- 45000

Über die Jahre gleichen sich die Veränderungen des Konzernerfolgs wieder aus, d.h. der Gesamterfolg des Konzerns in den Jahren 04 bis 07 entspricht der Summe der Gesamterfolge der einzelnen einbezogenen Unternehmen.

Zusammen mit der erfolgsunwirksamen Behandlung des jeweiligen Vorjahresbestands kommt es so in jedem Jahr zur Verrechnung aller Zwischenergebnisse, die in den Werten der Bestände an den Stichtagen verborgen sind.

Beispiel I.2.2: Erfolgswirksame und -neutrale Behandlung von Zwischenergebnissen

Jahr	04	05	06	07
erfolgswirksam verrechnete ZE	- 60000	- 30000	+ 135000	- 45000
erfolgsunwirksam verrechnete ZE	0	- 60000	- 90000	+ 45000
insgesamt verrechnete Zwischenergebnisse	- 60000	- 90000	+ 45000	0

4.3 Zur Realisierung von Zwischenergebnissen durch planmäßige Abschreibungen

Zwischenergebnisse werden nicht nur durch Außenumsatz realisiert. Beim abnutzbaren Anlagevermögen lösen sie sich vielmehr regelmäßig durch die planmäßigen Abschreibungen auf. Wurden innerhalb eines Konzerns Zwischenergebnisse aus dem Verkauf abnutzbarer Anlagen erzielt, so weichen die Werte dieser Anlagen in Einzel- und Konzernabschluss voneinander ab. Die daraus zugleich resultierenden Abschreibungsunterschiede tragen diese Wertdifferenz aber sukzessive wieder ab. Dies soll sowohl für einen Zwischengewinn als auch für einen Zwischenverlust durch die Beispiele I.3.1 und I.3.2 gezeigt werden.

Es sei angenommen, dass das einbezogene Unternehmen L dem ebenfalls einbezogenen Unternehmen E am 01.01. des Jahres 01 eine Maschine zum Preis von 28000 € (= Anschaffungskosten bei E) geliefert hat. Diese Maschine sei von L zu Herstellungskosten von 24500 (I.3.1) bzw. 30800 (I.3.2) erstellt worden und habe eine Nutzungsdauer von sieben Jahren. Im Einzelabschluss von E und im Konzernabschluss werden jeweils die gleiche Abschreibungsmethode gewählt, und zwar in Beispiel I.3.1 die lineare Abschreibung und in Beispiel I.3.2 die digitale Abschreibung (zu den Fällen abweichender Abschreibungsverfahren und/oder Nutzungsdauern vgl. Klein in: Beck HdR, C 430, Rz 104-106).

Die Buchwerte des Vermögensgegenstandes in Einzel- und Konzernbilanz sowie das daraus ableitbare Zwischenergebnis entwickeln sich somit wie folgt:

Beispiel I.3.1: Auflösung eines Zwischengewinns durch Abschreibungen

	Buchwert in Einzelbilanz von E	Buchwert in Konzern-bilanz	Bestand an Zwischen-gewinn	realisierter Gewinn Periode	realisierter Gewinn gesamt
01.01.01	28000	24500	3500		
31.12.01	24000	21000	3000	500	500
31.12.02	20000	17500	2500	500	1000
31.12.03	16000	14000	2000	500	1500
31.12.04	12000	10500	1500	500	2000
31.12.05	8000	7000	1000	500	2500
31.12.06	4000	3500	500	500	3000
31.12.07	0	0	0	500	3500

Beispiel I.3.2: Auflösung eines Zwischenverlusts durch Abschreibungen

	Buchwert in Einzelbilanz von B	Buchwert in Konzern-bilanz	Bestand an Zwischen-verlust	realisierter Verlust Periode	gesamt
01.01.01	28000	30800	2800		
31.12.01	21000	23100	2100	700	700
31.12.02	15000	16500	1500	600	1300
31.12.03	10000	11000	1000	500	1800
31.12.04	6000	6600	600	400	2200
31.12.05	3000	3300	300	300	2500
31.12.06	1000	1100	100	200	2700
31.12.07	0	0	0	100	2800

5. Einzelfragen zur Zwischenergebniseliminierung nach HGB

Im Folgenden werden noch einige Punkte behandelt, die über den ersten Absatz des § 304 HGB hinausgehen, und zwar der Befreiungstatbestand des Absatzes 2, die Eliminierung von Zwischenergebnissen aus Transaktionen mit Gemeinschafts- und assoziierten Unternehmen sowie Auswirkungen von Veränderungen des Kreises einbezogener Unternehmen.

5.1 Befreiung von der Pflicht zur Zwischenergebniseliminierung

Aus Kosten-Nutzen-Gesichtspunkten sieht § 304 Abs. 2 HGB unter gewissen Voraussetzungen eine Befreiung von der Pflicht zur Zwischenergebniseliminierung vor.

Auf die Zwischenergebniseliminierung kann verzichtet werden, wenn sie für den „true and fair view“ von untergeordneter Bedeutung ist. Die Festschreibung des Wesentlichkeitsgrundsatzes in § 304 Abs. 2 HGB erfolgt analog zu den Regelungen zur Schuldenkonsolidierung (und auch der GuV-Konsolidierung) und muss deshalb hier nicht erneut ausführlich dargestellt werden (bezüglich der Probleme des unbestimmten Begriffes "wesentlich" vgl. C.3.6).

5.2 Zwischenergebniseliminierung bei Quotenkonsolidierung

Werden gemeinschaftlich geführte Unternehmen durch Ausübung des Wahlrechts in § 310 Abs. 1 HGB in den Konzernabschluss quotal einbezogen, so ist dabei nach § 310 Abs. 2 HGB eine Zwischenergebniseliminierung entsprechend § 304 HGB durchzuführen. Davon sind nicht nur Lieferungen und Leistungen zwischen Gemeinschafts- und Gesellschafterunternehmen betroffen, sondern der gesamte Leistungsverkehr zwischen dem Gemeinschaftsunternehmen und allen anderen einbezogenen Unternehmen.

Zwei Fälle sind dabei grundlegend zu unterscheiden, und zwar Lieferungen von Gemeinschaftsunternehmen an den Konzern ("upstream"-Lieferungen) sowie Lieferungen vom Konzern an das Gemeinschaftsunternehmen ("downstream"-Lieferungen).

Bei der "downstream"-Lieferung geht der Vermögensgegenstand nur anteilig (entsprechend der Beteiligungshöhe des Gesellschafterunternehmens am Gemeinschaftsunternehmen) in die Konzernbilanz ein. Für diesen Fall ist daher auch unumstritten, dass nur eine quotale Eliminierung eventueller Zwischenergebnisse zweckmäßig ist. Der Vermögensgegenstand wird demzufolge nach der Eliminierung mit dem (anteiligen) konzernspezifischen Korrekturwert in der Konzernbilanz angesetzt. Das Konzernergebnis wird um das anteilige Zwischenergebnis korrigiert, während das übrige Ergebnis als (durch Außenumsatz gegenüber Dritten, den außenstehenden übrigen Gesellschaftern des Gemeinschaftsunternehmens) realisiert betrachtet wird.

Liefert beispielsweise das Gesellschafterunternehmen einen Vermögensgegenstand, den es selbst zum Preis von 800 € (= Konzernanschaffungskosten) erworben hat, zum Preis von 1000 € an das Gemeinschaftsunternehmen, an dem es zu 50 % beteiligt ist, so würde ohne Zwischenergebniseliminierung der Vermögensgegenstand mit einem Wert von 0,5 · 1000 = 500 in die Konzernbilanz eingehen. Außerdem würde der im Einzelabschluss des Gesellschafterunternehmens angefallene Gewinn von 200 € auch voll in der Konzernbilanz ausgewiesen. Nach quotaler (50 %-iger) Eliminierung des Zwischenergebnisses (1000 - 800 = 200), wird der Vermögensgegenstand mit einem Wert von 500 - 0,5 · 200 = 400, also den anteiligen Konzernanschaffungskosten, in der Konzernbilanz angesetzt. Das nicht eliminierte, in die Konzernbilanz eingehende Ergebnis in Höhe von 100 € ist als realisiert anzusehen.

Im Fall einer "upstream-Lieferung" hingegen geht der gelieferte Vermögensgegenstand in voller Höhe in die Summenbilanz ein. Deshalb wird hier in der Literatur zum Teil auch eine vollständige Zwischenergebniseliminierung für zulässig gehalten (vgl. Sigle in: Küting/Weber, Konzernrechnungslegung, 2. Aufl., § 310, Rn. 100). Die quotale Eliminierung entspricht jedoch dem Hauptzweck der Zwischenergebniseliminierung, ein durch die Konzernbeziehungen unbeeinträchtigtes Konzernergebnis zu ermitteln, eher.

Liefert in Umkehrung des obigen Falls das Gemeinschaftsunternehmen den zum Preis von 800 € erworbenen Vermögensgegenstand zum Preis von 1000 € an das Gesellschafterunternehmen, so würde der Vermögensgegenstand ohne Zwischenergebniseliminierung mit einem Wert von 1000 in der Konzernbilanz eingehen. Der bei der Transaktion erzielte Erfolg des Gemeinschaftsunternehmens (in Höhe von 200 €) würde quotal, also in Höhe von 0,5 • 200 = 100 in das Konzernergebnis einfließen.

Bei vollständiger Eliminierung wird zwar der Vermögensgegenstand mit den Anschaffungskosten des Gemeinschaftsunternehmens (800 €) angesetzt, diese können aber nicht mit den Konzernanschaffungskosten gleichgesetzt werden, da das Gemeinschaftsunternehmen dem Konzern nur anteilig zugerechnet wird. Vor allem aber wird bei einer solchen Vorgehensweise ein Ergebnis (200 €) eliminiert, das zum Teil ohnehin nicht in den Konzernabschluss eingeht (nämlich das Ergebnis der übrigen Gesellschafter in Höhe von 100 €).

Bei quotaler (50%-iger) Eliminierung des Zwischenerfolges (1000 - 800 = 200) wird hingegen das Konzernergebnis gegenüber dem Summenergebnis zutreffend um 100 € verringert; der Vermögensgegenstand wird mit einem Wert von 900 € ausgewiesen.

Abschließend ist noch zu bemerken, dass auch bei der Zwischenergebniseliminierung bei Quotenkonsolidierung der Befreiungstatbestand des § 304 Abs. 2 HGB greifen kann.

5.3 Zwischenergebniseliminierung bei Anwendung der Equity-Methode

Im Rahmen der Equity-Methode schließlich ist nach § 312 Abs. 5 S. 3 und 4 in Verbindung mit § 304 HGB ebenfalls eine Eliminierung von Zwischenergebnissen (hier als Verbundergebnisse bezeichnet) durchzuführen, wenn die zusätzliche Voraussetzung erfüllt ist, dass *"die für die Beurteilung maßgeblichen Sachverhalte bekannt oder zugänglich sind"*.

Nahezu alle Detailfragen bezüglich dieser Eliminierungspflicht sind jedoch umstritten (vgl. dazu Schäfer, Equity-Methode, 1982, S. 286-303, Fricke, Rechnungslegung, 1983, S. 266-277 und 322-326 sowie Haase, BB 1985, S. 1702-1707). Sie können hier nur knapp behandelt werden:

Umstritten ist zunächst, ob eine Eliminierung aller Lieferungen zwischen assoziierten Unternehmen und den übrigen Unternehmen des Konsolidierungskreises erforderlich ist. Vielfach wird eine Eliminierung nur bei "upstream"-Lieferungen für notwendig erachtet (vgl. z.B. WP-Handbuch, Band I, M Tz. 478; ADS, 6. Aufl., § 312 Tz. 156 f.; aA Winkeljohann/Böcker in: Beck Bil-Komm., 6. Aufl., § 312 Anm. 100-101; Busse von Colbe u. a., Konzernabschlüsse, 2003, S 555). Dies wird einerseits formal damit begründet, dass nur in diesem Fall der transferierte Vermögensgegenstand in der Konzernbilanz bilanziert wird, andererseits wird angeführt, dass eine Ergebniseliminierung vom Konzept der Equity-Methode her nur in diesem Fall notwendig ist. Sieht man die Equity-Methode nicht als verkürzte Konsolidierung, sondern als spezielle Beteiligungsbewertung an, so ist nur darauf zu achten, dass in den Beteiligungswert keine Verbundergebnisse einfließen (vgl. Klein in: Beck HdR, C 430, Rz 33).

Weiterhin wird (ebenfalls nicht einhellig) in der Regel nur die quotale Eliminierung für sachgerecht gehalten. Das in § 312 Abs. 5 S. 4 HGB gewährte Wahlrecht sei nur dann nicht in Anspruch zu nehmen, wenn nach §§ 295, 296 Abs. 1 HGB nicht voll konsolidierte, aber einheitlich geleitete Unternehmen nach der Equity-Methode einbezogen werden.

Schließlich ist auch die Technik einer solchen Eliminierung umstritten, und zwar die Frage, ob in Höhe der Ergebnisse die Buchwerte der "upstream" gelieferten Vermögensgegenstände oder der Beteiligungsbuchwert des assoziierten Unternehmens zu kürzen ist.

Grundsätzlicher jedoch ist in Frage zu stellen, ob eine Eliminierung von Verbundergebnissen überhaupt sinnvoll ist. Angesichts des fehlenden herrschenden Einflusses seitens des beteiligten Unternehmens erscheint es gerechtfertigt, von einer solchen Eliminierung ganz abzusehen.

5.4 Auswirkungen von Veränderungen des Konsolidierungskreises

Zuletzt soll noch der Frage nachgegangen werden, ob und wie sich Veränderungen des Konsolidierungskreises im Rahmen der Zwischenergebniseliminierung auswirken.

Hierbei ist zunächst auf Art. 27 Abs. 4 EGHGB zu verweisen, nach dem bei erstmaliger Zwischenergebniseliminierung nach § 304 HGB auftretende Ergebnisveränderungen *"in die Gewinnrücklagen eingestellt oder mit diesen offen verrechnet werden"* können. Dieser Vorschrift kommt bei der Zwischenergebniseliminierung besondere Bedeutung zu, weil sich der Umfang der Eliminierungspflicht durch das neue Recht erweitert hat.

Zur Behandlung von Ein- oder Austritten von Unternehmen werden vier Varianten des einen Grundfalls betrachtet, in dem L an E zum Preis von 120 € einen Vermögensgegenstand veräußert, den L selbst zum Preis von 100 € erworben hatte.

Erfolgte diese Transaktion vor Einbeziehung von L (erste Variante), so ist das Konzernergebnis vom Erfolg bei L nicht beeinflusst. Gehörte E beim Kauf des Gegenstands nicht zum Konsolidierungskreis (zweite Variante), so wurde der Erfolg aus Konzernsicht gegenüber einem außenstehenden Dritten erzielt. Eine Ergebniseliminierung ergibt daher auch nach Eintritt von L bzw. E keinen Sinn (vgl. ADS, 6. Aufl., § 304 Tz. 123).

Nun sei alternativ angenommen, dass L und E beim Transfer des Vermögensgegenstandes einbezogene Unternehmen waren und deshalb der Erfolg von L als Zwischenerfolg eliminiert worden war. Diese Eliminierung darf auch dann nicht rückgängig gemacht werden, wenn L später aus dem Konzern ausscheidet (dritte Variante), weil der Erfolg aus Konzernsicht weiterhin nicht realisiert ist (vgl. ADS, 6. Aufl., § 304 Tz. 128). Verlässt schließlich E den Konsolidierungskreis (vierte Variante), so wird der eliminierte Zwischenerfolg von L dadurch realisiert, dass beim Verkauf von E aus Konzernsicht (unter der Fiktion des Einzelabgangs; vgl. G.3.1.9) ein höherer Erfolg erzielt wird als aus Sicht des (oder der) an E beteiligten einbezogenen Unternehmen(s).

6. Zwischenergebniseliminierung nach IFRS und US-GAAP

Anders als im HGB ist die Zwischenergebniseliminierung nach IFRS und US-GAAP nicht in Form einer Bewertungsregel für konzernintern gelieferte Vermögensgegenstände ausgestaltet. Trotz dieses konzeptionellen Unterschieds stimmen die Vorgehensweisen jedoch in weiten Teilen überein.

Im Rahmen der Vollkonsolidierung fordern die US-GAAP eine Eliminierung aller innerkonzernlichen Transaktionen – also auch eine Eliminierung der Innenumsatzerlöse und eine Anpassung der Wertansätze der innerhalb des Konzerns transferierten Vermögensgegenstände – und der daraus erzielten, aus der Sicht eines einheitlichen Unternehmens unrealisierten Erfolge (ARB 51.6). Die Zwischenergebniseliminierung, die auch in den Einzelabschlüssen vorgenommen wird (vgl. z.B. Pahler, Advanced Accounting, 9. Aufl., S. 281), hat dabei stets vollständig zu erfolgen, selbst wenn die Beteiligungsquote unter 100 % liegt. In diesem Fall dürfen die Zwischenergebnisse bei "upstream"-Lieferungen auf Mehrheit und Minderheit aufgeteilt werden, bei "downstream"-Verkäufen hingegen wird eine solche Aufteilung nicht vorgenommen (vgl. Hoyle/Schaefer/Doupnik, Advanced Accounting, 8. Aufl., S. 217 f., weniger eindeutig ARB 51.14). Die Bestimmung der Zwischenergebnishöhe und speziell der Notwendigkeit konzernspezifischer Korrekturen (Herstellungskostenminderungen bzw. -mehrungen) behandeln die US-amerikanischen Standards nicht explizit. In der Literatur wird aber angesprochen, dass der Wert eines konzernintern veräußerten Vermögensgegenstandes nicht lediglich auf den Wertansatz beim Verkäufer zurückzuführen ist, sondern dass z.B. vom Verkäufer als Vertriebskosten nicht aktivierbare Aufwendungen aus Konzernsicht als innerbetriebliche Transportkosten aktivierungspflichtig werden können (vgl. z.B. Pahler, Advanced Accounting, 9. Aufl., S. 320). Auch bei den IFRS finden sich keine Anhaltspunkte für eine dem HGB vergleichbare differenzierte Wertermittlung. Die IFRS regeln lediglich, dass bei der Vollkonsolidierung innerkonzernliche Transaktionen und unrealisierte Erfolge, die sich im Wertansatz von Umlauf- oder Anlagevermögen niederschlagen, im Grundsatz voll zu eliminieren sind. (IAS 27.24 f.).

Wegen der untergeordneten Bedeutung der Quotenkonsolidierung nach US-amerikanischen Standards liefern die US-GAAP keine expliziten Regeln bezüglich der Zwischenergebniseliminierung bei Anwendung dieser Methode. Es ist jedoch von einer Pflicht zur anteiligen Eliminierung auszugehen. Eine solche Pflicht ergibt sich auch grundsätzlich nach IFRS, und zwar sowohl für "downstream"- (IAS 31.48) als auch für "upstream"-Lieferungen (IAS 31.49). Es gilt dabei aber – ähnlich wie bei der Vollkonsolidierung – die Einschränkung, dass Zwischenverluste dann sofort als realisiert zu betrachten und daher nicht zu eliminieren sind, wenn sie die Notwendigkeit einer außerplanmäßigen Abschreibung aufgrund einer Minderung des Nettoveräußerungswertes oder eines Impairments widerspiegeln.

Die anteilige Eliminierung der Zwischenergebnisse ist nach US-GAAP auch die Regel bei Anwendung der Equity-Methode, und zwar unabhängig von der Richtung des Lieferverkehrs (APB 18.19a); eine vollständige Eliminierung der Erfolge ist jedoch ausnahmsweise dann vorzunehmen, wenn das assoziierte Unternehmen vom beteiligten Unternehmen aufgrund der Stimmrechtsmehrheit oder anderer Kontrolle begründender Sachverhalte abhängig ist und die Lieferung nicht zu marktüblichen Bedingungen erfolgen (AIN 1 zu APB 18). Nach IFRS schließlich gilt bei der Equity-Methode wiederum eine Pflicht zur anteiligen Eliminierung der unrealisierten Erfolge bei Lieferung sowohl von assoziierten ("upstream") als auch an assoziierte ("downstream") Unternehmen (IAS 28.22, IAS 27.24 f.). Auch in diesem Fall hat die Eliminierung eines Zwischenverlusts jedoch insoweit zu unterbleiben, als der Verlust einen Anhaltspunkt für ein Impairment liefert, eine Abwertung beim betreffenden Vermögensgegenstand also ohnehin erforderlich ist.

Nach IFRS und US-GAAP kann außerdem wie nach § 304 Abs. 2 HGB allein in Fällen von insgesamt untergeordneter Bedeutung aufgrund des allgemeinen Wesentlichkeitsgrundsatzes eine Zwischenergebniseliminierung unterbleiben.

Literaturhinweise

Kommentierungen des § 304 HGB, sowie:

Arbeitskreis "Externe Unternehmensrechnung" der Schmalenbach-Gesellschaft - Deutsche Gesellschaft für Betriebswirtschaft e.V. : Aufstellung von Konzernabschlüssen, hrsg. von Walther Busse von Colbe, Eberhard Müller und Herbert Reinhard, 2. Aufl., Düsseldorf 1989, S. 92-103.

Coenenberg, Adolf G., unter Mitarbeit von Bettina Bischof, Manuel Deffner, Christian Fink, Marcus Gantzkow, Andreas Joest, Kalina Keller, Wolfgang Schultze, Barbara Straub: Jahresabschluss und Jahresabschlussanalyse, 20. Aufl., Stuttgart 2005, S. 625-650.

Gross, Gerhard/Schruff, Lothar/Wysocki, Klaus von: Der Konzernabschluß nach neuem Recht, Aufstellung-Prüfung-Offenlegung, 2., überarbeitete Auflage, Düsseldorf 1987, S. 177-188.

Haase, Klaus-Dittmar: Zur Zwischenerfolgseliminierung bei Equity-Bilanzierung, in: BB, 40. Jg., 1985, S. 1702-1707.

Harms, Jens E./Küting, Karlheinz: Die Eliminierung von Zwischenverlusten nach der 7. EG-Richtlinie, in: BB, 38. Jg., 1983, S. 1891-1901.

IDW (Hrsg.): Wirtschaftsprüfer-Handbuch 2006, 13. Aufl., Band I, Düsseldorf 2006, M Tz. 297-333.

Klein, Klaus-Günter: Zwischenergebniseliminierung, in: Beck'sches Handbuch der Rechnungslegung (Beck HdR), hrsg. von Edgar Castan, Hans-Joachim Böcking, Gerd Heymann, Norbert Pfitzer und Eberhard Scheffler, Teil C 430 , München 2007.

Küting, Karlheinz/Weber, Claus-Peter: Einzelfragen der Eliminierung von Zwischenergebnissen nach neuem Bilanzrecht - unter besonderer Berücksichtigung konzernbilanzpolitischer Aspekte, in: Bilanzrichtlinien-Gesetz, ZfB-Ergänzungsheft 1/1987, S. 299-319.

Wysocki, Klaus von/Kohlmann, Ulrike: Konzernrechnungslegung IV: Zwischenerfolgseliminierung (I,II), in: WISU, 10. Jg., 1981, S. 533-542 und 589-592.

J. GuV-Konsolidierung

1. Grundüberlegungen

Die Gewinn- und Verlustrechnung des Konzerns ist aus den Gewinn- und Verlustrechnungen der in den Konzernabschluss einbezogenen Unternehmen herzuleiten. Wie bei der Bilanz geschieht dies in den folgenden drei Schritten:

1. Zunächst werden – soweit erforderlich – die Gewinn- und Verlustrechnungen der in den Konzernabschluss einbezogenen Unternehmen in Konzernwährung umgerechnet und/oder so modifiziert, dass sie analog zur Handelsbilanz II den Auswirkungen einer einheitlichen Bewertung auf den Erfolg Rechnung tragen (vgl. C.3.3).
2. Im Anschluss daran werden alle Aufwendungen und Erträge jeweils positionsweise über sämtliche einbezogenen Unternehmen aufaddiert (Summenbildung zur Summen-GuV).
3. Hieran schließt sich im dritten und letzten Schritt die eigentliche Konsolidierung an, durch die aus Konzernsicht nicht vorhandene Aufwendungen und Erträge einschließlich innerkonzernlicher Erfolge eliminiert sowie aus Konzernsicht anders einzuordnende Aufwendungen und Erträge umgegliedert werden sollen. Buchhalterisch schlagen sich Konsolidierungen in Konsolidierungsbuchungen nieder (Horizontalmethode, vgl. Bores, Erfolgsbilanzen, 1935, S. 184 ff.).

Gemäß § 298 Abs. 1 HGB, der auf § 275 HGB verweist, ist die GuV des Konzerns analog zu der des Einzelabschlusses zu erstellen. Demzufolge kann die Konzernleitung sich für das Gesamtkostenverfahren oder das Umsatzkostenverfahren entscheiden (zu Grundlagen und Wirkungsweise der beiden Verfahren vgl. Schildbach, Jahresabschluss, 2008, S. 234-264; Coenenberg, Jahresabschluss, 2005, S. 476-478 und S. 501-537).

Als Leitlinie für die Konzern-GuV orientiert sich das HGB an der Einheitstheorie, wonach die Konzern-GuV der GuV eines fiktiv wirtschaftlich einheitlichen Unternehmens entsprechen soll (§ 297 Abs. 3 S. 1 HGB).

Als Geschäftsvorfälle sind demzufolge in der voll konsolidierten GuV nur diejenigen auszuweisen, die in einem wirtschaftlich einheitlichen Unternehmen ebenfalls abgebildet werden (zu den nach jetzigem Recht nicht mehr zulässigen Varianten einer teilkonsolidierten Konzern-GuV bzw. einer konsolidierten GuV in vereinfachter Form vgl. v. Wysocki/Wohlgemuth, Konzernrechnungslegung, 1986, S. 219-221). Dies bedeutet, dass Umsätze zwischen rechtlich selbständigen Konzernunternehmen (sogenannte Innenumsätze) so behandelt werden wie bloße Transaktionen zwischen wirtschaftlich unselbständigen Betriebsstätten in einem Einheitsunternehmen. Solche Umsätze sind noch nicht am Markt realisiert und müssen durch Konsolidierungsbuchungen eliminiert werden.

Wenn das Konzernunternehmen L an das Konzernunternehmen E Waren für 100 € liefert, dann muss in der Konsolidierungsspalte der Umsatz von L in voller Höhe entfernt werden, da ein fiktives Einheitsunternehmen den innerbetrieblichen Gütertransfer nicht als Umsatz ausweisen dürfte.

Wie aus dem Kapitel I. über die Zwischenergebniseliminierung bereits bekannt ist, müssen Zwischenergebnisse aus konzerninternen Lieferungen in der Konsolidierungsspalte aus der Summen-Bilanz entfernt werden. Diese Notwendigkeit der Zwischenergebniseliminierung gilt für die GuV-Konsolidierung ebenso. Das im Geschäftsjahr entstandene Zwischenergebnis ist entsprechend dem Prinzip der doppelten Buchführung zunächst auch im Erfolg der Summen-GuV enthalten. Es muss hier ebenfalls innerhalb der Konsolidierungsspalte eliminiert werden – diesmal erfolgswirksam aus dem Jahreserfolg der GuV.

Sofern bei L für die an E veräußerten Waren nur Materialaufwendungen von 80 € entstanden sind, muss innerhalb der Konsolidierungsspalte ein Zwischengewinn von 20 € herausgerechnet und damit vom Summen-Jahreserfolg abgezogen werden.

Allerdings ergibt sich die Notwendigkeit einer GuV-Konsolidierung unabhängig davon, ob konzerninterne Geschäftsvorfälle zu Zwischenergebnissen führten oder erfolgsneutral, d.h. ohne Veränderung des Summen-Jahresüberschusses, vorgenommen wurden.

Auch wenn in Abänderung des Beispieles ein Materialaufwand von 100 € entstanden wäre, müsste der Umsatzerlös in Höhe von 100 € in der Konsolidierungsspalte vollständig, allerdings erfolgsneutral, entfernt werden.

In der Konsolidierungsspalte kann schließlich eine Umgliederung notwendig werden, wenn Geschäftsvorfällen aus Konzernsicht ein anderer Charakter als aus einzelbetrieblicher Sicht zukommt. Ein innerkonzernlicher Umsatzvorgang muss dann u.U. als Erstellung eines innerbetrieblichen Gutes interpretiert und somit beispielsweise im Gesamtkostenverfahren in eine Bestandserhöhung oder eine andere aktivierte Eigenleistung umgegliedert werden.

Für die Behandlung der Innenumsätze ist eine umfangreiche Differenzierung notwendig, wenn man die diversen Konsolidierungsmöglichkeiten systematisch erfassen will. An dieser Stelle sei bereits unterschieden zwischen Innenumsätzen, die aus der Lieferung von Gegenständen resultieren, und der entgeltlichen Erbringung von Leistungen sonstiger Art wie Beratungsleistungen etc.

Bisher wurde in allen Beispielen davon ausgegangen, dass durch Geschäfte zwischen den Konzernunternehmen Umsätze entstehen. Umsätze resultieren allerdings nur aus dem Absatz von Lieferungen bzw. Leistungen, die der gewöhnlichen Geschäftstätigkeit, dem eigentlichen Sachziel des liefernden oder leistenden Unternehmens, entsprechen. Auch eine Lieferung bzw. ein Leistungsaustausch jenseits der gewöhnlichen Geschäftstätigkeit des einzelnen Konzernunternehmens muss aber gemäß der Einheitstheorie behandelt werden, so dass auch "sonstige betriebliche Erträge" aus Transaktionen mit Konzernunternehmen zu konsolidieren sind.

Die Unterscheidung zwischen Umsätzen und anderen Erträgen kann Umgliederungen im Rahmen der Konsolidierung auch dann erforderlich machen, wenn Konzernunternehmen an Unternehmen außerhalb des Konsolidierungskreises liefern oder leisten (Außengeschäfte). So können aus Sicht eines Konzernunternehmens typische Außenumsätze aus Konzernsicht untypische Lieferungen oder Leistungen sein, die dementsprechend aus den Umsatzerlösen in die sonstigen betrieblichen Erträge umzugliedern sind – man denke an die Leasingerträge einer Konzern-Leasing-Gesellschaft eines Automobilkonzerns, die ihre Dienstleistungen am Markt offeriert. Umgekehrt kann der Fall auftreten, dass die in einer Einzel-GuV ausgewiesenen und am Markt erzielten sonstigen betrieblichen Erträge, die zwar nicht aus einzelbetrieblicher, jedoch aus Konzernsicht die gewöhnliche Geschäftstätigkeit darstellen, in Außenumsatzerlöse umgegliedert werden müssen.

Weitere Konsolidierungsaufgaben stellen sich im Bereich der einem Einheitsunternehmen unbekannten Ergebnisübernahmen sowie bei der Anwendung der Equity-Methode, der Kapitalkonsolidierung, der Schuldenkonsolidierung und bei der Einbeziehung latenter Steuern.

Im Schaubild J.1 werden die verschiedenen Konsolidierungsvorgänge in einer voll konsolidierten Gewinn- und Verlustrechnung zusammengestellt, die in späteren Teilen dieses Kapitels erläutert werden.

Die GuV-Konsolidierung findet ihren ausdrücklichen Niederschlag in § 305 HGB, in dem einige Grundregeln angesprochen werden.

2. Abgrenzung der zu konsolidierenden Konzerngesellschaften

Die GuV-Konsolidierung erstreckt sich in erster Linie auf die in den Konzernabschluss nach § 294 HGB einbezogenen Unternehmen, d.h. die Mutter und diejenigen Töchter, deren Einbeziehung in den Abschluss weder nach § 295 HGB verboten noch entsprechend § 296 HGB unterblieben ist.

Neben den in vollem Umfang einbezogenen Unternehmen unterliegen quotenkonsolidierte Unternehmen ebenfalls der GuV-Konsolidierung; § 310 Abs. 2 HGB verweist auf § 305 HGB, so dass die entsprechenden Geschäftsvorfälle zwischen Gemeinschaftsunternehmen und Konzerngesellschaften anteilig zu konsolidieren sind.

Auch assoziierte Unternehmen sind von der Konsolidierung betroffen (vgl. § 312 Abs. 4 S. 2 HGB), obwohl ihre einzelnen Aufwands- und Ertragspositionen, anders als bei den eben genannten Unternehmensgruppen, nicht in die Summen-GuV eingehen. Die im Rahmen der Equity-Methode ausgelösten Veränderungen des Beteiligungsbuchwertes des beteiligten Unternehmens am assoziierten Unternehmen sind nämlich erst in der Konsolidierungsphase zu erfassen, da die Equity-Methode dem Einzelabschluss und somit der Summen-Bilanz ebenso wie der Summen-GuV unbekannt ist.

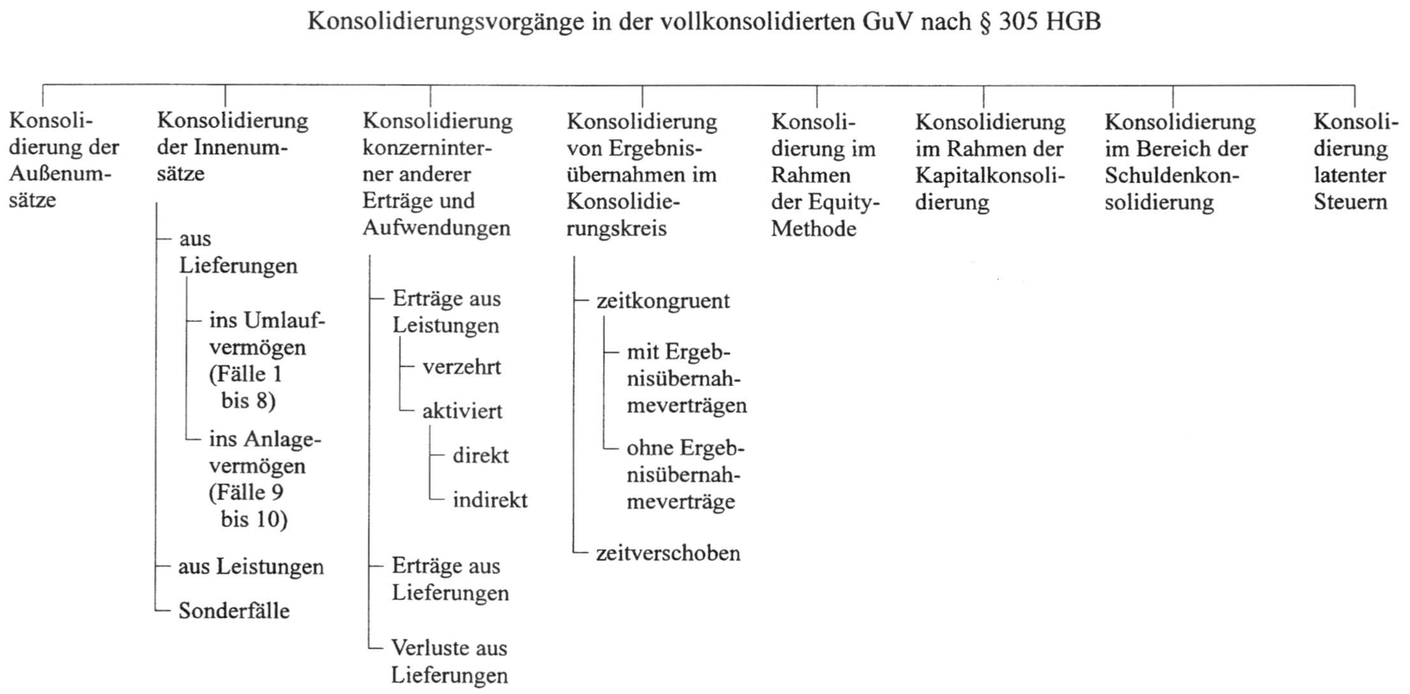

Schaubild J.1: Konsolidierungsvorgänge in der GuV

3. Konsolidierungsvorgänge

3.1 Konsolidierung der Innenumsatzerlöse

3.1.1 Konsolidierung der Innenumsatzerlöse aus Lieferungen

Lieferungen können in das Umlauf- oder Anlagevermögen eines Konzernunternehmens erfolgen (vgl. Schaubild J.1).

Unter J.3.1.1.1 werden Lieferungen in das Umlaufvermögen und unter J.3.1.1.2 Lieferungen in das Anlagevermögen angesprochen.

3.1.1.1 Lieferungen in das Umlaufvermögen

Die Fülle der möglichen Fälle soll dadurch bewältigt werden, dass diese Fälle systematisch gegliedert werden (vgl. Schaubild J.2). Für die meisten dieser Fälle wird dann jeweils ein Beispiel gebildet, anhand dessen die jeweils erforderlichen Konsolidierungsbuchungen erläutert werden.

HERKUNFT / SCHICKSAL		gelieferte Güter sind	
		Erzeugnisse der liefernden Konzerngesellschaft	Güter, die von der liefernden Gesellschaft gekauft wurden (Handelsware)
Die gelieferten Güter wurden von dem empfangenden Konzernunternehmen	nicht bearbeitet, liegen auf Lager	1v	5v
	bearbeitet, liegen auf Lager	2v 2t	6v
	im Folgejahr verkauft	3.1v 3.2v, 3.2t	7.6v
	(un)bearbeitet im gleichen Jahr verkauft	4v	8v

Schaubild J.2: Fälle konzerninterner Lieferungen in das Umlaufvermögen

Im Umlaufvermögen ist zunächst nach der Herkunft der gelieferten Güter der Konzerntransaktionen zu fragen: Entweder sind die Objekte der konzerninternen Transaktion in der liefernden Konzerngesellschaft erstellt worden, oder sie sind von dieser nur als Handelsware bezogen und unverarbeitet weiterveräußert worden.

Als zweites Differenzierungsmerkmal auf der Ebene des Umlaufvermögens wird das Schicksal der Lieferung im belieferten Konzernunternehmen herangezogen: Die gelieferten Güter können im Jahr der Lieferung betrachtet werden, wo sie unbearbeitet oder bearbeitet auf

Lager des belieferten Konzernunternehmens liegen oder konzernextern veräußert wurden, oder sie können in einem Folgejahr betrachtet werden, in dem sie durch Lieferung nach außen den Konzern verlassen.

Die Nummern in den Feldern der Matrix geben die jeweiligen Nummern der ausgewählten Fälle an. Eine Doppelnummer, etwa 3.1, signalisiert, dass sich der Fall 3 als Fortsetzung des Falles 1 ergibt. Die mit v bzw. t indizierten und als handelsrechtliche Ober- bzw. Untergrenze konstruierten Fälle zeigen an, dass die internen Konzernrichtlinien für die Bilanzen der HB II sowie für die Konzernbilanz eine Bewertung zu Voll- bzw. Teilkosten (Material und Löhne) vorsehen. Durch die internen Konzernrichtlinien sei es möglich, die (Konzern-)Herstellungskosten auf genau einen Punkt festzulegen, so dass stets eindeutige eliminierungspflichtige Zwischenergebnisse entstehen (vgl. C.3.3, I.3.3.1).

Den Fällen 1-4 liegen folgende Ausgangsdaten zugrunde:

Das Konzernunternehmen L liefert an Konzernunternehmen E Vorprodukte zu 170 €. Folgende Aufwendungen entstehen bei L:

Im Fertigungsbereich:

Materialaufwendungen:	30
Löhne:	30
Abschreibungen:	15

Im Vertriebsbereich fallen an:

Material (Verpackung für Transport zu E):	11
Abschreibungen:	5

Die Vertriebskosten sind im Rahmen des Transportes zum Konzernunternehmen E angefallen.

Anders dargestellt ergibt sich folgende Übersicht der bei L angefallenen Aufwendungen:

L	Fertigung	Vertrieb	Σ
Material	30	11	41
Löhne	30		30
Abschreibungen	15	5	20
	75	16	91

Wenn der Konzern sich für die Aufstellung einer Konzern-GuV nach dem Gesamtkostenverfahren entschieden hat, ist bei der Konsolidierung des Falles 1v (Beispiel J.1) zu beachten, dass aus Sicht eines fiktiven Einheitsunternehmens kein Umsatz getätigt wurde, sondern unfertige Erzeugnisse produziert und auf Lager genommen wurden, die dementsprechend in eine Bestandserhöhung umzugliedern sind.

Eine Aktivierung kann in Höhe von 91 € (= 41 Material + 30 Löhne + 20 Abschreibungen) vorgenommen werden, da die Vertriebskosten des Konzernunternehmens L aus Sicht des

Beispiel J.1: Konsolidierungsschema des Falles 1v:

Eigenerzeugnis des Lieferanten beim Empfänger unbearbeitet auf Lager	GuV Lieferant		GuV Empfänger		Umbuchungen		GuV Konzern	
	Aufw.	Ertr.	Aufw.	Ertr.	Soll	Haben	Aufw.	Ertr.
Gesamtkostenverfahren								
1. Umsatzerlöse		170			170			
2. Erhöhung oder Verminderung des Bestands an fertigen oder unfertigen Erzeugnissen						91		91
3. andere aktivierte Eigenleistungen								
5a. Aufwendungen für Roh-, Hilfs- und Betriebsstoffe und für bezogene Waren (Materialaufwand)	41						41	
6a. Löhne und Gehälter	30						30	
7a. Abschreibungen auf Sachanlagen	20						20	
20. Jahresüberschuss/ -fehlbetrag	79					79		0
Umsatzkostenverfahren								
1. Umsatzerlöse		170			2) 170			
2. Herstellungskosten der zur Erzielung der Umsatzerlöse erbrachten Leistungen	75				1) 16	2) 91		
4. Vertriebskosten	16					1) 16		
6. Sonstige betriebliche Erträge								
7. Sonstige betriebliche Aufwendungen								
8. Erträge aus Beteiligungen, davon aus verbundenen Unternehmen								
19. Jahresüberschuss	79					2) 79		0

Konzerns als Herstellungskosten (spezielle Verpackung für innerbetrieblichen Transport) zu interpretieren sind (vgl. I.3.2.2.1).

Beispiel J.2: Konsolidierungsschema des Falles 3.1v:

Eigenerzeugnis des Lieferanten, Handelsware von E, im Folgejahr weiterveräußert	GuV Lieferant		GuV Empfänger		Umbuchungen		GuV Konzern	
	Aufw.	Ertr.	Aufw.	Ertr.	Soll	Haben	Aufw.	Ertr.
Gesamtkostenverfahren								
1. Umsatzerlöse				250				250
2. Erhöhung oder Verminderung des Bestands an fertigen oder unfertigen Erzeugnissen					1) 170	2) 79	91	
3. andere aktivierte Eigenleistungen								
5a. Aufwendungen für Roh-, Hilfs- und Betriebsstoffe und für bezogene Waren (Materialaufwand)			170			1) 170		
6a. Löhne und Gehälter								
7a. Abschreibungen auf Sachanlagen								
20. Jahresüberschuss/ -fehlbetrag			80		2) 79		159	
Umsatzkostenverfahren								
1. Umsatzerlöse				250				250
2. Herstellungskosten der zur Erzielung der Umsatzerlöse erbrachten Leistungen			170			79	91	
4. Vertriebskosten								
6. Sonstige betriebliche Erträge								
7. Sonstige betriebliche Aufwendungen								
8. Erträge aus Beteiligungen, davon aus verbundenen Unternehmen								
19. Jahresüberschuss			80		79		159	

Eine Aufstellung der Konzern-GuV nach dem Umsatzkostenverfahren führt im Beispielfall 1v dazu, dass zunächst die Vertriebskosten von L in die Position 2 umzugliedern sind, da sie aus Konzernsicht den Charakter von Herstellungskosten besitzen. Im Umsatzkostenverfahren werden die Herstellungskosten nicht abgesetzter Produkte nicht ausgewiesen, sondern direkt in die Bilanz eingestellt. Da aus Sicht eines fiktiven Einheitsunternehmens keine Produkte abgesetzt wurden, müssen folglich die eben genannten Herstellungskosten sowie der Innenumsatz in der Konsolidierungsspalte entfernt werden.

Der Jahresüberschuss in der Konzern-GuV beträgt bei Verwendung beider Verfahren 0 €, da beide den Zwischengewinn der Lieferung von 79 € in der Konsolidierungsspalte erfolgswirksam eliminieren.

Werden die Produkte durch das Konzernunternehmen E unbearbeitet im Folgejahr zu 250 € weiterverkauft (Fall 3.1v, Fortsetzung des Falles 1v im Folgejahr), so werden die im Beispiel J.2 gezeigten Konsolidierungen erforderlich.

Der Materialaufwand des Konzernunternehmens E im Gesamtkostenverfahren muss umgegliedert werden in eine Bestandsminderung (1), weil aus Konzernsicht keine Handelsware, sondern eigene Erzeugnisse veräußert wurden. Zudem fällt die Bestandsminderung um den Zwischengewinn zu hoch aus, was erfolgserhöhend zu korrigieren ist (2).

Im Umsatzkostenverfahren sind die aus Konzernsicht zu hoch ausgewiesenen Herstellungskosten ebenfalls erfolgswirksam um den Zwischengewinn zu mindern.

Nunmehr soll der Empfänger die bezogenen Produkte weiterverarbeitet und auf Lager genommen haben (Fallgruppe 2).

Beim Empfänger seien im Fertigungsbereich folgende Löhne und Abschreibungen angefallen:

E	Fertigung	
Material	170	
Löhne	25	} 33
Abschreibungen	8	
	203	

Wenn die selbst erstellten Produkte im Konzern zu Vollkosten bewertet werden (Fall 2v), zeigt Beispiel J.3 die erforderlichen Konsolidierungsbuchungen.

Im Rahmen des Gesamtkostenverfahrens sind zunächst die Umsatzerlöse des Lieferanten mit dem Materialaufwand des Empfängers zu verrechnen; letzterer muss in der Konsolidierungsspalte entfernt werden, um eine Doppelzählung der originären Aufwendungen von L einerseits und der Materialaufwendungen von E andererseits zu verhindern. Weiter ist zu berücksichtigen, dass die Bestandserhöhung des Empfängers aus Sicht eines fiktiven Einheitsunternehmens um den Zwischengewinn in Höhe von 79 € zu hoch ausfällt; dieser ist unter Kürzung des Jahresüberschusses, d.h. erfolgswirksam, zu eliminieren. Somit erscheinen in der Konzern-GuV einheitstheoretisch korrekt die originären Aufwendungen des Konzerns sowie die Bestandsänderung.

Bei Wahl des Umsatzkostenverfahrens ergibt sich, dass in der Konsolidierungsspalte zuerst die Vertriebskosten des Lieferanten in Herstellungskosten umgegliedert werden. Da die Herstellungskosten der aus Konzernsicht noch nicht abgesetzten Produkte und die Innenumsatzerlöse aus der GuV zu eliminieren sind, werden diese gegeneinander aufgerechnet – die Differenz, der Zwischengewinn, kürzt erneut den Jahresüberschuss.

Beispiel J.3: Konsolidierungsschema des Falles 2v:

Eigenerzeugnis des Lieferanten beim Empfänger bearbeitet auf Lager	GuV Lieferant		GuV Empfänger		Umbuchungen		GuV Konzern	
	Aufw.	Ertr.	Aufw.	Ertr.	Soll	Haben	Aufw.	Ertr.
Gesamtkostenverfahren								
1. Umsatzerlöse		170			1) 170			
2. Erhöhung oder Verminderung des Bestands an fertigen oder unfertigen Erzeugnissen				203	2) 79			124
3. andere aktivierte Eigenleistungen								
5a. Aufwendungen für Roh-, Hilfs- und Betriebsstoffe und für bezogene Waren (Materialaufwand)	41		170			1) 170	41	
6a. Löhne und Gehälter	30		25				55	
7a. Abschreibungen auf Sachanlagen	20		8				28	
20. Jahresüberschuss/-fehlbetrag	79					2) 79		0
Umsatzkostenverfahren								
1. Umsatzerlöse		170			2) 170			
2. Herstellungskosten der zur Erzielung der Umsatzerlöse erbrachten Leistungen	75				1) 16	2) 91		
4. Vertriebskosten	16					1) 16		
6. Sonstige betriebliche Erträge								
7. Sonstige betriebliche Aufwendungen								
8. Erträge aus Beteiligungen, davon aus verbundenen Unternehmen								
19. Jahresüberschuss	79					2) 79		0

Werden die Erzeugnisse im Konzern nur zu Teilkosten bewertet (Fall 2t), so stellt Beispiel J.4 die Konsolidierungsbuchungen dar.

Beispiel J.4: Konsolidierungsschema des Falles 2t:

Eigenerzeugnis des Lieferanten beim Empfänger bearbeitet auf Lager	GuV Lieferant		GuV Empfänger		Umbuchungen		GuV Konzern	
	Aufw.	Ertr.	Aufw.	Ertr.	Soll	Haben	Aufw.	Ertr.
Gesamtkostenverfahren								
1. Umsatzerlöse		170			1) 170			
2. Erhöhung oder Verminderung des Bestands an fertigen oder unfertigen Erzeugnissen				195	2) 99			96
3. andere aktivierte Eigenleistungen								
5a. Aufwendungen für Roh-, Hilfs- und Betriebsstoffe und für bezogene Waren (Materialaufwand)	41		170			1) 170	41	
6a. Löhne und Gehälter	30		25				55	
7a. Abschreibungen auf Sachanlagen	20		8				28	
20. Jahresüberschuss/ -fehlbetrag	79			8		2) 99		28
Umsatzkostenverfahren								
1. Umsatzerlöse		170			2) 170			
2. Herstellungskosten der zur Erzielung der Umsatzerlöse erbrachten Leistungen	60				1) 11	2) 71		
4. Vertriebskosten	16					1) 16		
6. Sonstige betriebliche Erträge								
7. Sonstige betriebliche Aufwendungen	15		8		1) 5		28	
8. Erträge aus Beteiligungen, davon aus verbundenen Unternehmen								
19. Jahresüberschuss	79			8		2) 99		28

Bei einer Bewertung zu Teilkosten (Material und Fertigungslöhne einschließlich des Verpackungsmaterials für den innerbetrieblichen Transport) ist beim Gesamtkostenverfahren die Bestandsänderung im Konzern letztlich in Höhe von 96 € auszuweisen (= 41 Material + 30 Löhne L + 25 Löhne E). Zu konsolidieren sind folglich die Innenumsätze des Lieferanten mit dem Materialaufwand des Empfängers sowie der Zwischengewinn von 99 € (195 - 96 bzw.

170 - (41 + 30)) in den Bestandsveränderungen einerseits und im Jahresüberschuss andererseits. Der verbleibende Jahresfehlbetrag von 28 € resultiert dann aus den nicht aktivierten Abschreibungen.

Die Herstellungskosten in Position 2 des Umsatzkostenverfahrens nach § 275 Abs. 3 HGB können ganz unterschiedlich abgegrenzt werden (vgl. hierzu Schildbach, Jahresabschluss, 2008, S. 252-258, SABI 1/1987, WPg 1987, S. 142). Hier wird fortan stets davon ausgegangen, dass sich die Herstellungskosten in Bilanz und GuV gleichen.

Demzufolge müssen die nicht zu aktivierenden Aufwendungen des Herstellungsbereiches schon in den Gewinn- und Verlustrechnungen der Einzelunternehmen nicht mehr in der Position 2, sondern in der Position 7 (sonstige betriebliche Aufwendungen) erscheinen.

In der Einzel-GuV von L zeigen sich somit im Fall 2t unter Position Nr. 2 die Einzelkosten in Höhe von 60 € (= 30 Material + 30 Lohn), unter Position Nr. 7 die Abschreibungen des Fertigungsbereiches sowie in Position Nr. 4 die 16 € Vertriebskosten.

Nach Umgliederung der Vertriebskosten in die Herstellungskosten – soweit es um Verpackungsmaterial für den innerbetrieblichen Transport geht – bzw. in sonstige betriebliche Aufwendungen – soweit es sich um nicht zu aktivierende Abschreibungen handelt – wird die Summen-GuV um die 170 € Umsatzerlöse und die bei L angefallenen Herstellungskosten in Höhe von 71 € (= 41 Material + 30 Löhne) sowie um den Zwischengewinn von 99 € erfolgswirksam bereinigt.

Werden die Produkte durch das Konzernunternehmen E dann im Folgejahr zu 250 € an Konzernexterne veräußert (Fall 3.2, Fortsetzung des Falles 2 im Folgejahr), so muss danach unterschieden werden, ob in der Bilanz zu Vollkosten oder zu Teilkosten bewertet wird.

Bei Vollkostenbewertung (Fall 3.2v) wurden die Erzeugnisse im Vorjahr bei E zu 203 € und in der Konzernbilanz zu 124 € bewertet. Im Rahmen des Gesamtkostenverfahrens muss die Bestandsänderung erfolgssteigernd auf die vollen Konzernherstellungskosten von 124 € gesenkt werden, so dass der im Vorjahr eliminierte Zwischengewinn jetzt realisiert wird.

Gleiches geschieht im Umsatzkostenverfahren durch eine Senkung der Herstellungskosten.

Bei Teilkostenbewertung (Fall 3.2t, Bewertung der Erzeugnisse im Vorjahr bei E zu 195 € und im Konzern zu 96 €) stimmen die Konsolidierungen im Prinzip mit denjenigen bei Vollkostenbewertung überein, nur sind die Bestandsminderungen bzw. die Herstellungskosten auf die niedrigeren Teilkosten von 96 € zu reduzieren, so dass der jetzt realisierte Zwischengewinn mit 99 € entsprechend höher ausfällt.

Beispiel J.5: Konsolidierungsschema des Falles 3.2v:

Eigenerzeugnis des Lieferanten beim Empfänger weiterbearbeitet, im Folgejahr weiterveräußert	GuV Lieferant		GuV Empfänger		Umbuchungen		GuV Konzern	
	Aufw.	Ertr.	Aufw.	Ertr.	Soll	Haben	Aufw.	Ertr.
Gesamtkostenverfahren								
1. Umsatzerlöse				250				250
2. Erhöhung oder Verminderung des Bestands an fertigen oder unfertigen Erzeugnissen			203			79	124	
3. andere aktivierte Eigenleistungen								
5a. Aufwendungen für Roh-, Hilfs- und Betriebsstoffe und für bezogene Waren (Materialaufwand)								
6a. Löhne und Gehälter								
7a. Abschreibungen auf Sachanlagen								
20. Jahresüberschuss/ -fehlbetrag			47		79		126	
Umsatzkostenverfahren								
1. Umsatzerlöse				250				250
2. Herstellungskosten der zur Erzielung der Umsatzerlöse erbrachten Leistungen			203			79	124	
4. Vertriebskosten								
6. Sonstige betriebliche Erträge								
7. Sonstige betriebliche Aufwendungen								
8. Erträge aus Beteiligungen, davon aus verbundenen Unternehmen								
19. Jahresüberschuss			47		79		126	

Nunmehr soll der Fall 4v betrachtet werden, bei dem die Produkte bei E ceteris paribus weiterverarbeitet und in demselben Jahr veräußert werden. Dass mit Vollkosten bewertet wird, ist in diesem Fall für die Ableitung der Gewinn- und Verlustrechnungen von L und von E nach dem Umsatzkostenverfahren von Bedeutung; die Abschreibungen des Fertigungsbereiches erscheinen somit unter der Position Herstellungskosten.

Beispiel J.6: Konsolidierungsschema des Falles 4v:

Eigenerzeugnis des Lieferanten beim Empfänger bearbeitet und im selben Jahr verkauft	GuV Lieferant		GuV Empfänger		Umbuchungen		GuV Konzern	
	Aufw.	Ertr.	Aufw.	Ertr.	Soll	Haben	Aufw.	Ertr.
Gesamtkostenverfahren								
1. Umsatzerlöse		170		250	170			250
2. Erhöhung oder Verminderung des Bestands an fertigen oder unfertigen Erzeugnissen								
3. andere aktivierte Eigenleistungen								
5a. Aufwendungen für Roh-, Hilfs- und Betriebsstoffe und für bezogene Waren (Materialaufwand)	41		170			170	41	
6a. Löhne und Gehälter	30		25				55	
7a. Abschreibungen auf Sachanlagen	20		8				28	
20. Jahresüberschuss/ -fehlbetrag	79		47				126	
Umsatzkostenverfahren								
1. Umsatzerlöse		170		250	2) 170			250
2. Herstellungskosten der zur Erzielung der Umsatzerlöse erbrachten Leistungen	75		203		1) 16	2) 170	124	
4. Vertriebskosten	16					1) 16		
6. Sonstige betriebliche Erträge								
7. Sonstige betriebliche Aufwendungen								
8. Erträge aus Beteiligungen, davon aus verbundenen Unternehmen								
19. Jahresüberschuss	79		47				126	

Erfolgswirkungen dürfen von der Konsolidierung in diesem Fall nicht ausgehen, weil am Periodenende keine Produkte aus dem Konzernkreis mit "zwischenergebnisträchtigen" Werten bei Konzernunternehmen lagern. Zwischenergebnisse können somit im Erfolg weder der Summen-Bilanz noch der Summen-GuV enthalten sein.

Durch die Konsolidierung muss aber eine Doppelzählung bei Umsätzen und Aufwendungen verhindert werden - beim Gesamtkostenverfahren durch Aufrechnung von Umsatzerlösen mit Materialaufwendungen und beim Umsatzkostenverfahren durch Aufrechnung der Umsatzerlöse mit den Herstellungskosten in Höhe der Innenumsatzerlöse in Höhe von 170 €. Beim Umsatzkostenverfahren müssen außerdem die "innerbetrieblichen" Transportkosten von Vertriebskosten in Herstellungskosten umgegliedert werden.

Nunmehr sollen Handelswaren des Konzernunternehmens L an Konzernunternehmen E veräußert und fallweise weiterverarbeitet werden (Fälle 5-8). Dabei wird von folgenden Daten ausgegangen:

Anschaffungskosten der Handelswaren für L: 80 €.
Weitere Aufwendungen sollen bei L nicht anfallen.

Umsatzerlöse für L:	70 €
Umsatzerlöse für E:	250 €

Sofern E die bezogenen Produkte weiterverarbeitet, kommt es dort zu der bis auf den Materialaufwand bereits bekannten Aufwandsstruktur:

E	Fertigung
Materialaufwand	70
Löhne	25
Abschreibungen	8
	103

L erwirtschaftet somit im Unterschied zu den Fällen 1-4 einen Zwischenverlust.

Für den Fall 5v (L veräußert Handelsware an E, die dort unverarbeitet gelagert wird) ergibt sich folgendes:

In der nach dem Gesamtkostenverfahren aufgestellten GuV von L stehen 70 € Umsatzerlöse und 10 € Jahresfehlbetrag 80 € Materialaufwand gegenüber. Die GuV von E weist keine Zahlen auf. Die Konzern-GuV darf ebenso keine Beträge aufweisen, weil aus Konzernsicht bloß vom Konzern gekaufte Waren ohne Berührung der GuV aktiviert werden.

In der Konsolidierungsspalte werden folglich die Umsatzerlöse des Lieferanten erfolgswirksam mit dem Materialaufwand des Lieferanten aufgerechnet: per Umsatzerlöse 70 und per Jahresüberschuss 10 an Materialaufwand 80.

Beim Umsatzkostenverfahren weist die L-GuV 70 € Umsatzerlöse, 80 € Herstellungskosten in Position Nr. 2 und 10 € Jahresfehlbetrag aus. Die GuV von E enthält keine Beträge, was auch für die Konzern-GuV gelten muss. Durch die Konsolidierungsbuchung "per Umsatzerlöse 70 und per Jahresüberschuss 10 an Herstellungskosten 80" wird das erreicht.

Die Konsolidierungsbuchungen für den zu 2v analogen Fall 6v (E bezieht Handelsware von L, verarbeitet diese weiter und nimmt sie auf Lager) zeigt Beispiel J.7.

Beispiel J.7: Konsolidierungsschema des Falles 6v:

Handelsware des Lieferanten beim Empfänger bearbeitet und auf Lager genommen	GuV Lieferant		GuV Empfänger		Umbuchungen		GuV Konzern	
	Aufw.	Ertr.	Aufw.	Ertr.	Soll	Haben	Aufw.	Ertr.
Gesamtkostenverfahren								
1. Umsatzerlöse		70			1) 70			
2. Erhöhung oder Verminderung des Bestands an fertigen oder unfertigen Erzeugnissen				103		2) 10		113
3. andere aktivierte Eigenleistungen								
5a. Aufwendungen für Roh-, Hilfs- und Betriebsstoffe und für bezogene Waren (Materialaufwand)	80		70			1) 70	80	
6a. Löhne und Gehälter			25				25	
7a. Abschreibungen auf Sachanlagen			8				8	
20. Jahresüberschuss/ -fehlbetrag		10			2) 10			
Umsatzkostenverfahren								
1. Umsatzerlöse		70			70			
2. Herstellungskosten der zur Erzielung der Umsatzerlöse erbrachten Leistungen	80					80		
4. Vertriebskosten								
6. Sonstige betriebliche Erträge								
7. Sonstige betriebliche Aufwendungen								
8. Erträge aus Beteiligungen, davon aus verbundenen Unternehmen								
19. Jahresüberschuss		10			10			

Beim Gesamtkostenverfahren wird die Bestandserhöhung in der Konzern-GuV relativ zur Summen-GuV um den Zwischenverlust erhöht. Die Bestandserhöhung in Höhe von 113 € in der Konzern-GuV setzt sich aus 80 € Materialaufwendungen (bei L), 25 € Löhnen und 8 € Abschreibungen (bei E) zusammen. Zudem wird die Doppelzählung von Umsatz und Materialaufwand in Höhe von 70 € beseitigt. Das Umsatzkostenverfahren führt wie im Fall 2v zu einer "leeren" Konzern-GuV, da keine Umsätze mit Externen erzielt wurden.

Für den Fall 7.6v (im Folgejahr verkauft E Eigenerzeugnisse des Vorjahres) gleicht die Struktur der GuV von Konzernunternehmen E in beiden Verfahren der des Falles 3.2v.

Im Gesamtkostenverfahren ist in der Konsolidierungsspalte die Bestandsminderung um den Zwischenverlust in Höhe von 10 € erfolgsmindernd zu erhöhen (per Bestandsminderung an Jahresüberschuss 10).

Im Umsatzkostenverfahren sind in der Konsolidierungsspalte die Herstellungskosten um 10 € erfolgsmindernd zu erhöhen (per Herstellungskosten an Jahresüberschuss 10).

Im Fall 8v (Handelsware von L wird bei E weiterverarbeitet und in demselben Jahr veräußert) sieht die Konsolidierungsspalte des Gesamtkostenverfahrens strukturell so wie im Fall 4v aus: Die größengleichen Umsatzerlöse des Lieferanten werden gegen den Materialaufwand des Empfängers erfolgsneutral aufgerechnet; ein Zwischenergebnis kann wegen des Außenumsatzes nicht mehr vorliegen. In der Konzern-GuV erscheinen:

Umsatzerlöse:	250
Material:	./. 80
Löhne:	./. 25
Abschreibungen:	./. 8
Jahresüberschuss:	137

Im Umsatzkostenverfahren werden wie im Fall 4v die Umsatzerlöse mit den Herstellungskosten in Höhe der Innenumsatzerlöse aufgerechnet: per Umsatzerlöse an Herstellungskosten 70 €. Die Konzern-GuV ergibt sich mit:

Umsatzerlöse:	250
Herstellungskosten:	./. 113
Jahresüberschuss:	137

3.1.1.2 Lieferungen in das Anlagevermögen

Für konzerninterne Lieferungen in das Anlagevermögen des Konzerns sind zwei Fälle voneinander zu unterscheiden:

- konzernintern erstelltes Anlagevermögen wird innerhalb des Konzerns weiterverkauft (Produktion und Verkauf, Fall 9),
- konzernextern erstelltes Anlagevermögen wird innerhalb des Konzerns weiterverkauft (Handel, Fall 10).

Im Fall 9v ist das gelieferte Anlagegut Eigenprodukt des liefernden Konzernunternehmens. Die Aufwandsstruktur sei dieselbe wie in den Fällen 1-4, also:

L	Fertigung	Vertrieb	Σ
Material	30	11	41
Löhne	30	-	30
Abschreibungen	15	5	20
	75	16	91

Der konzerninterne Umsatz beläuft sich auf 170 €.

Wird der Anlagegegenstand bei E im Vertrieb eingesetzt, mit vollen Herstellungskosten bewertet und über 10 Jahre linear abgeschrieben, so sind die in Beispiel J.8 dargestellten Konsolidierungsbuchungen erforderlich.

Im Gesamtkostenverfahren stellt sich die Transaktion aus Konzernsicht als selbst erstellte Eigenleistung mit Konzernherstellungskosten in Höhe von 91 € dar, die folglich unter Eliminierung der Innenumsatzerlöse von 170 € und des Zwischengewinnes von 79 € als andere aktivierte Eigenleistung auszuweisen ist (1). Außerdem muss in der Konzern-GuV die Abschreibung auf Basis der Konzernherstellungskosten berechnet werden, was in der Konsolidierungsspalte zu einer Minderung der Abschreibungen führt (2).

Die in der GuV von L nach dem Umsatzkostenverfahren ausgewiesenen 16 € Vertriebskosten stellen wiederum "innerbetriebliche" Transportkosten dar, die aus Konzernsicht in die Herstellungskosten der selbst erstellten Anlagen einbezogen werden können und dann nicht erfolgswirksam werden. Da sich aktivierte Eigenleistungen in einer GuV nach dem Umsatzkostenverfahren nicht niederschlagen und im Beispiel alle entstandenen Kosten als Herstellungskosten aktiviert werden können, sind im Rahmen der Konsolidierung die Innenumsatzerlöse von 170 € gegen die Aufwendungen (75 + 16) und gegen den Zwischengewinn von 79 € aufzurechnen. Zusätzlich müssen die Abschreibungen auf die Eigenleistung von ursprünglich 17 € auf 10 % ihres Wertes aus Konzernsicht – auf 9,1 € also – reduziert werden. Die Konzern-GuV weist dann als einzige Position die auf Basis der Konzernherstellungskosten berechneten Abschreibungen des im Vertrieb eingesetzten Anlagegegenstandes unter Nr. 4 aus.

Auch in den Folgejahren 02-10 sind die Abschreibungen um die anteiligen Zwischengewinne in Höhe von 7,9 in der Konsolidierungsspalte erfolgserhöhend zu korrigieren, im Gesamtkostenverfahren wird wieder Pos. 7a, im Umsatzkostenverfahren Pos. 4 angesprochen.

Schwieriger zu lösen wäre der Fall, wenn der Anlagegegenstand bei E im Fertigungsbereich eingesetzt würde und die Abschreibungen von E als Herstellungskostenbestandteil (un)fertiger Erzeugnisse aktiviert worden wären.

Im Gesamtkostenverfahren müssten dann nämlich zusätzlich zu (2) die Bestandserhöhungen um die aktivierten überhöhten Abschreibungen in Höhe von 7,9 € erfolgswirksam gemindert werden. Der Zwischengewinn wird in der Konzern-GuV erst bei Verkauf der (un)fertigen Erzeugnisse an Dritte realisiert.

Im Umsatzkostenverfahren würden die Abschreibungen im Jahr der Aktivierung der (un)fertigen Erzeugnisse gar nicht ausgewiesen, so dass keine zu Konsolidierungsbuchung (3) analoge Buchung notwendig würde. Allerdings würden in dem Jahr, in dem die unter Einsatz

Beispiel J.8: Konsolidierungsschema des Falles 9v:

Eigenerzeugnis des Lieferanten beim Empfänger im Anlagevermögen, AfA 10 %	GuV Lieferant		GuV Empfänger		Umbuchungen		GuV Konzern	
	Aufw.	Ertr.	Aufw.	Ertr.	Soll	Haben	Aufw.	Ertr.
Gesamtkostenverfahren								
1. Umsatzerlöse		170			1) 170			
2. Erhöhung oder Verminderung des Bestands an fertigen oder unfertigen Erzeugnissen								
3. andere aktivierte Eigenleistungen						1) 91		91
5a. Aufwendungen für Roh-, Hilfs- und Betriebsstoffe und für bezogene Waren (Materialaufwand)	41						41	
6a. Löhne und Gehälter	30						30	
7a. Abschreibungen auf Sachanlagen	20		17			2) 7,9	29,1	
20. Jahresüberschuss/ -fehlbetrag	79			17	2) 7,9	1) 79		9,1
Umsatzkostenverfahren								
1. Umsatzerlöse		170			2) 170			
2. Herstellungskosten der zur Erzielung der Umsatzerlöse erbrachten Leistungen	75				1) 16	2) 91		
4. Vertriebskosten	16		17			1) 16 3) 7,9	9,1	
6. Sonstige betriebliche Erträge								
7. Sonstige betriebliche Aufwendungen								
8. Erträge aus Beteiligungen, davon aus verbundenen Unternehmen								
19. Jahresüberschuss	79			17	3) 7,9	2) 79		9,1

der Eigenleistung erstellten Erzeugnisse nach außen veräußert werden, die Herstellungskosten von E aus Konzernsicht um die Abschreibungen überhöht sein, was dann zu eliminieren ist.

Abschließend sei der Fall 10 angesprochen, in dem Konzernunternehmen L den Anlagegegenstand nur als Handelsware an E zur Nutzung im Vertriebsbereich von E weiterreicht. Aus Konzernsicht berühren diese Handelsgeschäfte die GuV nicht, so dass sie einschließlich des Zwischenergebnisses eliminiert werden müssen. Außerdem werden die Abschreibungen der Anlage erneut zu hoch ausgewiesen, so dass insoweit die Konsolidierungsbuchungen (2) im Gesamtkostenverfahren bzw. (3) im Umsatzkostenverfahren aus dem Beispiel 9v analog vorzunehmen sind.

3.1.2 Konsolidierung der Innenumsatzerlöse aus Leistungen

Die Konsolidierung von betriebsüblichen Erträgen aus Leistungen wie z.B. Pacht-, Miet- und Lizenzerträgen gestaltet sich im Gesamtkostenverfahren dann besonders einfach, wenn den Umsätzen der leistenden Seite gleich große Aufwendungen etwa unter Position 5b oder 8 des Gesamtkostenverfahrens auf der Empfängerseite gegenüberstehen, die weder aus Konzernsicht noch aus Sicht des Empfängerunternehmens aktivierungsfähig sind. In diesem Fall werden die Umsatzerlöse des Leistenden mit den entsprechenden Aufwendungen des Empfängers erfolgsneutral aufgerechnet. Die eventuellen Aufwendungen des Leistenden aus seiner Einzel-GuV müssen gegebenenfalls für die Konzern-GuV umgegliedert werden (Beispiel: Die Aufwendungen für Farben, Lacke etc. einer Konzerngesellschaft, die im Konzern die Aufgabe einer konzerninternen Malerwerkstatt übernimmt, müssen aus der Position Nr. 5a in die Position Nr. 8 umgegliedert werden, da die Position Materialaufwand nach der hier vertretenen Meinung nur die Aufwendungen aus dem Einsatz von Roh-, Hilfs-, und Betriebsstoffen in der Produktion erfasst).

Im Umsatzkostenverfahren sind eventuell Herstellungskosten des Leistenden aus Position 2 in sonstige betriebliche Aufwendungen umzuordnen (dies gilt z.B. im Falle der genannten Aufwendungen der Malerwerkstatt). Ferner müssen Innenumsätze des Leistenden mit den Aufwendungen des Empfängers erfolgsneutral, also ohne dass das Ergebnis der Summen-GuV in der Konsolidierungsspalte verändert wird, aufgerechnet werden.

Sind die Leistungen auf der Empfängerseite im Gesamtkostenverfahren ohne Berührung der GuV direkt (als Anschaffungsnebenkosten, z.B. im Falle einer Installation oder eines konzerninternen Transportes eines Anlagegegenstandes) oder über den Umweg der GuV indirekt aktiviert worden (z.B. andere aktivierte Eigenleistung), dann ergibt sich folgendes:

Im direkten Fall sind die Umsatzerlöse in Höhe der Konzernherstellungskosten in die Position Nr. 3 (Konzern-Anlagevermögen) oder 2 (Konzern-Umlaufvermögen) des Gesamtkostenverfahrens umzugliedern und in Höhe der Zwischenergebnisse erfolgswirksam zu konsolidieren.

Im indirekten Fall müssen zunächst die Umsatzerlöse des Lieferanten mit den Aufwendungen des Empfängers verrechnet werden. Zudem sind Zwischenergebnisse aus den Bestandserhöhungen bzw. aktivierten Eigenleistungen erfolgswirksam zu entfernen.

Für das Umsatzkostenverfahren erübrigt sich im Jahr der Leistung eine Unterscheidung zwischen direkter und indirekter Aktivierung beim Empfänger, weil die Aktivierung der Leistung stets ohne Berührung der GuV des Empfängers erfolgt. Die Innenumsatzerlöse des Leistenden sind mit den zugehörigen Herstellungskosten des Leistenden aus Position 2 der GuV – im Falle eines Zwischengewinnes zusätzlich unter Berührung des Jahresüberschusses – aufzurechnen.

3.1.3 Sonderfälle

Bisher wurde die Konzern-GuV getreu der Einheitstheorie abgeleitet. Das Gesetz lässt aber Ausnahmen von dieser Vorgehensweise zu, die im folgenden näher betrachtet werden.

In § 304 Abs. 2 HGB wird das Wahlrecht eröffnet, auf die Zwischenergebniseliminierung zu verzichten, wenn die Zwischenergebniseliminierung *"für die Vermittlung eines den tatsächlichen Verhältnissen entsprechenden Bildes der Vermögens-, Finanz- und Ertragslage des Konzerns nur von untergeordneter Bedeutung ist."*

Für die GuV-Konsolidierung gilt in diesem Fall, dass der Jahresüberschuss der Summen-GuV nicht um den Zwischengewinn gekürzt bzw. um den Zwischenverlust erhöht werden muss. Dennoch sind natürlich weiterhin Innenumsatzerlöse etwa in Bestandsänderungen umzugliedern oder mit Materialaufwendungen aufzurechnen, allerdings in erfolgsneutraler Weise, also ohne Berührung des Jahresüberschusses. Auf die Konsolidierung der Innenumsatzerlöse kann nur verzichtet werden, wenn § 305 Abs. 2 HGB greift.

Von § 304 Abs. 2 HGB streng zu trennen ist nämlich § 305 Abs. 2 HGB, der es erlaubt, auf die Konsolidierung von Aufwendungen und Erträgen einschließlich der Innenumsätze zu verzichten, wenn die wegzulassenden Beträge von nur untergeordneter Bedeutung für den "true and fair view" sind. Bei einer Beurteilung der Bedeutung ist nicht auf jede einzelne konsolidierungspflichtige Maßnahme, sondern auf die Gesamtheit der hier relevanten wegzulassenden Aufwendungen und Erträge abzustellen (vgl. ADS, 6. Aufl., § 305 Tz. 100).

Bei Erfüllung des Tatbestandes des § 305 Abs. 2 HGB würde die Summen-GuV bezüglich der unbedeutenden Aufwendungen und Erträge unmodifiziert in die Konzern-GuV eingehen. Dennoch müssten entsprechend § 304 Abs. 1 HGB Zwischenerfolge aus der Konzern-Bilanz und der Konzern-GuV verbannt, d.h. erfolgswirksam eliminiert werden, sofern nicht auch insoweit die Ausnahmeregelung des § 304 Abs. 2 HGB anwendbar ist.

Nur wenn also der Tatbestand des § 304 Abs. 2 HGB und der des § 305 Abs. 2 HGB erfüllt ist, brauchen sowohl Zwischenergebnisse nicht eliminiert als auch Innenumsätze nicht konsolidiert zu werden.

Die ähnliche Formulierung der §§ 304 Abs. 2 und 305 Abs. 2 HGB legt allerdings die Vermutung nahe, dass die jeweiligen Tatbestände in beiden Fällen meist entweder gleichzeitig erfüllt oder gleichzeitig nicht erfüllt sind. Zwingend freilich besteht dieser Gleichlauf nicht.

Im Folgenden werden einfache Fälle betrachtet, bei denen zwar der Tatbestand des § 304 Abs. 2 HGB (der Zwischenerfolg von 1 € ist nahe daran, als Cent-Betrag nicht mehr erfasst

Beispiel J.9: Konsolidierungsschema des Falles 2 SF G:

Eigenerzeugnis des Lieferanten beim Empfänger unbearbeitet auf Lager, Lieferung in das Anlagevermögen (Gewinn)	GuV Lieferant		GuV Empfänger		Umbuchungen		GuV Konzern	
	Aufw.	Ertr.	Aufw.	Ertr.	Soll	Haben	Aufw.	Ertr.
Gesamtkostenverfahren								
1. Umsatzerlöse		900		870	900			870
2. Erhöhung oder Verminderung des Bestands an fertigen oder unfertigen Erzeugnissen								
3. andere aktivierte Eigenleistungen						900		900
5a. Aufwendungen für Roh-, Hilfs- und Betriebsstoffe und für bezogene Waren (Materialaufwand)	400		80				480	
6a. Löhne und Gehälter	299		60				359	
7a. Abschreibungen auf Sachanlagen	200		90				290	
20. Jahresüberschuss/ -fehlbetrag	1		640				641	
Umsatzkostenverfahren								
1. Umsatzerlöse		900		870	900			870
2. Herstellungskosten der zur Erzielung der Umsatzerlöse erbrachten Leistungen	899		140			900	139	
4. Vertriebskosten			90				90	
6. Sonstige betriebliche Erträge								
7. Sonstige betriebliche Aufwendungen								
8. Erträge aus Beteiligungen, davon aus verbundenen Unternehmen								
19. Jahresüberschuss	1		640				641	

zu werden), nicht aber der des § 305 Abs. 2 HGB (der Innenumsatz von 900 € ist größer als der Außenumsatz von 870 €) erfüllt ist. Daher kann auf die Zwischenerfolgseliminierung verzichtet werden. Die Innenumsatzkonsolidierung hingegen hat zu erfolgen.

Im Beispiel J.9 hat der Lieferant Materialien von 400 €, Löhne von 299 € und Abschreibungen von 200 € im Herstellungsbereich eingesetzt, um eine Maschine zu erzeugen, die für 900 € an den konzerninternen Empfänger geliefert und dort im Absatzbereich eingesetzt wird. Der Empfänger hat auf Basis von Materialien von 80 € und Löhnen von 60 € im Herstellungsbereich sowie Abschreibungen von 90 € im Absatzbereich ein Produkt erzeugt, das für 870 € an konzernfremde Dritte veräußert wurde. Weil der Tatbestand des § 305 Abs. 2 HGB nicht erfüllt ist, müssen die Innenumsätze von 900 € eliminiert werden – im Gesamtkostenverfahren voll zu Lasten der anderen aktivierten Eigenleistungen und im Umsatzkostenverfahren voll zu Lasten der Umsatzkosten. Der unwesentliche Gewinn von 1 € allerdings wird, weil die Ausnahme des § 304 Abs. 2 HGB in Anspruch genommen werden darf, nicht konsolidiert. Beim Gesamtkostenverfahren wird das erreicht, indem die aktivierten Eigenleistungen von 900 € über die Herstellungskosten von 899 € hinaus auch den Gewinn von 1 € beinhalten. Im Umsatzkostenverfahren werden mit 900 € mehr Umsatzkosten eliminiert, als beim Lieferanten entstanden sind – nämlich nur 899 €. Im anschließenden Beispiel J.10 wird der analoge Fall mit unwesentlichem Zwischenverlust dargestellt, verursacht durch die Anhebung der Löhne und Gehälter des Lieferanten von 299 auf 301 € bzw. der Umsatzkosten des Lieferanten von 899 auf 901 €.

3.2 Konsolidierung anderer Erträge und Aufwendungen nach § 305 Abs. 1 Nr. 2 HGB

In Ergänzung zu den von § 305 Abs. 1 Nr. 1 HGB erfassten Umsatzerlösen sieht § 305 Abs. 1 Nr. 2 HGB ausdrücklich nur die Konsolidierung anderer Erträge aus Lieferungen und Leistungen vor. Dennoch ergibt sich aus der Einheitstheorie zwingend die Pflicht auch zur Konsolidierung von verlustbringenden konzerninternen Geschäften (anderen Aufwendungen), die sich nicht in den Umsatzerlösen niederschlagen. § 305 HGB hat insofern nicht abschließenden Charakter (vgl. ADS, 6. Aufl., § 305 Tz. 57).

Andere Erträge in der Einzel-GuV unterscheiden sich von Umsatzerlösen darin, dass ihnen keine gewöhnlichen und typischen Geschäftsvorfälle des Einzelunternehmens zugrunde liegen. Konkret geht es dabei zunächst um Veräußerungen von gebrauchten Anlagen oder von Wertpapieren, bei denen innerhalb des Konzerns Gewinne (sonstige betriebliche Erträge beim Lieferer) oder Verluste (sonstige betriebliche Aufwendungen beim Lieferer) entstehen.

Diese Zwischenergebnisse sind aus Konzernsicht grundsätzlich zu eliminieren, was durch Buchungen "per sonstige betriebliche Erträge an Jahresüberschuss" bzw. "per Jahresfehlbetrag an sonstige betriebliche Aufwendungen" in beiden Formen der GuV leicht erreichbar ist.

Beispiel J.10: Konsolidierungsschema des SF V:

Eigenerzeugnis des Lieferanten, beim Empfänger unbearbeitet, Lieferung in das Anlageverm. (Verlust)	GuV Lieferant		GuV Empfänger		Umbuchungen		GuV Konzern	
	Aufw.	Ertr.	Aufw.	Ertr.	Soll	Haben	Aufw.	Ertr.
Gesamtkostenverfahren								
1. Umsatzerlöse		900		870	900			870
2. Erhöhung oder Verminderung des Bestands an fertigen oder unfertigen Erzeugnissen								
3. andere aktivierte Eigenleistungen						900		900
5a. Aufwendungen für Roh-, Hilfs- und Betriebsstoffe und für bezogene Waren (Materialaufwand)	400		80				480	
6a. Löhne und Gehälter	301		60				361	
7a. Abschreibungen auf Sachanlagen	200		90				290	
20. Jahresüberschuss/ -fehlbetrag		1	640				639	
Umsatzkostenverfahren								
1. Umsatzerlöse		900		870	900			870
2. Herstellungskosten der zur Erzielung der Umsatzerlöse erbrachten Leistungen	901		140			900	141	
4. Vertriebskosten			90				90	
6. Sonstige betriebliche Erträge								
7. Sonstige betriebliche Aufwendungen								
8. Erträge aus Beteiligungen, davon aus verbundenen Unternehmen								
19. Jahresüberschuss		1	640				639	

Ferner sind sonstige betriebliche Aufwendungen aus innerkonzernlichen Leistungen wie z.B. Zinsen, Pachterträge, Mieten etc. zu eliminieren, die nicht bereits bei der Konsolidierung der Innenumsatzerlöse erfasst wurden. Die Konsolidierung ist in diesen Fällen durch Aufrechnung der Zinserträge und -aufwendungen (Pos. 11 und 13 des Gesamtkosten- bzw. Pos. 10

und 12 des Umsatzkostenverfahrens) oder der sonstigen betrieblichen Erträge und Aufwendungen, in denen sich Pacht und Miete niederschlagen, leicht zu erreichen.

Analoge Probleme zu denen aus J.3.1.2 ergeben sich, wenn andere Leistungen beim Empfänger direkt oder indirekt aktiviert wurden.

3.3 Gewinntransfer im Konsolidierungskreis

Gewinntransfers innerhalb des Konzerns und die daraus folgenden Konsolidierungsvorgänge werden der Übersichtlichkeit halber in einem gesonderten Abschnitt behandelt, obwohl sie streng genommen unter die Konsolidierung anderer Erträge und Aufwendungen zu subsumieren sind. Eine Unterscheidung zwischen dem Gesamt- und dem Umsatzkostenverfahren erübrigt sich allerdings in diesem Zusammenhang, da das Finanzergebnis in beiden Verfahren identisch, wenn auch unter verschiedenen Positionsnummern, abgebildet wird.

Insbesondere die Übernahme von Beteiligungserträgen aus der Summen-GuV in die Konzern-GuV würde regelmäßig dazu führen, dass erwirtschaftete Teilergebnisse in dem Konzernergebnis doppelt erfasst werden, wie das folgende Beispiel verdeutlicht. Eine 100%-ige Tochter-Kapitalgesellschaft habe einen Jahresüberschuss erwirtschaftet und schütte diesen in voller Höhe an die Mutter aus. In diesem Fall besteht die Gefahr, dass der Erfolg der Tochter in der Summen-GuV doppelt erfasst wird, nämlich über das Ergebnis der Tochter und über das durch Beteiligungserträge ausgeweitete Ergebnis der Mutter. Solchen Doppelzählungen muss durch geeignete Konsolidierungen entgegengewirkt werden. Ob es allerdings zu Doppelzählungen kommt, wann das geschieht und wie dem abgeholfen werden kann, hängt von der Art des Gewinntransfers ab. Auch ist gegebenenfalls auf Auswirkungen der Existenz von Minderheiten einzugehen.

3.3.1 Zeitkongruente Gewinnvereinnahmung

In diesem Fall wird der Gewinntransfer bereits in dem Jahr im Abschluss der Mutter ausgewiesen, in dem der Jahresüberschuss bei der Tochter erwirtschaftet wurde. Es sind wiederum zwei Fälle zu unterscheiden:

- zeitkongruente Gewinnvereinnahmung mit Gewinnabführungsvertrag und
- zeitkongruente Gewinnvereinnahmung ohne Gewinnabführungsvertrag.

3.3.1.1 Zeitkongruente Gewinnvereinnahmung mit Gewinnabführungsvertrag

Die Erträge aus Gewinnabführungsverträgen sind erfolgsneutral mit den Aufwendungen aus der Abführung von Gewinnen aufzurechnen, so dass in der Konzern-GuV ausschließlich die originären Aufwendungen (hier für Material von 90 €) und Erträge (hier Umsätze von 170 €) ausgewiesen werden.

Beispiel J.11: Gewinnabführungsvertrag ohne Minderheiten

Gewinnabführungsvertrag ohne Minderheiten	GuV Tochter		GuV Mutter		Umbuchungen		GuV Konzern	
	Aufw	Ertr.	Aufw.	Ertr.	Soll	Haben	Aufw.	Ertr.
Gesamtkostenverfahren								
1. Umsatzerlöse		170						170
5a. Aufwendungen für Roh-, Hilfs- und Betriebsstoffe und für bezogene Waren (Materialaufwand)	90						90	
• Abführung von Gewinnen	80					80		
• Erträge aus Gewinnabführungsverträgen (§ 277 Abs. 3 S. 2 HGB)				80	80			
20. Jahresüberschuss	0		80				80	

Analog wären die Positionen für übernommene und abgeführte Verluste erfolgsneutral aufzurechnen.

Bei der Existenz von Minderheiten tritt eine weitere Schwierigkeit auf, wenn diese eine Ausgleichszahlung erhalten, die von der Mutter oder der Tochter zu leisten ist.

In unserem Beispiel sei die Tochter zur Abführung einer Garantiedividende an die außenstehenden Aktionäre in Höhe von 20 € verpflichtet.

Beispiel J.12: Gewinnabführungsvertrag mit Minderheiten

Gewinnabführungsvertrag mit Minderheiten	GuV Tochter		GuV Mutter		Umbuchungen		GuV Konzern	
	Aufw.	Ertr.	Aufw.	Ertr.	Soll	Haben	Aufw.	Ertr.
Gesamtkostenverfahren								
1. Umsatzerlöse		170						170
5a. Aufwendungen für Roh-, Hilfs- und Betriebsstoffe und für bezogene Waren (Materialaufwand)	90						90	
• Abführung der Garantie-dividende	20					2) 20		
• Abführung von Gewin-nen	60					1) 60		
• Erträge aus Gewinnab-führungsverträgen (§ 277 Abs. 3 S. 2 HGB)				60	1) 60			
20. Jahresüberschuss	0		60		2) 20		80	

Nachdem die Positionen "Abführung von Gewinnen" und "Erträge aus Gewinnabführungsverträgen" erfolgsneutral aufgerechnet wurden, muss der Konzernjahresüberschuss um die abgeführte Garantiedividende erhöht werden, weil die "außenstehenden Aktionäre" aus einheitstheoretischer Sicht gleichberechtigte Konzernaktionäre sind.

3.3.1.2 Zeitkongruente Gewinnvereinnahmung ohne Gewinnabführungsvertrag

Zu einer zeitkongruenten Vereinnahmung ohne Gewinnabführungsvertrag kommt es bei der Vereinnahmung von Beteiligungserträgen an

- Personengesellschaften.
- Auch bei Mehrheitsbeteiligungen an Kapitalgesellschaften kann die zeitkongruente Gewinnvereinnahmung eingesetzt werden, wenn der Vorstand der Tochter einen entsprechenden Gewinnverwendungsvorschlag unterbreitet hat und wenn der Jahresabschluss der Tochter vor Abschluss der Prüfung bei der Mutter festgestellt wird. Die Verwaltung der Mutter hat dann nämlich alle Möglichkeiten, aufgrund der Vertretung der Mehrheit der Stimmrechte die befürwortete Gewinnverwendung bei der Tochter durchzusetzen (vgl. ADS, 6. Aufl., § 275 Tz. 152, 153, § 305 Tz. 71).

In beiden Fällen sind die Beteiligungserträge bei der Mutter in der Konsolidierungsspalte erfolgsmindernd zu eliminieren (per Beteiligungserträge an Jahresüberschuss), weil der Erfolg der Tochter ansonsten im Konzernerfolg doppelt gezählt würde.

3.3.2 Zeitverschobene Gewinnvereinnahmung

Bei zeitverschobener Gewinnvereinnahmung wird der Beteiligungsertrag bei der Mutter erst dann ausgewiesen, wenn er im Jahr nach der Erwirtschaftung durch die Tochter oder – bei vorübergehender Thesaurierung durch die Tochter – noch später von der Tochter an die Mutter ausgeschüttet wird.

Die Konzern-GuV darf nur die in der Abrechnungsperiode im Konzern erwirtschafteten Überschüsse erfassen – diese allerdings vollständig. Ausschüttungen von Überschüssen früherer Perioden dürfen nicht einbezogen werden. Folglich sind die Beteiligungserträge in dem Jahr der Vereinnahmung – bzw. im mehrstufigen Konzern in den Jahren der Gewinnvereinnahmung – erfolgsmindernd zu eliminieren.

Im Jahr 01 gehen die Aufwands- und Ertragspositionen der Tochter unmodifiziert in die Konzern-GuV ein (Beispiel J.12).

Beispiel J.13 : Zeitverschobene Gewinnvereinnahmung, Jahr 01

Gewinnentstehung bei der Tochter im Jahr 01	GuV Tochter		GuV Mutter		Umbuchungen		GuV Konzern	
	Aufw.	Ertr.	Aufw.	Ertr.	Soll	Haben	Aufw.	Ertr.
Gesamtkostenverfahren								
1. Umsatzerlöse		1200						1200
5a. Aufwendungen für Roh-, Hilfs- und Betriebsstoffe und für bezogene Waren (Materialaufwand)	200						200	
20. Jahresüberschuss	1000						1000	

Im Jahr 02 (Beispiel J.14) müssen zur Vermeidung der Doppelerfassung die Erträge aus Beteiligungen vom Vorjahr bei der Mutter eliminiert und dementsprechend auch deren Jahresüberschuss gekürzt werden.

Beispiel J.14: Zeitverschobene Gewinnvereinnahmung, Jahr 02

Gewinnabführung an Mutter, Jahr 02	GuV Tochter		GuV Mutter		Umbuchungen		GuV Konzern	
	Aufw.	Ertr.	Aufw.	Ertr.	Soll	Haben	Aufw.	Ertr.
9. Erträge aus Beteiligungen				1.000	1.000			
20. Jahresüberschuss/ -fehlbetrag			1.000			1.000		

3.4 Die Equity-Methode

Gemäß § 312 Abs. 4 S. 2 HGB ist das auf assoziierte Beteiligungen entfallende Ergebnis unter einem gesonderten Posten in der Konzern-GuV auszuweisen (vgl. Küting/Zündorf in: Küting/Weber, Konzernrechnungslegung, 2. Aufl., § 312 Rn. 114).

In dieses Ergebnis können eingehen (vgl. G.4.3):

- der anteilig bei dem assoziierten Unternehmen erwirtschaftete Jahreserfolg, und zwar unabhängig von der Ausschüttungspolitik (spätere Ausschüttungen vom assoziierten Unternehmen an ein Konzernunternehmen dürfen den Konzernerfolg somit nicht ein zweites Mal erhöhen),
- die Abschreibungen auf die im Rahmen der Anwendung der Buchwert- oder Kapitalanteilsmethode aufgedeckten stillen Reserven,
- Abschreibungen auf den Geschäftswert und
- bei entsprechender Verrechnungstechnik gegebenenfalls eliminierte Zwischenergebnisse (vgl. I.5.3; zur Verrechnungstechnik vgl. Küting/Zündorf in: Küting/ Weber, Konzernrechnungslegung, 2. Aufl., § 312 Rn. 218-225; zum Umfang eliminierungspflichtiger bzw. -fähiger Geschäfte vgl. ebenda, Rn. 213-217).

Folgendes Beispiel soll betrachtet werden:

Das assoziierte Unternehmen erzielt im betrachteten Jahr einen anteiligen Fehlbetrag von 95 €.

In demselben Jahr fließen dem beteiligten Unternehmen Dividendenerträge von 28 € aus dem im Vorjahr beim assoziierten Unternehmen erzielten Bilanzgewinn zu.

Die Erfolgswirkungen aus der in einer Nebenrechnung durchgeführten Kapitalaufrechnung betragen:

- Abschreibung auf die aufgedeckten stillen Reserven: 5 €
- Geschäftswertabschreibung: 8 €.

Beispiel J.15: Equity-Methode

Equity-Bewertung	GuV Konzernunt.		Umbuchungen		GuV Konzern	
	Aufw.	Ertr.	Soll	Haben	Aufw.	Ertr.
Gesamtkostenverfahren						
9. Erträge aus Beteiligungen		28	28			
• Ergebnis aus assoziierten Unternehmen			108		108	
20. Jahresüberschuss/-fehlbetrag	28			28+108		108

Die Erträge aus Beteiligungen in Höhe von 28 € müssen erfolgsmindernd eliminiert werden, weil diese Beteiligungserträge im Vorjahr bereits unter der Position "Ergebnis aus assoziierten Unternehmen" erfolgserhöhend erfasst wurden. Die Dividende fließt so erfolgsneutral zu.

Das Ergebnis aus dem assoziierten Unternehmen im laufenden Jahr ergibt sich aus dem Jahresfehlbetrag von 95 €, den Abschreibungen auf die aufgedeckten stillen Reserven (5 €) und der Geschäftswertabschreibung (8 €).

3.5 GuV-Konsolidierung als Ausfluss der Kapitalkonsolidierung

Die Kapitalkonsolidierung wirkt sich auf die GuV-Konsolidierung aus, wenn bei der Aufrechnung des Beteiligungsbuchwertes aus der Bilanz der Mutter mit dem anteiligen Eigenkapital der Tochter im Rahmen der Erstkonsolidierung

- stille Reserven aufgedeckt wurden und/oder
- ein derivativer Geschäftswert aktiviert wurde (vgl. Kapitel G.2.1 und G.3.1.1).

In den Folgejahren sind diese aufgedeckten stillen Reserven nämlich im Konzernabschluss gegebenenfalls - z.B. durch Abschreibungen - aufzulösen; diese Mehraufwendungen erscheinen allerdings nur in der Konzern-GuV, nicht aber in der GuV der Tochter.

Ebenso ist die Abschreibung auf den Geschäftswert in der Konzern-GuV erfolgsmindernd zu berücksichtigen, soweit nicht vom Wahlrecht des § 309 Abs. 1 S. 3 HGB Gebrauch gemacht wird, das eine erfolgsneutrale Verrechnung des Geschäftswertes mit den Rücklagen vorsieht.

Das Beispiel J.16 soll diese Aussagen verdeutlichen. Es wird unterstellt, dass im Rahmen der erstmaligen Kapitalkonsolidierung stille Reserven aufgedeckt wurden.

Aufgegliedert nach den Bereichen, in denen stille Reserven aufgedeckt wurden, ergaben sich im Geschäftsjahr folgende Mehraufwendungen:

abnutzbares Anlagevermögen	10
nicht abnutzbares Anlagevermögen	0
Materialbestand	13
Geschäftswert	20

Beispiel J.16: Kapitalkonsolidierung und GuV

Folgen der Kapitalkonsolidierung, Tochter T realisiert externe Umsatzerlöse	GuV Mutter		GuV Tochter		Umbuchungen		GuV Konzern	
	Aufw.	Ertr.	Aufw.	Ertr.	Soll	Haben	Aufw.	Ertr.
Gesamtkostenverfahren								
1. Umsatzerlöse				170				170
2. Erhöhung oder Verminderung des Bestands an fertigen oder unfertigen Erzeugnissen								
3. andere aktivierte Eigenleistungen								
5a. Aufwendungen für Roh-, Hilfs- und Betriebsstoffe und für bezogene Waren (Materialaufwand)			50		13		63	
6a. Löhne und Gehälter			25				25	
7a. Abschr. auf imm. Vermögen, Sachanlagen			12		30		42	
20. Jahresüberschuss/-fehlbetrag			83			43	40	

Für das Umsatzkostenverfahren ist zu untersuchen, welchen funktionalen Bereichen die Auflösung der stillen Reserven zuzuordnen ist und ob gegebenenfalls eine Aktivierung derselben vorgenommen wurde (vgl. J.3.1.1.2).

3.6 Auswirkungen der Schuldenkonsolidierung auf die GuV-Konsolidierung

Die GuV-Konsolidierung als Ausfluss der Schuldenkonsolidierung ist ein Spezialfall der Konsolidierung anderer Erträge und Aufwendungen (vgl. J.3.2).

Sie kann

- erfolgsneutral erfolgen, wenn (Zins-)Aufwendungen des Schuldners mit größengleichen (Zins-)Erträgen des Gläubigers aufgerechnet werden, oder
- bei nicht gleichgroßen Positionen erfolgswirksam ablaufen, wenn etwa die Aufwendungen des Schuldners größer als die Erträge des Gläubigers sind.

In einem Beispiel für eine erfolgswirksame Konsolidierung wird das deutlich.

G gewährt S ein konzerninternes Darlehen zum 1.1. Jahr 01, Auszahlung 97 %, Nominalwert 10000 €, Zins 5 % = 500 €, Laufzeit 5 Jahre. S schreibt das Disagio in Höhe von 300 € sofort ab, G aktiviert dies periodenanteilig mit 60 €. Die Konsolidierungsspalte macht sämtliche Geschäftsvorfälle rückgängig.

Beispiel J.17: Schuldenkonsolidierung und GuV

Schuldenkonsolidierung	GuV G		GuV S		Umbuchungen		GuV Konzern	
	Aufw.	Ertr.	Aufw.	Ertr.	Soll	Haben	Aufw.	Ertr.
Gesamtkostenverfahren (Umsatzkostenverfahren)								
11. (10.) Zinsen und ähnliche Erträge		60 500			560			
13. (12.) Zinsen und ähnliche Aufwendungen			800			800		
20. Jahresüberschuss/ -fehlbetrag	560			800	240			

3.7 Konsolidierung latenter Steuern in der GuV

Relevant für die GuV-Konsolidierung sind an dieser Stelle latente Steuern, die nicht bereits in den Gewinn- und Verlustrechnungen der Handelsbilanz II eingestellt und somit nicht in der Summen-GuV enthalten sind. Die Einstellung von latenten Steuern aufgrund in dem Geschäftsjahr entstandener oder aufgelöster zeitlich genau absehbarer Differenzen verläuft erfolgswirksam (vgl. später K.).

Das Beispiel zur Schuldenkonsolidierung soll fortgeführt werden, allerdings unter Berücksichtigung latenter Steuern bei einem Steuersatz s = 0,4.

Beispiel J.18: Latente Steuern aus der Schuldenkonsolidierung

Latente Steuern im Zusammenhang mit der Schuldenkonsolidierung	GuV G		GuV S		Umbuchungen		GuV Konzern	
	Aufw.	Ertr.	Aufw.	Ertr.	Soll	Haben	Aufw.	Ertr.
Gesamtkostenverfahren (Umsatzkostenverfahren)								
11. (10.) Zinsen und ähnliche Erträge		560			1) 560			
13. (12.) Zinsen und ähnliche Aufwendungen			800			1) 800		
18. (17.) Steuern vom Einkommen und vom Ertrag davon latent				96	2) 96		0	
20. Jahresüberschuss/ -fehlbetrag	560			704	1) 240	2) 96		0

Da S das Disagio in seiner Steuerbilanz anteilig in Höhe von 60, in seiner HB II hingegen vollständig in Höhe von 300 € abgeschrieben hat, weist er in seiner Einzel-GuV latente Steuererträge auf die zeitlich genau absehbare Differenz (240 €) in Höhe von $0{,}4 \cdot 240 = 96$ € aus, die demzufolge auch in der Summen-GuV erscheinen. Da der Erfolg der Summen-GuV infolge der Schuldenkonsolidierung um die zeitlich genau absehbare Differenz von 240 € kleiner ausfällt als der Konzernerfolg (Buchung 1), müssen in der Konsolidierungsspalte $0{,}4 \cdot 240 = 96$ € latente Steueraufwendungen berücksichtigt werden (Buchung 2). Insoweit wird in diesem Fall in der Konsolidierungsspalte durch die passive latente Steuer nur die aktive latente Steuer aus dem Einzelabschluss von S rückgängig gemacht.

4. GuV-Konsolidierung nach IFRS und US-GAAP

Nach IFRS und US-GAAP sind im Rahmen der Innenumsatzkonsolidierung alle konzerninternen Umsätze, anderen Erträge und Aufwendungen sowie konzerninterne Gewinntransfers voll zu eliminieren (IAS 27.24 und .25, ARB 51.6).

Zu beachten ist, dass nach US-GAAP nur das Umsatzkostenverfahren für die Gewinn- und Verlustrechnung zulässig ist (Regulation S-X, Rule 5-03; SFAC 6.145f.), während nach IAS 1.88 ein Wahlrecht zwischen Gesamt- und Umsatzkostenverfahren besteht.

Literaturhinweise

über die üblichen Kommentierungen hinaus:

Coenenberg, Adolf G. , unter Mitarbeit von *Bettina Bischof, Manuel Deffner, Christian Fink, Marcus Gantzkow, Andreas Joest, Kalina Keller, Wolfgang Schultze, Barbara Straub:* Jahresabschluss und Jahresabschlussanalyse, 20. Aufl., Stuttgart 2005, S. 650-662.

Schildbach, Thomas: Der handelsrechtliche Jahresabschluss, 8. Aufl., Herne/Berlin 2008.

Sonderausschuß Bilanzrichtlinien-Gesetz: Stellungnahme 1/1987: Probleme des Umsatzkostenverfahrens, in: WPg, 40. Jg., 1987, S. 141-143.

Wysocki, Klaus von: Die Konsolidierung der Innenumsatzerlöse nach § 305 Abs. 1 Nr. 1 HGB, in: Bilanz- und Konzernrecht, Festschrift für Reinhard Goerdeler, hrsg. von Hans Havermann, Düsseldorf 1987, S. 723-749.

K. Latente Steuern im Konzernabschluss

1. Grundlagen

Im Konzernabschluss tritt das schon im Einzelabschluss wichtige Problem der latenten Steuern in veränderter, konzernspezifischer Form ebenfalls auf.

Beim unabhängigen wie beim konzerngebundenen Unternehmen bemessen sich die Ertragsteuern nach dem jeweiligen Steuerbilanzergebnis. Das für die Höhe der Steuerlast verantwortliche Steuerbilanzergebnis weicht allerdings in der Regel von dem handelsrechtlichen bzw. dem nach US-GAAP oder IFRS ermittelten Ergebnis ab, wie es sich im Einzel- oder im Konzernabschluss findet. Entsprechend bestehen bei Bilanzansätzen, Werten sowie Ergebnissen Unterschiede zwischen steuerlichen und "handelsrechtlichen" Bilanzen. Da die in den "handelsrechtlichen" Jahres- und Konzernabschlüssen ausgewiesenen Aufwendungen für Steuern vom Einkommen und vom Ertrag zunächst genau die getreu den steuerlichen Vorschriften aus der Steuerbilanz abgeleiteten Steuerlasten widerspiegeln, kommt es zu Problemen: die steuerbilanzbasierte Steuerlast passt nicht unbedingt zu den ansonsten in dem "handelsrechtlichen" Rechenwerk (Einzel- oder Konzernbilanz) ausgewiesenen Zahlen – dem Erfolg bzw. den Vermögens- und Schuldpositionen. Die fehlende Entsprechung verzerrt die Darstellung der Vermögens- und Ertragslage. Daher muss ihr sowohl nach HGB als auch nach IFRS und US-GAAP mittels ergänzender Mehr- oder Minderbelastungen – sogenannter latenter Steuern – im Einzel- und im Konzernabschluss entgegengewirkt werden (zum Grundgedanken der sogenannten Interperiod Tax Allocation Coenenberg/Hille in: Baetge/Wollmert/Kirsch/Oser/Bischof, Rechnungslegung nach IFRS, IAS 12, Rn. 1; Hille, Latente Steuern, 1982, S. 16-33). Die Konzepte zur Abgrenzung latenter Steuern nach HGB einerseits und nach IFRS und US-GAAP andererseits unterscheiden sich allerdings fundamental, so dass auch die Regelungen zu Ansatz, Bewertung und Ausweis latenter Steuern im Konzernabschluss nach HGB grundlegend abweichen von denen nach IFRS und US-GAAP. Zunächst werden deshalb in Abschnitt K.2 die latenten Steuern im Konzernabschluss nach HGB dargestellt. Dem gegenüber gestellt werden die Regelungen nach IFRS und US-GAAP in Kapitel K.3. Abschließend werden in Kapitel K.4 die Regelungen des DRS 10 des Deutschen Standardisierungsrates kurz vorgestellt. DRS 10 strebt die Harmonisierung der Rechnungslegung nach HGB und internationalen Vorschriften für die latenten Steuern an und ist als GoB für die Konzernrechnungslegung grundsätzlich zu berücksichtigen, soweit seine Empfehlungen nicht der geltenden Rechtslage widersprechen.

2. Latente Steuern im Konzernabschluss nach HGB

2.1 Abgrenzung latenter Steuern nach dem Timing-Konzept

Der Bildung und Auflösung latenter Steuern nach §§ 274 und 306 HGB liegt das GuV-orientierte Timing-Konzept zugrunde: Danach können nur solche Bilanzierungs- und Bewertungsunterschiede latente Steuern auslösen, die bei ihrer Entstehung und vermutlich bei ihrer Umkehrung den Jahresüberschuss/-fehlbetrag beeinflussen und damit GuV-wirksam sind. Ob Steueraufwand und Steuerrückstellungen enger an das handelsrechtliche Jahresergebnis angepasst werden, hängt nach dem Timing-Konzept von der Art der Abweichung zwischen Steuerbilanzergebnis und handelsrechtlichem Jahresüberschuss/-fehlbetrag ab. In der Literatur werden drei Gruppen von Abweichungen unterschieden. Spezifisch für den Konzernabschluss sind die konkreten, später noch näher zu betrachtenden Gründe für Abweichungen, deren Zuordnung zu einer der drei jetzt zu erläuternden Gruppen von Abweichungen nicht immer leicht fällt.

Beim Vergleich von Steuerbilanzergebnis und handelsrechtlichem Jahresüberschuss/ -fehlbetrag und damit beim Vergleich der beiden Rechnungslegungssysteme, aus denen sich diese Erfolgsgrößen ergeben, werden in einer ersten Gruppe Abweichungen erfasst, die darauf beruhen, dass bestimmte Aufwendungen oder Erträge nur in einem System, nicht aber in dem anderen anerkannt bzw. erfasst werden. Beispiele dafür sind steuerlich nicht anerkannte Aufwendungen wie die körperschaftsteuerlich zur Hälfte nicht abziehbaren Aufsichtsratsvergütungen. Solche permanenten Differenzen ("permanent differences") bewirken zwar, dass der aus der Steuerbilanz abgeleitete Steueraufwand nicht zum handelsrechtlichen Jahresüberschuss passt. Da sich diese Differenzen aber niemals aufheben, ist es unmöglich, durch zeitliche Vorverlagerungen oder Verschiebungen der Steuern auf spätere Perioden eine sachlich bessere Zuordnung von Steueraufwendungen zu Jahresüberschüssen im Zeitablauf zu erreichen. Permanente Differenzen können somit durch latente Steuern nicht ausgeglichen werden.

In einer zweiten Gruppe werden solche Abweichungen zusammengefasst, die dadurch entstehen, dass Aufwendungen oder Erträge zwar summiert über mehrere Perioden in beiden Rechnungslegungssystemen übereinstimmen, aber überschaubar unterschiedlich auf die einzelnen Perioden verteilt werden. Die Unterschiede sind vorübergehender Natur und kehren sich in zeitlich genau absehbarer Frist um. Mehraufwand oder Mehrertrag in dem einen System heute wird durch Mehraufwand bzw. Mehrertrag in dem anderen System später wieder ausgeglichen. Zu derartigen zeitlich genau absehbaren Differenzen ("timing differences") kommt es im Einzelabschluss, wenn etwa Sachanlagen in Handels- und Steuerbilanz nach unterschiedlichen Verfahren, stets aber so abgeschrieben werden, dass insgesamt die Anschaffungskosten – gegebenenfalls abzüglich des Restwerts – erfolgswirksam verrechnet werden. Bei zeitlich genau absehbaren Differenzen besteht im Prinzip die Möglichkeit, durch Neuzuordnung der Steuerlasten die Steueraufwendungen im Zeitablauf den handelsrechtlichen Jahresüberschüssen besser anzupassen. Dieses Ziel wird durch Bildung latenter Steuern ebenso erreicht wie das Ziel einer verbesserten Darstellung des Vermögens bzw. der Schulden in der Bilanz: Ohne latente Steuern passen die aus den Steuerbilanzergebnissen abgeleiteten

Steuerrückstellungen nicht zu den handelsrechtlichen Jahresüberschüssen. Es ist notwendig, in der Bilanz passive latente Steuern "*in Höhe der voraussichtlichen Steuerbelastung nachfolgender Geschäftsjahre*" (§ 274 Abs. 1 HGB), oder möglich, aktive latente Steuern "*in Höhe der voraussichtlichen Steuerentlastung nachfolgender Geschäftsjahre*" (§ 274 Abs. 2 HGB) zu bilden.

Einer dritten Gruppe schließlich ließen sich solche Differenzen zuordnen, die sich zwar wie die oben beschriebenen Differenzen im Zeitablauf umkehren, bei denen der Zeitraum der Umkehr aber nicht absehbar ist. Zu solchen quasi-permanenten Differenzen kommt es beispielsweise, wenn ein Grundstück oder eine Beteiligung nur in der Handelsbilanz außerplanmäßig abgeschrieben wird. Die vorübergehende Differenz zur Steuerbilanz gleicht sich nämlich aus, sobald das Grundstück oder die Beteiligung verkauft oder zugeschrieben werden, nur ist völlig offen, wann es zu diesem Ausgleich kommen wird. Angesichts dieser Unsicherheit darf bei quasi-permanenten wie bei permanenten Differenzen nicht versucht werden, durch latente Steuern eine den handelsrechtlichen Jahresüberschüssen im Zeitablauf eher entsprechende Verteilung der Steueraufwendungen zu schaffen.

2.2 Ursachen und Probleme latenter Steuern im Konzernabschluss nach HGB

Im Konzernabschluss kommen zu den Ursachen für latente Steuern im Einzelabschluss weitere Ursachen für latente Steuern hinzu, denn während sich der Steueraufwand des Konzerns vor konzernspezifischen latenten Steuern durch bloße Addition der Steueraufwendungen der einbezogenen Unternehmen ergibt, ist der Konzernerfolg nicht die bloße Summe der Einzelerfolge. Vielmehr wird der Konzernerfolg durch eine Vielzahl von Maßnahmen verändert, die im Rahmen der Ableitung des Konzernabschlusses aus den summierten Handelsbilanz I-Ergebnissen der einbezogenen Unternehmen ergriffen werden müssen (vgl. hierzu § 306 HGB).

Für den Ansatz latenter Steuern im Konzernabschluss sind zwei Bereiche wesentlich. Zunächst kann der Konzernerfolg durch Maßnahmen zur Aufbereitung der Einzelabschlüsse der Konzernunternehmen (konzerneinheitliche Bilanzierung und Bewertung in der Handelsbilanz II, Währungsumrechnung) beeinflusst werden. Ergibt sich daraus die Notwendigkeit zum Ansatz latenter Steuern, sind diese im Rahmen der HB II zu berücksichtigen. Latente Steuern sind dann auf Basis der gleichen Überlegungen zu bilden wie die latenten Steuern im Einzelabschluss. Allerdings sind sie nur noch zum Ausgleich zeitlich genau absehbarer Differenzen zwischen den handelsrechtlichen Ergebnissen in den Handelsbilanzen I und II bzw. vor und nach Währungsumrechnung erforderlich, denn zeitlich genau absehbaren Differenzen zwischen Steuerbilanz und Handelsbilanz I wurde bereits durch latente Steuern im Einzelabschluss entsprechend § 274 HGB Rechnung getragen, auf dem die zusätzliche Bereinigung aufbaut.

Darüber hinaus wird der Konzernerfolg durch vielfältige, zumindest häufig erfolgswirksame Konsolidierungsmaßnahmen im Rahmen der Zwischenergebniseliminierung, der Schulden-, Kapital- und Quotenkonsolidierung, der Equity-Methode sowie der Bereinigung von Gewinn-

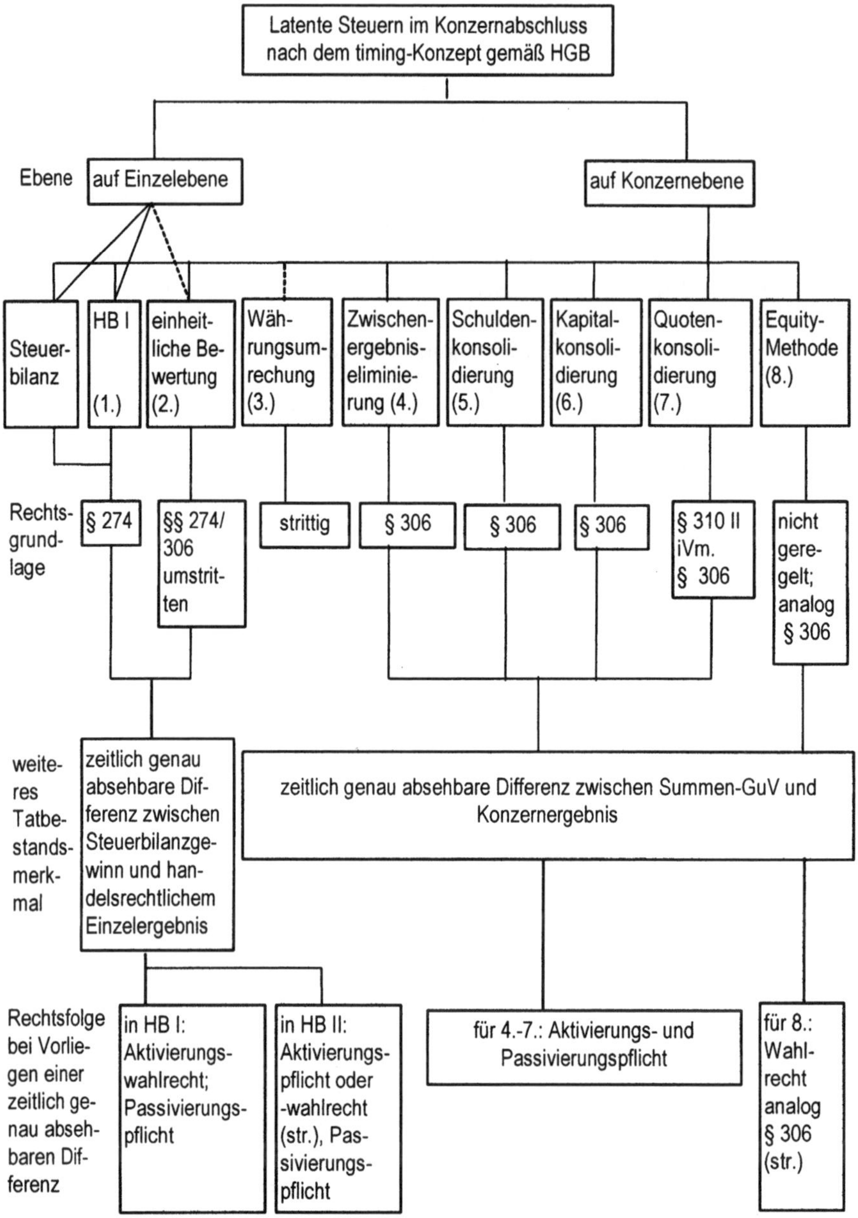

Schaubild K.1: Überblick über die Ursachen latenter Steuern im Konzernabschluss nach HGB

transfers innerhalb des Konzerns beeinflusst (vgl. Schaubild K.1). Dabei entstehenden zeitlich genau absehbaren Differenzen ist Rechnung zu tragen, indem der Grundgedanke der latenten Steuern gemäß der Einheitstheorie auf die wirtschaftliche Einheit des Konzerns übertragen wird. Erneut ist nur zusätzlichen zeitlich genau absehbaren Differenzen Rechnung zu tragen, die bisher weder in der Handelsbilanz I noch in der Handelsbilanz II oder der Bilanz nach Währungsumrechnung berücksichtigt wurden.

Problematisch im Konzernabschluss ist die Notwendigkeit, latente Steuern sukzessive auf die in den verschiedenen Stufen der Konzernrechnungslegung jeweils zusätzlich entstehenden zeitlich genau absehbaren Differenzen zu bilden. Der einfachere Weg einer Betrachtung der zeitlich genau absehbaren Differenz zwischen der Summe der Steuerbilanzgewinne der einbezogenen Unternehmen und dem Konzernergebnis ist mangels eigenständiger, originärer Konzernbuchhaltung versperrt.

Das Problem wird durch das Wahlrecht des § 274 Abs. 2 HGB zum Ansatz aktiver latenter Steuern verschärft. Verdeutlichen lässt es sich am einfachsten durch ein Beispiel.

Beispiel K.1: Latente Steuern in Handelsbilanz I und II

		Jahr 01		Jahr 02
Gewinn laut Steuerbilanz		100		100
40 % Steuern		./. 40		./. 40
Gewinn laut Steuerbilanz ./. Steuern		60		60
Jahresüberschuss (Handelsbilanz I) vor Steuern		80		120
./. Steuern laut Steuerbilanz	./. 40		./. 40	
+ ./. aktive latente Steuern (Wahlrecht)	+ 8		./. 8	
= Steuern laut Handelsbilanz I		./. 32		./. 48
Jahresüberschuss (Handelsbilanz I) nach Steuern		48		72
Aktive latente Steuer (Bilanz HB I)		8		0

Ein Unternehmen erwarte als Steuerbilanzergebnis in den Jahren 01 und 02 jeweils 100 €. Diese Ergebnisse kommen unter anderem dadurch zustande, dass in der Steuerbilanz fertige Erzeugnisse zu Vollkosten bewertet werden, die im Jahr 01 erzeugt und im Jahr 02 abgesetzt werden. In der Handelsbilanz werden fertige Erzeugnisse mit Einzelkosten bewertet, die um 20 € unter den Vollkosten liegen. Der handelsrechtliche Jahresüberschuss vor Steuern beläuft sich somit auf 80 € im Jahr 01 und 120 € im Jahr 02. Zwischen Handels- und Steuerbilanz besteht dann eine zeitlich genau absehbare Differenz, der bei einem Steuersatz von z.B. 40 % im Einzelabschluss durch aktive latente Steuern von 8 € Rechnung getragen werden darf, denn für aktive latente Steuern gibt es im Einzelabschluss ein Ansatzwahlrecht. (Dieses Wahlrecht kann im Rahmen der Aufstellung einer Handelsbilanz II gemäß § 300 Abs. 2 HGB neu ausgeübt werden.)

Im Konzern, zu dem das betrachtete Unternehmen gehört, werden fertige und unfertige Erzeugnisse wie in der Steuerbilanz zu Vollkosten und damit anders als in der Handelsbilanz I dieses Unternehmens bewertet. Aufgrund der Pflicht zur konzerneinheitlichen Bewertung (§ 308 HGB) muss eine Handelsbilanz II aufgestellt werden, in der die gleichen Erfolge wie in der Steuerbilanz erscheinen, und die somit eine zeitlich genau absehbare Differenz im Vergleich zur Handelsbilanz I induziert. Bei sukzessivem Vorgehen wäre dieser zeitlich genau absehbaren Differenz durch latente Steuern Rechnung zu tragen.

Beispiel K.1 (Fortsetzung): Latente Steuern in Handelsbilanz I und II

	Jahr 01		Jahr 02	
Jahresüberschuss (Handelsbilanz II) vor Steuern		100		100
./. Steuern laut Handelsbilanz I	./. 32		./. 48	
+ ./. passive latente Steuern	./. 8		+ 8	
= Steuern laut Handelsbilanz II		./. 40		./. 40
Jahresüberschuss (Handelsbilanz II) nach Steuern		60		60
Aktive latente Steuer (Bilanz HB II)		0		0

In dem gewählten Beispiel zeigt ein Vergleich zwischen Steuerbilanz und Handelsbilanz II allerdings, dass die Gewinne völlig übereinstimmen, dass also für latente Steuern kein Raum ist. Dieses Resultat wird auch durch Zusammenfassung der latenten Steuern in beiden Jahren bestätigt, denn die im Rahmen der Handelsbilanz II gebildeten latenten Steuern heben die latenten Steuern aus der Handelsbilanz I genau auf. Im Konzernabschluss müssen entsprechend der Einheitstheorie dann zwei mögliche Fehler vermieden werden:

- Die latenten Steuern dürfen nicht durch gleichzeitigen Ausweis aktiver und passiver latenter Steuern aufgebläht werden. Diese Gefahr wird vermieden, wenn latente Steuern nur mit ihrem Saldo ausgewiesen werden, was nach verbreiteter Ansicht ohnehin geboten ist.
- Das Wahlrecht bei aktiven latenten Steuern darf im Rahmen "vorläufiger" latenter Steuern nicht dahingehend ausgeübt werden, dass auf den Ansatz verzichtet wird. Ein solches Vorgehen würde nämlich gegebenenfalls dazu führen, dass nur die kompensierenden passiven latenten Steuern ausgewiesen werden, obwohl im Vergleich zwischen Steuerbilanz und Handelsbilanz II beispielsweise keine zeitlich genau absehbaren Differenzen vorliegen.

Die aufgezeigten möglichen Probleme werden allerdings auch dann vermieden, wenn latente Steuern so lange wie möglich nicht sukzessive, sondern durch den direkten Vergleich zwischen dem jeweiligen Ergebnis und dem Steuerbilanzgewinn ermittelt werden. Das müsste zumindest bei der Aufstellung der Handelsbilanz II, wahrscheinlich aber auch bei der Währungsumrechnung noch möglich sein.

2.3 Ansatz latenter Steuern im Konzernabschluss nach HGB

2.3.1 Latente Steuern aufgrund von Maßnahmen zur konzerneinheitlichen Bilanzierung und Bewertung sowie zur Währungsumrechnung

Im Rahmen der Erstellung des Konzernabschlusses ist zunächst auf eine konzerneinheitliche Bilanzierung und Bewertung gemäß § 308 HGB umzustellen, es sei denn, die Ausnahmeregelungen des § 308 Abs. 2 HGB greifen. Soweit dabei erfolgswirksame Buchungen notwendig werden, können sich zeitlich genau absehbare Differenzen („timing differences") ergeben. Latente Steuern sind in diesem Fall auf Basis der gleichen Überlegungen zu bilden wie im Einzelabschluss. Allerdings sind sie nur noch zum Ausgleich zeitlich genau absehbarer Differenzen zwischen den handelsrechtlichen Ergebnissen in den Handelsbilanzen I und II bzw. vor und nach Währungsumrechnung erforderlich, denn zeitlich genau absehbaren Differenzen zwischen Steuerbilanz und Handelsbilanz I wurde bereits durch latente Steuern im Einzelabschluss entsprechend § 274 HGB Rechnung getragen, auf dem die zusätzliche Bereinigung aufbaut.

Unklarheiten bestehen jedoch bei der Rechtsgrundlage für latente Steuern aufgrund zeitlich genau absehbarer Differenzen zwischen Handelsbilanz I und II. Latente Steuern sind für den Einzelabschluss in § 274 HGB und für den Konzernabschluss in § 306 HGB geregelt. Während § 274 HGB zeitlich genau absehbare Differenzen zwischen handelsrechtlichem Einzelergebnis und Steuerbilanzgewinn voraussetzt, stellt § 306 HGB auf zeitlich genau absehbare Differenzen zwischen dem Summenergebnis der einbezogenen Unternehmen und dem Konzernergebnis ab. Dabei wird der Geltungsbereich des § 306 HGB auf die Maßnahmen beschränkt, *"die nach den Vorschriften dieses Titels durchgeführt worden sind"*. Der entsprechende Titel des Gesetzes umfasst mit den §§ 300 - 307 HGB allerdings nicht die konzerneinheitliche Bewertung (§ 308 HGB). Dementsprechend ist unklar, ob die latenten Steuern aus dem Übergang von der Handelsbilanz I zur Handelsbilanz II nach § 274 HGB oder nach § 306 HGB zu bilden sind. Die Frage hat materielle Bedeutung, weil nur nach § 274 HGB für aktive latente Steuern ein Ansatzwahlrecht besteht. § 306 HGB dagegen verpflichtet zum Ansatz passiver und aktiver latenter Steuern. Das Gewicht des Problems relativiert sich allerdings dann, wenn aktive latente Steuern ohnehin stets aktiviert werden, um die eben beschriebenen Probleme zu vermeiden.

Für die Erstellung einer Summen-GuV als Ausgangspunkt für die Ableitung einer Konzern-GuV ist im Fall des internationalen Konzerns regelmäßig eine Währungsumrechnung erforderlich.

Für letztere existieren in der Theorie und in der Praxis eine Vielfalt von Verfahren, von denen bereits einige wichtige dargestellt wurden (vgl. F.). Wenn der Jahresüberschuss eines ausländischen Konzernunternehmens entsprechend einer weit verbreiteten Praxis nach der Formel

"Jahresüberschuss in Konzernwährung =
Jahresüberschuss in ausländischer Währung · Stichtagskurs"

umgerechnet wird, dann bleiben Währungserfolge im Konzernergebnis unberücksichtigt, und es besteht mangels zeitlich genau absehbarer Differenzen keine Notwendigkeit zum Ansatz latenter Steuern (vgl. Gross/Schruff/v. Wysocki, Konzernabschluss, 1987, S. 211).

Gilt diese Berechnungsformel für die im Konzernabschluss angewandte Währungsumrechnungsmethode nicht, dann werden Währungserfolge im Konzernergebnis erfasst. Diese können mit Zeitverzögerung auch im Einzelabschluss der Mutter erscheinen, allerdings ist dies nur bei einer Veräußerung der Beteiligung an der in den Konzernabschluss einbezogenen Tochter oder bei einer Liquidation der Tochter der Fall. Zwar tritt somit formal eine Umkehr dieser Differenz ein, es handelt sich jedoch um eine quasi-permanente Differenz, für die nach herrschender Meinung dann keine latenten Steuern zu bilanzieren sind, wenn nicht konkret die Veräußerung der Beteiligung bzw. die Liquidation der in den Konzernabschluss einbezogenen Tochter geplant ist.

Bei einer konkreten Veräußerungsabsicht ist es allerdings fraglich, ob die Tochter gemäß § 296 Abs. 1 Nr. 3 HGB überhaupt in den Konzernabschluss einbezogen wurde, so dass sich – wenn dies nicht der Fall ist – das Problem latenter Steuern gar nicht erst stellt.

2.3.2 Latente Steuern aus Konsolidierungsmaßnahmen und der Anwendung der Equity-Methode

2.3.2.1 Latente Steuern aus der Kapitalkonsolidierung

Im Jahr der Erstkonsolidierung wird bei Anwendung der erfolgswirksamen Methoden der Kapitalkonsolidierung (vgl. G.2.1 bis G.2.4) der Beteiligungsbuchwert der Mutter mit dem anteiligen Eigenkapital der Tochter aufgerechnet. Ein möglicher aktivischer Unterschiedsbetrag wird – so weit möglich – erfolgsneutral Vermögensgegenständen und Schulden zugeordnet und ein eventuell verbleibender Rest als Geschäftswert ausgewiesen. Soweit er nicht offen und erfolgsneutral mit den Rücklagen aufgerechnet wird (§ 309 Abs. 1 S. 3 HGB), muss der Geschäftswert in den Folgejahren abgeschrieben werden, und dies belastet den Konzernjahresüberschuss. Die stillen Reserven teilen das Schicksal der jeweiligen Konzernbilanzpositionen, so dass aufgedeckte stille Reserven insbesondere des abnutzbaren Anlage- oder Umlaufvermögens in den Folgeperioden den Konzern-Jahresüberschuss in Form von Abschreibungen, Materialaufwendungen etc. mindern. Diese Mehraufwendungen sowie die Geschäftswertabschreibung erscheinen jedoch regelmäßig nicht in den handels- oder steuerrechtlichen Einzelabschlüssen und somit auch nicht in der Summen-GuV.

Allerdings gibt es hierzu Ausnahmen:

- Soweit eine Ertragswertabschreibung auf den Beteiligungsbuchwert in der Einzelbilanz der Mutter wegen Gewinnlosigkeit der Tochter vorgenommen wird, kommt es auch im Einzelabschluss der Mutter und in der Summen-GuV zu Mehraufwendungen, welche den Geschäftswertabschreibungen im Konzernabschluss vergleichbar sind (vgl. Debus in: Beck HdR, C 440, Rz 138). Selbst wenn damit Geschäftswertabschreibungen aus dem Konzernabschluss im Einzelabschluss nachvollzogen, früher entstandene Differenzen also rückgängig gemacht werden, so geschieht diese Umkehr nicht planmäßig. Es geht folglich um quasi-permanente Differenzen, die keine latenten Steuern auslösen.
- Außerdem darf nicht übersehen werden, dass sowohl im Konzern- als auch im Einzelabschluss der Mutter in der Totalperiode jeweils die Anschaffungskosten der Beteiligung an der Tochter erfolgsmindernd berücksichtigt werden. Somit werden in der Konzern-GuV mit der Geschäftswertabschreibung und der erfolgswirksamen Verrechnung der aufgedeckten stillen Reserven nur Teile des von der Mutter im Veräußerungszeitpunkt geltend zu machenden Aufwandes vorgezogen: Die Mehraufwendungen mindern im Veräußerungszeitpunkt in gleicher Höhe den auf Basis der Einzelabgangsfiktion errechneten Konzernabgangswert der Tochter in der Konzern-GuV. (Entsprechend der Einzelabgangsfiktion gehen bei der Veräußerung der Anteile an einer Tochter im Konzernabschluss die einzelnen Vermögensgegenstände ab, vgl. G.3.1.9). Der Verkaufserfolg fällt somit in der Einzel-GuV der Mutter und demzufolge auch in der Summen-GuV um die abgeschriebenen stillen Reserven niedriger aus als in der Konzern-GuV.

Da die Erwerbsmethode also im Konzernabschluss nur eine andere Periodisierung der Anschaffungskosten als im Einzelabschluss vornimmt, muss es sich um vorübergehende Differenzen handeln, für die grundsätzlich aktive latente Steuern in Frage kommen. Allerdings ist in der Regel der Verkauf der Tochter nicht geplant (vgl. auch das Konsolidierungswahlrecht des § 296 Abs. 1 Nr. 3 HGB). Folglich lässt sich der Zeitpunkt der Umkehr dieser vorübergehenden Differenz nicht absehen. Es handelt sich um eine für die Steuerabgrenzung irrelevante quasi-permanente Differenz (zu dieser Argumentation vgl. Debus in: Beck HdR, C 440, Rz 138-142; Hintze, DB 1990, S. 846; Ordelheide, BB 1986, S. 766-768). Auch ist umstritten, ob bei einer Abschreibung des Geschäftswerts nach § 309 Abs. 1 Satz 1 und 2 HGB überhaupt latente Steuern nach Maßgabe von § 306 HGB in Betracht kommen, denn nach § 306 Satz 1 HGB deckt die Vorschrift nur latente Steuern auf Maßnahmen des 4. Titels ab, § 309 jedoch gehört bereits zum 5. Titel.

Bei der Quotenkonsolidierung ergibt sich bezüglich der Steuerabgrenzungsproblematik ein ähnliches Bild wie bei der Vollkonsolidierung. Die anteilig aufgedeckten stillen Reserven und der Geschäftswert werden unter oben genannten Umständen erfolgsmindernd verrechnet, so dass auch hier i.d.R. quasi-permanente Differenzen vorliegen. Die Kapitalkonsolidierung nach der Pooling-of-Interests-Methode kann mangels Erfolgswirksamkeit keine latenten Steuern hervorrufen.

2.3.2.2 Latente Steuern aus der Zwischenergebniseliminierung

Zeitlich genau absehbare Differenzen zwischen dem Konzernergebnis und der Summe der Einzelergebnisse gemäß § 306 HGB können aus konzerninternen Lieferungen resultieren. Bei Lieferungen zu einem Preis, der oberhalb bzw. unterhalb der Konzernherstellungskosten liegt, ist das Zwischenergebnis erfolgswirksam zu eliminieren, während im handels- und steuerrechtlichen Einzelabschluss Zwischenergebnisse ausgewiesen werden (vgl. I.). Im Zwischengewinnfall unterschreitet und im -verlustfall überschreitet das Konzernergebnis somit das Ergebnis laut Summen-GuV. Diese Differenz kehrt sich um, wenn

a) mit Zwischenergebnissen behaftete Vermögensgegenstände durch Verkauf an Dritte den Konzern verlassen, da in diesem Veräußerungsjahr der Materialeinsatz aus Konzernsicht um den Zwischengewinn niedriger bzw. um den Zwischenverlust höher ausfällt als aus einzelbilanzieller Sicht, oder wenn

b) planmäßige Abschreibungen auf die mit Zwischenergebnis gelieferten Wirtschaftsgüter vorgenommen werden. Der im Zwischengewinnfall beim liefernden Konzernunternehmen entstandene Gewinn wird für den Konzern sukzessive dadurch wirksam, dass im Konzernabschluss von den relativ niedrigeren Konzernanschaffungs- oder -herstellungskosten abgeschrieben wird. Im Zwischenverlustfall gilt das Gleiche, nur mit umgekehrtem Vorzeichen.

Beispiel K.2: Zwischengewinne und latente Steuern

	Jahr 01	Jahr 02
Gewinn laut Steuerbilanz	L	E
(= Jahresüberschuss vor Steuern laut Handelsbilanz II)	600	100
40 % Steuern darauf	./. 240	./. 40
Jahresüberschuss (= Gewinn nach Steuern)	360	60
Konzernergebnis vor Steuern	0	700
./. Steuern aus der Summe der Einzelabschlüsse	./. 240	./. 40
+ ./. aktive latente Steuern	+ 240	./. 240
Konzernergebnis nach Steuern	0	420
Bilanzposition für aktive latente Steuern im Konzernabschluss	+ 240	0

Zwischengewinne und -verluste auf Umlauf- und abnutzbares Anlagevermögen führen also zu zeitlich genau absehbaren Differenzen und im Entstehungsjahr zu aktiven (passiven) latenten Steuern aus § 306 HGB, wie Beispiel K.2 zeigt.

Beispiel K.2 beruht auf folgenden Ausgangsdaten:

Jahr 01: Lieferung von Produkten des Konzernunternehmens L an Konzernunternehmen E zum Preis von 1500 €, die bei L sowohl in der Handelsbilanz II als auch in der Steuerbilanz zu 900 € aktiviert waren. 900 € seien zugleich die Konzern-Herstellungskosten.

Jahr 02: Lieferung dieser Produkte von E an Konzernexterne zum Preis von 1600 €; Steuersatz s = 0,4. Sonstige Geschäftsvorfälle des L-E-Konzerns gab es nicht.

Erfolge aus konzerninternen Lieferungen in das nicht abnutzbare Anlagevermögen kehren sich im allgemeinen nicht in absehbarer Zukunft um und lösen damit als quasi-permanente Differenz auch keine latenten Steuern aus.

Im Rahmen der Quotenkonsolidierung werden latente Steuern allenfalls auf das quotal eliminierte Zwischenergebnis berechnet (§§ 306, 310 Abs. 2 HGB), da nur in dieser Höhe der Konzernjahresüberschuss von der Summe aus voll konsolidierten und quotalen Jahresüberschüssen der Einzelbilanzen abweicht.

2.3.2.3 Latente Steuern aus der Schuldenkonsolidierung

Die aus konzerninternen Kreditgeschäften resultierenden Aufwendungen und Erträge, die in die Summen-GuV eingehen, müssen zwar aus dieser im Rahmen der GuV-Konsolidierung eliminiert werden, dies beeinflusst aber dann den Konzernerfolg nicht, wenn sich Aufwendungen und Erträge in gleicher Höhe gegenüberstehen. Für latente Steuern gibt es dann mangels zeitlich genau absehbarer Differenzen keinen Anknüpfungspunkt.

Anders ist die Lage zu beurteilen, wenn sich in einer Periode im Rahmen der Schuldenkonsolidierung Aufwendungen und Erträge in ungleicher Höhe gegenüberstehen. Derartige erfolgswirksam zu eliminierende Konsolidierungsdifferenzen im Rahmen der Schuldenkonsolidierung gründen sich auf verschiedene Ursachen (vgl. H.3.4). Regelmäßig führen diese dazu, dass von Anfang an absehbar ist, wie und wann sich die aufgetretenen Differenzen im Zeitablauf wieder aufheben. Damit kommt es also zu zeitlich genau absehbaren Differenzen, denen durch passive latente Steuern Rechnung zu tragen ist, denn bei der erfolgswirksamen Schuldenkonsolidierung sind die Erfolge der aufsummierten handelsrechtlichen Einzel-Gewinn- und Verlustrechnungen zunächst geringer als das Konzernergebnis (vgl. hierzu die Beispiele J.17 und J.18; ob die Erfolge in den Steuerbilanzen der Konzernunternehmen im gleichen Umfang geringer waren, ist zumindest häufig zu bezweifeln. Insoweit kann hier – wie in den Beispielen J.18 und K.1 dargestellt –durch passive latente Steuern aus § 306 HGB nur das rückgängig zu machen sein, was durch aktive latente Steuern nach § 274 HGB im Einzelabschluss ausgelöst wurde).

Die auf Basis der Vollkonsolidierung abgeleiteten Aussagen gelten analog auch für die Quotenkonsolidierung (§§ 310 Abs. 2, 306 HGB), allerdings nur in Höhe des Anteils der jeweiligen "Konzernmutter" an dem Gemeinschaftsunternehmen.

2.3.2.4 Latente Steuern aus der Anwendung der Equity-Methode

Da die Equity-Methode in § 311 HGB und somit nicht innerhalb des 4. Titels geregelt ist, auf den § 306 HGB Bezug nimmt, kommt keine Pflicht der Abgrenzung latenter Steuern wegen möglicher zeitlich genau absehbarer Differenzen nach § 306 HGB, sondern nur ein Wahlrecht in Betracht.

Bei Anwendung der Equity-Methode gehen die Aufwands- und Ertragspositionen des assoziierten Unternehmens ebenso wenig in die Summen-GuV ein wie die Vermögensgegenstände und Schulden in die Summen-Bilanz (vgl. G.3.4.1). Dennoch führt die Equity-Methode in den folgenden Fällen zu erfolgswirksamen Differenzen zwischen Summenergebnis und Konzernergebnis:

In den auf die erstmalige Anwendung der Equity-Methode folgenden Jahren mindern gegebenenfalls Abschreibungen auf die aufgedeckten stillen Reserven sowie auf den als Restgröße ermittelten Geschäftswert den Wertansatz der Beteiligung in der Konzernbilanz. Sie führen auch zu erhöhten Aufwendungen in der Konzern-GuV. Diese erhöhten Konzernaufwendungen schlagen sich nur mit Verzögerung in dem Einzelabschluss der beteiligten Gesellschaft und damit in der Summen-GuV nieder:

- im Zeitpunkt der Liquidation oder des Verkaufs des assoziierten Unternehmens oder
- im Zeitpunkt einer Ertragswertabschreibung im Einzelabschluss des beteiligten Unternehmens wegen Gewinnlosigkeit.

In der Regel liegen analog zu der erfolgswirksamen Kapitalkonsolidierung quasi-permanente Differenzen vor, die nicht zu latenten Steuern führen.

2.4 Bewertung der latenten Steuern im Konzernabschluss nach HGB

2.4.1 Wahl des Steuersatzes

2.4.1.1 Wahl gegenwärtiger oder zukünftiger Steuersätze

Bisher wurde in den Überlegungen zur Bilanzierung latenter Steuern vereinfachend von einem festen periodenkonstanten Steuersatz ausgegangen.

Tatsächlich aber können sich die Steuersätze etwa als Folge einer Progression oder einer Steuerreform im Zeitablauf ändern. Wenn es zu solchen Änderungen kommt, wird der in der Literatur verbreitete Streit zwischen Liability- und Deferred-Methode relevant, der auf unterschiedlichen Auffassungen über die primäre Aufgabe latenter Steuern basiert und in der Wahl verschiedener Steuersätze seinen Ausdruck findet.

- Die Liability-Methode ist stark bilanzorientiert und deutet latente Steuerpositionen als Forderungen und Verbindlichkeiten (vgl. Hille, Latente Steuern, 1982, S. 165 f.). Sie antizipiert Steuersatzänderungen (im Beispiel K.3 die des Jahres 02), um die Forderungen und Verbindlichkeiten in der Entstehungsperiode der zeitlich genau absehbaren Differenz mit zukünftigen Steuersätzen der Umkehrperiode auszuweisen (vgl. hierzu auch den Wortlaut des an der Liability-Methode orientierten § 274 Abs. 1 S. 1 HGB: "*..in Höhe der voraussichtlichen Steuerbelastung nachfolgender Geschäftsjahre..*" Die Auflösung der latenten Steuern findet mit dem jeweils gültigen Steuersatz statt (siehe Beispiel K.3). Eine außerordentliche Anpassung der aufgelaufenen latenten Steuern in der Bilanz wird nur bei einer eingetretenen unvorhergesehenen Steuersatzänderung notwendig, was zu einem außerordentlichen Steueraufwand in der GuV führt.
- Die Deferred-Methode strebt allein den periodengerechten Gewinnausweis an (vgl. Hille, Latente Steuern, 1982, S. 167 f.). Neu auftretende zeitlich genau absehbare Differenzen werden bei der Deferred-Methode fiktiv mit dem aktuellen Steuersatz ihrer Entstehungsperiode besteuert. In der Umkehrperiode der zeitlich genau absehbaren Differenz wird starr an dem Steuersatz der Entstehungsperiode festgehalten, so dass Steuersatzänderungen im Zeitablauf keine Auswirkungen auf aufgelaufene latente Steuerpositionen in der Bilanz haben.

Im Vergleich zwischen beiden Methoden haben sich Gesetzgeber in § 274 HGB und Kommentierung zwar klar für die Liability-Methode ausgesprochen, unausweichliche Probleme bei der Prognose der künftigen Steuersätze zwingen aber zu einer weniger spekulationsabhängigen Vorgehensweise. Um den Ansatz latenter Steuern nicht durch eine Vielfalt unterschiedlicher Steuersatzprognosen und Revisionen dieser Prognosen zum Spielball des Ermessens verkommen zu lassen, ist es (nach HGB ebenso wie nach IFRS und US-GAAP) üblich, der Prognose pragmatischerweise den aktuellen Steuersatz zugrunde zu legen. Von diesem Grundsatz darf nur abgewichen werden, wenn die Änderung durch die zuständigen gesetzgebenden Körperschaften (bei uns Bundestag und Bundesrat) verabschiedet wurde. Wenn vereinfachend angenommen wird, Steuersatzänderungen seien stets einheitlich und unmittelbar ab dem Beginn des nachfolgenden Geschäftsjahres anzuwenden, ergibt sich ein praktikabler dritter Ansatz, die Berechnung der latenten Steuern auf Basis des aktuell gültigen bzw. des durch Gesetzesreform ab dem Folgejahr zu erwartenden Steuersatzes.

Die verschiedenen Vorgehensweisen macht das Beispiel K.3 auf der nächsten Seite deutlich.

Zwischen Handelsbilanz und Steuerbilanz trete im Jahr 01 eine zeitlich genau absehbare Differenz auf, die darauf beruht, dass in der Handelsbilanz II anders als in der Steuerbilanz allgemeine Verwaltungskosten in die Herstellungskosten fertiger und unfertiger Erzeugnisse einbezogen werden. Diese Differenz kehrt sich bei Veräußerung der Produkte im Jahr 03 um. Ausgehend von dem Steuersatz von 40 % im Jahr 01 werde bereits im Jahr 01 verbreitet mit einer Erhöhung des Steuersatzes auf 50 % ab dem Jahr 03 gerechnet. Im Jahr 02 werde dann tatsächlich vom zuständigen Gesetzgeber der Steuersatz ab 03 auf 50 % erhöht.

Beispiel K.3: Steuersatzänderung

	Jahr 01 s= 0,4	Jahr 02 Gesetzgeber erhöht den Steuersatz ab 03 auf s = 0,5	Jahr 03 s= 0,5 (bereits in 01 bekannt)
	HB II STB 110 100	HB II STB 100 100	HB II STB 100 110
zeitlich genau absehbare Differenz	-10	0	+10
kumulierte zeitlich genau absehbare Differenz	-10	-10	0
effektive Steuer	-40	-50	-55
1. Deferred-Methode			
latenter Steueraufwand/ -ertrag	-4	0	+ 4
gesamter Steueraufwand	-44	-50	-51
aktive (+)/ passive latente Steuer (Bilanz)	-4	-4	0
2. Liability-Methode			
latenter Steueraufwand/ -ertrag	-5	0	+ 5
gesamter Steueraufwand	-45	-50	-50
aktive (+)/ passive latente Steuer (Bilanz)	-5	-5	0
3. jeweils aktuelle Steuersätze			
latenter Steueraufwand/ -ertrag	-4	0	+ 5
Anpassung der Bilanzposition latenter Steuern		-1	
gesamter Steueraufwand	-44	-51	-50
aktive (+)/ passive latente Steuer (Bilanz)	-4	-5	0

2.4.1.2 Gesellschaftsbezogene Steuersatzwahl

Berücksichtigt man in einem nächsten Schritt, dass für den Konzern nicht ein einheitliches Steuerrecht gilt, sondern dass die einzelnen Gesellschaften einem nach Rechtsformen oder nach Sitzländern differenzierten Steuerrecht unterliegen, stellt sich die Frage nach dem "richtigen" Steuersatz.

Theoretisch befriedigt nur eine Lösung, die an effektiven Steuerzahlungen orientiert ist.

Für die latenten Steuern auf Einzelebene kommt somit der jeweils geltende Steuersatz der entsprechenden Konzerngesellschaft in Frage. Die zeitlich genau absehbaren Differenzen auf Konzernebene müssten auf die Konzerngesellschaften aufgeteilt werden, in denen sie steuerwirksam geworden sind bzw. werden (zu Problemen bei der Bestimmung des "richtigen" Steuersatzes vgl. Hintze, DB 1990, S. 849).

Allerdings ergeben sich Einwendungen praktischer Natur, da die Verteilung der zeitlich genau absehbaren Differenzen der Konzernebene auf die Einzelgesellschaften eine kostspielige Einzeldifferenzenbetrachtung erzwingt. Somit muss bei latenten Steuern der Konzernebene auf einen Durchschnittssteuersatz zurückgegriffen werden (vgl. WP-Handbuch, Band I, M Tz. 597).

Allerdings ist es durchaus sinnvoll, für latente Steuern auf Einzel- und Konzernebene denselben Steuersatz zu verwenden, damit letztere gegebenenfalls erstere exakt neutralisieren können. Latente Steuern im Konzernabschluss resultieren aus zeitlich genau absehbaren Differenzen zwischen der Summe der Steuerbilanz- gewinne der einbezogenen Unternehmen und dem Konzernergebnis. Durch die Aufteilung dieser Gesamtdifferenz in "künstliche" Teildifferenzen zwischen Handelsbilanz-Einzelergebnis und jeweiligem Steuerbilanzgewinn aller einbezogenen Gesellschaften einerseits sowie zwischen der Summe der Handelsbilanz-Ergebnisse und Konzernergebnis andererseits besteht bei unterschiedlichen Steuersätzen nämlich die Gefahr, dass latente Steuern im Konzernabschluss abgebildet werden, obwohl gar keine Differenz zwischen der Summe der Steuerbilanzgewinne und dem Konzernergebnis vorliegt (vgl. analog hierzu die Beispiele J.18 und K.1).

2.4.2 Gruppenbewertungsverfahren

Die Verfolgung des Schicksals jeder der unzähligen zeitlich genau absehbaren Differenzen ist wirtschaftlich kaum zumutbar. Der Gesetzgeber erlaubt deshalb den leichteren Weg einer Gesamtbetrachtung. Er stellt ab auf die gesamte zeitlich genau absehbare Differenz zwischen Steuerbilanzergebnis und Handelsbilanzergebnis einerseits (§ 274 HGB) bzw. auf die zwischen Summen- und Konzernergebnis (§ 306 HGB). Diese Gesamtdifferenz ist ein Saldo aus neu entstehenden und sich auflösenden zeitlich genau absehbaren Einzeldifferenzen, wie sich am Beispiel K.4 einer Gesamtdifferenz nach § 306 HGB im Jahr 02 leicht zeigen lässt.

Beispiel K.4: Gesamtbetrachtung

	Jahr 01 s= 0,4	Jahr 02 s= 0,4	Jahr 03 s= 0,5 (seit Beginn 03 bekannt)
1 zeitlich genau absehbare Differenz zwischen Summen- und Konzernergebnis L1	+ 600	- 600	
2 zeitlich genau absehbare Differenz zwischen Summen- und Konzernergebnis L2		- 200	+ 200
3 Gesamtsaldo zwischen Summenergebnis und Konzernergebnis	+ 600	- 800	+ 200
4 kumulierte Gesamtdifferenz	+ 600	- 200	0
5 Aufwand aus der Anpassung der Bilanzposition latenter Steuern			- 20
6 Lat. Steueraufwand (-)/-ertrag (+)	+ 240	- 320	+100
7 Bilanzposition für aktive (+)/ passive latente Steuer (-)	+ 240	- 80	0

Dabei wird davon ausgegangen, dass zwei konzerninterne Lieferungen, L1 und L2, erfolgen:

Konzerninterne Lieferung L1: Lieferung mit Zwischengewinn von 600 € im Jahr 01, Verkauf an Konzernfremde im Jahr 02.

Konzerninterne Lieferung L2: Lieferung mit Zwischenverlust von 200 € im Jahr 02; Verkauf an Konzernfremde im Jahr 03.

Die der Gesamtbetrachtung zugrunde liegende Net-Change-Methode wendet auf den Gesamtsaldo den gesetzlich vorgeschriebenen Steuersatz an und entspricht der im Beispiel K.3 vorgestellten dritten (pragmatischen) Metode (vgl. Hille, Latente Steuern, 1982, S. 224-225; für das Bruttoverfahren = Gross-Change-Methode sei verwiesen auf Hille, Latente Steuern, 1982, S. 222-224). Zur Berechnung latenter Steuern kann also der aktuelle Steuersatz auf die Differenz von Konzernergebnis vor Steuern und dem um die permanenten und quasipermanenten Differenzen modifizierten Summenergebnis bezogen werden. Allerdings wird im Falle der Steuersatzänderung wie im Beispiel K.3 eine außerordentliche Anpassung des Abgrenzungspostens notwendig. Im Beispiel K.4 wird im Jahr 03 die Rückstellung für latente Steuern angepasst. Sie ergibt sich aus der Differenz zwischen der kumulierten Gesamtdifferenz der Vorperiode multipliziert mit dem Steuersatz der laufenden Periode einerseits und der Position für latente Steuern am Ende der Vorperiode andererseits (= 200 · 0,5 - 80 = 20 €).

So wird gewährleistet, dass bei Auflösung aller Einzeldifferenzen sich der Abgrenzungsposten ebenfalls exakt auflöst.

Die Netto-Methode besitzt den Vorteil, durch das Abstellen auf den Gesamtsaldo als Ergebnis von sich neu bildenden und sich auflösenden zeitlich genau absehbaren Differenzen sehr praktikabel zu sein. Das Verhältnis zwischen der kumulierten Gesamtdifferenz und der bilanziellen Position für latente Steuern entspricht stets dem jeweils der Abgrenzung zugrunde gelegten Steuersatz und ist daher leicht erklärbar.

2.4.3 Latente Steuern in Verlustsituationen

Besondere Schwierigkeiten bei der Bilanzierung latenter Steuern ergeben sich in Verlustsituationen einzelner Konzerngesellschaften sowie des Konzerns insgesamt.

Insbesondere über die Bedeutung steuerlicher Verlustvor- und -rückträge einzelner Konzerngesellschaften gehen die Meinungen in der Literatur auseinander:

Es ist strittig,

- ob steuerrechtliche Verluste als solche bereits besondere aktive latente Steuern aus Verlustvorträgen auslösen: Steuerrechtliche Verluste führen in zukünftigen Jahren zu einer Steuerminderung, sofern in diesen steuerliche Gewinne erwirtschaftet werden. Zumindest im allein der Informationsfunktion dienenden Konzernabschluss wäre daran zu denken, zukünftige erwartete Steuerersparnisse bereits im Jahr des steuerlichen Verlustes zu aktivieren (vgl. zu diesem Problemkreis Feldhoff/Langermeier, DStR 1991, S. 195-197),
- ob und wann im Falle einer bereits in der Einzelbilanz ausgewiesenen aktiven bzw. passiven latenten Steuer mit einer zukünftigen niedrigeren bzw. höheren Steuerbelastung nicht mehr zu rechnen ist, so dass die Bilanzposition für aufgelaufene latente Steuern aufzulösen ist (vgl. § 274 Abs. 1 S. 2, § 274 Abs. 2 S. 4; vgl. Hoyos/Fischer in: Beck Bil-Komm., 6. Aufl., § 274 Anm. 64),
- ob bei der Entstehung oder Auflösung zeitlich genau absehbarer Differenzen in Verlustjahren und gleichzeitiger Existenz von steuerrechtlichen Verlustvortrags- oder -rücktragsmöglichkeiten planmäßig latente Steuern zu bilden oder aufzulösen sind. Hiermit könnte erreicht werden, dass nicht der steuerrechtliche, sondern der fiktive handelsrechtliche Verlustvortrags- oder -rücktragseffekt ausgewiesen wird (vgl. Hoyos/Fischer in: Beck Bil-Komm., 6. Aufl., § 274 Anm. 66 ff). Sofern mit zukünftigen Gewinnen gerechnet werden darf, sollten unseres Erachtens latente Steuern planmäßig gebildet und aufgelöst werden,
- in welchem Ausmaß die Einheitstheorie eine Fiktion der steuerrechtlichen Einheit "Konzern" umfasst,
- ob sich aus einer Fiktion der steuerrechtlichen Einheit etwa die Folgerung ergibt, dass eine passive latente Steuer nicht aus dem Einzelabschluss übernommen werden darf, wenn die Summen-GuV und das Konzernergebnis einen Verlust ausweisen, und ob somit eine Rück-

stellung für "zuwenig gezahlte Steuern" aufgrund der Verlustsituation des Konzerns sinnlos erscheint (vgl. Deutsche Treuhand-Gesellschaft, Einführung, 1986, S. 179; Debus in: Beck HdR, C 440, Rz 120-122). Da die einzelnen Konzerngesellschaften und nicht ein fiktives Steuersubjekt "Konzern" die Steuern zu entrichten haben, erscheint es angebracht, die Bildung und Auflösung von latenten Steuern von der zukünftigen erwarteten Gewinnsituation in den einzelnen Konzerngesellschaften abhängig zu machen. Eine Fiktion der steuerrechtlichen Einheit "Konzern" ist insofern wenig sinnvoll.

Allerdings würde eine theoretisch exakte Lösung eine Einzeldifferenzenbetrachtung erzwingen, die aber praktisch kaum durchführbar ist. Dementsprechend wird die Praxis gezwungen sein, Näherungslösungen abzuleiten, die aber der Spezialliteratur vorbehalten bleiben sollen.

2.5 Die Darstellung der latenten Steuern im Konzernabschluss

In der Bilanz ist für die passive latente Steuer nach § 274 HGB und § 306 HGB jeweils eine Rückstellung nach § 249 Abs. 1 S. 1 HGB zu bilden. Diese ist in der Einzel- bzw. Konzernbilanz oder im Anhang gesondert auszuweisen (§ 274 Abs. 1 S. 1, § 306 S. 2 HGB).

Aktive latente Steuern aus § 274 Abs. 2 sind – sofern das Aktivierungswahlrecht überhaupt wahrgenommen wird – als Abgrenzungsposten in der Bilanz auszuweisen. Der obligatorisch anzusetzende aktive Abgrenzungsposten nach § 306 HGB hingegen ist im Konzernanhang oder in der Bilanz gesondert auszuweisen. Wird die gesonderte Angabe im Konzernanhang gewählt, so ist der Steuerabgrenzungsposten in der Konzernbilanz im Rahmen der Rechnungsabgrenzungsposten zu erfassen (vgl. ADS, 6. Aufl., § 306 Tz. 47). Eine Erläuterungspflicht der aktiven latenten Steuerposition nach § 306 HGB ergibt sich aus § 274 Abs. 2 S. 2 iVm. § 298 Abs. 1 HGB (vgl. Debus in: Beck HdR, C 440, Rz 35; a.A. ADS, 6. Aufl., § 306 Tz. 47).

Aus § 306 HGB resultiert zulässigerweise nur ein Aktiv- oder Passivposten latenter Steuern, da der Gesetzgeber von einer Gesamtbetrachtung ausgeht, wenn er auf die Differenz zwischen dem Konzernergebnis und der Summe der Einzelergebnisse abstellt und in § 306 S. 2 HGB von "dem Posten" spricht (s.o.). Nach § 306 S. 3 HGB darf ein aktiver Abgrenzungsposten aus § 306 HGB mit allen anderen aktiven latenten Steuern aus § 274 HGB und ein passiver mit allen anderen passiven latenten Steuern aus § 274 HGB zusammengefasst werden. In der Literatur wird überwiegend die Gesamtsaldierung des über alle Gesellschaften kumulierten aktiven mit dem kumulierten passiven Abgrenzungsposten als Wahlrecht bejaht. Für diese Auffassung spricht, dass ein Verrechnungsverbot des § 246 Abs. 2 HGB bereits gegen eine Gesamtbetrachtung und damit eine Saldierung auf der jeweiligen Einzelebene bzw. für latente Steuern auf Konzernebene spräche, was vom Gesetzgeber aber wohl nicht verhindert werden soll (vgl. Debus in: Beck HdR, C 440, Rz 103-105; ADS, 6. Aufl., § 306 Tz. 50; Scherrer in: Hofbauer/ Kupsch, BHR § 306 Rz 46). Die zahlreichen Kompensierungen zwischen latenten Steuern auf Einzel- und Konzernebene sprechen sogar für ein Saldierungsgebot.

Der Ausweis der latenten Steuern in der GuV erfolgt mangels gesonderter Position im GuV-Gliederungsschema zusammen bzw. saldiert mit dem effektiven Ertragsteueraufwand, wobei allerdings eine freiwillige "davon"-Spalte wünschenswert wäre.

Gefordert wird in der Literatur außerdem die Angabe der Ermittlungsmethode latenter Steuern gemäß § 313 Abs. 1 Nr. 1 HGB sowie deren grundsätzliche Beibehaltung (§ 297 Abs. 3 S. 2 HGB) mit der Folge der Angabe- und Begründungspflicht bei Nicht-Beibehaltung (§ 297 Abs. 3 S. 4 HGB; vgl. ADS, 6. Aufl., § 306 Tz. 49).

2.6 Reformvorstellungen im Referentenentwurf zum BilMoG

Im Referentenentwurf zum BilMoG ist eine Abkehr vom GuV-orientierten Timing-Konzept zugunsten des bilanzorientierten Temporary-Konzepts nach dem Vorbild von IFRS und US-GAAP vorgesehen, wie es im folgenden Abschnitt beschrieben wird. Danach sind aktive bzw. passive latente Steuern zu bilden, wenn Unterschiede zwischen den handelsrechtlichen Wertansätzen von Vermögensgegenständen oder Schulden und deren steuerlichen Wertansätzen bestehen und sich in Zukunft unter Verursachung von zusätzlichen Steuerlasten (passive latente Steuern) oder von Steuerentlastungen (aktive latente Steuern) voraussichtlich ausgleichen werden. Dabei sollen bewusst über die quasi permanenten Differenzen hinaus auch solche Differenzen zwischen Vermögens- oder Schuldenpositionen in Handels- und Steuerbilanz in der Lage sein, latente Steuern auszulösen, die erfolgsneutral – etwa im Rahmen der Erstkonsolidierung – entstanden sind. Nach internationalem Vorbild als Ursache für latente Steuern bewusst ausgenommen wird allerdings der erstmalige Ansatz eines Geschäfts- oder Firmenwerts (goodwill) und der passivische Unterschiedsbetrag (badwill). Ausdrücklich als mögliche Ursachen latenter Steuern im Entwurf zu § 274 HGB eingeschlossen sind hingegen ungenutzte Verlustvorträge und Steuergutschriften. Hinsichtlich des Ausweises bleibt es beim Saldierungsgebot für die Bilanz. Auszuweisen ist dort nur der Saldo aus aktiven und passiven latenten Steuern, wobei zudem latente Steuern aus dem Einzelabschluss nach § 274 HGB und aus den Konsolidierungsmaßnahmen nach § 306 HGB zusammengefasst werden dürfen. Allerdings ist der Posten im Anhang aufzugliedern. Ferner wird eine Überleitung vom Steueraufwand laut Handelsbilanz zum Steueraufwand gemäß Steuerbilanz nahegelegt. Aktive latente Steuern werden nicht mehr als "Bilanzierungshilfe", sondern als "Sonderposten eigener Art" verstanden.

3. Latente Steuern im Konzernabschluss nach IFRS und US-GAAP

3.1 Abgrenzung latenter Steuern nach dem Temporary-Konzept

Das Temporary-Konzept, dem die Vorschriften IAS 12 und SFAS 109 folgen, wird als bilanzorientiert bezeichnet. Der Ansatz latenter Steuern setzt Abweichungen zwischen dem handelsbilanziellen Buchwert und dem steuerlichen Wertansatz voraus, hängt aber nicht davon ab, ob derartige Differenzen erfolgswirksam oder erfolgsneutral entstanden sind.

Dementsprechend können latente Steuern auch dann gebildet werden, wenn im Zeitpunkt der Entstehung von Bilanzierungs- und Bewertungsunterschieden der handelsrechtliche Jahresüberschuss/-fehlbetrag mit dem Steuerbilanzergebnis übereinstimmt.

Zum Ansatz latenter Steuern nach dem Temporary-Konzept kommt es allerdings nur dann, wenn aus den Bilanzierungs- und Bewertungsunterschieden zwischen Handels- und Steuerbilanz in Zukunft steuerliche Mehr- oder Minderbelastungen zu erwarten sind. So wird der bei der Auflösung der temporären Differenzen entstehende Ertragsteueraufwand besser an den handelsrechtlichen Jahresüberschuss angepasst. Gleichzeitig würden die Kapitalgeber in der Periode, in der die temporäre Differenz entstanden ist, ohne latente Steuern nicht über alle zu erwartenden und hinreichend wahrscheinlichen zukünftigen Steuerminderungen oder -belastungen informiert; der bilanzielle Ausweis von Vermögen ("assets") und Schulden ("liabilities") wäre in dieser Periode unzutreffend.

Passive temporäre Differenzen ("taxable temporary differences") liegen demnach vor, wenn

- Vermögensgegenstände in der Handelsbilanz höher bewertet sind als in der Steuerbilanz oder in der Handelsbilanz, nicht aber in der Steuerbilanz angesetzt sind oder
- Verbindlichkeiten in der Handelsbilanz niedriger bewertet sind als in der Steuerbilanz oder in der Steuerbilanz, nicht aber in der Handelsbilanz angesetzt sind

und bei der Angleichung der Unterschiede ein steuerliches Mehrergebnis entstehen wird, das zu einer höheren Steuerbelastung führen wird (SFAS 109.10-109.13 und 109.15; IAS 12.5 und .15). In diesem Fall sind passive latente Steuern zu bilden.

Aktive temporäre Differenzen ("deductible temporary differences"), für die aktive latente Steuern zu bilden sind, liegen vor, wenn

- Vermögensgegenstände in der Handelsbilanz niedriger bewertet sind als in der Steuerbilanz oder in der Steuerbilanz, nicht aber in der Handelsbilanz angesetzt sind oder
- Verbindlichkeiten in der Handelsbilanz höher bewertet sind als in der Steuerbilanz oder in der Handelsbilanz, nicht aber in der Steuerbilanz angesetzt sind

und bei der Angleichung der Unterschiede ein steuerliches Mindergebnis entstehen wird, das wahrscheinlich zu einer Steuerrückerstattung oder -ersparnis führen wird (SFAS 109.10-109.13 und 109.15; IAS 12.24). Voraussetzung für die Bildung aktiver latenter Steuern ist jedoch ausdrücklich, dass zukünftig wahrscheinlich steuerpflichtige Gewinne zu erwarten sind, so dass die aktiven latenten Steuern bei ihrer Auflösung auch steuerlich wirksam genutzt werden können (SFAS 109.17e; IAS 12.27). Nur dann sind aus den aktiven temporären Differenzen auch in Zukunft wahrscheinlich Steuerersparnisse zu erwarten. Wann wahrscheinlich zukünftige steuerliche Gewinne vorliegen, wird nach IFRS und US-GAAP etwas unterschiedlich definiert: Nach IAS 12.27 müssen zukünftige steuerliche Gewinne "probable", also wahrscheinlich sein. Davon kann ausgegangen werden, wenn einer der in IAS 12.28 und .29 genannten Indikatoren vorliegt. Nach US-GAAP muss mit einer Wahrscheinlichkeit von mehr als 50 % (= "more likely than not") die letzte als aktive latente Steuer aktivierte Geldeinheit noch zu Steuerersparnissen führen (SFAS 109.17e). Andernfalls ist in beiden Rechnungslegungskreisen mittels einer "valuation allowance" so weit abzuschreiben, dass für den verbleibenden Betrag die Realisierbarkeit der Steuerersparnisse "probable" bzw. "more likely than not" ist.

Das Temporary-Konzept weitet somit die Bildung latenter Steuern über das beim Timing-Konzept Notwendige hinaus aus: Neben den zeitlich genau absehbaren Differenzen führen auch quasi-permanente Differenzen zur Bildung latenter Steuern, da sich die Bilanzierungs- und Bewertungsunterschiede erfolgswirksam auflösen und der Zeitpunkt der Auflösung nach dem Temporary-Konzept irrelevant ist. Daneben löst aber nach dem Temporary-Konzept auch ein Teil der permanenten Differenzen latente Steuern aus. In den Fällen, in denen die permanenten Differenzen erfolgsneutral entstehen, sich aber erfolgswirksam auflösen, sind nach dem Temporary-Konzept latente Steuern zu bilden. Beispiel wäre eine erfolgsneutrale Höherbewertung von Aktiva nur in der Handelsbilanz, die sich durch die folgenden höheren Abschreibungen im Vergleich zur Steuerbilanz im Zeitablauf erfolgswirksam auflöst. In diesem Fall sind Steuermehrbelastungen zu erwarten und deshalb passive latente Steuern zu bilden (vgl. Schildbach, US-GAAP, 2002, S. 168 ff.). Permanente Differenzen, die dadurch entstehen, dass in der Berichtsperiode Aufwendungen oder Erträge nur handels- oder nur steuerrechtlich erfasst werden, führen hingegen auch nach dem Temporary-Konzept nicht zu latenten Steuern: Wegen fehlender Bilanzierungs- oder Bewertungsunterschiede werden auch keine zukünftigen Steuerwirkungen erwartet, so dass eine unterlassene Bildung von latenten Steuern nicht zu einer unzutreffenden Information über alle Vermögensgegenstände und Schulden führt. Beispiel für einen solchen Fall wäre die steuerliche Nichtanerkennung der hälftigen Aufsichtsratsvergütungen als abziehbare Aufwendungen nach § 10 Nr. 4 KStG (vgl. ebenda, S. 170).

3.2 Ursachen latenter Steuern nach IFRS und US-GAAP

Für die Bildung latenter Steuern im Konzernabschluss nach US-GAAP und IFRS sind drei Bereiche zu unterscheiden. Zunächst ist bei den Konzernunternehmen, die ihren handelsrechtlichen Einzelabschluss nach HGB und nicht nach IFRS oder US-GAAP aufgestellt haben, zu prüfen, ob die im Einzelabschluss enthaltenen latenten Steuern alle Fälle latenter Steuern nach SFAS 109 bzw. IAS 12 abdecken. Regelmäßig wird das nicht der Fall sein, da das diesen beiden Regelungen zugrunde liegende Temporary-Konzept weit reichender ist als das Timing-Konzept nach HGB. Die entsprechend fehlenden latenten Steuern sind im Rahmen der Aufstellung der HB II zu bilden. Des weiteren sind für diese Unternehmen die Bilanzierungsanpassungen, die zusätzlich notwendig sind, um den Einzelabschluss nach HGB in einen US-GAAP-konformen bzw. IFRS-konformen Abschluss umzuwandeln, ebenfalls in der HB II vorzunehmen. Führen diese Anpassungen zu zukünftigen Steuerwirkungen oder erzwingen sie die Eliminierung bzw. Modifizierung der latenten Steuern aus dem Einzelabschluss vor dieser Korrektur, sind die latenten Steuern aus dem Einzelabschluss erneut zu verändern.

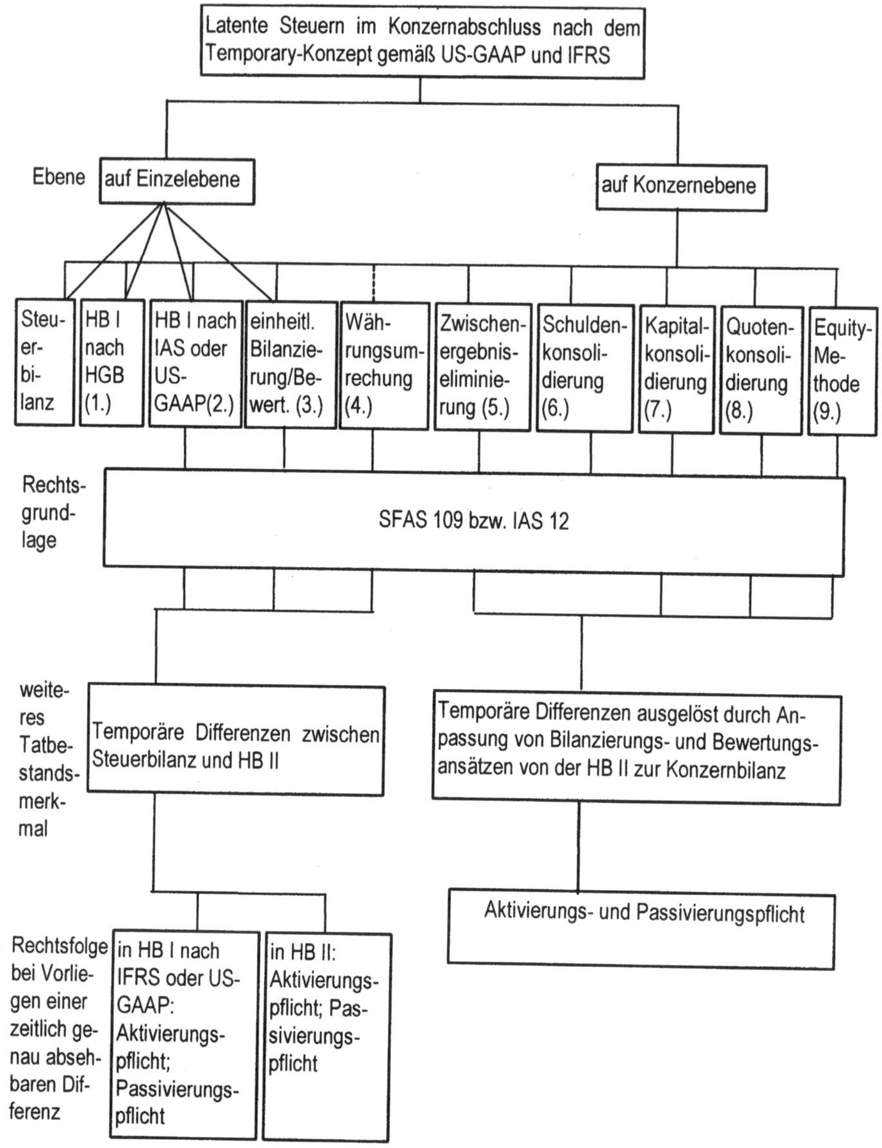

Schaubild K.2: Überblick über die Ursachen latenter Steuern im Konzernabschluss nach dem Temporary-Konzept

Die Bildung latenter Steuern nach SFAS 109 bzw. IAS 12 ist außerdem bei allen Maßnahmen zur konzerneinheitlichen Bilanzierung und zur Währungsumrechnung zu prüfen. Ergibt sich aus diesen Maßnahmen die Notwendigkeit, neue latente Steuern zu bilden, sind sie ebenfalls im Rahmen der HB II einzustellen.

Als Drittes können sich aus den Konsolidierungsmaßnahmen und der Durchführung der Equitybewertung zukünftige Steuerwirkungen ergeben, die durch latente Steuern zu berücksichtigen sind. Deren Bildung erfolgt dann jedoch direkt im Konzernabschluss

3.3 Ansatz der latenten Steuern nach IFRS und US-GAAP

3.3.1 Latente Steuern aus der Überführung des Einzelabschlusses nach HGB auf IFRS oder US-GAAP

Im Einzelabschluss nach HGB sind latente Steuern für zeitlich genau absehbare Differenzen enthalten. Auch nach dem Temporary-Konzept sind dafür latente Steuern anzusetzen, da die zeitlich genau absehbaren Differenzen einen Unterfall der temporären Differenzen darstellen. Insoweit ist keine zusätzlich Bildung latenter Steuern notwendig.

Quasi-permanente Differenzen, die sich zwar erfolgswirksam bilden und auch wieder auflösen, deren Umkehrung aber nicht absehbar ist (z.B. außerplanmäßige Abschreibung auf nichtabnutzbares Anlagevermögen, die steuerlich nicht anerkannt wird), sind nach herrschender Meinung nicht über latente Steuern im Einzelabschluss nach HGB zu erfassen (vgl. Schildbach, Jahresabschluss, 2008, S. 220). Nach IFRS wie nach US-GAAP ist der Zeitraum, innerhalb dessen es zu einer Steuerwirkung aus den Bilanzierungs- und Bewertungsunterschieden kommt, jedoch für die Bildung latenter Steuern irrelevant. Latente Steuern sind in diesem Fall nach beiden Rechnungslegungssystemen einzustellen und müssen deshalb in der HB II nachgeholt werden.

Temporäre Differenzen zwischen Handels- und Steuerbilanz, die ohne eine Abweichung zwischen handelsrechtlichem Jahresüberschuss und Steuerbilanzergebnis entstanden sind, sich aber erfolgswirksam auflösen, führen ebenfalls nicht zu latenten Steuern im Einzelabschluss nach HGB, da es sich um permanente Differenzen handelt. Als Beispiel kann auf die "revaluation" gemäß IAS 16.31 verwiesen werden. Nach dem Temporary-Konzept gemäß IFRS und US-GAAP liegen in diesem Fall jedoch temporäre Differenzen vor, da aus der Auflösung der Bilanzierungs- und Bewertungsdifferenzen steuerliche Mehr- oder Minderbelastungen zu erwarten sind. Entsprechend sind in die HB II aktive oder passive latente Steuern für die temporären Differenzen einzustellen.

Bei allen sonstigen, im Rahmen der Überführung der Handelsbilanz in eine IFRS- bzw. US-GAAP-konforme Bilanz vorgenommenen Bilanzierungs- und Bewertungsänderungen sind ebenfalls latente Steuern zu bilden, wenn sie zu temporären Differenzen führen.

3.3.2 Latente Steuern aufgrund von Maßnahmen zur konzerneinheitlichen Bilanzierung und Bewertung sowie zur Währungsumrechnung

Konzerneinheitliche Bilanzierung und Bewertung ist nach IAS 27.28 - .29 vorgeschrieben, während für Abschlüsse nach US-GAAP nur ein Wahlrecht zur konzerneinheitlichen Bilanzierung und Bewertung besteht. Die durchgeführten Bilanzierungs- und Bewertungsanpassungen führen grundsätzlich zu temporären Differenzen. Wenn z.B. bei einigen Konzernunternehmen von LIFO auf die Bewertung mit gewogenen Durchschnittswerten umgestellt wird, um eine einheitliche Bewertung im Konzern sicherzustellen, müssen entsprechend den allgemeinen Regeln sowohl nach IFRS als auch nach US-GAAP latente Steuern gebildet werden, es sei denn das abweichende Verfahren führe zufällig in der Bilanz zu den gleichen Werten wie das alte Verfahren.

Auch die Währungsumrechnung kann zu temporären Differenzen führen, wenn sich durch die Umrechnung Wertänderungen von Vermögensgegenständen oder Schulden ergeben, die als Umrechnungsdifferenzen erfolgswirksam gegen das Ergebnis bzw. erfolgsneutral im Eigenkapital gebucht werden. Nach IFRS sind grundsätzlich auf alle temporären Differenzen aus der Währungsumrechnung latente Steuern nach den Grundsätzen von IAS 12 zu bilden, wobei für temporäre Differenzen aus erfolgsneutral erfassten Umrechnungsdifferenzen zusätzlich die Regelungen von IAS 12.38 bis 12.45 zu beachten sind: Danach besteht in diesem Fall für passive latente Steuern ein Ansatzverbot, solange die Mutter die Umkehr der temporären Differenz steuern kann und außerdem mit der Umkehr nicht in absehbarer Zeit zu rechnen ist (IAS 12.39). Aktive latente Steuern dürfen hingegen bei temporären Differenzen aus erfolgsneutral erfassten Umrechnungsdifferenzen nur angesetzt werden, wenn wahrscheinlich ausreichend zu versteuerndes Ergebnis im Zeitpunkt der Umkehr vorliegt und die Umkehr der Differenz in absehbarer Zeit wahrscheinlich eintritt (IAS 12.44). SFAS 109.9f verbietet hingegen für Abschlüsse nach US-GAAP ausdrücklich die Bildung latenter Steuern auf temporäre Differenzen aus der Währungsumrechnung.

3.3.3 Latente Steuern aus Konsolidierungsmaßnahmen und der Anwendung der Equity-Methode

3.3.3.1 Latente Steuern aus der Kapitalkonsolidierung

Im Rahmen von IFRS und US-GAAP werden bei der Erstkonsolidierung nach der Erwerbsmethode zunächst sämtliche stillen Reserven – teils durch Aktivierung erworbener immaterieller Anlagen – und Lasten aufgelöst. Übersteigt der Beteiligungswert das anteilige Nettovermögen, bewertet zum Zeitwert ("fair value"), also inklusive stiller Reserven oder Lasten, ist der übersteigende Betrag als Geschäftswert ("goodwill") auszuweisen.

Zur Beurteilung der Frage, ob aus der Kapitalkonsolidierung nach der Erwerbsmethode temporäre Differenzen resultieren, ist zunächst zu klären, mit welchen Werten in der Steuerbilanz die nun zu Zeitwerten bewerteten Vermögensgegenstände bzw. Schulden und der

Goodwill zu vergleichen sind. Nach IAS 12.11 und SFAS 109.30 werden die steuerlichen Werte der einzelnen aufgewerteten Vermögensgegenstände und Schulden aus der Steuerbilanz des Tochterunternehmens herangezogen (vgl. Coenenberg/Hille in: Baetge/Wollmert/Kirsch/Oser/Bischof, Rechnungslegung nach IFRS, IAS 12 Tz. 102).

Werden in der Steuerbilanz die Buchwerte der Vermögensgegenstände und Schulden beibehalten, ergeben sich bei der Erstkonsolidierung temporäre Differenzen aus der Höherbewertung der Vermögensgegenstände oder Schulden im Vergleich zu den Buchwerten in der Steuerbilanz: Die stillen Reserven (Lasten) in den Vermögensgegenständen und Schulden lösen sich beim Umlaufvermögen durch Verbräuche, beim abnutzbaren Anlagevermögen durch Abschreibungen, beim nicht abnutzbaren Anlagevermögen durch Anlagenabgänge und bei den Schulden durch Eintritt der Vermögensbelastung erfolgswirksam in der Konzernbilanz auf und führen somit zu zukünftigen Steuermehr- oder -minderbelastungen. Damit liegen temporäre Differenzen vor, für die passive latente Steuern im Fall der Aufdeckung stiller Reserven und aktive latente Steuern bei Aufdeckung stiller Lasten zu bilden sind (IAS 12.19; SFAS 109.30). Die passiven latenten Steuern, die bei der regelmäßig vorzunehmenden Höherbewertung von Vermögensgegenständen anfallen, erhöhen allerdings den Goodwill über den Wert hinaus, der sich ohne latente Steuern ergäbe, wie das folgende Beispiel verdeutlicht.

Beispiel K.5: Goodwill und latente Steuern

Anschaffungspreis der Beteiligung (100%):	100
Buchwert des Eigenkapitals:	50
stille Reserven bei Vermögensgegenständen:	20
Steuersatz:	40 %

Goodwillberechnung ohne latente Steuern			Goodwillberechnung mit latenten Steuern			
Beteiligung		100	Beteiligung			100
- Eigenkapital			- Eigenkapital			
nominal	50		nominal		50	
stille Reserve	20	70	stille Reserve	20		
			- latente Steuern	- 8	12	62
Goodwill		30	Goodwill			38

Außerdem ergibt sich eine temporäre Differenz aus der Einstellung eines Goodwills in die Konzernbilanz, wenn für steuerliche Zwecke kein Goodwill entsteht ("nontaxable business combination") oder ein vorhandener Goodwill steuerlich nicht abgeschrieben werden darf ("goodwillamortization not taxdeductible"): In der Steuerbilanz der Tochtergesellschaft ist in beiden Fällen dem Goodwill ein Steuerwert von 0 beizulegen, während er in der Konzernbilanz mit dem Betrag auszuweisen ist, um den der Beteiligungswert das anteilige Eigenkapital zuzüglich der aufgedeckten stillen Reserven nach latenten Steuern übersteigt. Da der Goodwill in der Konzernbilanz gegebenenfalls außerplanmäßig abzuschreiben ist, ansonsten aber den Erfolg bei Ausscheiden der Tochter mindert, entsteht grundsätzlich eine temporäre Differenz. Dieser darf jedoch weder nach IFRS noch nach US-GAAP durch eine latente Steuer Rechnung getragen werden (IAS12.15a, 12.18c, 12.21; SFAS 109.30, .131 und .260), da ansonsten die Residualgröße Goodwill durch die latente Steuer aufgebläht wird (vgl. Coenenberg/Hille in: Baetge/Dörner/ Kleekämper/Wollmert, Rechnungslegung nach IAS, IAS 12 Tz. 65).

Nach US-GAAP gibt es jedoch Ausnahmen von dieser Regel: Liegt eine "taxable business combination" vor, werden also auch in der Steuerbilanz Zeitwerte angesetzt, und kann der Goodwill mit steuerlicher Wirkung abgeschrieben werden ("goodwillamortization taxdeductible"), ist in der Frage einer latenten Steuer auf den Goodwill folgendermaßen zu verfahren (SFAS 109.261 - 109.263):

- Soweit der Goodwill in der Steuerbilanz mit dem im Konzernabschluss übereinstimmt, steuerlich jedoch anders abgeschrieben wird als in der Konzernbilanz, sind latente Steuern anzusetzen, sobald sich durch die unterschiedliche Abschreibung der Buchwert des Goodwill in der Steuerbilanz von dem in der Konzernbilanz unterscheidet.
- Soweit der Goodwill in der Konzernbilanz den Goodwill in der Steuerbilanz übersteigt, sind ausdrücklich keine latenten Steuern zu bilden (SFAS 109.262).
- Soweit hingegen der steuerliche Goodwill über den Goodwill in der Konzernbilanz hinausgeht, sind keine latenten Steuern zu bilden. Vielmehr sind die "total tax benefits" zu ermitteln und zuerst vom Goodwill in der Konzernbilanz, danach von den erworbenen immateriellen Anlagen und zuletzt vom Steueraufwand abzuziehen (SFAS 109.262 und .263).

Sofern die temporäre Differenz nicht aus dem erstmaligen Ansatz eines Goodwill entsteht, sondern aus der nach dem Erwerbszeitpunkt folgenden unterschiedlichen Behandlung des Goodwill in Konzernbilanz und Steuerbilanz, können auch nach IFRS latente Steuern anzusetzen sein: Dieser Fall tritt ein, wenn der Goodwill auch steuerlich anzusetzen ist, aber die i.d.R. planmäßigen steuerlichen Abschreibungen in den Jahren nach dem Erwerbszeitpunkt zu anderen Buchwerten führen als das Impairment-Verfahren in der Konzernbilanz (IAS 12.21B).

Für einen negativen Goodwill darf nach IFRS zwar eine latente Steuer gebildet werden, da ein passivischer Unterschiedsbetrag jedoch sofort erfolgswirksam verrechnet wird, entfällt faktisch die Notwendigkeit latente Steuern zu bilden (Streichung von IAS 12.24a). Nach US-GAAP darf auf einen negativen Goodwill keine latente Steuer gebildet werden, wenn er nicht auf langfristige Vermögenswerte verteilt wird (keine sogenannte Abstockung) (SFAS 109.30).

Aus den Differenzen zwischen den Werten im Konzernabschluss nach Auflösung stiller Reserven anlässlich der Erstkonsolidierung einerseits und den zumindest weniger stark angepassten Buchwerten in der Steuerbilanz andererseits entstehen beim Temporary-Konzept erste (passive) latente Steuern. Diese lösen sich im Laufe der Zeit mit dem Verbrauch der übernommenen Vorräte, den Abschreibungen der Anlagen bzw. dem Ausscheiden von Vermögen und Schulden aus dem Unternehmenserwerb auf. Zur Unterscheidung von den zweiten latenten Steuern werden sie "inside basis differences" genannt, weil sie die in den einzelnen Vermögensgegenständen und Schulden aus deren unterschiedlicher Darstellung in Konzern- und Steuerbilanz selbst gebundenen Steuermehrbelastungen verkörpern.

Die höheren Folgeaufwendungen im Konzernabschluss als Resultat der Auflösung stiller Reserven bei der Erstkonsolidierung belasten in den Folgejahren die Erfolge im Konzernabschluss im Vergleich zu den Erfolgen in der Steuerbilanz. Dementsprechend steigt der Wert der Beteiligung der Mutter an der Tochter im Konzernabschluss in den Folgejahren weniger stark als in der Steuerbilanz, denn nach Abzug der für beide Rechnungen gleich großen Ausschüttungen an die Eigner verbleiben im Konzernabschluss geringere Beträge, die dem Buchwert der Beteiligung der Mutter an der Tochter durch Thesaurierung zugeführt werden. So entsteht und wächst langsam eine zweite Wertdifferenz zwischen Konzern- und Steuerbilanz außerhalb der Wertansätze von Vermögen und Schulden der übernommenen Tochter als "outside basis difference". Auch auf diese zweite Wertdifferenz sind grundsätzlich (aktive) latente Steuern zu bilden, sofern für den Zeitpunkt einer Veräußerung der Beteiligung der Mutter an der Tochter die Steuerersparnis aufgrund des in der Steuerbilanz verglichen mit dem Konzernabschluss höheren Abgangswerts ausreichend gesichert erscheint ("probable" bei IFRS bzw. "more likely than not" bei US-GAAP; vgl. K.3.1; zum Vorgehen allgemein vgl. Wienken, Latente Steuern in Unternehmenszusammenschlüssen nach US-GAAP, 2003, S. 225-228 und 261-263).

Relativiert wird der Ansatz latenter Steuern auf "outside basis differences" allerdings vom deutschen Steuerrecht. Dieses stellt in § 8b KStG Kapitalgesellschaften zu 95 % von der Besteuerung der Beteiligungserträge und Veräußerungsgewinne aus Anteilen an anderen Kapitalgesellschaften frei. Dementsprechend sind in Deutschland von Kapitalgesellschaften latente Steuern auf "outside basis differences" nur auf Basis der weiterhin zu versteuernden restlichen 5 % der Differenz zu bilden (Hoyos/Fischer in: Beck Bil-Komm., 6. Aufl., § 306 Anm. 14).

3.3.3.2 Aufwertung latenter Steuern im Zuge einer Unternehmensverbindung

Bei einer Unternehmensakquisition ist unter anderem zu prüfen, ob bisher nicht gebildete aktive latente Steuern aufgrund des Anteilserwerbs nachträglich zu bilden sind. Dies kann in zwei Fällen notwendig sein: Wenn eine beim übernehmenden Unternehmen (Mutter) bisher nicht voll nutzbare zukünftige Steuerentlastung durch die erwarteten Gewinne des erworbenen Unternehmens nutzbar wird, sind ab dem Akquisitionsdatum die Voraussetzungen für die Bildung einer aktiven latenten Steuer grundsätzlich erfüllt. Nach IAS 12.67 setzt das übernehmende Unternehmen die aktive latente Steuer in dem voraussichtlich gesicherten Umfang an. Bei der Ermittlung des Goodwill aus dem Unternehmenszusammenschluss wird die aktivierte latente Steuer jedoch nicht berücksichtigt.

Wird hingegen die Realisierung einer bisher beim erworbenen Unternehmen (Tochter) nicht gebildeten aktiven latenten Steuer durch die Ergebniserwartungen des Unternehmensverbundes "probable", so sind nach IAS 12.68 die aktiven latenten Steuern erfolgswirksam nachzuaktivieren. Entsprechend muss im selben Zeitpunkt der Bruttobuchwert des Goodwill erfolgswirksam gemindert werden (IFRS 3.65 und IAS 12.68).

Nach SFAS 109.30 iVm 109.267 sind in beiden Fällen die Erträge aus der Nachholung der aktiven latenten Steuer zunächst zur Senkung des Goodwill, dann zur Minderung der erworbenen immateriellen Anlagen und zuletzt zur Senkung der Steueraufwendungen einzusetzen.

3.3.3.3 Latente Steuern aus der Zwischenergebniseliminierung

Bei der Zwischenergebniseliminierung entstehen regelmäßig temporäre Differenzen: Von wenigen Ausnahmefällen abgesehen (vgl. dazu Kapitel I.6.) sind nach IFRS und US-GAAP bei konzerninternen Lieferungen zu Preisen, die ober- oder unterhalb der Konzernherstellungs- oder -anschaffungskosten liegen, noch nicht realisierte Zwischengewinne bzw. -verluste erfolgswirksam im Konzernabschluss zu eliminieren. Entsprechend sind bei Zwischengewinnen die gelieferten Vermögensgegenstände in der Konzernbilanz niedriger als im Einzelabschluss anzusetzen, bei Zwischenverlusten höher. Bei Vermögensgegenständen des Umlaufvermögens und des abnutzbaren Anlagevermögens führt die Zwischenergebniseliminierung dazu, dass bei Verkauf an Unternehmensfremde bzw. planmäßiger Abnutzung das Konzernergebnis das Ergebnis der Einzel- wie Steuerbilanz übersteigt (Zwischengewinn) bzw. unterschreitet (Zwischenverlust). Das nicht abnutzbare Anlagevermögen löst beim noch nicht absehbaren Abgang aus dem Betriebsvermögen dieselben Effekte hinsichtlich des Erfolgs aus. Durch die Zwischenergebniseliminierung entstehen somit temporäre Differenzen. Diesen ist nach IAS 27.24 und SFAS 109 durch Bildung aktiver latenter Steuern (Eliminierung von Zwischengewinnen) und passiver latenter Steuern (Eliminierung von Zwischenverlusten) Rechnung zu tragen.

Erfolgt eine Besteuerung der Konzernunternehmen nach US-Recht, ist jedoch auf eine Besonderheit hinzuweisen: Ab einer Beteiligungsquote von 80 % können Konzerne in den USA wählen, ob sie auf Basis des Einzel- oder des Konzernabschlusses besteuert werden (vgl. Section 1501 IRC). Entscheiden sie sich für die Besteuerung auf Basis des Konzernabschlusses, entfällt die Notwendigkeit, latente Steuern auf Zwischenergebnisse zu bilden.

3.3.3.4 Latente Steuern aus der Schuldenkonsolidierung

Im Rahmen der Schuldenkonsolidierung sind nach IAS 27. 25 und ARB 51.6 alle Forderungen und Verbindlichkeiten zwischen den Konzernunternehmen voll zu eliminieren. Soweit sich die Forderungen des Gläubigerkonzernunternehmens und die entsprechenden Verbindlichkeiten des Schuldnerkonzernunternehmens betraglich entsprechen, resultieren aus der Eliminierung weder im Zeitpunkt der Konsolidierung noch später Erfolgswirkungen. Es entstehen somit keine temporären Differenzen und folgerichtig auch keine latenten Steuern.

Temporäre Differenzen entstehen dagegen (vgl. Baetge/Hayn/Ströher, in: Baetge/ Wollmert/Kirsch/Oser/Bischof, Rechnungslegung nach IFRS, IAS 27 Tz. 176), wenn bei der Schuldenkonsolidierung

- betraglich ungleiche, konzerninterne Forderungen und Verbindlichkeiten eliminiert werden (z.B. bei Abschreibungen auf die Forderungen bei Bonitätsrisiken),
- konzerninterne Rückstellungen, beispielsweise Garantierückstellungen für eine konzerninterne Lieferung, eliminiert werden oder
- konzerninterne Kredite in Fremdwährung mit unterschiedlichen Kursen umgerechnet werden.

In diesen Fällen kommt es zu einer erfolgswirksamen Eliminierung, die zukünftig in der Regel Steuermehrbelastungen erwarten lässt, denen nach IAS 12 und SFAS 109 durch passive latente Steuern Rechnung zu tragen ist.

3.3.3.5 Latente Steuern aus dem innerkonzernlichen Gewinntransfer

Innerkonzernliche Gewinnausschüttungen, die zeitverschoben vorgenommen werden, führen schon im Zeitpunkt der Gewinnentstehung bei der Tochterunternehmung zu temporären Differenzen: Der Buchwert der Beteiligung in der Steuerbilanz liegt unter dem Wert der Beteiligung im Konzernabschluss, wobei im Konzerabschluss der Wert der Beteiligung dem Saldo der in die Konzernbilanz übernommenen Vermögenswerte und Schulden der Tochter entspricht. Diese temporären Differenzen führen allerdings nur dann zu passiven latenten Steuern, wenn aus dem innerkonzernlichen Gewinntransfer zukünftige Steuerbelastungen zu erwarten sind, wenn also entweder für die auf die ausgeschütteten Gewinne gezahlten Steuern keine Anrechnung bzw. Freistellung ohne zusätzliche Steuerlasten gewährt wird oder das Anrechnungsverfahren einen gespaltenen Steuersatz verwendet. Mit der Körperschaftsteuerreform in Deutschland ist der gespaltene Körperschaftsteuersatz abgeschafft worden und Ausschüttungen der Tochtergesellschaften unterliegen weder bei der Vereinnahmung noch bei der Ausschüttung an die Aktionäre der Muttergesellschaft erneut der Körperschaftsteuer. Zu versteuernde temporäre Differenzen und damit latente Steuern entstehen folglich nach deutschem Steuerrecht regelmäßig nicht mehr.

Soweit Gewinnausschüttungen ausländischer Tochtergesellschaften nicht steuerfrei vereinnahmt werden können, sind nach IAS 12 und SFAS 109 jedoch grundsätzlich passive latente Steuern zu bilden. Gemäß IAS 12.39 darf jedoch solange auf die Bildung einer latenten Steuer verzichtet werden, wie die Mutter die Umkehrung der temporären Differenz, also die Ausschüttung, steuern kann und die Gewinnausschüttung durch die Tochter nicht beabsichtigt ist. Nach SFAS 109.31 wird auf die Bildung einer passiven latenten Steuer analog verzichtet, wenn es sich um noch nicht ausgeschüttete Gewinne einer ausländischen Tochtergesellschaft handelt und soweit eine Ausschüttung nicht absehbar ist (Debus in: Beck HdR, C 440, Rz. 276).

3.3.3.6 Latente Steuern aus der Anwendung der Equity-Methode

Bei Anwendung der Equity-Methode wird die Beteiligung in der Konzernbilanz mit dem Wert "at equity" angesetzt, der sich an der Entwicklung des anteiligen Eigenkapitals orientiert. In der Steuerbilanz bleibt die Beteiligung jedoch regelmäßig mit ihren Anschaffungskosten bilanziert. Zu Abweichungen zwischen beiden Werten kommt es genau wie bei der Vollkonsolidierung:

- in Form von "inside basis differences" insbesondere als Folge der Auflösung stiller Reserven und des Ansatzes zusätzlicher "assets" abweichend von der an historischen Werten festhaltenden Steuerbilanz und des späteren Abbaus der aufgelösten Reserven durch Abschreibung oder Ausscheiden des höher bewerteten oder zusätzlichen Vermögens: auf diese Differenzen sind wie bei Vollkonsolidierung latente Steuern zu bilden, wobei der Goodwill aber erneut nicht Quelle latenter Steuern sein darf, sowie
- in Form von "outside basis differences" zwischen dem Wert der Beteiligung im Konzernabschluss "at equity" unter Brücksichtigung der um höhere Abschreibungen auf aufgelöste stille Reserven gekürzten Beteiligungserträge sowie eventueller außerplanmäßiger Abschreibungen auf den Goodwill einerseits und dem Wert der Beteiligung aus steuerlicher Sicht andererseits; auf diese Differenzen sind nach deutschem Steuerrecht gemäß § 8b KStG erneut nur für die zu versteuernden 5 % latente Steuern zu bilden.

Zusätzlich können sich Temporäre Differenzen aus der Zwischenergebniselimierung oder der Schuldenkonsolidierung ergeben. In der Regel liegen in diesen Fällen Temporäre Differenzen vor, für die grundsätzlich nach IAS 12 sowie nach SFAS 109 latente Steuern zu bilden sind.

Nach IFRS scheidet jedoch die Bildung latenter Steuern bei abweichenden Beteiligungswerten in Konzern- und Steuerbilanz in folgenden Fällen aus:

- Das beteiligte Konzernunternehmen ("investor" oder Obergesellschaft) kann den Zeitpunkt der Auflösung der Differenz bestimmen und es ist nicht wahrscheinlich, dass sich die temporäre Differenz in absehbarer Zeit auflöst (IAS 12.39 und .40).
- Werden beim assoziierten Unternehmen Gewinne thesauriert, ist zusätzlich die Bildung passiver latenter Steuern untersagt, wenn assoziiertes und beteiligtes Unternehmen eine Vereinbarung getroffen haben, die thesaurierten Beträge in absehbarer Zukunft nicht auszuschütten (IAS 12.42).
- Schließlich scheidet die Bildung aktiver latenter Steuern auf höhere Wertansätze in der Steuerbilanz verglichen mit denen in der Konzernbilanz aus, wenn die Umkehr dieser Differenz zeitlich nicht absehbar ist (IAS 12.44a) oder zukünftig keine steuerlichen Gewinne erwartet werden, mit denen die temporäre Differenz verrechnet werden kann (IAS 12.44b).

Nach SFAS 109.31a ist bei der Equity-Methode die Bildung latenter Steuern ausgeschlossen, wenn es sich um quasi-permanente Differenzen ausländischer assoziierter Unternehmen handelt (vgl. Schildbach, US-GAAP, 2002, S. 166).

3.3.3.7 Latente Steuern aus Verlustvorträgen

Verlustvorträge können, soweit in Zukunft steuerliche Gewinne erwirtschaftet werden, zeitlich begrenzt mit diesen verrechnet werden. Aus den sich daraus ergebenden zukünftigen Steuerminderungen resultiert ein zukünftiger ökonomischer Vorteil, der realisierbar wird, weil in der vorangegangenen Periode ein Verlust entstanden ist. Der erwartete wirtschaftliche Nutzen stellt nach IFRS und US-GAAP ein "asset" dar, das in der Bilanz auszuweisen ist. Nach IAS 12.34 und SFAS 109.16 sind deshalb für Verlustvorträge zwingend aktive latente Steuern anzusetzen (vgl. Coenenberg/Hille in: Baetge/Wollmert/Kirsch/Oser/Bischof , Rechnungslegung nach IFRS, IAS 12 Tz. 85-86; Schildbach, US-GAAP, 2002, S. 166 f.).Von diesem Prinzip muss nur abgewichen werden, wenn für die Zukunft nicht mit genügend großer Wahrscheinlichkeit von steuerlichen Gewinnen ausgegangen werden kann, mit denen die Verlustvorträge verrechnet werden können (IAS 12.27-12.29; SFAS 109.17e und .21).

3.3.4 Bewertung der latenten Steuern nach IFRS und US-GAAP

3.3.4.1 Wahl des Steuersatzes und Berechnung

Für die Wahl des Steuersatzes kommt nach IFRS und US-GAAP nur die bilanzorientierte Liability-Methode in Frage, da latente Steuern nach dem Temporary-Konzept dann zu bilden sind, wenn sie Vermögens- oder Schuldcharakter haben. Entsprechend ist als Steuersatz derjenige zu wählen, der für den Zeitpunkt der Auflösung der temporären Differenzen erwartet wird. Um unkontrollierbare Einflüsse aus möglichen Schätzungen der künftigen Steuersätze auszuschalten, ist allerdings auf das gültige oder bereits beschlossene Steuerrecht zurückzugreifen (IAS 12.47, SFAS 109.8c). Bei Änderungen der Steuersätze wegen eines geänderten Steuerrechts sind die latenten Steuerpositionen entsprechend anzupassen (IAS 12.56; SFAS 109.27) Hängt der Steuersatz von der Höhe des Einkommens ab, ist ein durchschnittlicher Steuersatz anzuwenden (IAS 12.49; SFAS 109.18).

Maßgebend für die Bestimmung des Steuersatzes ist grundsätzlich, bei welcher Konzerngesellschaft die Differenz angefallen ist. Der für diese Konzerngesellschaft lokal gültige Steuersatz ist anzuwenden (vgl. IAS 12.11; Coenenberg/Hille in: Baetge/Wollmert/Kirsch/Oser/Bischof, Rechnungslegung nach IFRS, IAS 12 Tz. 102). Eine Ausnahme bildet die Zwischenergebniseliminierung: Nach SFAS 109.124 ist der Steuersatz des konzernintern liefernden Unternehmens maßgeblich für die Bestimmung der latenten Steuern. Im Rahmen der nach IFRS offenen Frage entscheidet sich Coenenberg für den Steuersatz des Empfängers im Konzernkreis (Jahresabschluss, 2005, S. 737).

Die Werte der latenten Steuerpositionen sind gesondert für die aktiven und passiven temporären Differenzen zu ermitteln. Getrennt nach den anzuwendenden Steuersätzen werden jeweils Summen von aktiven und von passiven temporären Differenzen ermittelt. Die aktiven wie die passiven latenten Steuern ergeben sich dann aus der Multiplikation der einzelnen Summen an aktiven bzw. passiven temporären Differenzen mit den zugehörigen Steuersätzen. Für die aktiven latenten Steuern ist zusätzlich zu prüfen, ob ein Sicherheitsabschlag ("valuation allowance") vorzunehmen ist, weil nicht mit genügend großer Wahrscheinlichkeit zukünftig steuerliche Gewinne zur Verrechnung der temporären Differenzen erwartet werden. Eine Abzinsung der latenten Steuern ist sowohl nach IFRS als auch nach US-GAAP untersagt (IAS 12.53; SFAS 109.5b iVm. APB Opinion 10.6).

3.3.4.2 Erfolgswirksame oder erfolgsneutrale Erfassung latenter Steuern

Nach US-GAAP werden latente Steuern grundsätzlich erfolgswirksam erfasst. Nach SFAS 109.36 sind jedoch latente Steuern, die aus Posten resultieren, die unmittelbar mit dem Eigenkapital verrechnet werden, ebenfalls unmittelbar dem Eigenkapital gutzuschreiben oder zu belasten (vgl. Hayn/Waldersee, IFRS/US-GAAP/HGB im Vergleich, 2006, S. 238).

Ähnlich ist die Vorgehensweise nach IFRS. Dort wird danach unterschieden, ob die Transaktionen oder Ereignisse, aus denen latente Steuern resultieren, erfolgswirksam oder erfolgsneutral erfasst werden (IAS 12.57):

- Alle latenten Steuern aus erfolgswirksam erfassten Transaktionen, die in der überwiegenden Anzahl von Fällen vorliegen dürften, sind erfolgswirksam zu erfassen (IAS 12.58). Nachfolgende Korrekturen der latenten Steuerpositionen z.B. aufgrund von Steuersatzänderungen sind dann ebenfalls erfolgswirksam vorzunehmen (IAS 12.60)
- Die Ausnahmefälle, in denen latente Steuern aus erfolgsneutralen Transaktionen oder Ereignissen entstehen, sind in IAS 12.62 beispielhaft aufgeführt. Die aus erfolgsneutral direkt im Eigenkapital erfassten handelsrechtlichen Umbewertungen resultierenden temporären Differenzen führen nach IAS 12.61 auch zu einer erfolgsneutralen Bildung von latenten Steuern.

3.3.5 Ausweis latenter Steuern

Grundsätzlich sind latente Steuern von anderen Vermögensgegenständen und Schulden getrennt auszuweisen. Nach SFAS 109.41 sind zusätzlich kurzfristige und langfristige latente Steuern ("current and non-current deferred tax assets and liabilities") zu unterscheiden. IFRS schreiben hingegen vor, dass Unternehmen, die zwischen kurzfristigen und langfristigen Vermögensgegenständen und Schulden unterscheiden, die latenten Steuern nicht als kurzfristig ausweisen dürfen (IAS 1.70). Eine Saldierung ist nur unter strengen Auflagen möglich: Nach SFAS 109.42 können aktive und passive latente Steuern nur innerhalb der kurzfristigen bzw. langfristigen latenten Steuern und auch nur innerhalb derselben Steuerart mit übereinstimmender Steuerbehörde saldiert werden. IAS 12.71 und .74 erlaubt die Saldierung nur unter sehr strengen Auflagen, insbesondere müssen aktive und passive latente Steuern gegenüber derselben Steuerbehörde vorliegen. Sind die Kriterien erfüllt, muss eine Saldierung vorgenommen werden.

4. Latente Steuern im Konzernabschluss nach DRS 10

4.1 Grundlagen zur rechtlichen Stellung der DRS

Der Deutsche Standardisierungsrat verfolgt mit DRS 10 das Ziel einer stärkeren Harmonisierung des deutschen mit den internationalen Rechnungslegungsystemen für den Bereich der latenten Steuern. Bei den deutschen Rechnungslegungsstandards (DRS) handelt es sich jedoch grundsätzlich nur um Empfehlungen, auch wenn bei der Anwendung von DRS, die durch das Bundesjustizministerium bekannt gemacht worden sind, die Beachtung der Grundsätze ordnungsmäßiger Buchführung für den Konzernabschluss vermutet wird (§ 342 Abs. 2 HGB). Nur soweit die DRS nicht gegen gesetzliche Regelungen des HGB verstoßen, kann ihnen grundsätzlich gefolgt werden. Kommt es zum Konflikt mit handelsrechtlichen Regelungen und folgt der Rechnungslegende den DRS, führt dies jedoch nicht zu Beanstandungen durch den Wirtschaftsprüfer (vgl. WP-Handbuch, Band I, M Tz. 590).

4.2 Konzept der Steuerabgrenzung nach DRS 10

DRS 10 versucht eine Harmonierung der Rechnungslegungssysteme für die latenten Steuern zu erreichen, indem er dem Temporary-Konzept folgt. Entsprechend sind latente Steuern grundsätzlich nach DRS 10 im Konzernabschluss zu bilden, wenn aktive oder passive temporäre Differenzen im Rahmen der konzerneinheitlichen Bilanzierung und Bewertung, der Währungsumrechnung oder der Konsolidierungsmaßnahmen entstehen. Mit Rücksicht auf das in § 274 und § 306 HGB postulierte Timing-Konzept schränkt DRS 10.4 die Bildung latenter Steuern auf die Fälle ein, in denen die temporären Differenzen erfolgswirksam entstanden sind.

Abweichend von dieser Grundregel verlangt DRS 10.16 eine Bilanzierung aktiver und passiver latenter Steuern auf die erfolgsneutral entstandenen Differenzen aus der Aufdeckung stiller Reserven bzw. Lasten im Rahmen der Kapitalkonsolidierung. Dadurch wird die Nähe zu den internationalen Rechnungslegungsstandards nochmals deutlich. Grundsätzlich widerspricht jedoch die Bilanzierung erfolgsneutral entstandener Differenzen dem Timing-Konzept von § 274 und § 306 HGB. Trotzdem halten Teile der Literatur eine Bilanzierung latenter Steuern auf die Aufdeckung von stillen Reserven und Lasten i.R.d. Kapitalkonsolidierung für zulässig (vgl. u.a. Hoyos/Fischer in: Beck Bil-Komm., 6. Aufl., § 306 Anm. 11 f.). Andere erfolgsneutral entstandene temporäre Differenzen dürfen hingegen nicht zu latenten Steuern nach DRS 10 führen (vgl. Debus in: Beck HdR, C 440 Rz. 201).

Im Einklang mit dem HGB sowie IFRS und US-GAAP untersagt DRS 10 die Bildung latenter Steuern auf die temporäre Differenz aus dem Ansatzes eines Goodwill im Rahmen der Kapitalkonsolidierung. Über die handelsrechtlichen Regelungen hinaus fordert DRS 10.5 zusätzlich die Berücksichtung quasi-permanenter Differenzen über den Ansatz latenter Steuern. Nach DRS 10.11 ff. sind außerdem grundsätzlich auch auf **steuerliche Verlustvorträge** latente Steuern zu bilden.

Literaturhinweise

in Ergänzung zu den Standard-Kommentaren:

Coenenberg, Adolf G./Hille, Klaus: Latente Steuern in Einzel- und Konzernabschluß, in: DBW, 39. Jg., 1979, S. 601-621.

Coenenberg, Adolf G./Hille, Klaus: Latente Steuern nach der neu gefassten Richtlinie IAS 12, DB 1997, S. 537-544.

Coenenberg/Hille: IAS 12 Ertragsteuern (Income Taxes), in: Rechnungslegung nach IFRS, Kommentar auf der Grundlage des deutschen Bilanzrechts, hrsg. von Jörg Baetge/Peter Wollmert/Hans-Jürgen Kirsch/Peter Oser/Stefan Bischof, Stuttgart 2003

Debus, Christian: Latente Steuern, in: Beck'sches Handbuch der Rechnungslegung (Beck HdR), hrsg. von Edgar Castan, Hans-Joachim Böcking, Gerd Heymann, Norbert Pfitzer, und Eberhard Scheffler, Teil C 440, München 2003.

Feldhoff, Michael/Langermeier, Claudia: Zur Aktivierbarkeit des Steuereffekts aus Verlustvortrag nach § 10 d EStG, in: DStR, 29. Jg., 1991, S. 195-197.

Hille, Klaus: Latente Steuern im Einzel- und Konzernabschluß, Frankfurt/Bern 1982.

Hintze, Stefan: Zur Bilanzierung latenter Steuern im Konzernabschluß, in: DB, 43. Jg., 1990, S. 845-850.

Karrenbrock, Holger: Latente Steuern, in: Handbuch des Jahresabschlusses (HdJ), hrsg. von Klaus von Wysocki, Joachim Schulze-Osterloh, Joachim Hennrich und Christoph Kuhner Abt. I/13 (Juni 2002), Köln 2005.

Wienken, Robert: Latente Steuern in Unternehmenszusammenschlüssen nach US-GAAP, Frankfurt am Main u.a. 2003.

L. Die Darstellung der Ergebnisverwendung und der Entwicklung erfolgswirksamer Konsolidierungsdifferenzen im Konzernabschluss

1. Problemstellung

Die bislang beschriebenen Maßnahmen der Konzernrechnungslegung dienten den Aufgaben,

- die im Konzernabschluss zusammenzufassenden Einzelabschlüsse erforderlichenfalls in eine Währung umzurechnen und/oder auf eine einheitliche Bewertung auszurichten und
- Vermögen, Eigenkapital und Schulden sowie Aufwendungen, Erträge und Jahresergebnis (Jahresüberschuss bzw. Jahresfehlbetrag) von Doppelerfassungen zu befreien und so auszuweisen, wie es der Fiktion wirtschaftlicher Einheit entspricht.

Offen blieb dagegen bisher die Darstellung des Bilanzergebnisses (Bilanzgewinn bzw. Bilanzverlust) sowie der ganze Bereich der Ergebnisverwendung mit

- der Verwendung des Jahresüberschusses,
- der Berücksichtigung eventueller Ergebnisvorträge aus dem Vorjahr,
- der Auflösung von Rücklagen und
- der Verwendung des Bilanzgewinns.

Die Darstellung des Bilanzergebnisses und der Ergebnisverwendung ist im Konzernabschluss eng verbunden mit der Behandlung und Darstellung der Entwicklung der Differenzen aus den erfolgswirksamen Konsolidierungsmaßnahmen im Zeitablauf. Verdeutlicht sei dies am Beispiel von Zwischengewinnen. Sie müssen entsprechend ihrem jeweiligen Stand am Bilanzstichtag aus den Werten der Bestände in der Bilanz eliminiert werden. Das darf allerdings regelmäßig nicht in voller Höhe erfolgswirksam geschehen. Das Jahresergebnis ist nur in Höhe der Differenz zwischen den Beständen an Zwischengewinnen zu Beginn und am Ende der Periode zu korrigieren. War beispielsweise der in den Werten der Vermögensgegenstände des Konzerns verborgene Bestand an Zwischengewinnen am Jahresanfang 50 und am Jahresende 80, dann sind aus dem Jahresergebnis der Summenbilanz 30 erfolgswirksam zu eliminieren, um das Konzern-Jahresergebnis zu erhalten. Der Bestand am Jahresanfang von 50 muss zwar zusätzlich aus den Werten der entsprechenden Bestände am Jahresende herausgerechnet werden, dies darf aber das Jahresergebnis nicht tangieren.

Während für die in den früheren Kapiteln behandelten Maßnahmen der Konzernrechnungslegung aufgrund der gesetzlichen Vorschriften und der anerkannten Einheitstheorie – bei allen Divergenzen und Spielräumen im Detail – bezüglich der Grundlinien der Vorgehensweise ein hohes Maß an Übereinstimmung herrscht, gehen die Meinungen darüber, wie die Ergebnisverwendung und die Entwicklung erfolgswirksamer Konsolidierungsdifferenzen im Konzernabschluss dargestellt werden sollten, ganz grundsätzlich auseinander. Diese Meinungsvielfalt in grundlegenden Fragen darf nicht verwundern, denn auf dem in diesem Kapitel zu behandelnden Gebiet kann weder auf klare Rechtsgrundlagen noch auf die Einheitstheorie als Leitlinie zurückgegriffen werden.

Die Einheitstheorie versagt aus mehreren Gründen.

Anders als der Einzelabschluss erfüllt der Konzernabschluss keine Ausschüttungsbemessungsfunktion. An den im Konzernabschluss ausgewiesenen Konzern-Jahresüberschuss knüpfen ebenso wenig gesetzlich abgesicherte Verwendungskompetenzen an wie an eventuell ausgewiesene Gewinnrücklagen oder an einen Konzern-Bilanzgewinn. Grundlagen der Ausschüttungsbemessung bleiben auch im Konzern die Einzelabschlüsse der einbezogenen Unternehmen.

Wer über welche Kompetenzen in Bezug auf die Verwendung von Jahresergebnissen und in Bezug auf die Auflösung nicht zweckgebundener Gewinnrücklagen verfügt, lässt sich im Konzern nicht einfach beantworten, zumal die Rechtslage in wichtigen Fragen – etwa des Rechts zur Gewinnthesaurierung bei Ergebnisübernahmeverträgen (vgl. Götz, AG 1984, S. 85 ff.; Goerdeler, WPg 1986, S. 229 ff.; Beiträge von Beusch, Lutter und Müller in FS Goerdeler, Düsseldorf 1987) – unklar ist. Zunächst muss eine gesetzlich unmittelbar geregelte von einer Ebene indirekter Einflussmöglichkeiten getrennt werden, die sich aus den mehr oder weniger großen Kompetenzen zur einheitlichen Leitung im Konzern und aus eventuellen Organverflechtungen ergibt. Außerdem hängen die Kompetenzen zur Ergebnisverwendung entscheidend davon ab, um welche Art der Konzernbindung es sich handelt. Im Vertragskonzern mit Ergebnisabführungsvertrag konzentrieren sich die Kompetenzen bei den Organen der Obergesellschaft, und der Jahresabschluss dieser Obergesellschaft ist – abgesehen von Ausgleichsansprüchen – alleiniger Anknüpfungspunkt für Ausschüttungsansprüche von Eignern. Im faktischen Konzern dagegen verteilen sich die Kompetenzen auf die Organe der einzelnen Konzerngesellschaften. Die Grenzen dieser Kompetenzen werden dann durch die jeweiligen Einzelabschlüsse gezogen.

Ein Konzern, der beide Arten der Konzernbindung vermischt, kombiniert auch in spezifischer Weise die verschiedenen Formen der Kompetenzverteilung, so dass im Ergebnis ein differenziertes Netz von Einflussmöglichkeiten und Gewinnverteilungsrechten besteht, das allerdings auf gesetzlicher Basis in keinem Fall an Größen aus dem Konzernabschluss anknüpft.

Aus der für die Konzernrechnungslegung misslichen Lage, sich mit der Ergebnisverwendung einem Problem stellen zu müssen, das im Konzern weit differenzierter als im Einzelunternehmen geregelt ist und wo demzufolge die Einheitstheorie endgültig an ihre Grenzen stößt, wurden verschiedene Auswege gesucht. Die drei in der einschlägigen deutschen Literatur am meisten diskutierten Wege werden im folgenden nach einer Untersuchung der Rechtsgrundlagen genauer dargestellt und analysiert. Sie stützen sich entweder auf eine bestimmte einseitige Analogie zum Einzelabschluss oder meiden die Darstellung der Ergebnisverwendung weitestgehend.

2. Vorschriften zur Darstellung der Ergebnisverwendung im Konzernabschluss

Hinsichtlich der Darstellung der Ergebnisverwendung im Konzernabschluss sind zwei Ebenen zu unterscheiden.

Die erste betrifft die konzernspezifische Aufteilung des Jahresergebnisses auf Mehrheit und Minderheit, wenn dem Konzern nicht bei allen Tochterunternehmen 100 % der Anteile zustehen. Diese erste Ebene ist in § 307 Abs. 2 HGB explizit geregelt: *"In der Konzern-Gewinn- und Verlustrechnung ist der im Jahresergebnis enthaltene, anderen Gesellschaften zustehende Gewinn und der auf sie entfallende Verlust nach dem Posten 'Jahresüberschuss/Jahresfehlbetrag' unter entsprechender Bezeichnung gesondert auszuweisen."* Was allerdings als anderen Gesellschaftern zustehender Gewinn bzw. auf sie entfallender Verlust im Sinne dieser Vorschrift anzusehen ist, wird in der Kommentierung unterschiedlich beurteilt. Einerseits wird davon ausgegangen, dass es sich um den der Beteiligungsquote der Minderheiten entsprechenden Anteil an dem über die Handelsbilanz II des jeweiligen Tochterunternehmens in das Konzernergebnis eingeflossenen Erfolg handelt, der gemäß den differenzierten Zurechnungen von Erfolgswirkungen auf Mehrheit und Minderheit (vgl. etwa H.3.4.2 und I.4.) nur durch die Kapitalkonsolidierung zusätzlich bereinigt sein kann. (Vgl. Weber/Zündorf in: Küting/Weber, Konzernrechnungslegung, 2. Aufl., § 307 Rn. 13, Förschle/Hoffmann in: Beck Bil-Komm., 6. Aufl., § 307 Anm. 81, im Fall ohne Gewinnabführungsvertrag auch ADS, 6. Aufl., § 307 Tz. 71 f.) Andererseits werden darunter die Beträge verstanden, auf die die Minderheiten entsprechend der Handelsbilanz I des jeweiligen Tochterunternehmens (vgl. Busse von Colbe/Ordelheide, Konzernabschlüsse, 1993, S. 451) oder gemäß dem im Unternehmensvertrag zugesicherten Ausgleich (so ADS, 6. Aufl., § 307 Tz. 71 und 76 ff.) Anspruch haben (vgl. Ordelheide in Beck HdR, C 402 Rz 80).

Gemessen an der Aufgabe des Konzernabschlusses, den Interessenten Informationen über die von ihnen zu erwartende Zielerreichung zu liefern, ist die zuletzt genannte Lösung vorzuziehen, weil sie Rückschlüsse auf die Verteilung des Erfolgs auf die verschiedenen Eignergruppen im Konzern zulässt, die neben der Höhe des Erfolgs für die Zielerreichung aller Eigner im Konzern wichtig ist.

Die zweite Ebene betrifft die Darstellung der Verwendung von Jahresergebnis und Bilanzergebnis für Zwecke der Ausschüttung, der Rücklagendotierung oder des Vortrags auf neue Rechnung.

Die gemäß § 298 Abs. 1 HGB auf den Konzernabschluss analog anzuwendenden Vorschriften über den Einzelabschluss im HGB räumen hinsichtlich der Ergebnisdarstellung explizit ein Wahlrecht ein. Die Bilanz darf vor jeglicher, nach teilweiser oder nach vollständiger Verwendung des Jahresergebnisses aufgestellt werden (§ 268 Abs. 1 HGB). In den Gliederungsschemata des Handelsrechts kommt dieses Wahlrecht voll zum Ausdruck, denn sowohl in der Bilanz (§ 266 Abs. 3 HGB) als auch in der GuV (§ 275 Abs. 2 und 3 HGB) wird nur der gesonderte Ausweis des Jahresüberschusses/Jahresfehlbetrags vorgesehen; besondere Positionen zur Darstellung der Ergebnisverwendung werden nicht aufgeführt. Damit gibt es keine allgemeine Pflicht zur Darstellung der Ergebnisverwendung.

Durch die rechtsformspezifischen Vorschriften wird dieses Urteil letztlich nicht verändert. Aktiengesellschaften sind zunächst gemäß § 158 Abs. 1 AktG verpflichtet, in ihren Einzelabschlüssen die Gewinn- und Verlustrechnung nach dem Jahresüberschuss/Jahresfehlbetrag um genau bezeichnete Positionen der Ergebnisverwendung zu ergänzen, wobei die Darstellung der Ergebnisverwendung alternativ im Anhang zugelassen wird. Diese Verpflichtung zur Darstellung der Ergebnisverwendung fällt auch als rechtsformspezifische Vorschrift im Prinzip unter die Übertragungsregelung des § 298 Abs. 1 HGB. Letztlich aber scheitert die Übertragung der Verpflichtung zur Darstellung der Ergebnisverwendung aus dem Einzel- in den Konzernabschluss an dem speziellen Vorbehalt in § 298 Abs. 1 HGB. Einzelvorschriften sind auf den Konzernabschluss nur zu übertragen, soweit die Eigenart des Konzernabschlusses keine Abweichungen bedingt. Die besondere Eigenart des Konzernabschlusses, keine Ausschüttungsbemessungsfunktion zu besitzen, wodurch jede Darstellung der Verwendung eines von der Summe der Einzel-Jahresergebnisse der Konzernunternehmen abweichenden Konzern-Jahresergebnisses fiktiv sein muss, bedingt eine Abweichung. Ergebnisverwendungsrechnungen sind im Konzernabschluss nicht in vergleichbarer Form möglich und können daher schwerlich vorgeschrieben sein. (Vgl. WP-Handbuch, Band I, M Tz. 543)

Für die GmbH gibt es keine Spezialvorschriften.

3. Darstellung der Ergebnisverwendung unter Ausweis der Zwischenergebnisbestände am Ende der Vorperiode in der Position Gewinnvortrag/Verlustvortrag aus dem Vorjahr (Vorschläge des Sonderausschusses Neues Aktienrecht)

In Deutschland besitzen die Vorschläge des Sonderausschusses Neues Aktienrecht (NA 2/67 und NA 3/68) des IdW noch eine gewisse Bedeutung, die anlässlich der Einführung einer Konzernrechnungslegungspflicht durch das Aktiengesetz 1965 entwickelt wurden und damals zunächst auch großen Anklang fanden.

Nach diesen Vorschlägen ist die Konzern-GuV nicht nur um eine Ergebnisverwendung einschließlich der Berücksichtigung des Gewinnvortrags aus der Vorperiode und des Ausweises eines Konzern-Bilanzgewinns bzw. Konzern-Bilanzverlusts zu erweitern, diese Ergebnisverwendung dient zugleich der Berücksichtigung der erfolgswirksamen Konsolidierungsdifferenzen im Zeitablauf. Der kumulierte Bestand an Korrekturen bis zum Ende des Jahres (er umfasst die am Jahresende in den Bilanzbeständen aus den verschiedensten Ursachen verborgenen Zwischenergebnisse und die aufgelaufenen erfolgswirksamen Wirkungen der Kapitalkonsolidierung) wird im Konzern-Bilanzergebnis aufgefangen. Wird das Konzern-Bilanzergebnis insoweit auf neue Rechnung vorgetragen, so geht dieser Bestand als Bestand zu Beginn des nachfolgenden Jahres über den Gewinnvortrag/Verlustvortrag aus dem Vorjahr in den Konzernabschluss des folgenden Jahres ein. Wenn nun die Veränderung dieses Bestandes erfolgswirksam in den einzelnen GuV-Positionen berücksichtigt wird, wie das die Einheitstheorie erfordert, so wirken sich diese Veränderungen in zutreffender Weise auf das

Konzern-Jahresergebnis aus, und zugleich wird durch die Verbindung von Jahresergebnis und Gewinnvortrag der Bilanzgewinn in der gewünschten Weise fortgeschrieben.

Da eine verbale Beschreibung des Verfahrens kaum zur Erläuterung ausreichen dürfte, soll es anhand eines Beispiels verdeutlicht werden, das auch zur Klarstellung der übrigen Verfahren verwendet werden wird, und das auf dem Beispiel zur Kapitalkonsolidierung in Teil G.3.1.3.1. fußt. Dabei sollen die dort für die Kapitalkonsolidierung unterstellten Verhältnisse auf das hier zu betrachtende zweite Jahr nach Erstkonsolidierung (Jahr 03) projiziert werden. Die Bilanzen von Mutter und Tochter werden weiter präzisiert, und es wird unterstellt, dass in dem einzigen Jahr 02 der Existenz des Konzerns vor dem im Detail zu betrachtenden Jahr 03 folgendes geschehen ist. (Die weitere Entwicklung im zu betrachtenden Jahr 03 wird – soweit erforderlich – zusätzlich angegeben):

- Zwischenergebnis: Im Jahr 02 hat die Mutter Stoffe zu 50 gekauft und für 150 an die Tochter verkauft. Die Tochter hat diese Stoffe mit zusätzlichem Aufwand von 30 bearbeitet und auf Lager genommen. Im Jahr 03 werden 3/4 dieses Bestandes verkauft.
- Schuldenkonsolidierung: Die Mutter hat der Tochter am Ende des Jahres 02 einen zinslosen Kredit von 200 eingeräumt, der nach Ablauf von 2 Jahren zu tilgen ist. Angemessen sei ein Zins von 10 % (vgl. auch H. 3.4.2).
- Ergebnisübertrag aus der Vorperiode: Der Jahresüberschuss der Tochter aus dem Jahr 02 wird im Jahr 03 in voller Höhe an die Mutter ausgeschüttet und erscheint in deren GuV unter Erträge aus Beteiligungen. Entsprechend dem neuen Steuerrecht erfolgt der Ausweis netto ohne Ertragsteuer.
- latente Steuern: Latente Steuern werden ebenso wie die effektiven Steuern auf der Basis eines vereinfachten Steuersatzes von 40 % berechnet, der in etwa der Gewerbeertragsteuer (Hebesatz 400 %), der Körperschaftsteuer und dem Solidaritätszuschlag auf die Körperschaftsteuer Rechnung trägt.

Für das Ende des Basisjahres 02 ergibt sich dann nach Berücksichtigung der verschiedenen Konsolidierungsschritte aus den gegebenen Einzelbilanzen und Einzel-GuV von Mutter und Tochter der als Beispiel L.1 auf der folgenden Seite ausgewiesene Konzernabschluss. (An temporären Differenzen treten bei der Zwischengewinneliminierung 100 und bei der Schuldenkonsolidierung 35 auf. Auf den Saldo von 65 sind aktive latente Steuern von $0{,}4 \cdot 65 = 26$ zu bilden.)

Die Ableitung des Konzernabschlusses für das Jahr 03 aus den Einzelabschlüssen nach den Vorschlägen des Sonderausschusses Neues Aktienrecht zeigt Beispiel L.2 auf der übernächsten Seite.

Die für das Verfahren charakteristischen konzernspezifischen Gewinn- oder Verlustvorträge heben sich im Rahmen der Konsolidierung wieder auf, wenn es innerhalb des Konzerns keine zeitverschobenen Gewinnvereinnahmungen gibt und wenn die in den Beständen am Jahresende verborgenen Zwischenergebnisse sowie die aufgelaufenen Erfolgswirkungen aus der Kapitalkonsolidierung im Rahmen der Verwendung der Bilanzgewinne bei den Einzelgesellschaften auf das nächste Jahr übertragen werden. Wäre also im Beispiel etwa der Zwischen-

Beispiel L.1: Konzernabschluss per 31.12.02 (Jahr vor der Betrachtungsperiode)

	Mutter	Tochter	Kapital-konsolidierung		Innenumsatz- und Zwischengewinn-eliminierung		Schulden-konsolidierung		latente Steuern		Konzernabschluss 31.12.02	
Bilanz												
Goodwill			150	10							140	
Grundstücke	300	100									400	
stille Reserven		(40)	40								40	
Maschinen	300	300									600	
stille Reserven		(60)	60	20							40	
Anteile an verb. Unternehmen	500			500							-	
Ausleihung an verb. Unternehmen	165							165			-	
Vorräte	400	180				100					480	
Forderungen	85	10									95	
aktive latente Steuern									26		26	
Summe	1750	590										
Gezeichnetes Kapital	600	150	150									600
Kapitalrücklage	300	100	100									300
Bilanzgewinn	100	140	30		100			35		26		171
Verbindlichkeiten	750	200					200					750
Summe	1750	590	530	530	100	100	200	200	26	26	1821	1821
Gewinn- und Verlustrechnung												
Umsatzerlöse	4000	2000			150							5850
Bestandsänderungen		+180			100							80
Materialaufwand	2000	1000				150					2850	
Personalaufwand	1698	847									2545	
Abschreibungen	100	100	30								230	
Sonst. betr. Aufwand	35							35			-	
Erträge aus Beteiligungen												-
Erträge aus Ausleihungen												-
Steuern effektiv	67	93									160	
Steuern latent										26		26
Jahresüberschuss	(100)	(140)		(30)		(100)	(35)		(26)		(171)	
Gewinnvortrag Vorjahr												
Bilanzgewinn	100	140		30		100	35		26		171	
Summe	-	-	30	30	250	250	35	35	26	26	5956	5956

Beispiel L:2: Konzernabschluss per 31.12.03 nach den Vorschlägen des Sonderausschusses Neues Aktienrecht

	Mutter	Tochter	Kapital-konsolidierung		Innenumsatz- und Zwischengewinn-eliminierung		Schulden-konsolidierung		Ergebnis-übernahme von Tochter		latente Steuern		Konzernabschluss 31.12.03	
Bilanz														
Goodwill			150	20									130	
Grundstücke	300	100											400	
stille Reserven		(40)	40										40	
Maschinen	360	330											690	
stille Reserven		(60)	60	40									20	
Anteile an verb. Unternehmen	500			500									-	
Ausleihung an verb. Unternehmen	182							182					-	
Vorräte	440	120				25							535	
Forderungen	118	50											168	
aktive latente Steuern											3		3	
Summe	1900	600												
Gezeichnetes Kapital	600	150	150											600
Kapitalrücklage	300	100	100											300
Bilanzgewinn	240	150	60		25			18				3		326
Verbindlichkeiten	760	200					200							760
Summe	1900	600	560	560	25	25	200	200	-	-	3	3	1986	1986
Gewinn- und Verlustrechnung														
Umsatzerlöse	4200	2300												6500
Bestandsänderungen		-135				75							60	
Materialaufwand	2100	950											3050	
Personalaufwand	1830	855											2685	
Abschreibungen	120	110	30										260	
Erträge aus Beteiligungen	140								140					-
Erträge aus Ausleihungen	17						17							-
Steuern effektiv	67	100											167	
Steuern latent											23		23	
Jahresüberschuss	(240)	(150)		(30)	(75)			(17)		(140)		(23)	(255)	
Gewinnvortrag Vorjahr			30		100			35		140		26		71
Bilanzgewinn	240	150		60		25	18				3		326	
Summe	-	-	60	60	100	100	35	35	140	140	26	26	6571	6571

gewinn der Mutter von 100 in der Gewinnverwendungsrechnung ihres Einzelabschlusses auf das Jahr 03 vorgetragen worden, dann wäre dieser Gewinnvortrag im Jahre 03 in der Einzel-GuV der Mutter auf der Habenseite ausgewiesen worden. Die Konsolidierungsbuchung im Rahmen der Zwischengewinneliminierung hätte diesen Gewinnvortrag genau kompensiert, so dass die Konzern-GuV insoweit keinen Ergebnisvortrag aufgewiesen hätte. Außerdem wäre der durch den Gewinnvortrag von 100 in der Summen-GuV um 100 größere Bilanzgewinn durch die Konsolidierung von 25 in der Konzern-GuV auf ein Mehr von 75 zurückgeführt worden. Um genau diesen Betrag liegt aber – bezogen auf die Zwischengewinnbehandlung – auch der Konzern-Jahresüberschuss im Jahr 03 höher als der Summen-Jahresüberschuss aus den Einzelbilanzen (vgl. H.3.4.2, insbesondere Beispiel H.2, wo der Zusammenhang anhand eines Verlustvortrags gezeigt wird).

Gewinnverwendungspolitik dürfte allerdings unter anderen Zielen als dem der Heilung von Schwächen eines Rechnungslegungsverfahrens stehen, zumal es außerdem nicht leicht sein wird, die Umfänge der erforderlichen Gewinn- oder Verlustvorträge für die verschiedenen Konzernunternehmen zu ermitteln. Ferner dürfen die gegebenenfalls erforderlichen Verlustvorträge bei Vorliegen von Bilanzgewinnen nicht gebildet werden. Im Regelfall, in dem es zu zeitverschobenen Gewinnvereinnahmungen kommt oder wo eine andere Gewinnverwendungspolitik betrieben wird, führt damit das Verfahren des Sonderausschusses Neues Aktienrecht zu verzerrten Ergebnisvorträgen aus dem Vorjahr und zu verzerrten Bilanzgewinnen. Der Bilanzgewinn im Konzern ist in diesem Fall um die Gewinnvereinnahmungen aus Vorjahren sowie um die in den Beständen am Jahresende verborgenen Zwischenergebnisse und die aufgelaufenen Erfolgswirkungen aus der Kapitalkonsolidierung insoweit verfälscht, wie letzteren nicht durch Ergebnisvorträge in den Einzelabschlüssen der Konzernunternehmen Rechnung getragen wurde. Bis auf die Gewinnvereinnahmungen gilt mit zeitlicher Verzögerung Gleiches für die Gewinn- oder Verlustvorträge aus dem Vorjahr. Da Außenstehende vielleicht noch die äußerst komplexen Zusammenhänge durchschauen, sicher aber nicht die zur Durchdringung erforderlichen Detailinformationen besitzen, dürfte das Verfahren schwerlich informativ sein (vgl. Koncok, DB 1968, S. 637).

4. Darstellung einer Ergebnisverwendung, die den Konzern-Bilanzgewinn dem Bilanzgewinn der Konzernmutter angleicht

Bei dem zweiten Verfahren wird davon ausgegangen, dass der Konzernabschluss allenfalls über den von der Konzernobergesellschaft ausschüttbaren Bilanzgewinn informieren kann, da es eine konzernübergreifende Ausschüttungsgrundlage nicht gibt, die Ansprüche sich vielmehr individuell gegen die einzelnen Konzernunternehmen richten (vgl. Busse von Colbe, WPg 1978, S. 657 f.; Harms/Küting, DB 1979, S. 2333 ff.). Diesem Ziel entsprechend wird in der Konzernbilanz ein "Ausgleichsposten aus der Erfolgskonsolidierung" gebildet, der die in den Beständen am Jahresende verborgenen Zwischenergebnisse, die bis zum Ende des Jahres aufgelaufenen Erfolgswirkungen aus der Kapitalkonsolidierung und die im jeweiligen Jahr erwirtschafteten, aber erst in einem späteren Jahr der Obergesellschaft zufließenden Bilanzgewinne der Töchter aufnimmt. Dieser Posten wird durch eine Zuführung der in dem betreffenden Jahr eingetretenen Veränderungen bei den angesprochenen Sachverhalten gespeist, die als Teil der Jahresüberschussverwendung im Rahmen der Konsolidierungsbuchungen fingiert wird. Zur Verdeutlichung des Verfahrens wird es ebenfalls auf unseren Beispielsfall angewendet, wobei sich der als Beispiel L.3 auf der nächsten Seite abgeleitete Konzernabschluss ergeben würde. (Im Jahr 02 sind dem Ausgleichsposten 71 zugeführt worden, was zugleich dem Bestand am 31.12.02 entspricht, weil in 02 der Posten erstmals gespeist wurde. 71 = - 30 - 100 + 35 + 140 + 26 = 171 - 100, nämlich Konzernjahresüberschuss 02 - Bilanzgewinn Mutter 02.)

Die Ausrichtung der Ergebnisverwendungsrechnung im Konzernabschluss auf die Schaffung einer Übereinstimmung zwischen dem Konzernbilanzgewinn und dem Bilanzgewinn der Konzernobergesellschaft ist aus verschiedenen Gründen höchst problematisch. Zunächst widerspricht diese Vorgehensweise der Funktion des Konzernabschlusses diametral, denn obwohl es Aufgabe des Konzernabschlusses sein soll, zusätzliche Informationen über die Einzelabschlüsse hinaus zu liefern, wird das Verfahren genau so gewählt, dass die Angaben des Einzelabschlusses über das Bilanzergebnis lediglich reproduziert werden. Darüber hinaus ist das Verfahren geeignet, bei den Aktionären der Obergesellschaft völlig falsche Vorstellungen zu wecken. Der Bilanzgewinn einer Kapitalgesellschaft ist das Resultat einer bestimmten Politik der Jahresüberschussverwendung und eventuell der Rücklagenauflösung vor dem Hintergrund eines vorgegebenen Jahresüberschusses dieser Gesellschaft. Wenn die Gesellschaft eine Konzernobergesellschaft ist, können Aspekte der Konzernbindung bei dieser Politik eine Rolle spielen, müssen es aber nicht. Wird der durch Gewinnverwendungspolitik erzeugte Bilanzgewinn allerdings durch den Konzernabschluss genau bestätigt, kann der Eindruck entstehen, als komme ihm ein besonderes Maß an Objektivität und Richtigkeit zu, so dass Zweifel an der Zweckmäßigkeit der Gewinnverwendungspolitik vielleicht unberechtigterweise zurückgestellt werden. Obendrein wird die Vermutung genährt, dass im Bilanzgewinn der Mutter Konzernbelangen bereits Rechnung getragen sei, was aber nicht zutreffen muss. Der Gewinn der Mutter kann – wie in unserem Beispiel im Jahre 02 – in voller Höhe Zwischengewinn sein und trotzdem vom Konzernabschluss als Konzern-Bilanzgewinn bestätigt werden. Auch wenn viele diese Zusammenhänge kennen werden, reicht die Gefahr der Irreführung aus, um das Verfahren im Rahmen einer Informationsrechnung mit Nachdruck zu verwerfen.

5. Verzicht auf die Ergebnisverwendung

Aus der Schwierigkeit, Konzernabschlüsse und Ergebnisverwendungen im Konzern sinnvoll miteinander zu verbinden, kann ein radikaler Ausweg gesucht werden: Der Konzernabschluss wird ohne Ergebnisverwendung aufgestellt. Diesem Ausweg stehen – wie die Analyse in Teil 2. dieses Kapitels gezeigt hat – gesetzliche Vorschriften nicht entgegen. Die Verbindung zwischen der Darstellung des Ergebnisses und der Entwicklung erfolgswirksamer Konsolidierungsdifferenzen im Konzernabschluss macht es allerdings unmöglich, einen Konzernabschluss allein auf der Basis der in früheren Kapiteln entwickelten Regeln einfach so aufzustellen, dass Konzernbilanz und Konzern-GuV mit dem Jahresüberschuss enden.

Beispiel L.3: Konzernabschluss per 31.12.03 bei Gleichheit von Konzerngewinn und Bilanzgewinn der Obergesellschaft

	Mutter	Tochter	Kapital-konsolidierung		Innenumsatz- und Zischengewinn-eliminierung		Schulden-konsolidierung		Ergebnisüber-nahme aus dem Vorjahr		Umgliederung aktuelles Ergebnis		latente Steuern		Konzernabschluss 31.12.03	
Bilanz																
Goodwill			150	20											130	
Grundstücke	300	100													400	
stille Reserven		(40)	40												40	
Maschinen	360	330													690	
stille Reserven		(60)	60	40											20	
Anteile an verb. Unternehmen	500			500											-	
Ausleihung an verb. Unternehmen	182							182							-	
Vorräte	440	120				25									535	
Forderungen	118	50													168	
aktive latente Steuern													3		3	
Summe	1900	600														
Gezeichnetes Kapital	600	150	150													600
Kapitalrücklage	300	100	100													300
Bilanzgewinn	240	150									150					240
Ausgleichsposten Erfolgskonsol.			60		25			18				150		3		86
Verbindlichkeiten	760	200					200									760
Summe	1900	600	560	560	25	25	200	200	-	-	150	150	3	3	1986	1986

Gewinn- und Verlustrechnung																
Umsatzerlöse	4200	2300														6500
Bestandsänderungen		-135				75									60	
Materialaufwand	2100	950													3050	
Personalaufwand	1830	855													2685	
Abschreibungen	120	110	30												260	
Erträge aus Beteiligungen	140								140							-
Erträge aus Ausleihungen	17						17									-
Steuern effektiv	67	100													167	
Steuern latent													23		23	
Jahresüberschuss	(240)	(150)		(30)	(75)			(17)		(140)				(23)	(255)	
Zuführung Ausgleichsposten				30	75			17		140	150			23	15	
Bilanzgewinn	240	150										150			240	
Summe	-	-	30	30	75	75	17	17	140	140	150	150	23	23	6500	6500

Vielmehr müssen die bis zum Beginn der Betrachtungsperiode aufgelaufenen Erfolgswirkungen aus der Kapitalkonsolidierung, die in den Beständen am Jahresanfang verborgenen Zwischenergebnisse und die in Vorperioden bereits im Konzern-Jahresüberschuss erfassten Erfolge von Töchtern, die der Mutter aber noch nicht zugeflossen sind, in einer Bilanzposition – hier einer besonderen Gewinnrücklage – erfasst und ausgewiesen werden, um einen geschlossenen Konzernabschluss erhalten zu können. Die Entwicklung dieser Rücklage kann im Rahmen des Verfahrens verständlicherweise nicht erklärt werden, denn gespeist und aufgelöst werden muss sie über die Ergebnisverwendung, die aber gerade nicht dargestellt werden soll. Übertragen auf unseren Beispielsfall ergibt sich bei diesem Verfahren der als Beispiel L.4 auf der folgenden Seite abgeleitete Konzernabschluss.

Angesichts des unklaren Verhältnisses zwischen dem Konzernabschluss und der Ergebnisverwendung im Konzern erscheint die Zurückhaltung gegenüber einer Darstellung der Ergebnisverwendung im Konzernabschluss gerechtfertigt. Zumindest sollten Ergebnisverwendungsrechnungen nicht allen Konzernen unabhängig von ihrer rechtlichen Struktur gesetzlich vorgegeben werden. Im Sinne dieser Überlegungen ist der soeben beschriebene Lösungsweg zu begrüßen.

Allerdings wird durch die radikale Umgehung des Problems auch kein Beitrag zu seiner Lösung geleistet, obwohl hilfreiche Informationen vorstellbar sind und der Konzernabschluss der Information dienen soll. Wenn im folgenden mögliche ergänzende Informationen diskutiert werden, dann geschieht das nur, um mögliche Ansätze zur Verbesserung im Rahmen vertraglicher Vereinbarungen oder freiwilliger Erweiterungen aufzuzeigen. Diese Überlegungen sind nicht geltendes Recht, und sie sollten auch wegen der Vielfalt möglicher Konzernstrukturen nicht allgemeinverbindlich vorgeschrieben werden.

Die im Rahmen des Verfahrens erforderliche besondere Gewinnrücklage bedarf einer klaren Bezeichnung, die ihren Charakter deutlich werden lässt. Sollte dies durch die bloße Postenbezeichnung nicht gelingen, so liegt eine Erläuterung – etwa im Anhang – nahe. Freiwillig kann zudem eine Aufgliederung nach den verschiedenen Quellen erwogen werden.

Im Blick auf die Verwendung des Bilanzgewinns einer Konzernmutter können verschiedene Informationen interessant sein. Entsprechend der Darstellung der Verwendung des Jahresüberschusses bei einem Einzelunternehmen wird es aufschlussreich sein zu wissen, wie der Bilanzgewinn der Konzernmutter zustande kam. Im Konzernkontext sind zu diesem Zweck allerdings Angaben darüber erforderlich, welche Rücklagen auf den verschiedenen Ebenen des Konzerns gespeist wurden und welche Ursachen dafür verantwortlich sind (gesetzliche Pflichten, Vorschriften der Satzung, Entscheidungen feststellender Organe oder eventuell auch Verbote zum Gewinntransfer). Gründet sich der Gewinn der Mutter umgekehrt darauf, dass bei Töchtern Rücklagen aufgelöst wurden, dürften Angaben auch darüber wissenswert sein.

Nicht zuletzt in Relation zu den konzernweit aus den verschiedensten Gründen thesaurierten Überschüssen oder zu den aufgelösten Rücklagen wird es außerdem wichtig sein zu wissen, wie der Bilanzgewinn der Mutter aus Konzernsicht zu beurteilen ist. Dabei wäre klarzustellen, welche Teile des Gewinns aus konzerninternen Zwischengewinnen oder Abnahmen kon-

Beispiel L.4: Konzernabschluss per 31.12.03 bei Verzicht auf eine explizite Ergebnisverwendung

	Mutter	Tochter	Kapital-konsolidierung		Innenumsatz- und Zwischengewinn-eliminierung		Schulden-konsolidierung		Ergebnis-übernahme von Tochter		latente Steuern		Konzernabschluss 31.12.03	
Bilanz														
Goodwill			150	20									130	
Grundstücke	300	100											400	
stille Reserven		(40)	40										40	
Maschinen	360	330											690	
stille Reserven		(60)	60	40									20	
Anteile an verb. Unternehmen	500			500									-	
Ausleihung an verb. Unternehmen	182							182					-	
Vorräte	440	120				25							535	
Forderungen	118	50											168	
aktive latente Steuern											3		3	
Summe	1900	600												
Gezeichnetes Kapital	600	150	150											600
Kapitalrücklage	300	100	100											300
Besondere Gewinnrücklage			30		100			35		140		26		71
Bilanzgewinn	240	150	30			75	17		140		23			255
Verbindlichkeiten	760	200					200							760
Summe	1900	600	560	560	100	100	217	217	140	140	26	26	1986	1986
Gewinn- und Verlustrechnung														
Umsatzerlöse	4200	2300												6500
Bestandsänderungen		-135				75							60	
Materialaufwand	2100	950											3050	
Personalaufwand	1830	855											2685	
Abschreibungen	120	110	30										260	
Erträge aus Beteiligungen	140								140					-
Erträge aus Ausleihungen	17						17							-
Steuern effektiv	67	100											167	
Steuern latent											23		23	
Jahresüberschuss	(240)	(150)		30	75			17		140		23	255	
Summe	-	-	30	30	75	75	17	17	140	140	23	23	6500	6500

zerninterner Zwischenverluste herrühren bzw. inwieweit der Gewinn aufgrund von konzerninternen Zwischenverlusten oder Abnahmen früherer konzerninterner Zwischengewinne vergleichsweise niedrig ausgefallen ist. In dem gleichen Zusammenhang wären Angaben etwa über die Erfolgswirkungen der Kapitalkonsolidierung oder darüber zu sehen, inwieweit die Gewinne der Mutter aus Gewinnen von anderen Konzernunternehmen in Vorperioden stammen. Die jeweils über die Verwendung der verschiedenen Ergebnisse im Konzern entscheidenden Organe können diese Informationen in ihre Entscheidungen einfließen lassen.

6. Ergebnisverwendung und Konsolidierungsdifferenzen nach US-GAAP und IFRS

Jahres- und Konzernabschlüsse gemäß US-GAAP werden grundsätzlich nach Ergebnisverwendung aufgestellt. Als Sammelbecken für die nicht ausgeschütteten Teile der erwirtschafteten Jahresüberschüsse dienen die "retained earnings". Sie umfassen damit Gewinnvortrag und Gewinnrücklagen. Nicht nur als Folge früherer Verluste, sondern auch als Konsequenz von Ausschüttungen über die erwirtschafteten Jahresüberschüsse hinaus gibt es auch negative "retained earnings", meist durch den Zusatz "deficit" gekennzeichnet. Ausgehend vom Bestand der "retained earnings" am 1.1. werden dann der Jahresüberschuss ("net income") hinzugezählt und die Dividendenausschüttung abgezogen, um den Bestand der "retained earnings" am 31.12. zu erhalten. Diese Entwicklung, die gegebenenfalls um erfolgsneutral erfasste "prior period adjustments" erweitert sein kann, wird regelmäßig in einem "Retained Earnings Statement" gesondert aufgezeigt.

Zahlenbeispiele in den einschlägigen Lehrbüchern zu Advanced Accounting erlauben den Schluss, dass in den Konzernabschlüssen nach US-GAAP die erfolgswirksamen Konsolidierungsdifferenzen aus den Vorjahren, die noch in den Beständen am Anfang des Jahres verborgen sind, in den "retained earnings" erfasst werden. Konflikte mit den Einzelabschlüssen der Konzernunternehmen werden im Rahmen der US-GAAP insoweit entschärft, als Zwischenergebnisse auch aus den Einzelabschlüssen der Konzernunternehmen eliminiert werden (Pahler, Advanced Accounting, 9. Auf., S. 281) und als die Veränderung durch das "purchase accounting" zumindest bei Beteiligungen ab 90 % im Wege des "push down accounting" auf die Einzelabschlüsse durchschlagen.

Gesicherte Aussagen zu der nach IFRS erforderlichen Vorgehensweise auf diesem Gebiet sind nicht möglich.

Literaturhinweise

Harms, Jens E./Küting, Karlheinz: Zur Weiterentwicklung des Erfolgs- und Ergebnisausweises im Konzernabschluß, in: BB, 38. Jg., 1983, S. 344-355.

Harms, Jens E./Küting, Karlheinz/Weber, Claus-Peter: Ergebnisdarstellung im Konzern, in: Küting/Weber (Hrsg.), Handbuch der Konzernrechnungslegung 2. Aufl., Stuttgart 1998, S. 751-764.

IDW (Hrsg.): Wirtschaftsprüfer-Handbuch 2006, 13. Aufl., Band I, Düsseldorf 2006, M Tz. 543 und Tz. 608-624.

Pahler, Arnold J.: Advanced Accounting, 9. Aufl., Mason 2006.

Wysocki, Klaus von/Wohlgemuth, Michael: Konzernrechnungslegung, 4. Aufl., Düsseldorf 1996, S. 293-312.

M. Konzernanhang, Kapitalflussrechnung, Eigenkapitalspiegel, Segmentberichterstattung und Lagebericht – ein Überblick

1. Bestandteile des Konzernabschlusses und Ergänzungen

Nach § 297 Abs. 1 HGB besteht der Konzernabschluss nicht nur aus der Konzernbilanz sowie der Konzern-Gewinn- und Verlustrechnung. Vielmehr gehören auch der Konzernanhang, die Kapitalflussrechnung und der Eigenkapitalspiegel zu den Pflichtbestandteilen des Konzernabschlusses nach HGB. Die Segmentberichterstattung dagegen bildet einen freiwilligen Teil des Konzernabschlusses nach HGB. Der Konzernlagebericht endlich ist zwar von allen nach §§ 290 ff. HGB konzernrechnungslegungspflichtigen Muttergesellschaften zu erstellen (klargestellt durch § 13 Abs. 2 Satz 3 PublG), aber anders als die zuvor genannten Rechnungen kein Bestandteil des Konzernabschlusses.

Vorgabe des § 297 I HGB	Teil des Konzernabschlusses	Ergänzung
Aufstellungspflicht	Konzernbilanz Konzern-Gewinn- und Verlustrechnung Konzernanhang Kapitalflussrechnung Eigenkapitalspiegel	Konzernlagebericht
Aufstellungswahlrecht	Segmentberichterstattung	

Schaubild M.1: Bestandteile des Konzernabschlusses und Ergänzung nach HGB

Noch reichhaltiger ist das Spektrum von Jahresabschlussbestandteilen und Ergänzungen im Rahmen der IFRS und vor allem der US-GAAP ergänzt um die Vorgaben der SEC. (Letztere können daher selbst in einem Überblick nur lückenhaft dargestellt werden; zu einem mit wichtigen Beispielen belegten Überblick vgl. SFAC 5, Einschub bei SFAC 5.10.) Da die international im Mittelpunkt stehende Informationsfunktion bei konzernverbundenen Unternehmen nur mithilfe eines Konzernabschlusses und dessen Ergänzungen erfüllt werden kann, gelten die Pflichten zur Erstellung der genannten Rechenwerke immer besonders auch für Konzernmütter und deren Konzernabschlüsse. Die Offenlegung von Gewinnen je Aktie im Konzernabschluss einer Mutter befreit nach IAS 33.4 sogar beispielsweise von der Offenlegung entsprechender Angaben zum Einzelabschluss.

Ein Gegenstück zum Lagebericht nach HGB gibt es zumindest im Rahmen der US-GAAP und IFRS (§ 315a Abs. 1 HGB macht das deutlich) im engeren Sinne nicht. Am ehesten vergleichbar, inhaltlich allerdings reichhaltiger ist das von Unternehmen, die bei der SEC registriert sind, jährlich und vierteljährlich einzureichende Item 7 "Management's Discussion and

US-GAAP (SEC Vorgaben)	IFRS
➢ notes and disclosures (statt Anhang)	
- umfangreiche Pflichten in den verschiedenen Standards der Rechnungslegung und in Vorgaben der SEC - es gibt keine vorgegebene Gliederung, aber Checklisten auf Vollständigkeit - nicht Teil der financial statements aber zentraler Teil der Rechnungslegung (SFAC 5.7)	- umfangreiche Pflichten in den verschiedenen IAS, IFRS, SIC und IFRIC - IAS 1.105 gibt Grobgliederung vor, Checklisten auf Vollständigkeit haben die Prüfungsgesellschaften – etwa Ernst & Young, Good Group, Muster-Konzernabschluss - nach IAS 1.8 Teil des "complete set of financial statements"
wahrscheinlich besondere Teile der notes and desclosures (SFAC 5, IAS 1.8)	
• **Related Party Disclosures (Beziehungen zu nahe stehenden Unternehmen und Personen)**	
Pflicht für alle Unternehmen (SFAS 57.2)	Pflicht für alle Unternehmen (IAS 24.3)
• **Segment Reporting (Segmentberichterstattung)**	
Pflicht für kapitalmarktorientierte, erwerbswirtschaftliche Unternehmen (SFAS 131.9)	Pflicht für kapitalmarktorientierte, Empfehlung für andere Unternehmen (IAS 14.3 und .4)
• **Earnings per Share (Gewinn je Aktie)**	
Pflicht für kapitalmarktorientierte Unternehmen (SFAS 128.6)	Pflicht für kapitalmarktorientierte Unternehmen (IAS 33.2)
• **Interim Financial Reporting (Zwischenberichterstattung)**	
Inhalt wird geregelt, Verpflichtung bleibt offen (APB 28, FIN 18); für SEC-registrierte Unternehmen gilt Regulation S-X, Article 10 der SEC	Inhalt wird geregelt, Verpflichtung bleibt offen (IAS 34.1)
➢ Statement of Cash Flows (Kapitalflussrechnung)	
Pflicht für alle (SFAS 95.3)	Pflicht für alle (IAS 7.1)
➢ Reporting Comprehensive Income	**➢ Statement of changes in equity (Eigenkapitalveränderungsrechnung)**
Bericht über alle Eigenkapitalveränderungen in der Form - einer Verlängerung der GuV - einer zweiten ergänzenden Erfolgsrechnung oder - eines Eigenkapitalspiegels (SFAS 130.22) - Pflicht für alle erwerbswirtschaftlichen Unternehmen (SFAS 130.6)	- in Form einer Darstellung aller Veränderungen - in Form einer umfassenden Erfolgsrechnung einschließlich der erfolgsneutral erfassten Veränderungen des Eigenkapitals in der Periode mit Darstellung der Einlagen und Entnahmen der Eigner sowie der Veränderungen von Rücklagen und gezeichnetem Kapital in den notes - Pflicht für alle (IAS 1.96 und 97)

Schaubild M.2: Bestandteile von Financial Statements nach US-GAAP bzw. IFRS neben Bilanz und GuV sowie Ergänzungen

Analysis" (MD&A) bzw. für Ausländer Item 5 "Operating and Financial Review and Prospects" (OFR). Die Inhalte werden durch Item 303 der Regulation S-K der SEC näher bestimmt. Einzureichen ist MD&A bzw. OFR jeweils als ein Item der Forms 10-K, 10-Q bzw. 20-F.

Angesichts der Vielfalt der zusätzlichen Berichte und Rechnungen, deren Aufbau und Inhalt häufig zudem zunächst für Einzelunternehmen erläutert werden müsste, bevor die für das vorliegende Buch relevanten Besonderheiten im Konzern behandelt werden können, beschränken sich die folgenden Ausführungen auf sehr kurze Überblicke mit einem Schwerpunkt bei den Vorschriften nach dem HGB. Alleine die Darstellung der im Rahmen von US-GAAP und IFRS als "notes and disclosures" offen zu legenden Ergänzungen zum Konzernabschluss würden dieses Kapitel zum umfangreichsten im ganzen Buch machen. Der Leser, der mehr als nur einen kurzen Überblick sucht, wird daher auf die Spezialliteratur verwiesen.

2. Der Konzernanhang

2.1 Spezifische Ansatzpunkte, Beispiele und Grenzen der ergänzenden Information

Auch wenn Konzernbilanz und Konzern-Gewinn- und Verlustrechnung bereits ausschließlich der Information dienen, bedürfen sie doch des Anhangs, um ihre Funktion zu erfüllen – im Gesetz übertreibend mit "ein den tatsächlichen Verhältnissen entsprechendes Bild der Vermögens-, Finanz- und Ertragslage des Konzern zu vermitteln" umschrieben. Der Anhang unterstützt die Kernrechenwerke Bilanz und GuV bei ihrer Informationsvermittlung auf verschiedenen Wegen (Russ, Der Anhang als dritter Teil des Jahresabschlusse, 1986, S. 19 ff.).

Primär im Blick auf Zahlungsbemessung (Begrenzung der Ausschüttungen an die Eigner, Steuerbemessung) und Gläubigerschutz konzipiert, werden GoB und HGB von Postulaten der Nachprüfbarkeit und Vorsicht geprägt, die übrigens – das lehren die Erfahrungen mit der Internationalen Rechnungslegung – im Regelfall auch den Informationsgehalt der Rechenwerke positiv beeinflussen. In Sonderfällen freilich – etwa bei deutlicher Inflation oder bei wesentlicher und stark diskontinuierlicher langfristiger Fertigung – ist das Bild, das die Rechenwerke auf Basis solcher Regeln vermitteln, sehr speziell und bedarf der ergänzenden *Korrektur*. Diese Korrekturfunktion übernimmt nach § 297 Abs. 2 Satz 3 HGB der Anhang. (Nach IAS 1.17 sind in vergleichbaren Fällen Bilanz und GuV bereits nach subjektiv für besser gehaltenen Regeln zu erstellen, die dann zusammen mit den Regeln, von denen abgewichen wurde, und den Auswirkungen auf den Abschluss offen gelegt werden müssen, was den Inhalt des Abschlusses selbst aber zum Spielball des Ermessens macht.) Korrigierend greift der Anhang auch ein, wenn bei Abweichungen zwischen den Bilanzstichtagen der Konzernunternehmen der Konzernabschluss ohne Zwischenabschluss bei der Tochter aufgestellt wird und im Zeitraum zwischen den Abschlussstichtagen von Mutter und Tochter bedeutsame Vorgänge zu verzeichnen waren, die sich im Konzernabschluss selbst allenfalls unvollkommen niederschlagen (§ 299 Abs. 3 HGB).

Zumal die Vorgaben aus den GoB, den Grundsätzen ordnungsmäßiger Konsolidierung und dem HGB Wahlrechte und Spielräume beinhalten, die zudem im Zeitablauf nicht immer in gleicher Weise ausgefüllt werden müssen, bedürfen die Rechenwerke der *Erläuterung*. Die Nutzer benötigen Angaben über die dem Konzernabschluss zugrunde liegenden Bilanzierungs- und Bewertungsmethoden, das Vorgehen bei der Umrechnung von Fremdwährungsbeträgen in Euro (§ 313 Abs. 1, Nr. 1 und 2 HGB) sowie die gewählten Varianten bei den Konsolidierungsmethoden (etwa §§ 301 Abs. 1 bis 3, jeweils letzter Satz, 310 Abs. 2, 312 Abs. 1 und 3 jeweils letzter Satz HGB). In Fällen, in denen vom Grundsatz der Stetigkeit abweichend gegenüber dem Vorjahr veränderte Ansatz-, Bewertungs- und Konsolidierungsmethoden eingesetzt wurden, müssen diese Abweichungen angegeben, durch Darstellung der Bedingungen, die den Wechsel zulässig machen, begründet und in ihren Auswirkungen auf die Vermögens-, Finanz- und Ertragslage für den Nutzer – in Grenzen – transparent gemacht werden (§§ 297 Abs. 3 Sätze 4 und 5, 313 Abs. 1 Nr. 3 HGB).

Als *Ergänzung* zu den Rechenwerken wirkt der Anhang, wenn er für die Nutzer vermutlich interessante Informationen bereit stellt, die nach ihrem Charakter aber in den Rechenwerken Bilanz und GuV keinen Platz finden können und sich daher nur in anderer Form übermitteln lassen. In diesem Sinne ergänzt der Anhang Konzernbilanz und Konzern-GuV, wenn in ihm Namen, Sitze und vom Konzern gehaltene Kapitalanteile der in den Abschluss einbezogenen und nicht einbezogenen Konzernunternehmen, der assoziierten und der quotenkonsolidierten Unternehmen sowie derjenigen Unternehmen angegeben werden, an den der Konzern mindestens 20 % bzw. mehr als 5 % der Anteile besitzt, sofern es große Kapitalgesellschaften sind (§ 313 Abs. 2 HGB). Daneben werden die durchschnittliche Zahl der Arbeitnehmer, die Erklärungen der Konzernunternehmen zur Einhaltung des Corporate Governance Kodex und detaillierte Aufgliederungen der Bezüge der Mitglieder des Geschäftsführungsorgans, des Aufsichtsrats und eines Beirats einerseits sowie des Abschlussprüfers bei kapitalmarktorientierten Mutterunternehmen andererseits im Anhang ergänzend offen gelegt (§ 314 Abs. 1 Nr. 4, 6, 8 und 9 HGB).

Der Anhang gewährt Konzernbilanz und Konzern-GuV schließlich *Entlastung*, wenn er es übernimmt, die Einzelpositionen auszuweisen, die aus Gründen der Klarheit in Konzernbilanz oder Konzern-GuV zusammengefasst wurden (§ 298 Abs. 1 iVm., § 265 Abs. 7 Nr. 2 HGB) oder wenn in ihm außerplanmäßige Abschreibungen, außerordentliche und periodenfremde Aufwendungen und Erträge angegeben und zum Teil erläutert werden (§ 298 Abs. 1 iVm., § 277 Abs. 3 und 4 HGB). Entlastet werden die Rechenwerke auch durch das Anlagengitter nach § 298 Abs. 1 iVm., § 268 Abs. 2 HGB und durch den Verbindlichkeitenspiegel nach § 314 Abs. 1 Nr. 1 HGB, in dem die Verbindlichkeiten mit Restlaufzeiten von mehr als fünf Jahren – häufig ergänzt um die mit Restlaufzeiten bis zu einem Jahr – sowie die durch einbezogene Konzernunternehmen gesicherten Verbindlichkeiten unter Angabe von Art und Form der Sicherheiten ausgewiesen werden.

Mehrere Faktoren setzen der zusätzlichen Information durch den Anhang allerdings Grenzen. So bleibt beispielsweise der Katalog der zum Konzernabschluss zu liefernden Anhangangaben überraschend an verschiedenen Punkten hinter demjenigen eines Anhangs zum Einzelabschluss von großen, von mittelgroßen und in einem Fall sogar kleinen Kapitalgesellschaften zurück. Da § 298 Abs. 1 HGB nicht Bezug auf die §§ 284 und 285 HGB nimmt, müssen im Anhang zum Konzernabschluss die Verbindlichkeiten mit Restlaufzeiten von mehr als fünf

Jahren nur insgesamt, nicht aber, wie in § 285 Satz 1 Nr. 2 HGB für Einzelabschlüsse großer Kapitalgesellschaften gefordert, aufgegliedert auf die einzelnen Bilanzpositionen angegeben werden. Nicht übernommen wurden auch die Pflichten, Unterschiedsbeträge zur Bewertung mit aktuellen Zeitwerten anzugeben, wenn Vorräte mit Hilfe von Durchschnitts- oder Verbrauchsfolgeverfahren bewertet wurden (§ 284 Abs. 2 Nr. 4 HGB), Angaben über die Einbeziehung von Fremdkapitalzinsen in die Herstellungskosten nach § 284 Abs. 2 Nr. 5 HGB zu machen, die sogar von kleinen Kapitalgesellschaften gefordert werden, bei Anwendung des Umsatzkostenverfahrens in der GuV den Materialaufwand sowie den Personalaufwand anzugeben und entsprechend der Gliederung des Gesamtkostenverfahrens aufzugliedern (§ 285 Satz 1 Nr. 8a und 8b HGB) sowie endlich die Angabe zur Aufteilung der Steuern vom Einkommen und vom Ertrag auf das Ergebnis der gewöhnlichen Geschäftstätigkeit und das außergewöhnliche Ergebnis zu liefern.

Hinsichtlich der Zahl der anzugebenden und zu erläuternden Sachverhalte bleibt der Anhang nach deutschem Recht noch stärker hinter dem zurück, was nach den derzeit als führend angesehenen Grundsätzen US-GAAP und IFRS gefordert wird. Mehr Angaben bedeuten allerdings nicht unbedingt mehr Information, zumal wenn die Auswertung der Angaben Zeit beansprucht und Fachkenntnisse voraussetzt. Offensichtlich haben die Anhänge nach GoB und HGB in Deutschland bereits im Vergleich zu ihrem Informationsgehalt für private Anleger Volumina erreicht, die ihre Auswertung unattraktiv erscheinen lässt. Nach einer Befragung privater und institutioneller Anleger rangiert der Anhang bei den Anlegern einer großen deutschen AG mit nur 12 % der Befragten, die ihn "sehr intensiv" oder "intensiv" nutzen, auf dem letzten Platz aller Bestandteile des Geschäftsberichts (Ernst/Gassen/ Pellens, Verhalten und Präferenzen deutscher Aktionäre, 2005, S. 22). Auch wenn institutionelle Anleger – insbesondere solche aus angelsächsischen Ländern – den Anhang oder sein – wie gezeigt allerdings unklares – Pendant stärker nutzen (ebenda, S. 35), steht er nicht im Zentrum des Interesses. Die Aufgabe, Stakeholder mit Hilfe des Anhangs zu informieren, bedarf also einer geeigneten Definition und Auswahl von berichtspflichtigen Sachverhalten, schon damit die wichtigen Details nicht in der Flut unwichtiger Routineangaben untergehen.

Gerade dieser Gefahr beugen weder HGB noch US-GAAP und IFRS durch klare Gliederungsvorgaben für den Anhang bzw. die "notes and disclosures" vor. Bei einer klaren Gliederung, wie sie beispielsweise die SEC ihren Informationspflichten jeweils zugrunde legt, sind die gelieferten Informationen leichter und gezielter zu erfassen, über die Unternehmen zu vergleichen und zu verarbeiten. Der folgenden Übersicht über die im Anhang zu einem Konzernabschluss nach HGB offen zu legenden Einzelangaben liegt eine mögliche Gliederung zugrunde. Auch wenn andere Gliederungen denkbar sind und verwendet werden, dürfte deutlich werden, wie insbesondere eine von allen Konzernen in gleicher Weise befolgte Gliederung die Übersichtlichkeit der Einzelangaben und ihre Wiederauffindbarkeit fördert.

2.2 Übersicht über die Berichtspflichten im Anhang nach HGB

In der folgenden Übersicht wird kurz der Sachverhalt skizziert, über den zu berichten ist, und die Gesetzesnorm genannt, die die Berichtspflicht kodifiziert. Die Paragraphenangaben in der zweiten Spalte beziehen sich dabei immer auf das HGB, sofern nicht ein anderes Gesetz ausdrücklich angegeben ist. Römische Zahlen geben den betreffenden Absatz des zitierten Paragraphen an. In der letzten Spalte finden sich Hinweise, die auf Besonderheiten bei der jeweiligen Berichtspflicht aufmerksam machen. Dabei bedeutet:

1: Die Angabe kann gem. § 313 Abs. 4 HGB auch in einer Aufstellung des Anteilsbesitzes erfolgen. Auf diese Aufstellung und den Ort ihrer Offenlegung ist im Anhang hinzuweisen.

2: Die Angabe kann alternativ in Bilanz oder GuV erfolgen.

3: Die Angabe kann unterlassen werden bei untergeordneter Bedeutung für die Vermögens-, Finanz- und Ertragslage.

4: Die Angabe kann gem. § 313 Abs. 3 HGB unterlassen werden, falls einem der in § 313 Abs. 2 HGB aufgeführten Unternehmen erhebliche Nachteile entstehen können. Die Anwendung dieser Vorschrift ist im Anhang anzugeben. Die entsprechende Vorschrift findet sich für die Aufgliederung der Umsatzerlöse in § 314 Abs. 2 HGB.

5: Die unter 4 beschriebene Ausnahmeregelung kann von Mutterunternehmen, die selbst oder durch eine ihrer Töchter den Kapitalmarkt in Anspruch nehmen, nicht genutzt werden (§ 313 Abs. 3 Satz 3 HGB).

Sachverhalt	Rechtsnorm	Hinweis
1. Generalnorm: Es sind im Anhang zusätzliche Angaben zu machen, falls ansonsten der Konzernabschluss kein den tatsächlichen Verhältnissen entsprechendes Bild gem. § 297 II HGB bietet.	§ 297 II S. 3	
2. Konsolidierungskreis – Name und Sitz des Unternehmens – Anteil am Kapital, der dem MU und einbezogenen TU gehört oder für deren Rechnung gehalten wird		
2.1 sind anzugeben bei allen in den Konzernabschluss einbezogenen Unternehmen. Zusätzlich ist gegebenenfalls der Sachverhalt anzugeben, der zur Einbeziehung verpflichtet, sofern diese nicht aufgrund einer der Kapitalbeteiligung entsprechenden Stimmrechtsmehrheit erfolgt,	§ 313 II Nr. 1	1,4,5
2.2 sind anzugeben bei assoziierten Unternehmen,	§ 313 II Nr. 2	1,4,5
2.3 sind anzugeben bei quotenkonsolidierten Unternehmen und zusätzlich der Tatbestand, der die Anwendung der Quotenkonsolidierung erlaubt,	§ 313 II Nr. 3	1,4,5

Sachverhalt	Rechtsnorm	Hinweis
2.4 sind anzugeben bei Unternehmen, die gem. § 296 HGB oder gem. § 311 II HGB nicht einbezogen wurden. Zusätzlich ist zu begründen, warum die Unternehmen nicht einbezogen wurden,	§ 313 II Nr. 1 § 313 II Nr. 2 S. 2 § 296 III	1,4,5 1,4,5
2.5 sind anzugeben bei Unternehmen, an denen das MU oder ein TU mindestens 20 % des Kapitals hält und die nicht unter die Bestimmungen des § 313 II 1-3 fallen. Zusätzlich ist die Höhe des Eigenkapitals und das Ergebnis des letzten Geschäftsjahres anzugeben, falls das Unternehmen offenlegungspflichtig ist.	§ 313 II Nr. 4 S. 1	1,3,4,5
2.6 Beteiligungen über 5 % an großen Kapitalgesellschaften, die von börsennotierten MU, TU oder Dritten für deren Rechnung gehalten werden, sind anzugeben.	§ 313 II Nr. 4 S. 2	3,4
2.7 Werden Angaben gem. § 313 II HGB – nicht gemacht, weil erhebliche Nachteile für das MU, das TU oder andere in § 313 II HGB genannte Unternehmen erwartet werden, – in einer Aufstellung über den Anteilsbesitz gemacht, ist dies im Anhang anzugeben.	§ 313 III S. 2 § 313 IV	
2.8 Hat sich der Konsolidierungskreis im Geschäftsjahr wesentlich geändert, müssen Angaben gemacht werden, die einen Vergleich erlauben.	§ 294 II S. 1	
2.9 Die Befreiung eines TU von der Erstellung eines Teilkonzernabschlusses ist im Anhang des MU anzugeben.	§ 264 III Nr. 4a	
2.10 Die Befreiung eines TU, als Personenhandelsgesellschaft i.e.S. einen Einzelabschluss nach den Vorschriften der §§ 264-335b HGB zu erstellen, ist im Anhang des MU anzugeben.	§ 264b Nr. 3	
3. Konsolidierungsmethoden		
3.1 Die gewählte Kapitalkonsolidierungsmethode und der Zeitpunkt für die Ermittlung der Wertansätze sind anzugeben, ein sich ergebender Goodwill oder Badwill und dessen wesentliche Veränderungen sind zu erläutern. Wurden aktive und passive Beträge verrechnet, sind sie anzugeben.	§ 301 1 S. 4 § 301 II S. 2 § 301 III S. 2 und 3	
3.2 Die Anwendung der Interessenzusammenführungsmethode, die daraus resultierende Veränderung der Rücklagen, Name und Sitz der betroffenen Unternehmen sind anzugeben.	§ 302 III	

Sachverhalt	Rechtsnorm	Hinweis
3.3 Bei der Equity-Methode ist	§ 312 I S. 2	2
– bei erstmaliger Anwendung der Buchwertmethode der Unterschiedsbetrag zwischen Beteiligungsbuchwert und dem anteiligen Eigenkapital am assoziierten Unternehmen anzugeben,		
– bei erstmaliger Anwendung der Kapitalanteilsmethode der Unterschiedsbetrag zwischen dem aus dieser Methode resultierenden Wertansatz für das assoziierte Unternehmen und dem Beteiligungsbuchwert anzugeben,	§ 312 I S. 3	2
– die gewählte Methode zu nennen,	§ 312 I S. 4	
– der Zeitpunkt, der den Wertansätzen zugrunde liegt, anzugeben,	§ 312 III S. 2	
– anzugeben, wenn das assoziierte Unternehmen die konzerneinheitliche Bewertung nicht anwendet.	§ 312 V S. 2	
3.4 Abweichungen von den auf den vorhergehenden Abschluss angewandten Konsolidierungsmethoden sind anzugeben und zu begründen. Der Einfluss auf Vermögens-, Finanz- und Ertragslage des Konzerns ist anzugeben.	§ 297 III S. 4 und 5	
3.5 Weicht der Abschlussstichtag des Konzerns von demjenigen eines einbezogenen Unternehmens ab und wird kein Zwischenabschluss aufgestellt, so sind im Zwischenzeitraum erfolgte bedeutsame Vorgänge anzugeben.	§ 299 III	2
3.6 Bei quotenkonsolidierten Unternehmen sind die Angaben 3.1, 3.4 und 3.5 sowie die Angaben 1., 4.4, 4.6 und 6.6 ebenfalls zu machen.	§ 310 II	
4. Bilanzansatz und Bewertung		
4.1 Die auf die Posten der Konzernbilanz und GuV angewandten Bilanzierungs- und Bewertungsmethoden sind anzugeben.	§ 313 I Nr. 1	
4.2 Abweichungen von den Bilanzierungs- und Bewertungsmethoden sind anzugeben und zu begründen. Ihr Einfluss auf die Vermögens-, Finanz-, und Ertragslage ist darzustellen.	§ 313 I Nr. 3	
4.3 Abweichungen der konzerneinheitlichen Bewertung von den auf den Abschluss des MU angewandten Bewertungsmethoden sind anzugeben und zu begründen	§ 308 I S. 3	
4.4 Wurde in Ausnahmefällen keine einheitliche Bewertung vorgenommen, ist dies anzugeben und zu begründen	§ 308 II S. 4	

Sachverhalt	Rechtsnorm	Hinweis
4.5 Die Grundlagen für die Umrechnung in Euro sind anzugeben, falls der Konzernabschluss Posten enthält, denen Beträge zugrunde liegen, die auf fremde Währung lauten oder ursprünglich lauteten.	§ 313 I Nr. 2	
4.6 Auf die Übernahme von Wertansätzen, die auf Vorschriften für Kreditinstitute oder Versicherungen beruhen, ist hinzuweisen	§ 300 I S. 3 § 308 II S. 2	
4.7 Bei Finanzinstrumenten, die zu Finanzanlagen gehören und deren Buchwert über deren Zeitwert liegt sind anzugeben – Buchwert und Zeitwert für die einzelnen Vermögensgegenstände oder geeignete Gruppierungen, – die Gründe für das Unterlassen der Abschreibung und – die Anhaltspunkte für die Annahme einer nicht dauernden Wertminderung.	§ 314 I Nr. 11	
5. Gliederung		
5.1 Abweichungen bei der Gliederung gegenüber dem Vorjahr sind anzugeben und zu begründen	§ 298 I iVm. § 265 I S. 2	
5.2 Sind die angegebenen Zahlen mit denen des Vorjahres nicht zu vergleichen, oder wurden die Vorjahreszahlen entsprechend angepasst, so ist dies anzugeben und zu erläutern.	§ 298 I iVm. § 265 II	
5.3 Fällt ein Vermögensgegenstand oder eine Schuld unter mehrere Posten, so ist die Mitzugehörigkeit zu anderen Posten anzugeben, falls für Klarheit erforderlich.	§ 298 I iVm. § 265 III	2
5.4 Für das Anlagevermögen und die Aufwendungen für Ingangsetzung und Erweiterung ist ein Anlagegitter zu erstellen. Dabei sind die Abschreibungen des Geschäftsjahrs mit anzugeben.	§ 298 I iVm. § 268 II	2
5.5 Bei erstmaliger Erstellung des Anlagegitters ist anzugeben, falls die Anschaffungswerte vereinfachend als Buchwerte des Vorjahres angenommen werden.	Art. 24 VI S. 3 EGHGB	
5.6 Ist eine Ergänzung der Gliederung notwendig geworden, weil das Unternehmen in verschiedenen Geschäftszweigen tätig ist, für die unterschiedliche Gliederungsvorschriften bestehen, so ist dies im Anhang anzugeben und zu begründen.	§ 298 I iVm. § 265 IV	

Sachverhalt	Rechtsnorm	Hinweis
5.7 Die aus Gründen der Klarheit zusammengefassten Positionen der Bilanz und der GuV müssen gesondert ausgewiesen werden.	§ 298 I iVm. § 265 VII Nr.2	
6. Angaben zu einzelnen Positionen der Konzernbilanz		
6.1 Ein aktiviertes Disagio ist anzugeben	§ 298 I iVm. § 268 VI	2
6.2 Die Position Aufwendungen für die Ingangsetzung und Erweiterung des Geschäftsbetriebs ist zu erläutern (sie ist auch Teil des Anlagegitters – hier 5.4).	§ 298 I iVm. § 269 S. 1	
6.3 Bei Aufstellung des Abschlusses nach teilweiser Gewinnverwendung ist ein vorhandener Ergebnisvortrag anzugeben.	§ 298 I iVm. § 268 I	2
6.4 Größere Beträge in der Position "Sonstige Vermögensgegenstände", die erst nach dem Geschäftsjahr rechtlich entstehen, sind zu erläutern (Antizipative RAP)	§ 298 I iVm. § 268 IV	
6.5 Größere Beträge unter dem Posten "Verbindlichkeiten", die erst nach dem Geschäftsjahr rechtlich entstehen, sind zu erläutern. (Antizipative RAP)	§ 298 I iVm. § 268 V	
6.6 Die latenten Steuern sind gesondert anzugeben, wobei eine Zusammenfassung der Beträge, die gem. § 274 und § 306 gebildet wurden, zulässig ist. Die aktiven latenten Steuern sind im Anhang zu erläutern	§ 298 I iVm. § 306 S. 2 § 274 I S. 1 § 274 II S. 2	2
6.7 Der Fehlbetrag bei den Rückstellungen für laufende Pensionen. Anwartschaften auf Pensionen und ähnliche Verpflichtungen ist anzugeben.	Art. 28 II EGHGB	
6.8 Die Gesamtbeträge der Verbindlichkeiten – mit einer Restlaufzeit von mehr als fünf Jahren, sind – , die von einbezogenen Konzernunternehmen durch Pfandrechte oder ähnliche Rechte gesichert wurden, sind mit Art und Form der Sicherheiten im Anhang anzugeben.	§ 314 Abs. 1 Nr. 1	

Sachverhalt	Rechtsnorm	Hinweis
6.9 Für jede Kategorie derivativer Finanzinstrumente ist anzugeben – deren Art und Umfang, – deren beizulegender Zeitwert, – die diesem zugrunde liegende Bewertungsmethode, – ein ggf. vorhandener Buchwert und – der Bilanzposten, in welchem der Buchwert erfasst ist.	§ 314 Abs. 1 Nr. 10	
7. Angaben zu einzelnen Positionen der GuV		
7.1 Angabe der außerplanmäßigen Abschreibungen gem. § 253 II S. 3 oder § 253 III S. 3.	§ 298 I iVm. § 277 III S. 1	2
7.2 Außerordentliche Aufwendungen und Erträge sind nach Art und Betrag zu erläutern.	§ 298 I iVm § 277 IV S. 2	3
7.3 Periodenfremde Aufwendungen und Erträge sind nach Art und Betrag zu erläutern.	§ 298 I iVm. § 277 IV S. 3	3
7.4 Die Umsatzerlöse sind nach Tätigkeitsbereichen sowie nach geographisch abgegrenzten Märkten aufzugliedern, sofern sich die Aktivitäten in den verschiedenen Bereichen und Märkten erheblich voneinander unterscheiden (entfällt bei Segmentberichterstattung)	§ 314 I Nr. 3 § 314 II	4
8. Sonstige Sachverhalte		
8.1 Die durchschnittliche Zahl der Arbeitnehmer der einbezogenen Unternehmen, getrennt nach Gruppen und der Personalaufwand sind anzugeben. Die Anzahl der Arbeitnehmer bei den quotenkonsolidierten Unternehmen ist gesondert anzugeben.	§ 314 I Nr. 4	2
8.2 Der Gesamtbetrag der sonstigen finanziellen Verpflichtungen ist anzugeben. Gesondert ist der Betrag der sonstigen finanziellen Verpflichtungen und der Haftungsverhältnisse gem. § 251 HGB anzugeben, die gegenüber nicht einbezogenen Tochterunternehmen bestehen.	§ 314 I Nr. 2	3
8.3 Die Haftungsverhältnisse sind in die Teilbeträge gem. § 251 HGB unter Angabe der gewährten Pfandrechte und sonstigen Sicherheiten aufzugliedern.	§ 298 I iVm. § 268 VII	Alternativ unter der Bilanz

Sachverhalt	Rechtsnorm	Hinweis
8.4 Der Bestand an Anteilen am MU, die das MU, das TU oder ein anderer für Rechnung eines einbezogenen Unternehmens erworben oder als Pfand genommen hat, sind mit Zahl, Nenn- oder rechnerischem Wert und Anteil am Kapital anzugeben.	§ 314 I Nr. 7	
8.5 Bezogen auf das Mutterunternehmen jeweils gesondert für die Mitglieder – des Geschäftsführungsorgans, – eines Aufsichtsrats, – eines Beirats oder einer ähnlichen Einrichtung sind anzugeben die – für die Wahrnehmung ihrer Aufgaben im MU und in den TU gewährten Gesamtbezüge, – für die Wahrnehmung ihrer Aufgaben im MU und in den TU gewährten Gesamtbezüge der früheren Mitglieder der Organe des MU und ihrer Hinterbliebenen sowie die Beträge der für sie gebildeten und nicht gebildeten Pensionsrückstellungen, – von MU und den TU gewährten Vorschüsse und Kredite sowie die zu ihren Gunsten eingegangenen Haftungsverhältnisse.	§ 314 I Nr. 6	
8.6 Für jedes einbezogene börsennotierte Konzernunternehmen ist die Erklärung zur Einhaltung des Corporate Governance Kodex nach § 161 AktG anzugeben.	§ 314 I Nr. 8	
8.7 Soweit das MU einen organisierten Markt in Anspruch nimmt, ist das für den Abschlussprüfer des Konzernabschlusses im Geschäftsjahr als Aufwand erfasste Honorar anzugeben, aufgeteilt auf – die Abschlussprüfung, – sonstige Bestätigungs- oder Bewertungsleistungen, – Steuerberatungsleistungen sowie – sonstige Leistungen, die für das MU oder TU erbracht worden sind.	§ 314 I Nr. 9	

2.3 Reformvorstellungen im Referentenentwurf zum BilMoG

Der Anhang zum Konzernabschluss nach HGB soll nach Maßgabe des Referentenentwurfs vor allem durch einen deutlich ausgeweiteten Katalog der Angaben nach § 314 Abs. 1 modernisiert werden. Besonders wichtig erscheinen dabei folgende Reformvorschläge zu sein. Soweit für die Beurteilung der Finanzlage des Konzerns notwendig, sollen bei nicht im Konzernabschluss erscheinenden Geschäften von Mutter- und Tochterunternehmen Art, Zweck und finanzielle Auswirkungen angegeben werden (neue Nr. 2, alte 2 wird 2a). Die bisherigen Angaben nach Nr. 10 über derivative Finanzinstrumente werden modifiziert. Soweit derivative Finanzinstrumente nicht zum beizulegenden Zeitwert ausgewiesen werden, sind deren Art und Umfang, deren beizulegender Zeitwert – soweit verlässlich ermittelbar – unter Angabe der Bewertungsmethode, deren Buchwert und der ihn einschließende Bilanzposten sowie die Gründe anzugeben, wenn der Zeitwert nicht bestimmbar war (Nr. 11). Bei Finanzinstrumenten, die zum beizulegenden Zeitwert bewertet sind, wird die Angabe der der Bewertung zugrunde gelegten Annahmen im Rahmen allgemein anerkannter Bewertungsmethoden sowie die Angabe von Umfang und Art jeder Kategorie solcher Instrumente gefordert, einschließlich der wesentlichen Faktoren, die Höhe, Zeitpunkt und Sicherheit künftiger Zahlungen beeinflussen (Nr. 12). Nr. 13 fordert näher präzisierte Angaben über die nicht zu marktüblichen Bedingungen zustande gekommenen Geschäfte von in den Konzernabschluss einbezogenen Unternehmen mit nahe stehenden Unternehmen und Personen, soweit letztere nicht hundertprozentige TU sind. Der Gesamtbetrag der Forschungs- und Entwicklungskosten aller einbezogenen Konzernunternehmen sowie der davon auf künftig ansatzpflichtige Entwicklungskosten entfallende Betrag sind nach Nr. 14 anzugeben. Welche künftig ausdrücklich zugelassenen Bewertungseinheiten gebildet wurden, zur Sicherung welcher Risiken und mit welcher Effektivität, verlangt Nr. 15 aufzudecken. Angaben zu den versicherungsmathematischen Verfahren zur Berechnung der Pensionsrückstellungen und der zugrunde liegenden Annahmen in Nr. 16, zu den künftig in der Konzernbilanz verrechenbaren Vermögensgegenständen und Schulden in Nr. 17 und zu den Gründen für eine Nutzungsdauer des Goodwills im Konzernabschluss von mehr als fünf Jahren in Nr. 18 kommen hinzu. Ein Konzern, der über Anteile an Spezialfonds iSv. § 2 Abs. 3 des Investmentgesetzes verfügt, muss nach Nr. 19 detaillierte Angaben zu Zweck, Buchwert, Zeitwert, thesaurierten und ausgeschütteten Gewinnen machen. Schließlich werden in Nr. 20 die Angaben zu Haftungsverhältnissen nach § 251 HGB (voriger Abschnitt, Angabe 8.3) auf die Gründe der Einschätzung des Risikos der Inanspruchnahme erweitert.

Darüber hinaus fallen Anhangangaben zu Sachverhalten weg, die der Referentenentwurf des BilMoG künftig nicht mehr zulassen möchte, wie speziell den Ansatz von Aufwendungen für die Ingangsetzung und Erweiterung des Geschäftsbetriebs (voriger Abschnitt, Angaben 5.4 und 6.2), die Abschreibungen nach § 253 Abs. 3 Satz 3 HGB (voriger Abschnitt, Angabe 7.1) – statt dessen Angabe der außerplanmäßigen Abschreibungen – und die Interessenzusammenführungsmethode (voriger Abschnitt, Angabe 3.2)

3. Die Kapitalflussrechnung

Für die in den Konzernabschluss aufgenommene Kapitalflussrechnung hat der Gesetzgeber keine eigenen Regeln geschaffen. Statt eines eigenen Sonderwegs ging es ihm vor allem darum, Anschluss an die internationale Entwicklung zu finden, die durch eine in dieser Frage bereits weitgehende Übereinstimmung von US-GAAP und IFRS geprägt wird. Was als Konsens der beiden Vorbilder anzusehen ist und wie die noch kontroversen Fragen am besten gelöst werden sollen, wurde dem deutschen Standardsetzer überlassen. Dieser hat dies in

DRS Nr. 2 "Kapitalflussrechnung" festgelegt, an dem sich auch die folgenden Ausführungen bevorzugt orientieren.

Die Kapitalflussrechnung soll Einblicke in die Finanzlage des Konzerns gewähren. Zu diesem Zweck wird der Fonds, dessen Veränderung durch die Kapitalflussrechnung erklärte werden soll, grundsätzlich auf liquide Mittel ersten Grades (Bilanzposition B.IV nach § 266 Abs. 2 HGB) zuzüglich der Zahlungsmitteläquivalente beschränkt (Liquiditätsreserven mit Restlaufzeiten von nicht mehr als 3 Monaten, die sich jederzeit und ohne wesentlichen Wertverlust in Geld verwandeln lassen). Nach dem Vorbild von IAS 7.8 dürfen zudem täglich fällige Bankverbindlichkeiten fondsmindernd einbezogen werden, wenn sie Teil des Liquiditätsmanagements des Konzerns sind (DRS 2.16, .17 und .19). Die Erweiterung des Fonds über die Bilanzposition B.IV hinaus muss allerdings mit einer Überleitungsrechnung auf diese Bilanzposition im Anhang "bezahlt" werden (DRS 2.52 c)).

Die in der Kapitalflussrechnung dargestellten Fondsveränderungen im Sinne von Mittelzu- und -abflüssen berücksichtigen die in den Konzernabschluss einbezogenen Unternehmen getreu der Form ihrer Konsolidierung. Bei vollkonsolidierten Unternehmen werden die Fondsveränderungen vollständig und bei quotenkonsolidierten Unternehmen nur anteilig einbezogen. Von den at equity bewerteten Unternehmen werden nur die Zahlungen zwischen ihnen und dem Konzern sowie diejenigen aus Erwerb und Veräußerung der Beteiligung berücksichtigt (DRS 2.14). Mittelzu- und -abflüsse werden nach dem Vorbild von IAS 7.10 und SFAS 95.14 in drei Tätigkeitsbereiche aufgegliedert, nämlich (DRS 2.23-.43):

- Investitionstätigkeit (Fondsveränderungen aus Kauf und Verkauf von Sachanlagen oder immateriellen Anlagen, aus Gewährung und Eintreibung von Darlehen an Dritte sowie aus Erwerb und Veräußerung von Gläubiger- oder Eigenkapitalrechten gegenüber Dritten einschließlich Beteiligungen),
- Finanzierungstätigkeit (Fondsveränderungen aus der Aufnahme von Eigenkapital, aus der Rückzahlung des Kapitals, dem Kauf oder Verkauf eigener Anteile oder aus Dividendenausschüttungen sowie aus der Aufnahme und aus der Rückzahlung von Krediten), und
- laufende Geschäftstätigkeit (restliche Fondsveränderungen vor allem aus dem Verkauf von Produkten, Waren oder Dienstleistungen des Unternehmens, aus der Eintreibung von Forderungen aus Lieferungen und Leistungen, aus Zahlungen für die Bereitstellung von Arbeit, Material und Dienstleistungen einschließlich der Reduktion von Verbindlichkeiten aus Lieferungen und Leistungen, aus erhaltenen Zinsen und Dividenden, aus geleisteten Zins-, Steuer- und Mietzahlungen sowie aus außerordentlichen Posten).

Aufgrund der praktischen Probleme insbesondere im Konzern, die Zahlungen im Rahmen der laufenden Geschäftstätigkeit direkt und originär aus der Buchhaltung abzuleiten, räumen alle drei Standards als mögliche Alternative eine indirekte Darstellung der laufenden Geschäftstätigkeit ein (DRS 2.24, IAS 7.18 und SFAS 95.27 und .28). Die Fondsveränderung wird dann nicht unmittelbar durch Zahlungen, sondern durch das Periodenergebnis erweitert um nicht zahlungswirksame Aufwendungen, Verluste aus Anlagenabgängen, Abnahmen von Aktiva, die weder der Investitions- noch der Finanzierungstätigkeit zuzurechnen sind (Vorräte, Forderungen aus Lieferungen und Leistungen), Zunahmen entsprechender Passiva und um Einzahlungen aus außerordentlichen Posten und gekürzt um die jeweils dualen Positionen zu den genannten Erweiterungen erklärt (DRS 2.27). Abgeleitet werden die Zahlen aus Beständedifferenzen zwischen Anfangs- und Schlussbilanz – möglichst auf Basis von Bruttozahlen, wie sie ein Anlagengitter liefert – und aus der GuV. Die Fondsveränderungen der Bereiche Investitions- und Finanzierungstätigkeit müssen hingegen stets in direkter Form dargestellt werden.

Im Konzern können die Zahlen der Kapitalflussrechnung aus den Bewegungen auf den Zahlungskonten der einbezogenen Konzernunternehmen unter Bereinigung der konzerninternen Zahlungen originär oder aus den Kapitalflussrechnungen dieser Unternehmen durch Konsolidierung ermittelt werden. Bei dem schon angesprochenen dritten, praktisch bedeutsamen Weg wird auch die Konzernkapitalflussrechnung derivativ durch geeignete Korrekturen aus ausgewählten Kontenumsätzen, Änderungen der Bilanzbestände zwischen den Konzernbilanzen am Anfang und Ende des Geschäftsjahres sowie aus Positionen der Konzern-GuV hergeleitet.

4. Der Eigenkapitalspiegel

Der Eigenkapitalspiegel, der die Entwicklung des Eigenkapitals im abgelaufenen Geschäftsjahr übersichtlich nach den zentralen Bestandteilen des Eigenkapitals einerseits und nach den Ursachen für die Veränderungen andererseits aufzeigt, greift angelsächsische Vorbilder auf. In SFAS 130, in dem er begründet wurde, wird er nur als Hilfslösung für ein sehr spezielles Problem angeboten. Bei US-GAAP und IFRS beruhen Veränderungen des Eigenkapitals nämlich nicht allein auf Gewinnen, Verlusten, Einlagen und Entnahmen, wie es in kongruenten Systemen des "clean surplus" geboten ist. Beide Standards folgen dem "dirty surplus"-Konzept, bei dem bestimmte Wertänderungen von Vermögen und Schulden, fiktive Aufwendungen etwa aus Aktienoptionsprogrammen für Manager, versicherungstechnische Gewinne und Verluste aus Altersversorgungszusagen bei IFRS und Korrekturen früherer Fehler direkt im Eigenkapital gegengebucht werden. Die nicht in der GuV erfassten Eigenkapitalveränderungen ergänzen als "other comprehensive income" das "net income" der GuV zum umfassenden Erfolg ("comprehensive income"). Dieses "comprehensive income" darf nach SFAS 130.22 in Form einer Ergänzung zur GuV, in Form einer zweiten ergänzenden GuV und hilfsweise in Form eines Eigenkapitalspiegels dargestellt werden. Von der amerikanischen Praxis bevorzugt dürfte dieser Eigenkapitalspiegel zur Darstellung des "other comprehensive income" Vorbild für den deutschen Eigenkapitalspiegel sein, obwohl GoB und HGB dem Grundsatz der Kongruenz ("clean surplus") anhängen und Ausnahmen nur bei der offenen Verrechnung des Goodwill mit den Rücklagen nach § 309 Abs. 1 Satz 3 HGB und bei der Währungsumrechnung nach der erfolgsneutralen Stichtagskursmethode durch offene Verrechnung des "translation adjustment" mit den Rücklagen einräumen. Angesichts des offenen Ausweises dieser Vorgänge kann der Eigenkapitalspiegel nach HGB zudem nur bereits bekannte Informationen in einer Gesamtübersicht zusammenstellen.

Mangels gesetzlicher Vorgaben wird der Aufbau des Eigenkapitalspiegels durch die Fachnorm des DRS 7 geregelt. Diese sieht für Konzerne eine Matrixdarstellung vor, die in der Vorspalte die Komponenten des Eigenkapitals und in der Kopfzeile mögliche Quellen für Veränderungen aufführt. Als Komponenten des Eigenkapitals werden unterschieden:

- Mutterunternehmen
  - Gezeichnetes Kapital
    - Stammaktien
    - Vorzugsaktien
  - nicht eingeforderte ausstehende Einlagen
  - Kapitalrücklage
  - erwirtschaftetes Konzerneigenkapital
  - zur Einbeziehung bestimmte eigene Anteile
  - kumuliertes übriges Konzernergebnis
    - Währungsumrechnungsposten
    - andere neutrale Transaktionen
  - Eigenkapital gemäß Konzernbilanz
  - nicht zur Einziehung bestimmte eigene Anteile
  - Σ Eigenkapital (Konzernanteil)
- Minderheitsgesellschafter
  - Minderheitenkapital
  - kumuliertes übriges Konzernergebnis
    - Währungsumrechnungsposten
    - andere neutrale Transaktionen
  - Σ Eigenkapital (Minderheitenanteil)
- Konzerneigenkapital aus Konzern- und Minderheitenanteil

Als "kumuliertes übriges Konzernergebnis" werden fortlaufend die Eigenkapitalveränderungen aufgrund der nicht in der GuV erfassten näher spezifizierten Faktoren erfasst. Angelsachsen sprechen von "accumulated other comprehensive income". Bei der Währungsumrechnung umfasst es die bisher aufgelaufenen Umrechnungsdifferenzen in Form von "translation adjustments" (vgl. F.3.1) und damit die bisher im Rahmen der Währungsumrechnung insgesamt mit den Rücklagen verrechneten Beträge.

Die Quellen für Veränderungen zwischen den Beständen am Anfang und Ende des Geschäftsjahres in der Kopfzeile werden unterteilt in:

- Stand am 31.12.X-1
- Ausgabe von Anteilen
- Erwerb oder Einziehung eigener Anteile
- gezahlte Dividenden
- Änderungen des Konsolidierungskreises
- andere Veränderungen
- Konzernjahresüberschuss/-fehlbetrag
- übriges Konzernergebnis ("other comprehensive income")
- Konzerngesamtergebnis (Saldo aller Veränderungen)
- Stand 31.12.X

Die Matrix selbst weist dann die Bestände und Veränderungen im Detail aus.

Bei konzernrechnungspflichtigen Handelsgesellschaften (OHG oder KG) ohne natürliche Person als Vollhafter ist bei der Eigenkapitalgliederung § 264c Abs. 2 HGB zu beachten.

US-GAAP geben in SFAS 130.131 Beispiele, IFRS in IAS 1.96 bis .101 Vorgaben und unter IAS 1 IG Beispiele für Rechnungen, durch die die dort relevanten Informationen offen gelegt werden können. Dabei wird deutlich, dass die angelsächsischen Standards verschiedene Ansätze zur Wahl stellen.

5. Die Segmentberichterstattung

In großen Unternehmen und Konzernen, bei denen der Jahresabschluss wirtschaftliche Aktivitäten mit verschiedenen Produkten und Dienstleistungen auf Basis teilweise heterogener Technologien in häufig unterschiedlichen Branchen, Regionen und Absatzmärkten für verschiedene Kundengruppen sowie auf Basis unterschiedlicher Vertriebswege vermischt, verlieren die Zahlen an Aussagekraft. Durch Aggregation verschwinden interessante Einzelentwicklungen in undurchsichtigen Saldogrößen. Die Segmentberichterstattung dient der gesetzlichen Aufspaltung der ansonsten zusammengefassten Zahlen auf Geschäftsfelder oder Segmente. Im Bestreben, auch auf diesem Gebiet Anschluss an die Vorbilder US-GAAP und IFRS zu finden, überlässt der deutsche Gesetzgeber erneut die Regulierung dem privaten DRS 3. Dieser Standard, der einen praktikablen Kompromiss aus den widerstreitenden Vorstellungen von US-GAAP und IFRS sucht, könnte einer Modifikation bedürfen, weil im Zuge des kurzfristigen Konvergenz-Projekts der beiden Standardsetter IFRS 8 inzwischen auf die Linie von SFAS 131 eingeschwenkt ist. Damit hat sich der "Management Approach" durchgesetzt, der die vom Unternehmen oder Konzern für die interne Beurteilung und Steuerung getroffenen Entscheidungen zu Bildung von Segmenten und vor allem zu den internen Bilanzierungs- und Bewertungsgrundsätzen für die externe Segmentberichterstattung übernimmt.

Zur Segmentberichterstattung sind zunächst operative Segmente zu identifizieren, die zwei Eigenschaften verbinden müssen, nämlich Geschäftsaktivitäten zu entfalten, die Umsatzerlöse oder andere Erträge auslösen, und regelmäßig von der Unternehmens- bzw. Konzernleitung auf ihre Performance im Blick auf die Ressourcenallokation beurteilt zu werden. Segmente können dabei produktionsorientierte oder geographisch verwandte Aktivitäten zusammenfassen. Im ersten Fall gleichen sich in einem Segment die Produkte und Dienstleistungen, die Prozesse zu ihrer Produktion bzw. Erbringung, die Kundengruppen, die Methoden des Vertriebs oder der Bereitstellung und – bei Kreditinstituten oder Versicherungen etwa – auch die geschäftszweigbedingten Besonderheiten. Beim geographischen Segment gleichen sich die wirtschaftlichen und politischen Rahmenbedingungen, die Außenhandels- und Devisenbestimmungen sowie das Währungsrisiko bei gleichzeitiger Nähe der Beziehungen zwischen Tätigkeiten in unterschiedlichen geographischen Regionen, räumlicher Nähe der Tätigkeiten und ähnlichen spezifischen Risiken von Tätigkeiten in einem bestimmten Gebiet (DRS 3.8). Die Art und Weise der Segmentierung richtet sich in erster Linie nach der Aufteilung, die die Unternehmens- oder Konzernleitung ihrer Überwachung und Ressourcenallokation zugrunde legt ("Management Approach"). Bei mehreren internen Segmentierungen allerdings ist der Segmentberichterstattung diejenige zugrunde zu legen, die der Risiko- und Chancenstruktur am besten entspricht. Auch dürfen operative Segmente mit homogenen Risiken und Chancen zusammengefasst werden, wenn dies der Klarheit und Übersichtlichkeit dient (DRS 3.9, .11 und .13).

Zusammenfassungen dieser Art erlangen große Bedeutung, weil aus operativen Segmenten immer dann "anzugebende" Segmente werden, wenn bestimmte Größenkriterien erreicht werden, mithilfe der Segmente, über die Detailinformationen geliefert werden, zugleich aber mindestens 75 % der konsolidierten Umsatzerlöse mit Externen abgedeckt werden müssen. Die Segmente, über die in der Segmentberichterstattung gesondert berichtet wird ("anzugebende Segmente"), erfüllen grundsätzlich eines der drei folgenden Kriterien:

- sie erreichen Umsatzerlöse mit Externen oder mit anderen Segmenten von mindestens 10 % aller externen oder mit anderen Segmenten getätigten Umsatzerlöse,
- sie weisen ein Ergebnis auf, dessen absolute Höhe mindestens 10 % des Maximums der beiden absoluten Summen aus allen positiven bzw. allen negativen Ergebnissen operativer Segmente erreicht, oder
- sie verfügen über ein Vermögen, das mindestens 10 % des gesamten Vermögens aller operativen Segmente entspricht (DRS 3.15).

Solange Klarheit und Übersichtlichkeit nicht leiden, dürfen allerdings auch Segmente, die keines der Kriterien erfüllen, als anzugebend erklärt werden.

Die Segmentberichterstattung hat auf Basis der dem Abschluss zugrunde liegenden Regeln externer Rechnungslegung – anders als beim "Management Approach" also nicht auf Basis der unternehmensinternen Zahlen – zu erfolgen.

Dabei sind für jedes anzugebende Segment und auch für die zusammengefassten restlichen Segmente jeweils gesondert anzugeben

- die Umsatzerlöse getrennt nach solchen mit Dritten und solchen mit anderen Segmenten,
- das Segmentergebnis und gesondert die darin enthaltenen (das enthaltene)
  - Abschreibungen,
  - anderen nicht zahlungswirksamen Posten,
  - Ergebnis aus Beteiligungen an assoziierten Unternehmen,
  - Erträge aus sonstigen Beteiligungen,
  - zusätzlich Zinsertrag und -aufwand, wenn das Ergebnis der gewöhnlichen Geschäftstätigkeit als Segmentergebnis ausgewiesen wird,
  - zusätzlich Zinsertrag, -aufwand und Ertragsteuern, wenn das Periodenergebnis als Segmentergebnis ausgewiesen wird,
- die Vermögen einschließlich der Beteiligungen,
- die Investitionen in das langfristige Vermögen und
- die Schulden (DRS 3.31 bis .33).

Ergänzend ist jedes anzugebende Segment zu beschreiben, wobei bei nicht produktionsorientierten Segmenten die ihm zugeordneten Produkte und Dienstleistungen anzugeben sind. Ferner müssen die Merkmale für die Abgrenzung der Segmente und für die Zusammenfassung operativer Segmente erläutert werden. Die Gesamterträge der Segmentumsatzerlöse, -ergebnisse, -vermögen, -schulden sowie sonstigen wesentlichen Segmentposten sind auf die entsprechenden Zahlen im (Konzern-) Abschluss überzuleiten, wobei wesentliche Überleitungsposten angegeben und erläutert werden müssen.

Nach internationalen Vorbildern ist die bisher beschriebene "primäre" Segmentberichterstattung durch Angaben auf Basis der anderen Form der Segmentierung zu ergänzen. Auf Basis der gewählten Segmentierung nach Produkten oder Regionen bleiben Details unter dem nicht gewählten Kriterium verborgen. Sie in einem Mindestumfang nachzuliefern ist das Ziel. Bei primär produktorientierter Segmentierung müssen daher regional die Umsatzerlöse zusätzlich nach wichtigen Kundenstandorten sowie die Vermögen und Investitionen zusätzlich nach den Vermögensstandorten aufgegliedert werden. Bei primär regionaler Segmentierung hingegen sind Umsatzerlöse, Vermögen und Investitionen in langfristiges Vermögen für die einzelnen Produkt- oder Dienstleistungsgruppen gesondert anzugeben. Sofern mit einem externen Kunden mehr als 10 % aller externen und internen Umsätze abgewickelt werden, muss schließlich die Größenordnung dieses Umsatzerlöses und das betroffene Segment angegeben werden.

Die Vorschriften zur Segmentberichterstattung nach US-GAAP und IFRS sind zwar ähnlich aufgebaut, aber etwas komplexer geregelt, mit umfangreichen Informationsverpflichtungen verbunden und inzwischen konsequent auf den "Management Approach" ausgerichtet. Dieser erlaubt es, den offengelegten Zahlen die internen Bilanzierungs- und Bewertungsgrundsätze zugrunde zu legen statt US-GAAP bzw. IFRS.

6. Der Konzernlagebericht

6.1 Aufstellungspflicht, Konzeption, Bezugsobjekt und Grundsätze

Der von allen konzernrechnungslegungspflichtigen Mutterunternehmen – auch den zur Konzernrechnungslegung nach IFRS verpflichteten (§ 315a Abs. 1 HGB) und den vom Publizitätsgesetz erfassten (§ 13 Abs. 1 PublG) – aufzustellende Konzernlagebericht ist kein Bestandteil des Konzernabschlusses mehr. Dementsprechend liegt es nahe, dass im Rahmen dieses reinen Informationsinstruments ein vom Konzernabschluss grundsätzlich unabhängiger Weg der Vermittlung entscheidungsrelevanter und vertrauenswürdiger Informationen gesucht wird. Der Versuch, den Konzernabschluss durch ein zweites wirtschaftliches Gesamtbild zu ergänzen, das nur in wenigen Kerngrößen Bezug auf dessen Zahlen nimmt, dafür stärker auf Erwartungen, Wertungen, Einschätzungen etwa von Chancen und Risiken durch das Management sowie dessen Prognosen ("voraussichtliche Entwicklung") abstellt, öffnet mit den weicheren Vorgaben und den häufig schlecht objektivierbaren Inhalten unvermeidlich Freiräume. Solche bestehen auch wegen der Freiheit und Usance, den Lagebericht über den geforderten Umfang hinaus anzureichern. Inhalt und Qualität des Konzernlageberichts werden folglich entscheidend durch die Bereitschaft zur Information bis hin zu Profilierungsstreben und durch die Anforderungen geprägt, die die Nutzer auf dem Markt stellen.

Der Konzernlagebericht bezieht sich auf den Konzern als wirtschaftliche Einheit, was ihn sowohl von Lageberichten einzelner Konzernunternehmen als auch von Sammlungen dieser Einzel-Lageberichte unterscheidet. Da die Lage dieser Einheit nicht allein durch das Mutter- und die einbezogenen Tochterunternehmen geprägt sein muss, sondern auch von nicht einbezogenen Tochterunternehmen, Gemeinschafts- und assoziierten Unternehmen bestimmt sein kann, ist letzteren Rechnung zu tragen, soweit nur auf diese Weise ein den tatsächlichen Verhältnissen entsprechendes Bild vermittelt wird. Einer gesonderten Darstellung der Lage einzelner Konzernunternehmen hingegen bedarf es nicht, auch wenn diese aus Konzernsicht erfolgt. Das gilt selbst dann, wenn der Konzern von einem dominierenden Unternehmen geprägt wird, aber gleichwohl als Konzern zu beurteilen ist (vgl. Ellrott in: Beck Bil-Komm., 6. Aufl., § 315 Anm. 10). Da sich die Lageberichte von Konzern- und Mutterunternehmen hinsichtlich des Objekts der Berichterstattung deutlich unterscheiden, ist das Recht nach § 315 Abs. 3 HGB im Sinne räumlicher Geschlossenheit eines "zusammenfassten Lageberichts" zu verstehen. Dieser muss gleichwohl beide Inhalte vermitteln und darf nur echte Wiederholungen vermeiden.

Über die Grundsätze, nach denen Lageberichte zu erstellen sind, herrscht zwar bezüglich der Bezeichnungen nicht unbedingt, wohl aber bezüglich der zentralen Inhalte weitgehende Einigkeit.

Vollständigkeit als Grundsatz verlangt die Berücksichtigung aller wichtigen Informationsquellen und die Berichterstattung über alles, was für eine zutreffende wirtschaftliche Gesamtbeurteilung der Lage erforderlich ist. Eine vollständige Erörterung aller Details hingegen folgt aus dem Grundsatz nicht, weil auf diese Weise Information geradezu verhindert werden kann. Die Grundsätze der Wesentlichkeit und Ausgewogenheit müssen also den der Vollständigkeit bei der Auswahl der auszuwertenden und zu berichtenden Informationen ergänzen.

Grundsätze wie Richtigkeit oder Wahrheit – schon beim Jahresabschluss problematisch – lassen sich auf den Lagebericht nur insoweit wörtlich übertragen, als dieser keine eindeutig falschen Angaben enthalten darf. Von den subjektiven Gewichtungen zur Sicherung der Ausgewogenheit, den Einschätzungen und Prognosen hingegen ist zu fordern, dass sie plausibel, schlüssig auf Basis realistischer, willkürfreier Annahmen sorgfältig und gewissenhaft abgeleitet werden und subjektiv aufrichtig auch die Einschätzung der Berichtenden widerspiegeln.

Klarheit und Übersichtlichkeit stellen einerseits auf die Unzweideutigkeit, Verständlichkeit sowie Prägnanz der Formulierungen und andererseits auf ihre übersichtliche Gliederung ab, die eine rasche Orientierung und gezielte Nutzung von Informationen ermöglichen soll. Aus Sicht beider Ziele ist Vergleichbarkeit im Zeitablauf und mit anderen Berichten ebenso nützlich wie eine Trennung von Tatsachenangaben, subjektiven Urteilen, Annahmen und Prognosen etwa.

6.2 Darstellung von Geschäftsverlauf und Lage mit Behandlung der voraussichtlichen Entwicklung nach § 315 Abs. 1 HGB

Dem Lagebericht nach HGB liegt allem Anschein nach eine klare zeitliche Struktur zugrunde. Danach ist unter dem Geschäftsverlauf die im abgelaufenen Geschäftsjahr und damit in der Vergangenheit eingetretene Entwicklung der für eine wirtschaftliche Gesamtbeurteilung wichtigen Größen und der sie begründenden zentralen Faktoren zu verstehen. Die Lage steht dann für die wirtschaftlichen Verhältnisse am Abschlussstichtag, wie sie sich auf Basis der Entwicklung in der Vergangenheit ergeben haben. Die Erwartungen für die Zukunft – für eine wirtschaftliche Lage eigentlich ausschlaggebend, aber schwer fassbar – kommen erst in der "voraussichtlichen Entwicklung" zum Tragen. Vermutlich aus Respekt vor den Schwierigkeiten und Gefahren ist dabei die "voraussichtliche Entwicklung" nur zu beurteilen und zu erläutern und damit anders als Geschäftsverlauf und Lage nicht darzustellen.

Geschäftsverlauf und Lage werden üblicherweise dargestellt, indem über wichtige Entwicklungen und Ergebnisse aus folgenden Bereichen berichtet wird:

- relevante gesamtwirtschaftliche und branchenbezogene Entwicklung mit ihren aktuellen Ergebnissen (Gesamt- und Branchenkonjunktur, Währungskurse, politische Rahmenbedingungen etwa),

- wirtschaftliche Gesamtsituation des Konzerns mit den für sie zentralen Einflussgrößen (Änderungen bei Beteiligungen oder Geschäftsfeldern, schwere Verluste und deren Ursachen etwa),
- Absatzbereich (Auftragseingänge und -bestände, Marktanteile, Preistendenzen etwa),
- Produktionsbereich (Entwicklungen bei Produktionsprogramm, Kapazitäten, Auslastungen etwa),
- Beschaffungsbereich (Preisentwicklung und Versorgungslage etwa),
- Finanzbereich (Erweiterungen und Rückführungen bei Eigen- und Fremdkapital, Zinsentwicklungen, eventuelle Sicherungen gegen Risiken etwa),
- rechtliche Verhältnisse (Abschluss, Kündigung oder Änderung wichtiger Verträge, bedeutende Rechtsstreitigkeiten etwa) und
- Personal- und Sozialwesen (Altersstruktur, Fluktuation, Aus- und Weiterbildung, Möglichkeiten und Grenzen der Versorgung mit Fachkräften etwa).

Mit der bloßen Darstellung ist es allerdings nicht getan. Nach Satz 2 hat der Lagebericht "eine ausgewogene und umfassende, dem Umfang und der Komplexität der Geschäftstätigkeit entsprechende Analyse des Geschäftsverlaufs und der Lage des Konzerns zu enthalten". Diese Analyse zielt auf die Aufdeckung der wesentlichen Indikatoren für den eingetretenen Geschäftsverlauf und die daraus resultierende Lage am Abschlussstichtag sowie auf die Einflussfaktoren ab, die die Entwicklungen der Indikatoren bestimmt haben. Um die Lage zutreffend wiedergeben zu können, muss die Analyse ausgewogen und umfassend sein, darf aber bei einfach strukturierten Konzernen knapper ausfallen als bei komplexen. Der vom Lagebericht erzeugte Eindruck soll offensichtlich mit dem durch den Konzernabschluss begründeten Eindruck – gemessen an den "bedeutendsten finanziellen Leistungsindikatoren" – vereinbar sein. In diesem Sinne sind diese Leistungsindikatoren in die Analyse einzubeziehen, wobei Beträge und nähere Angaben aus dem Konzernabschluss nicht wiederholt, sondern durch stimmige Erläuterungen in den Lagebericht integriert werden. Ergänzend ist auch eine Brücke zu nicht finanziellen Leistungsindikatoren etwa für Umwelt- und Arbeitnehmerbelange zu schlagen, "soweit sie für das Verständnis des Geschäftsverlaufs oder der Lage von Bedeutung sind" (Satz 4).

Der Ausblick auf die "voraussichtliche Entwicklung" gemäß Satz 5 erfordert nach herrschender Meinung zumindest grundsätzlich keine detaillierten Zahlungsangaben oder gar geschlossene Planungsrechnungen. Verbale Angaben gelten als ausreichend (vgl. Ellrott in: Beck Bil-Komm., 6. Aufl., § 289 Anm. 39), wenn auch zunehmend zumindest partiell die Notwendigkeit von ergänzenden Zahlenangaben gesehen wird (vgl. WP-Handbuch, Band I, F Tz. 877; Krawitz in: Hofbauer/Kupsch, BHR § 289 Rz. 128). Allerdings sind die Erwartungen über die künftigen Entwicklungen bei wichtigen Indikatoren für die wirtschaftliche Lage des Konzerns so zu fassen, dass die Einschätzung durch das Management ("beurteilen" etwa in Form von hoch oder unbefriedigend), die Spannweite der Möglichkeiten mit den dafür ursächlichen Chancen und Risiken sowie die zugrunde gelegten Annahmen erkennbar werden – bei rein verbalen Prognosen ein relativ anspruchsvoller Rahmen. Als Zeitraum, den die Prognosen abdecken sollen, werden regelmäßig die beiden folgenden Jahre angesehen.

Die Erläuterung und Beurteilung der wesentlichen Chancen und Risiken als absehbar im Raum stehenden möglichen Gründen für eine positive bzw. negative Abweichung vom Stand am Bilanzstichtag oder von einer erwarteten künftigen Entwicklung vor allem bei Umsatz, Erfolg und Liquidität ermöglichen dem Nutzer im günstigen Fall eine eigene Beurteilung von Wahrscheinlichkeit und Ausmaß der erörterten Abweichungen. Auch kann er prüfen, ob die aus seiner Sicht relevanten Chancen und Risiken im Lagebericht Berücksichtigung fanden. Einzugehen ist auf alle wesentlichen Chancen und Risiken – einschließlich der bestandsgefährdenden. Dabei darf die Auswahl keinen falschen Eindruck erzeugen.

6.3 Die "Soll"-Angaben nach § 315 Abs. 2 HGB

Auch wenn auf die Angaben nach § 315 Abs. 2 HGB nur eingegangen werden "soll", besteht für alle wichtigen Informationen Berichtspflicht.

"Vorgänge von besonderer Bedeutung, die nach dem Schluss des Konzerngeschäftsjahrs eingetreten sind" (Nr. 1) betreffen wirtschaftlich relevante negative wie positive Veränderungen, die zwischen Bilanzstichtag und Zeitpunkt der Vorlage an die Gesellschafter eingetreten sind. Auf ihre vermutlichen Folgen für die Vermögens-, Finanz- und Ertragslage ist einzugehen (vgl. WP-Handbuch, Band I, M Tz. 826).

Gemäß Nr. 2 sind bei Bedeutung für die Beurteilung von Lage und voraussichtlicher Entwicklung bezogen auf die Finanzinstrumente des Konzerns einerseits die Risiken und andererseits die Ziele und Methoden des Risikomanagements aufzudecken. Ausgehend von Finanzinstrumenten originärer (vor allem Forderungen, Verbindlichkeiten, Wertpapiere, Devisen und Garantien) und derivativer (futures, forwards, options und swaps) Art müssen die aufgrund von Wertänderungen, Ausfall, drohender Liquiditätsbelastung oder Zahlungsstromschwankungen bestehenden wesentlichen Risiken für den Konzern mit dessen Risikopolitik – vor allem den Maßnahmen zur Risikoabsicherung – behandelt werden. Eine gesonderte Berichterstattung über Chancen und Risiken aus Abs. 1 für Finanzinstrumente liegt nahe, weil hier erfahrungsgemäß Risikoabsicherung und große Risiken nahe zusammen liegen.

Auf "den Bereich Forschung und Entwicklung des Konzerns" (Nr. 3) müssen alle Konzerne eingehen, die auf diesen Gebieten selbst aktiv sind, andere für sich aktiv sein lassen oder keine der beiden Aktivitäten entfalten, obwohl man es erwarten muss. Als mögliche Gegenstände des Berichts gelten Ziele, eingesetzte Mitarbeiter, verfügbare Einrichtungen und deren Erweiterungen, entstandene Aufwendungen sowie Ergebnisse wie erteilte Patente oder entwickelte Produkte, wobei Zahlen über die Vergangenheit durch Planungen für die Zukunft ergänzt werden können. Spätestens bei den Angaben über die Planung von Forschung und Entwicklung werden freilich die drohenden Gefahren aus zu weitgehender Information erkennbar. Diese kann Konkurrenten in die Lage versetzen, durch geeignete Gegenmaßnahmen die Früchte der Forschungs- und Entwicklungsbemühungen des berichtenden Konzerns zunichte zu machen. Trotz der unbezweifelbaren Bedeutung dieses Bereichs darf daher die

Berichterstattung des Konzerns auf ein Maß begrenzt werden, das Wettbewerbsnachteile verhindert.

Der in Nr. 4 schließlich von Konzernen mit börsennotierter Mutter-Aktiengesellschaft geforderte "Vergütungsbericht" ergänzt die Anhangangaben nach § 314 Abs. 1 Nr. 6 HGB (vgl. M2.2 Angabe 8.5), die dort auch unterbleiben können, wenn sie in diesen Bericht integriert werden. Unter den Grundzügen des Vergütungssystems werden der Umfang der Vergütung, die erfolgsunabhängigen, erfolgsabhängigen bzw. auf langfristige Anreizwirkung angelegten Anteile mit den wichtigen Konditionen bei den Anreizsystemen – speziell bei Vergütungen durch Aktienoptionen – sowie die Strukturen der Abfindungs- und Altersversorgungszusagen verstanden. Einzugehen ist dabei auf die Vergütung von Kollektiven (Vorstand, Aufsichtsrat, Beirat, frühere Gremienmitglieder und deren Angehörige), wobei auch die Verteilung innerhalb der Gruppe zu erläutern ist, wenn es weder Einzelangaben zu den einzelnen Personen noch eine gleichmäßige Verteilung gibt. Daneben sind auch wesentliche Änderungen zu behandeln.

6.4 Die besonderen Angaben nach § 315 Abs. 4 HGB

Mutterunternehmen, deren stimmberechtigte Aktien an einem organisierten Markt notieren, müssen im Lagebericht weitere Angaben machen, die allerdings Anhangangaben nahekommen und daher nur kurz umrissen werden. Anzugeben ist bzw. sind konkret

- die Zusammensetzung des gezeichneten Kapitals mit Angabe der Anteile sowie der Rechte und Pflichten verschiedener Aktiengattungen,
- die dem Vorstand der Konzernmutter bekannten Stimmrechts- oder Übertragungsbeschränkungen bei Aktien, einschließlich der zwischen Gesellschaftern vereinbarten,
- 10 % überschreitende direkte oder indirekte Beteiligungen am Kapital der Mutter,
- Inhalte der mit Aktien verbundenen, Kontrollbefugnisse verleihenden Sonderrechte und ihre Inhaber,
- die Art der Stimmrechtskontrolle im Fall am Kapital beteiligter, ihre Kontrollrechte aber nicht unmittelbar ausübender Arbeitnehmer,
- gesetzliche Vorschriften und Satzungsbestimmungen über die Ernennung und Abberufung der Vorstandsmitglieder sowie über Satzungsänderungen,
- besondere auf Ausgabe und Rückkauf von Aktien gerichtete Befugnisse des Vorstands,
- wesentliche Vereinbarungen beim Mutterunternehmen für den Fall eines drohenden Kontrollwechsels als Folge eines Übernahmeangebots (nicht erforderlich, wenn erheblicher Nachteil für das Mutterunternehmen zu erwarten ist) und
- mit Vorstandsmitgliedern oder Arbeitnehmern getroffene Entschädigungsvereinbarungen des Mutterunternehmens für den Fall eines Übernahmeangebots.

6.5 Reformvorstellungen im Referentenentwurf zum BilMoG

Die Vorschriften zum Konzernlagebericht werden im Referentenentwurf zum BilMoG vor allem dahingehend ergänzt, dass in § 315 Abs. 2 HGB für Konzerne, bei denen das Mutter- oder ein Tochterunternehmen kapitalmarktorientiert ist (einen organisierten Markt mit eigenen Wertpapieren in Anspruch nimmt oder eine Zulassung dafür beantragt hat), eine weitere Angabe hinzukommt. Sie betrifft "die wesentlichen Merkmale des internen Risikomanagementsystems im Hinblick auf den Konzernrechnungslegungsprozess". Ansonsten wird bei den Angaben nach Abs. 4 die Berichtspflicht im Lagebericht bei einigen Punkten relativiert, sofern sich die Angaben schon im Anhang finden.

7. Related Party Disclosures

Konzernabschlüsse sind ebenso wie andere, sie ergänzende Rechenwerke nur aussagefähig, wenn die in ihnen nicht konsolidierten Geschäfte mit unabhängigen, dem Konzern entgegengerichtete Interessen verfolgenden Dritten geschlossen wurden. Nur so ergibt sich das gewünschte Bild über die Leistungsfähigkeit des Konzern am Markt. Nicht alle von Konsolidierung ausgesparten Transaktionen mit Dritten betreffen aber unabhängige Parteien. Soweit Abhängigkeiten nicht bereits durch Konsolidierungen Rechnung getragen wurde, erfolgt die Korrektur der problembehafteten Zahlen durch eine gesonderte Berichterstattung über die Beziehungen zu nahestehenden Unternehmen und Personen (Related Party Disclosures). SFAS 57.2 und IAS 24.3 schreiben dies bereits für Einzel- und Konzernabschlüsse verpflichtend vor (deutlich bei Pahler, Advanced Accounting, 9. Aufl., S. 264). Für das HGB sind im BilMoG ähnliche Anhangangaben vorgesehen. Die folgenden Ausführungen umreißen kurz die Pflichten nach SFAS und IFRS.

Als "related parties" gelten neben den per Stimmrechtsmehrheit, Teilhabe an gemeinsamer Führung oder maßgeblichem Einfluss dem Konzern nahestehenden Unternehmen und den von einem Management des Konzerns geführten Sondervermögen zum Wohle der Arbeitnehmer (Pensionsfonds etwa) auch bestimmte Personen, nämlich Eigner, die auf Basis ihrer Stimmrechte maßgeblichen Einfluss besitzen, Mitglieder des oberen Managements und die nahen Verwandten beider Gruppen (Ehepartner, Kinder und andere abhängige (IAS 24,9) bzw. einflussreiche Personen (SFAS 57.24 f)). Auch die von nahestehenden Personen beeinflussten Unternehmen zählen dazu. Ausdrückliche Ausnahmen macht IAS 24.11 bei einer bloßen Personalunion im Management zweier Unternehmen, bei Unternehmen, die nur durch ein Gemeinschaftsunternehmen verbunden sind, bei der Bank, die lediglich Kredit gewährte, bei Gewerkschaften, öffentlichen Versorgungsunternehmen oder Verwaltungsbehörden und bei wichtigen Geschäftspartnern (Kunden oder Lieferanten etwa).

Soweit die mit nahestehenden Unternehmen getätigten Transaktionen sowie die Ansprüche und Verpflichtungen im Rahmen des Konzernabschlusses konsolidiert wurden, reicht die Angabe der Form der Verbindungen mit diesem Unternehmen aus. Über nahestehende Personen und die mit ihnen getätigten Transaktionen ist zu berichten, wenn es solche Transaktionen gab. Als typische Beispiele nennen SFAS 57.1 und IAS 24.20 Käufe und Verkäufe von Produkten, Immobilien oder anderen Gütern, Bereitstellung oder Inanspruchnahme von Dienstleistungen oder von Nutzungspotentialen durch Miete bzw. Leasing sowie Gewährungen von Krediten, Bürgschaften oder anderen Garantien, ergänzt in IAS 24.20 um Leistungen im Bereich Forschung und Entwicklung oder Lizenzen. Um die Auswirkungen der Transaktionen auf den Abschluss abschätzbar zu machen, sind die Arten der Transaktionen, ihre Werte sowie die aus ihnen verbliebenen Forderungen oder Verbindlichkeiten mit deren Konditionen, eventuellen Sicherheiten, den Abschreibungen auf derartige Forderungen und den Aufwendungen aus Forderungsverzicht darzustellen. Die Bezüge der Mitglieder des oberen Managements müssen nach IAS 24.16 ähnlich den Vorgaben in § 314 Abs. 1 Nr. 6 HGB aufgegliedert angegeben werden in laufende, für den Ruhestand vorsorgende, andere langfristige, im Fall des Ausscheidens zu leistende sowie in aktienbasierte Vergütungen. Die Angaben werden nur für Gruppen jeweils gleichartiger nahestehender Unternehmen oder Personen gefordert und nicht für einzelne Unternehmen oder Personen.

8. Earnings per Share

Als Earnings per Share werden Kennzahlen bezeichnet, bei denen Erfolge – häufig nach Bereinigung – oder Erfolgskomponenten auf die durchschnittliche Zahl der in der betrachteten Periode ausgegebenen Stammaktien vor und nach Modifikation um Verwässerungseffekte bezogen werden. SFAS 128.6 und IAS 33.2 verlangen die Offenlegung dieser Kennzahlen von Unternehmen und Konzernmüttern, deren Stammaktien oder potentielle Stammaktien auf einen organisierten Markt gehandelt werden oder die einen solchen Handel beantragt haben.

In der unverwässerten Form der Basic Earnings per Share sind zwei Probleme zu lösen. Da im Konzern der Erfolg je Stammaktie der Muttergesellschaft gesucht ist, muss das Konzern-Jahresergebnis um die für das betroffene Jahr erklärten Dividendenansprüche bei nicht kumulierenden Vorzugsaktien der Mutter und um die für das betroffene Jahr erworbenen, aber nicht unbedingt erklärten Dividendenansprüche bei kumulierenden Vorzugsaktien der Mutter gekürzt werden, da diese Ansprüche aus der Sicht der Stammaktionäre Fremdkapitalzinsen ähneln. Sofern zudem die Zahl der Stammaktien der Muttergesellschaft im Laufe des betrachteten Geschäftsjahrs durch Emissionen, Rückkauf oder Herabsetzung Änderungen erfuhr, ist die gewichtete durchschnittliche Zahl zumindest näherungsweise tagesgenau zu bestimmen. Im Fall von Kapitalerhöhungen aus Gesellschaftsmitteln, von Aktien-Splits oder deren Gegenteil ist die Zahl der Aktien und deren Veränderungen vom Beginn der Abrechnungsperiode an auf Basis der Aktien nach den in der Periode erfolgten Operationen zu bestimmen. Als Basis Earnings per Share ist dann der gesamte und der betriebliche Erfolg des Konzerns nach Bereinigung und bezogen auf die durchschnittliche Zahl der Stammaktien auszuweisen (SFAS 128.36; IAS 33.12). Sofern der Erfolg, der nicht aus üblicher Geschäftstätigkeit stammt, etwa in aufgegebene Geschäftsbereiche, ein außerordentliches Ergebnis und/oder die aufgelaufene Wirkung eines Methodenwechsels aufgeteilt wird, müssen nach SFAS 128.37 auch diese Einzelpositionen auf die durchschnittliche Zahl von Stammaktien bezogen angegeben werden.

Bei den Diluted Earnings per Share wird zusätzlich den von der Konzernmutter eröffneten Möglichkeiten zur Verwässerung des Erfolgs ihrer Stammaktien so Rechnung getragen, wie sie im ungünstigsten Fall bei rationaler Entscheidung der Inhaber solcher Rechte eintritt (SFAS 128.12). Als mögliche Quellen einer Verwässerung des Erfolgs kommen Rechte zur Wandlung von Anleihen oder Vorzugsaktien in Stammaktien der Mutter einerseits und Optionen auf Stammaktien der Mutter andererseits in Betracht. Bei Wandlungsrechten werden die Folgen einer Wandlung berechnet. Der Erfolg steigt, weil weniger Zinsen auf Anleihen oder Dividenden auf wandelbare Vorzugsaktien gezahlt werden. Er sinkt aber auch als Folge der mit der Wandlung für den Konzern verbundenen Aufwendung oder möglicher erfolgsabhängiger Ansprüche etwa von Managern. Zugleich steigt die Zahl der Stammaktien durch die Wandlung. Vergleiche der Erfolge je Aktie mit und ohne Wandlung zeigen dann, ob der Erfolg verwässert würde. In die diluted earnings per share sind die Wandlungen einzubeziehen, die zusammen die größte Verwässerung herbeiführen (IAS 33.44).

Optionen auf Aktien werden nur ausgeübt, wenn der dabei für den Erwerb zu zahlende Preis unterhalb des Börsenkurses der Aktie liegt. Nur in diesem Fall verwässern sie auch den Erfolg je Aktie. Um den Erfolg nach Verwässerung zu erhalten, wird aus dem Erlös als Folge der Ausübung der Optionen (Zahl der eingeräumten Optionen mal Ausübungskurs) und dem Börsenkurs der Aktie die Zahl der zum Börsenkurs rückerwerbbaren Aktien bestimmt. Die bei den oben beschriebenen Kursverhältnissen positive Differenz zwischen ausgegebenen und zurück erworbenen Aktien bezeichnet die fiktiv zusätzlich verwässernd zu berücksichtigenden Aktien aus Optionen (SFAS 128.17; IAS 33.45).

Da meist nur die Konzernmutter über verwässernde Optionen und Wandlungsrechte verfügt, treten bei der Bestimmung von Diluted Earnings per Share im Konzern keine weiteren Probleme auf. Mit der Aufhebung der genannten Bedingung aber ändert sich das. Hat beispielsweise eine Konzerntochter, deren bisher 10.000 Aktien voll der Konzernmutter gehören und die einen Erfolg von 120.000 € erzielt hat, Aktienoptionen eingeräumt, aus denen auf Basis der zuvor charakterisierten Überlegungen 2.000 zusätzliche Aktien zu erwarten sind, so sinkt als Folge der Verwässerung bei der Tochter der Konzernerfolg um $120.000 \cdot \left(1 - \frac{10.000}{12.000}\right) = 20.000$. Dieser Betrag geht dem Konzern auf Basis verwässernder Optionen bei der Tochter nur für die Berechnung der Diluted Earnings per Share, nicht aber in der Konzern-GuV verloren (zu Ausnahme und Beispiel vgl. Pahler, Advanced Accounting, 9. Aufl., S. 380 f.).

Auch Diluted Earnings per Share sind auf Basis von gesamtem und betrieblichem Erfolg sowie – nach US-GAAP – für einzelne ausgewiesene Teilbeträge des Erfolgs aus nicht üblicher Geschäftstätigkeit anzugeben (SFAS 128.36 und .37; IAS 33.12).

Literaturhinweise

Orientierung zu den Inhalten der Vorschriften im HGB gibt die einschlägige Kommentierung zu den §§ 313 bis 315 aber auch 284 bis 389 (Einzelabschluss) HGB.

Weitere Quellen:

Beck'sches Handbuch der Rechnungslegung (Beck HdR), hrsg. von Edgar Castan, Hans-Joachim Böcking, Gerd Heymann, Norbert Pfitzer und Eberhard Scheffler, München ab 1987, Beiträge unter C 60.

Financial Accounting Standards Board (FASB): Original Pronouncements, Accounting Standards as of June 1, 2004, Vol. 1, 2 und 3, Norwalk 2004.

IDW (Hrsg.): Wirtschaftsprüfer-Handbuch 2006, 13. Aufl., Bd. I, Düsseldorf 2006.

International Accounting Standards Board (IASB): International Financial Reporting Standards 2006, London 2006.

Kropff, Bruno: Der Lagebericht nach geltendem und künftigem Recht, in: BFuP, 32. Jg., 1980, S. 514-532.

Reittinger, Wolfgang: Der Lagebericht, in: Handbuch des Jahresabschlusses in Einzeldarstellungen (HdJ), hrsg. von Klaus von Wysocki und Joachim Schulze-Osterloh, Abt. IV/3 (2. Neubearbeitung 1994), Köln 1985.

Russ, Wolfgang: Der Anhang als dritter Teil des Jahresabschlusses, 2. Aufl., Bergisch Gladbach 1986.

Wagenhofer, Alfred: Internationale Rechnungslegungsstandards – IAS/IFRS, 5. Aufl., Frankfurt/M. 2005.

N. Prüfung des Konzernabschlusses

1. Grundlagen

Der Konzernabschluss und der Konzernlagebericht von Kapitalgesellschaften sind gem. § 316 Abs. 2 HGB durch einen Abschlussprüfer zu prüfen. Eine entsprechende Regelung findet sich in § 14 Abs. 1 S. 1 PublG, wobei S. 2 die sinngemäße Anwendung der § 316 Abs. 3 und §§ 317-324 HGB vorschreibt.

Die Prüfung hat das Ziel, die Vertrauenswürdigkeit von Konzernabschluss und -lagebericht sicherzustellen, damit die Konzernrechnungslegung die ihr zugedachte Aufgabe als Informationsinstrument für die Unternehmensexternen erfüllen kann. Dieser Adressatenkreis hat ein Interesse an glaubwürdigen bzw. nachprüfbaren Informationen, die benötigt werden, um ökonomisch sinnvolle Entscheidungen fällen zu können. Aus diesem Blickwinkel kommt der gesetzlich vorgeschriebenen Prüfung durch den Abschlussprüfer beim Konzernabschluss eher noch größere Bedeutung zu als im Falle des Einzelabschlusses, weil die Möglichkeiten für die Externen, die Informationen selber zu überprüfen, für den Konzernabschluss geringer einzuschätzen sind als für den Einzelabschluss. So hat jeder Gesellschafter einer GmbH gem. § 51a Abs. 1 GmbHG das Recht, die Bücher der Gesellschaft einzusehen. Dieses Recht erstreckt sich jedoch nicht auf etwaige Tochtergesellschaften. In der AG steht dieses Recht zwar nicht den einzelnen Aktionären, jedoch gem. § 111 Abs. 2 AktG den von ihnen entsandten Aufsichtsratsmitgliedern zu. Da im Aufsichtsrat häufig auch andere Externe, vor allem die kreditgebenden Banken, vertreten sind, haben auch diese gegebenenfalls die Möglichkeit, den Jahresabschluss durch Personen ihres Vertrauens zu überprüfen. Aber auch hier gilt, dass diese Einsichtsrechte nicht bei den Tochterunternehmen bestehen. Berücksichtigt man zusätzlich den hohen Schwierigkeitsgrad und den großen Aufwand, den eine Prüfung eines Konzernabschlusses mit sich bringt, so bleibt die Prüfung durch einen Abschlussprüfer die einzige realistische Möglichkeit, die Vertrauenswürdigkeit der Informationen für die Externen zu gewährleisten.

2. Bestellung und Auswahl der Abschlussprüfer

Wenn nicht ein eigener Prüfer für den Konzernabschluss besonders bestellt wird, gilt gemäß § 318 Abs. 2 HGB der Abschlussprüfer des Mutterunternehmens zugleich als Prüfer des Konzernabschlusses als bestellt. Beide werden durch die Gesellschafter der Muttergesellschaft auf der Hauptversammlung für das laufende Geschäftsjahr gewählt (§ 318 Abs. 1 HGB). Als Abschlussprüfer eines Konzernabschlusses kommen nur Wirtschaftsprüfer und Wirtschaftsprüfungsgesellschaften in Frage (§ 319 Abs. 1 S. 1 HGB), die zudem über eine wirksame Qualitätskontrollbescheinigung nach § 57a WPO verfügen (§ 319 Abs. 1 S. 3 und Abs. 5 HGB). Ein Wirtschaftsprüfer kann dann nicht Prüfer eines Konzernabschlusses sein, wenn bei ihm die *"Besorgnis der Befangenheit"* (§ 319 Abs. 2 HGB und § 49 WPO) besteht.

Diese liegt nach § 21 Abs. 3 der Berufssatzung für Wirtschaftsprüfer/vereidigte Buchprüfer vor, "wenn Umstände im Sinne von Absatz 2 Satz 2 (genannt werden dort Eigeninteressen, Selbstprüfung, Interessenvertretung sowie persönliche Vertrautheit) gegeben sind, die aus Sicht eines verständigen Dritten geeignet sind, die Urteilsbildung unsachgemäß zu beeinflussen".

Ferner sind die in §§ 319 Abs. 3 und 4 sowie 319a Abs. 1 HGB kodifizierten Ausschlusstatbestände zu beachten, die nach den jeweiligen Absätzen 5 bzw. 2 auf den Abschlussprüfer des Konzernabschlusses entsprechend anzuwenden sind. Kurz zusammengefasst werden Wirtschaftsprüfer diesen Vorgaben entsprechend von der Prüfung ausgeschlossen, wenn sie selbst, eine den Beruf mit ihnen gemeinsam ausübende oder eine bei der Prüfung beschäftigte Person, der Ehegatte oder Lebenspartner

- Bindungen an den Mandanten direkt auf Basis von Anteilen, anderen finanziellen Interessen oder eines Beschäftigungsverhältnisses oder indirekt über eine Beteiligung/Beschäftigung bei einem Unternehmen besitzt, das mehr als 20 % der Anteile an dem Mandanten hält,
- wesentliche, den Inhalt des zu prüfenden Abschlusses beeinflussende Tätigkeiten selbst durchgeführt hat oder von einem ihnen nahestehenden Unternehmen durchführen ließ, oder
- wenn sie selbst oder eine den Beruf mit ihnen gemeinsam ausübende Person in den letzten fünf Jahren jeweils mehr als 30 % der Gesamteinnahmen aus beruflicher Tätigkeit mit dem Mandanten oder den Unternehmen, an denen dieser mehr als 20 % der Anteile besitzt, bezogen hat und dies auch für das laufende Geschäftsjahr zu erwarten ist.

Prüfungsgesellschaften werden auf dieser Basis ausgeschlossen, wenn sie selbst, ein mit ihnen verbundenes Unternehmen, ein gesetzlicher Vertreter, ein bei der Prüfung verantwortlich tätiger Gesellschafter, ein oder mehrere, zusammen mit mehr als 20 % der Stimmrechte beteiligte Gesellschafter oder eine andere beschäftigte Person mit Einfluss auf das Prüfungsergebnis eine der obigen Bedingungen erfüllt; Beschäftigungsverhältnisse eines Aufsichtsrats der Prüfungsgesellschaft beim Mandanten oder bei einem Unternehmen, das mehr als 20 % der Anteile an dem Mandanten hält, schließen die Prüfungsgesellschaft ebenfalls aus.

Bei der Prüfung von Konzernmüttern, die einen organisierten Markt in Anspruch nehmen, werden die Bedingungen verschärft:

- Der Katalog, der oben unter dem zweiten Punkt angesprochenen unvereinbaren Tätigkeiten wird erweitert.
- Der Grenzprozentsatz für die Gesamteinnahmen oben unter dem dritten Punkt wird von 30 auf 15 % gesenkt.
- Ein Wirtschaftsprüfer wird für mindestens drei Jahre von einer Prüfung ausgeschlossen, wenn er den Bestätigungsvermerk bei diesem Mandat bereits in sieben oder mehr Fällen gezeichnet hat.

Hinsichtlich der Frage, ob es bei einem Konzernabschlussprüfer für einen Ausschluss ausreicht, dass er einen der Ausschlussgründe lediglich bei einem Tochterunternehmen erfüllt, das aber nicht er selbst, sondern ein anderer Wirtschaftsprüfer den Vorgaben genügend geprüft hat, gehen die Ansichten auseinander (für einen Ausschluss Baetge/Hense, in: Küting/Weber, Rechnungslegung, 3. Aufl., § 319 Rn. 85, 93 f., 104 und 108; dagegen Förschle/Schmidt in: Beck Bil-Komm., 6. Aufl., § 319 Anm. 87).

3. Inhalte der Konzernabschlussprüfung

Der Abschlussprüfer des Konzernabschlusses hat gem. § 317 Abs. 1 HGB zu prüfen, ob der Abschluss Gesetz und Satzung entspricht. Die Forderung des § 317 Abs. 1 S. 1 HGB, wonach bei der Prüfung des Einzelabschlusses die Buchführung mit einzubeziehen ist, wurde vom Gesetzgeber bewusst nicht auf die Konzernabschlussprüfung übertragen, weil der Konzern als solcher – anders als die Einzelunternehmen – nicht buchführungspflichtig ist (vgl. Baetge/Hense, Prüfung des Konzernabschlusses, in: Küting/Weber, Konzernrechnungslegung, 2. Aufl., S. 775 Rn. 1471). Darüber hinaus hat der Abschlussprüfer zu prüfen, ob der Konzernlagebericht mit dem Konzernabschluss in Einklang steht und ob er insgesamt eine zutreffende Vorstellung von der Lage des Konzerns vermittelt.

Am Beginn seiner Prüfung muss sich der Konzernabschlussprüfer vergewissern, ob die Voraussetzungen für die Konzernrechnungslegungspflicht überhaupt vorliegen. Ist dies nicht der Fall und besteht kein Interesse an einer freiwilligen Aufstellung, hat er das Mandat zurückzugeben (vgl. Baetge/Hense, Prüfung des Konzernabschlusses, in: Küting/Weber, Konzernrechnungslegung, 2. Aufl., S. 775 Rn. 1470).

Da der Konzernabschluss auf den Einzelabschlüssen der einbezogenen Unternehmen beruht, verlangt § 317 Abs. 3 HGB eine Prüfung, ob diese Abschlüsse den gesetzlichen Vorschriften ergänzt um Satzungsbestimmungen entsprechen und ob die für die Übernahme in den Konzernabschluss geltenden Vorschriften, also vor allem die konzerneinheitliche Bewertung, beachtet wurden. Konkret ist somit eine Prüfung der Handelsbilanz I und II der Tochterunternehmen gefordert. Um Doppelarbeiten bei denjenigen Tochtergesellschaften zu vermeiden, die freiwillig oder aufgrund gesetzlicher Vorschriften ihren Abschluss bereits haben prüfen lassen, erlaubt § 317 Abs. 3 S. 2 und S. 3 HGB eine Übernahme dieser Prüfungsergebnisse für den Konzernabschluss, falls die Prüfung den Normen des HGB entspricht und von einem Prüfer durchgeführt wurde, der den Ansprüchen der EG Richtlinie genügt ("Befreiende Prüfung"). Eine maximale Kostenersparnis ergibt sich, wenn auch die HB II bereits vom Abschlussprüfer des Tochterunternehmens geprüft wurde. Dies setzt jedoch voraus, dass diesem Abschlussprüfer eine hinreichend eindeutige Beschreibung der konzerneinheitlichen Bewertung vorliegt.

Der Konzernabschlussprüfer ist allein verantwortlich für die Vollständigkeit und Richtigkeit des Konzernabschlusses und hat deshalb durch geeignete Prüfungsmaßnahmen sicherzustellen, dass die Voraussetzungen für die Übernahme von Prüfungsergebnissen anderer Prüfer erfüllt sind (vgl. dazu § 323 HGB und Förschle/Küster in: Beck Bil-Komm., 6. Aufl., § 317

Anm. 45). Gewinnt ein Konzernabschlussprüfer den Eindruck, dass ein befreiend geprüfter Einzelabschluss Mängel aufweist, so ist er deshalb verpflichtet, durch zusätzliche Prüfungshandlungen die Mängel zu beheben, falls diese für den Konzernabschluss wesentlich sind (vgl. Baetge/Hense, Prüfung des Konzernabschlusses, in: Küting/Weber, Konzernrechnungslegung, 2. Aufl., S. 788 Rn. 1511). Wurde der Bestätigungsvermerk für den Einzelabschluss verweigert, so darf dieser nicht in den Konzernabschluss übernommen werden.

Durch den Wortlaut des § 317 Abs. 3 HGB sind die assoziierten Unternehmen nicht erfasst. Der Konzernabschlussprüfer muss jedoch den mit Hilfe der Equity-Methode ermittelten Wertansatz prüfen, was zusätzliche Prüfungsmaßnahmen im assoziierten Unternehmen, etwa zur Feststellung der stillen Reserven, erforderlich macht.

Im nächsten Schritt hat der Konzernabschlussprüfer zu prüfen, ob der Konsolidierungskreis korrekt abgegrenzt und alle Konsolidierungen den Vorschriften entsprechend vorgenommen wurden. Anschließend ist sicherzustellen, dass die Angaben im Anhang zutreffend sind und die Grundsätze für seine Aufstellung beachtet wurden. Der Konzernlagebericht ist daraufhin zu prüfen, ob er mit dem Konzernabschluss in Einklang steht. Dies erfordert einen Vergleich der Aussagen des Lageberichts mit dem Konzernabschluss. Werden im Lagebericht Zahlenangaben gemacht, ist zu prüfen, ob diese mit den Daten aus dem Konzernabschluss zu vereinbaren sind. Weiter ist zu prüfen, ob der Konzernlagebericht insgesamt eine zutreffende Vorstellung von der Lage des Konzerns vermittelt. Dazu ist es insbesondere erforderlich festzustellen, dass der Lagebericht alle wesentlichen geforderten Informationen beinhaltet ("Vollständigkeit") und dass die von der Konzernleitung offen gelegten Einschätzungen und Prognosen nachvollziehbar und plausibel sind. Wurde der Konzernabschluss nachträglich geändert, so sind diese Änderungen gem. § 316 Abs. 3 HGB ebenfalls zu prüfen.

4. Die Informationsrechte des Konzernabschlussprüfers

Damit der Konzernabschlussprüfer seinen Aufgaben gerecht werden kann, stehen ihm weitgehende Informationsrechte zu, die in § 320 Abs. 3 HGB kodifiziert sind. So müssen ihm

- der Konzernabschluss und der Konzernlagebericht,
- die Jahresabschlüsse und Lageberichte des Mutterunternehmens und aller Tochterunternehmen sowie
- die Prüfungsberichte aller geprüften Einzelabschlüsse

vorgelegt werden.

Er hat gem. § 320 Abs. 3 iVm. Abs. 1 HGB

- ein Einsichtsrecht in die Bücher und Schriften des Mutterunternehmens und der Tochterunternehmen;
- ein Prüfungsrecht hinsichtlich der Vermögensgegenstände und der Schulden bei den oben genannten Unternehmen.

Gem. § 320 Abs. 3 iVm. Abs. 2 HGB kann er Aufklärungen und Nachweise sowohl von den gesetzlichen Vertretern des Mutterunternehmens und der Tochterunternehmen als auch von den Abschlussprüfern dieser Unternehmen verlangen.

Nicht geregelt sind die Informationsrechte bei den assoziierten Unternehmen, womit sich dieselben Probleme stellen, wie sie bei der Frage der Einbeziehung dieser Unternehmen bereits erörtert wurden (vgl. E.5 und Baetge, Konzernrechnungslegung und -prüfung, 1990, S. 196 f.).

5. Das Prüfungsergebnis

Durch das KonTraG haben sich die Vorschriften zu Bestätigungsvermerk (§ 322 HGB) und Prüfungsbericht (§ 321 HGB) einschneidend verändert. Der alte formelhafte Bestätigungsvermerk wurde durch einen Bestätigungsbericht ersetzt, für dessen Formulierungen allerdings Empfehlungen vorliegen (etwa in IDW PS 400). Wie zum Einzelabschluss umfasst der Bestätigungsvermerk zum Konzernabschluss folgende Grundbestandteile (IDW PS 400, Tz. 17):

- Überschrift (Bestätigungsvermerk bzw. Versagungsvermerk des Abschlussprüfers),
- einleitender Abschnitt (Konzernabschluss und Konzernlagebericht – ggf. Teilkonzernabschluss und Teilkonzernlagebericht – als Gegenstand der Prüfung, Abgrenzung der Verantwortung von gesetzlichen Vertretern der Gesellschaft und Prüfer, keine Hinweise auf die Buchführung als Grundlage),
- beschreibender Abschnitt (neben den auch bei Einzelabschlüssen erforderlichen Beschreibungen von Art und Umfang der Prüfung sowie der Bezugnahme auf die vom IDW festgestellten und ggf. weitere vereinbare Grundsätze ordnungsmäßiger Abschlussprüfung sollte auf die Abgrenzung des Konsolidierungskreises, die angewandten Konsolidierungsgrundsätze und die in den Konzernabschluss einbezogenen Jahresabschlüsse hingewiesen werden (IDW PS 400, Tz. 91)),
- Beurteilung durch den Abschlussprüfer (weiterhin als uneingeschränkter, als eingeschränkter Bestätigungsvermerk oder als Versagungsvermerk; im ersten Fall wird als Formulierung empfohlen: "Meine/Unsere Prüfung hat zu keinen Einwendungen geführt. Nach meiner/unserer Beurteilung aufgrund der bei der Prüfung gewonnenen Erkenntnisse entspricht der Konzernabschluss den gesetzlichen Vorschriften und den ergänzenden Bestimmungen des Gesellschaftsvertrags/der Satzung und vermittelt unter Beachtung der Grundsätze ordnungsmäßiger Buchführung ein den tatsächlichen Verhältnissen entsprechendes Bild der Vermögens-, Finanz- und Ertragslage des Konzerns. Der Konzernlagebericht steht in Einklang mit dem Konzernabschluss, vermittelt insgesamt ein zutreffendes Bild von der Lage des Konzerns und stellt die Chancen und Risiken der zukünftigen Entwicklung zutreffend dar." (IDW PS 400, Anhang 2. Textende)),
- ggf. Hinweis zur Beurteilung des Prüfungsergebnisses,
- ggf. Hinweis auf Bestandsgefährdungen,

- Ort, Datum, Unterschrift (§ 322 Abs. 7 S. 1 HGB).

Für den Prüfungsbericht des Konzernabschlusses gelten wegen gleicher Rechtsgrundlage die Grundsätze der Berichterstattung über Prüfungen von Einzelabschlüssen analog. Obwohl über die Prüfung des Konzernabschlusses grundsätzlich selbständig zu berichten ist, darf der Bericht auch mit dem Bericht über die Prüfung des Einzelabschlusses des Mutterunternehmens zusammengefasst werden (§§ 298 Abs. 3 S. 3, 315 Abs. 3 und 325 Abs. 3a HGB).

Vorweg hat der Prüfer zur Beurteilung der Lage des Konzerns durch die gesetzlichen Vertreter Stellung zu nehmen und dabei vor allem auf die Beurteilung des Fortbestands und der künftigen Entwicklung des Konzerns unter Berücksichtigung des Konzernlageberichts einzugehen, soweit die geprüften Unterlagen und der Konzernlagebericht eine solche Beurteilung erlauben (§ 321 Abs. 1 S. 2 HGB). Die Redepflicht über Unrichtigkeiten, Verstöße gegen gesetzliche, ggf. auch konzernspezifische Vorschriften, bestandsgefährdende oder entwicklungsbeeinträchtigende Tatsachen sowie Verstöße von gesetzlichen Vertretern oder Arbeitnehmern gegen Gesetz, Gesellschaftsvertrag oder Satzung nach § 321 Abs. 1 S. 3 HGB bezieht sich auf den Konzern und vor allem die wichtigen Einzelunternehmen (vgl. ADS, 6. Aufl., § 321 Tz. 190). Zu berücksichtigen sind die bei der Prüfung des Konzernabschlusses bei der Mutter oder bei Töchtern festgestellten Tatsachen (so IDW PS 450, Tz. 121).

Im Rahmen der Darstellungen zur Ordnungsmäßigkeit des Konzernabschlusses und Konzernlageberichts nach § 321 Abs. 2 S. 1 HGB sind zunächst die relevanten Normen (HGB oder PublG, Gesellschaftsvertrag, Satzung) klarzulegen. Konzernspezifisch ist vor allem beurteilend einzugehen auf:

- die Abgrenzung des Konsolidierungskreises (Angaben zu Konsolidierungskreis und Anteilsbesitz nach § 313 Abs. 2 oder 4 HGB, Inanspruchnahme von Konsolidierungswahlrechten nach § 296 HGB, Herstellung der Vergleichbarkeit nach § 294 Abs. 2 HGB bei wesentlichen Änderungen des Konsolidierungskreises, Einsatz von Quotenkonsolidierung (§ 310 HGB) und Equity Methode (§ 311 HGB)),
- die gewählten Bilanzierungs- und Bewertungsmethoden einschließlich der konzerneinheitlichen Bewertung und der ggf. notwendigen Währungsumrechnung,
- die Ordnungsmäßigkeit der in den Konzernabschluss einbezogenen Jahresabschlüsse,
- die angewendeten Konsolidierungsmethoden,
- die Vorgehensweise bei abweichenden Stichtagen von Einzelabschlüssen nach § 299 HGB,
- die Erfüllung der Erläuterungspflichten im Anhang und die eventuelle Inanspruchnahme der Schutzklauseln nach §§ 313 Abs. 3, 314 Abs. 2 HGB und auf
- die Angaben im Konzernlagebericht.

Im Rahmen der Konzernabschlussprüfung erstreckt sich das Urteil darüber, ob die verlangten Aufklärungen und Nachweise erbracht wurden, auf die gesetzlichen Vertreter und den (die) Abschlussprüfer sowohl des Mutterunternehmens als auch der Tochterunternehmen (IDW PS

450, Tz. 124). Auch wenn die Beschränkung auf Mutter- und Tochterunternehmen in §§ 321 Abs. 2 Satz 6 und 320 Abs. 2 und 3 HGB angelegt ist, bleibt ein zusätzlicher Informationsbedarf des Konzernabschlussprüfers gegenüber den Gemeinschafts- und assoziierten Unternehmen (Equity-Methode). Fehlende Information beeinträchtigt Konzernrechnungslegung und deren Prüfung und bedarf daher aus der Sache heraus einer Erläuterung. Unzweifelhaft ist die Notwendigkeit zur Behandlung der Frage, ob der Konzernabschluss insgesamt unter Beachtung der GoB oder anderer maßgeblicher Rechnungslegungsgrundsätze ein den tatsächlichen Verhältnissen entsprechendes Bild der Vermögens-, Finanz- und Ertragslage des Konzerns vermittelt (§ 321 Abs. 2 S. 3 HGB). Die in diesem Zusammenhang übliche Analyse der Auswirkungen von Wahlrechts- und Ermessensentscheidungen sowie Sachverhaltsgestaltungen auf die Darstellung der Vermögens-, Finanz- und Ertragslage betrifft vor allem die Bereiche

- Währungsumrechnung,
- Kapitalkonsolidierung (Methode und Goodwillbehandlung),
- Schuldenkonsolidierung,
- Zwischenergebniseliminierung und
- Steuerabgrenzung (IDW PS 450, Tz. 137).

Die Erläuterung von Gegenstand, Art und Umfang der Prüfung nach § 321 Abs. 3 HGB beinhaltet insbesondere

- die dem Konzernabschluss zugrundeliegenden Rechnungslegungsgrundsätze HGB, PublG, IFRS oder – zumindest noch befristet möglich – US-GAAP,
- die Grundsätze ordnungsmäßiger Abschlussprüfung in Übereinstimmung mit ISA als Basis der Prüfung,
- den Konzernabschluss mit allen Pflicht- und Wahlbestandteilen (vgl. Schaubild M1) sowie
- Konsolidierungskreis, Konsolidierungen, eventuell auch Ordnungsmäßigkeit von Einzelabschlüssen oder möglicher Überleitungen von Einzelabschlüssen auf die dem Konzernabschluss zugrunde gelegten Vorgehensweisen (sogenannte Handelsbilanz II), soweit relevant.

Die Prüfung des internen Überwachungssystems nach § 317 Abs. 4 HGB iVm. § 91 Abs. 2 AktG obliegt bei Aktiengesellschaften mit amtlich notierten Aktien, die als Mutterunternehmen auch einen Konzernabschluss aufstellen, dem Prüfer des Einzelabschlusses, obwohl das Überwachungssystem den gesamten Konzern abdecken muss (vgl. ADS, 6. Aufl., § 317 Tz. 228). Dementsprechend sind zusätzlich nur noch Angaben zur Bestellung und Auftragserteilung mit ggf. dem Hinweis auf § 318 Abs. 2 HGB zu machen, der Bestätigungs- oder Versagungsvermerk aufzunehmen und der Prüfungsbericht mit Angabe von Ort und Datum zu unterzeichnen. Wenn der Aufsichtsrat den Prüfungsauftrag erteilt hat, ist der Prüfungsbericht ihm vorzulegen, wobei dem Vorstand zuvor Gelegenheit zur Stellungnahme gegeben werden muss. Zu diesem Zweck reichen Übersendung oder Übergabe an den Vorsitzenden des Aufsichtsrats aus (IDW PS 450 Tz. 117). In den anderen Fällen ist der Prüfungsbericht den gesetzlichen Vertretern (Vorstand, Geschäftsführern) vorzulegen (§ 321 Abs. 5 HGB).

Literaturhinweise

Außer der Kommentierung zu den §§ 316-324 HGB, den einschlägigen Stichwortbeiträgen im HWRev, 2. Aufl. 1992 und der Darstellung im WP-Handbuch sei verwiesen auf:

Baetge, Jörg: Die Prüfung des Konzernabschlusses, in: Konzernrechnungslegung und -prüfung, hrsg. von Jörg Baetge, Düsseldorf 1990, S. 175-200.

Baetge, Jörg/Hense, Heinz Hermann: Prüfung des Konzernabschlusses, in: Küting/Weber (Hrsg.), Handbuch der Konzernrechnungslegung, 2. Aufl., Stuttgart 1998, S. 765-849.

IDW Prüfungsstandard: Grundsätze für die ordnungsmäßige Erteilung von Bestätigungsvermerken bei Abschlussprüfungen (IDW PS 400), in: WPg, 58. Jg., 2005, S. 1382-1402.

IDW Prüfungsstandard: Grundsätze ordnungsmäßiger Berichterstattung bei Abschlussprüfungen (IDW PS 450), in: WPg, 59. Jg., 2006, S. 113-128.

Abkürzungsverzeichnis

aA	anderer Ansicht
Abs.	Absatz, Absätze
Abschr.	Abschreibungen
Abt.	Abteilung
ADS	Adler/Düring/Schmaltz
AG	Aktiengesellschaft/Die Aktiengesellschaft (Zeitschrift)
AICPA	American Institute of Certified Public Accountants
AIN-APB	Accounting Interpretation of Accounting Principles Board Opinion
AK	Anschaffungskosten
AK_E	Anschaffungskosten von E
AktG	Aktiengesetz
AN	neubewertetes assoziiertes Unternehmen
Anh.	Anhang
Anm.	Anmerkung
ant.	anteilig, -e
a.o.	außerordentlich
APB	Accounting Principles Board (Opinion)
ARB	Accounting Research Bulletin
Art.	Artikel
ASC	Accounting Standards Committee
Aufl.	Auflage
Aufw.	Aufwand bzw. Aufwendungen
AV	Anlagevermögen
BAFin	Bundesanstalt für Finanzdienstleistungsaufsicht
BB	Betriebs-Berater (Zeitschrift)
BBergG	Bundesberggesetz
Bd.	Band
bearb.	bearbeitet
BFuP	Betriebswirtschaftliche Forschung und Praxis (Zeitschrift)
BGBl.	Bundesgesetzblatt
BHR	Bonner Handbuch Rechnungslegung
Bil-Komm.	Bilanz-Kommentar
BilMoG	Bilanzrechtsmodernisierungsgesetz
BT	Bundestag
bzgl.	bezüglich
bzw.	beziehungsweise

D	Deutschland
DB	Der Betrieb (Zeitschrift)
DBW	Die Betriebswirtschaft (Zeitschrift)
d.h.	das heißt
DK	Durchschnittskurs
DM	Deutsche Mark
DRS	Deutscher Rechnungslegungs Standard
d.V.	die Verfasser
DVFA/SG	Deutsche Vereinigung für Finanzanalyse / Schmalenbach-Gesellschaft
E	Enkelunternehmen/Konzernempfänger
EGHGB	Einführungsgesetz zum Handelsgesetzbuch
EITF	Emerging Issues Task Force
EK	Eigenkapital
EN	neubewertetes Enkelunternehmen
Ertr.	Ertrag
EStG	Einkommensteuergesetz
etc.	et cetera
EU	Europäische Union
e.V.	eingetragener Verein
EW	Einzelbilanzwert
f.	folgende
FASB	Financial Accounting Standards Board
ff.	fortfolgende
FIFO	First in First out
FIN	FASB Interpretation
FK	Fremdkapital
Fn.	Fußnote
FS	Festschrift
FWE	Fremdwährungseinheiten
G	Gemeinschaftsunternehmen
GAAP	Generally Accepted Accounting Principles
GB	Großbritannien
gem.	gemäß
ggf.	gegebenenfalls
GK	Gezeichnetes Kapital
GmbH	Gesellschaft mit beschränkter Haftung
GmbHG	Gesetz betreffend die Gesellschaften mit beschränkter Haftung
GmbHRdsch.	GmbH-Rundschau (Zeitschrift)
GoB	Grundsätze ordnungsmäßiger Buchführung

GQ	quotale Bilanz des Gemeinschaftsunternehmens
Grds.	Grundsatz
GuV	Gewinn- und Verlustrechnung
H	Haben
HB	Handelsbilanz
HdJ	Handbuch des Jahresabschlusses in Einzeldarstellungen
HdR	Handbuch der Rechnungslegung
HFA	Hauptfachausschuss
HGB	Handelsgesetzbuch
HIFO	Highest in First out
HK	Historischer Kurs
HK_L	Herstellungskosten von L
hM	herrschende Meinung
Hrsg.	Herausgeber
hrsg.	herausgegeben
HWRev	Handwörterbuch der Revision
IAS	International Accounting Standard
IASC	International Accounting Standards Committee
i.d.R.	in der Regel
IDW	Institut der Wirtschaftsprüfer e.V.
i.e.S.	im engeren Sinne
i.f.	im Folgenden
IFRIC	International Financial Reporting Interpretations Committee
IFRS	International Financial Reporting Standards (als Regelwerk umfassen sie auch IAS, IFRIC u. SIC)
imm.	immateriell
IOSCO	International Organization of Securities Commission
iSv.	im Sinne von
iVm.	in Verbindung mit
Jg.	Jahrgang
JLE	Journal of Law and Economics (Zeitschrift)
JÜ	Jahresüberschuss
Kap.Ges.	Kapitalgesellschaft
Kfz	Kraftfahrzeug
KG	Kommanditgesellschaft
KGaA	Kommanditgesellschaft auf Aktien
KHK	Konzernherstellungskosten
KIFO	Konzern in First out

KILO	Konzern in Last out
Komm.	Kommentar
KonBefV	Konzernabschlussbefreiungsverordnung
KSt.	Körperschaftsteuer
KStG	Körperschaftssteuergesetz
KV	vorläufiger Konzernabschluss
KW	Konzernbilanzwert
KWG	Gesetz über das Kreditwesen (Kreditwesengesetz)
L	Konzernlieferant
lat.	latent, -e
LIFO	Last in First out
Lit.	Literatur
M	Muttergesellschaft
M_0	Bilanz der Muttergesellschaft vor Kapitalerhöhung
M_1	Bilanz der Muttergesellschaft nach Kapital-erhöhung
M-Eigner	Eigner der Muttergesellschaft ("Mehrheitseigner")
M-Gläubiger	Gläubiger der Muttergesellschaft
Mio.	Millionen
mögl.	möglich, -e
MU	Mutterunternehmen
m.w.N.	mit weiteren Nachweisen
NA	(Sonderausschuss) Neues Aktienrecht
NCI	non-controlling interest
N.F.	Neue Folge
No.	Number
Nr.	Nummer
NZG	Neue Zeitschrift für Gesellschaftsrecht
o.g.	oben genannt, -e
OHG	Offene Handelsgesellschaft
Para.	Paragraph
Pos.	Position
PublG	Gesetz über die Rechnungslegung von bestimmten Unternehmen und Konzernen (Publizitätsgesetz)
QJE	Quarterly Journal of Economics (Zeitschrift)
RAP	Rechnungsabgrenzungsposten
RdNr.	Rand-Nummer
RL	Rücklagen

Rn	Randnummer
Rz	Randziffer
s.	siehe
S	Soll
S.	Seite, -n, Satz, Sätze
s.a.	siehe auch
SABI	Sonderausschuss Bilanzrichtlinien-Gesetz
SEC	Securities and Exchange Commission
SFAC	Statement of Financial Accounting Concepts
SFAS	Statement of Financial Accounting Standards
SIC	Standing Interpretations Committee (der IAS)
sog.	sogenannter, -e
sonst.	sonstiger, -e
Sp.	Spalte, -n
SPE	Special Purpose Entity
SSAP	Statement of Standard Accounting Practice
STB	Steuerbilanz
str.	strittig
StuB	Steuern und Bilanzen (Zeitschrift)
StuW	Steuer und Wirtschaft (Zeitschrift)
T	Tochtergesellschaft
T-Eigner	Minderheitseigner der Tochtergesellschaft
T-Gläubiger	Gläubiger der Tochtergesellschaft
TK	Tageskurs
TKA	Teilkonzernabschluss
TN	neubewertetes Tochterunternehmen
TU	Tochterunternehmen
Tz.	Textziffer
u.	und
u.a.	und andere/unter anderem
ÜG	Übernahmegesetz
Umsatzkostenv.	Umsatzkostenverfahren
USA	United States of America
US-GAAP	Generally Accepted Accounting Principles
usw.	und so weiter
u.U.	unter Umständen
UV	Umlaufvermögen
Ver.	Vermögen
VG	Vermögensgegenstände
vgl.	vergleiche

VIE	Variable Interest Entity
Vol.	Volume
WiSt	Wirtschaftswissenschaftliches Studium (Zeitschrift)
WISU	Das Wirtschaftsstudium (Zeitschrift)
WP	Wirtschaftsprüfer
WPg	Die Wirtschaftsprüfung (Zeitschrift)
WPO	Wirtschaftsprüferordnung
WpÜG	Wertpapierübernahmegesetz
WR	Wahlrecht
z.B.	zum Beispiel
ZE	Zwischenergebnis
ZfB	Zeitschrift für Betriebswirtschaft (Zeitschrift)
ZfbF	Zeitschrift für betriebswirtschaftliche Forschung (Zeitschrift)
ZG	Zwischengewinn
ZHR	Zeitschrift für das gesamte Handelsrecht und Wirtschaftsrecht (Zeitschrift)
ZV	Zwischenverlust
z.T.	zum Teil

Literaturverzeichnis

Adler, Hans/Düring, Walther/Schmaltz, Kurt (ADS): Rechnungslegung und Prüfung der Aktiengesellschaft, 4. Aufl., bearb. von Kurt Schmaltz, Karl-Heinz Forster, Reinhard Goerdeler und Hans Havermann, Bd. 3, Rechnungslegung im Konzern, Stuttgart 1972.

Adler, Hans/Düring, Walther/Schmaltz, Kurt (ADS): Rechnungslegung und Prüfung der Unternehmen, Kommentar zum HGB, AktG, GmbHG, PublG nach den Vorschriften des Bilanzrichtlinien-Gesetzes, neu bearb. von Karl-Heinz Forster, Reinhard Goerdeler, Josef Lanfermann, Hans-Peter Müller, Günter Siepe und Klaus Stolberg, 6. Aufl., Stuttgart ab 1995.

AIN-APB s. Financial Accounting Standards Board.

Akerlof, George A.: The Market for "Lemons": Quality Uncertainty and the Market Mechanism, in: Quarterly Journal of Economics, Vol. 84, 1970, S. 488-500.

Albach, Horst/Forster, Karl-Heinz (Hrsg): Bilanzrichtlinien-Gesetz, ZfB-Ergänzungsheft 1/1987, Wiesbaden 1987.

APB s. Financial Accounting Standards Board.

ARB s. Financial Accounting Standards Board.

Arbeitskreis "Externe Unternehmensrechnung" der Schmalenbach-Gesellschaft – Deutsche Gesellschaft für Betriebswirtschaft e.V.: Aufstellung von Konzernabschlüssen, hrsg. von Walther Busse von Colbe, Eberhard Müller und Herbert Reinhard, 2. Aufl., Düsseldorf 1989.

Arbeitskreis "Weltabschlüsse" der Schmalenbach-Gesellschaft – Deutsche Gesellschaft für Betriebswirtschaft e.V.: Aufstellung internationaler Konzernabschlüsse, ZfbF-Sonderheft 9/1979.

Arbeitskreis Weltbilanz des IDW: Entwurf einer Verlautbarung zur Einbeziehung ausländischer Unternehmen in den Konzernabschluß ("Weltabschluß"), in: WPg, 30. Jg., 1977, S. 68-71.

Bälz, Ulrich: Einheit und Vielheit im Konzern, in: Funktionswandel der Privatrechtsinstitutionen, Festschrift für Ludwig Raiser, hrsg. von Fritz Baur, Josef Esser, Friedrich Kübler und Ernst Steindorff, Tübingen 1974, S. 287-338.

Baetge, Jörg (Hrsg.): Konzernrechnungslegung und -prüfung, – Vorträge und Diskussion zum neuen Recht -, Düsseldorf 1990.

Baetge, Jörg: Die Prüfung des Konzernabschlusses, in: Konzernrechnungslegung und -prüfung, hrsg. von Jörg Baetge, Düsseldorf 1990, S. 175-200.

Baetge, Jörg/Kirsch, Hans Jürgen/Thiele, Stefan: Konzernbilanzen, 7. Aufl., Düsseldorf 2004.

Baetge, Jörg/Dörner, Dietrich/Kleekämper, Heinz/Wollmert, Peter (Hrsg.): Rechnungslegung nach International Accounting Standards (IAS), Kommentar auf der Grundlage des deutschen Bilanzrechts, Stuttgart 1997.

Baetge, Jörg/Hense, Heinz Hermann: Prüfung des Konzernabschlusses, in: Küting/Weber (Hrsg.), Handbuch der Konzernrechnungslegung, 2. Aufl., Stuttgart 1998, S. 765-849.

Baetge, Jörg/Wollmert, Peter/Kirsch, Hans-Jürgen/Oser, Peter/Bischof, Stefan (Hrsg.): Rechnungslegung nach IFRS, 2. Aufl., Stuttgart ab 2003.

Bartels, Peter: Zwischenergebniseliminierung und konzerneinheitliche Bewertung, in: WPg, 44. Jg., 1991, S. 739-746.

Baumbach/Hueck: GmbH-Gesetz, 18. Aufl., München 2006.

Beams, Floyd A.: Advanced Accounting, 6. Aufl., New Jersey 1996.

Beck'scher Bilanzkommentar (Beck Bil-Komm.): Handelsbilanz Steuerbilanz, hrsg. von Helmut Ellrott, Gerhart Förschle, Martin Hoyos und Norbert Winkeljohann, 6. Aufl., München 2006.

Beck'sches Handbuch der Rechnungslegung (Beck HdR): hrsg. von Edgar Castan, Hans-Joachim Böcking, Gerd Heymann, Norbert Pfitzer und Eberhard Scheffler, München ab 1987.

Beusch, Karl: Rücklagenbildung im Konzern, in: Bilanz- und Konzernrecht, Festschrift für Reinhard Goerdeler, hrsg. von Hans Havermann, Düsseldorf 1987, S. 25-44.

Bieker, Marcus/Esser, Maik: Der Impairment-Only-Ansatz des IASB: Goodwillbilanzierung nach IFRS 3 "Business Combinations", in: StuB, 6. Jg., 2004, S. 449-458.

Biener, Herbert: Die Konzernrechnungslegung nach der Siebenten Richtlinie des Rates der Europäischen Gemeinschaften über den Konzernabschluß, in: DB, 36. Jg., Beilage 19 zu Heft 35, 1983.

Biener, Herbert/Berneke, Wilhelm: Bilanzrichtlinien-Gesetz, Düsseldorf 1986.

Biener, Herbert/Schatzmann, Jürgen: Konzern-Rechnungslegung, Düsseldorf 1983.

Bössmann, Eva: Unternehmungen, Märkte, Transaktionskosten: Die Koordination ökonomischer Aktivitäten, in: WiSt, 12. Jg., 1983, S. 105-111.

Bonner Handbuch Rechnungslegung (BHR): hrsg. von Max A. Hofbauer, Werner Albrecht, Wolfgang Grewe, Peter Kupsch und Gerhard Scherrer, Bonn ab 1986.

Bores, Wilhelm: Konsolidierte Erfolgsbilanzen und andere Bilanzierungsmethoden für Konzerne und Kontrollgesellschaften, Leipzig 1935.

Bovermann, Brigitte: Die Umrechnung der Jahresabschlüsse ausländischer Tochtergesellschaften für den Weltabschluß in der EG unter dem Aspekt seiner Informationsfunktion, Frankfurt am Main 1988.

Bühner, Rolf: Strategische Führung im Bereich der Hochtechnologie durch rechtliche Verselbständigung von Unternehmensteilbereichen, in: DB, 39. Jg., 1986, S. 2341-2346.

Bundestags-Drucksache 10/4268: Beschlußempfehlung und Bericht des Rechtsausschusses (6. Ausschuss) zu dem von der Bundesregierung eingebrachten Entwurf eines Gesetzes zur Durchführung der Vierten Richtlinie des Rates der Europäischen Gemeinschaften zur Koordinierung des Gesellschaftsrechts (Bilanzrichtlinie-Gesetz) – Drucksache 10/317 – Entwurf eines Gesetzes zur Durchführung der Siebten und Achten Richtlinie des Rates der Europäischen Gemeinschaft zur Koordinierung des Gesellschaftsrechts – Drucksache 10/3440 – mit Begründung vom 18.11.1985.

Busse von Colbe, Walther: Neuere Entwicklungstendenzen in der Konzernrechnungslegung, in: WPg, 31. Jg., 1978, S. 652-660.

Busse von Colbe, Walther: Der Konzernabschluß im Rahmen des Bilanzrichtlinie-Gesetzes, in: ZfbF, 37. Jg., 1985, S. 761-782.

Busse von Colbe, Walther: Währungsumrechnung unter dem Einfluß neuer Rechnungslegungsvorschriften, in: Konzernrechnungslegung und -prüfung, hrsg. von Jörg Baetge, Düsseldorf 1990, S. 73-96.

Busse von Colbe, Walther/Chmielewicz, Klaus: Das neue Bilanzrichtlinien-Gesetz, in: DBW, 46. Jg., 1986, S. 289-347.

Busse von Colbe, Walther/Ordelheide, Dieter: Konzernabschlüsse, 5. Aufl., Wiesbaden 1984.

Busse von Colbe, Walther/Ordelheide, Dieter/Gebhardt, Günter/Pellens, Bernhard: Konzernabschlüsse, 7. Aufl., Wiesbaden 2003.

Coase, Ronald H.: The Nature of the Firm, in: Economica, New Series, Vol. 4, 1937, S. 386-405.

Coenenberg, Adolf G., unter Mitarbeit von Bettina Bischof, Manuel Deffner, Christian Fink, Marcus Gantzkow, Andreas Joest, Kalina Keller, Wolfgang Schultze und Barbara Straub: Jahresabschluss und Jahresabschlussanalyse, Betriebswirtschaftliche, handelsrechtliche, steuerrechtliche und internationale Grundsätze – HGB, IFRS, US-GAAP –, 20. Aufl., Landsberg am Lech 2005.

Coenenberg, Adolf G./Hille, Klaus: Latente Steuern in Einzel- und Konzernabschluß, in: DBW, 39. Jg., 1979, S. 601-621.

Coenenberg, Adolf G./Hille, Klaus: Latente Steuern, in: Handbuch des Jahresabschlusses in Einzeldarstellungen (HdJ), hrsg. von Klaus von Wysocki und Joachim Schulze-Osterloh, Abt. I/13 (2. Neubearbeitung 1994), Köln 1985.

Debus, Christian: Latente Steuern, in: Beck'sches Handbuch der Rechnungslegung (Beck HdR), hrsg. von Edgar Castan, Hans-Joachim Böcking, Gerd Heymann, Norbert Pfitzer und Eberhard Scheffler, Teil C 440 (Neufassung 2003), München ab 1987.

Delaney, Patrick R./Epstein, Barry J./Nach, Ralph/Weiss Budak, Susan: GAAP 2004, Interpretation and Application of Generally Accepted Accounting Principles 2004, New York u. a. 2004.

Deutscher Bundestag: Drucksache 13/7141, Gesetzentwurf der Bundesregierung (Kapitalaufnahmeerleichterungsgesetz, 6.3.1997).

Deutscher Bundestag: Drucksache 13/9909, Beschlußempfehlung und Bericht des Rechtsausschusses zu dem Kapitalaufnahmeerleichterungsgesetz, 12.2.1998.

Deutsches Rechnungslegungs Standards Committee: Deutscher Rechnungslegungs Standard Nr. 1 (DRS 1), Befreiender Konzernabschluss nach § 292a HGB, in: Deutsche Rechnungslegungs Standards, Stuttgart 2000.

Deutsches Rechnungslegungs Standards Committee: Deutscher Rechnungslegungs Standard Nr. 2 (DRS 2), Kapitalflussrechnung, in: Deutsche Rechnungslegungs Standards, Stuttgart 2000.

Deutsches Rechnungslegungs Standards Committee: Deutscher Rechnungslegungs Standard Nr. 3 (DRS 3), Segmentberichterstattung, in: Deutsche Rechnungslegungs Standards, Stuttgart 2000.

Deutsche Treuhand-Gesellschaft: Einführung in das Bilanzrichtlinien-Gesetz, Berlin und Frankfurt am Main 1986.

Dötsch, Ewald/Pung, Alexandra: Steuersenkungsgesetz: Die Änderungen bei der Körperschaftsteuer und bei der Anteilseignerbesteuerung, in: DB, 53. Jg., 2000, Beilage Nr. 10.

Dreger, Karl-Martin: Der Konzernabschluß, Wiesbaden 1969.

Druey, Jean Nicolas (Hrsg.): Das St. Galler Konzernrechtsgespräch, Konzernrecht aus der Konzernwirklichkeit, Bern und Stuttgart 1988.

Eisele, Wolfgang: Anhang, Prüfung des Konzernanhangs, in: HWRev, 2. Aufl., Stuttgart 1992, Sp. 1931-1938.

Emmerich, Gerhard/Künnemann, Martin: Zum Lagebericht der Kapitalgesellschaft, in: WPg, 39. Jg., 1986, S. 145-152.

Emmerich, Volker/Sonnenschein, Jürgen: Konzernrecht, 6. Aufl., München 1997.

Enke, Rudolf: Bilanzierung von Beteiligungen nach der Equity-Methode, Diss. Berlin 1977.

Entwurf eines Gesetzes zur Regelung von Unternehmensübernahmen (Übernahmegesetz ÜG), Neue Zeitschrift für Gesellschaftsrecht, 3. Jg., 2000, S. 844-856.

Ernst, Edgar/Gassen, Joachim/Pellens, Bernhard: Verhalten und Präferenzen deutscher Aktionäre, Heft 29 der Studien des Deutschen Aktieninstituts, hrsg. von Rüdiger von Rosen, Frankfurt am Main 2005.

Ewert, Ralf/Schenk, Gerald: Offene Probleme bei der Kapitalkonsolidierung im mehrstufigen Konzern, in: BB, 48. Jg., Beilage 14 zu Heft 20, 1993, S. 1-14.

Federmann, Rudolf: Bilanzierung nach Handelsrecht und Steuerrecht, 10. Aufl., Berlin 1994.

Feldhoff, Michael: Die Regulierung der Rechnungslegung, Frankfurt am Main u.a. 1992.

Feldhoff, Michael/Langermeier, Claudia: Zur Aktivierbarkeit des Steuereffekts aus Verlustvortrag nach § 10d EStG, in: DStR, 29. Jg., 1991, S. 195-197.

FIN s. Financial Accounting Standards Board.

Financial Accounting Standards Board (FASB): Original Pronouncements, Accounting Standards as of June 1, 2004, Vol II und III, Norwalk 2004.

Fischer, Hans: Schuldenkonsolidierung, in: Beck'sches Handbuch der Rechnungslegung (Beck HdR), hrsg. von Edgar Castan, Gerd Heymann, Eberhard Müller, Dieter Ordelheide und Eberhard Scheffler, Teil C 420, München 1987.

Flick, Hans F.W: Steuerliche Aspekte des Unternehmenskaufs in den USA, in: Unternehmenskauf im Steuerrecht, hrsg. von Harald Schaumburg, Stuttgart 1997, S. 315-332.

Forster, Karl-Heinz/Havermann, Hans: Zur Ermittlung der konzernfremden Gesellschaftern zustehenden Kapital- und Gewinnanteile, in: WPg, 22. Jg., 1969, S. 1-6.

Friauf, Karl Heinrich: Die Publizitätspflicht für Gesellschaften mit beschränkter Haftung aus verfassungsrechtlicher Sicht, in: GmbHRdsch., 76. Jg., 1985, S. 245-253.

Fricke, Gabriele: Rechnungslegung für Beteiligungen nach der Anschaffungskostenmethode und nach der Equity-Methode, Bochum 1983.

Gebhardt, Günther: Vereinheitlichung der Recheneinheit durch Währungsumrechnung, in: Beck'sches Handbuch der Rechnungslegung (Beck HdR), hrsg. von Edgar Castan, Hans-Joachim Böcking, Gerd Heymann, Norber Pfitzer und Eberhard Scheffler, Teil C 310, München ab 1987.

Geßler/Hefermehl/Eckardt/Kropff: Aktiengesetz, Kommentar, 6. Lieferung, §§ 291-318, München 1976.

Goerdeler, Reinhard: Rücklagenbildung nach § 58 Abs. 2 AktG 1965 im Konzern, in: WPg, 39. Jg., 1986, S. 229-237.

Götz, Heinrich: Die Sicherung der Rechte der Aktionäre der Konzernobergesellschaft bei Konzernbildung und Konzernleitung, in: AG, 29. Jg., 1984, S. 85-94.

Gross, Gerhard: Teilkonzernabschlüsse als Mittel des Minderheitenschutzes?, in: WPg, 29. Jg., 1976, S. 214-220.

Gross, Gerhard/Schruff, Lothar/Wysocki, Klaus von: Der Konzernabschluß nach neuem Recht, Aufstellung – Prüfung – Offenlegung, 2. Aufl., Düsseldorf 1987.

Großfeld, Bernhard: Aktiengesellschaft, Unternehmenskonzentration und Kleinaktionär, Tübingen 1968.

Haase, Klaus-Dittmar: Kapitalkonsolidierung bei mehrstufiger und/oder wechselseitiger Konzernverflechtung – mit Hilfe der Matrizenrechnung, in: DB, 22. Jg., 1969, S. 713-718 u. 760-763.

Haase, Klaus-Dittmar: Zur Zwischenerfolgseliminierung bei Equity-Bilanzierung, in: BB, 40. Jg., 1985, S. 1702-1707.

Haegert, Lutz: Die Konsolidierung der Haftungsverhältnisse in der Konzernbilanz nach neuem Aktienrecht, in: WPg, 18. Jg., 1965, S. 501-504.

Handbuch des Jahresabschlusses in Einzeldarstellungen (HdJ): hrsg. von Klaus von Wysocki und Joachim Schulze-Osterloh, Köln 1985.

Handwörterbuch der Revision (HWRev): hrsg. von Adolf G. Coenenberg und Klaus von Wysocki, 2. Aufl., Stuttgart 1992.

Harms, Jens E./Knischewski, Gerd: Quotenkonsolidierung versus Equity-Methode im Konzernabschluß, in: DB, 38. Jg., 1985, S. 1353-1359.

Harms, Jens E./Küting, Karlheinz: Bilanzielle Probleme des Gewinnausweises im Konzernabschluß – Notwendigkeit einer gesetzlichen Regelung im Rahmen der 7. EG-Richtlinie -, in: DB, 32. Jg., 1979, S. 2333-2338.

Harms, Jens E./Küting, Karlheinz: Zur Anwendungsproblematik der angelsächsischen Methode der Kapitalkonsolidierung im Rahmen der 7. EG-Richtlinie, in: AG, 25. Jg., 1980, S. 93-100.

Harms, Jens E./Küting, Karlheinz: Sonderfragen des Equity-Accounting im Rahmen der Konzern-Rechnungslegung, in: DB, 33. Jg., 1980, S. 2458-2463.

Harms, Jens E./Küting, Karlheinz: Zur Weiterentwicklung des Erfolgs- und Ergebnisausweises im Konzernabschluß, in: BB, 38. Jg., 1983, S. 344-355.

Harms, Jens E./Küting, Karlheinz: Die Eliminierung von Zwischenverlusten nach der 7. EG-Richtlinie, in: BB, 38. Jg., 1983, S. 1891-1901.

Harms, Jens E./Küting, Karlheinz: Der Konzernanhang nach künftigem Recht, in: BB, 39. Jg., 1984, S. 1977-1984.

Harms, Jens E./Küting, Karlheinz: Konsolidierung bei unterschiedlichen Bilanzstichtagen nach künftigem Konzernrecht, Grundprobleme im Rahmen der Voll-, Quoten- und Equity-Konsolidierung, in: BB, 40. Jg., 1985, S. 432-443.

Harms, Jens E./Küting, Karlheinz/Weber, Claus-Peter: Ergebnisdarstellung im Konzern, in: Küting/Weber (Hrsg.), Handbuch der Konzernrechnungslegung, 2. Aufl., Stuttgart 1998, S. 751-764.

Hauptfachausschuß (HFA): Geänderter Entwurf einer Verlautbarung zur Währungsumrechnung im Jahres- und Konzernabschluß, in: WPg, 39. Jg., 1986, S. 664-667.

Havermann, Hans: Zur Bilanzierung von Beteiligungen an Kapitalgesellschaften in Einzel- und Konzernabschlüssen. Einige Anmerkungen zum Equity-Accounting, in: WPg, 28. Jg., 1975, S. 233-242.

Havermann, Hans: Offene Fragen der Konzernrechnungslegung, in: Bericht über die Fachtagung 1986 des Instituts der Wirtschaftsprüfer in Deutschland e.V.; 27. Juni 1986; Düsseldorf 1986, S. 43-51.

Havermann, Hans: Der Konzernabschluß nach neuem Recht – ein Fortschritt?, in: Bilanz- und Konzernrecht, Festschrift für Reinhard Goerdeler, hrsg. von Hans Havermann, Düsseldorf 1987, S. 173-197.

Hayn, Sven/Graf Waldersee, Georg: IFRS/US-GAAP/HGB im Vergleich, 5. Aufl., Stuttgart 2004.

Heine, Klaus-Henning: Vorbereitung und Aufstellung des Konzernabschlusses, in: WPg, 20. Jg., 1967, S. 113-125 und 146-154.

Helmrich, Herbert: Umsetzung der Bilanz- und Konzernbilanzrichtlinie in das deutsche Recht, in: WPg, 37. Jg., 1984, S. 625-629.

Heydemann, Bettina/Koenen, Stefan: Die Abgrenzung des Konsolidierungskreises bei Kapitalgesellschaften in Theorie und Praxis, in DB, 45. Jg., 1992, S. 2253-2260.

Hieke, Max: Einbeziehung ausländischer Konzernunternehmen in den Konzernabschluß einer inländischen Aktiengesellschaft – Zur Kursumrechnung von Abschlußpositionen –, in: DB, 28. Jg., 1975, S. 113-117.

Hille, Klaus: Latente Steuern im Einzel- und Konzernabschluß, Frankfurt/Bern 1982.

Hintze, Stefan: Zur Bilanzierung latenter Steuern im Konzernabschluß, in: DB, 43. Jg., 1990, S. 845-850.

Hoffmann, Ira: Die Kapitalkonsolidierung bei Interessenzusammenführung gemäß § 302 HGB, Bergisch Gladbach/Köln 1992.

Hoffmann-Becking, Michael: Der qualifizierte faktische AG-Konzern – Tatbestand und Abwehransprüche –, in: Probleme des Konzernrechts, ZHR, Beiheft 62, Heidelberg 1989, S. 68-86.

Hommelhoff, Peter: Die Konzernleitungspflicht, Köln/Berlin/Bonn/München 1982.

Hommelhoff, Peter: Konzernpraxis nach "Video", in: DB, 45. Jg., 1992, S. 309-314.

Hopt, Klaus J. (Hrsg.): Groups of Companies in European Laws, Legal and Economic Analyses on Multinational Enterprises, Vol. II, Berlin/New York 1982.

Hoyle, Joe B./Schaefer, Thomas F./Doupnik, Timothy S.: Advanced Accounting, 8. Aufl., Boston u.a. 2007.

IDW (Hrsg.): Wirtschaftsprüfer-Handbuch 2006, 13. Aufl., Band I, Düsseldorf 2006.

IDW: Praktisch relevante Abweichungen zwischen den Rechnungslegungsstandards des IASC und der 4. und 7. EG-Richtlinie, in: WPg, 51. Jg., 1998, S. 183-188.

IDW Prüfungsstandard: Grundsätze für die ordnungsmäßige Erteilung von Bestätigungsvermerken bei Abschlussprüfungen (IDW PS 400), in: WPg, 58. Jg., 2005, S. 1382-1402.

IDW Prüfungsstandard: Grundsätze ordnungsmäßiger Berichterstattung bei Abschlussprüfungen (IDW PS 450), in: WPg, 59. Jg., 2006, S. 113-128.

IDW: s. auch Arbeitskreis Weltbilanz.

IDW: s. auch Hauptfachausschuß.

IDW: s. auch Sonderausschuß Bilanzrichtlinien-Gesetz.

IDW: s. auch Sonderausschuß "Neues Aktienrecht".

(The) Institute of Chartered Accountants in England and Wales: Statement of Standard Accounting Practice (SSAP) 20, Foreign currency translation (April 1983), in: Accounting Standards 1993/94, London 1993, S. 349-361.

International Accounting Standards Board (IASB): International Financial Reporting Standards (IFRSs) 2006, London 2006.

Janz, Reinhard/Schülen, Werner: Der Anhang als Teil des Jahresabschlusses und des Konzernabschlusses, in: WPg, 39. Jg., 1986, S. 57-65.

Jonas, Heinrich H.: Der Konzernabschluß, Stuttgart 1986.

Kanngiesser, Susanne: Konzernlagebericht, Prüfung, in: HWRev, 2. Aufl., Stuttgart 1992, Sp. 1040-1048.

Kieso, Donald E./Weygandt, Jerry J./Warfield, Terry D.: Intermediate Accounting, 10. Aufl., New York u. a. 2001.

Kirchner, Christian: Teilkonzernrechnungslegung – eine Regelung mit Funktionsmängeln, in: BB, 30. Jg., 1975, S. 1611-1617.

Klein, Klaus-Günter: Zwischenergebniseliminierung, in: Beck'sches Handbuch der Rechnungslegung (Beck HdR), hrsg. von Edgar Castan, Hans-Joachim Böcking, Gerd Heymann, Norbert Pfitzer und Eberhard Scheffler, Teil C 430 (Neufassung 2000), München ab 1987.

Kloock, Josef/Sabel, Hermann: Verfahren zur Kapitalkonsolidierung mehrstufiger Konzerne nach § 331 Aktiengesetz, in: WPg, 22. Jg., 1969, S. 190-202.

Koncok, Gerhard: Zum Gewinnvortrag im konsolidierten Jahresabschluß, in: DB, 21. Jg., 1968, S. 637 f.

Kontaktausschuß für Richtlinien der Rechnungslegung: Eine Überprüfung der Konformität der Internationalen Rechnungslegungsgrundsätze (IAS) mit den europäischen Richtlinien der Rechnungslegung, Dokument XV/7003/96 – DE Rev. 2 vom 1.4.1996.

Krag, Joachim/Müller, Herbert: Zur Zweckmäßigkeit von Teilkonzernabschlüssen der 7. EG-Richtlinie für Minderheitsgesellschafter, in: BB, 40. Jg., 1985, S. 307-312.

Kropff, Bruno: Aktiengesetz, Textausgabe des Aktiengesetzes vom 6.9.1965 (Bundesgesetzbl. I, S. 1089) und des Einführungsgesetzes zum Aktiengesetz vom 6.9.1965 (Bundesgesetzbl. I, S. 1185) mit Begründung des Regierungsentwurfs, Bericht des Rechtsausschusses des Deutschen Bundestages, Verweisungen und Sachverzeichnis, Düsseldorf 1965.

Kropff, Bruno: Der Lagebericht nach geltendem und künftigem Recht, in: BFuP, 32. Jg., 1980, S. 514-532.

Kropff, Bruno: Konzerneingangskontrolle bei der qualifiziert konzerngebundenen Aktiengesellschaft, in: Bilanz- und Konzernrecht, Festschrift für Reinhard Goerdeler, hrsg. von Hans Havermann, Düsseldorf 1987, S. 259-278.

Kübler, Friedrich: Gesellschaftsrecht, 4. Aufl., Heidelberg 1994.

Küffner, Peter: Der Anhang zum Jahresabschluß, München 1988.

Küting, Karlheinz: Zur Problematik des Art. 18 der 7. EG-Richtlinie – Einbeziehung von Gemeinschaftsunternehmen in den Konsolidierungskreis auf der Grundlage der Quotenkonsolidierung, in: DB, 33. Jg., 1980, S. 5-11.

Küting, Karlheinz: Die Quotenkonsolidierung nach der 7. EG-Richtlinie, Anwendungsprobleme und kritische Würdigung, in: BB, 38. Jg., 1983, S. 804-814.

Küting, Karlheinz/Göth, Peter: Negatives Eigenkapital von Tochterunternehmen in der Kapitalkonsolidierung und die Auswirkungen auf den Konzernabschluß, in: BB, 49. Jg., 1994, S. 2446-2456.

Küting, Karlheinz/Weber, Claus-Peter: Einzelfragen der Eliminierung von Zwischenergebnissen nach neuem Bilanzrecht – unter besonderer Berücksichtigung konzernbilanzpolitischer Aspekte, in: Bilanzrichtlinien-Gesetz, ZfB-Ergänzungsheft 1/1987, S. 299-319.

Küting, Karlheinz/Weber, Claus-Peter (Hrsg.): Handbuch der Konzernrechnungslegung, 2. Aufl., Stuttgart 1998.

Küting, Karlheinz/Weber, Claus-Peter (Hrsg.): Handbuch der Rechnungslegung, 3. Aufl., Stuttgart 1990; 4. Aufl., Band Ia, Stuttgart 1995.

Küting, Karlheinz/Zündorf, Horst: Die Ermittlung des Minderheitenanteils im Rahmen der Buchwert- und der Neubewertungsmethode des künftigen Konzernbilanzrechts, in: BB, 40. Jg., 1985, S. 1166-1173.

Küting, Karlheinz/Zündorf, Horst: Zurechnungsmodalitäten stiller Reserven im Rahmen der Kapitalkonsolidierung nach künftigem Konzernbilanzrecht, in: BB, 40. Jg., 1985, S. 1302-1311.

Küting, Karlheinz/Zündorf, Horst: Die Equity-Methode im deutschen Bilanzrecht, in: BB, 41. Jg., Beilage 7 zu Heft 21, 1986.

Lanfermann, Josef/Stolberg, Klaus: Zur Kapital- und Gewinnkonsolidierung bei gegenseitigen Beteiligungen, in: WPg, 23. Jg., 1970, S. 353-362.

Langenbucher, Günther: Umrechnung von Fremdwährungsabschlüssen, in: Küting/Weber (Hrsg.): Handbuch der Konzernrechnungslegung, 2. Aufl., Stuttgart 1998, S. 633-673.

Larsen, E. John: Modern Advanced Accounting, 7. Aufl., New York u.a. 1997.

Laux, Helmut/Liermann, Felix: Grundformen der Koordination in der Unternehmung: Die Tendenz zur Hierarchie, in: ZfbF, 39. Jg., 1987, S. 807-828.

Leffson, Ulrich: Die Grundsätze ordnungsmäßiger Buchführung, 7. Aufl., Düsseldorf 1987.

Lehertshuber, Bonaventura: Unternehmensvertragsrecht und Konzernhandelsbilanz, Frankfurt M./Bern/New York 1986.

Lutter, Bernd/Rimmelspacher, Dirk: Einheitstheorie und Kapitalkonsolidierung – mehr Konflikt als Konsens?, in: DB, 45. Jg., 1992, S. 485-491.

Lutter, Marcus: Rücklagenbildung im Konzern, in: Bilanz- und Konzernrecht, Festschrift für Reinhard Goerdeler, hrsg. von Hans Havermann, Düsseldorf 1987, S. 327-348.

Lutter, Marcus: Der qualifizierte faktische Konzern, in: AG, 35. Jg., 1990, S. 179-185.

Maas, Ulrich/Schruff, Wienand: Unterschiedliche Stichtage im künftigen Konzernabschluß? – Eine Stellungnahmen zur Transformation von Art. 27 der 7. EG-Richtlinie, in: WPg, 38. Jg., 1985, S. 1-6.

Maas, Ulrich/Schruff, Wienand: Der Konzernabschluß nach neuem Recht, in: WPg, 39. Jg., 1986, S. 201-210 und 237-246.

Mestmäcker, Ernst-Joachim: Verwaltung, Konzerngewalt und Rechte der Aktionäre, Karlsruhe 1958.

Mestmäcker, Ernst-Joachim: Zur Systematik des Rechts der verbundenen Unternehmen im neuen Aktiengesetz, in: Das Unternehmen in der Rechtsordnung, Festgabe für Heinrich Kronstein, 1967, S. 129-159.

Moxter, Adolf: Offene Probleme der Rechnungslegung bei Konzernunternehmen, in: ZfhF, N.F., 13.Jg., 1961, S. 641-653.

Murray, Ronald J./Decker, William E./Dittmar, Nelson W.: The Coopers & Lybrand SEC Manual, 6. Aufl., Englewood Cliffs 1993.

Müller, Eberhard: Konzernrechnungslegung deutscher Unternehmen auf der Basis der 7. EG-Richtlinie, in: DBW, 37. Jg., 1977, S. 53-65.

Müller, Hans-Peter: Zur Gewinn- und Verlustermittlung bei aktienrechtlichen Gewinnabführungsverträgen, in: Bilanz- und Konzernrecht, Festschrift für Reinhard Goerdeler, hrsg. von Hans Havermann, Düsseldorf 1987, S. 375-396.

NA: s. Sonderausschuß "Neues Aktienrecht".

Niehus, Rudolf J.: Die 7. EG-Richtlinie und die "Pooling-of-Interests"-Methode einer konsolidierten Rechnungslegung, in: WPg, 36. Jg., 1983, S. 437-446.

Niehus, Rudolf J.: Vor-Bemerkungen zu einer Konzernbilanzrichtlinie. Die 7. EG-Richtlinie und einige Probleme der Konsolidierungstechnik nach zukünftigem Recht, in: WPg, 37. Jg., 1984, S. 285-289 u. 320-326.

Niehus, Rudolf J./Thyll, A.: Konzernrechnungslegung nach US-GAAP – Grundlagen und Gegenüberstellung mit den deutschen Regeln, Stuttgart 1998.

Ordelheide, Dieter: Einheitliche Bewertung sowie Kapital- und Equity-Konsolidierung im Konzernabschluß, in: WPg, 38. Jg., 1985, S. 575-579.

Ordelheide, Dieter: Anschaffungskostenprinzip im Rahmen der Erstkonsolidierung gem. § 301 HGB, in: DB, 39. Jg., 1986, S. 493-499.

Ordelheide, Dieter: Endkonsolidierung bei Ausscheiden eines Unternehmens aus dem Konsolidierungskreis, in: BB, 41. Jg., 1986, S. 766-772.

Ordelheide, Dieter: Der Konzern als Gegenstand betriebswirtschaftlicher Forschung, in: BFuP, 38. Jg., 1986, S. 293-312.

Ordelheide, Dieter: Anwendungsbereich und Erstkonsolidierung, in: Beck'sches Handbuch der Rechnungslegung (Beck HdR), hrsg. von Edgar Castan, Gerd Heymann, Eberhard Müller, Dieter Ordelheide und Eberhard Scheffler, Teil C 401, München 1987.

Ordelheide, Dieter: Folgekonsolidierung nach der Erwerbsmethode, in: Beck'sches Handbuch der Rechnungslegung (Beck HdR), hrsg. von Edgar Castan, Gerd Heymann, Eberhard Müller, Dieter Ordelheide und Eberhard Scheffler, Teil C 402, München 1987.

Ordelheide, Dieter: Endkonsolidierung nach der Erwerbsmethode, in: Beck'sches Handbuch der Rechnungslegung (Beck HdR), hrsg. von Edgar Castan, Gerd Heymann, Eberhard Müller, Dieter Ordelheide und Eberhard Scheffler, Teil C 403, München 1987.

Pahler, Arnold J.: Advanced Accounting, 9. Aufl., Mason u.a. 2006.

Picot, Arnold: Transaktionskostenansatz in der Organisationstheorie: Stand der Diskussion und Aussagewert, in: DBW, 42. Jg., 1982, S. 267-284.

Piltz, Detlev J.: Die Unternehmensbewertung in der Rechtsprechung, 3. Aufl., Düsseldorf 1994.

Pöppl, Franz: Aktienrechtlicher Minderheitenschutz durch den "Abhängigkeitsbericht", Stuttgart 1972.

Rammert, Stefan/Wilhelm, Harald: Die Kapitalkonsolidierung in der Bilanzierungspraxis deutscher Konzerne, in: WPg, 44. Jg., 1991, S. 98-104 und 131-136.

Reige, Jürgen: Offene Fragen der Erstkonsolidierung bei der Erwerbsmethode nach § 301 HGB, in: BB, 42. Jg., 1987, S. 1211-1219.

Reittinger, Wolfgang J.: Der Lagebericht, in: Handbuch des Jahresabschlusses in Einzeldarstellungen (HdJ), hrsg. von Klaus von Wysocki und Joachim Schulze-Osterloh, Abt. IV/3 (2. Neubearbeitung 1994), Köln 1985.

Richardt, Harald: Der aktienrechtliche Abhängigkeitsbericht unter ökonomischen Aspekten, Wiesbaden 1974.

Rowedder/Fuhrmann/Koppensteiner/Rasner/Ritter/Zimmermann/Wiedmann: Gesetz betreffend die Gesellschaften mit beschränkter Haftung (GmbHG), Kommentar, 2. Aufl., München 1990.

Russ, Wolfgang: Der Anhang als dritter Teil des Jahresabschlusses, 2. Aufl., Bergisch Gladbach 1986.

SABI: s. Sonderausschuß Bilanzrichtlinien-Gesetz.

Sahner, Friedhelm: Kapitalkonsolidierung nach der 7. EG-Richtlinie, in: Der konsolidierte Abschluß. Unter Berücksichtigung der 4. und 7. EG-Richtlinie, hrsg. von Hans H. Kempe, Würzburg/Wien 1983, S. 38-70.

Sahner, Friedhelm/Kammers, Heinz: Die Abgrenzung des Konsolidierungskreises nach der 7. EG-Richtlinie im Vergleich zum Aktiengesetz 1965 – ein Fortschritt?, in: DB, 36. Jg., 1983, S. 2149-2153 und 2209-2212.

Schäfer, Harald: Bilanzierung von Beteiligungen an assoziierten Unternehmen nach der Equity-Methode. Untersuchung über die Anwendbarkeit der Equity-Methode in der Bundesrepublik Deutschland, Thun/Frankfurt a.M. 1982.

Scheffler, Eberhard: Zur Problematik der Konzernleitung, in: Bilanz- und Konzernrecht, Festschrift für Reinhard Goerdeler, hrsg. von Hans Havermann, Düsseldorf 1987, S. 469-485.

Scheffler, Eberhard: Der qualifizierte faktische Konzern, in: AG, 35.Jg., 1990, S. 173-178.

Scherrer, Gerhard: Grundlagen der US-amerikanischen Konzernrechnungslegung, in: US-amerikanische Rechnungslegung, hrsg. von Wolfgang Ballwieser, 4. Aufl., Stuttgart 2000, S. 329-378.

Scherrer, Gerhard: Konzernrechnungslegung nach HGB und IFRS, 2. Aufl., München 2007.

Schildbach, Thomas: Jahresabschluß und Markt, Berlin u. a. 1986.

Schildbach, Thomas: Die neue Generalklausel für den Jahresabschluß von Kapitalgesellschaften – zur Interpretation des Paragraphen 264 Abs. 2 HGB, in: BFuP, 39. Jg., 1987, S. 1-15.

Schildbach, Thomas: Anmerkungen zu den neuen Konzernrechnungslegungsvorschriften, in : DBW, 47. Jg., 1987, S. 391-400.

Schildbach, Thomas: Überlegungen zu Grundlagen einer Konzernrechnungslegung, in: WPg, 42. Jg., 1989, S. 157-164 und 199-209.

Schildbach, Thomas: Der Konzernabschluß als Ausschüttungsbemessungsgrundlage, in: WPg, 46. Jg., 1993, S. 53-63 und S. 94-98.

Schildbach, Thomas: US-GAAP, Amerikanische Rechnungslegung und ihre Grundlagen, 2. Aufl., München 2002.

Schildbach, Thomas: Der handelsrechtliche Jahresabschluß, 8. Aufl., Herne/Berlin 2008.

Schildbach, Thomas/Koenen, Stefan: Die GmbH & Co. KG ist grundsätzlich konzernrechnungslegungspflichtig, in: WPg, 44. Jg., 1991, S. 661-668.

Schindler, Joachim: Der Ausgleichsposten für die Anteile anderer Gesellschafter nach § 307 HGB, in: WPg, 39. Jg., 1986, S. 588-596.

Schindler, Joachim: Kapitalkonsolidierung nach dem Bilanzrichtlinien-Gesetz, Frankfurt a.M./Bern/New York 1986.

Schmalenbach Gesellschaft: s. Arbeitskreis Externe Unternehmensrechnung.

Schmalenbach Gesellschaft: s. Arbeitskreis Weltabschlüsse.

Schnapauff, Andreas: Fragebogen zur Prüfung des Konzernanhangs nach § 297 Abs. 1 HGB, in: WPg, 40. Jg., 1987, S. 470-483.

Schneider, Dieter: Marktwirtschaftlicher Wille und planwirtschaftliches Können: 40 Jahre Betriebswirtschaftslehre im Spannungsfeld zur marktwirtschaftlichen Ordnung, in: ZfbF, 41. Jg., 1989, S. 11-43.

Schubert, Werner: Konzern als Zusammenschlußform, in: Küting/Weber (Hrsg.): Handbuch der Konzernrechnungslegung 2. Aufl., Stuttgart 1998, S. 289-324.

Schulz, Ursula: Der Stetigkeitsgrundsatz im Konzernabschluß, in: WPg, 43. Jg., 1990, S. 357-369.

Schulze, Joachim: Einheitliche Leitung von Konzernunternehmen durch mehrere Obergesellschaften und ihre Bedeutung für die Konzernrechnungslegung nach dem Aktiengesetz, in: WPg, 21. Jg., 1968, S. 85-90.

SEC Regulation S-X: s. Murray/Decker/Dittmar.

Selchert, Friedrich W.: Bewertungsstetigkeit nach dem Bilanzrichtlinie-Gesetz, in: DB, 37. Jg., 1984, S. 1889-1894.

Selchert, Friedrich W./Karsten, Jürgen: Inhalt und Gliederung des Konzernanhangs, in: BB, 41. Jg., 1986, S. 1258-1264.

SFAC: s. Financial Accounting Standards Board.

SFAS: s. Financial Accounting Standards Board.

Siebente EG-Richtlinie: Siebente Richtlinie des Rates vom 13. Juni 1983 aufgrund von Artikel 54 Absatz 3 Buchstabe g.) des Vertrages über den Konsolidierten Abschluß (83/349/EWG), abgedruckt u.a. in: Bonner Handbuch der Rechnungslegung, hrsg. von Max A. Hofbauer, Werner Albrecht, Wolfgang Grewe, Peter Kupsch und Gerhard Scherrer, Fach 2, Bonn 1986.

Siebourg, Peter: Pflicht zur Aufstellung des Konzernabschlusses und Abgrenzung des Konsolidierungskreises, in: Konzernrechnungslegung und -prüfung, hrsg. von Jörg Baetge, Düsseldorf 1990, S. 39-61.

Sigle, Hermann: Betriebswirtschaftliche Aspekte der Quotenkonsolidierung, in: Bilanzrichtlinien-Gesetz, ZfB-Ergänzungsheft 1/1987, S. 321-337.

Sonderausschuß Bilanzrichtlinien-Gesetz: Stellungnahme 1/1987: Probleme des Umsatzkostenverfahrens, in: WPg, 40. Jg., 1987, S. 141-143.

Sonderausschuß Bilanzrichtlinien-Gesetz: Stellungnahme SABI 2/1987: Zum Grundsatz der Bewertungsstetigkeit (§ 252 Abs. 1 Nr. 6 HGB) und zu den Angaben bei Abweichungen von Bilanzierungs- und Bewertungsmethoden (§ 284 Abs. 2 Nr. 3 HGB), in: WPg, 41. Jg., 1988, S. 48-50.

Sonderausschuß Bilanzrichtlinien-Gesetz (SABI): Stellungnahme SABI 1/1988: Zur Aufstellungspflicht für einen Konzernabschluß und zur Abgrenzung des Konsolidierungskreises, in: WPg, 41. Jg., 1988, S. 340-343.

Sonderausschuß Bilanzrichtlinien-Gesetz (SABI): Stellungnahme SABI 2/1988: Behandlung des Unterschiedsbetrags aus der Kapitalkonsolidierung, in: WPg, 41. Jg., 1988, S. 622-625.

Sonderausschuß "Neues Aktienrecht" (NA): Stellungnahme 2/1967, Zur Rechnungslegung im Konzern, in: WPg, 20. Jg., 1967, S. 488-490.

Sonderausschuß "Neues Aktienrecht" (NA): Stellungnahme 3/1968, Zur Rechnungslegung im Konzern, in: WPg, 21. Jg., 1968, S. 133.

SSAP: s. Institute of Chartered Accountants in England & Wales.

Stimpel, Walter: "Durchgriffshaftung" bei der GmbH: Tatbestände, Verlustausgleich, Ausfallhaftung, in: Bilanz- und Konzernrecht, Festschrift für Reinhard Goerdeler, hrsg. von Hans Havermann, Düsseldorf 1987, S. 601-621.

Stobbe, Thomas: Zur Umsetzung der Art. 7 und 8 der 7. EG-Richtlinie, Anmerkungen zum Beitrag von Krag/Müller, in: BB, 40. Jg., 1985, S. 1508-1510.

Stobbe, Thomas: Die konzerneinheitliche Bewertung – Eine Herausforderung für Theorie und Praxis? –, in: DB, 39. Jg., 1986, S. 1833-1840.

Stobbe, Thomas: Der Lagebericht, in: BB, 43. Jg., 1988, S. 303-311.

Streim, Hannes/Kugel, Birgit: GmbH & Co KG und Rechnungslegungsreform – Analyse der Zweckmäßigkeit der geplanten Regelungen, in: BFuP, 37. Jg., 1985, S. 102-117.

Stützel, Wolfgang: Aktienrechtsreform und Konzentration, in: Die Konzentration in der Wirtschaft, Band 2: Ursachen der Konzentration, hrsg. von Helmut Arndt, Schriften des Vereins für Socialpolitik, Neue Folge, Band 20/II, Berlin 1960, S. 907-987.

Theisen, Manuel René: Vorüberlegungen zu einer Konzernunternehmungslehre, in: DBW, 48. Jg., 1988, S. 279-297.

Theisen, Manuel René: Der Konzern. Betriebswirtschaftliche und rechtliche Grundlagen der Konzernunternehmung, 2. Aufl., Stuttgart 2000.

Thoennes, Horst: Die Rechtsprechung zur Unternehmensbewertung aus der Sicht der Berufspraxis, in: 50 Jahre Wirtschaftsprüferberuf, Bericht über die Jubiläumsfachtagung vom 21. bis 23. Oktober 1981 in Berlin, Düsseldorf 1981, S. 265-275.

Tillmann, Bert: Umwandlung auf doppelstöckige GmbH & Co KG – Ein Ausweg aus der Publizitätspflicht der GmbH? –, in: DB, 39. Jg., 1986, S. 1319-1323.

Treuarbeit (Hrsg.): Konzernabschlüsse '89, Düsseldorf 1990.

Trützschler, Klaus: Konsolidierungsgrundsätze, in: Küting/Weber (Hrsg.), Handbuch der Konzernrechnungslegung, 2. Aufl., Stuttgart 1998, S. 623-631.

Uecker, Peter: Der Vorteils- Nachteils-Ausgleich beim Abhängigkeitsbericht, Düsseldorf 1972.

Ulmer, Peter: BFuP Meinungsspiegel 2/1985 zum Thema GmbH & Co KG und Rechnungslegungsreform, in: BFuP, 37. Jg., 1985, S. 147.

Wagenhofer, Alfred: Internationale Rechnungslegungsstandards – IAS/IFRS, 5. Aufl., Frankfurt/M. 2005.

Weber, Eberhard: Grundsätze ordnungsmäßiger Bilanzierung für Beteiligungen, Düsseldorf 1980.

Wiedmann, Harald: Bilanzrecht, Kommentar zu den §§ 238 bis 342a HGB, München 1999.

Wienken, Robert: Latente Steuern in Unternehmenszusammenschlüssen nach US-GAAP, Frankfurt am Main u. a. 2003.

Williamson, Oliver E.: Markets and Hierarchies: Analysis and Antitrust Implications, New York 1975.

Williamson, Oliver E.: Transaction-Cost Economics: The Governance of Contractual Relations, in: The Journal of Law and Economics, Vol. 22, 1979, S. 233-261.

Wöhe, Günter: Zur Bilanzierung und Bewertung des Firmenwerts, in: StuW, 57. Jg., 1980, S. 89-108.

Wohlgemuth, Michael: Die Schuldenkonsolidierung, in: Handbuch des Jahresabschlusses in Einzeldarstellungen (HdJ), hrsg. von Klaus von Wysocki und Joachim Schulze-Osterloh, Abt. V/4 (2. neubearbeitete Aufl. 1993), Köln 1985.

Wohlgemuth, Michael: Schuldenkonsolidierung, Prüfung der, in: HWRev, 2. Aufl., Stuttgart 1992, Sp. 1747-1757.

Wysocki, Klaus von: Weltbilanzen als Planungsobjekte und Planungsinstrumente multinationaler Unternehmen, in: ZfbF, 23. Jg., 1971, S. 682-700.

Wysocki, Klaus von: Das Dritte Buch des HGB 1985 und die Grundsätze ordnungsmäßiger Konzernrechnungslegung, in: WPg, 39. Jg., 1986, S. 177-181.

Wysocki, Klaus von: Die Konsolidierung der Innenumsatzerlöse nach § 305 Abs. 1 Nr. 1 HGB, in: Bilanz- und Konzernrecht, Festschrift für Reinhard Goerdeler, hrsg. von Hans Havermann, Düsseldorf 1987, S. 723-749.

Wysocki, Klaus von: Konzernabschluß: Aufstellungs- und Einbeziehungspflichten nach neuem Recht, in: WPg, 40. Jg., 1987, S. 277-281.

Wysocki, Klaus von/Kohlmann, Ulrike: Konzernrechnungslegung III: Schuldenkonsolidierung (I,II), in: WISU, 9. Jg., 1980, S. 538-542 und 592-594.

Wysocki, Klaus von/Kohlmann, Ulrike: Konzernrechnungslegung IV: Zwischenerfolgseliminierung (I,II), in: WISU, 10. Jg., 1981, S. 533-542 und 589-592.

Wysocki, Klaus von/Wohlgemuth, Michael: Konzernrechnungslegung, 3. Aufl., Düsseldorf 1986.

Wysocki, Klaus von/Wohlgemuth, Michael: Konzernrechnungslegung, 4. Aufl., Düsseldorf 1996.

Zehner, Klaus: Unternehmensbewertung im Rechtsstreit, in: DB, 34. Jg., 1981, S. 2109-2117.

Zündorf, Horst: Quotenkonsolidierung versus Equity-Methode, Stuttgart 1987.

Zündorf, Horst: Der Anlagenspiegel im Konzernabschluß, Stuttgart 1990.

Stichwortverzeichnis

Unternehmenserfolg durch Wertmanagement

Jürgen Stiefl, Kolja von Westerholt
Wertorientiertes Management
Wie der Unternehmenswert gesteigert werden kann - mit Fallstudien und Lösungen
2008. X, 235 S., Br.
€ 29,80
ISBN 978-3-486-58323-6

Ein Buch voller Umsetzungshinweise.

Erfolgreiches Wertmanagement sollte das oberste Ziel einer jeden Unternehmung sein, denn es erhöht die Zufriedenheit der Anteilseigner und verbessert die Beurteilung des Unternehmens durch Banken, Analysten sowie Ratingagenturen. Gleichsam berücksichtigt es die Interessen sowohl der Kunden durch innovative, bedarfsgerechte Produkte und Leistungen als auch die der Lieferanten durch ausreichende Liquidität und Abnahmevolumen. Es motiviert die Mitarbeiter durch anspruchsvolle unternehmerische Aufgaben und sichert ferner Arbeitsplätze. Das vorliegende Buch zeigt auf, mit welchen Instrumentarien dies alles erreicht werden kann.

Das Buch richtet sich an Studierende der Betriebswirtschaftslehre sowie an Praktiker, die einen fundanmentalen Einblick in die Frage der Wertorientierung suchen.

Prof. Dr. Jürgen Stiefl lehrt Volks- und Betriebswirtschaftslehre, insbesondere Finanzierung an der Fachhochschule Aalen.

Kolja von Westerholt ist Geschäftsführer der OFW Student Consulting and Research (OSCAR) GmbH.

Oldenbourg